A CAUSA SAGRADA DE
DARWIN

Adrian Desmond e James Moore

A CAUSA SAGRADA DE
DARWIN

Tradução de
DINAH AZEVEDO

EDITORA RECORD
RIO DE JANEIRO • SÃO PAULO
2009

CIP-BRASIL. CATALOGAÇÃO-NA-FONTE
SINDICATO NACIONAL DOS EDITORES DE LIVROS, RJ

D488c
Desmond, Adrian J., 1947-
    A causa sagrada de Darwin / Adrian Desmond e James Moore; tradução de Dinah Azevedo. – Rio de Janeiro: Record, 2009.

Tradução de: Darwin's sacred cause

ISBN 978-85-01-08394-4

1. Darwin, Charles, 1809-1882 – Ética. 2. Darwin, Charles, 1809-1882 – Visão política e social. 3. Evolução humana – Filosofia. 4. Escravidão – Filosofia. 5. Escravidão – Aspectos morais e éticos. I. Moore, James R. (James Richard), 1947- II. Título.

09-4590
CDD: 306.362
CDU: 316.334.22

Título original em inglês:
DARWIN'S SACRED CAUSE

Copyright © Adrian Desmond e James Moore, 2008
Originalmente publicado no Reino Unido por Penguin Books Ltd, 2008

Todos os direitos reservados. Proibida a reprodução, armazenamento ou transmissão de partes deste livro, através de quaisquer meios, sem prévia autorização por escrito. Proibida a venda desta edição em Portugal e resto da Europa.

Direitos exclusivos de publicação em língua portuguesa para o Brasil adquiridos pela EDITORA RECORD LTDA.
Rua Argentina 171 – Rio de Janeiro, RJ – 20921-380 – Tel.: 2585-2000
que se reserva a propriedade literária desta tradução

Impresso no Brasil

ISBN 978-85-01-08394-4

PEDIDOS PELO REEMBOLSO POSTAL
Caixa Postal 23.052 – Rio de Janeiro, RJ – 20922-970

EDITORA AFILIADA

Fiquei absolutamente encantado... ao saber de toda a variedade de suas realizações e conhecimentos e de suas contribuições valiosas à causa sagrada da humanidade.

— Darwin, numa carta de 1859 a Richard Hill,
naturalista e ativista antiescravidão, o primeiro homem
"de cor" da magistratura jamaicana, nomeado como juiz
para decidir as causas entre escravos e seus antigos proprietários.

SUMÁRIO

Agradecimentos	9
Introdução: Liberdade para a criação	13
1. O "negro retinto", um amigo íntimo	23
2. Crânios da raça dos imbecis	57
3. Um único sangue em todas as nações	85
4. A vida nos países escravagistas	111
5. A origem comum: do pai do homem ao pai de todos os mamíferos	167
6. A hibridização dos seres humanos	207
7. Essa questão mortalmente odiosa	247
8. Animais domésticos e instituições domésticas	283
9. Ai, que vergonha, Agassiz!	323
10. A contaminação do sangue negro	375
11. A ciência secreta separa-se de sua causa sagrada	415
12. Os canibais e a confederação de Londres	441
13. A origem das raças	481
Notas	517
Bibliografia	591
Índice remissivo	637

AGRADECIMENTOS

Viajando pelas profundezas do mundo de Darwin, acumulamos um grande número de dívidas. Muitos indivíduos, cada qual em sua especialidade em setores muito amplos, deram-nos todo tipo de informações esotéricas — do tipo que, em geral, não se consegue em nenhuma outra fonte.

Para responder questões específicas, às vezes levantadas na última hora, agradecemos a colegas das universidades, bibliotecas de pesquisa, sociedades históricas, museus, órgãos de classe, sites de linhagens familiares e projetos acadêmicos do mundo inteiro: Stephen Alter, Patrick Armstrong, Rich Bellon, Robert Bernasconi, Daniel Brass, Nick Cooke, Martin Crawford, John W. de Gruchy, David Dabydeen, Jeremy Dibbell, Mario di Gregorio, Richard Drayton, Martin Fitzpatrick, Sheila Hannon, Keith Hart, Uwe Hossfeld, Karl Jacoby, Peter McGrath, Chris Mills, Richard Milner, Duncan Porter, Greg Radick, Tori Reeve, Peter Rhodes, Nigel Rigby, Kiri Ross-Jones, Nicolaas Rupke, Matthew Scarborough, Lester Stephens, Keith Thomson, David Turley, Sarah Walpole, James Walvin, Gene Waddell, R. K. Webb e Leonard Wilson.

Sem a ajuda das dedicadas equipes de bibliotecários e arquivistas, ainda estaríamos procurando documentos vitais. Em particular, por nos disponibilizar materiais, somos muito gratos às bibliotecas da Sociedade Filosófica Americana (Valerie-Anne Lutz van Ammers), Colégio de Cristo (Candace Guite) e Colégio Corpus Christi (Gill Cannell), de Cambridge; à Biblioteca do Colégio Dartmouth (Sarah Hartwell, Coletâneas Especiais

Rauner); à Biblioteca da Universidade de Edimburgo; aos Arquivos John Murray; à Biblioteca da Universidade John Rylands, Manchester (Les Gray); à Biblioteca da Universidade Keele (Helen Burton); à Biblioteca Nacional da Jamaica (Nicole Bryan); à Biblioteca Nacional da Escócia (Anna Hatzidaki, Robbie Mitchell); aos Arquivos Parlamentares, Seção de Documentos da Câmara Alta (Mari Takayanagi); à Biblioteca do Colégio Smith (Susan Boone); à Biblioteca de Referências de Southampton (Vicky Green); à Seção de Documentos do Condado de Suffolk, Ipswich (Pauline Taylor); à Biblioteca do Colégio da Universidade de Londres e à Biblioteca Waring, Universidade de Medicina da Carolina do Sul (Kay Carter).

Gostaríamos de expressar nossa gratidão especial a William Darwin, pela permissão de retirar trechos de cartas e manuscritos de Darwin, e aos curadores da Biblioteca da Universidade de Cambridge, por nos permitirem citar materiais inéditos das Coletâneas de Charles Darwin e de outros manuscritos sob seus cuidados.

Pela permissão de estudar e, em alguns casos, citar documentos de suas coletâneas, também agradecemos à Biblioteca A. K. Bell, Perth, Escócia; à Sociedade Filosófica Americana (Samuel George Morton Papers); à Biblioteca da Universidade de Birmingham (Harriet Martineau Papers e aos Documentos Oficiosos da Sociedade Missionária da Igreja; ao Serviço de Arquivos de Cambridgeshire; à Biblioteca do Colégio Dartmouth (Coleção de Autógrafos Ticknor); à Câmara Baixa e à English Heritage (Anotações de Campo do *Beagle*); à Biblioteca da Universidade de Durham (Documentos Políticos e Públicos e Documentos Públicos do Segundo Conde Grey); à Biblioteca da Universidade de Edimburgo, à Ernst-Haeckel-Haus, Friedrich-Schiller-Universität Jena (Correspondência Darwin-Haeckel); à Biblioteca Herbarium Gray, da Universidade de Harvard (Documentos de Asa Gray); à Biblioteca Houghton, da Universidade de Harvard (Documentos de Louis Agassiz, Documentos de Charles Eliot Norton, Correspondência de Charles Sumner); ao Colégio Imperial de Ciência e Tecnologia (Arquivos Thomas Henry Huxley); ao Colégio de Jesus, Cambridge (Anotações de Arthur Gray); à Biblioteca Mitchell de Sydney, Austrália (Diário, Autobiografia e Reminiscências de Philip Gidley

King, o Jovem); aos Arquivos Nacionais, Kew (Diários de Bordo do *Beagle* e do *Samarang*); à Biblioteca Nacional da Jamaica (Manuscrito Feurtado), Museu de História Natural, Londres; (Richard Owen Correspondance e Alfred Russel Wallace Family Papers); Biblioteca Nacional da Escócia aos Arquivos de Shropshire (Diários de Katherine Plymley); aos curadores dos Jardins Botânicos Reais, Kew (Cartas de Asa Gray); ao Colégio Real de Cirurgiões da Inglaterra; à Sociedade Real de Londres (Cartas de FitzRoy-Herschell); à Seção de Documentos do Condado de Suffolk, Ipswich; ao Departamento Hidrográfico do Reino Unido, Taunton (Correspondência de FiztRoy-Beaufort); à Curadoria do Museu de Wedgwood, Barlaston, Staffordshire, pela permissão de citar materiais do Arquivo Wedgwood; Zoological Society of London.

Vários colegas fizeram um esforço extraordinário, conjurando fórmulas secretas em cima da hora: nossos agradecimentos especiais a Andrew Berry, da Universidade de Harvard, a Tim Birkhead e Ricarda Kather, da Universidade de Sheffield, a Helen Burton, da Biblioteca da Universidade Keele, a Lisa DeCesare, das Bibliotecas de Botânica, Universidade de Harvard, a Rachel Mumba, da Universidade de Durham, e a Vanessa Salter, do Museu Casa de Wilberforce. Gwen Hochman, da Faculdade de Direito de Harvard, fez um *tour de force* em suas perambulações pelos arredores de Boston. E também não poderíamos nos esquecer de nossos editores ingleses e norte-americanos, Stuart Proffitt, Amanda Cook e Jane Birdsell, que nos mantiveram firmemente em curso.

A redação de *A causa sagrada de Darwin* começou no início de 2007, quando James Moore era membro do Instituto de Estudos Avançados da Universidade de Durham. Ele tem uma dívida especial com Ash Amin, o diretor-executivo, pelas discussões pertinentes sobre o livro; a Maurice Tucker, mestre do Colégio da Universidade, e aos membros da Sala de Estar dos Mais Velhos, pela bolsa de estudos de Castle. Os membros do seminário de graduação de Moore — realizado na primavera de 2005 —, intitulado "Darwin, Sexo e Raça", do Departamento de História da Ciência da Universidade de Harvard deram um estímulo tremendo: Topé Fadiran, Adam Green, Max Hunter, Sarah Legrand, John Mathew, Aaron Mauck, Matt Moon, Mac Runyan, Alex Wellerstein e Nasser Zakariya.

Muitas são as nossas dívidas pessoais. Ralph Colp Jr., David Livingstone, Mark Noll, Bob Richards e Nicolaas Rupke permitiram-nos uma leitura antecipada de seus últimos livros, todos de excelente qualidade. Em Cambridge, Nick Gill, Boyd Hilton, Simon Keynes, John Parker e Simon Schaffer foram muito generosos ao dividir conosco seus conhecimentos enciclopédicos sobre (respectivamente) os manuscritos de Darwin, a política georgiana, a viagem do *Beagle*, a botânica vitoriana e tudo o mais. Os organizadores do projeto de Correspondência de Darwin, principalmente Samantha Evans, Shelley Innes, Alison Pearn e Paul White, deixaram que os interrompêssemos de quando em quando. Tony Lentin e Sheila Thorpe, na Inglaterra, Gordon Moore — Estados Unidos — e Maggie Fankboner — Canadá — incentivaram-nos a levar *A causa sagrada de Darwin* até a linha de chegada. John Greene, Randal Keynes e David Kohn compreenderam nossas necessidades perfeitamente bem. Não há como pagar essas dívidas. Nossa mais profunda gratidão a todos.

INTRODUÇÃO

LIBERDADE PARA A CRIAÇÃO

As marcas comerciais globais não parecem muito maiores que Charles Darwin. Ele é o avô de cabelos brancos que nos espia da sobrecapa dos livros e dos quadros de avisos, dos livros didáticos e da TV — o sábio que aparece nos cartões de felicitações, nos selos dos correios e nas moedas comemorativas. A cabeça de Darwin nas notas de £10 da Inglaterra tem um ar imperturbável, de quem se ri dos que duvidavam de sua ciência. Incensado ou desprezado, é impossível ignorar Darwin. Os ateus fazem alarde de seu "ateísmo", os liberais enfatizam seu "liberalismo", os cientistas, o seu darwinismo, e os fundamentalistas gastam toneladas de energia denunciando todos os equívocos de todos os outros. Mas todos concordam que, para o bem e para o mal, *A origem das espécies,* o livro de Darwin que marcou época, transformou nossa maneira de nos vermos no planeta.

Como foi que um membro modesto da pequena nobreza da Inglaterra vitoriana se tornou um ícone do século XXI? Hoje as celebridades são famosas por serem famosas, mas os defensores de Darwin têm uma outra explicação.

Para eles, Darwin transformou o mundo por ser um cientista obstinado, que praticava uma boa ciência empírica. Quando jovem, explorou uma grande oportunidade de pesquisa a bordo do *Beagle*. Era mais perspicaz que os outros de sua geração, impelido pelo amor à verdade. Viajando de navio pelo mundo inteiro, coletou fatos e espécimes exóticos — sendo os mais célebres aqueles das ilhas Galápagos — e seguiu a prova até sua conclusão, a evolução. Com uma paciência infinita, superando heroicamente uma doença grave, a sua foi "a melhor ideia que alguém já teve", e publicou-a em 1859 em *A origem das espécies*. Era uma "ideia perigosa" — a evolução de acordo com a "seleção natural" —, uma ideia fatal tanto para Deus quanto para o criacionismo, mesmo que Darwin tenha dourado sua pílula evolutiva com histórias da criação para torná-la mais palatável. A evolução aniquilou Adão; colocou os macacos em nossa árvore genealógica, como explicou Darwin em 1871, quando finalmente aplicou o conceito de evolução aos seres humanos em *A origem do homem*. Isolado em sua propriedade rural, publicando um livro inovador atrás do outro, Darwin dava a impressão de ser um pesquisador imparcial, objetivo, o modelo do cientista bem-sucedido. E foi assim que usou sua coroa.

O máximo que se pode fazer em favor dessa caricatura é citar o número de pessoas que acredita nela. Não só evolucionistas e secularistas, mas também muitos criacionistas e fundamentalistas veem o direito de Darwin à fama — ou à infâmia — em seu interesse monolítico pela ciência. Tenaz ou teimosamente, segundo alguns, ele dedicou a vida à evolução. O fervor pelo conhecimento científico o consumia, mantendo-o na rota que derrubaria Deus e bestializaria a humanidade. Brilhante ou perversamente, Darwin globalizou-se. Ao seguir a ciência e renunciar à religião, ele deu início ao mundo laico moderno.

Dizer isso não é só simplista: é, em sua maior parte, um erro crasso. A evolução humana não foi a última peça de seu quebra-cabeça evolutivo; foi a *primeira*. Desde os primórdios, Darwin preocupou-se com a unidade da espécie humana. Essa noção de "irmandade" foi a base de sua empreitada evolutiva. Estava lá, em suas primeiras reflexões sobre a evolução, em 1837.

Hoje estamos às voltas com polêmicas dos mais variados tipos, tentativas cômicas de forçá-lo a entrar numa forma ou noutra, de condenar ou absolver Darwin de crenças — e até mesmo de atrocidades — associadas ao seu nome (um título recente sobre a história da Alemanha diz tudo: *From Darwin to Hitler* [De Darwin a Hitler]).

Vamos inverter por um momento uma frase célebre de Marx: a questão não é mudar Darwin, a questão é entendê-lo. Darwin não foi santo nem demônio. Visto pelos olhos de seus contemporâneos, era complexo, às vezes até contraditório, quase nunca o que se imagina, mas muitíssimo mais interessante e informativo. E a história real por trás de sua viagem para a evolução — para a evolução *humana* — é muito mais rica do que se pensa. É uma história cujas peças passamos anos para reunir, tentando compreender o que teria levado esse plácido naturalista a se tornar uma tal anomalia em sua época — e tão tenaz diante de probabilidades tão pequenas de ter razão.

Darwin era o mais bem-educado dos homens bem-educados que já existiram no mundo. Era tímido, tinha horror a brigas, sentia-se à vontade no meio dos conservadores lentes anglicanos, sem querer mais nada além de seu sossegado modo de vida de vigário do interior, afastado do tumulto urbano e das arengas religiosas. Os lentes que lhe serviam de exemplo detestavam a ideia de uma evolução humana bestial — tão histericamente que o clérigo de Cambridge que lhe ensinou geografia falava em esmagar "com mão de ferro a cabeça do aborto repulsivo" para "pôr fim às suas abominações". No entanto, mesmo que Darwin tenha dado ouvidos a seus mentores depois da viagem do *Beagle*, em particular ele estava refletindo sobre o "homem-macaco", nosso ancestral.[1] Como podia acontecer uma coisa dessas? O que o levou a negar os princípios acalentados por sua sociedade cristã privilegiada? O impulso que forçou Darwin a palavras e atos que assustavam até mesmo a ele tinha de ser, com certeza, um impulso irresistível, com mais peso que todos os outros.

As pessoas têm procurado a resposta no lugar errado. Com a abertura do tesouro bem guardado dos registros inéditos de Darwin realizada pela geração anterior, as pistas começaram a aparecer — chegando algumas delas a estar em seu livro famosíssimo e pouco lido, *A origem do homem e a seleção sexual* (para citar na íntegra esse título eloquente). Mas este foi o ponto final da viagem de Darwin, e seu teor confundiu tanto os leitores que até hoje eles acham que se trata de "dois livros" sobre assuntos diferentes, sexo e ancestralidade, e, por isso, o xis da questão lhes passa inteiramente despercebido.² O projeto *humano* de Darwin continua obscuro. Mas é crucial, e, sem entendê-lo, também não entendemos como foi que Darwin chegou à evolução.

"Raízes" é por onde começamos, *Raízes* como no instigante romance histórico *Roots*, de Alex Haley — o escravizamento de negros africanos que tanto indignou a geração de Darwin. Este foi o ponto de partida de Darwin também, seu horror à servidão e à brutalidade racial, sua aversão ao desejo dos escravagistas, em suas próprias palavras, de "tornar o homem negro uma outra espécie", sub-humana, uma besta a ser algemada.³ As raízes eram o tema em torno do qual girava todo o projeto humano de Darwin. E, para compreender por que ele começou a pensar nas raízes — na origem — das raças negra e branca, temos de avaliar sua ancoragem moral no auge do movimento antiescravagista inglês. É a chave que explica por que um nobre que dispunha de fortuna e prestígio arriscaria tudo para desenvolver sua imagem bestial do "homem-macaco" de nossa ancestralidade.

Sempre reservado, com frequência indisposto, Darwin nunca participou de comícios e petições abolicionistas (diferentemente de seus parentes). Enquanto os ativistas proclamavam uma "cruzada" (palavra que ele usava) contra a escravatura,⁴ ele a subverteu com sua ciência. Enquanto os donos de escravos bestializavam os negros, o ponto de partida de Darwin foi a crença abolicionista nos laços de sangue, numa "origem comum". A unidade adâmica e a irmandade dos homens eram axiomáticas nos tratados antiescravatura que ele e sua família devoravam e divulgavam. Implicavam uma origem única de negros e brancos, uma ancestralidade comum. E esta foi *a* única característica da proposta peculiar de evolução de Darwin. A própria vida era constituída de incontáveis trilhões de "descendentes comuns" unidos por laços de sangue, não só negros e brancos, mas todas as raças, todas as espécies, ao longo dos tempos, todas elas confluíam para linhagens sanguíneas derivadas de um único ancestral.

Foi na fase mais generosa e relativista de Darwin, no auge do período de política britânica radical no final dos anos 1830, quando os escravos das colônias finalmente estavam sendo libertados, que ele estendeu o parentesco do homem a todas as sofridas, degradadas e humilhadas raças de animais. Ele as via partilhando nossa ancestralidade remota; "podemos todos ser reunidos numa única rede", podemos todos sentir uma mesma dor, rabiscou ele num caderno.[5] Ele salvou os negros, fez com que ninguém mais visse os escravos como seres de "outra espécie". Mas, ao abraçar a totalidade da criação — arrebentando os grilhões da vida e permitindo que ela também evoluísse — assim como os negros e os brancos tinham evoluído a partir de um ancestral comum —, ele se abriu, ironicamente, para o aviltamento por parte do mundo cristão, cuja fé na irmandade entre os homens ele partilhava. Uma crítica importante a *A origem das espécies* (principalmente durante a Guerra Civil Americana) era que Darwin agora havia bestializado o homem *branco*, ao contaminar seu sangue ancestral. Darwin invertera a lógica racista só para "brutalizar" seus próprios parentes anglo-saxões (como se dizia), unindo-os não apenas aos homens negros, mas também aos macacos negros.

Aqui estava Darwin no auge de seus paradoxos. E nesse impasse está a moral de nossa história, literalmente. Em lugar de vermos os "fatos" imporem a teoria da evolução a Darwin (outros naturalistas que viajaram pelo mundo inteiro tinham visto fenômenos parecidos por todo o planeta), descobrimos que o combustível de sua obra evolutiva era uma paixão *moral*. Ele era bem diferente do cientista moderno "imparcial", que supostamente (supostamente, note bem) deriva teorias "dos fatos" e só depois permite que as conclusões morais sejam tiradas. Era igualmente o inverso da paródia dos fundamentalistas, que torna sua obra um ato contra Deus, desumano e imoral. Mostramos as raízes *humanitárias* que alimentaram a obra mais controvertida e contestada de Darwin sobre a ancestralidade humana. Portanto, o quadro que se segue é dramaticamente diferente dos anteriores, revelando um homem mais compassivo do que os criacionistas acham aceitável, mais comprometido moralmente do que os cientistas admitiriam.

Nossa reconstrução da trajetória de Darwin — iluminando o caminho que ele percorreu depois de voltar da viagem do *Beagle*, usando suas anotações particulares e seus rascunhos da própria *Origem* — finalmente explica algumas de suas declarações que, sem esses esclarecimentos, seriam anômalas. Lendo a maior de todas as obras sobre uma-origem-para-todas-as-raças, escrita por um abolicionista (*Researches into the Physical History of Mankind* [Estudos sobre a história física da humanidade], de James Cowles Prichard), Darwin escreveu o seguinte: "Como meu livro vai se parecer com tudo isso!"[6] "Meu livro" era, evidentemente, o que veio a ser *A origem das espécies*. E, como isso sugere, ele também devia discutir a humanidade. A ironia é que, em última instância, *A origem* não fala praticamente nada sobre as origens humanas. As explanações das raças humanas e de uma ancestralidade símia são apresentadas na última hora.

Por que, no livro que os críticos sabiam que era *realmente* sobre a humanidade, Darwin resolveu não falar quase nada sobre o assunto? E por que foi obrigado a abrir o verbo 12 anos depois e escrever *A origem do homem* e, em seguida, de forma incongruente, encher o livro de borboletas e pombos e "seleção sexual"? A seleção sexual é crucial para nossa interpretação da "irmandade humana" de Darwin, alimentada por princípios morais; central e crítica também foi a resposta de Darwin aos eruditos pró-escravatura da América do Sul (e de Londres) que declaravam que as raças negra e branca eram duas espécies distintas. Depois de compreender a estratégia de Darwin, as esquisitices de seus livros e a anomalia do momento em que surgiram fazem sentido.

Hoje Darwin é *o* "cientista" com o qual ajustar contas. Suas teorias sobre os povos e a sociedade estão sendo mais debatidas do que nunca. A mídia está fervilhando de histórias sobre eugenia, sociobiologia e psicologia evolutivas, sobre gênero, raça e diferenças de sexo, bem como sobre a possibilidade de aperfeiçoar a natureza humana.

Alguns preferem enfatizar o lado mais sombrio da evolução de Darwin, que deixou uma pista notória no subtítulo de *A origem das espécies: a preservação de raças favorecidas na luta pela vida*. Da Albânia ao Alabama, da Rússia a Ruanda, as teorias de Darwin foram usadas para justificar o conflito racial e a limpeza étnica. Os perpetradores das maiores atrocidades viram-se como "raças favorecidas" sobrevivendo à "luta" sangrenta de Darwin. E, por conseguinte, um oceano de tinta foi gasto para provar que nada disso estava nas obras de Darwin e que nada disso era uma consequência lógica delas. A ciência de Darwin era pura, imaculada.

Não nos propusemos provar a pureza incorruptível do *corpus* de Darwin, nem divinizar seu corpo mortal. Também não comemoramos nenhuma das consequências funestas de sua obra, nem o obrigamos a tomar o partido de grupos religiosos ou ateus. Refutamos todas essas tentativas contrastantes de distorcer Darwin para atender a finalidades de hoje. O verdadeiro problema é que ninguém entende o projeto central de Darwin, o núcleo de sua pesquisa mais inflamada. Ninguém reconheceu a fonte daquele fogo moral que alimentou sua estranha obsessão com as origens humanas, uma obsessão que não condizia com seu caráter.

Ao sondar as profundezas da postura antiescravidão de Darwin, exploramos um tesouro de cartas inéditas a familiares e uma quantidade imensa de material manuscrito. Usamos as anotações de Darwin, comentários cifrados nas margens dos textos (onde havia pistas fundamentais) e até os diários de bordo dos navios e as listas de livros que Darwin leu. Seus cadernos de anotações e sua correspondência já publicados (agora se sabe da existência de cerca de 15 mil cartas) são uma fonte de valor incalculável: 16 dos 32 volumes programados de *The Correspondence of Charles Darwin* já foram editados por uma equipe internacional cujo trabalho para decifrar e transcrever o material só pode ser considerado heroico. Acrescente a isso o desenvolvimento extraordinário de estudos históricos sobre raça, racismo e escravidão dos dois lados do Atlântico, e estamos preparados para conectar Darwin, pela primeira vez, com o mais poderoso movimento moral de seu tempo.

A descoberta e redescoberta das cartas de Darwin ainda são uma espécie de revolução em curso. Mesmo agora, no momento em que escrevemos, novas cartas estão aparecendo — do filho do mais célebre abolicionista "imediatista" do mundo, o norte-americano William Lloyd Garrison, o que não é pouca coisa. Isso confirma aquilo de que tínhamos chegado a suspeitar: que Darwin era admirador do mais intransigente dos líderes cristãos do movimento antiescravagista e também o mais contrário à violência. Garrison era, nas palavras de Darwin, "um homem que devia ser venerado para todo o sempre". Darwin ficou felicíssimo ao saber que o fervoroso trecho antiescravagista de seu diário do *Beagle* havia sido lido por Garrison pai, cujo filho disse a Darwin que ele lançara "uma luz nova e bem-vinda sobre seu caráter de filantropo". Que coisa incrível pensar, respondeu Darwin, que um homem "que respeito do fundo da minha alma tenha lido e aprovado algumas palavras que escrevi há muitos anos sobre a escravidão".[7] Isso mostra o quanto ainda há a ser descoberto sobre Darwin.

Além de não se saber qual foi o resultado final de seu horror à escravidão, o imperativo humanitário de Darwin nunca foi posto devidamente em primeiro plano.[8] Tentamos mostrar o quanto ele o integra ao contexto do abolicionismo do século XIX e por que ele fala diretamente à nossa era pós-colonial, com seu horror à limpeza étnica e ao apartheid. O nosso é um livro sobre um homem afetuoso e compassivo, que foi marcado a vida toda pelos gritos de um escravo torturado.

Finalmente, algumas palavras sobre a terminologia. Embora digam que o "racismo científico" teve início por volta de 1860 — derivado de uma xenofobia anterior —, achamos problemático traçar apressadamente uma linha divisória muito nítida. Se entendermos "racismo" como uma diferença classificatória com o objetivo de degradar, controlar e até de escravizar, então seus componentes e seu arrazoado científicos podem ser atribuídos a uma época muito mais antiga. Na verdade, poucos sabem que os agitadores norte-americanos que procuravam justificar a escravidão já estavam propagando seus ódios desde 1841 na Associação Britânica para o Avanço da Ciência [Abac]. Antes mesmo dessa época, eles já estavam relacionando a sujeição à "inferioridade" anatômica dos negros. Essas ideologias e justificativas escravagistas impregnaram os debates culturais que envolveram Darwin durante todo o período compreendido pelas décadas de 1840 e 1850, e achamos que "racismo" é um termo histórico aceitável no contexto de Darwin.

Também precisamos acrescentar a isso um pedido de desculpas por nosso *faux pas*. Todos os personagens de nossa história — Darwin inclusive — tinham, em certa medida, visões pejorativas de outros povos e usavam palavras de acordo com elas. Mesmo que de quando em quando tenhamos tentado mencionar os nomes pelos quais os povos são conhecidos hoje, misturar termos da época de Darwin e de nossos dias poderia gerar confusão, de modo que nos ativemos aos usos contemporâneos na maioria das vezes. Isso também vale para a linguagem inclusiva. Usamos uma mistura de termos contemporâneos e modernos para o *Homo sapiens*: "o homem", "a humanidade", "a espécie humana" e "seres humanos". É claro que consideramos esses termos, assim como "selvagens", "cafres", "bantos", "hotentotes" e assim por diante, do mesmo modo que "raça" e rótulos étnicos em geral, termos construídos historicamente, mas seria cansativo colocá-los entre aspas todas as vezes; tudo isso também se aplica a "negro", um termo respeitoso na época para designar pessoas negras, e "mulato", um termo pejorativo.

Esta é, portanto, a história desconhecida de como o horror de Darwin à escravidão levou ao entendimento que temos hoje da evolução.

1
O "negro retinto", um amigo íntimo

"Jamais existiu sobre a terra mal mais monstruoso", declarou Thomas Clarkson, um dos líderes da campanha antiescravagista ao comemorar o fim do tráfico negreiro. Clarkson foi apoiado e parcialmente financiado pelo avô de Charles Darwin, o mestre ceramista Josiah Wedgwood. Mas essas palavras poderiam muito bem ter sido de Darwin, ou também de seu outro avô, Erasmus Darwin, libertino, poeta e evolucionista do iluminismo. Para todos eles, a escravatura era uma depravação de fazer "o sangue ferver", nas palavras de Charles Darwin, um pecado que exigia expiação: "Pensar que nós, ingleses, e nossos descendentes americanos... fomos e continuamos sendo muito culpados." O comércio — o transporte de africanos sequestrados pelo Atlântico, para trabalhar até a morte nas plantações de cana e nas fábricas do Novo Mundo — foi proibido nos domínios ingleses em 1807, dois anos antes do nascimento de Darwin, e ele cresceria esperando a abolição do próprio sistema condenável da escravatura nas colônias inglesas (que aconteceu em 1833).

Mesmo assim, Charles Darwin viu os piores excessos da escravidão com os próprios olhos na viagem do *Beagle* (1831-6) e ficou revoltado com suas "atrocidades absolutamente deprimentes".[1] A escravidão, justificada pela crença dos fazendeiros de que os escravos negros eram uma espécie animal criada à parte, foi a mancha imoral de sua paisagem juvenil e um estímulo aos seus estudos emancipadores das origens — evolução é o nome que lhe damos hoje. A enormidade do crime aos olhos dos Darwin e de seus primos Wedgwoods era compreensível: os sequestros de escravos africanos resultaram no que provavelmente foi a maior migração forçada dos seres humanos ao longo da história.

Entre as décadas de 1780 e 1830, a ação em massa contra a escravatura engendrou um novo sentimento de orgulho patriótico na liberdade britânica depois da perda das colônias americanas. A campanha deu ao antiescravagismo "uma popularidade sem precedentes" nos anos de formação de Darwin.[2] Ele não foi o único a crescer nesse ambiente humanitário; não foi o único a concordar com seus objetivos. Mas a corrosão à qual Darwin submeteu a escravatura foi uma resposta científica única e que teria um impacto profundo sobre o mundo moderno.

O envolvimento da família de Darwin com o abolicionismo começou com seus avôs, o doutor, devasso, poeta e prodigiosamente gordo Erasmus Darwin, de um lado, e o severo ceramista industrial e unitarista Josiah Wedgwood, do outro. Em noites de lua cheia, estes homens se encontravam com outras forças motoras que desencadeariam uma revolução tecnológica na Sociedade Lunar informal de Birmingham.

Birmingham era uma orgulhosa cidade fabril, cheia de industriais que se fizeram por si, e suas fundições exportavam mercadorias através das docas de Liverpool. Só que alguns artigos do comércio eram sinistros. Na época de Erasmus, quase 200 navios ingleses estavam fazendo o tráfico de escravos entre a África e a Jamaica, e mais da metade partia de Liverpool. Só esses navios transportavam 30 mil escravos por ano. A cidade prosperara graças ao comércio de carne humana e estava "tão elevada em opulência e importância" que acabara se habituando a toda aquela imoralidade. Os grandes navios que voltavam para a África levavam "um tipo barato de armas de fogo de Birmingham, Sheffield e outros lugares", bem como pólvora, balas e barras de ferro, todas fabricadas na área de Birmingham, e todas usadas no escambo por escravos. O comércio *local* estava financiando parcialmente a escravatura. Havia uma consciência cada vez maior do fato: em 1788, o ex-escravo Olaudah

Equiano havia passado por Birmingham numa turnê de propaganda antiescravagista e fora bem recebido. Muito se falou sobre as novas fornalhas industriais, com os escravos da Jamaica punidos com "argolas de ferro [presas] ao pescoço, ligados uns aos outros por uma corrente".³ Em 1789, Erasmus Darwin ficou lívido ao saber do destino desses produtos de ferro fundido. Já pensando em formas de conseguir que o Parlamento acabasse com o tráfico, ele escreveu a Josiah Wedgwood: "Acabo de saber que há focinheiras fabricadas em Birmingham para os escravos de nossas ilhas." Um desses instrumentos, que mal seriam apropriados para animais, seria "exibido por um orador da Câmara dos Comuns" durante um debate posterior a esta época. E o que dizer de uma espécie de "chicote longo, ou chicote de arame", usado nas Índias Ocidentais? Na hora de vencer um debate, "atrevo-me a dizer que um instrumento de tortura de nossa fabricação teria mais efeito".⁴ Wedgwood discutiu o provável impacto com seus amigos de Londres.

Toda emancipação mobilizava Erasmus Darwin. Na década de 1780, quando os quacres e depois os anglicanos começaram a se organizar contra o tráfico, Erasmus emprestou-lhes sua pena devastadora. Como todo mundo, ficou estarrecido com a atrocidade do navio negreiro *Zong*, quando 133 negros doentes foram lançados ao mar para que os donos pudessem reclamar o seguro sobre a "propriedade" perdida. Outros membros da Sociedade Lunar foram igualmente afetados pelos sofrimentos terríveis dos negros, e um deles era ninguém menos que o rousseauniano Thomas Day, o melhor amigo de Darwin e de uma benevolência que raiava a excentricidade (gostava tanto dos animais que se recusava a domar cavalos). No poema *The Dying Negro* [O negro agonizante], os versos falam de um escravo fugido que preferiu suicidar-se a separar-se de sua amante branca.⁵ A poesia era a melhor forma de servir à causa e, ao dominar a arte, o próprio Erasmus dominava suas paixões. Celebrou "os amores das plantas" em seu bucólico *Botanic Garden* [Jardim Botânico]; de repente, sem mais nem menos, os versos ensolarados ficam incandescentes, um raio de sua ira:

> Agora mesmo, nas matas africanas, com berros medonhos
> Aproxima-se a feroz ESCRAVIDÃO e solta os cães do inferno;
> De vale a vale ecoam os gritos de guerra,
> E nações enlutadas tremem a esse som!
> — EI, BANDOS DE SENADORES! Cujo voto governa
> Os reinos da Inglaterra, que as duas Índias obedecem;
> Que pensa o ferido e recompensa o bravo;
> Estenda seu braço forte, pois ele tem poder de salvar!
> ... ouçam essa verdade sublime,
> "AQUELE QUE PERMITE A OPRESSÃO É CÚMPLICE DO CRIME."[6]

Não foi nenhum Dr. Pangloss que escreveu esses versos, nem

> O chicote, o aguilhão, o acicate, o ferro em brasa
> E, escravidão maldita! sua mão de ferro...[7]

As revelações da brutalidade e dos tormentos com que os escravos eram tratados eram tais que a esclarecida Europa iluminista não poderia suportar.

E Erasmus era um filho do iluminismo. Republicano fervoroso, defendeu tanto a Revolução Americana quanto a Revolução Francesa. Inventou máquinas, previu o futuro e escreveu poesia aos borbotões. Para ele, todo progresso estava ligado a uma evolução material ascendente que varria tudo à sua frente impelida pelo sexo, como declarou em seu vasto tratado biomédico sobre "as leis da vida", intitulado *Zoonomia*. Essa visão evolutiva teria ficado enterrada no livro se não fosse a poesia popular de Erasmus. Os versos fizeram do gosto do doutor pelo sexo e pelo progresso uma força política. "Darwinismo" era o termo que designava versos feitos à moda de Erasmus Darwin. Nos longos anos de repressão violenta dos conservadores da Inglaterra depois da Revolução Francesa, suas obras eram consideradas ateias e subversivas. Até mesmo o jovem Charles Darwin, que estava na Universidade de Edimburgo entre 1825-7, ouvia longos sermões sobre "as extravagâncias desmedidas" de seu avô, que "obsureciam, desnorteavam, confundiam" os leitores com sua idolatria quase blasfema do mundo material.⁸ E serviria de exemplo salutar, lembrando o neto da necessidade de circunspecção.

O velho Erasmus abominava a crueldade, quer contra o ser humano, quer contra os animais. Todas as criaturas tinham laços de sangue nesse mundo em evolução, todas eram sensíveis, volitivas e expressivas, inclusive as mais humildes. Nunca mais-sagrado-que-o-outro, ele tinha grande prazer em estar mais-abaixo-que-o-outro. Sua *Zoonomia* substitui a frase bíblica, "Vai ter com a formiga, preguiçoso!" por "Vai, orgulhoso *homo sapiens*, e chama o verme de irmão!" Com a inteligência chegando a um ponto tão baixo na escala da natureza e com a moralidade em tão alta conta nessa confiante "era da razão", nada poderia impedir Erasmus de lutar contra a crueldade cometida contra qualquer animal ou contra qualquer ser humano, que só tem pequenas diferenças dos bichos. Para haver a maior saúde e felicidade possíveis, não deveria haver "escravidão nenhuma... despotismo nenhum". Ele não se contém em sua obra botânica *Phytologia* ao tocar na questão da cana-de-açúcar das Índias Ocidentais: "Grande Deus de Justiça! Conceda que logo ela seja cultivada só pelas mãos da liberdade e, desse modo, tenha condições de dar prazer ao trabalhador e também ao comerciante e ao consumidor."⁹

Seus companheiros da Sociedade Lunar concordavam. "Alquimistas" e "mecânicos" habilidosos, donos de fábricas e doutores, poetas e até o radical ministro unitarista Joseph Priestley: os lunáticos, como eram chamados por alguns; e eram realmente loucos por ciência, tendo sido nove entre 12 deles eleitos membros da Sociedade Real. Ferro, carvão e vapor eram elementares para eles, as revoluções mecânicas eram tão importantes quanto as revoluções políticas. Suas máquinas de balancim e grandes fábricas pareciam estar levando para o progresso que Erasmus via em toda a natureza, sem um fim à vista. A empresa baseada na ciência elevaria e emanciparia a humanidade, tão certo quanto homens bons agindo de comum acordo acabariam com o bárbaro tráfico negreiro.

A maioria era de dissidentes ferrenhos (estavam fora da Igreja da Inglaterra fundada pelo Estado e sofriam discriminação por causa disso —

por conseguinte, muitos eram reformadores políticos e morais). A fé dos lunáticos era progressista e informal como a de Erasmus. Um deles era seu paciente Josiah Wedgwood I, o avô materno de Darwin, célebre por suas louças e vasos elegantes. A prosperidade não ofereceu proteção contra a mortalidade do mestre ceramista — as doenças flagelavam a família Wedgwood. A perna direita de Josiah, afetada pela varíola, havia sido amputada abaixo do joelho, uma provação aterradora sem anestesia. Josiah fez questão de assistir à operação. Depois o aniversário se tornou o "dia da Santa Amputação", mas ele suportou picadas de dor no membro fantasma e de próteses de madeira primitivas pelo resto da vida.[10] Tanto Josiah quanto Erasmus sabiam o que era sofrer.

Nos galpões onde fabricava suas cerâmicas em Etrúria, Staffordshire, Wedgwood procurava fazer "*máquinas* dos *homens* que não erram", e um mecanismo de marcar o tempo controlava os turnos como os relógios modernos. Seu universo religioso era parecido. A família era de "dissidentes racionais", descartando a Trindade e a divindade de Jesus como corrupções do cristianismo primitivo. Em seu unitarismo sem credo — ensinado rigorosamente pelo químico Priestley, que trabalhava na fábrica de Wedgwood —, o mundo de Deus era como um motor que se autoaperfeiçoava, e toda pessoa se aprimorava seguindo o exemplo de Jesus, o homem perfeito. A salvação estava ao alcance de todos, sem consideração de classe social, ritual ou raça. As mulheres achavam o *ethos* igualitário uma fonte de poder, e a geração seguinte de esposas e filhas Wedgwood contribuiria com mais do que sua justa metade para a causa antiescravagista.

Esses radicais não se deram bem na época fervilhante de boatos que se seguiu à Revolução Francesa. Em julho de 1791, a capela, a casa e o laboratório de Priestley foram destruídos por um populacho reacionário que gritava: "Chega de filósofos! Igreja e rei para sempre!" Aterrorizados, outros membros da Sociedade Lunar armaram-se, e também armaram suas fábricas.[11] Darwin e Wedgwood ficaram mais prudentes depois que Priestley fugiu para os Estados Unidos. A geração seguinte fez as pazes com a Igreja, batizando os filhos (foi por isso que Darwin foi batizado na Igreja anglicana). Um neto de Wedgwood chegou até a se tornar o vigário da família, e o jovem Charles Darwin, depois de fracassar na medicina, seria mandado para a Universidade de Cambridge para se preparar para ser ordenado sacerdote.

Josiah e Erasmus tinham se unido para combater o tráfico de escravos, o corpulento doutor com sua pena afiada parecia um contraforte cheio de pontas ao lado do ceramista de perna de pau, cujo gosto pelo comércio e pelos showrooms de Londres granjeara-lhe amizades metropolitanas. As petições parlamentares contra o tráfico de escravos começaram a surgir em 1788, mais de cem delas no país todo, a voz do povo numa época em que poucos votavam. Erasmus enviou Josiah ao círculo dos membros da Sociedade Real de Birmingham para coletar suas assinaturas, mandadas posteriormente para o "Dr. Darwin de Shrewsbury", Robert Darwin, filho de Erasmus e pai de Charles Darwin. Mas os comerciantes de açúcar e o lobby dos plantadores eram poderosos, e o Parlamento só concordou em regulamentar as condições dos navios negreiros. Mesmo assim, quando William Wilberforce, o principal porta-voz parlamentar em favor da abolição, estava se preparando para abrir o primeiro debate na Câmara dos Comuns, apareceu um panfleto chocante nas ruas. Mostrava a seção de um navio de escravos com 482 corpos negros amontoados embaixo do convés, sendo o limite legal de espantosos 454.[12] Todas as partes redobraram seus esforços para se contrapor a essa agonia negra provocada pela ganância branca.

O lado antiescravagista da indústria revidou. Em Londres, a Sociedade pela Efetivação da Abolição do Tráfico de Escravos, fundada em 1787, precisava de um selo oficial. Wedgwood, um dos primeiros a participar de seu comitê, produziu a imagem: um negro com um joelho no chão, mão e pé agrilhoados, os olhos e as mãos voltados para o céu, perguntando: "Não sou um homem e um irmão?" As palavras podem ter sido suas, mas a figura ajoelhada lembrava uma obra de arte cristã. Foram feitos um selo e uma xilogravura, e Etrúria fabricou um pequeno medalhão oval com o escravo em alto-relevo "na sua cor natural". Destacava-se entre a série de camafeus colecionáveis do ceramista. Mas não estava à venda. Wedgwood produziu milhares à própria custa para distribuir entre os membros da Sociedade Lunar e seus amigos. Em 1789, Benjamin Franklin, presidente da sociedade da Filadélfia em favor da abolição, recebeu um exemplar. Novas fornadas eram feitas continuamente para atender à demanda dos debates parlamentares, e era inevitável que aqueles minúsculos objetos ovais se tornassem um acessório indispensável da solidariedade uma espécie de papoula [usada nos túmulos como emblema do sono eterno (por causa do ópio extraído dela), essa flor se tornou símbolo dos soldados mortos durante a Primeira Guerra Mundial em muitos países da Comunidade das Nações] ou fita amarela [um símbolo associado a quem está esperando a volta de um ente querido, ou tropas militares temporariamente impossibilitadas de voltar para casa] da época.[13] Os homens incrustavam o selo em caixas de rapé, as mulheres em prendedores de cabelo, braceletes e pingentes. Surgiram variações comerciais, com botões de casacos, broches, medalhas e até canecas decoradas, às vezes de forma degradante, com "o pobre ESCRAVO acorrentado de joelhos/implorando liberdade aos filhos da Inglaterra".

Darwin imprimiu esses versos como legenda de uma xilogravura de seu *Botanic Garden*, com uma nota explicando que o camafeu era da "fábrica do Sr. Wedgwood", que "distribuiu muitas centenas deles para inspirar os humanistas a participar e ajudar na abolição do detestável comércio de seres humanos". E Darwin continua, implorando:

> Ouve, Inglaterra! Poderosa rainha das ilhas,
> Para quem a bela Arte e a humilde Religião sorriem,
> Agora as costas da ÁFRICA seus filhos mais engenhosos invadem,
> e Roubo e Morte vestem-se de Comércio!
> — O ESCRAVO agrilhoado, suplicando de joelhos,
> Abre seus braços longos e ergue os olhos para ti;
> Pálido de fome, oprimido com torturas e labutas,
> "NÃO SOMOS IRMÃOS?" O pesar faz engasgar o resto;
> — AR! Leva ao céu, sobre suas águas azuis,
> Esses gritos de inocentes! — TERRA! Não cubra seu sangue![14]

Em Londres, Josiah dividia com o Comitê o seu engenho comercial. Em casa distribuía livretos e fazia "reuniões campestres" para despertar a consciência da pequena nobreza. Se seus membros soubessem de "uma centésima parte do que tomei conhecimento a respeito da desgraça acumulada imposta a milhões de nossos semelhantes por esse tráfico desumano", não deixariam de protestar. Ajudou ex-escravos, principalmente Olaudah Equiano. Da etnia igbo, sequestrado na Nigéria quando criança, Equiano resistiu a todas as provações e agora percorria o país fazendo proselitismo e divulgando sua autobiografia. Bristol estava em seu itinerário, mas era um perigoso porto de açúcar produzido por escravos, e ele se dirigiu a Josiah em busca de auxílio. Temia coações "por causa de meu espírito público [decidido] a pôr fim à amaldiçoada prática da escravidão" e acabar voltando para os grilhões. Josiah prontificou-se a pedir ao seu representante comercial em Londres que intercedesse junto ao Almirantado, caso houvesse necessidade.[15]

Wilberforce, frágil e sério, tornou-se o mais eficiente dos parlamentares no tocante a angariar votos em favor da abolição. Mantinha Josiah a par das provas apresentadas ao Comitê Seleto de tráfico de escravos, criado pelo governo como tática de protelação. Depois que Erasmus Darwin e Josiah Wedgwood ficaram sabendo das "focinheiras" fabricadas em Birmingham, a moção de Wilberforce para proibir as importações das Índias Ocidentais foi derrotada: o parlamentar evangélico e conservador foi à fábrica de cerâmica do unitarista liberal para discutir estratégia:

> ...[foi] à Etrúria de Wedgwood, para jantar — três filhos e três filhas, mais a Sra. W. — uma família requintada, sensível, animada, inteligente e corajosa no comportamento — boa situação — casa opulenta [...] Discutimos a noite toda.[16]

Princípios morais, costumes e dinheiro geraram a linha divisória ideológica, como sempre aconteceu no movimento antiescravagista inglês. Os filhos a que Wilberforce se refere em seu diário eram os futuros tios e tias de Charles Darwin — e Susannah, que seria sua mãe.

Mais que o motor a vapor, era o espírito que animava os "Santos", outro lobby londrino que considerava Wilberforce sua voz parlamentar. Assim chamados por sua defesa intransigente da justiça, os Santos odiavam a escravidão, considerando-a o mais grave dos pecados que, se não fosse expiado, certamente atrairia a ira divina contra o país. Alguns participavam do Comitê londrino em favor da abolição. Houve casamentos entre as famílias e algumas delas se instalaram em Clapham, um vilarejo ao sul de Londres, e, por isso, passaram a ter um nome mais prosaico: a "Seita de Clapham." Quando jovem, Charles Darwin tinha parentes nessa aldeia que ainda preservavam o seu *ethos*.

Clapham tinha ar puro, estava longe do tumulto da fábrica. A maioria dos Santos herdou fortuna: Henry Thornton, membro do Parlamento, era riquíssimo, com diretores do Banco da Inglaterra na família. Em sua mansão em Battersea Rise, os Santos reuniam-se na biblioteca para rezar e planejar uma revolução moral mundial. Wilberforce morou lá antes de se mudar para a propriedade vizinha de Broomfield. Seu vizinho de Glenelg era outro membro do Parlamento, Charles Grant, diretor da Companhia das Índias Orientais. Estes homens administravam bancos e empresas e exerciam a advocacia, preferindo mandar os filhos para Cambridge: Charles Darwin, criado com privilégios semelhantes, acabaria se juntando a eles na universidade.

Os Santos eram evangélicos anglicanos, vivendo mais pela esperança da salvação eterna do que pelo progresso material. Sua vida religiosa girava em torno da igreja paroquial. Ali a revolução planejada em Battersea Rise recebeu a bênção irresistível de Deus e se estenderia até "os últimos confins da terra". Com cinco Santos membros do Parlamento, somaram influência política ao poder da graça divina. Sua Sociedade Missionária da Igreja, assim como a Sociedade Bíblica Britânica e Estrangeira, tornou-se conhecida mundialmente, mas a Sociedade da Abolição era a joia da coroa de Clapham. Foram fundadas muitas outras sociedades para regenerar a moral e os costumes, com propostas que iam desde "melhorar as condições de vida dos pobres" até a "Sociedade para a Prevenção da Crueldade com os Animais". Esta última santificou uma "extensão da humanidade à criação bruta", e Darwin, que tinha 15 anos quando a SPCA se constituiu, via as coisas dessa forma. Ele ficava branco de raiva ao ver alguém chicotear um cavalo e, mais tarde, processaria um habitante local por maltratar os carneiros.[17] Os seus eram os valores centrais dessa sociedade.

Portanto, uma coalizão de grupos disparatados formou-se em torno de um escravo que gritava: "Não sou um homem e um irmão?" O homem que servia de eixo em torno do qual giravam todas essas partes era outro frequentador da Etrúria de Wedgwood. Thomas Clarkson era um pesquisador e propagandista intransigente, intenso, alto e corpulento. Andava de porto em porto coletando evidência de marinheiros de navios que faziam o tráfico de escravos e falando com comerciantes e inspetores da alfândega para redigir relatórios que condenavam a brutalidade do comércio humano. Tinha o apoio incondicional de Wedgwood, que lhe proporcionava uma base em Midlands e dinheiro. Ninguém fez mais para concretizar a cultura antiescravagista na qual nasceu Charles Darwin do que Clarkson.

Em maio de 1787, Wilberforce deve ter falado sobre a abolição durante uma conversa com o primeiro-ministro William Pitt, em sua casa na chapada gredosa do norte de Kent. Diz a lenda que, sentado "ao ar livre na raiz de uma árvore antiga de Holwood, bem acima da descida íngreme que dava para o vale de Keston", Wilberforce ouviu o chamado de Deus para combater o tráfico de escravos (dava para ir a pé desse lugar até Down House, a propriedade rural onde Charles Darwin viveria meio século depois). Na verdade, seu ato se seguiu a meses de todo tipo de pressão feito por Clarkson, nessa época um jovem ativista que participava com Wedgwood do Comitê da Sociedade da Abolição.

Educado no Colégio de São João, Cambridge, Clarkson foi contemporâneo de Wilberforce e outros futuros Santos. No Colégio de Madalena também estava desabrochando uma série de evangélicos sérios sob a batuta do reverendo Peter Peckard, um liberal reformista que admirava quase tanto a sinceridade deles quanto odiava o tráfico negreiro. Nesses colégios, a abolição enraizou-se primeiro na universidade, alimentando-se de Clapham, e, mais tarde, do movimento mais amplo.[18] O momento decisivo de Clarkson chegou em 1784, quando ouviu Peckard vociferar contra o tráfico de escravos como "Um pecado contra a luz da natureza e contra a evidência acumulada da revelação divina" no púlpito monumental de sete metros de altura da Grande Santa Maria.

Peckard terminou com uma oração "por nossos irmãos das Índias Ocidentais", que desencadeou um debate que pretendia concluir se os negros eram realmente irmãos dos lentes de Cambridge. Peckard respondeu num panfleto intitulado "Não sou um homem e um irmão?", ilustrado com um escravo ajoelhado e publicado para coincidir com uma petição contra o tráfico negreiro feita pelo conselho deliberativo da universidade. Ali Peckard ridicularizava as declarações de que "os habitantes nativos da África não são da espécie humana; que são animais de uma classe inferior; ou que, se têm alguma relação com a raça humana, são uma linhagem espúria". E os descendentes de brancos e negros são uma "miscigenação antinatural", como alegavam os grandes fazendeiros? Não. Peckard, amigo e patrono de Equiano, de sua mulher inglesa e de seus filhos, observara os descendentes de um "negro casado com uma mulher branca" e os achava idênticos a si próprio. "Homens negros e brancos, embora diferentes em termos de *tipo*, são da mesma *espécie*" e, por conseguinte, "os negros são homens".[19]

Era uma refutação direta da perniciosa cultura dos grandes fazendeiros escravagistas. Desde a década de 1770, os defensores da escravidão na Jamaica estavam considerando os "negros" uma *espécie* diferente de *Homo sapiens*. Mais ainda: achavam que a miscigenação negro-branco resultava em híbridos estéreis — levantando questões que o próprio Darwin atacaria décadas depois. Dessa literatura dos grandes fazendeiros escravagistas também vinha a noção de "contaminação" do sangue branco racialmente puro — mais uma coisa que viria à tona na propaganda da América do Sul, quando Darwin estava trabalhando em sua teoria da evolução. A separação entre as espécies era, evidentemente, uma posição comum entre os grandes plantadores, baseada em observações de uma população escrava desmoralizada, sem instrução e mentalmente asfixiada. Os visitantes ficavam horrorizados ao descobrir que a ideia de uma espécie distinta era uma opinião comum na Jamaica ainda na década de 1820 e, no Brasil (onde

Darwin teve suas experiências em primeira mão), os negros eram considerados "apenas um passo intermediário entre o homem e a criação bruta".[20]

Não só uma espécie diferente, portanto, mas uma espécie tão "inferior" que fazia fronteira com os animais. "Os negros" eram "os mais vis da espécie humana, com a qual têm pouca (...) pretensão de semelhança". Para muitos plantadores escravagistas, era uma conveniente justificava *post hoc* para a escravidão dos negros. Os africanos eram "os pais de tudo quanto é monstruoso na natureza", e suas mulheres são tão "libidinosas e desavergonhadas quanto as macacas". A partir daí, era só um passo para a calúnia de que as mulheres negras aceitam "frequentemente esses animais em seus braços" — as espécies do negro e do macaco eram tão próximas que até as uniões sexuais eram comuns. Destituídos de moralidade, incapazes de civilização, os negros mal estavam acima dos próprios macacos. Os chimpanzés eram pouco conhecidos; uma pessoa negra, ao que tudo indica, não era muito mais conhecida.[21] A conclusão era extremamente ofensiva: era improvável que "um marido orangotango fosse vergonhoso para uma mulher hotentote".

Peckard opôs-se inflexivelmente a tudo isso. Essa propaganda dos grandes fazendeiros escravagistas também era anátema para Wedgwood e Clarkson. Eles esperavam que sobre ela recaísse "o mais severo julgamento do Deus Altíssimo, que fez de um único sangue todos os filhos dos homens". Clarkson assumiu a causa em 1785, quando Peckard, vice-reitor da universidade, propôs um torneio de ensaios sobre o tema: "Se é legítimo juridicamente escravizar sem consentimento." A maioria dos alunos de graduação dos cursos clássicos concentrou-se no mundo antigo; Clarkson atacou o tráfico contemporâneo no Atlântico. Descobriu condições tão abomináveis que abandonou toda a ideia de púlpito para dedicar a vida ao combate ao sequestro de africanos. Nos navios que realizavam o tráfico, os negros algemados, com um espaço de 40cm para cada um, de 400 a 500 por embarcação, eram todos espremidos em beliches improvisados, que não passavam de prateleiras que se projetavam das paredes, e ali tinham de fazer a travessia do Atlântico com meio litro de água por dia e duas refeições de cará ou feijão. Quando a viagem era boa, "só" 5% morriam. Relatórios sobre negros capturados informavam que a maioria dos desgraçados não conseguia ficar de pé, e alguns estavam "completamente paralisados". A perseguição naval resultava nas piores atrocidades. Na época em que Darwin era estudante, os negreiros ainda atiravam negros algemados ao mar e alegavam perda de propriedade ao seguro, ou então os lançavam na água depois de "obrigá-los a entrar em barris" para forçar os cruzadores a parar e salvar os escravos, permitindo assim que os negreiros escapulissem.[22]

Cópias do texto de Clarkson, *Essay on the Slavery and Commerce of the Human Species* [Ensaio sobre a escravidão e comércio da espécie humana], publicado em 1786 e que ganhou o prêmio do vice-reitor, foi enviado aos membros do Parlamento, e Wilberforce foi um dos que o receberam. Desse lobby surgiu o núcleo do Comitê Londrino da Sociedade da Abolição, com Clarkson como seu embaixador itinerante. Ele viajou de Londres a Birmingham, Manchester, Staffordshire e Shrewsbury, e depois para os portos de tráfico de escravos de Bristol e Liverpool (onde foi assaltado no cais). Clarkson parecia estar em toda a parte: percorreu quase 22 mil quilômetros coletando fatos antes que um colapso — e a falta de dinheiro — o obrigasse a fazer uma pausa.

O dinheiro de Wedgwood fez com que ele desencalhasse. Depois que os Santos fundaram a Companhia de Serra Leoa para criar um posto avançado na África Ocidental para escravos libertos, Wedgwood foi um dos que Clarkson procurou. As ações da companhia, no valor de £50 cada, tinham de ficar a salvo dos mercadores de escravos. Homens como Wedgwood punham o bem da África acima do "Lucro Comercial" e levavam "Luz & Felicidade para um País onde a Inteligência era mantida nas Trevas & o Corpo alimentado só para os Grilhões Europeus".[23] Em Staffordshire para conseguir o dinheiro em 1791, Clarkson descobriu que os Wedgwood já estavam usando o açúcar das Índias Orientais em lugar do açúcar das Índias Ocidentais, em apoio ao boicote ao consumo, que estava no auge nessa época. Se as petições contra o tráfico negreiro não conseguiam influenciar o Parlamento, certamente a perda da renda dos impostos conseguiria. Clarkson mandara distribuir dezenas de milhares de panfletos que pregavam a abstinência de açúcar, e Josiah pagou 2 mil por eles, cada um também decorado com "Não sou um homem e um irmão?" Wedgwood estava empenhado em "conseguir petições" das cidades vizinhas e mandou 30 guinéus para cobrir as despesas antes do debate parlamentar que se aproximava.[24] A partir desse momento, Wedgwood financiaria constantemente a campanha para acabar com o tráfico de escravos.

Mesmo depois de Clarkson ter se desentendido com os Santos de Clapham por causa de Serra Leoa, Wedgwood o apoiou. Mesmo depois de visitar a Paris revolucionária e voltar, como Clarkson disse a Wedgwood, alimentando "noções de liberdade & tendo abandonado completamente a Igreja", e quando outros não dariam mais "um único centavo" a um jacobino igualitarista,[25] o avô unitarista de Charles Darwin continuou firme. Ainda reembolsava os custos operacionais de Clarkson.

Portanto, foi graças a esses homens que o tráfico de escravos finalmente foi proibido nos domínios britânicos em 1807, pouco antes de Charles Darwin nascer. Alguns o viam como um sistema decadente de qualquer forma, com as dispendiosas tarifas onerando as importações do açúcar das Índias Ocidentais, que havia ficado mais caro que aquele produzido pelo trabalho livre das Índias Orientais (o açúcar que os Wedgwood estavam comprando) e tornando a abolição economicamente atraente. As palavras originais da lei da abolição falavam de comércio de africanos como "contrário aos princípios de justiça, humanidade e boa política", mas as palavras "justiça" e "humanidade" foram suprimidas em sua terceira leitura na Câmara dos Comuns. No entanto, justiça e humanidade eram cruciais para o sentimento e a retórica Darwin/Wedgwood, não menos que para o país como um todo. Os oprimidos eram retratados na literatura radical como "negros ingleses" que estavam sendo esmagados e explorados; os dissidentes do Derby vizinho (antepassado do lar de Erasmus) diziam que a escravidão era "um sistema cheio de perversidade, odioso aos olhos de Deus".[26] Para a família de Darwin, o sistema era cruel, e acabar com ele era um imperativo moral, não uma necessidade econômica.

Charles Darwin foi o segundo filho homem do Dr. Robert Darwin e de Susannah, filha de Josiah Wedgwood. Nasceu em 1809 em The Mount, a mansão de três andares que seu pai (conhecido apenas como "o Doutor") construíra nos arredores de Shrewsbury, no alto de uma ribanceira que dava para o rio Severn. A mansão simbolizava a autoconfiança do Doutor. The Mount representava uma segurança sólida, como a segurança de um banco — e, na verdade, o Dr. Darwin era um financista de prestígio e membro de instituições de caridade locais. Mesmo com um consultório florescente, a maior parte de sua renda vinha de investimentos inteligentes, entre os quais hipotecas impostas à pequena nobreza.

Com a morte da mãe em 1817, Charles Darwin foi realmente criado por suas irmãs mais velhas (Marianne, Caroline e Susan; ele também tinha uma irmã mais nova, Catherine). Junto com o amor à liberdade, as moças ensinaram-lhe o respeito pela vida e a simpatia pelas criaturas de Deus. Essa educação primorosa continuaria quando o jovem Darwin visitou seus primos Wedgwood: ali ele aprenderia, enquanto pescava com minhocas, a matá-las antes para lhes poupar o sofrimento de serem furadas de ponta a ponta. A compaixão e a anticrueldade eram da maior importância para a família.

Josiah Wedgwood II ("tio Jos") — irmão de Susannah — tinha seguido o exemplo do pai na fábrica e no Comitê de abolição de Londres. Conhecia Wilberforce e Clarkson graças às visitas de ambos à Etrúria, e eles valorizavam tanto seu envolvimento e entusiasmo juvenil quanto sua fortuna. O próprio Clarkson falou com o Comitê sobre a eleição de Jos. Isso foi uns 12 anos antes, numa época em que os amigos que Wilberforce tinha em Clapham ainda não tinham se juntado a ele. "Está se aproximando rapidamente o tempo", garantiu ao tio Jos o seu pai, "em que [o tráfico de escravos] & outros abusos do governo serão eliminados & a justiça [...] será reconhecida como o princípio central da legislação & da política."[27]

Com uma família para criar e uma hipoteca feita com o Dr. Darwin, Jos comprara uma propriedade coberta de florestas em Staffordshire, a pouco mais de seis quilômetros da fábrica e a quase 20 quilômetros de Shrewsbury. A casa elizabetana, Maer Hall, perto de Newcastle-under-Lyme, tinha uma biblioteca excelente, com os romances mais recentes e livros sobre teologia, ciência, agricultura e viagens apropriados para o retiro campestre de um industrial. Ainda estava sendo decorada quando, depois de 11 projetos de lei de abolição derrotados em 15 anos, no dia 25 de março de 1807, o comércio de vidas negras finalmente foi proibido em todas as colônias inglesas. Maer Hall, que acabara de ser pintada e tivera as terras adjacentes recuperadas, também irradiava uma atmosfera alegre e exuberante. Emma, a filha caçula de Jos, nasceu ali no começo de 1808, com a ajuda do Dr. Darwin. Uma idade de ouro estava reservada à família: 40 anos memoráveis por sua "paz, hospitalidade e cordialidade", tanto quanto por sua energia e seu envolvimento social, uma era em que, juntos, os Wedgwood e Darwin veriam a própria abolição da escravatura.

As quatro filhas de Jos eram todas mais velhas que Charles Darwin, todas humanistas, todas dedicadas às mesmas causas. Depois da morte de Susannah, os Darwin e seus primos praticamente viveram juntos, preenchendo o vazio. Ficar com as meninas Wedgwood em Maer também era uma forma de evitar o Doutor, que estava cada vez mais gordo e mais despótico. "Charley" passou muitos de seus dias mais felizes em Maer, pescando, caçando ou folheando os livros do tio Jos. "A vida ali era absolutamente livre", lembrava ele.[28] Charles acabaria se casando com Emma. E também acabaria se preocupando — compreensivelmente — com os efeitos da endogamia em famílias que também estavam em evolução.

As atividades humanistas eram centrais em suas vidas. Em Maer, as mulheres davam apoio a asilos, clubes beneficentes, enfermarias, salas de leitura, escolas dominicais, sociedades anticrueldade, "chás de temperança" e outros grupos. Sarah ("tia Sarah"), a irmã de Jos que vivia perto dali, era a generosidade em figura de gente. Arrendatária abastada, o antiescravagismo era o seu forte, e nenhuma preocupação mais urgente se expressava na vasta correspondência dessas mulheres Wedgwood do que a emancipação dos escravos negros.

Embora o tráfico tenha sido proibido em 1807, mercadores e capitães de navios estavam dispostos a transgredir a lei por conta dos resultados lucrativos. E outros países — apesar da pressão da Inglaterra e da perseguição de sua Marinha — continuavam envolvidos com essa atividade. No entanto, agora o grande anseio não era tanto o fim do *tráfico*, mas sim da própria escravidão. As plantações de cana das Índias Ocidentais ainda eram cultivadas por escravos negros, mesmo que os fazendeiros não os importassem mais. Durante o século XVIII e na primeira década do século XIX, cerca de 1,75 milhão de pessoas haviam sido sequestradas da África e vendidas em colônias inglesas. Aproximadamente 750 mil ainda estavam vivas quando a escravidão foi abolida nos anos 1830. Esses corpos negros alquebrados pelo chicote tinham sido destinados a servir o gosto que a nação tinha pelos doces — até que a própria nação, com seus lobbies de ativistas, finalmente acabou com isso. Portanto, o mundo do jovem Darwin foi animado por essa imensa onda humanista que varreu o país — e a família inteira (e principalmente suas irmãs e primas Wedgwood) também foi levada de roldão.

O jovem Darwin tinha outras ligações com o movimento antiescravagista em Shrewsbury. Longnor Hall, bem ao sul da cidade, era a sede do reverendo Joseph Plymley, arcediago de Shropshire, "um homem bom e liberal", com "uma ternura compassiva pelos sofrimentos de todas as criaturas". Plymley tornou-se o esteio de Clarkson; ajudava a financiar suas despesas, e a dupla fez de Shrewsbury o quartel-general da abolição nos condados centrais da Inglaterra. Panton, filho de Plymley, irrompeu em lágrimas ao ler o *Essay*, de Clarkson, e chegou à maioridade lutando pela abolição.[29] Em Longnor, o antiescravagismo fazia parte da educação das crianças da mesma forma que nas famílias de Wedgwood e de Darwin. Panton tornou-se membro do Parlamento pelo Partido Liberal durante a juventude de Darwin e exercia as funções de juiz do condado com o Dr. Darwin. Os detalhes íntimos dos livros de contabilidade de muitas famílias, tanto quanto os de seus corpos, eram familiares ao Doutor. Depois que os Plymley mudaram o nome para Corbett, quando o arcediago herdou terras de um tio (que havia feito a primeira petição do condado contra a escravatura), as contas do Dr. Darwin mostraram um empréstimo de £2 mil e, mais tarde, ele confidenciaria os detalhes da história médica de Corbett a Charles Darwin, que nesse momento estudava a evolução do cérebro.[30]

Como "membro correspondente" do Comitê londrino, o arcediago Plymley — como se chamava na época — apoiou uma das pontas do eixo antiescravagista que se estendia de Shrewsbury aos Wedgwood de Staffordshire. Nessa "reserva" e além dela, os ativistas distribuíam "pequenas obras de autoridades entre o povo" e colhiam assinaturas para suas petições. Eles mantiveram-se firmes enquanto "o caráter nacional é estigmatizado pela injustiça & pelo assassinato". Foi nesse ambiente que Darwin cresceu e, na sua adolescência, tornou-se íntimo do arcediago e de sua família enquanto caçava nas suas terras em Longnor.[31]

Liverpool era o porto mais próximo do lar de Darwin em Shrewsbury: um lugar exótico, que ainda mostra relíquias do comércio — com produção africana — de borracha, algodão de Gâmbia, pimentas e almíscar, além de mogno de Calabar, Nigéria, e tecidos de colorido alegre. Em 1818, o menino de 9 anos visitou o porto pela primeira vez com seu irmão Erasmus Alvey (seu único irmão homem, cinco anos mais velho). Ali a família de sua mãe tinha interesses comerciais e amigos antiescravagistas, e nas docas provavelmente eles se encontraram pela primeira vez com pessoas de cor negra, trazidas pelo tráfico. Vinte anos depois, Darwin ainda tinha "uma vaga lembrança dos navios" que viu nessa viagem.[32]

A essa altura, havia um terço de milhão de escravos só na Jamaica. Os panfletos antiescravagistas pintaram para o menino um quadro terrível da "constituição legal da escravidão (...) escrita com letras de sangue e repleta de todos aqueles atributos de crueldade e vingança que o ciúme, o desprezo e o terror poderiam sugerir". A revista trimestral *Edinburgh Review*, financiada pelos Darwin e pelos Wedgwood, condenava esse "crime atroz" e pedia a "todo inglês que ama seu país [que] dedicasse a vida inteira e todas as suas faculdades mentais para eliminar essa mancha abominável de seu caráter". Os panfletos davam detalhes das brutalidades horríveis e da labuta incessante e implacável às quais eram submetidos os negros que cortavam cana. Os donos eram contra todo e qualquer tipo de instrução. Com o casamento proibido e com as depravações dos grandes fazendeiros, o "concubinato" era apresentado como a norma, e os donos de escravos faziam sexo com as mulheres negras ao seu bel-prazer.[33] Mas a repulsa mal conseguia esconder as preocupações com a miscigenação e com o destino dos filhos mestiços, os "mulatos".

Mas foi a crueldade que gerou a ira nacional. Certamente foi o que revoltou Darwin. Com a fundação do *Anti-Slavery Monthly Reporter* em 1825, as minúcias repugnantes da vida escrava eram apresentadas com detalhes sangrentos, tornando-se amplamente divulgadas. Divididas em grupos, homens e mulheres trabalhavam sob o chicote nessas "fábricas agrícolas". Eram tangidos como gado na época do plantio e da colheita; qualquer sinal de negligência resultava, tanto para os homens quanto para as mulheres, em ser jogado no chão, ter as roupas arrancadas e levar chicotadas. Os missionários contavam histórias terríveis de um escravo velho chicoteado muitas vezes, "as nádegas [...] inteiramente expostas, muito laceradas e sangrando abundantemente", o homem sofrendo, mal conseguindo andar, e que logo morreria. Outros falavam de vermes infestando feridas e de mulheres grávidas que, acusadas de alguma infração, eram obrigadas, como castigo, a trabalhar nos campos.[34]

Sendo os Wedgwood uma família distribuidora de panfletos, e suas irmãs sendo proselitistas infatigáveis, o menino sensível de Shrewsbury no começo dos anos 1820 teria lido sobre "maridos" e "mulheres" de grupos rivais de trabalho sendo separados à força e seus filhos sendo vendidos; bem como de fazendeiros que ameaçavam vender as crianças como forma de controlar as negras recalcitrantes. Mais tarde (no Brasil e depois), Darwin seria extremamente sensível à destruição das famílias e à venda de seus filhos — "imagine", disse ele, o medo "de sua mulher e seus filhos [...] lhe serem arrancados e vendidos como animais ao primeiro comprador!" Ele deve ter sido preparado para esperar uma coisa dessas. Sempre sentiu muito pelas crianças, obrigadas a trabalhar como carregadores de água nos campos ou em tarefas domésticas em torno da casa. A revolta que sentiu no Brasil viria à tona de novo ao ver "um menininho, de 5 ou 6 anos de idade", sendo espancado repetidas vezes com um chicote de cavalo por lhe ter dado um copo de água turva.[35] Os panfletos com que cresceu só podem ter fortalecido sua convicção de que esse sistema iníquo alimentava-se de crueldade.

Em 1824, Shrewsbury fez uma petição ao Parlamento exigindo o fim da escravidão, quando Darwin estava em seu último ano na escola. A família também começara a fazer doações à nova "Sociedade para o Abrandamento e a Abolição Gradual da Escravatura" — cujo nome pretendia dourar a pílula — conhecida como Sociedade Antiescravagista — dirigida por Wilberforce e Thomas Fowell Buxton (o filantropo célebre também por suas obras de caridade entre tecelões necessitados e por suas críticas à disciplina das prisões: a partir de 1818, ele foi membro do Parlamento e o sucessor humanista de Wilberforce na Câmara dos Comuns). No fim, o tema comum a toda essa atividade antiescravagista foi resumido com palavras unitaristas (a mãe de Darwin e os primos Wedgwood eram unitaristas) que serviam de prefácio às resoluções antiescravagistas: o "Pai Universal criou todas as nações com um único sangue".[36]

Mas petições e resoluções não substituíam um encontro com um ex-escravo. Quando Charles Darwin estava se preparando para entrar na Universidade de Edimburgo no final de 1825, essa perspectiva o aguardava.

"Susan está mais indignada que nunca com a escravidão", contou a irmã Catherine quando Darwin enfrentava sua primeira geada escocesa. Depois de anos de conversas contra a escravidão à mesa de Susan, de repente Charley se deparou com a situação terrível do escravo negro. O surpreendente é que sua experiência aconteceu logo em seu primeiro ano de universidade, uma época frequentemente descartada pelos historiadores como estéril. O calouro espantado que era Charles Darwin pode ter sido um desastre em medicina (como o pai temia), mas seu primeiro ano não foi desperdiçado. Na verdade, é provável que tenha ajudado a moldar a obra de sua vida de acordo com as mais profundas questões sociais — e científicas.

Só restaram quatro cartas de Darwin dessa época na Universidade de Edimburgo (1825-7), e elas só mostram suas impressões dos primeiros dias em pinceladas rápidas. O adolescente — Charles Darwin tinha 16 anos quando se matriculou — falava de seus professores, alguns deles amigos de seu pai que devia procurar com cartas de recomendação. Mas isso não o impediu de relatar minuciosamente suas frustrações com as aulas.

Darwin certamente pretendia mergulhar nos estudos. Leu vorazmente desde o início, e este se tornaria um hábito da vida inteira. Suas fichas na biblioteca se referem a assuntos que iam de vísceras a insetos, de filosofia a óptica. Alguns acham que sua dedicação mostrava que ele foi incapaz de tirar um único romance que fosse para ler. No entanto, como ele escreveu para casa poucas semanas depois do começo do ano letivo dizendo que "Tenho andado absurdamente ocioso, na verdade lendo dois romances ao mesmo tempo", é óbvio que os havia levado consigo na mala ou os havia comprado.[37] Seus problemas já deviam estar incomodando àquela altura, janeiro de 1826, como sugere sua atitude com o professor Andrew Duncan Jr.

Duncan estava com a cabeça cheia das ideias mais recentes do continente. Ali estava o médico famoso por ter extraído a quina da *Cinchona ledgeriana* — a fonte do quinino para combater a malária — e, por isso, podia se vangloriar de ter salvado vidas nas colônias. Mesmo com a escola de medicina em decadência, ainda oferecia a melhor formação do momento para os médicos e continuava sendo o maior exportador de médicos diplomados para os quatro cantos do mundo. Uma geração inteira havia pagado suas meias coroas para ouvir as aulas de Duncan sobre remédios e experimentar seus preparados de extratos de plantas.[38] Mas, para Darwin, aquilo tudo não passava de doses e prescrições mortalmente enfadonhas. Ele realmente lutou durante algum tempo. Comprou o livro didático de Duncan, *The Edinburgh New Dispensatory* [A nova farmacopeia de Edimburgo] e rabiscou anotações sobre o conteúdo de mais ou menos 60 remédios. Mas o jovem estava impaciente. Queixou-se para sua irmã Caroline de "uma aula longa e estúpida de Duncan":

> Mas, como você não sabe nada sobre a aula ou os professores, vou lhe fazer um resumo. — O Dr. Duncan é tão erudito que sua sabedoria não deixou espaço para o bom-senso & dá aulas, como eu já disse, sobre matéria médica, que é impossível traduzir por qualquer palavra que expresse devidamente a sua estupidez.

E assim continuam as suas reclamações. O fato é que ele era jovem, estava longe de casa, deslocado, e isso deixou essas aulas "numa manhã de inverno [...] algo temível de se lembrar".[39]

Os invernos *eram mesmo* terrivelmente frios. Aquele janeiro chegou a um extremo: o Tweed congelou, permitindo a travessia de carroças lotadas. Os braços de mar também congelaram. O inverno era igualmente rigoroso na maioria dos anos, com os nevoeiros densos e amarelados de novembro fazendo-se seguir de nevascas violentas, quando os empregados do correio eram obrigados a abandonar seus cavalos. Os estrangeiros que iam a pé até a praia temiam que as "orelhas e o nariz (...) fossem cair", e era absolutamente comum redemoinhos de dois metros de altura açoitarem os caminhantes em março. Portanto, quando Darwin se queixou de perder "uma hora inteira — com frio e sem o café da manhã — com as propriedades do ruibarbo!", dá para perceber seus dedos azuis.[40]

Ele perdeu o interesse pela medicina. Mas os historiadores erraram ao ignorar este ano — ou procuraram descobrir sua importância no lugar errado. Ela não estava no auditório onde as aulas eram dadas, nem na enfermaria. Estava na sala do museu, onde um belo rosto negro podia ser visto todos os dias.

Darwin contou à sua irmã Susan, no dia 29 de janeiro de 1826, que "vou aprender a empalhar animais com um negro retinto que eu acho que é um antigo servo do Dr. Duncan", disse ele, referindo-se ao pai do professor, com mais de 80 anos e ainda ensinando física. Darwin não estava certo quanto aos resultados, claro, porque acrescentou que o combinado tinha a vantagem de "ser barato, se não houver nenhuma outra, pois ele só cobra um guinéu por uma hora de aula todos os dias durante dois meses". Evidentemente, o jovem de 16, quase 17 anos, não via nada de errado em pagar para ser aprendiz de um negro, e as cerca de 40 horas que ele teve com o "negro retinto" naquele inverno gelado deixaram claramente a sua marca: já velho, Darwin lembrava-se de "um negro que vivia em Edimburgo e que viajara com Waterton e ganhava a vida empalhando aves, um trabalho que fazia muitíssimo bem; deu-me lições em troca de pagamento, e eu passava horas e horas com ele, pois era um homem muito interessante e inteligente". Em si, essa declaração é surpreendente, pois lhe falta muito claramente a arrogância racista que caracterizava a sociedade inglesa de meados do século.

"John" (supomos que este era o seu nome), o professor de Darwin, chegara a Glasgow vindo da Guiana em 1817 com Charles Edmonstone, seu "dono" escocês. Fora uma viagem só de ida. John não podia retornar às Índias Ocidentais, porque os libertos que voltavam corriam o mesmo risco de reescravizamento que os escravos fugidos: com seu dono em Dunbarton, John simplesmente não tinha proteção. De modo que se estabeleceu na Escócia. Glasgow era uma cidade industrial construída em parte em função das grandes plantações de açúcar para exportação e onde o "grupo das Índias Ocidentais perdera a força". Talvez isso a tenha tornado menos atraente, ou menos lucrativa, pois ele havia migrado para a cosmopolita Edimburgo em 1823 no mínimo. Ali morava no número 37 da Lothian Street, perto do museu, que era vizinho da toca de Darwin.[41] E talvez esse ex-escravo da Guiana tenha recebido um pouco mais de instrução além do empalhamento de aves (a resistência dos grandes fazendeiros autocratas em educar seus escravos não teria impedido o explorador sul-americano Charles Waterton, amigo íntimo de Edmonstone, com quem John viajara pela selva, de educar John). Trabalhador autônomo, tirando partido de sua associação com o famoso Waterton, John ganhou espaço no museu da universidade, onde os conhecimentos sobre sua arte rendiam-lhe um guinéu por curso. Aqui ele ensinava caçadores refinados como Darwin a empalhar seus troféus.

Não era raro ver homens como John nas ruas de Edimburgo. Dada a imensa comunidade escocesa de grandes fazendeiros e o êxodo das *plantations* — resultante da agitação abolicionista —, com os administradores das grandes propriedades voltando, seus escravos negros a reboque, era uma situação previsível.

Mas os americanos ficavam horrorizados com o que viam. Com uma proporção de um para quatro entre mulheres e homens negros naquele porto inglês, os homens arranjavam companhia como podiam. O reverendo John Bachman, um naturalista de Charleston que estava ali de visita, embora fosse um defensor fervoroso da unidade racial humana, declarou ter visto "mulheres e homens brancos jovens e bem-vestidos andando de braços dados com negros nas ruas de Edimburgo". Ele ficou espantado: "Por mais revoltante que seja essa cena para os nossos sentimentos americanos, não parece ser vista com a mesma repugnância pelas comunidades da Europa." Outros cientistas ianques ficaram igualmente perplexos. Benjamin Silliman (um geólogo cujo *Journal* de Yale Darwin chegaria a admirar) tinha ficado estupefato duas décadas antes. Ver homens negros ou indianos com mulheres brancas "deu-me uma péssima impressão":

> Parece que o preconceito de cor é menos forte na Inglaterra que nos Estados Unidos, uma vez que os poucos negros encontrados naquele país estão em condições muito superiores às de seus compatriotas em qualquer outro lugar. Um lacaio negro é considerado uma aquisição valiosa e, por isso, os criados negros são procurados e valorizados.

O mais surpreendente é ele ter declarado, ainda, que "quase nunca se vê um negro malvestido ou passando fome na Inglaterra". Isso não era algo a ser elogiado, mas sim tolerado; e que dava o que pensar, pois como os ingleses podiam ser tão excêntricos? "Como não há escravos na Inglaterra, talvez os ingleses não tenham aprendido a considerar os negros uma classe degradada de homens, como nós nos Estados Unidos."

Aí está a diferença: a escravidão. Ela tornava as ligações entre homens negros e "moças brancas das camadas inferiores da sociedade" intoleráveis aos olhos norte-americanos. E absurdamente incompreensível, tanto que Silliman teve de engolir em seco e contar a incrédulos leitores americanos que: "Há alguns dias, desde que encontrei na Oxford Street uma moça branca bem-vestida, que tinha uma pele rosada e até chegava a ser bonita, andando de braço dado e conversando com muito prazer com um homem negro, que estava tão bem-vestido quanto ela, e era tão negro que sua pele tinha uma espécie de brilho de ébano." O que era revoltante para os norte-americanos não era problema para Darwin, e a gente começa a ter ideia do quanto John deve ter achado o povo inglês tolerante. Em 1826, o movimento pela emancipação dos escravos na Inglaterra tinha uma consciência humanitária tão grande que a aceitação dos negros parecia ponto pacífico.[42]

O sentimento abolicionista era mais forte em Edimburgo do que em Glasgow. Em 1824, surgiu um ramo edimburguês da Sociedade Antiescravagista e, em 1826, estava angariando mais dinheiro com a venda de publicações do que qualquer outra fora de Londres. Mas os provocadores ainda perturbariam sua reunião de 1º de fevereiro de 1826, quando o eloquente advogado Henry Cockburn estava condenando as atrocidades perpetradas nas ilhas da Inglaterra onde havia o cultivo da cana como piores do que "todos os horrores da imaginação sombria de Dante".[43]

Mesmo que a Escócia não estivesse na vanguarda do movimento abolicionista, as irmãs de Darwin mantinham-no a par do que estava acontecendo. No dia 27 de fevereiro, Caroline conta a Charles a surpresa pelo fato "de seu amigo, o arcediago Corbet, não ter comparecido à reunião antiescravagista" em Shrewsbury, parte da mesma reação nacional ao comício de Cockburn; "ele sempre participou". A família estava reagindo à "grande agitação da Inglaterra nesse momento". Tio Jos estava enchendo a Instituição Africana de dinheiro, com o objetivo de desenvolver a colônia de escravos repatriados de Serra Leoa e transformá-la numa semente de cristianização e civilização no continente negro.

Não que esses temas sagrados oferecessem resistência às travessuras diabólicas dos rapazes, provavelmente com Charles instigado pelo irmão Erasmus, mais velho e mais ousado, também em Edimburgo por um ano, terminando os estudos de medicina iniciados em Cambridge. Quando Caroline se queixou em 1826 que, num jantar, um dos amigos de Erasmus "riu sem constrangimento dos sofrimentos dos pobres escravos" e recitou os versos de pé quebrado dos conservadores de *John Bull* [periódico que assumiu o personagem que representa o espírito do Reino Unido em geral, e da Inglaterra em particular] que defende "o lado dos donos de escravos", os rapazes mandaram seus números de *John Bull* para casa. Os impropérios eram o forte de *John Bull*, a reforma, sua *bête noire*. Ele não admitia alterações no antigo direito britânico nem a emancipação católica (em torno da qual havia muita agitação naquele momento), o que "abriria uma porta para o monstruoso PAPISMO"; e também não concordava com os abolicionistas, que abririam a porta para o monstruoso homem negro. Para *John Bull*, o trabalho negro livre era uma piada. Ele satirizava o retorno dos negros repatriados de Serra Leoa (de penas de avestruz — 60 gramas — ao café — 30 quilos), dizendo tratar-se de "FARSA". O *John Bull* de 19 de março de 1826 enviado por Charley sugeria que só os escravos mais confiáveis das Índias Ocidentais deviam ser libertados e, mesmo assim, ele não esperava "consequências favoráveis". O número de 2 de abril foi pior ainda, pois incluía uma matéria que mostrava "uma população [escrava] alegre e feliz". E o lobby das Índias Ocidentais, dizia ele, devia ter orgulho desse fato. As moças da família Darwin ficaram irritadíssimas. Catherine e Caroline disseram rispidamente que Susan estava furiosa por ver o "odioso John Bull fazer de conta que os escravos levavam uma vida de conforto e felicidade".[44]

As irmãs instilaram em Darwin a noção de que o antiescravagismo, assim como a religião, era uma questão seriíssima. O *ethos* humanitário da época era frágil, às vezes superficial, e não admitia vacilações ou frivolidade. Os provocadores, os *John Bulls*, o lobby dos grandes fazendeiros na Câmara dos Comuns, eram exemplos de um câncer moral cujas iniquidades para justificar a tortura exigiam uma resposta em regra.

Alguns, como Charles Lamb, em seus *Essays of Elia* [Ensaios da Élida] (1820), via nos rostos negros das ruas muitas "imagens [benignas] de Deus em ébano", mesmo que "eu não goste de me associar a elas — de dividir minhas refeições e trocar meus boas-noites com elas". O jovem Charley não tinha esse tipo de problema. As irmãs de Darwin tinham feito um bom trabalho: ele não só achava John "interessante" e estava pronto a se sentar com ele horas a fio, como ele se tornou, nas próprias palavras de Charles, um "amigo íntimo".[45]

Na década de 1820, os negros estavam sendo muito mais afetados pela industrialização do que os brancos. Com a erosão do *ethos* paternal, os cocheiros negros e os rapazes de turbante deixaram de ser bichos de estimação mimados dos círculos da corte. Velhas formas de assimilação estavam se desintegrando enquanto outras surgiam num mundo cada vez mais inseguro de assalariados. Agora eles procuravam emprego nas cidades em expansão, fundindo-se com a "sociedade branca inferior". Podem ter sido varredores de ruas, cocheiros ou criados (como foi o caso desse "negro retinto", segundo Darwin). Além de estarem nas ruas de Edimburgo, os negros também estavam no Museu Regius. A onda de sentimento abolicionista trouxe consigo a convicção de que eles não só podiam se transformar em cavalheiros, mas também em cavalheiros profissionais. Eles encontraram menos obstáculos que a geração posterior. Estavam aparecendo no direito, nas religiões e na medicina, e muitos eram direcionados para o serviço colonial, principalmente na África Ocidental, e em Serra Leoa em particular, para onde os escravos estavam sendo repatriados. William Ferguson, cirurgião mestiço da Jamaica que trabalhava no Departamento Médico do Exército, cujo pai era um escocês branco e a mãe uma africana negra e que estudara em Edimburgo, acabaria se tornando vice-governador da colônia em 1841.[46]

Quando pertencia a Charles Edmonstone, "John," o professor de Darwin, teria sido um dos 400-500 escravos que trabalhavam em sua *plantation* de Mibiri Creek, às margens do rio Demerara, que vinha de Stabroek (Georgetown), na Guiana. O amigo de Edmonstone, o viajante e empalhador de animais Charles Waterton, falou de John em seu livro *Wanderings in South America* [Perambulações pela América do Sul] (1825), que acabara de ser publicado, e essa associação com a celebridade do momento deu a John a sua marca característica. Nenhum dos dois era exatamente convencional: a mulher de Edmonstone era uma índia metade aruaque e metade escocesa, e logo o proprietário rural Waterton daria um jeito de se casar com a filha de Edmonstone (com 14 anos na época, embora ele tenha tido a decência de esperar alguns anos). Waterton era católico, e muitos aruaques já tinham se convertido ao catolicismo. Enquanto Darwin tomava lições com John, a última parte da muralha de 30 metros de altura que "protegia" a propriedade de Waterton, Walton Hall, estava sendo terminada em Yorkshire (ao preço de £10 mil), e ele moraria nessa propriedade com as duas irmãs "mulatas" de sua mulher.

Portanto, como observou Darwin, uma das coisas que dava a John o direito à fama era ele ter viajado pela floresta tropical úmida da América do Sul com o homem do momento. Os relatos sensacionais de Waterton, que falavam com indiferença sobre subir em caimões (para obter peles intactas) e de caçar avestruzes, foram ampliados pelas revistas da época em que Darwin começou seus estudos de medicina.[47] Logo surgiram muitas acusações de exagero, mas os homens que o haviam acompanhado juravam que era tudo verdade, e John também deve ter jurado o mesmo para Darwin. As fugas espetaculares foram publicadas até nos jornais sérios, com o divertido Sydney Smith exagerando ainda mais as lutas com os caimões no *Edinburgh Review* (Darwin, muito bem relacionado, sabia tudo a respeito de Smith, um amigo dos Wedgwood, que se referiam a ele como "El Cid"). Waterton, escreveu Smith, era um "nobre católico romano de Yorkshire, com uma fortuna razoável") e que mostrava uma "aversão invencível por Piccadilly", preferindo viver com índios da floresta. Ele fazia piadas incessantes sobre o "prazer desse nobre" em cenas onde "todo resquício da vida civilizada é eliminado de forma cabal e efetiva". As simpatias de Darwin eram para Waterton. As histórias de Waterton eram tão célebres que, em abril de 1826, o *British Critic* recusou-se a reproduzi-las porque elas já haviam sido publicadas na maioria dos jornais.[48] De modo que Waterton era o viajante mais comentado do momento, sendo os ermos da Guiana a terra incógnita mais conhecida da época. Waterton construíra inteligentemente aventuras literárias inacreditáveis a respeito de suas experiências transcendentais nas trilhas da floresta.

Diga você o que disser, Waterton havia penetrado a selva da Guiana como nenhum inglês antes dele, andando a pé e de cabeça descoberta com seus índios e escravos (não havia filas e filas de carregadores para levar o homem branco e seus utensílios domésticos essenciais), como aconteceria mais tarde nos safáris vitorianos. Até os desconfortos, os bichos-de-pé, carrapatos e mosquitos eram, como observou Smith, um insulto à civilização, um recado do tipo "fique fora da selva" para aqueles que não estavam preparados para sofrer. Smith tirou a devida conclusão moral: "A natureza [...] parece estar reunindo todas as suas hostes entomológicas para devorarem você [...] depois que você tirou seu casaco, seu colete e seus calções amarrados abaixo do joelho. É isso que são os trópicos. Tudo isso nos reconcilia com nossos orvalhos, neblinas, vapores e garoas [...] com nossas velhas tosses, dores de garganta e rosto inchado, próprios da constituição inglesa." Darwin deve ter entendido esse contraste divertido no auge daquele inverno gelado.

Waterton preferia "a liberdade do selvagem" ao menos à sujeira industrial de casa. Como católico que negou direitos iguais aos protestantes até 1829, teve pouca adesão de classe. Desprezava a sociedade que o havia rejeitado, preferindo os parasitas da selva àqueles de sua própria classe na Inglaterra, que ele considerava "hordas" de operários de fábrica famintos, "escravizados e oprimidos".[49]

Com certeza a simpatia de Waterton pela vida "selvagem" contrastava com as histórias batidas dos viajantes. Até os missionários pintavam quadros sombrios "dos vícios da vida selvagem", os piores mostrando a África como "uma cena uniforme de pilhagem e rixas ferozes", onde "o roubo e o assassinato" eram "uma ocupação cotidiana". Essas impressões justificavam a captura de tribos pagãs, para que fossem instruídas nos princípios da "religião e [da] ordem social". Tudo isso estava longe da imagem apresentada por Waterton. Mas, nessa época, ele era muito diferente. Definido como inconveniente por biógrafos posteriores, um "excêntrico", Waterton era um homem reagindo a seu tempo. Desafiava as convenções, raspou a cabeça (e dizem que "parecia um homem recém-saído da prisão"). Assim como o católico jacobita alimentou a exclusão social casando-se com a filha de uma princesa aruaque e construindo uma muralha enorme em volta de sua propriedade, sua taxidermia também zombava dos homens dos museus. A famosa brincadeira do "Indescritível" de Waterton — a parte traseira de um macaco empalhada, dizem alguns, de modo a se parecer com o rosto de um certo cobrador de impostos — ridicularizava os zoólogos que passavam a vida batizando criaturas sem as compreender. Ele se fortaleceu com os conhecimentos que adquiriu na selva. Eles lhe deram uma autoridade que rivalizava com a desses outros homens. Ele se recusou a fazer doações para as coleções nacionais e usava seu próprio parque como rota alternativa para a visibilidade social. Sydney Smith achava o "Indescritível" um abuso de poder taxidérmico de Waterton, mas até ele conseguiu identificar o rosto no traseiro como "um Mestre do Tribunal do lorde Chanceler — que já vimos frequentemente rondando a Câmara dos Comuns". Isso significava que, na primavera de 1826, a popularidade da taxidermia era maior do que nunca.[50]

Entre John e o proprietário rural, o jovem Darwin foi iniciado numa versão diferente e bem-vinda da vida na selva. O lado dramático das perambulações de Waterton pela América do Sul foi apresentado com todas as minúcias muitas e muitas vezes no momento exato (fevereiro-abril de 1826) em que Darwin estava com seu companheiro daquela época. Tudo quanto podemos fazer é tentar adivinhar o que Darwin aprendeu nas quarenta e tantas horas que passou com John, mas a preservação de animais deve ter acompanhado as conversas sobre Waterton e a floresta tropical — o apelo do exótico como contraste da neve e da geada.

É provável que a conversa tenha se voltado para a vida do escravo. Parece que John foi escravo doméstico na *plantation* de Mibiri. Charles Edmonstone era um dos residentes mais antigos da colônia e "Protetor" (uma espécie de oficial de ligação/pacificador) dos índios caraíbas e aruaques. É possível que, como Waterton, o escravo também achasse a escravidão uma iniquidade. Waterton dizia que: "Aquele cujo coração não é de ferro nunca vai querer ser capaz de defendê-la: vai soltar um suspiro pelo pobre negro em cativeiro." Mas o próprio Waterton era dono de escravos, e a questão operacional para a maioria dos grandes fazendeiros era o retorno lucrativo. Os 73 mil escravos de Demerara produziam 22 mil toneladas de açúcar por ano, além de rum, café e algodão. Os arquivos mostram Edmonstone muitas vezes à frente de grupos que pretendiam capturar escravos fugidos ou atacar acampamentos de negros rebeldes; o resultado dessas ações foi um governador agradecido liberá-lo de todo e qualquer imposto. Até os escravos de Waterton fugiam periodicamente e eram recapturados.⁵¹ Até mesmo esses homens estavam presos na armadilha de um sistema iníquo.

John provavelmente era cristão. Para dizer o mínimo, as religiões desses escravos originários da África Ocidental haviam sido esmagadas. Mas a maioria dos grandes fazendeiros resistira à conversão dos escravos ao cristianismo, alegando tratar-se de coisa perigosa. Apesar da insistência do governo inglês na educação cristã, o governador de Demerara ameaçara deportar o reverendo John Smith, da Sociedade Missionária de Londres, se ele ousasse até mesmo ensinar os escravos a ler.

Smith havia se tornado uma *cause célèbre* no ano anterior à chegada de Darwin a Edimburgo, e a família estava fervendo de raiva com o tratamento dispensado a ele. Em 1823, uma insurreição de escravos levara à prisão de Smith, devida a acusações inventadas pelos grandes fazendeiros (ele havia pregado a "liberdade cristã"; mas, na verdade, insistira com os líderes do motim para que *não* se rebelassem). Condenado à forca, morreu de pneumonia enquanto estava preso. A Câmara dos Comuns debateu uma moção de censura ao governador em 1824, e a família foi posta a par das estratégias de antemão, quando membros do Gabinete consultaram um cunhado de Darwin — na verdade, um homem muito admirado pelo próprio Darwin —, Sir James Mackintosh, membro do Parlamento de tendência liberal reformista (sua mulher Kitty era irmã da mulher de Jos, Bessy Allen, a "tia Bessy" de Darwin. As irmãs Allen, que incluíam a satírica e inteligente Fanny Allen, recordariam o mundo social em que Darwin foi criado em suas cartas pessoais aos Wedgwood). Para Mackintosh, Wilberforce tinha "dado ao mundo" os "maiores" de todos os benefícios possíveis. Depois da abolição, acreditava Mackintosh, "centenas e milhares" seriam levados "a atacar todas as formas de corrupção e crueldade que afligem o ser humano".⁵²

Mackintosh era exageradamente filantrópico. "Não conseguia odiar", zombava Sydney Smith. "A vesícula biliar foi omitida de sua constituição." Só os administradores indianos que ele irritara quando era juiz em Bombaim por se recusar a assinar penas de morte talvez discordassem ou ainda o lobby dos grandes fazendeiros na Câmara dos Comuns. Em maio de

1824, Fanny Allen esteve na Câmara como testemunha da moção de censura ao governador de Demerara por sua "monstruosa transgressão da justiça". Quem falou foi o advogado liberal Henry Brougham: era um homem de saber enciclopédico — ou, para seus inimigos, de "ignorância enciclopédica" —, que defendia a reforma parlamentar, as oportunidades educacionais (ajudou a fundar a Universidade de Londres) e, aqui, lutou pela emancipação dos escravos. Era mais um membro do Comitê de Abolição, junto com tio Jos, e intimamente ligado a Mackintosh. O discurso de Brougham foi "a coisa mais incomparável que já ouvi", declarou Fanny empolgada. "Tive vontade de gritar ou de pular de alegria."[53]

A debacle de Smith alimentou a ira da família. Como o resto da nação eles sabiam que os colonos só permitiam o uso da religião ou educação para promover a docilidade. Mas a sorte de John numa propriedade rural de Demerara deve ter sido muito melhor. Na verdade, ele deve ter sido um favorito para ser libertado e levado para o outro lado do Atlântico.

Para Darwin, instruído pelas irmãs na atrocidade da escravidão, suas horas com John foram curiosamente oportunas; ali estava o companheiro de Waterton, vindo de um país que tinha acabado de ser testemunha de uma insurreição de escravos. É provável que Darwin tenha conhecido a escravidão de Demerara em primeira mão. Talvez também tenha visto, pelas lentes de Waterton, uma imagem mais simpática dos povos selvagens. E ainda havia a atração do exótico. Nas florestas da Guiana viviam povos em seu "estado mais rude", índios com colares de dentes de urso, os corpos pintados com tinta vermelha perfumada. Enquanto Erasmus, o irmão de Darwin, mandava relatórios do Museu de Caça de Glasgow falando de seus deslumbrantes beija-flores empalhados, John provavelmente dava a Darwin os detalhes de suas próprias impressões sobre os beija-flores: da "membrana resplandecente" vislumbrada enquanto voava "pelo ar quase tão rápida quanto um pensamento!... ora um rubi — ora um topázio — ora uma esmeralda". Dezenas esvoaçavam pela floresta, como bem sabia o empalhador de aves de Waterton, pois a "natureza", dizia seu antigo dono, "não sabe parar quando se trata de formar novas espécies e pintar suas cores indispensáveis".[54]

Essas semanas com John confirmaram a crença de Darwin de que homens negros e brancos possuíam a mesma humanidade essencial. Muito tempo depois ele diria que as raças que conhecera durante sua viagem com o *Beagle*, não menos do que "o negro com quem certa vez tive a sorte de ter intimidade", obviamente tinham "muitos traços de caráter" em comum com ele, o que era prova do "quanto sua mente é parecida com a nossa". Vindo de uma família que fazia campanha para emancipar os escravos das colônias britânicas e obedecendo à ordem abolicionista de respeitar os negros como "seres humanos iguais", o jovem Darwin ficou muito satisfeito por aprender com um "negro puro-sangue".[55]

2
Crânios da raça dos imbecis

O racismo de meados do século XIX e a reação de Darwin a ele ficam mais fáceis de entender se avaliarmos seus primórdios nos dias de estudante de Charley nos anos 1820. Foi uma época em que as categorias raciais estavam sendo forjadas, os rótulos "superior" e "inferior" estavam sendo atribuídos a uns e outros, e os temperamentos tribais estavam sendo delineados. Essas façanhas foram muitas vezes de autoria de anatomistas, etnólogos e frenologistas (estudiosos do caráter e das funções intelectuais humanas com base na conformação do crânio) de gabinete, que só muito raramente puseram os pés em praias estrangeiras. Darwin era jovem, estava sem rumo, farto da medicina, mas bem no meio dela.

A Universidade de Edimburgo criticava com rigor essa desumanização racial. Nem todos reconhecem que muitíssimos desdobramentos posteriores possam remontar a Edimburgo, onde os personagens-chave de nossa história debatiam a vida aborígene com um interesse que não era só acadêmico. O crucial é que duas correntes gêmeas — uma que levou a uma sanção perversa da escravidão, a "Escola Americana" de antropologia, e outra que levou à Sociedade de Proteção aos Aborígenes, mais filantrópica — tiveram sua origem aqui. Era um ambiente fértil, estimulante, para onde os viajantes retornavam para inflamar os alunos, e Darwin estava muito bem situado. Vendo esse "racismo científico" de última geração tomar forma na Edimburgo de Darwin, podemos ter uma ideia melhor de seus alicerces morais desde o início.

Não é imediatamente óbvio por que um nobre jovem e rico haveria de querer aprender o ofício de "empalhador" — a menos que estivesse imitando Waterton. Certo, Darwin era um caçador inveterado, como o resto dos proprietários rurais (a caça continuaria sendo o privilégio oficial da elite proprietária de terras nas charnecas até 1831). As cartas aos primos eram listas de animais caçados na temporada, enquanto as viagens até as propriedades locais ou até o solar dos Wedgwood, em Maer, giravam em torno de grupos de caça. Em setembro de 1826, a espingarda de dois canos de Darwin abateu 55 perdizes na primeira semana. Essa obsessão é um dos motivos pelos quais o Dr. Darwin o havia despachado para Edimburgo.

Em geral, os proprietários rurais pagavam taxidermistas habilidosos para preservar seus troféus; eles próprios não se dedicariam a essa tarefa ignominiosa e suja. Darwin e seu pai tinham um taxidermista local, o Sr. Shaw, para empalhar e devolver alguma raridade, ou vendê-la. O "negro retinto" já tinha presenteado o museu da Universidade de Edimburgo com uma pele de jiboia seca ao sol, além de pássaros e peixes empalhados, de modo que o estudante Darwin talvez tivesse mais em mente a *preservação* de espécimes. Será que ele *já* estava pensando em viajar em 1826? Entre as 21 fichas legíveis da lista de leitura de Darwin entre 1826 e 1827, 15 eram títulos de livros e, entre eles, cinco eram de viagens. Foi o começo de uma preferência de leitura, mesmo que estes livros falassem de climas mais frios, e as explorações árticas tiveram primazia sobre viagens asiáticas ou africanas.[1] É natural que os relatos dos viajantes tenham atraído um jovem de 17 anos, com o museu de história natural da universidade cheio de espécimes enviados por cirurgiões, militares e missionários escoceses que estavam no exterior.

Darwin, ao se matricular para assistir às aulas de história natural de Robert Jameson em novembro de 1826, entrou num curso cheio de viajantes da geração seguinte: topógrafos, engenheiros civis e cirurgiões do Exército. Como sempre, mais tarde ele se lembraria desse curso com horror e, na verdade, muitos não simpatizavam com Jameson à primeira vista, por causa de suas maneiras bruscas e de seus cabelos espetados apontados para cima "como os espinhos do 'irascível porco-espinho'". No entanto, Jameson foi o último dos grandes professores em condições de "reivindicar a imortalidade". Era o zeloso curador do museu, onde Darwin, depois de pagar £45, foi admitido para suas aulas práticas.[2]

O currículo de Jameson era vasto — meteorologia, mineralogia, geologia, botânica — e o curso terminava com a "Filosofia da Zoologia" ou, mais especificamente, com "A Origem das Espécies de Animais" (sobre a qual falaremos com detalhes mais adiante). Num nível mais imediato, Jameson dava "instruções e demonstrações quanto à maneira de coletar, preservar, transportar e organizar objetos de história natural", e o que ele mais elogiava era "as vantagens de viajar". Suas viagens de campo e suas demonstrações no museu tinham o objetivo de preparar equipes médicas e militares para o trabalho. Darwin não foi o único a se beneficiar escrevendo a "narrativa pessoal" de uma viagem. William Ainsworth, que participou do curso neste ano e no seguinte — e que perambulava com Darwin pela praia[3] —, também se tornaria célebre com sua *Personal Narrative of the Euphrates Expedition* [Narrativa pessoal da expedição ao Eufrates]. Darwin foi um dos muitos rapazes cujo destino estava na expansão crescente da Grã-Bretanha.

Esses rapazes estavam sendo preparados no opulento museu de Jameson. A campanha de Jameson na universidade, no Conselho Municipal e junto a lorde Castlereagh, o ministro das Relações Exteriores afligido pela gota, levou a uma reconstrução substanciosa. Em 1826, esse museu reformado ocupava todo o lado leste do quadrilátero que constituía a Universidade e só havia três ou quatro coleções em toda a Europa que superavam a sua. Castlereagh tinha funcionários no exterior que lhe enviavam espécimes. O governador-geral da Índia também fazia a sua contribuição, e aquela de Sir Thomas Brisbane, governador do Novo País de Gales do Sul, pode ser julgada pela quantidade enorme de dissecações realizadas por estudantes de graduação em mamíferos australianos. Castlereagh conseguiu até mesmo que o Ministério da Fazenda admitisse a entrada desses artigos sem pagar impostos. E quando a coleção de aves de Dufresne foi comprada em Paris, ele conseguiu que o Almirantado enviasse um dos navios de Sua Majestade para buscá-la.⁴ A exposição de 3 mil aves, uma das melhores da Europa, certamente foi apreciada por Darwin. Seu gosto pela carnificina continuaria o mesmo durante mais um ano ou dois, mas uma nova sensibilidade sobre a natureza estava se formando lentamente.

Mesmo que Darwin não estivesse se preparando ativamente para viajar, estava sendo preparado para isso. Quando começou suas leituras de viagens, foi levado para as teorias mais recentes sobre antigos processos ambientais. Poucos dias depois de Darwin começar o curso de história natural, Jameson estava terminando suas "Ilustrações Geológicas" de 2004 páginas, um apêndice à última edição de sua tradução do *Essay on the Theory of the Earth* [Ensaio sobre a teoria da Terra], de Cuvier. Darwin leu a obra.⁵ Era inovadora, chegava até mesmo a ser provocante, reforçando às vezes o tipo de geologia no qual Darwin acabaria se fixando. As novas teorias sobre a formação dos recifes de coral em crateras submarinas estavam sendo discutidas. O dilúvio bíblico foi reduzido a um evento local. Jameson não queria mais saber de cataclismos globais: os estratos que continham fósseis não apresentavam sinais de uma "catástrofe súbita, violenta e universal"; o mundo antigo tinha mudado "com passos silenciosos e regulares", os animais de cada estágio vivendo, morrendo e se fossilizando naturalmente, de modo que a Terra passou por "um avanço tranquilo, ininterrupto e continuamente progressivo em sua formação".⁶ Darwin estava assimilando uma abordagem mais gradualista do passado com seu lento fluxo e refluxo de eventos naturais, algo que se tornaria o alicerce de sua ciência madura.

Por intermédio de Jameson, Darwin deve ter tomado conhecimento até mesmo da controvérsia em torno do primeiro fóssil supostamente humano, um esqueleto sem crânio de Guadalupe, "incrustado num bloco de pedra calcária" que, naquele momento, estava no Museu Britânico. Quer fosse ou não um fóssil genuíno, Jameson não tinha dúvidas de que, mais cedo ou mais tarde, a ciência encontraria os "restos mortais do homem" nas formações geológicas "mais recentes".⁷

Fossem quais fossem os movimentos geológicos tratados no curso de Jameson, Darwin deve ter percebido mudanças mais impactantes lá fora.

A atmosfera de Edimburgo era favorável a novas maneiras de compreender a história, as origens e a caracterização racial.

Ali estava Darwin — um inveterado leitor de romances — na cidade de Sir Walter Scott; Scott, romancista, poeta, antiquário, cujos épicos *Waverly* e *Ivanhoé*, publicados anonimamente, reavivaram o interesse britânico por seu passado racial saxão (a autoria de Scott era um segredo do conhecimento de todos e que ele admitiu publicamente na época em que Darwin estava na cidade). As expectativas que Darwin tinha de Edimburgo surgiram de fato ao ler Scott. "Tínhamos acabado de chegar da igreja, onde ouvimos um sermão de apenas 20 minutos", escreveu Darwin para casa. "Eu esperava ouvir Sir Walter Scott, um discurso comovedor de 2 horas & meia." O homem era um ser celestial, cuja imagem era emoldurada por longos cachos prateados. Darwin os viu. Levou uma carta de apresentação aos liberais influentes da cidade, entre os quais o geólogo urbano Leonard Horner. E foi Horner quem levou Darwin à sessão de inauguração da Sociedade Real de Edimburgo em 1826, a cargo de Scott, seu presidente. Ali estava o colosso literário que emprestou seu brilho à capital escocesa, e Darwin assistiu à "cena toda com respeito e uma certa veneração".[8]

Dizem que os ingleses liam Scott para se divertir e os franceses para ter vislumbres históricos e, para Darwin, a diversão teve muitas vezes o seu lado sério. Os romances históricos de Scott insuflavam vida no passado medieval bem organizado, por mais imaginário que fosse. Estimularam o interesse pela continuidade histórica. Essa continuidade ancestral podia ser levada ainda mais longe que a própria história, como fez outro jovem de Edimburgo, protegido do autor de *Waverley*. Era o "jovem Waverley", como Robert Chambers se apresentava nos anos 1820. Chambers, mais tarde um célebre editor de livros, não achava ilógico o salto da descrição das personagens saxônicas de Scott na década de 1820 para a exaltação das continuidades históricas da vida que remontariam ao início dos tempos em *Vestiges of the Natural History of Creation* [Vestígios da história natural da criação] de 1844.[9] Este livro de ideias evolutivas da periferia do campo médico, escrito para ganhar dinheiro, fazia a sucessão dos fósseis animais (os "vestígios") contar uma história sobre a linhagem hereditária da vida.

Os medievalistas estavam alimentando o interesse contemporâneo pela história dos povos europeus para fazer da história "superior" das instituições livres da Grã-Bretanha a característica inerente de uma raça saxônica superior. A ideia de "raça" estava se formando à medida que os povos teutônicos (alemães, escandinavos, anglo-saxões) começavam a se ver como senhores. Essa classificação se tornava mais coerente por meio dos estudos de mitos nórdicos heroicos e das raízes comuns das línguas "arianas", o alemão e o inglês. Os antiquários estavam começando a pensar em termos de um berço ancestral e uma dispersão subsequente pelo norte da Europa desse grupo racial intimamente interligado (conceitos que eram, eles próprios, protoevolutivos). Os velhos igualitaristas do iluminismo podiam criticar os livros que distinguiam o teutônico amante da liberdade do celta ou que colocavam o negro tão distante do alemão quanto "um cachorro vira-lata de um cão de caça puro-sangue".[10] Mas essas distinções estavam começando a ser feitas. Enquanto o novo medievalismo alimentava a mística teutônica (com o *Ivanhoé* de Scott apresentando os saxões ancestrais como cavalheirescos amantes da liberdade), suas consequências raciais estavam se fortalecendo na Edimburgo da década de 1820 por meio de uma série de eventos peculiares.

A expansão europeia levou a descobertas perturbadoras a respeito de numerosos povos, cuja falta aparente de sofisticação tecnológica levou os britânicos a enaltecer cada vez mais a nobreza de sua própria história.[11] Nos anos 1820, ainda prevalecia a crença antiescravagista de todos-os-homens-como-iguais, absorvida por Darwin; mas, interligada a ela havia essa tendência crescente de classificar os povos. Dado o envolvimento da época com a classificação, o conceito emergente de raça acompanharia o desenvolvimento de critérios de graduação, que trariam consigo o aviltamento das chamadas "raças inferiores". Para classificar povos havia necessidade de critérios fixos, e a Edimburgo de Darwin os forneceria.

Os amigos de Darwin juntaram-se ao novo movimento. Ninguém ficaria de fora. Um gaiato, dissecando a autoimportância da cidade, "encontrou homens fazendo piruetas e pequenas evoluções naquilo a que chamam de filosofia... traçando linhas e círculos em torno de um crânio humano e medindo muito circunspectos os talentos e propensões do dono desconhecido com um par de compassos e uma balança".[12] A chegada de Darwin a Edimburgo coincidiu com a disseminação meteórica da frenologia (também chamada de craniologia) — e das tentativas ferozes de acabar com ela. As controvérsias não giravam só em torno da noção de que as saliências do crânio revelam o caráter de uma pessoa, mas também da teoria que a originara: de que o cérebro era composto por órgãos distintos, em vez de ser um todo homogêneo. Era a questão do momento. Não podemos descartá-la como "pseudociência", como fizeram historiadores mais antigos. Para compreender o quanto a ciência de Darwin era diferente, e o quanto seus oponentes divergiram e foram apoiados pelos Estados Unidos escravagistas, temos de começar aqui. Edimburgo é o ponto de partida tanto da etnologia humanista britânica *quanto* de sua rival pró-escravatura.

Em seu contexto original em Edimburgo, a frenologia era basicamente uma disciplina médica. Nos anos 1820, muitos estudantes dissidentes a adotaram, arriscando-se a incorrer na ira de seus mestres. Os livros de frenologia sempre mostravam uma linhagem encanecida de assassinos, cujas picantes histórias de vida serviam para aumentar as vendas mesmo quando seus órgãos morais doentes estavam sendo dissecados. Por isso, era natural que os criminologistas fossem os convertidos mais ferrenhos. Os especialistas em loucura também foram atraídos por ela, porque a frenologia oferecia novas ferramentas para diagnosticar cérebros malformados de pacientes. Entre esses "médicos loucos" estava William A. F. Browne, promotor de Darwin nas agremiações estudantis e futuro especialista escocês em loucura. De modo que Darwin não estava acompanhando de longe as questões de inteligência e cérebro: ele estava bem ali, onde essas questões estavam sendo definidas — e estavam sendo definidas por seus amigos.

Esses rapazes estavam exportando essa ciência do tipo faça-você-mesmo para as oficinas da cidade. Os novos comerciantes adotaram-na quando descobriram suas bases políticas: era uma ciência de avaliação do caráter que podiam usar para analisar assistentes, o grau de confiança oferecido pelos caixas, a probidade moral de empregadas domésticas e assim por diante. Seu jornal, *The Scotsman*, apoiava essa ciência, apesar de ela ser condenada pela Universidade e pelas elites aristocráticas.[13] O fato de ser uma ciência "de fora" com conotações pouco refinadas pode ter levado Darwin a ter preconceito contra ela. Por outro lado, colegas que eram amigos seus promoviam a interpretação das saliências do crânio para estudar a loucura e a genialidade, para prever e controlar o comportamento das classes mais baixas e para repensar a legislação criminal, o que pode ter tido seus atrativos. Mas o que nos interessa aqui é saber como a frenologia foi repensada para definir "raça".

A verdadeira força motriz era George Combe, o filho de um cervejeiro formado em advocacia. Depois de publicar o seu *System of Phrenology* [Sistema de frenologia] em 1824 e ter se tornado anátema para os professores de Edimburgo, ele estava prestes a agravar a situação ainda mais escrevendo um dos livros de ciência mais vendidos do século XIX, *The Constitution of Man* [A constituição do homem], publicado em 1828. A frenologia de Combe era terrivelmente limitadora: só admitia uma possibilidade restrita de mudança dos atributos mentais por meio da educação. Trancava as pessoas em seu espaço social. Não havia nada de fulgurante no estilo de Combe. Uma rigorosa educação calvinista havia feito dele um homem seriíssimo, mas a intensidade de sua missão era cativante. Os discursos comoventes eram feitos agora na Sociedade Frenológica. Em janeiro de 1826, o artista norte-americano John James Audubon, que pintava aves, estava na cidade e ficou "pasmo" com a palestra de Combe sobre as faculdades mentais do homem: "Durou uma hora e meia e vai permanecer na minha mente até o fim da vida." Os admiradores americanos de Combe logo conseguiram as medidas de seu crânio: sua cabeça grande tinha "regiões frontais e coronais desenvolvidas de uma forma bela", indicando "uma predominância refinada das forças morais e intelectuais". Audubon fez a ele o elogio mais desajeitado e irônico que poderia fazer ao compará-lo ao parlamentar Henry Clay.[14] (Clay, o "Grande Conciliador", escamoteara a admissão do Missouri na União como estado escravagista: um ato que efetivamente acenderia as primeiras chamas do debate sobre escravidão que desembocaria na Guerra Civil.)

Alguns dos ataques mais violentos à frenologia aconteceram enquanto Darwin estava na universidade. Em setembro de 1826, o *Edinburgh Review* — "o Corão do público leitor" — dedicou 65 páginas à execração dessa "hipótese fantástica" e "absurda". A inteligência, dizia o periódico, era "una e indivisível", não sendo passível de fragmentação. Portanto, o assunto era corrente e inevitável. O mentor de Darwin no segundo ano do curso de graduação, o transmutacionista (ou evolucionista) ateu chamado Robert Edmond Grant, um homem de 33 anos que trabalhava com a vida das esponjas locais no museu, talvez lhe tenha dado um veredito mais positivo. Grant, que tinha palavras de simpatia ao falar de Erasmus, o avô de Darwin, era um francófilo radical, na verdade a única pessoa que sabemos que promoveu a evolução na presença de Darwin. Nas viagens de campo, dava aulas a Darwin sobre ovos e larvas de corais e esponjas e outras criaturas do seu tipo, e dizia que estas eram como os esporos das plantas marinhas mais primitivas, mostrando o quanto seus ancestrais eram semelhantes em ambos os reinos da vida. Ridicularizava aqueles que condenavam a afirmação da frenologia de que "todas as *manifestações* da inteligência... dependem da organização". Este era um axioma também para Grant, que estava, ele próprio, submetendo o homem, de corpo e alma, a uma natureza evolutiva que obedecia leis. Uma ciência que definia o cérebro como um grupo de órgãos que controlavam os diferentes temperamentos era um "salto repentino para a frente" e não a "arte negra" descrita por seus críticos.[15]

Outros concordavam. Erasmus, o irmão de Darwin, frequentou as aulas da escola de anatomia de John Lizars no Bloco dos Cirurgiões. Ali o habilidoso Lizars era elogiado por sua audácia. Foi pioneiro no uso de lâminas coloridas do cérebro, para que os estudantes tivessem desenhos grandes para guiá-los em suas dissecações intrincadas. Lizars recusava-se a cortar o cérebro em fatias (como era moda na época), preferindo a abordagem dos craniologistas, "mais conectada e natural", apresentando os componentes orgânicos como totalidades. De modo que a frenologia tinha um lado neuroanatômico sério, e os irmãos Darwin foram incentivados a levar ao menos esse aspecto seu a sério. Até mesmo o melhor professor particular de anatomia, o brilhante e irascível John Barclay, foi obrigado a reconhecer a legitimidade desse lado da questão. Barclay, mesmo que frágil por causa da idade (fez 67 anos quando Darwin começou), admitiu relutantemente que "tinha dívidas por muitas visões novas e importantes" com o método neuroanatômico dos craniologistas. Mesmo assim, desprezava soberanamente as saliências cranianas. Aplaudia sarcasticamente a aparência dos bustos frenológicos de cerâmica, que deve ser "em atenção às senhoras", disse ele a Combe, "que poderiam ficar chocadas com a visão repugnante e sangrenta do interior, se os cérebros estivessem presentes". Combe vingou-se. Tendo estudado com Barclay, anos depois ele descreveria a elegância com que este dissecava o corpo para mostrar a integração de suas funções; depois, desafiado pelo cérebro, ele o arruinava, "cortando-o em fatias como um presunto".[16]

O que a frenologia fez realmente foi promover as comparações entre homem e animal. Alexander Monro III, o ríspido professor de anatomia de Darwin, dada a escassez de seres humanos para dissecar, incluiu aulas sobre animais. A bancada da frente de Barclay era decorada todo ano com crânios, classificados de acordo com a verticalidade do rosto — das sobrancelhas ao queixo — para ilustrar o aumento da inteligência: do crocodilo trombudo às "principais famílias da raça humana". Havia filas e filas de crânios para ilustrar seu ponto de vista, passando de "homens bárbaros e animalescos" aos aborígenes, maoris, caraíbas, "subindo" até o camponês europeu para então "coroar o todo" com o crânio anglo-saxão, onde o ser humano aparece em sua "mais alta elevação... como filósofo e moralista esclarecido".[17]

Mas esse ângulo facial não fazia sentido para os frenologistas. Não falava nada a respeito do cérebro como um todo, só de sua parte frontal. Os radicais que cercavam Darwin ampliavam essa série de uma maneira que o velho Barclay teria odiado. Descreviam uma "evolução gradual" das faculdades mentais por meio de uma série frenológica e falavam de um *continuum da inteligência*. Browne e William Rathbone Greg, o filho unitarista de um industrial, discutiam a questão na frente de Darwin: que a inteligência estava ancorada na matéria neutra e que os animais possuíam as mesmas características frenológicas que o ser humano. John Epps, radical e simpatizante dos quacres, outro contemporâneo de Darwin que defendeu a frenologia, insistia em dizer *"que os animais têm* INTELI-GÊNCIA" e personalidades facultativas como nós. Epps tinha os mesmos instintos humanistas de Darwin e considerava "todas as criaturas tão importantes na escala da criação quanto eu mesmo; [e considerava] o pobre escravo índio como meu irmão". Os pares radicais de Darwin estavam jogando fora "as travas da superstição"[18] e preparando o terreno para uma interpretação naturalista da inteligência e da relação do homem com os outros animais.

Mesmo que Darwin tenha refletido parte desse materialismo herético uma década depois, a obsessão crescente da frenologia com a raça acabaria por levá-la para um caminho muito diferente do seu. Se observarmos a maneira pela qual ela se transformou numa ciência de caracterização racial, compreendemos por que Darwin não a seguiu.

A frenologia era irreverente; os estudantes gostavam disso. Até o pomposo Combe era inadvertidamente engraçado (o índice de seu *System of Phrenology* tinha um verbete: "Em geral, os liberais têm órgãos de Veneração menores que os dos conservadores"). Para os estudantes dissidentes, seu atrativo derivava de sua heresia, de sua capacidade de prever cada átomo do comportamento individual. Podia explicar a libertinagem do avô Erasmus Darwin. Podia explicar o filistinismo de Jameson, que estava obstruindo os frenologistas até mesmo quando Darwin estudava no museu. Na verdade, Jameson tinha uma coleção de 70 crânios das catacumbas de Paris — selecionados por um frenologista francês para mostrar as controvertidas saliências — guardada a sete chaves e recusava aos estudantes a permissão de vê-los. Portanto, o acesso ao museu onde Darwin trabalhava era uma *cause célèbre* tanto quanto a interpretação de seu conteúdo. Por outro lado, os frenologistas tinham livre acesso ao museu. A impossibilidade de chegar ao esconderijo secreto onde Jameson guardava seus "crânios hindus" podia ser compensada com o uso da própria coleção do Ganges de posse dos frenologistas. Ainsworth, o amigo de Darwin que gostava de andar com ele pela praia, não teve permissão de ver alguns dos crânios do museu de Edimburgo e estigmatizou Jameson com o apelido de "Ditador absoluto".[19] É claro que os frenologistas sabiam do motivo: o órgão secretor de Jameson, que era superdesenvolvido.

A frenologia satisfazia as necessidades da classe média numa época que foi testemunha do surgimento de escriturários e empregadas domésticas. Inicialmente, dizia respeito a indivíduos. As patroas sabiam como tratar os servos, os patrões como avaliar a honestidade de seus funcionários, os solteirões sabiam que saliências eram características de uma boa esposa.[20] Os crânios "estragados" ou de "imbecis" eram rejeitados quando a ciência gravava sua marca oficiosa no vernáculo.

Mas todo esse aparato estava sendo sutilmente transferido para as raças humanas. As "faculdades [mentais] são inatas", disse Combe, "toda pessoa recebeu uma determinada constituição da natureza." A educação só poderia liberar o potencial das faculdades, melhorando a sorte da pessoa em sua esfera de atividades. Para os velhos radicais iluministas, essa restrição era intolerável. Os socialistas owenistas que viviam na comunidade modelo de New Lanark (que muitos estudantes foram visitar) acreditavam na mão modeladora da cultura. Achavam que a educação modelaria as inteligências e, com isso, mudaria a sociedade. Mas o mundo estava se movendo contra essa ambientalização. Não deixava de ser cômica a maneira pela qual os chapeleiros da cidade — os mais entusiastas de todos os frenologistas — apresentaram a suprema *reductio ad absurdum* da melhoria dos cérebros: em 1827, disseram que emigrados que foram para a Índia haviam deixado as medidas de suas cabeças com oficiais de provas de Londres e que os chapéus lhes foram enviados durante décadas sem que houvesse necessidade de tirar novas medidas.[21] Os atritos culturais e os climas extremos não tinham efeito algum sobre o tamanho ou a forma da cabeça. Um inglês seria sempre um inglês.

Bom, se os órgãos não podem ser afetados, devem ser fixos nos indivíduos e, como as raças são grupos de indivíduos, as raças devem ser fixas. A Edimburgo de Darwin foi testemunha de medidas para classificar grupos inteiros de acordo com seu crânio. Classes primeiro: os chapeleiros do país forneciam estatísticas nacionais. Mostravam que os tecelões moderados tinham a cabeça fina e comprida, ao passo que os gorros da libré dos servos eram menores que os chapéus de seus patrões e que cartolas grandes eram necessárias para a cabeça "superior" das "classes superiores". A partir disso, era fácil pular para os galeses e escoceses como grupos nacionais (era muito gratificante ver que as cabeças de Edimburgo eram as maiores) e para os irlandeses, cuja circunferência craniana era grande demais para caber no estereótipo.

A questão séria era que de "classe" para "raça" era só um pulinho. Primeiro foram os marinheiros noruegueses em visita e, em última instância, os hindus como nação. Sempre os "hindus": era a obsessão de Combe pelos "conquistadores e conquistados".[22] O que realmente o fascinava era a explanação que a frenologia dava para o poder colonial. Muitas e muitas vezes ele voltava aos milhões de "hindus" controlados por centenas de homens britânicos, algo que ele nunca entendeu, declarou certa vez, até a frenologia revelar o tamanho reduzido dos órgãos "hindus" relativos à "combatividade" e à "destrutividade". A sombra da escravidão enquanto corolário sinistro já estava aparecendo — nunca de forma declarada, mas aumentando cada vez mais à medida que as explanações da subordinação vinham para o primeiro plano.

A passagem da psicologia individual para a psicologia nacional foi direta. Na Edimburgo de Darwin, a frenologia estava sendo impulsionada mais pelo etnocentrismo que pelo preconceito. As instituições livres da Grã-Bretanha seguiram a mentalidade esplêndida de seus criadores anglo-saxões. Se os "milhões de hindus, africanos e índios americanos" nunca desenvolveram instituições ou tecnologias, a explanação estava em seus cérebros. Seus temperamentos eram inadequados. E esses temperamentos podiam ser medidos pela forma do crânio. No final dos anos 1820, a mensuração do "órgão" estava em vigor: os órgãos da "firmeza" e da "secreção" dos índios peles-vermelhas tornavam-nos resistentes à tortura, os grandes órgãos secretores dos hindus levavam à duplicidade, ao passo que um grande órgão de veneração levava, em seu estado não esclarecido, ao culto aos animais, e assim por diante. Crânios estrangeiros mostravam uma "forma e combinação de órgãos nacionais", e a elas correspondiam "as características mentais das respectivas tribos".

Essa ligação entre a forma do crânio e o temperamento racial incentivou as previsões de capacidades e destinos nacionais — classificações, em suma. Os resultados eram recomendados "ao filósofo e ao legislador" como o fundamento das atitudes judiciais nas colônias. As causas frenológicas da liberdade em diferentes nações já estavam sendo discutidas. Tome como exemplo os sul-americanos coloniais, com sua desenvolvida faculdade do orgulho: derrubavam seus governantes tirânicos, mas careciam de virtude para desfrutar uma verdadeira liberdade como os britânicos, que são homens que agem de acordo com seus direitos e deveres. Às vezes parecia que só os britânicos tinham condições de usufruir a verdadeira liberdade. Além disso, os povos com faculdades reduzidas de "verdade" e "escrúpulo", como os africanos, teriam pouco entendimento do que é "justiça". É claro que isso significava que, como escravos, eles não sabiam que estavam sendo maltratados.[23]

A desigualdade estava se constituindo em sistema e estava sendo aceita. Não poderia haver um Isaac Newton aborígene, por mais que os nativos fossem instruídos na ciência; não haveria uma civilização africana, por mais que construíssem escolas naquele continente. Os negros não tinham cérebro para isso.

Estava havendo um apelo cada vez maior para os viajantes estudarem as cabeças e disposições dos nativos. As cabeças eram mapeadas como territórios. Assim como a ordem social "era um epifenômeno das capacidades psíquicas naturais dos *indivíduos*",[24] a raça também era um epifenômeno de capacidades nacionais imutáveis. Os frenologistas queriam crânios para provar essas opiniões. Em Edimburgo, os cálculos logo se multiplicaram, com numerosos crânios enviados pela Companhia das Índias Orientais de Bengala alimentando muita discussão sobre o caráter hindu. Nos anos 1820, os evangélicos antiorientais condenavam o hinduísmo como um exercício idólatra de puerilidade e impureza e viam o imperialismo tutelar da Grã-Bretanha como o instrumento esclarecedor da vontade de Deus.[25] Isso deixaria afiada a ponta racial da frenologia. Seja qual tenha sido seu grau de relutância em aceitar a escravidão, os missionários levaram atitudes mais rígidas para o Oriente e para esses crânios exóticos expostos nos museus de Edimburgo.

Os aspectos "degradantes" dos povos indígenas começaram a predominar. Muitas de suas brutais características nacionais eram agora encontradas em casa nas cabeças malformadas dos criminosos brancos, cujos crânios eram as principais atrações das coleções.[26] Davam a impressão de que os próprios aborígenes eram malformados ou mal desenhados. Na verdade, agora as cabeças dos assassinos brancos e das raças "exóticas" estavam lado a lado nos gabinetes.

Todos os museus, inclusive o de Darwin, estavam se enchendo rapidamente de material. Colecionar crânios estrangeiros foi uma atividade que se acelerou no país inteiro na década de 1820. Em parte, isso foi resultado de um crescimento na manufatura de mapas: agora a Marinha Real estava levando a sério seu trabalho de vigilância costeira (algo que beneficiaria o próprio Darwin), embora a caça aos traficantes de escravos ao largo das costas da África e das Américas tenha resultado num momento de bonança para os coletores. O Colégio dos Cirurgiões de Londres adquiriu uma série de crânios estrangeiros nessa época, que incluía crânios da América do Sul e da Costa do Ouro, na África.[27]

No Museu de Edimburgo de Darwin, os crânios dos "hindus" haviam sido coletados ao longo das margens do Ganges (onde os mortos eram lançados). Robert Knox (sempre nervoso e surpreendente), o melhor anatomista da cidade, disse que eram "praticamente iguais aos de qualquer europeu", exceto talvez pelo maxilar inferior. Na verdade, "todos eles parecem ser da raça caucasiana" ("a mais bela raça de homens" veio do monte Cáucaso, na Geórgia, perto do monte Ararat, segundo a autoridade alemã em antropologia J. F. Blumenbach, de modo que batizou o tipo em sua homenagem).[28]

Knox era carismático, com sua "língua de prata, suave como a de Belial", e com sua fisionomia sensacional. Para os estudantes, era o "Velho Ciclope": seu único olho remanescente enxergava "tão longe quanto a maioria das pessoas com dois", enquanto seu casaco marrom-arroxeado desviava a atenção de seu rosto marcado de varíola. A escola de anatomia de Knox no Bloco dos Cirurgiões não era só a melhor, como também a maior (em 1826, teve 207 alunos — o professor de Darwin, Monro, teve 78). A competição era acirrada — tanto para os estudantes dissecadores quanto para seus objetos de estudo: na verdade, uma audaciosa quadrilha de ladrões de túmulos certa vez roubou um dos cadáveres de Lizars e vendeu-o a Knox. Os cadáveres eram valiosos, e só um suprimento constante permitia a Knox e Lizars oferecer uma experiência prática completa de dissecação. Enquanto isso, Darwin tinha de assistir Monro conformar-se em mostrar à sua classe o que ele fazia na mesa da frente. (O resultado disso foi que Darwin não aprendeu direito as técnicas de dissecação, o que ele mais tarde lamentou como "um dos maiores males da minha vida".)[29] O irmão Erasmus, por outro lado, pode muito bem ter dissecado corpos "ressuscitados" na escola de Lizars.

Knox é outro motivo pelo qual o trabalho de base dos estudos raciais estava sendo feito na Edimburgo de Darwin. Em 1820, ele tinha voltado do serviço ativo no cabo da Boa Esperança. Como cirurgião do 72º Regimento Escocês, combatendo os bantos na Quinta Guerra Cafre, ele havia dissecado numerosos soldados mortos em batalha. A anatomia do "cafre" (hoje a etnia xhosa) e do "bosjeman" (o termo holandês que designava o "bosquímano", que Knox considerava ser o mesmo que "hotentote", hoje a etnia koi koi) era o seu forte, ao lado da fauna do Cabo. Ele voltou para a Europa com três crânios "cafres" — segundo ele, os primeiros vistos na Europa. E, em suas aulas subsequentes, dizia ele, eram os primeiros a ilustrar "esta bela raça".[30]

Knox seria o futuro pai escocês do "racismo científico". Mas naqueles últimos anos estava desiludido (foi depois do escândalo Burke e Hare de 1828;* como sua escola havia recebido as vítimas do assassino, ele acabou sendo expulso da cidade). Embora ele acabasse se tornando um expoente de inevitáveis guerras raciais, sua atitude na época de Darwin era muito mais moderada. Knox vira sangrentas guerras coloniais em primeira mão — e a visão de mil corpos bantos depois de um ataque a Grahamstown em 1819 não foi a pior coisa com que se deparou. Amigos dessa época viram nele um efeito diferente. O quacre Thomas Hodgkin, outro etnólogo que estava desabrochando em Edimburgo, conseguiu uma cópia de seu crânio "cafre" em metal fundido e elogiou "o testemunho" de Knox, que "confirma inteiramente tudo quanto foi dito sobre as qualidades cordiais e excelentes dessa raça terrivelmente difamada". Na verdade, o jovem Knox era anticolonialista num grau que chegou a lhe causar problemas na Colônia do Cabo. Ele achava a agressão britânica errada e louvava a coragem dos membros da tribo banto.[31]

De outras formas, as opiniões do jovem Knox refletiam aquelas prevalecentes em Edimburgo e eram inerentes a simpatizantes dos aborígenes como Hodgkin. Pense no ambientalismo de Knox — ele acreditava que os seres humanos em dispersão podiam se adaptar aos climas locais ou se acomodar tranquilamente a diversos *habitats* (algo que negaria depois). Falando sobre as etnias do Cabo, ele admitia incontrovertidamente que as raças "cafre" e "negra" eram intimamente aparentadas

> e que as diferenças observáveis poderiam ser atribuídas aos diferentes climas que elas habitam. Os cafres, em suma, são os negros das montanhas; são negros modificados por residirem num clima extratropical; como todos os montanheses, são obstinados, ousa-

---

*Eram imigrantes irlandeses, viviam em Edimburgo. Um dos inquilinos de Hare morreu lhe devendo dinheiro e ele, então, vendeu o corpo para o Dr. Knox. Percebeu que "fornecer" corpos para pesquisa poderia ser um negócio lucrativo. Hare e Burke chegaram a matar 16 pessoas. Hare escapou do julgamento e apenas Burke foi condenado. Seu corpo doado para pesquisas. Em 1832 foi criado o Anatomy Act, que permitia a doação de corpos para a ciência. (*N. do E.*)

dos e amantes da liberdade. Em termos de intelecto são superiores ao negro, e eu acredito que são capazes de um grau muito considerável de civilização.

Cada raça teria "crânio e rosto" diferentes, mas isso era resultado da adaptação. Até mesmo os diminutos "hotentotes", que tinham um rosto diferente — haviam se adaptado à "vastidão do país quase deserto" —, descendiam do mesmo "tronco, ao qual foi dado o nome arbitrário de caucasiano". Essa era a crença comum: uma unidade de origem, um ancestral comum, algo que o cínico Knox velho repudiaria, mas uma crença que Darwin preservaria como o fundamento de suas teorias posteriores de evolução. A divergência entre essas raças "num período muito antigo" foi causada por "clima e civilização". Aqui falava o jovem Knox ortodoxo. E, se ele não tivesse tirado algumas conclusões anatômicas — sendo uma delas que os "negros de pernas arqueadas" tinham "uma certa dificuldade em manter a posição ereta", com "os tornozelos tendendo a desabar no chão",[32] supostas peculiaridades que seriam ampliadas na futura literatura racista — nem valeria a pena mencioná-lo.

Americanos que vieram depois poderiam dizer que estavam com um pé no ombro de Knox e outro no ombro de Combe para ver o sombrio futuro racial. Mas, na década de 1820, Knox ainda tinha um terreno comum com o grupo de Hodgkin que, como Darwin, nunca duvidou da origem unitária da humanidade e nem da explanação climática para as diferenças raciais.

Knox estava se fortalecendo cada vez mais. Em maio de 1826, venceu Grant numa eleição para se tornar o curador do Museu do Colégio dos Cirurgiões. Aquele ciclope ubíquo estava colonizando o Bloco dos Cirurgiões, tanto que deve ter sido difícil para Darwin não se dar conta de sua presença. Depois que os novos homens tomaram o poder, a transição completou-se. Barclay, que já fora pregador, havia retomado novamente esse caminho na sua senilidade. Darwin leu sua *Inquiry into... Life and Organization* [Investigação da... vida e da organização] (1822), escrita contra os médicos radicais. Era um ataque furioso contra as explanações iluministas da inteligência e de uma natureza autoanimada — no qual a vida evolutiva de Erasmus Darwin em sua *Zoonomia* foi escolhida como exemplo britânico de "extravagância ilimitada" (com a mistura de elogio e crítica ao velho Erasmus, Darwin foi para casa no verão de 1826 e releu e "admirou muito" a *Zoonomia*, bem como um relato da vida de Erasmus).[33] Charles Darwin estava se envolvendo com seu legado e considerando os Grants, Brownes e Gregs radicais os congêneres contemporâneos dos difamados viajantes da época de Erasmus. A reviravolta foi capitalizada por Knox. Quando a senilidade de Barclay se manifestou — no dia em que ele deu graças ao iniciar uma aula sobre os órgãos sexuais —, Knox assumiu seu curso. Ali o showman de língua ferina atraía enormes quantidades de alunos. Ali também estava sua incipiente coleção de crânios, inclusive um crânio "cafre" (os outros foram para Jameson e para Monro, o professor de Darwin).[34] Agora Knox estava em perfeitas condições de iniciar os alunos num estudo das raças africanas.

A heresia grassava na época em que Darwin esteve em Edimburgo. Quando ele chegou à cidade, Knox estava comprando o museu do famoso cirurgião londrino Charles Bell para renovar o arcaico Museu dos Cirurgiões. Esse museu cheio de novas aquisições atraiu um grande número de pessoas — teve 500 visitantes só em abril de 1826. Os irmãos Darwin não devem ter deixado de ir lá. Bell era um nobre urbano da velha guarda, que via no corpo humano provas dos desígnios divinos, o que era "puro absurdo" para o ateu Knox. Ele, como Grant, defendia as abordagens francesas rivais, que procuravam pontos comuns básicos que consideravam indícios de relações: portanto, todos os vertebrados foram construídos a partir de uma matriz comum, em vez de parecerem desconectados para satisfazer uma necessidade funcional. Tanto Knox quanto Grant defendiam essas novas abordagens na época em que Darwin estava residindo em Edimburgo.[35] Não há dúvida de que ele teria achado que uma anatomia naturalista, com suas explanações mais laicas, estava em ascensão.

Darwin foi testemunha do ataque de seu amigo Browne à *Anatomy and Philosophy of Expression* [Anatomia e filosofia da expressão] de Bell numa reunião de estudantes. (Numa reunião anterior, quando Browne anunciou sua intenção de atacar o livro, tinha realmente proposto a Darwin que participasse dessa agremiação estudantil.) A edição de 1824 promovia a obra recente de Bell sobre os músculos faciais e sua descoberta de um novo "nervo respiratório" que viria da orelha e atravessaria o rosto. Mas o que irritou os radicais foi sua declaração de que a expressão divina do ser humano se devia a um músculo *exclusivo* da humanidade (o *depressor anguli oris*, vindo do maxilar, passando em volta da boca e prendendo-se abaixo do nariz). O rosto lindamente expressivo de uma criatura moral dependia de um item singular da anatomia. O tema era a beleza, e Bell inventou técnicas de mensuração para mostrar por que o rosto dos "negros" se desviava da norma europeia.[36] Aquilo foi demais para Browne. Brusco, irreverente (mais tarde recebeu o diagnóstico de fanatismo religioso em seu asilo, alguém que sofreria de hiperatividade dos órgãos de veneração), ele não aceitava nenhuma singularidade anatômica, nenhuma explanação criativa. Darwin deve ter ficado intrigado: a paixão iconoclasta que teria depois seria pela expressão facial e sua relação em seres humanos e macacos.

Alexander Monro III, o professor de anatomia da universidade, obrigou Darwin a se aproximar do debate frenológico. Embora os eventos nos clubes fora dos muros fossem empolgantes, a autobiografia de Darwin diria que as aulas de Monro eram enfadonhas "como ele mesmo". Além disso, ainda havia sua tendência de citar as anotações do pai, feitas décadas atrás,[37] que tornavam o teatro da anatomia algo parecido com um lúgubre Templo do Sono, mas a própria cátedra lhe havia sido deixada de herança. Era o tipo de privilégio hereditário que contribuía para o declínio do sistema educacional escocês.

Mas as lembranças que o velho Darwin tinha de Edimburgo envolveram a cidade numa névoa que precisa ser dispersa. O rapazinho que estava começando a estudar na universidade fez um comentário diferente. Seu julgamento de Monro em janeiro de 1826 foi o seguinte: "Não gosto dele, nem de suas aulas, a tal ponto que não posso falar com decência a seu respeito. Ele é tão sujo na sua pessoa quanto em seus atos." Darwin era meticuloso e sensível: até mesmo os que gostavam dele poderiam dizer que suas sensibilidades de fidalgo eram meio exageradas. As boas maneiras tendiam a ser esquecidas em meio às vísceras humanas e à sujeira da sala de dissecação. Outras eram igualmente proteladas: Audubon ficava consternado ao ver Knox se aproximando para cumprimentá-lo na rua "vestido com um jaleco e com os dedos ensanguentados". Os talhadores mais rápidos em geral ficavam salpicados de sangue, e uma descrição de um dos melhores de Londres dizia: "Todas as partes dele ficaram sujas." As salas de dissecação eram abatedouros infestados de larvas, cheios de sangue e de poeira: a visão de uma delas podia pôr os neófitos para correr daquele "sepulcro". Era mais do que um jovem educado da nobreza poderia suportar, principalmente alguém que, como Darwin, tivesse horror a sangue. Nessa era anterior à anestesia, a visão de duas "operações muito difíceis"[38] na Enfermaria Real — uma de uma criança — obrigou-o a ir tomar ar fresco na rua. É claro que ele detestava tanto o ambiente quanto a anatomia.

Apesar disso, ele deve ter passado mais de cem horas no curso de anatomia. E Monro estava levando os estudantes a entrar em áreas fascinantes: eloquentemente, a primeira coisa que pediu a Audubon depois de conhecê-lo foi para lhe levar alguns crânios. Ele estava perfurando crânios, dissecando cérebros e tentando ele mesmo refutar a frenologia. O impacto do trabalho de Monro era evidente até mesmo 12 anos depois, quando Darwin se lembrou de um sonho no qual estava sendo executado: havia sido enforcado e decapitado, mas ainda vivia, o que era estranho, "porque toda a sequência do experimento do Dr. Monro sobre a morte por enforcamento apareceu na minha frente, mostrando-me a impossibilidade de uma pessoa se recuperar do enforcamento por causa do sangue". É óbvio que Monro discutira os méritos relativos da decapitação e do enforcamento no tocante aos nervos e à circulação. Os assassinos — cujos corpos mal tinham esfriado — iam do patíbulo para Monro. Os mendigos também passavam pela ignomínia do bisturi de Monro,[39] e suas autópsias se tornaram alvo de irritados cartazes de rua. É possível entender por que Darwin ficou traumatizado a ponto de ter pesadelos mais tarde.

Enquanto Darwin estudava, seu professor estava recebendo Sir William Hamilton, o maior metafísico da Escócia, professor de história civil, em sua sala de dissecação. Enquanto Darwin esteve na universidade, Hamilton desancara a frenologia na Sociedade Real de Edimburgo em três ocasiões, por levar "aos mais abomináveis materialismo, fatalismo e ateísmo" (ele queria dizer que, como os temperamentos humanos eram fixos, não havia espaço para o livre-arbítrio). Agora estava trabalhando junto com Monro para expor os sínus frontais, as cavidades cheias de fluidos acima do nariz que separam os ossos que contêm o cérebro da camada exterior do crânio (esta talvez tenha sido a primeira e a última vez que um professor de história civil pegou o bisturi para usá-lo na massa cinzenta). Os sínus eram tão enormes, disse Hamilton, que abarcavam um terço dos supostos órgãos frenológicos. De acordo com os argumentos de Hamilton, se havia saliências nervosas, elas não podiam ser vistas nessa região porque esses sínus ficavam entre elas e o crânio. Esse ataque aos fundamentos da frenologia estava abrindo caminho até a sala de aula. Os crânios do museu foram seccionados para mostrar os sínus, e Monro os discutia em suas aulas, com Darwin fazendo anotações.[40]

O ataque elitista de Hamilton também virou de ponta-cabeça as deduções racistas da frenologia. Seu trabalho na sala de dissecação de Monro, usando areia para calcular a capacidade craniana, produziu resultados opostos aos dos frenologistas. Trabalhando com dois crânios cafres (possivelmente de propriedade de Knox) e 13 crânios negros, ele provou que não eram menores do que os crânios europeus.[41]

Portanto, este não foi o período estéril que Darwin nos levaria a acreditar em sua autobiografia. Questões de determinismo ambiental *versus* determinismo anatômico e de uma natureza autoanimada *versus* uma natureza animada pela Criação estavam todas sendo discutidas exaustivamente à sua volta, questões que teriam repercussões por gerações a fio, dentro e fora da obra do próprio Darwin. Ainda havia muitos argumentos em favor do tamanho dos cérebros, de disposições inatas e de categorias raciais, adiando o consenso por mais algum tempo. Os grupos competiam pela influência sobre os estudantes, e Darwin estava no centro dessa competição. Porém, o jovem inocente não estava exatamente envolvido, mas sim perplexo. Mesmo assim, muitos desses temas viriam à tona mais tarde em sua própria obra sobre a origem racial do homem.

Na Edimburgo de Darwin, a fusão radical de filosofias rivais já estava enfrentando dificuldades. A tensão era evidente entre o determinismo rígido da frenologia, que admitia pouca ou nenhuma melhoria racial, e o evolucionismo liberador do iluminismo, com sua fé na mudança e na capacidade de mudança. Estava havendo divisões, que acabariam se intensificando até deixar um grande fosso, com a frenologia (ou craniologia, como era chamada com frequência) sendo apropriada em contextos americanos com insidiosas finalidades escravagistas, enquanto Darwin e os protetores dos aborígenes tomavam a direção oposta.

Alguns compatriotas de Darwin adotariam posturas mais conservadoras com a passagem dos anos. Um deles se destaca. Para William Rathbone Greg, os grilhões anatômicos que mantinham as categorias de classe e raça foram reinventados e fortalecidos assim que ele assumiu sua condição de príncipe do algodão. Posto pelo pai à frente da administração de uma fábrica em Bury em 1828, achou seus 600 operários "provavelmente tão bárbaros quanto aqueles encontrados na África e na Austrália". Piores que "canibais" (mesmo em Bury, "não era nada raro alguém encontrar fragmentos de nariz e orelhas nas ruas"), seus trabalhadores brigões tinham de ser civilizados, e ele perdera a esperança em todos os "experimentos sobre a capacidade de aperfeiçoamento da natureza humana":

> Cheguei aqui cheio de ilusões e propostas filantrópicas, querendo abrilhantar os intelectos e purificar o caráter das pessoas sob minha responsabilidade, mas todas elas evaporaram diante do efeito antimágico de residir durante quinze dias entre eles.[42]

A frenologia era um indicativo melhor do comportamento humano, e o apoio de Greg à fundação de um instituto de mecânica pretendia tanto controlar quanto promover qualquer inteligência receptiva.

Capacidade de aperfeiçoamento francófila e redução frenológica: Darwin foi exposto ao velho e ao novo. Começaria sua longa viagem para fora de Edimburgo, mas nunca escaparia inteiramente da influência que a cidade teve sobre ele. Outros tomariam um rumo diferente, e os caminhos que levavam a carreiras diferentes se interseccionariam violentamente anos depois.

Em nenhum lugar essa divisão era mais clara do que entre os membros da comunidade quacre de Edimburgo, uma comunidade muito coesa. Ali havia dois amigos: um tomaria o mesmo caminho na vida que Darwin; o outro fundaria uma "Escola Americana" de antropologia diametralmente oposta à obra da vida de Darwin.

Os dois amigos médicos tinham formação diferente, mas foram igualmente influenciados pela compreensão cada vez maior das raças. Os quacres consideravam-se homens à parte com seus chapéus de abas largas e sua linguagem arcaica, e muitos se interessavam pela "alteridade" em geral. Suas casas despojadas não tinham quadros, com exceção talvez de uma gravura de um navio negreiro ou de uma pintura de índios assinando um tratado com William Penn. Thomas Hodgkin, com seus objetivos coloniais filantrópicos, veio do ramo evangélico. Tendo sido aprendiz de William Allen, o fabricante de remédios de ascendência quacre da cidade de Londres e amigo íntimo do grande abolicionista Thomas Clarkson, Hodgkin aprendeu a "sentir até pela mais insignificante das criaturas animadas [de Deus]".[43] Clarkson e Allen tinham sido cruciais para a proibição do tráfico negreiro e para a formação da Instituição Africana, que procurava facilitar o retorno de escravos libertados a Serra Leoa. Igualmente importante em sua agenda era a situação dificílima dos índios norte-americanos. Chefes mohawkes do Canadá visitaram de fato tanto a casa de Allen quanto a de Hodgkin.

Em Edimburgo, Hodgkin já estava obcecado com os povos indígenas ameaçados pela expansão dos colonos. Para ele, salvar vidas também era salvar culturas. Ficara chocado com a perda de tradições antigas, com os ponteiros do relógio voltados para um período arcaico depois da Arca de

Noé. Os nativos norte-americanos eram particularmente importantes para Hodgkin, porque os experimentos quacres na Pensilvânia estavam transformando as tribos em agricultores sedentários. Por isso ele gravitava em torno de outro quacre de Edimburgo — Samuel George Morton, um médico da Pensilvânia, que estava ali fazendo seu doutorado. Morton viajara por todo o território dos Estados Unidos, e seus "sentimentos em relação aos índios & sua confirmação de algumas de minhas ideias sobre eles", fizeram com que Hodgkin se aproximasse, e surgiu uma amizade entre eles. Ficaram juntos em Edimburgo durante três anos e ficaram com Knox em Paris. Hodgkin era todo ouvidos para as histórias de horror de Knox a respeito do Cabo, da "guerra de extermínio" dos bôeres e dos britânicos contra o "belo" povo banto.[44]

Parece que os quacres constituíam um bom público para a frenologia: George Combe diria mais tarde nos Estados Unidos que um terço de seus ouvintes era quacre. Poucos escaparam da ciência do crânio de Edimburgo. Para Hodgkin, a prova surgiu em seu cargo subsequente (conforme disse ele a Morton em 1828) de "curador e promotor da coleção anatômica e patológica" do Hospital Guy de Londres. Esse museu havia sido formado "muito graças ao meu trabalho pessoal", e seu catálogo de objetos expostos incluía a cópia do crânio cafre de Knox em metal fundido, colocada entre os crânios de loucos e assassinos e trinta e poucos crânios de outras raças. As duas dúzias de crânios caucasianos foram organizadas de forma a mostrar por que seus desvios levaram à abordagem desses crânios estrangeiros "por meio de gradações quase insensíveis". Era a história ossificada nas prateleiras da sala: uma descrição estática da disseminação caucasiana para longe do berço da humanidade, rumo a regiões exóticas. Embora o museu de Hodgkin tivesse bustos frenológicos, e os crânios tivessem desenhos que mostravam os órgãos do cérebro,[45] essa ciência das saliências do crânio era periférica em relação à sua filantropia e acabaria perdendo o interesse para ele.

Sua fé na educação e na adaptação fortaleceu-se. As cartas a Samuel Morton (agora de volta aos Estados Unidos) deixam evidente a sua maior preocupação — pedir ajuda para conseguir que um ou dois filhos de chefes índios fossem mandados para a Inglaterra para estudar. Só semeando as nações mohawk e huron com líderes influentes "dotados de boas maneiras, inteligência esclarecida e visões amplas" seria possível salvar essa "raça nobre" da extinção que certamente se seguiria às suas "represálias selvagens" contra a injustiça branca.[46]

Enquanto filantropo, Hodgkin cultivava os mesmos valores que Wedgwood-Darwin. Não é de surpreender que as duas famílias fossem muito bem relacionadas. Numa carta em que pedia a ajuda de Morton para mandar os índios para a Europa, Hodgkin contou suas viagens pelo continente e o encontro com "o historiador Sismondi" em Genebra. Na verdade, os Wedgwood tinham se proposto visitar Jean Charles Léonard Sismondi, "um dos maiores homens da época" — tendo o historiador se casado com Jessie Allen, a tia favorita de Emma Wedgwood. Cartas de Emma (ou da "petite Emma", como Sismondi a chamava) a Jessie se tornariam uma fonte crucial da história das famílias Wedgwood e Darwin, principalmente depois que Emma se casou com Charles Darwin.[47]

Sismondi tinha um círculo imenso de contatos, que punha os Wedgwood numa órbita europeia. O escritor enciclopédico já tinha publicado um texto de economia em dois volumes, quatro tomos de literatura europeia, 16 sobre a história da Itália e os *New Principles of Political Economy* [Novos princípios de economia política], sua obra mais duradoura. Preso quatro vezes no caos pós-revolucionário da França, compartilhava com Jessie o horror à injustiça, em particular à escravidão. Quando a França não conseguiu proibir o tráfico negreiro em 1814, Sismondi aliou-se a Wilberforce para pressionar o governo dos Bourbon. Seus argumentos contra a retomada do Haiti depois da revolução dos negros liderada por Toussaint l'Ouverture representaram um dos poucos êxitos iniciais dos abolicionistas franceses, e ele mergulhou em sua Sociedade de Moralidade Cristã, a equivalente à Sociedade da Abolição na Grã-Bretanha.[48] O motivo pelo qual Hodgkin iria procurá-lo era bem compreensível.

Ao comparar os escravos negros aos operários da indústria, Sismondi não granjeou a estima de todos os seus parentes. A instabilidade econômica, com seus momentos de saturação e seus momentos de queda repentina, deixaria os operários à mercê de seus patrões. Só a intervenção do Estado pelo bem comum libertaria esse "proletariado" de suas algemas — Sismondi usou o termo antes de Marx —, salvando-os de um mercado brutal. Achava que o futuro "não vai nos considerar menos bárbaros por termos deixado a classe operária sem segurança do que vai considerar aquelas nações que reduziram essa mesma classe à escravidão". Sismondi queria a erradicação da escravatura num mundo regulamentado pelo Estado. Seu cunhado, Sir James Mackintosh, achava que ele era um "idiota bom e inteligente" por exigir a regulamentação do Estado, e foi por isso que Fanny Allen confirmou que os economistas políticos ingleses não tinham os *New Principles* de Sismondi "em alta conta".[49]

Mas ele atraiu acólitos em toda a Europa, Hodgkin entre eles. Morton, por outro lado, estava tomando um caminho bem diferente. O pedido de Hodgkin em favor dos filhos dos chefes índios teve pouca receptividade —, e ainda menos expectativa de êxito — e a craniometria se tornaria central para a empreitada racial divergente de Morton.

Morton obteve seu primeiro título de mestre na Filadélfia, onde seu mentor, cujo nome muito pertinente era Dr. Physick, foi o primeiro presidente da Associação Frenológica Central, fundada havia pouco tempo. Foi a primeira sociedade frenológica americana: surgiu em 1822. A tese de Morton em Edimburgo foi dedicada a Physick, assim como a edição americana dos *Essays on Phrenology* de Combe, publicada em 1822: alguém sugerira a Morton que visitasse a própria Sociedade Frenológica de Edimburgo, onde Combe atuava, uma sociedade muito dinâmica. Em função de tudo quanto sabemos, é bem possível que os proselitistas de Edimburgo estivessem recrutando ativamente membros correspondentes desse grupo da Filadélfia e que a sociedade fosse um ímã que prometia discussões acaloradas. Outro americano ficou espantado: "Nunca antes estivera em companhia desse tipo de gente; os maiores filósofos dessa cidade de saber estavam lá."[50]

Morton reconhecia que o cérebro era o que Combe chamava de "multiplex", um sistema de órgãos distintos com funções individuais. A tese de Morton em Edimburgo, baseada na teoria da dor de Erasmus (descrita em sua *Zoonomia*), situava o caráter do indivíduo na mente. Discutia "os aborígenes da América" e sua resistência à tortura, considerava ponto pacífico que "as variedades de caráter são congênitas" e que suas diferenças eram "atribuídas à estrutura do cérebro". Portanto, em vários sentidos, a frenologia foi uma precursora da "antropologia física" de Morton, que estava surgindo nessa época. As ferramentas usadas pelos frenologistas para medir as cabeças levaram diretamente aos aparelhos de medição do crânio dos antropólogos.[51] E, para ambos os conjuntos de praticantes, essas mensurações promoveram a opinião de que os temperamentos raciais eram fixos pela hereditariedade, em vez de serem formados pelo ambiente.

Essas ligações com a frenologia explicam a direção peculiar que a antropologia racial tomaria nos Estados Unidos e na Grã-Bretanha nas décadas seguintes. A relação da forma do crânio com o temperamento racial teria uma influência decisiva sobre Morton, o homem que recebeu postumamente o título de "Pai da Antropologia Americana". Transformou-se numa ciência que justificava a escravidão e que inspiraria em Darwin a mais profunda repugnância.

Mas, por enquanto, Darwin estava num ambiente extremamente estimulante, um ambiente que incentivaria a busca de solução para as questões maiores, fossem elas de raça, evolução ou explanações da mente. Ele estava cercado de amigos materialistas e entusiastas da craniologia. Muitos desses amigos e professores acabariam se dedicando a estudos de classificação, proteção ou aperfeiçoamento das raças humanas, defendendo ou reagindo às nações encontradas nos confins do império.

Entre eles, o caminho de Darwin seria único. Um fracasso na medicina, ele estava fadado a uma mudança de carreira. O Dr. Darwin achava que a clerical Cambridge poderia despertar em seu filho o interesse por uma carreira na Igreja. Uma viagem mais longa e mais suave estava reservada ao jovem de 18 anos quando ele levou a lembrança de seu inteligente "negro retinto" para uma outra universidade.

3

Um único sangue em todas as nações

Edimburgo, uma capital europeia com 150 mil habitantes, era um mundo distante de Cambridge, uma cidade comercial provinciana com um décimo do tamanho da capital escocesa e dominada por uma universidade medieval. A universidade era administrada por sacerdotes, e um terço dos estudantes da graduação estava se preparando para entrar na Igreja da Inglaterra e faziam um contraste muito grande com os alunos dissidentes que brincavam com as últimas heresias do norte. Edimburgo ficava em cima de um vulcão extinto, era infernal, instigante. Cambridge ficava num pântano coberto de vegetação rasteira, nascida "da água e do Espírito".

Aglomeradas ao longo do rio Cam, suas 17 faculdades promoviam a ciência e os estudos de história natural entre a nobreza. Em parte alguma a matemática era mais elevada; a física, mais exata ou a história natural, mais empolgante para o filho de um proprietário rural que gostava de caçar e preparar armadilhas. Em Cambridge, as ciências eram vistas como um complemento do cristianismo. Desde que Sir Isaac Newton lera as leis de Deus no céu, seus sucessores vinham procurando lei e ordem na terra "para a glória de Deus". Os especialistas na ciência que estava surgindo seriam os novos modelos de Darwin: clérigos devotos, jovens que pregavam sermões, faziam petições contra a escravatura e cultivavam as boas maneiras em comunidades fechadas. Mostravam que a paixão pela emancipação dos escravos podia fundir-se com o gosto pela história natural, e que todas as raças — de plantas, animais e seres humanos — deviam ser respeitadas como criaturas de Deus.

Mas, em Cambridge, o "homem" era uma espécie à parte. Todo o edifício da Igreja e do Estado, do mais humilde paroquiano ao rei, baseava-se na crença de que somente os seres humanos tinham uma alma imortal e eram responsáveis perante Deus por sua conduta. A já antiga *Exposition of the Creed* [Exposição do credo] do bispo Pearson, que Darwin estudara antes de sair de Shrewsbury, via no credo dos apóstolos uma fé para "todas as nações... compreendendo todas as idades, contendo todas as verdades necessárias e salvadoras" e que obrigava "todos os tipos de homens a todos os tipos de obediência". Todas as pessoas de todas as raças estavam diante de Deus como Juiz e Salvador, e Darwin era uma delas em sua semirregeneração pós-Edimburgo. Mesmo que não tenha compreendido todas as frases, ele foi para Cambridge em janeiro de 1828 acreditando que "nosso credo deve ser completamente aceito". Salvar os pecadores era a missão da Igreja, e nenhuma influência além daquela de sua família fez mais para ancorar a paixão de Darwin por salvar os escravizados.

Cambridge era um pouco como voltar para casa. Seu avô Erasmus tinha se tornado bacharel em medicina no Colégio de São João depois de estudar em Edimburgo. A Cambridge das bebedeiras e da vida devassa do último século inspirou seus primeiros versos, e a lubricidade de sua obra *Loves of the Plants* [Os amores das plantas] e sua política francófila manchariam o nome da família.[1] Outro Erasmus, o irmão de Darwin, precedera-o no Colégio de Cristo, redimindo o nome com um diploma de medicina. Também no Colégio de Cristo, preparando-se para se ordenar, estava um primo de Darwin, o devoto e conservador William Darwin Fox, tão bom como pastor quanto o Dr. Darwin poderia desejar para um segundo filho problemático. Os primos afeiçoaram-se um ao outro instantaneamente. Tinham em comum uma verdadeira devoção pela história natural, e Fox apresentou Darwin a seus mentores espirituais.

Entre esses mentores, foi em torno do lúcido e calmo reverendo John Stevens Henslow, professor de botânica, com trinta e poucos anos na época, que Darwin passou a gravitar. Henslow era um homem fácil de conviver, aberto a tudo, nunca pomposo, sempre discreto. Darwin se "sentia completamente à vontade com ele; embora nós todos estivéssemos impressionados com a magnitude dos seus conhecimentos". Era um bom momento para estar sob a influência de Henslow, que estava revigorando a botânica de Cambridge depois da ausência de trinta anos da universidade do professor anterior (o tipo de fato que mostrava a necessidade de reformas, tanto dentro quanto fora da universidade). Estava reinstituindo as aulas, restabelecendo um jardim botânico moderno e dando início a *soirées* nas noites de sexta-feira para aqueles jovens da nobreza, nas quais Darwin se deleitava. Portanto, ali estava uma figura de proa que era um "naturalista completo", moralmente íntegro, tão influente que o rapaz que acabava de chegar à maioridade finalmente admitiria: "Não sei qual sentimento por ele é mais forte em mim, o amor ou o respeito."[2]

Henslow detestava toda e qualquer opressão. Em sua adolescência, depois que o tráfico de escravos foi abolido, ele ouvira um "chamado" da África que duraria a vida toda. Devorava livros de viagens e ansiava por conhecer o continente. No entanto, o mais longe que chegou foi à ilha de Wight. Mas encorajava aqueles que partiam e assinou — com o tio Jos e tia Sarah — a Instituição Africana. Sucessora da Companhia de Serra Leoa (que cedeu sua autoridade em Serra Leoa à Coroa, para criar a primeira colônia britânica na África), a Instituição Africana era o novo lobby dos Santos para estimular o comércio e civilizar o continente. À medida que sua influência foi declinando, os remanescentes de Clapham reorganizaram-se na Sociedade Antiescravagista. Esta também era apoiada por Henslow e por outros intelectuais, inclusive o austero professor de grego, o reverendo William Farish, um homem de Magdalene ainda exaltado pelas memórias da torrente de injúrias de seu mestre Peter Peckard contra o tráfico de escravos. Simples, mas luminosamente matemático, Farish era o titular da cátedra jacksoniana de ciência física, tendo sucedido aí o seu tutor, o reverendo Isaac Milner, que persuadira o jovem Wilberforce a dedicar a vida a Deus. Esses clérigos trabalhavam juntos em Cambridge. Um exemplo: durante os anos de universidade de

Darwin, eles se revezavam com Henslow para fazer orações com os pacientes no hospital da cidade.³

Darwin admirava as "qualidades morais" de Henslow ainda mais que seus conhecimentos enciclopédicos de botânica: "quando os princípios estavam em jogo, nenhum poder sobre a terra teria feito com que se desviasse sequer a distância de um fio de cabelo" do caminho certo. Prova disso surgiu em uma de suas caminhadas. Toda primavera, Henslow levava seus alunos de botânica para longos passeios, nos quais procuravam plantas ou animais raros nos brejos — chegavam até a pegar uma carruagem para irem mais longe ainda e terem ao menos um vislumbre de um sapo aranzeiro ou de lírios silvestres. Às vezes, viam coisas mais sombrias. Certa vez, Darwin e Henslow depararam-se com uma multidão que arrastava dois corpos pela estrada, sujos de barro e sangue — cadáveres, pensou Darwin, até os ver lutando. A multidão quase tinha matado dois ladrões de túmulos, sendo essa a época do escândalo de Burke e Hare em Edimburgo. Henslow enfrentou o populacho, passando-lhe um sermão; depois correu para pedir ajuda, dizendo a Darwin para fazer o mesmo. Os desgraçados finalmente foram salvos e presos por exumar corpos (provavelmente para a escola de medicina de Cambridge, uma instituição um pouco menos que augusta, mas que ainda precisava de cadáveres).⁴ Para Darwin, nada justificava torturar os culpados, muito menos assassiná-los.

Mentor e discípulo eram ambos liberais. O clima de reforma estava no ar, até mesmo em Cambridge. O mundo político estava desmoronando. Em 1828, os dissidentes tiveram permissão de assumir cargos públicos pela primeira vez desde o século XVII. A reforma parlamentar — redistribuição das cadeiras e extensão do voto à classe média — era a proposta seguinte da agenda, e a abolição da escravatura viria em seguida. A Grã-Bretanha estava se livrando de suas instituições corruptas. Ambos os avôs teriam aprovado. E, por conseguinte, o devoto liberal Darwin também aprovou, embora ainda tivesse de se apresentar como o herdeiro de uma família reformista.

Henslow andara ativo na política. Na eleição geral de 1826, que girara em torno da emancipação católica, Cambridge — onde os católicos haviam sido perseguidos — devolveu ao liberal visconde Palmerston a sua condição de membro do Parlamento pela universidade, apesar de ferozes protestos "antipapistas". Esse processo foi fruto de trabalho árduo para os homens de seu comitê, entre os quais Henslow. Depois da eleição, eles fizeram circular um panfleto questionando as despesas do candidato conservador — subornos, na verdade — pagos a eleitores conservadores que não residiam ali, o que provocou uma verdadeira comoção. Quando Henslow denunciou a intimidação ao eleitor num pleito subsequente, os agentes conservadores mandaram quadrilhas para intimidá-lo, e apareceram grafites nas paredes do colégio acusando-o de ser "um informante ordinário". "Eu seria culpado diante dos meus próprios olhos", insistiu Henslow, "se eu não estivesse [...] defendendo a causa daqueles que vi resistindo pacientemente às ameaças frias de opressores impiedosos."[5]

Com o espírito reformista varrendo os claustros veio uma nova compreensão da conquista da natureza e do globo. Nunca as recompensas tinham parecido tão próximas, e nas *soirées* de Henslow a competição era palpável. Henslow apresentou Darwin a outros intelectuais. Especialistas em tudo, de álgebra a nebulosas, passando pela coleta de besouros (o passatempo favorito de Darwin), eles o deslumbraram com as "competências brilhantes e variadas" que mostravam nas conversas. Adam Sedgwick, o professor de geologia, e William Whewell, o professor de mineralogia (e, mais tarde, de filosofia moral), acabariam se juntando a Henslow como instrutores informais de ciências.

Sedgwick era um homem cordial de Yorkshire, filho de um vigário, e Whewell era filho de um carpinteiro de Lancaster; ambos eram membros do Colégio da Trindade. Talentosos, mas estudantes pobres em Cambridge, tinham feito trabalhos humildes para pagar os estudos, o que lhes deu grande simpatia pelos desprivilegiados. Em 1829, quando a universidade votou de novo contra a emancipação católica, Sedgwick, Whewell e amigos seus defenderam a liberdade, contrariando os reacionários do senado da universidade. Quando o governo finalmente restaurou os direitos católicos, outras reformas pareciam inevitáveis.[6]

Em uma década, os cinco grossos volumes de Whewell sobre história e filosofia das ciências fariam as prateleiras (e os estudantes) rangerem. Ainda com seus trinta e tantos anos, Whewell assumira a tarefa de legislar em favor da Ciência com C maiúsculo, definindo suas regras, a terminologia que um "cientista" (sua nova palavra) usaria e os limites da investigação científica. Darwin teve uma pré-estreia nas tertúlias de Henslow e depois também, quando voltava do colégio com Whewell. O mundo parecia estar melhorando — a ciência avançando, a sociedade se liberalizando, o cristianismo se disseminando —, mas ainda era um mundo de erros perigosos e meias verdades vistas como se fossem o todo. "Males desse tipo", acreditava Whewell, precisam de *"Reforma"* tanto quanto quaisquer outros.[7] A própria verdade tinha de ser emancipada, e sua reforma da ciência faria o serviço ao mesmo tempo que defendia a Igreja de questionamentos radicais.

As regras básicas de Whewell eram novidade para Darwin, acostumado em Edimburgo a abordagens dissidentes e ao pensamento ateu francês. Mas, nessa época, a ciência de Cambridge era uma categoria à parte.

Whewell começava com o fundamental. Por que os homens continuam buscando as causas das coisas no passado longínquo? Porque, na sua cabeça, percebem uma Causa que estaria por trás do universo "nos primórdios". E por que os homens buscam propósitos ou desígnios na natureza? Porque, em sua cabeça, percebem que o universo teve um Arquiteto. É na percepção de Deus que a ciência começa realmente, mas Deus não interfere no trabalho da Ciência, só o limita. A astronomia e a geologia procuram leis no céu e na terra, mas quanto mais para trás levamos essas leis, tanto mais nebuloso fica o caminho, até que finalmente se abre um "abismo" e "firmamos os olhos em vão [...] para discernir uma Origem". A ciência não tem como ir além disso; mais longe "está envolto em mistério e não se deve aproximar-se [daí] sem reverência". E a ciência também não pode contradizer ou confirmar "o que é ensinado pela Escritura" sobre a Origem das coisas. A ciência não prova nem refuta Deus; *pressupõe* sua existência.

E como foi que o homem surgiu, então? Será que os seres humanos poderiam ser um animal melhorado, como acreditavam seu avô e Robert Grant, o mentor de Darwin em Edimburgo? Para Whewell, embora a ciência possa tentar ver os seres humanos como "qualquer outra raça de animais", a introspecção ensinava que o homem tem "faculdades que o tornam um ser de natureza diferente". Tem inteligência, tem alma. Sua história "só começa onde termina a dos outros animais". Por si só, isso já impede um macaco de se transmutar em homem. "Especuladores extravagantes" podem declarar irreverentemente que "causas naturais" produzem espécies novas — e Darwin ouvira declarações desse tipo em primeira mão —, mas uma teoria adequada das origens fazia parte de um futuro distante, e mesmo então excluiria o homem. Pessoalmente, Whewell achava que a origem de *toda* espécie continuaria "inexplicável". A ciência teria de "contemplar influências sobrenaturais" ou desistir completamente de procurar causas.

Para Whewell, Deus tinha posto o homem no pináculo da criação e implantado nele pensamentos a respeito de seu Criador e de sua própria superioridade. Dado que o clérigo de grande cultura e saber era superior à maioria, sua visão deve ter parecido um pouco conveniente demais; para Darwin, entretanto, essa seria uma questão a ser tratada depois. Se um pensamento rebelde o tentava quando ouvia Whewell (e ele aprendera a questionar em Edimburgo), talvez fosse por causa do conselho ácido de seu avô Erasmus: "Vai, orgulhoso *Homo sapiens*, e chama o verme de irmão!"[8]

Em geral, os que gostavam de fazer piadas também gostavam do que diziam "Os Apóstolos", uma dúzia de jovens em busca de esclarecimento que tinha fundado um clube exclusivo de estudantes. Nenhum assunto era tabu em seus debates privados de sábado à noite e, certa vez, chegaram até a esgotar a questão de saber se o homem "descendia de um único tronco" (declararam que sim). Na verdade, a unidade humana era um livro fechado em Cambridge, ou melhor, um livro que nunca fora aberto. A crença em Adão como pai da humanidade era sólida e era a premissa teológica da postura antiescravidão. A mensagem de São Paulo: "Ele [...] fez de um único sangue todas as nações humanas" era definitiva. Todas as pessoas de todas as raças descendiam de Adão e herdaram seu "pecado original". Portanto, todos os homens precisavam ser salvos. Era por isso que existia a Igreja. Se todas as raças não fossem espécies nascidas de Adão, então as raças não adâmicas não teriam o pecado original do qual tivessem de ser salvas. Os missionários enviados aos pagãos seriam redundantes. Não haveria mais necessidade de converter essas raças, nem de libertar seus escravos, do que de converter ou libertar animais domésticos.

Mas, dada a crença perniciosa de que os negros eram outra espécie, mais parecida com os macacos e apropriada para a subserviência, este era um belo tema para a ciência respeitável discutir. Portanto, os estudos de unidade racial eram feitos junto com aqueles relativos à "linguagem [do homem], seus pensamentos, suas obras". A linguagem era o que mais importava a Whewell, e a autoridade na qual se baseava era a de um quacre que se tornara anglicano evangélico, o Dr. James Cowles Prichard. Ferozmente antiescravagista, Prichard crescera no porto de Bristol, que comerciava o açúcar produzido pelos escravos. Sua dissertação na escola de medicina de Edimburgo sobre as "variedades de seres humanos" foi escrita durante a campanha final para eliminar o tráfico negreiro e publicada na época da abolição. Ela, por sua vez, acabou se transformando num tratado de muitos volumes e muitas edições sobre a unidade das raças, *Researches into the Physical History of Mankind* [Pesquisas sobre a história da humanidade] (2ª ed., 1826), que Whewell leu (Darwin também leria essa obra, ligando seus interesses aos de Prichard). Prichard era um homem tímido, amante dos livros e conservador, que usava um amplo sobretudo para poder levar seus papéis e livros para onde quer que fosse. Sua etnologia não se baseava muito em viagens ao exterior, mas teve uma influência monumental. Prichard dizia que as miríades de línguas da terra "separaram-se de um único tronco", mesmo que "todos os vestígios dessa origem comum" estivessem perdidos.[9] Que as diferentes raças que falavam essas línguas também tinham uma origem comum foi uma ideia que Whewell recebeu de braços abertos.

Mas havia outro homem de Cambridge, John Bird Sumner, bispo de Chester e primo de Wilberforce (e futuro arcebispo de Canterbury), cuja defesa do cristianismo Darwin lera antes de chegar a Cambridge. Sumner também defendera o Gênesis num *Treatise on the Records of the Creation* [Tratado sobre os anais da criação], baseado nos fatos de Prichard para provar "a origem da humanidade a partir de um único casal". Dado que os animais naturalmente produzem variedades, essas variedades se diversificaram de forma igualmente natural, constituindo raças tão diferentes quanto aquelas encontradas entre os seres humanos. A adaptação a climas e *habitats* diferentes eram as mesmas causas em ambos os casos. Por outro lado, "a hipótese de várias espécies da raça humana" exigiria múltiplos milagres. Onde é que isso ia dar? "Mil tribos diferentes" poderiam reivindicar "o privilégio de uma criação à parte". No entanto, "o europeu não é mais diferente do cafre que o cafre... do hotentote". Os argumentos de Prichard confirmavam a visão bíblica de Sumner, segundo a qual as raças tinham divergido naturalmente a partir de seu ancestral Adão. O processo estava em andamento desde que a família de Noé saiu da arca no monte Ararat, uns 4 mil anos atrás.[10]

Sumner era o mais importante protegido do reverendo Charles Simeon, que pregava havia muito tempo uma "revolução moral" na Igreja da Santa Trindade, praticamente vizinha do colégio de Darwin. Ele era um solteirão esquisito, o "São Carlos de Cambridge", e parte do braço longo de Clapham. Agora com quase 80 anos, havia criado um império cristão, recrutando colegiais para disseminar o evangelho. Muitos "Sims", como eram chamados os seus protegidos, tinham obedecido ao chamado do Senhor: "Vão para o mundo pregar o evangelho a todas as criaturas." Cambridge era um ramo ativo da Sociedade Missionária da Igreja, que mandava evangelizadores para muitos lugares, e auxiliar da Sociedade da Bíblia Britânica e Estrangeira, que os equipava com bons livros.[11] Um Sim, o reverendo Samuel Marsden, fundara missões no Pacífico Sul e foi um dos pioneiros da SMI na Nova Zelândia. Em poucos anos, Darwin teria condições de admirar os frutos do evangelho ali, e seu primeiro artigo publicado seria sobre os missionários que conhecera no Taiti e na Nova Zelândia.

Na verdade, um dos maoris de Marsden, o chefe Hongi Hika, foi levado a Cambridge na década de 1820 para ajudar um talentoso jovem, Samuel Lee, professor de árabe e "orientalista" da SMI, a aprender sua língua (Lee viera de Longnor, Shropshire. Seu brilho foi empanado por um vizinho, companheiro de Darwin em suas caçadas e simpatizante da Sociedade da Bíblia, o arcediago Corbett, que havia despachado Lee para Cambridge). Depois de menos de um ano com Hongi, Lee já havia publicado um dicionário maori para ajudar Marsden a disseminar o evangelho. A ironia atroz da viagem de Hongi foi que ela foi feita com o objetivo de conseguir armas — o que assegurava a um chefe a posse de muitos escravos. De modo que ele voltou com uma armadura completa do rei George e trocou todos os presentes de boas-vindas por um arsenal de mosquetes na Austrália, quando estava a caminho de casa. Desse modo, usando uma armadura completa e atirando com cinco mosquetes, ele liderou seus homens por toda a Ilha do Norte, massacrando tribos rivais e mandando aos aliados "petiscos de corpos humanos" para seus banquetes.[12] A Igreja ainda tinha muito trabalho a fazer.

Desde a época de Wilberforce e Clarkson, Cambridge era um bastião antiescravagista. As petições parlamentares eram *de rigueur*. Depois da revolta de escravos de Demerara em 1823, a petição do senado da universidade havia declarado que a escravidão não era "menos repugnante aos ditames da humanidade do que ao espírito da religião cristã". A Sociedade da União (dos estudantes) debatera (quando o irmão Erasmus era membro) e demolira as propostas que favoreciam os grandes fazendeiros das Índias Ocidentais.[13] Houve um grande número de doações para a Sociedade Antiescravagista, a maior de Simeon. Pressionado pela universidade, até o condado conservador de Cambridgeshire enviara uma petição ao Parlamento. Os proprietários rurais convocaram uma reunião na cidade para exigir o "abrandamento imediato" da escravidão, durante a qual Farish se levantara para amaldiçoar o "sistema abominável" que subjugara 800 mil índios ocidentais. Um missionário de Demerara declarara ter visto escravos "serem levados para o matadouro, e suas mulheres vendidas em leilão público". Ouvira crianças gritando "ao serem separadas dos pais". Como esses "nossos semelhantes [...] da mesma carne e sangue" podiam ser "vendidos como gado?," perguntou Scholefield. Nenhum sofisma poderia "servir de paliativo para a magnitude e miséria do sistema", nem diminuir a "importância sagrada da causa". Esta era "a grande causa da humanidade". A resolução foi tomada por unanimidade. Para estudantes como Darwin, Scholefield, Farish e outros evangélicos eram cristãos "de verdade" e seu compromisso com a emancipação dos escravos era inabalável.[14]

O próprio Jesus não tinha vindo pregar a "libertação dos cativos" e anunciar o clímax da história no "ano aceitável do Senhor"? Os evangélicos da Grã-Bretanha que viviam de acordo com essas palavras acreditavam que o ano aceitável da libertação estava próximo. Os sinais do milênio estavam em toda a parte. Libertar os escravos, ampliar a liberdade religiosa, reformar o Parlamento e sobretudo pregar o evangelho "a todas as criaturas" eram arautos do Reino de Cristo. Os evangélicos da Grã-Bretanha estavam na liderança. Quando o evangelho "estiver sendo pregado no mundo inteiro [...] então o fim chegará".[15]

Darwin conhecia as "curiosas opiniões religiosas" de Henslow. Curiosas elas eram de fato, e seu colapso no segundo ano de Darwin mostrou o quanto o antiescravagismo anglicano era vulnerável.

Achando que a Bíblia era uma cópia humana "da mesma e única história ditada originalmente" por Deus, Henslow tinha namorado o "pré-milenarismo" do carismático pregador londrino Edward Irving — que dizia que Cristo não retornaria só uma vez, mas *duas*. Na primeira vez, e logo os irvingistas estavam acreditando nisso também, Ele removeria os fiéis mortos e vivos antes de um período de ira divina e, depois de mil anos, ele viria de novo para o julgamento numa segunda ressurreição, quando os maus seriam lançados num "lago de fogo". A agenda foi definida a partir da Bíblia pelos fanáticos ultraconservadores do grupo aterrorizado de Irving, e a prova de que os "últimos dias" tinham chegado era que eles experienciavam milagres e balbuciavam em "línguas" incompreensíveis. Esse mundo movido por Satã não estava melhorando, ao contrário; as crises econômicas periódicas, o ateísmo em alta e a emancipação católica apontavam para um cataclismo, não para o Reino de Cristo. A situação estava tão ruim que, para Irving, ter escravos era só mais uma prova do mal que anunciava o retorno de Cristo.[16] A Sociedade Antiescravagista estava equivocada. A escravatura não era algo a ser remediado — seu significado era um indício da presença do Demônio. Tudo isso foi anatematizado pelos evangélicos de Simeon como palavreado bombástico de "entusiastas dementes", mas o mentor de Darwin já tinha começado a se reunir com um "pequeno círculo" em Cambridge para estudar as escrituras proféticas. Prova de que essas visões eram incompatíveis com um liberal reformista foi o colapso de Henslow. Seu sermão no púlpito universitário da Grande Santa Maria sobre as "duas ressurreições" causou consternação e uma reação violenta, e o conflito interior de Henslow tornou-se "tão horrível" que ele achou que estava "quase louco". Em sua retratação no púlpito, perdeu o controle e "rompeu em lágrimas".[17]

De modo que, para Darwin, havia opções. Como em Edimburgo, onde poderia ter seguido os craniologistas em seu caminho de determinismo racial, agora em Cambridge ele poderia ter visto a escravidão em tudo, menos sob uma luz liberacionista. Em ambos os casos, ele apoiou firmemente a ciência da flexibilidade racial, a ciência da "fraternidade", e a ideologia liberadora da verdadeira tradição liberal. Henslow juntou-se novamente a ele, depois de deixar para trás o pessimismo pré-milenarista.[18]

Até mesmo a formação de Darwin tinha um aspecto evangélico. As mulheres que lhe serviram de mãe — as irmãs mais velhas, as tias e primas Wedgwood — tinham moldado sua perspectiva religiosa com suas crenças simples sobre pecado, salvação e a Bíblia. Chegaram até mesmo a lhe dar um exemplo realizando seus cultos com os anglicanos, apesar de sua rejeição herética das doutrinas da Trindade e da divindade de Jesus. A fria razão, que mantinha o Dr. Darwin afastado da Igreja, deixava-as à vontade com o unitarismo, cheio daquelas "iscas para pegar um cristão caído", ridicularizadas pelo velho Erasmus. À parte isso, a religião da infância de Darwin tinha um caráter claramente evangélico. Seus parentes concordavam com outros dissidentes e anglicanos de que vidas santas dependiam de corações santos transformados pelo evangelho. O arrependimento, a conversão e "boas obras" que levavam às recompensas celestes eram o refrão, e em parte alguma da Igreja ele era repetido com mais frequência do que em Cambridge. Os convertidos podiam ser santarrões e gostar de panelinhas, o que nunca foi o estilo de Darwin. No entanto, suas vidas haviam sido transformadas, diziam, e eles estavam transformando o mundo.[19]

Darwin e Henslow aproximaram-se nos saraus de sexta-feira e, em 1830, os dois podiam ser vistos passeando juntos pelas ruas, absortos em suas conversas. Concordavam com a reforma, com a abolição e com as boas maneiras da nobreza. "Quanto mais o conheço, tanto mais gosto dele", confessou Darwin. Tanto que planejava estudar teologia com Henslow depois de tirar o diploma com vistas a se ordenar como sacerdote. Henslow era o modelo de vigário-botânico, "o homem mais perfeito que já conheci". Ele mostrava o que um jovem podia fazer da vida e, pela primeira vez, o segundo filho do Dr. Darwin estava pensando seriamente numa carreira que poderia seguir.

Era necessário conhecer os *Principles of Moral and Political Philosophy* [Princípios de filosofia moral e política] do reverendo William Paley para o exame final, e Henslow ajudou-o a dominar o texto. O velho tratado, já desgastado, notório por sugerir que a crença genuína em todas as proposições dos Trinta e Nove Artigos da Igreja é dispensável, fazia Henslow se benzer. Teria ficado "triste se uma única palavra" fosse alterada para tornar os Artigos mais aceitáveis. Mas, apesar de toda a sua tolerância, os *Principles* de Paley tinham contribuído para a onda moral repentina que havia produzido o sermão de Peckard, o ensaio premiado de Clarkson e a conversão de Wilberforce na década de 1780. Naquela época, o arcediago Paley chegara até a escrever oferecendo seus préstimos ao Comitê de Abolição de Londres, de modo que provavelmente sua carta foi lida por Josiah Wedgwood, o avô de Darwin. Embora Paley não tenha vivido para ver a abolição do comércio de escravos, manteve-se firme até o fim contra o "tráfico diabólico".[20]

Darwin sentiu a revolta de Paley em seus *Principles*. Incitar os africanos a se empenharem numa "depredação mútua" para suprir "o mercado de escravos"; separar "pais, esposas e crianças de seus amigos e companheiros" e depois submeter essas vítimas demolidas à pior e "mais impiedosa" crueldade "sobre a face da terra", praticada nos campos de cana-de-açúcar — essa "tirania abominável" tornava qualquer governo que a permitisse inadequado para "ser-lhe confiado um império". Para ele, *toda* crueldade violava o espírito do cristianismo — até mesmo nossa dominação brutal dos animais que comemos.[21] Darwin concordava. Ele próprio estava mudando. Depois de assistir com amigos a um espetáculo com cães, retirou-se repugnado enquanto o chicote estalava e os cães encolhiam-se de medo. Um caçador da pequena nobreza, ele mesmo trucidara muitos animais selvagens ao longo de anos e, em setembro de 1830, ele ainda se vangloriava de ter matado 10 pares de perdizes no primeiro dia da temporada. Mas encontrar uma ave ferida abandonada para morrer fez sua consciência doer e, agora, ele estava se afastando da chacina anual. "A crueldade impensada e, o que é pior ainda, a crueldade deliberada contra os brutos é certamente um erro", escreveu Paley.[22] Era o que as irmãs e primas de Darwin lhe haviam ensinado. Assim como seus escrúpulos tinham aparecido em Edimburgo, quando fugiu da sala de operações, aqui também sua simpatia era evidente.

Quase todas as férias eram passadas em casa, em Shrewsbury. Uma animada cidade comercial, ela ficava na estrada principal, a dois dias de viagem de diligência de Londres, e a quatro de Holyhead, de onde os navios partiam para a Irlanda. Companhias de teatro passavam por lá frequentemente, e as irmãs de Darwin tinham se tornado "frequentadoras assíduas dos espetáculos". Antes de voltar para Cambridge em outubro de 1828, ele deve ter levado as moças ao Teatro da Praça da Ponte para aproveitarem a rara oportunidade de ver o ator trágico negro vindo de Nova York, Ira Aldridge, "o africano Roscius". Em *The Slave* [O escravo], ele fazia o papel de Gâmbia, um ultrapatriota que luta contra os negros para salvar seu senhor branco em *Oroonoko*, o príncipe africano que emprestou seu nome à peça e que foi sequestrado e transportado para as Índias Ocidentais, mais preparado para enfrentar a morte do que para suportar a escravidão. A voz sonora e natural de Aldridge insuflava uma personalidade forte em seus personagens escravos, transformando-os — e a si próprio — em argumentos em favor da emancipação. Era necessário. Shropshire era uma região tradicionalmente conservadora e não um lar natural do antiescravagismo. Graças a Corbett, amigo de Darwin, Shrewsbury contribuiu realmente para as petições antiescravagistas, mas só 1.400 pessoas tinham assinado a última — menos de um para cada sete cidadãos —, e Corbett teve de repetir a mesma velha história para Clarkson: "Muito poucos nessa parte do país [...] dão a devida importância à questão."[23] Os Darwin e os Corbett tiveram de se aliar.

Em Potteries, o distrito oleiro de Staffordshire, as petições eram uma segunda natureza. As cidades que produziam cerâmica no condado estavam se tornando viveiros reformistas, e grandes somas de dinheiro eram enviadas de Hanley, Shelton e da aldeia vizinha de Etrúria, onde ficava a fábrica de Wedgwood, e de Maer, do tio Josiah Wedgwood. Charles adorava a vida nessa propriedade de mil acres. Ali podia relaxar longe do pai dominador, fazer longas caminhadas pela charneca ou simplesmente matar o tempo à noite sentado ao lado do tio Jos na varanda. Jos devia ser "silencioso e reservado", mas Charles tinha o maior respeito pelo tio, que lhe trazia à lembrança alguns versos de Horácio que ouvira na infância sobre "um homem justo e firme de propósito [...] inabalável em sua mente vigorosa [...] por coisas perversas". Nenhum "poder sobre a terra", Charles sabia, poderia obrigar Jos "a se desviar um centímetro que fosse do que considerava o rumo certo", e menos que tudo a escravidão.[24]

Para um homem de "hábitos retraídos" e com quase 60 anos, Jos "esforçara-se maravilhosamente" na coleta de assinaturas de todo o Staffordshire para uma petição. A empresa de Wedgwood vendeu seus showrooms de Londres em 1828 e liquidou seu estoque, o que deu a Jos o capital para fundar a Sociedade Antiescravagista de Hanley e Shelton com um orçamento gordo para fazer propaganda. Circulares, petições e cartazes foram impressos por um dos "Santos radicais" metodistas que administrava o jornal local; e a melhor literatura foi encomendada por atacado à Sociedade nacional de Londres: os *Thoughts* [Pensamentos] instigantes de Clarkson, a obra exuberante e competente de James Stephen intitulada *England Enslaved by Her Own Colonies* [A Inglaterra escravizada por suas próprias colônias] e todos os números do *Anti-Slavery Monthly Reporter* [Repórter mensal antiescravagista], todos para serem distribuídos. As contribuições dos membros em dinheiro tinham uma escala móvel, indo de um guinéu por ano para a pequena nobreza, um centavo ou dois por mês para os operários da fábrica de cerâmica de Etrúria.[25] Jos e seu filho Frank, que administrava a fábrica, doavam ambos dez guinéus num ano e três ou quatro no outro para a Sociedade Nacional.

Enquanto Frank fazia a contabilidade, Jos escrevia cartas ferinas. Pequenos tratados em forma de panfleto eram enviados, livros eram emprestados e vizinhos eram pressionados. Os vigários de Eccleshall e Blurton foram procurados e até o autoproclamado "homem da Igreja e do rei" foi conquistado. Em 1830, Jos teve o prazer de apoiar uma espécie de agitador antiescravagista, um palestrante que levaria a mensagem da emancipação ao povo nas capelas e nos auditórios das cidades (meses depois, os radicais da Sociedade Nacional criariam um sistema semelhante de propaganda para percorrer todo o país). Depois se juntou aos ministros locais para persuadir a Sociedade de Hanley e Shelton a adotar uma resolução radical e não apenas o "abrandamento e abolição gradual" da escravatura, mas sim sua "extinção imediata e total".[26]

As mulheres da família Wedgwood eram uma força motriz: a irmã de Jos, Sarah, sua mulher Bessie e quatro filhas solteiras — as tias e primas de Darwin (entre as quais estava sua futura esposa). Mas no centro do redemoinho filantrópico de Maer estava Sarah, com 50 anos. Uma solteirona rica, vivia com simplicidade espartana em sua própria mansão na propriedade rural e procurava causas nas quais esbanjar a renda de £25 mil deixada pelo pai, o primeiro Josiah Wedgwood. Profundamente religiosa e humanista fervorosa, ela deu "quase £1 mil", dizia Bessie maravilhada — £20 aqui para os necessitados de Etrúria, £200 para "fabricantes em apuros" e mais de £200 para a Sociedade Antiescravagista em 1830. "Quem disse que uma mulher não é capaz de administrar uma grande fortuna como um homem", perguntava Bessie, "ou que uma mulher solteira não tem tantas oportunidades de fazer o bem quanto uma mulher casada?" Uma "sociedade anticrueldade" que ela apoiava mandou prender um homem "por maltratar o seu asno", e sua mulher "parecia bem satisfeita", prova de que uma obra de caridade benfeita poderia até devolver à mulher abandonada a sua condição de solteira. Limpezas de chaminés e escolinhas maternais foram incentivadas, mas o interesse permanente de Sarah eram "os negros".[27] Ela gastou somas enormes fazendo circular a literatura antiescravagista e chegou até a produzir um compêndio de 36 páginas para mulheres.

Era o seu *British Slavery Described* [Descrição da escravatura britânica], que ajudou a fundar a Sociedade Antiescravagista das Senhoras de Staffordshire do Norte em maio de 1828. Sarah e sua sobrinha Elizabeth eram as "principais agentes", mas Bessy e as outras moças, Charlotte, Fanny e Emma, também mergulharam naquilo que consideravam sua causa suprema. Na primeira reunião, no vizinho Newcastle-under-Lyme, Bessy leu uma dissertação para o grupo, que resolveu só "usar e recomendar o açúcar das Índias Orientais". Aquelas que administravam a própria cozinha eram as que estavam em melhores condições de renovar o boicote às Índias Ocidentais, foi o que Sarah ouviu de Thomas Fowell Buxton e, como argumentava Bessy, "não participamos do crime se [...] evitarmos o produto".[28] Mas o consumo ético fez poucos progressos. A pequena nobreza era indiferente, em sua maioria, sendo "o grupo abaixo dela [...] mais impressionável", e os conservadores eram refratários à ideia. Visitando uma sociedade de mulheres em Liverpool, Bessy e Elizabeth chegaram até a ajudar a pôr o *British Slavery* de Sarah "a bordo dos vapores, para edificação dos passageiros ociosos". Mas sem nenhum sinal de que a emancipação viria logo, as mulheres caíram em "grande desespero" por causa da inatividade do Parlamento. Seu temor era que "outro ano se passe [...] e o governo não faça nada". Bessy, com mais de 60 anos e mostrando os primeiros sinais de demência, também estava "paralisada pelo medo de não poder alimentar esperanças de viver o bastante para ver algum bem concretizado".²⁹

Enquanto Darwin estava em Cambridge, a família adquiriu uma nova base política quando Sir James Mackintosh, cunhado de Bessy e membro do Parlamento, mudou-se para Clapham. A seis quilômetros e meio ao sul de Westminster, Clapham era um ponto do qual se podia ver o desenrolar das grandes reformas. A essa altura, os gritos por liberdade e democracia estavam ficando mais altos à medida que as Leis de Reforma eram introduzidas e rejeitadas, os governos desmoronavam e as cidades industriais exigiam que o Parlamento abolisse a escravidão. Quando Londres chamava, como fez tantas vezes, Darwin ficava com o irmão Erasmus, agora levando uma vida ociosa graças à fortuna da família — nunca praticou a medicina. Daqui eles podiam ir até os Mackintosh. Darwin ficou muito impressionado com Sir James, um fervoroso abolicionista e agitador reformista. Eles tinham se conhecido em Maer, quando Sir James estava escrevendo sua *History of England* [História da Inglaterra], e Darwin classificou-o como "a melhor conversa que já ouvi até hoje".

Outros concordavam, e um deles era o próprio Wilberforce. Ele e outros Santos tinham deixado Clapham; mas, nas mansões que cercavam Wilberforce, um rico enclave de evangélicos ainda florescia e deu as boas-vindas ao grande antiescravagista. Os Mackintosh mudaram-se para lá para estarem perto de seus amigos Thornton, cuja segunda geração ainda vivia no solar da família, Battersea Rise. Do outro lado da estrada ficava a residência de Sir James, de grandes proporções e situada num local aprazível. Sua filha Fanny aparecia de repente em Battersea Rise para ver sua melhor amiga, Marianne Thornton, e até o membro do Parlamento chegava sem se fazer anunciar. "Mackintosh veio [...] durante o meu jantar", contava um Wilberforce perplexo. "Ele ficou conversando com as moças e comigo por mais de uma hora." Ele "conversa com a maior liberdade" até mesmo "com todos os passageiros na parada de Clapham quando vai e vem de Londres". "Que exemplo de companhia ele é! Não tem rivais!"³⁰

Não que eles concordassem muito sobre a reforma humanista. Um liberal importante estava deslocado em Clapham. A família também teve problemas com outro morador de Battersea Rise, Sir Robert Inglis, conservador e homem da Igreja e do rei, o guardião dos filhos dos Thornton. Fanny o achava tão difícil de conviver quanto charmoso. "É melancólico pensar no quanto a casa sempre fica mais agradável na ausência de Sir Robert." Profundamente anticatólico, aquele membro do Parlamento pelo Partido Conservador de Oxford era realmente contra a escravatura, mas Fanny o achou vergonhosamente "insensível" ao boicote contra o açúcar. Fanny Allen, cunhada de Sir James, ridicularizava suas pretensões, chamando-o de "jovem inexperiente de Clapham". Havia outros mais ao seu gosto. Em frente a Mackintosh vivia outro Santo da segunda geração, Charles Grant, herdeiro, juntamente com seu irmão Robert — ambos Sims de Cambridge —, de uma fortuna da Companhia das Índias Orientais (chamavam o pai de "o Diretor", que ele era mesmo).[31] Ambos os irmãos também eram membros do Parlamento e ambos tinham o mesmo horror que os Mackintosh à escravidão.

Mackintosh achava que "nossa percepção da semelhança" com as outras raças era proporcional "à frequência de nossas interações com elas". Quanto mais próximos ficávamos, tanto mais as outras raças pareciam ser como nós, algo que Darwin tinha confirmado com seu empalhador de aves da Guiana e que corroboraria mais tarde em seus contatos com os fueguinos e "hotentotes" do outro lado do mundo. Na verdade, a "percepção da semelhança" de Sir James era contagiante. Quando Emma Wedgwood (futura mulher de Darwin), de 21 anos, chegou a Clapham em novembro de 1829, entrou numa cena típica: "o próprio historiador em pleno discurso", com Robert Grant e Wilberforce ouvindo reverentemente. Naquele Natal, a conversa girou em torno da frenologia. A "objeção fatal" para o erudito Mackintosh era que a existência de órgãos cranianos era apenas algo em que se queria acreditar — e algo da pior espécie. Ele provavelmente achou a ideia das propensões para o mal incrustadas em nosso cérebro um libelo contra nossa natureza e "desmantelou" todos os resquícios da crença de Darwin nessa ciência.[32]

Como, segundo dizia Charlotte Wedgwood, "se ouve" Sir James "com a certeza de que ele não tem preconceitos", Darwin teve de prestar atenção. Na verdade, as irmãs Wedgwood achavam Mackintosh "mais sábio que qualquer outro". Nunca as fazia calar falando mais alto. Um baluarte da Sociedade Antiescravagista desde os seus primórdios, ele aconselhava as mulheres "a se considerarem especialmente designadas a propagar os sentimentos de humanidade", o que deu à sociedade das mulheres um incentivo muito oportuno, e ele nunca se cansava de descrever "a situação de brutalidade e atrocidade ainda mais graves" infligidas às mulheres escravas. Sua filha Fanny, "tão pia e devotada" como se fosse "uma senhorita Wilberforce", já era uma espécie de irmã mais velha de Emma Wedgwood. E Fanny, com sua sinceridade inocente à la quacre, que solapava "qualquer coisa que se parecesse com superficialidade ou amor aos grandes", acabaria se tornando mais íntima de Darwin, igualmente "simples, ingênuo, sensível",[33] que talvez qualquer outra mulher com exceção de Emma.

"A jovem Inglaterra antiescravagista", estava farta de "abrandamento" e "abolição gradual", com resoluções tíbias e os conservadores tentando ganhar tempo para favorecer os grandes fazendeiros. Na reunião anual da Sociedade Antiescravagista realizada em junho de 1830, com Wilberforce presidindo e Clarkson ao seu lado, milhares arquejaram quando um jovem Turco gritou a moção: "A partir do dia 1º de janeiro de 1830, todo escravo nascido nos domínios do rei será livre!" Wilberforce não teve escolha; colocou-a em votação, e a moção foi aprovada com tanto entusiasmo "que teria deixado as Cataratas de Niágara inaudíveis à mesma distância".

A partir de então, qualquer coisa menos que "emancipação imediata" seria um pecado e um convite à represália. A nação tinha de se arrepender de seu "crime diante de Deus". Lorde Brougham, membro do Parlamento pelo Partido Liberal de Yorkshire, exigia ação parlamentar em outro *tour de force* na Câmara dos Comuns. A Grã-Bretanha deve "rejeitar a fantasia delirante e culpável de que o homem pode ser dono de outro homem!" Em Maer, tia Bessy Wedgwood comprou um "bustozinho horroroso" de Broughman para colocar "em minha escrivaninha como peso de papel e alimentar meu entusiasmo por seus talentos". Em Yorkshire, o apoio à reforma e à abolição era sólido, foi o que Mackintosh ouviu dizer; nos comícios, "um menino negro era levado diante" de Broughman todo dia.[34] Para esses homens, a abolição estava indissoluvelmente ligada à reforma parlamentar.

O governo conservador entrou em colapso em novembro de 1830. Um ministro liberal, o primeiro depois de uma geração, finalmente foi nomeado para reformar o Parlamento e abolir a escravidão. Enquanto Darwin estudava para suas provas, Cambridge "assumiu unanimemente" novas petições antiescravagistas, só por precaução. Palmerston, o membro do Parlamento pela universidade, tornara-se ministro das Relações Exteriores; Broughman, o herói de Bessy, tornara-se presidente da Câmara dos Pares, e Mackintosh entrara para a Diretoria de Controle Indiano com os irmãos Grant. Os pensamentos de Maer giravam sobretudo em torno dos negros, e a família ficou irritadíssima ao saber que Buxton "*só* tinha a intenção de propor ao Parlamento que todos os negros *por nascer* fossem livres". "O quê?! Então vamos deixar que todos os infelizes que agora estão sob o chicote sejam chicoteados até o fim da vida em nome dos negrinhos?" Os tempos exigiam medidas mais enérgicas. "Se isso for aprovado, a causa está perdida em nosso tempo de vida."

As mulheres, excluídas das galerias da Câmara dos Comuns, tiveram permissão de se sentar em volta de uma grande abertura oval no teto. E foi ali, no "Ventilador" por onde escapava o ar quente, que Fanny Mackintosh e Elizabeth Wedgwood quase irromperam em lágrimas com a eloquência de Thomas Macaulay discursando em favor da Lei de Reforma em março de 1831. Mas elas temiam que os negros sofredores estivessem sendo excluídos. "Quem tem tempo para ouvir a vozinha tênue da justiça em meio a esse turbilhão? E o que esse país pode esperar das mãos de Deus além de calamidades e desgraças enquanto nós [...] permitirmos que esses assassinatos diários continuem?"

Sir James começou a tentar convencer Jos a entrar para o Parlamento. Uma representação urbana e industrial maior significaria dezenas e dezenas de novas cadeiras num Parlamento reformado, e Mackintosh queria que um liberal antiescravagista representasse Newcastle-under-Lyme. Preocupado com a saúde de Bessy, Jos consultou o pai de Darwin, o Doutor, que admitiu que ela "se sentiria mal se ele não fosse seu representante".[35] A família estava pondo em cena o seu próprio membro do Parlamento reformista e pró-abolição.

Darwin não deixaria Cambridge imediatamente depois de tirar seu diploma em janeiro de 1831. A maioria de seus amigos participava da Sociedade da União, e foi marcado um debate para 15 de fevereiro sobre "a abolição imediata e total da escravatura nas colônias britânicas". A Estalagem do Leão Vermelho, que ficava a dois minutos de caminhada do colégio, foi o lugar escolhido, e a hora marcada para o início dos trabalhos foi 18h45. Não sabemos se Darwin foi, mas ele realmente falou com um primo que ia sair naquela noite. Nada era mais importante para ele, como comprovaram seus colegas. Sabiam que ele tinha horror à crueldade, qualquer que fosse a sua forma. Estava indignado e sentiu pelos "poloneses sofredores" quando a "revolta de novembro" dos estudantes de Varsóvia foi esmagada por tropas russas. John Maurice Herbert, um amigo íntimo (que daria a Darwin um microscópio como presente de despedida), lembrava: "Pela humanidade oprimida ou sofredora, ele tinha a mais profunda simpatia. E tocava as maiores profundezas do sentimento ouvi-lo discorrer sobre os horrores do tráfico negreiro e sofrer por causa deles."[36]

Os professores de Darwin também sabiam que reforma e abolição andavam de mãos dadas. Com a febre da eleição aumentando, *The Times* publicou cartas provocadoras dos professores Sedgwick e Whewell. Sedgwick dizia que ele havia "mamado no leite da mãe o horror à escravidão" e que assinara sua primeira petição com as garatujas de um escolar. Esses professores do Colégio da Trindade agora queriam reforçar a reforma intelectual da universidade com outra reforma: excluir o velho Paley do currículo. Por mais saudável que ele fosse em relação à escravatura, eles queriam uma base melhor para detestá-la, menos ênfase nas conveniências e mais na iniquidade; um senso de certo e errado embutido no ser humano que tornasse o pecado realmente pecaminoso. Isso manteria Cambridge na vanguarda da filosofia moral. Para Whewell, o "negro" era "nosso irmão"; ele tem as "mesmas faculdades mentais [...] as mesmas afeições e motivações para agir que nós. Ama sua mulher, seus filhos, seu lar". É alguém perverso — um *grande fazendeiro* perverso — que, "sabendo que os negros têm faculdades humanas, finge achar que não têm para justificar o fato de escravizá-los."[37] Para Whewell, "a abolição deve ser um dos grandes objetivos de todo homem bom".

Naquela primavera de 1831, o país entrou em erupção, pedindo reforma e abolição da escravatura. Mais petições foram enviadas de Maer, e as de Shrewsbury foram despachadas quando Darwin já estava de volta ao lar. A "política [local] de Shropshire" intrigava-o, e ele havia insistido em se manter informado em Cambridge do que acontecia ali. Agora os acontecimentos estavam se sucedendo rapidamente. Os liberais convocaram uma eleição às pressas; na verdade, um referendo sobre "a lei, a lei completa, e nada além dessa lei". Lembrem-se da causa "com a qual se comprometeram tão solenemente", repetia a Sociedade Antiescravagista aos seus membros, e apoiava somente os candidatos "arrependidos do pecado da escravidão". Henslow estava fazendo campanha para Palmerston em Cambridge, o que não lhe deixava tempo nenhum para suas caminhadas habituais com Darwin.[38] Tio Jos estava representando Newcastle-under-Lyme, e seus operários de Etrúria passavam o chapéu para ajudar nas despesas, louvando seu patrão como "o amigo dos pobres". Nos comícios, um oponente conservador gritara com Jos: "Por que, Sir, o senhor não tem mais chance de voltar a Newcastle do que à Lua", o que levou os reformadores a uma exibição de força. Marcharam pela cidade com Jos e seus filhos Harry e Frank à frente. Passando pela sede dos conservadores, foram agredidos com "lixo, pedras e cacos de tijolos" vindos do terreno em volta da igreja que ficava do outro lado, e uma pedra quase quebrou a perna de Harry. Naquele momento, a batalha pela reforma e pela abolição estava sendo travada literalmente, com a família bem no meio. Dias após esses acontecimentos, depois que Jos reconheceu a derrota na eleição (mesmo que, em âmbito nacional, os conservadores estivessem desmoronando enquanto os liberais voltavam ao poder com uma maioria esmagadora), os operários das fábricas locais dirigiram-se aos magotes a Newcastle, e as batalhas entraram noite adentro.[39]

Darwin não veria o desfecho do movimento em prol da abolição. Uma viagem de naturalistas ao Tenerife com Henslow estava sendo planejada para o ano seguinte, quando Henslow realizaria seu sonho de criança — ou ao menos desceria perto do continente africano. O sonho de Darwin também se tornaria realidade — provavelmente um sonho acalentado desde seus tempos de Edimburgo. Veria os cenários tropicais. Trechos da obra *Personal Narrative* [Narrativa pessoal], do explorador sul-americano Alexander von Humboldt sobre suas expedições na selva exuberante, só aumentaram o seu apetite. Mas a vida de um sacerdote-professor não lhe pertence, e Henslow desistiu depois que sua mulher deu à luz. O recém-nascido recebeu o nome de Leonard Ramsay — o segundo nome foi uma homenagem ao velho amigo de Henslow, Marmaduke Ramsay, que era outro possível companheiro de Darwin para as Canárias. Marmaduke era devoto e, embora não fosse um "cientista", era louco por samambaias, como todos os de sua época. Com um marinheiro na família, ele tinha tudo para ser boa companhia.

O irmão de Marmaduke, o tenente William Ramsay, conhecia bem a luta contra o tráfico negreiro em seu estado natural. Comandante de um navio negreiro capturado, o *Black Joke*, reequipado como navio de guerra para perseguir outros navios negreiros em atividade no litoral da África Ocidental, ele tinha uma das incumbências mais traiçoeiras da Marinha Real. Tenerife ficava a cerca de 320 quilômetros do continente, bem na rota das patrulhas de William na baía de Benin. Os Ramsay conheciam as variações atmosféricas, os ventos, as ondas e o tráfico negreiro dessa região.[40]

Darwin e Marmaduke devem ter discutido essas perseguições. *The Times* certamente discutiu. O *Black Joke* era lendário antes mesmo de Ramsay assumir seu comando. Compacto e veloz, havia sido construído de encomenda em Baltimore para o comércio com o Brasil e tinha transportado 3 mil africanos pelo Atlântico antes de sua captura. Agora era o navio de caça mais temido da Marinha. Em três anos, aquele navio minúsculo tinha alcançado e vencido uma série de escunas espanholas e brigues brasileiros, libertando mil escravos ou mais. No dia 25 de abril de 1831, o nome do próprio Ramsay entrou para a história. "Armado com um canhão que disparava projéteis de 18 libras e uma caronada", seu *Black Joke* atacou um brigue espanhol negreiro de 300 toneladas, o *Marinerito,* "um vaso de guerra perfeitamente bem equipado", com uma tripulação duas vezes maior que a de Ramsay e com um poder de fogo cinco vezes maior. Lá embaixo havia 496 negros, algemados para a travessia para o Brasil. Depois de um longo combate, que deixou 19 mortos entre os tripulantes do *Marinerito*, este navio foi abordado. Ramsay e seis de seus homens foram gravemente feridos, um morreu. A parte inferior do convés mostrou uma cena apavorante — 46 escravos negros mortos e 107 "em tal estado por causa do confinamento e falta de ar" que tiveram de ser deixados em terra para serem tratados.[41]

Marmaduke nunca viajaria com Darwin. Adoeceu depois de sair de Cambridge e morreu em um mês. Darwin recebeu a notícia depois de chegar de uma viagem de campo onde fora estudar geologia com Sedgwick e ficou chocado. Nunca esqueceria os irmãos Ramsay.[42] Mas agora Darwin sabia igualmente bem que, para realizar seu sonho, ele próprio teria de velejar por águas perigosas onde havia tráfico de escravos.

4

A vida nos países escravagistas

Cambridge fortalecera a âncora moral de Darwin. Sua algema resistente prendera-o mais firmemente do que nunca à rocha antiescravagista constituída por suas inabaláveis irmãs. Mesmo assim, temos pouca impressão de que Darwin tenha sido um propagandista ativo, e nenhuma de que tenha sido um fanático. Apesar do comprometimento da família, dos panfletos dos Wedgwood, da herança de "Não Sou um Homem...", do turbilhão das moções morais dos pátios do colégio, da intimidade com um escravo liberto em Edimburgo, que confirmou tudo quanto ele ouvira desde a infância, Darwin não era um ativista da mesma maneira que seus amigos e familiares. Até aquele momento, não fora obrigado a demonstrar nenhum envolvimento político. Na verdade, mostrara pouco fervor moral, tendo gosto excessivo pela caça, absorto demais com seus besouros, suscetível demais para viajar. O rapaz simplesmente aceitara sua herança ideológica. Quando viajou de fato, instruído por seu professor taxidermista da Guiana, preparado por Jameson para manter suas coleções a bordo de um navio, essa viagem seria um primeiro encontro chocante, e ele finalmente depararia, ao vivo e em cores, com a cena do camafeu de Wedgwood. Nenhum outro membro de sua família jamais chegou perto de uma experiência desse tipo. A conversão final de Darwin aconteceria num briguezinho chamado *Beagle*, que daria a volta ao mundo em cinco anos.

A existência da escravidão nos portos que Darwin visitou — e sua exposição a ela durante a viagem do *Beagle* — havia sido subestimada. Até mesmo o grau em que a Marinha Real estava ela mesma preocupada com a interdição do tráfico não havia sido bem avaliado nesse contexto. Para assegurar os privilégios comerciais da Grã-Bretanha e proteger suas rotas mercantis, os navios da Marinha operavam a partir da parada dos "Brasis" no Rio de Janeiro. O maciço poder de fogo do esquadrão — que podia chegar a 12 vasos de guerra, totalizando 300-400 canhões em qualquer momento dado — permitia à Grã-Bretanha controlar as águas sul-americanas. Grande parte desse poder de fogo dizia respeito à repressão ao tráfico negreiro. Na verdade, o reconhecimento do Brasil por parte da Grã-Bretanha dependia da proibição do tráfico no país. Portanto, todos os negreiros brasileiros eram efetivamente considerados "piratas" (pouco importava que hasteassem bandeiras portugueses para disfarçar: a Marinha os detinha assim mesmo). Em 1830, mais de 7 mil escravos foram liberados de navios que cruzavam as águas do Atlântico, e 21 navios foram capturados (e alguns foram transformados, eles próprios, em velozes navios de caça aos caçadores de escravos). Mas isso ainda era menos de um décimo dos escravos levados para Cuba e para o Brasil naquele ano. Um navio negreiro interceptado era "um sepulcro flutuante" cheio de corpos doentes e emagrecidos.[1] E as *plantations* tinham de continuar importando mão de obra, pois a taxa de mortalidade entre os africanos levados secretamente era muito alta. Seja como for, a vida média de um escravo agrícola do Brasil era de apenas 10 a 15 anos; por isso a necessidade do tráfico — e da vigilância da Marinha inglesa.

Foi nesse ambiente que um jovem supersensível e humanista da pequena nobreza saiu de Cambridge e entrou num ambiente brutal, onde os açoites eram usados para dar o exemplo: um ambiente *negro*. O Rio tinha mais escravos que qualquer outra cidade das Américas; ao meio-dia, quando os brancos estavam dentro de casa, evitando o calor sufocante, os visitantes diziam que era como chegar à África.

Mesmo que Darwin estivesse se preparando para viajar com suas leituras, outros membros da família estavam querendo ação direta. Enquanto os membros do Parlamento discutiam a nova Lei da Reforma durante o verão de 1831 para expandir o direito ao voto e dar novas cadeiras às cidades industriais (cujos novos membros, esperava a família de Darwin, votariam em favor da emancipação), tio Jos Wedgwood procurava instigar seus desanimados simpatizantes de Newcastle-under-Lyme, prometendo que "a voz do povo prevaleceria". Os candidatos à próxima eleição formavam um grupo melancólico: conservadores em sua maioria; e liberais moderados no tocante à escravatura. Sendo "um amigo zeloso da emancipação imediata do negro", Wedgwood recusou-se a apoiar qualquer um que exigisse menos que isso. Um liberal que fazia muitas promessas — e um alvo dos panfletos de Jos sobre o pecado da escravidão — preocupava-se com a possibilidade de lançar esses africanos "de volta à vida selvagem"; aparentemente, uma liberação gradual daria a esse pobre povo condições de "progresso moral e religioso". Quando veio à tona que a verdadeira objeção desse amigo ao "imediatismo" era impedir "a ruína total dos grandes fazendeiros das Índias Ocidentais", Jos traçou planos para se candidatar ele mesmo ao Parlamento mais uma vez.[2]

Outro que se candidatou à eleição de maio de 1831 foi um oficial da Marinha de ascendência impecável, o neto do terceiro duque de Grafton, um descendente direto de Carlos II e sobrinho do falecido visconde de Castlereagh. Como Darwin, ele estava numa encruzilhada. Robert FitzRoy era um capitão brilhante e de espírito crítico. Só quatro anos mais velho que Darwin, servira intermitentemente em águas sul-americanas desde 1822. Tinha boas maneiras e um nariz romano. Esse fato não era irrelevante. FitzRoy considerava o nariz "o *esteio* do cérebro" e um indicador, ao lado do crânio, do caráter. FitzRoy era fisionomista e frenologista, e o estudo da fisionomia permitia-lhe um julgamento rapidíssimo da adequação de um oficial que trabalharia sob suas ordens. É claro que o seu próprio nariz indicava liderança e inteligência.

Aos 23 anos, FitzRoy assumira o comando de um naviozinho "descoberto" depois que o capitão solitário se suicidara durante um reconhecimento do litoral da América do Sul. A missão abortara, e o *Beagle*, um navio a serviço de Sua Majestade, voltara à Inglaterra em 1830, trazendo presos quatro nativos da Tierra del Fuego: eles eram das etnias alacalufe e yahgans, baixos e atarracados, agora vestidos incongruentemente com roupas navais (embora elas tenham sido trocadas por gravata e paletó em terra). Os fueguinos eram "canibais horríveis": FitzRoy nunca teve dúvida de que essa estirpe selvagem fosse capaz das mais "diabólicas atrocidades". Mas, surpreendentemente, três de seus cativos (crianças, a menina com apenas 9 anos de idade) mostravam aptidão e inteligência, mesmo que ele tenha considerado o quarto "um espécime desagradável da natureza humana não civilizada". Três haviam sido tomados como reféns em troca de um barco roubado e, a partir de então, FitzRoy criou um sistema para cristianizá-los: se até os "canibais" mais baixos e degradados podiam ser civilizados, qualquer selvagem poderia ser civilizado. Entregou aqueles jovens indefesos à Sociedade Missionária da Igreja e, embora um deles tenha morrido de varíola, fora isso o experimento teve um grande êxito.[3]

Na eleição de maio de 1831, o aristocrático FitzRoy candidatou-se pelos conservadores de Ipswich, uma animada cidade comercial de Suffolk, confiante em que a vitória da *"boa causa"* (interromper todas as reformas) faria com que conquistasse as boas graças dos aristocratas contrários às reformas, o que o ajudaria a devolver os fueguinos a seu lar como missionários. Ganhasse ou perdesse, ele não iria "deixá-los em apuros". Os comícios tinham sido caóticos, com cenas "das mais violentas denúncias e comoções". FitzRoy defendia injustificadamente "os interesses da Igreja da Inglaterra". Denunciara as "inovações" democráticas dos liberais "que agora ameaçam [...] e tendem a destruir aquela Comunhão, que nos colocou em primeiro lugar entre as nações".[4] Tirara proveito de sua nobre ascendência de Suffolk e exigia a preservação dos burgos "remotos" e "inúteis" que a Lei da Reforma varreria da face da terra. Em geral, esses burgos só representavam um punhado de votos. Mas, para o "galante capitão", esses eleitorados minúsculos eram bastiões da justiça, seus representantes no Parlamento defendiam os "endinheirados" e os "interesses navais" do país, entre os quais os dos grandes fazendeiros "das Índias Orientais e Ocidentais":

> Pergunto como é possível eles terem Representantes [...] a não ser por meio daqueles Burgos que costumam ser considerados inúteis? (Gritos de "chega de negociantes de cadeiras dos burgos" e muitos aplausos.) É evidente que um homem de posse de grandes tratos de terra, graças à influência que essa posse implica, pode obter facilmente um lugar no Parlamento; mas o homem que tem muitos navios no oceano, que tem um grande capital empregado no comércio, como é que ele vai obter a influência necessária para contrabalançar aquela do proprietário de terras? (Palmas.)

Resposta: comprando um pequeno eleitorado. Mas, doce ironia, aqueles interesses navais e comerciais, aqueles interesses das Índias Ocidentais, todos eles dependiam do açúcar escravo; os clérigos tinham horror à escravidão; e FitzRoy estava se candidatando pela Igreja. E esse não foi seu único momento canhestro.

> Perguntaram-me se não sou sobrinho do duque de Grafton [um liberal] — sou — e, ao me apresentar nessa ocasião, certamente estou me opondo a seus princípios políticos, e àqueles de quase toda a minha família. Mas, mesmo discordando deles, mesmo que eu possa ser obrigado a fazer grandes gastos — mesmo que eu possa arruinar minhas perspectivas de oficial naval —, não me importo, porque acredito que os melhores interesses do meu país estão em jogo e que defender o seu rei é dever de todo súdito leal que tenha condições para tanto.[5]

Esse princípio inabalável custou-lhe a eleição. O conservador FitzRoy, o homem da Igreja e do rei, foi vencido, ficando em terceiro lugar depois dos liberais.

Portanto, em 1831, só 145 votos de Ipswich impediram Robert FitzRoy de se tornar um membro do Parlamento e possibilitaram a Charles Darwin assumir seu lugar na história. Para expiar sua aventura *"boba"*, FitzRoy planejou uma penitência dispendiosa, uma "expedição particular com meus fueguinos". "Tenho de confiar em mim mesmo, pois tendo me oposto claramente ao governo, e a meu tio [...] não posso esperar nenhuma assistência de sua parte." A família conservadora da mãe, disse ele, induzira-o a se candidatar por Ipswich, e provavelmente foi um "tio bondoso" desse lado que veio em seu socorro. Charles Vane, terceiro marquês de Londonderry, um oponente visceral da reforma, procurou o Almirantado e, *mirabile dictu*, as autoridades reiniciaram o reconhecimento do litoral sul-americano.[6] Aqueles que governavam as águas houveram por bem ignorar as regras. FitzRoy foi nomeado de novo, dessa vez como comandante do *Beagle*, e o navio da Marinha de Sua Majestade começou a ser reequipado nas docas de Devonport.

Darwin estava em Shrewsbury no final de agosto quando o professor Henslow lhe deu a notícia: o capitão FitzRoy estava procurando um companheiro para sua segunda viagem de reconhecimento. Um homem da nobreza com quem pudesse jantar aliviaria a solidão do comando, aquele tipo de solidão que levara o predecessor de FitzRoy ao suicídio. Havia necessidade de um naturalista promissor. Darwin teria interesse?

Os Wedgwood acreditavam que a vida entre marinheiros rudes não mancharia necessariamente "o caráter de um vigário" como Darwin, e as objeções de seu pai nesse sentido foram ignoradas. Darwin estava fora, em meio ao esplendor das cores do outono, perambulando pelo país. Seus movimentos febris nesses meses estavam em pleno acordo com a atmosfera da nação. O clima de reforma deixara a família alegre; todos estavam felizes. As moças Wedgwood mais novas não paravam de falar dos reformadores, que eram os que estavam "se saindo melhor em todo o país", e dos "dois missionários antiescravagistas" que tinham visitado a família. "Que reformadora ela é", diziam os Wedgwood a respeito de sua tia Caroline, observando a "ansiedade ofegante" com que "ela lê *The Times* todos os dias!". A Grã-Bretanha estava prestes a mudar. Se a Lei da Reforma não fosse aprovada, as expectativas cada vez maiores do país seriam frustradas e haveria uma revolução (que a França sofrera em 1830). As alianças consolidaram-se e, no dia 2 de setembro, quando a Lei foi aprovada na Câmara dos Comuns e foi para a Câmara Alta, FitzRoy ouviu de Francis Beaufort, hidrógrafo do Almirantado, que o "sábio" que ele queria havia sido encontrado, "um tal de Sr. Darwin, neto do famoso filósofo e poeta".

Em si, isso era problema para um conservador como FitzRoy. Erasmus Darwin não era apenas famoso — era um notório libertino francófilo que escrevia versos picantes, um democrata e livre-pensador cuja filosofia do progresso e luta contra a escravidão contrariavam a filosofia conservadora. Avisado de que Darwin era um liberal, a resposta de FitzRoy foi uma recusa imediata, "direta e *cavalheiresca*" de tê-lo a bordo. Darwin tinha um amigo em Cambridge que era sobrinho do marquês de Londonderry, ao qual pediu que intercedesse e providenciasse um encontro assim mesmo. E mesmo assim o capitão duvidou que alguém com o nariz de Darwin tivesse "energia e determinação suficientes para a viagem". Mas o nascimento elevado e as boas maneiras venceram os escrúpulos de FitzRoy, e ele aceitou Darwin. "Acho que não vamos brigar por causa de política", disse Darwin à sua família, mas, ainda assim, discutiu essas questões com o tio Jos, que o avisou que um capitão conservador podia ser um tirano ao leme; na verdade, "o maior bruto sobre a face da terra".[7]

Darwin estava deixando um mundo politizado em meio a um turbilhão, cheio de expectativas. Ele também estava tendo o seu, mas de um tipo bem diferente. Outubro de 1831 viu-o em Londres, a caminho de Devonport e do *Beagle*. Assim que se acomodou, a Câmara Alta votou contra a Lei da Reforma. Houve protestos em todo o país, e o Parlamento suspendeu seus trabalhos em meio a feias cenas de rua. Os repórteres da família estavam lá. Na verdade, Caroline, a irmã de Darwin, estava na "Casa do mal" das autoridades do país para testemunhar aquela divisão fatal, passando toda a noite em claro com a tia Fanny Allen para ouvir o discurso de quatro horas feito por Brougham, "magnífico", mas inútil. Caroline "quase morreu" de frustração por não ter conseguido entrar na Câmara Baixa para ver o resultado, mas a prima Fanny Mackintosh apareceu em Clapham numa carruagem bem equipada, fugindo da ralé do Pátio do Palácio para se sentar no "Ventilador" e ouvir Thomas Macaulay no seu auge: "sem rivais." Com os defensores da reforma e da luta contra a escravidão em plena ascensão, ela declarou que se tratava da "batalha das classes médias". Seus votos emancipariam todos. Em Staffordshire, com a ameaça repentina de um surto de cólera, Bessy tornou-se apocalíptica outra vez. "Não *sinto* o perigo muito perto até minha razão me dizer que podemos ser pegos de surpresa pelo mundo tal qual era na época de Noé." A inércia política em relação à escravatura e agora "esse flagelo de Deus [...] é como a união do pecado com a morte para punir a humanidade". A emancipação não chegaria a tempo.

Passaram-se semanas e então chegaram notícias, enquanto Darwin estava em Devonport, de que o Parlamento reabrira, que o discurso do rei em favor da emancipação tinha sido "muito encorajador [...] para nós, antiescravagistas", suspirou tia Bessy. Uma nova Lei da Reforma foi aprovada pela Câmara dos Comuns por uma grande maioria e foi para a Câmara Alta no Natal. A atenção de Darwin estava em outra parte. Ansioso por partir, andara ocupado demais para lamentar a perda de Ramsay. Agora, diante de sua própria mortalidade, escreveu suas despedidas, talvez a última, enquanto pensava no pobre Marmaduke com "lembranças melancólicas, mas prazerosas". Queria fazer "um memorial" para ele, algo que lembrasse a aventura que tinham planejado viver juntos.[8]

Como se fosse uma resposta, *The Times* publicou uma matéria sobre outra captura dramática feita pelo *Black Joke* sob o comando de William, irmão de Marmaduke. Aquele navio diminuto havia perseguido alguns navios negreiros espanhóis até o rio Bonny, no delta do Nilo, onde os donos corruptos abandonaram 600 negros na praia e começaram a atirar o resto no mar, agrilhoados juntos. Ramsay salvou 200 do porão e da água, salvou quatro em ferros; apesar disso, 180 escravos acabaram se afogando.[9]

No dia seguinte, FitzRoy deu ordem de se fazerem ao mar, e o *Beagle*, com Darwin, três fueguinos e outras 69 almas a bordo, partiu na direção das ilhas de Cabo Verde, ao largo da costa africana.

O tráfico negreiro infestava a parte média e tropical do Atlântico. Dezenas de navios carregavam mercadorias para a África e depois partiam em direção ao Ocidente com os porões lotados de cargas humanas algemadas. O entreposto da Marinha na África Ocidental, que ficava em Freetown, Serra

Leoa, patrulhava os mais de 3 mil quilômetros em volta da costa Leeward, passando pelo delta do rio Níger e chegando até o rio Gabon. Menos de dez navios cruzavam aquelas águas nesse momento, próximos à costa para detectar logo alguma atividade ilícita. A monotonia desse trabalho era terrível. Um calor sufocante, calmarias opressivas e a ameaça constante de febre cobravam seus tributos. O *Beagle* seguia a rota dos navios de resgate, passando via Tenerife por São Tiago, a maior das ilhas de Cabo Verde, onde Darwin desembarcou pela primeira vez em Porto Praya, durante séculos um ponto de comércio de escravos.

A vegetação tropical o empolgou e, depois de encontrar evidência de levantamento tectônico, ele começou a fazer anotações, pensando que um dia poderia vir a escrever um livro de geologia. Havia pessoas de pele escura por toda parte; ele nunca havia sido cercado por uma multidão mais agradável e falou sobre essas pessoas em seu diário. Havia o "padre negro", ao qual se afeiçoou, e uma tropa de soldados negros. Jantou alegremente entre "crianças, mulheres e homens negros", embora alguns dos jovens nus parecessem "muito infelizes". Deparou certa vez com umas vinte moças, "vestidas com o maior bom gosto [...] a pele negra e as roupas brancas como a neve" coroadas por "alegres turbantes coloridos e grandes xales", todas cantando "com grande energia uma música selvagem". "Nunca vi ninguém mais inteligente que os negros, principalmente as crianças negras e mulatas." Tanto mais razão, portanto, para desconfiar da escuna que ancorou, afirmando ser "comerciante", mas provavelmente sendo "um negreiro disfarçado". FitzRoy, observou ele, vai investigar "o navio de manhã e descobrir o que ele é exatamente". Com ele iria Morgan, um membro da Marinha Mercante com qualificações especiais que estava trabalhando no *Beagle*, "um homem extraordinariamente forte" que, no meio de uma rixa, certa vez "atirou uma sentinela armada ao mar". Darwin admirava Morgan: era um do grupo "galante" que, em 1827, apoderara-se do brigue negreiro *Henriquetta*, construído em Baltimore, reequipado desde então e que se tornou conhecido como o *Black Joke*.

Alguns dos companheiros de viagem de Darwin se sentiam pouco à vontade entre os diferentes povos que conheceram no mundo todo. Seu novo amigo Philip King, um adolescente aspirante da Marinha e veterano da viagem anterior, não via "nada além de trapaças" realizadas pelos negros no mercado. O próprio FitzRoy considerava a maioria "da população negra ou parda" um retrocesso para as viagens marítimas, nas quais os brancos tinham sido mais eficientes e dignos de confiança no comércio.[10]

Cruzando o Equador para chegar à Bahia, Brasil, o *Beagle* ancorou na baía de Todos os Santos no dia 28 de fevereiro de 1832 em meio a uma floresta de mastros. Na embocadura da baía ficava Salvador, a capital da província, com uma população de 65 mil pessoas, um terço de origem africana. A selva tropical dali não era mais exótica que a selva humana. Cerca de 41% de todos os africanos acabaram sendo mandados para o Brasil. Os cais e as ruas da Bahia mostravam a ralé, mas também o inesperado: escravos muçulmanos com turbantes e xales de cores vivas que eram sofisticados, literatos que escreviam em árabe e "imensamente superiores à maioria de seus donos". Todos, com exceção dos escravos, tinham escravos, até as mulheres, os padres e os negros livres. Mas os tempos eram difíceis. As importações de escravos tinham se reduzido a uma insignificância desde que o governo brasileiro proibira o tráfico dois anos antes e, durante meses, todos os recém-chegados foram devidamente libertados. Sem mão de obra nova, as plantações de açúcar minguariam, a economia entraria em colapso, e, como a escassez aumentara os preços, os mercadores de escravos assumiam riscos maiores ainda. Perto do *Beagle*, uma escuna espanhola, a *Segunda Tentativa*, estava ancorada com o maior descaro, pronta para zarpar para a África. Ela e dezenas de outras como ela estavam entregando suas cargas de escravos ao longo da costa porosa, enquanto as usinas de açúcar movidas a vapor faziam os negros trabalharem mais arduamente ainda, dando à frase "sinistros moinhos de Satã" um sentido novo e terrível.[11]

Darwin só conhecia esse mundo pelos livros. Agora, enquanto escravos seminus carregavam FitzRoy numa "liteira", tirando-o da "cidade baixa" apinhada de gente para a região mais salubre acima, Darwin percorria a pé as ruas de Salvador, enfrentando realidades de carne e osso. Viu que todo o trabalho era "feito por negros" que cambaleavam sob "cargas pesadas, marcando o tempo e animando-se" com uma canção. As "excelentes maneiras dos negros" deixaram-no espantado, assim como a cortesia das balconistas negras e o prazer das crianças para as quais mostrava sua pistola e seu compasso. Ele saiu armado, mas achava desnecessário: a maioria dos escravos parecia mais alegre do que ele teria imaginado. Mas ele sabia da existência de "muitas exceções terríveis". No meio-dia equatorial, seus olhos ainda não haviam se habituado à sombra.

Para outros, o mal espreitava fora da vista. Com o contrabando ainda endêmico, os negros eram postos aos magotes em depósitos de mercadorias, como se fossem gado. A crueldade derivava do grau de depravação individual. Os viajantes ouviram histórias de donos de escravos que ameaçavam cozinhá-los em água quente até a morte, ou relatos de suicídios entre os escravos como um último ato de resistência. Outros viram instrumentos de tortura, focinheiras, algemas e colares cheios de pontas.[12] Darwin mudaria de tom.

De volta ao *Beagle*, ele teve tempo de refletir enquanto os marinheiros recebiam suas chicotadas por negligência no trabalho e embriaguez. Tio Jos tinha razão: os capitães de navios podiam ser exatamente como um proprietário de escravos. Um deles, Darwin ouviu dizer, até parecia ter poderes eclesiásticos, fazendo de seu capelão um bispo para que ele pudesse sacramentar um cemitério. FitzRoy trabalhara sob as ordens desse capitão na fragata *Thetis*, uma sentinela avançada muito veloz que recebera ordens de interceptar negreiros em águas sul-americanas — mesmo que FitzRoy, pouco preocupado com a escravidão, tenha descrito seu trabalho como "ir de porto em porto [...] sempre ocupado, embora eu não saiba dizer com o quê". Só se preocupava realmente com caçadas e com suas chances de promoção.[13] Depois do *Thetis*, FitzRoy tornara-se ajudante de ordens do contra-almirante no Rio de Janeiro, substituindo Charles Paget, que assumiu o comando do *Samarang*, um navio pequeno, mas resistente, da Marinha britânica, feito de madeira de teca para a Companhia das Índias Orientais e que, por acaso, estava na baía de Todos os Santos com o *Beagle*. Ainda com vinte e poucos anos, os jovens capitães eram velhos amigos, e Paget ia a bordo com frequência.

Nesse momento, um incidente teve um impacto profundo sobre Darwin. FitzRoy o considerava "um companheiro de mesa muito agradável", mas o capitão era um barril de pólvora com pavio curto. Chegou o dia em que houve uma explosão terrível por causa da escravidão. FitzRoy contou uma conversa que provava a benevolência do sistema. Um dono de escravos local, perguntando a seus escravos na presença do capitão se desejavam ser libertados, recebeu a resposta inevitável — não. Qualquer pessoa instruída no antiescravagismo já a ouvira mil vezes. Darwin, de mau humor, esquecendo o conselho de Henslow de "calar a boca quando a língua estiver queimando", na verdade esquecendo por completo com quem estava falando, perguntou ao capitão se "as respostas dos escravos na presença de seu dono [...] valiam alguma coisa". A reação de Darwin derivou diretamente dos panfletos propagandísticos de sua família e provavelmente tinha mais raízes numa revolta histórica do que num sentimento pessoal de vingança. Mas estava andando em terreno minado. A resposta de FitzRoy foi furiosa, e ele acusou Darwin de duvidar de *sua* palavra em lugar de duvidar da palavra de escravos. Por tamanha insolência, os homens podiam ser expulsos de um navio, e os oficiais podiam enfrentar a corte marcial. FitzRoy quase ameaçou tudo isso ao declarar que não podiam mais fazer as refeições juntos — exatamente o motivo pelo qual Darwin estava a bordo.[14] A partir desse momento, a defesa do antiescravagismo por parte de Darwin deixou de ser passiva e velada.

Darwin passou a fazer suas refeições na sala das armas, obtendo apoio moral do volúvel segundo-tenente Bartholomew Sulivan, respeitado por sua "piedade simples e viril" e seu horror aos negreiros. Mas os ataques de fúria de FitzRoy tinham vida curta, e Darwin foi readmitido à mesa do capitão. Para Darwin, houve até uma vingança inesperada. O *Samarang* tinha acabado de passar seis meses patrulhando a costa entre o Rio e Pernambuco, fazendo treinamento militar, praticando tiro ao alvo e perseguindo navios suspeitos. Tinha abordado um brigue brasileiro e não encontrara escravos em seu interior, mas uma autorização francesa para deter navios com a bandeira tricolor o mantinha vigilante.[15] O capitão Paget, comandante do *Saramang*, conhecia essas águas; seu pai, um contra-almirante (e agora um membro aposentado do Parlamento, que havia representado Caernarfon, depois de conquistar seu assento de uma hierarquia corrupta de proprietários rurais na eleição de maio de 1831), também as conhecia e tinha capturado navios espanhóis ali. Ninguém poderia contrariar o capitão Paget quando, em uma de suas visitas, ele tocou no assunto da escravidão.

Paget apresentou uma série de fatos "tão revoltantes" que, se Darwin tivesse tomado conhecimento deles na Inglaterra, teria pensado que se tratava de hipérboles de um fanático. Fez anotações em seu diário:

> A extensão com que o comércio é exercido; a ferocidade com que é defendido; as pessoas respeitáveis (!) que se preocupam com ele estão longe de serem exageradas lá em casa [...] É absolutamente falso (como o cap[itão] Paget provou satisfatoriamente) que qualquer um [escravo], até o mais bem tratado de todos, não deseja voltar ao seu país. — "Se ao menos eu pudesse ver meu pai e minhas duas irmãs mais uma vez, seria feliz. Nunca me esqueço deles." Foi assim que se expressou uma dessas pessoas, considerada pelos selvagens educados na Inglaterra como alguém que não era um deles, nem mesmo aos olhos de Deus.

A resposta a FitzRoy foi dada pela boca dos escravos. Feliz na escravidão? Aquele que combate a escravidão, confiou Darwin a seu diário, está ajudando a aliviar "misérias talvez maiores que as que imagina".[16]

Ele encontrou outro aliado no grande biogeógrafo Alexander von Humboldt, cuja *Personal Narrative* das viagens pela América do Sul tinham sido um presente de despedida de Henslow. Humboldt tinha arado o campo que Darwin agora estudava (e, com o tempo, o *Beagle* velejaria para a costa ocidental da América do Sul na fria "corrente Humboldt", que recebeu esse nome em sua homenagem). Na virada do século, os cinco anos autofinanciados de Humboldt em áreas fechadas controladas pelos espanhóis na América Central e do Sul fizeram-no viajar quase 10 mil quilômetros por terra. A Humboldt se devia a grande ideia de ligar a fauna e a flora à geografia de cada região. Vinte anos foram dedicados à redação de sua pesquisa. Na Bahia, Darwin estava digerindo lentamente os sete tomos majestosos de Humboldt, deleitando-se, pensando que, "como outro sol", Humboldt "ilumina tudo em que acredito".

Por causa do balanço do navio, as páginas eram cortadas de forma irregular e as passagens sublinhadas sem capricho quando Darwin chegou às acusações de Humboldt contra a escravidão do Novo Mundo. "Que espetáculo melancólico é o de nações cristãs e civilizadas, discutindo qual delas provocou o menor número de mortes de africanos em três séculos, reduzindo-os à escravidão!", vociferava ele. Tão eloquente era o seu capítulo sobre Cuba, eixo do comércio das Índias Ocidentais, que foi publicado, separadamente, um *Political Essay* [Ensaio político] que quantificava a mortalidade dos escravos com precisão alemã e atacava a moral dos grandes fazendeiros. O escravo que "tem uma cabana e uma família" no sul dos Estados Unidos pode ser "menos desgraçado que aquele que é vendido em Cuba", mas Humboldt recusava-se a louvar essa desgraça menor. Por isso seu ensaio foi censurado na América, e as passagens antiescravagistas, cortadas. Ele também discutiu a produção de açúcar nas "ilhas inglesas" do Caribe. Humboldt exigia que as leis que proibiam o tráfico fossem impostas rigorosamente, que as punições fossem executadas, que "tribunais mistos" fossem instituídos entre as nações e o "direito de busca exercido com reciprocidade justa".[17] No Rio de Janeiro, Darwin veria um regime exatamente assim em vigor.

O Pão de Açúcar monta guarda na entrada da baía do Rio, acenando às tripulações exaustas com segurança e prazeres em terra. Nessa enorme baía fortificada ficava nos anos 1820 a Parada da América do Sul, a sede da Marinha Real inglesa no Atlântico sul. Uma dúzia de navios equipados com mais de 300 canhões partia dali. No dia 4 de abril, o minúsculo *Beagle* de dez canhões deslizou entre eles da forma mais conspícua possível, desfraldando todas as suas velas ao passar pela nau capitânea do contra-almirante: o colosso *Warspite*, um navio de terceira classe da Marinha de Sua Majestade, um dos antigos com 74 canhões, imenso poder de fogo em dois conveses de armas e uma tripulação completa de 600 homens. Darwin empoleirou-se no convés e até recebeu ordens de segurar "uma das velas principais em cada mão e uma vela auxiliar do mastro principal com os dentes" enquanto o navio recolhia as velas. Riu depois ao saber que seu papel na manobra havia sido redundante, uma brincadeira da tripulação.[18]

Na "Parada do Brasil" os recursos estavam reduzidíssimos por causa da necessidade de mostrar a bandeira em ambos os lados do continente. Os interesses da Grã-Bretanha aqui eram mais comerciais e estratégicos do que territoriais. O livre comércio era o seu objetivo, mas na jovem monarquia do Brasil e nas repúblicas da Argentina e do Uruguai as revoltas eram comuns, o que preocupava os mercadores britânicos. A tarefa da Marinha inglesa era restaurar a confiança, instaurar "a paz para a busca de lucros". A instabilidade política e, no mar, a pirataria eram os inimigos, embora o mau tempo e mapas ainda piores não ajudassem, como mostrou o destino do *Thetis*. O esquadrão transportava lingotes de ouro e prata e cédulas bancárias para os credores. Do Rio, esses artigos foram enviados para Portsmouth e, de lá, para o Banco da Inglaterra. O *Thetis*, carregado de ouro e prata, atingira os penhascos da ilha de Cabo Frio no meio da neblina e afundara, perdendo um tesouro no valor de US$ 800 mil e 28 vidas. As operações de resgate tinham acabado de ser encerradas quando o *Beagle* passou pelo local,[19] um lembrete sombrio de que o reconhecimento do terreno dizia respeito à vida e à morte, tanto quanto aos dólares.

Como na Bahia, as penalidades criminais e as inspeções compulsórias estavam levando o tráfico de escravos para a clandestinidade; mas, nas vizinhanças do Rio, o contrabando assumiu uma escala enorme. Inúmeros africanos eram levados para terra toda semana em baías escondidas ao longo de milhares de quilômetros de costa. Os negreiros voltavam ao porto carregando inocentemente apenas lastro, ao passo que os cativos, convenientemente disfarçados e muitas vezes com a conivência oficial, eram levados como gado ao mercado para serem leiloados "legalmente" ao lado dos crioulos nascidos no Brasil. Os preços haviam subido vertiginosamente graças à "expansão espetacular" da produção de café, que custava vidas. Nas fazendas, os regimes de trabalho exaustivos, a disciplina brutal e as doenças deixaram a mortalidade dos escravos acima da mortalidade do gado. De cada 100 escravos, 25 ainda estariam trabalhando depois de três anos.[20] Por isso é que havia demanda constante de mão de obra nova e, enquanto o *Beagle* esteve em águas sul-americanas, o tráfico negreiro ilegal estava aumentando com uma velocidade alarmante.

Darwin viajou para o interior para ver essas fazendas com um "mercador de escravos" escocês e um "rapazinho negro" como guia. Encontrou um modo de vida patriarcal simples. A floresta circundante, com suas samambaias e lianas, encheu-no de "espanto, assombro e devoção divina". Certo dia, antes do nascer do sol, perdido na "calma solene", ele ouviu "o hino da manhã cantado alto" pelos negros quando eles começaram a trabalhar. Alguns escravos arrumavam sua casa "como os hotentotes", tentando "persuadir a si mesmos que estavam na terra de seus antepassados". "Miseravelmente sobrecarregados de trabalho e malvestidos", foi a opinião de Darwin sobre essas pessoas descartáveis. Histórias tristes vieram à tona, de uma velha fugida que preferiu "despedaçar-se lançando-se do alto de uma montanha" a ser recapturada. Darwin visitou o lugar; sabia que "numa matrona romana, isso teria sido chamado de nobre amor à liberdade; numa pobre negra, era mera obstinação brutal".[21] Cenas semicompreendidas foram registradas com incredulidade: uma briga violenta entre um grande fazendeiro irlandês e seu administrador inglês, que mantinha como animal de estimação "uma criança mulata ilegítima". Gritando algo sobre "pistolas", o fazendeiro ameaçou vender a criança e depois "todas as mulheres e crianças", separando-as "de seus maridos" e arrastando-as para o mercado de escravos de vila Valongo, no Rio. E este, observou Darwin, era um sujeito relativamente humano. "Contra esses fatos, que frágeis são os argumentos daqueles que afirmam que a escravidão é um mal tolerável!"[22]

Ele voltou para o *Beagle*, evitando os tumultos da cidade, e, no dia 25 de abril, levou os objetos de sua coleção para a baía de Botafogo, franjada por uma praia de "brancura estonteante" atrás do Pão de Açúcar. Augustus Earle, artista precoce formado pela Academia Real e desenhista do *Beagle* (que Darwin achava francamente "excêntrico"), juntou-se a ele, assim como o jovem King, o aspirante de Marinha, cedendo ao seu gosto pela história natural. Ele e Darwin caçavam borboletas com redes e pegavam besouros "colocando um guarda-chuva aberto no meio dos arbustos e sacudindo os galhos". Quando King voltou às suas obrigações, Darwin começou a colher coralinas ao longo do litoral e a passear no Jardim Botânico e na cidade.

Escalou duas vezes o Corcovado, com mais de 3 mil metros de altura, notório como refúgio de escravos fugidos. Sobre a cúpula de granito (onde hoje fica o Cristo Redentor de braços abertos), ele encontrou uma quadrilha de caçadores de escravos, "vilões à procura de rufiões, armados até os dentes", caçadores de recompensas pagos *per capita*, morto ou vivo; no primeiro caso, observou Darwin, "eles só trazem as orelhas". Fugitivos bem-sucedidos, como ele bem sabia, muitas vezes conseguiam emprego, até mesmo nas vizinhanças de seus donos. "Se eles vão trabalhar quando há perigo, certamente também vão trabalhar quando esse perigo desaparecer."[23]

Os antiabolicionistas diziam que os negros eram preguiçosos, uma acusação que enfurecera o lobby antiescravagista. As irmãs proselitistas de Darwin não admitiam uma coisa dessas. Darwin também não. Mas o estereótipo estava enraizado. Desde que o grande classificador Linnaeus rotulou o *Homo afer* de astuto, preguiçoso e libidinoso, a calúnia pegou, manchando a reputação de todos os povos de pele escura. O conceito de "raça" estava sendo definido à medida que a industrialização estava criando uma subclasse urbana, a ser julgada pelos parâmetros de "valor" da nova classe que defendia a frugalidade e a diligência. Agora os negros estavam sendo considerados farinha do mesmo saco que os indigentes britânicos: eram imprestáveis. Mesmo que os abolicionistas nunca tenham vencido esse preconceito, os missionários divulgariam uma contradeclaração condenatória, que dizia que ao menos "os negros cristãos são diligentes".

Darwin continuaria ouvindo essa calúnia de "indolência" décadas a fio, e não somente de livros sobre os "malditos negros preguiçosos" da América do Sul. "Indolência" era uma palavra proverbial entre os amigos de

Samuel Morton que possuíam escravos (Morton era um colega de Edimburgo que foi processado na Geórgia por "tratamento cruel de meus mestiços gordos, preguiçosos, brincalhões"). Nesses estados escravagistas, a degradação seria completa, uma vez que os "negros sujos" se transformaram em "simples animais" que, sem o chicote, "ficam deitados tomando sol". Só o chicote converteria "os africanos preguiçosos, assassinos, ladrões e adoradores de fetiches" em trabalhadores produtivos. Os abolicionistas podem não ter conseguido acabar com essa difamação corrosiva, mas Darwin se recusava a aceitar esse estigma. Como disse ele no Brasil: "O que o interesse ou o preconceito cego não farão para defender seu poder injusto?"[24]

O "Diário prosaico" de Darwin que registrava tudo isso era mandado para casa em capítulos, junto com palavras tranquilizadoras sobre si mesmo — sim, ele e o capitão estavam se dando bem, embora ele tivesse sentido os efeitos da "vaidade e petulância" de FitzRoy.

FitzRoy apresentou Darwin à sociedade do Rio. Nesses meses, Darwin foi o único membro a bordo do *Beagle* convidado para jantar com almirantes, *chargés d'affaires* e os grandes do lugar. A vida da alta sociedade ali era tão ricamente variada quanto a vida humilde dos insetos que ele pegava em armadilhas, com "boas casas, em belas condições", e vistas do mar sem iguais no mundo. Essas mansões aéreas elevavam a mente nobre de FitzRoy acima dos "negros seminus" e das "vistas e cheiros ofensivos" da cidade. King se lembrava de uma mansão na estrada que levava a Botafogo, onde os escravos do comerciante Young estavam "todos vestidos com o mais puro branco".

> Em geral, éramos 12 para jantar, com outros tantos criados para servir; as janelas francesas da sala de jantar davam para um jardim onde escravos com regadores molhavam constantemente as plantas e refrescavam o ar que entrava na casa perfumado com os aromas das rosas e o frescor da terra úmida. Os convidados eram quase todos oficiais americanos e ingleses, de vez em quando um minis-

tro de Estado... Depois de ficarmos sentados muito tempo para a sobremesa e o vinho, duas ou três carruagens paravam à porta, e todo mundo ia à Ópera...

Essas cenas devem ter sido familiares a Darwin. Há muito tempo que os britânicos eram "os estrangeiros mais ricos e mais visíveis" ali. E ele gostava de ser íntimo de altas patentes militares e de ouvir suas lorotas. O contra-almirante Sir Thomas Baker era um veterano das Guerras Napoleônicas e dos comboios comerciais para as Índias Ocidentais.[25] Charles Talbot, seu ajudante de ordens, resgatara no ano anterior o imperador do Brasil, Dom Pedro I, que estava abdicando, e levara sua família e seus bens de volta à Europa em segurança no *Warspite*.

Apesar de todos os seus excessos, Dom Pedro proclamara o fim do tráfico negreiro, possibilitando que o tratado de abolição de 1826 com a Grã-Bretanha entrasse plenamente em vigor. Essa era a preocupação especial de outro companheiro de mesa, Arthur Ingram Aston, secretário da missão diplomática e *chargé d'affaires*, "um dos pouquíssimos cavalheiros" que Darwin conheceu no Rio (a palavra cavalheiro designava alguém que ele aprovava). Sua primeira noite foi passada tão agradavelmente, quase como "uma festa de Cambridge", que outras logo se seguiram. Aston, que fizera mestrado em Oxford, fora nomeado pelo ministro que negociava o tratado da abolição. Durante os três anos anteriores, ele havia sido o oficial mais importante a representar os interesses da Grã-Bretanha no sentido de acabar com o tráfico de escravos. Londres estava "cada vez mais irritada com" a capacidade dos "brasileiros de encontrar novos circuitos para continuar com o tráfico sempre que a Marinha Real e o Ministério do Exterior fechavam os antigos". A tarefa de Aston era transmitir essa irritação com firmeza, mas educadamente. Tão competentes foram ele e seus sucessores que a missão diplomática britânica "praticamente assumiu o papel de uma sociedade abolicionista no Brasil".[26]

Os assessores de Aston sobre o tráfico participavam de uma "comissão mista" de ingleses e brasileiros, instituída pelo tratado da abolição para acompanhar o destino dos navios negreiros e de suas cargas. Naquele ano de 1832, os membros ingleses da comissão declararam formalmente que nenhum navio de escravos fora "levado a esse porto para julgamento", mas eles sabiam que o contrabando estava chegando à terra ao longo da costa. Darwin também sabia: os escravos eram levados para a praia na baía de Botafogo enquanto ele esteve lá — desavergonhadamente, à vista de uma prisão civil para negros. Ele também sabia que um oficial britânico de "altos salários" morava em Botafogo e que era seu dever impedir esses desembarques. E tinha ouvido murmúrios desaprovadores a seu respeito entre "os ingleses de classe inferior". "O pessoal antiescravagista deve interrogá-lo sobre seu trabalho", contou Darwin à família. Provavelmente comentou a questão com Aston. Sua irmã Susan respondeu que falaria sobre a "má conduta" à sua bem relacionada tia Sarah Wedgwood em Maer,[27] "que, ouso dizer, vai prestar atenção".

O assunto do momento nas festas do consulado era o decreto brasileiro de 12 de abril, segundo o qual todos os novos escravos chegados da África deviam ser mandados de volta às expensas dos negreiros. A emancipação não era o motivo desse decreto; era o medo da "africanização" — "empilhar barris de pólvora negra na mina brasileira", como diziam os brancos, levando a uma explosão a partir de baixo. Darwin quase desejou ouvir o estampido, "para o Brasil seguir o exemplo do Haiti", onde, como todos os abolicionistas sabiam, Toussaint l'Ouverture liderara uma revolução de ex-escravos para criar a primeira república independente governada por negros. "Considerando a enorme população negra que parece saudável, vai ser extraordinário se... isso não acontecer" no Brasil, disse ele à família. Mas o medo que os brancos sentiam de serem dominados por "uma raça rude e estúpida" era profundo.[28]

Na verdade, Aston e os membros da comissão lutavam para impedir o repatriamento dos negros, aliando-se a Palmerston, o ministro do Exterior liberal, membro do Parlamento pela velha Cambridge de Darwin. A política britânica era declaradamente humanista. Os escravos sofriam inimaginavelmente nos porões infernais dos navios que vinham da África. Mas, pelo menos, como dizia Palmerston, "a esperança de lucro [...] dá um certo motivo ao negreiro para preservar as vidas de seu cargueiro;

na viagem de volta à África, essa restrição tênue sobre o mau uso seria removida, e o interesse pecuniário do negreiro tomaria, na verdade, a direção contrária". Falando francamente, aquilo significava morte por afogamento no mar.

O que FitzRoy pensava de seus companheiros do consulado é discutível. Ele declarou que Darwin era a alma das festas, que era "boa pessoa", e talvez tenha sido depois de um jantar particularmente "alegre", a caminho de um recital de piano, que Aston observou a Darwin que as maneiras elegantes de FitzRoy lembravam as de seu tio Castlereagh. Linhas políticas estavam sendo traçadas enquanto os dois "universitários" andavam juntos. Darwin escreveu a seu "soberano do Almirantado", Henslow, dizendo que, apesar de ele e o capitão estarem se dando bem, não era às expensas de seus "princípios liberais". "Eu não me aliaria aos conservadores, ainda que fosse apenas por causa da frieza de seus corações a respeito daquele escândalo das nações cristãs, a escravidão."[29]

Durante o ano e meio seguinte, a base do *Beagle* foi o rio da Prata, que separava as voláteis repúblicas da Argentina e do Uruguai. "Qualquer coisa é melhor do que esse detestável rio da Prata", queixou-se Darwin. "Eu preferiria mil vezes morar numa barcaça de transporte de carvão do rio Cam." Duas vezes ele viajou para o sul com o *Beagle* até a Tierra del Fuego e as ilhas Falklands e aproveitou todas as chances que teve nesse ínterim para viajar por terra em busca de evidência sobre a formação do continente.

Ao chegar a Montevidéu em julho de 1832, o *Beagle* ficou sob a proteção do *Druid*, mais um navio da Marinha de Sua Majestade, uma nova fragata de quinta classe que voltara havia pouco tempo de uma viagem em que entregara US$ 2 milhões em lucros açucareiros das Índias Ocidentais ao Banco da Inglaterra. A caminho do Rio, o capitão Gawen William Hamilton abordara uma escuna ao largo da costa da Bahia, a *Destimida*, e descobrira que ela estava levando cinco negros, que lhe disseram ser da tripulação, e fazendo água na base de 60cm por hora. Os papéis não estavam em melhores condições, e o dono, das Floridas da América do Norte, era um conhecido comerciante de escravos. Os homens do *Druid* vasculharam o navio em busca de contrabando e já tinham desistido de encontrar alguma coisa quando "um oficial enfiou a espada na boca de um barril" de água de chuva.[30] Ouviu-se um grito, o casco abriu-se e de lá saíram cinco africanos. Quarenta outros foram encontrados espremidos nas fendas entre os barris de água embaixo do convés falso. O capitão Hamilton apropriou-se do navio e da carga e apresentou-os à comissão mista do Rio. Os juízes concordaram unanimemente em emancipar os 50 escravos, que receberam "certificados de liberdade".[31]

Buenos Aires e Montevidéu foram as últimas tentativas de conquista da Grã-Bretanha na América do Sul. Um quarto de século antes, navios de guerra desembarcaram milhares de soldados no rio da Prata. Ambas as capitais tinham entrado em lutas de rua por rua, com centenas de mortos, para acabarem sendo retomadas 18 meses depois por soldados crioulos apoiados por ex-escravos, que obrigaram os ingleses a deixar o rio. Tinha sido Castlereagh, como ministro da Guerra, que aprendera a lição de que conquistar esse continente "contra a vontade de sua população" era uma "tarefa impossível". Desde então, um capitão da Marinha Real só desembarcaria um grupo ali "na mais desesperadora das situações".

O sobrinho de Castlereagh enfrentava uma delas agora. Montevidéu, o principal porto de escravos do sul do continente, importara africanos rotineiramente por peso bruto, em "toneladas", como qualquer outra mercadoria, ou em "peças" a serem vendidas por lucro, como animais de carga. Mas nos últimos anos, enquanto os brancos lutavam pela independência, os escravos planejavam a vingança. Promessas de alforria induziram alguns a se tornarem soldados, mas muitos escravos libertos se tornaram mercenários que lutavam pelos próprios interesses. Em agosto, um desses grupos, com 250 "soldados negros amotinados", atacou a prisão de Montevidéu, armaram os negros detidos e tomaram a cidadela e o depósito de munições perto da praia. Oficiais desesperados imploraram ajuda ao *Beagle*, e FitzRoy desembarcou para se encontrar com eles junto com o cônsul-geral inglês, Thomas Samuel Hood.[32]

Não há dúvida de que vidas e bens estavam em jogo. Enquanto um navio de guerra americano enviava marinheiros para ocupar a Alfândega,

FitzRoy desembarcou seus 50 melhores homens "armados com mosquetes, cutelos & pistolas", Darwin entre eles. Marcharam até o forte central e sede do governo com ordens de não tocar no gatilho a menos que fossem ameaçados. "Uma tarefa desagradabilíssima", admitiu o capitão, como "caminhar sobre o gelo partido", isso de esperar ansiosamente por reforços a noite toda para garantir a cidadela. Darwin ficou com uma dor de cabeça tão forte que teve de voltar ao *Beagle* ao pôr do sol, antes do derramamento de sangue, que ele temia. No dia seguinte, com todos novamente a bordo, "saraivadas de tiros de mosquetes" foram ouvidas enquanto os rebeldes expulsavam o governador militar. Refugiados de ambos os lados pediram a FitzRoy que "lhes desse abrigo", o que ele recusou. "Tudo acabou em fumaça", escreveu Darwin para casa. O governo constitucional só foi restaurado depois que o presidente Don Fructuoso Rivera proferiu ameaças terríveis cercado de "1.800 gaúchos" e da cavalaria indígena. Darwin ficou se perguntando "se o despotismo não é melhor que essa [...] anarquia", mesmo que fosse às expensas dos rebeldes negros.[33]

Para apressar a realização da missão de reconhecimento do *Beagle*, FitzRoy comprou uma escuna para assumir o papel de "navio-tênder" (um navio auxiliar que podia chegar bem perto da praia). Batizou-o de *Adventure*. Mas ele tinha pertencido a um caçador de focas, embora, como Darwin sabia, "caçador de focas, negreiro & pirata fossem todos um único ofício". Realmente, pois um de seus iguais foi reconhecido como um pirata que abordara o navio da Marinha Real *Redpole* (uma chalupa como o *Beagle*). O comandante do *Redpole* tinha levado um tiro, a tripulação fora obrigada a saltar da prancha no mar e todos os outros foram assassinados, inclusive 11 passageiros ingleses. Embora o *Black Joke* tenha alcançado os bucaneiros, um havia escapado, e ali estava ele, em julho de 1833, algemado na frente de FitzRoy.

O tráfico de escravos era implacável; o quanto, Darwin ficou sabendo no rio da Prata. O *Destimida*, o negreiro capturado com os negros dentro de barris, tinha chegado ali *de novo* para ser equipado com correntes e ferros de marcar, pronto para uma nova viagem. Outros navios também estavam claramente se equipando para o tráfico negreiro. Hood protestou junto ao ministro do Exterior do Uruguai, dizendo que o tráfico estava "em confronto direto e declarado" com a constituição do país. O ministro reconheceu que seu governo havia aprovado a importação de "2 mil *colonizadores* negros" — o correspondente a quatro navios lotados — "que ele considerava um comércio justo e legítimo".[34] O tráfico havia sido sancionado novamente, de forma disfarçada, graças aos subornos. A previsão do desembarque de escravos deu a FitzRoy a desculpa perfeita para justificar a compra do *Adventure*. Fossem quais fossem seus sentimentos, ele disse ao Almirantado que:

> Se outros negócios fracassarem, quando eu voltar à velha Inglaterra [...] estou pensando em dar início a uma cruzada contra os negreiros! Pense no *Monte Video* atrás de *quatro negreiros*!!! Republicanos liberais e esclarecidos — e seu primeiro-ministro "Vasquez" recebeu um suborno de *US$ 30 mil* para fechar os olhos para a violação de sua *adorada constituição*!! O *Adventure* vai se tornar um bom navio corsário!![35]

FitzRoy estava capitalizando os eventos. Estava usando o princípio antiescravagista, e não a missão de reconhecimento, para justificar a compra do navio irmão do *Beagle*. O arquiconservador chegou até a declarar que estava pronto a participar de uma "cruzada" contra os comerciantes de escravos se isso levasse "os republicanos liberais e esclarecidos" a algum lugar. Mas o estratagema não deu certo, e ele não foi reembolsado. E o *Adventure* não se separaria do *Beagle* para fazer patrulhas antiescravagistas, nem para se tornar rival do *Black Joke*.

Enquanto o *Beagle* se preparava para zarpar do rio da Prata no final de 1833, chegou a notícia de que os "colonizadores" negros tinham desembarcado. A ironia era que o velho tênder do *Beagle*, comprado durante a viagem anterior, o *Adelaide*, era ele próprio um navio negreiro (e o último a exercer a função de navio-tênder da nau capitânea no Rio), havia sido vendido e *voltara* ao tráfico de escravos. Era ele que agora estava entrando na baía do Rio depois de, conforme a voz corrente, ter desembarcado "quase duzentos" africanos em algum lugar da costa ao norte.³⁶ Nada ilustra melhor a centralidade da escravidão nessas águas que o próprio antigo tênder do *Beagle* ter deixado de ser e voltado a ser um navio negreiro.

Agora, mais do que nunca, os defensores da emancipação dos negros se faziam necessários, aqui e na Inglaterra. As cartas da família contavam a Darwin que Sir James Mackintosh, o baluarte dos membros antiescravagistas da Câmara dos Comuns, havia morrido. Desaparecera um gigante que ajudara a dar forma a esse mundo liberal; na verdade, um homem cujos compromissos humanistas eram muito precisamente paralelos aos do próprio Darwin: fim da escravidão, fim da crueldade contra os animais e fim de todo tipo de abuso. As famílias estavam ligadas, pois Fanny, a filha de Mackintosh, casara-se com Hensleigh Wedgwood, o melhor candidato de Maer, e levara-o para viver no "Círculo de Clapham". Henslow recebera em segurança os espécimes de história natural que Darwin enviara para casa. E o antigo professor de Darwin tinha recebido todas as notícias sobre o tráfico de escravos pelo capitão Ramsay, do *Black Joke*, que estivera com ele em Cambridge antes de zarpar para as Índias Ocidentais.

FitzRoy andara tão ansioso em relação à feroz Lei da Reforma que perseguira o paquete *Falmouth* para conseguir as últimas notícias. No Rio, os viajantes ficaram sabendo que a Lei havia sido aprovada nas duas Câmaras. O país estivera "à beira de uma revolução",³⁷ mas agora um Parlamento reformado já estava trabalhando. Os conservadores haviam sido esmagados e, o melhor de tudo, tio Jos havia sido eleito membro liberal do Parlamento, representando Stoke-on-Trent.

A família devorava o diário de Darwin em Shrewsbury e em Maer e, depois de saber em Montevidéu da "bela maioria" de Jos, ele enviou o capítulo seguinte. "Nosso novo membro" era como a irmã Caroline chamava o tio Jos. Jos estava morando com Fanny e Hensleigh e ia de Clapham para a Câmara dos Comuns como Mackintosh fazia. Os debates eram cansativos, a maioria dos discursos era enfadonha, mas Jos continuava sendo "um simpatizante dedicado" do ministério liberal do conde Grey, que a família considerava praticamente "perfeito, pois não deixou nenhum abuso continuar". Wedgwood assegurava-lhe que "uma medida decisiva em favor da emancipação dos escravos" será tomada na sessão de 1833.[38]

Era isso o que Darwin, encarcerado todos esses meses com FitzRoy, mordendo a língua, queria ouvir. Assim que se colocou a par das notícias, sua confiança aumentou, e ele escreveu o seguinte para casa:

> Tenho observado o quão firmemente o sentimento geral contra a escravidão, como mostraram as eleições, vem se intensificando. — Que orgulho para a Inglaterra se ela for a primeira nação europeia que a elimine por completo. — Antes de sair do país, disseram-me que depois de viver em países escravagistas todas as minhas opiniões seriam alteradas; mas a única alteração de cuja formação tenho consciência é uma avaliação muito melhor do caráter dos Negros. — É impossível ver um negro e não ter bons sentimentos em relação a ele...

Suas verdadeiras opiniões foram reveladas a um amigo liberal de Cambridge que achava que "os conservadores (pobres almas!)... não tinham mais condições de se recuperar". Darwin falava de acabar com "aquela mancha monstruosa na liberdade da qual nos vangloriamos, a escravidão colonial". Já vira o suficiente para se sentir "completamente repugnado com as mentiras e os absurdos" divulgados na Inglaterra.

Os liberais de Jos no poder fizeram um bom trabalho. No dia em que o Parlamento finalmente libertou os 800 mil escravos da Grã-Bretanha, 28 de agosto de 1833, Darwin estava encerrando um galope desenfreado pelos pampas argentinos. Meses depois ele receberia a notícia no mar, ao largo da costa do Chile. "Você vai se rejubilar tanto quanto nós", disse sua irmã Susan.[39]

Darwin passou mais tempo caminhando e cavando a terra com enxada do que a bordo. Estar em terra firme curava seu enjoo, e as florestas e montanhas, costas e ilhas continham riquezas muito além do que ele jamais sonhara. Enviou para a Inglaterra coleções enormes de insetos, aves, mamíferos e crânios fossilizados. Sua visão da geologia da América do Sul — dos Pampas aos Andes — tinha uma dívida enorme com um jovem batalhador e audacioso que estava abrindo um caminho interessante para si em Londres: Charles Lyell.

Lyell, um advogado educado que se formara em Oxford, descobrira que a geologia era mais compatível com seu temperamento do que o direito. Era um homem viajado, simpatizante da reforma. O título ambicioso de sua obra, *Principles of Geology* [Princípios de geologia] (três volumes, 1830-33), não só tentava "liberar a ciência de Moisés" — ignorando o Dilúvio —, como também superar a maioria dos geólogos rivais. Os *Principles* diziam que as cordilheiras de montanhas haviam se formado não por convulsões cataclísmicas, como a maioria supunha, mas por meio de minúsculos passos incrementais. Na verdade, todos os eventos passados poderiam ser explicados por causas modernas observáveis no meio ambiente. Os picos erguiam-se por meio de terremotos ou vulcões e eram corroídos pela chuva ou pela geada. O passado não vira um país diferente do que existia agora; o mundo antigo não tivera cenas apocalípticas de violência catastrófica. Antirrevolucionário de uma outra forma, FitzRoy dera a Darwin o primeiro volume antes de deixar a Inglaterra; o segundo tomo de Lyell chegou a Montevidéu, e o terceiro alcançou-o nas ilhas Falklands. Estudando-os cuidadosamente, Darwin aprendeu a olhar para o velho mundo através dos novos olhos de Lyell e, em 1834, sua conversão estava completa. A visão de Lyell era quase um remodelamento "evolutivo" da paisagem ao longo de cada era geológica. Tudo o que Darwin via, até mesmo o terremoto de Concepción em 1835, que ergueu o fundo do mar e trouxe mariscos e mexilhões para a praia, parecia confirmar a visão de Lyell.[40] Os Andes não eram prova de um paroxismo súbito da crosta, mas sim um lembrete de eras inumeráveis de um levantamento mais suave. Tudo o que Darwin via encaixava-se na visão que Lyell tinha da história da terra.

Os *Principles* não eram somente o texto geológico mais moderno: eles conferiam realidade à teologia ensinada em Cambridge. Para Lyell, os seres humanos haviam sido os últimos a chegar no fluxo atemporal da vida, escolhidos por Deus como a única espécie moral e progressista. Pertenciam todos a uma mesma família: "as variedades de forma, cor e organização [corporal]" das diferentes raças "são perfeitamente coerentes com a opinião geral de que todos os indivíduos da espécie se originaram de um único casal", declarava Lyell, embora o "casal" fosse metafórico. Mais que Moisés estava indo por água abaixo dessa vez, pois Lyell também lançara pessoalmente Adão e Eva ao mar. Afirmava que as raças humanas são como aquelas de qualquer espécie animal. Todas elas giravam em torno de um "molde comum", todas ligeiramente diferentes; e cruzavam-se livremente entre si, com as uniões das variedades mais remotas tão "frutíferas" quanto "aquelas da mesma tribo". A prole mestiça não é de "mulas" estéreis e bizarras — portanto, seus pais não eram de espécies distintas. Sua capacidade de adaptação a "toda variedade de situação e clima" permitiu "à grande família humana" espalhar-se "por todo o globo habitável".

À medida que o *Beagle* velejava para o sul, todo esse arsenal racial começou a se revelar. Condizia com as crenças religiosas de Darwin, que ainda eram tão ortodoxas que os oficiais riram certa vez de seu puritanismo ao citar a Bíblia como autoridade moral "inquestionável". Darwin admirou o "fervor" dos católicos ao ver uma "dama espanhola" ajoelhada ao lado de "sua serva negra". Embora o *Beagle* estivesse prestes a fazer sua primeira passagem pela Tierra del Fuego, é claro que foi um capelão anglicano que ele procurou para receber a Sagrada Comunhão, com um navio-irmão do *Druid*. O "Filósofo" (como a tripulação o chamava), ainda procurava a salvação. Em casa ele tinha sido alvo de zombarias por "lutar contra aqueles canibais terríveis" e até por atirar no "Rei das Ilhas Canibais" (uma canção popular na década de 1820), o que preocupara bastante Hensleigh e Fanny.[41] Era tudo fanfarronada. Cara a cara com estrangeiros, Darwin procurava olhar para eles com simpatia, em sua totalidade ambiental, como Humboldt vira os escravos do Novo Mundo.

A escravidão era um fato brutal da viagem, pessoas compradas e vendidas, usadas e maltratadas como animais. Sua sensibilidade ao chicote talvez tenha se originado das leituras de panfletos antiescravagistas, mas ali ele veria seu efeito: ficou numa casa em que um jovem mulato era espancado "todo dia e toda hora", disse ele, "o suficiente para quebrar o espírito do animal mais primitivo". E aí é que estava o xis da questão. A bestialização estava implícita no sistema; era como se as mãos que brandiam o chicote estivessem tentando quebrar a vontade de seres humanos da mesma forma que os povos pré-históricos tinham quebrado a vontade dos cavalos durante sua "domesticação". E, por isso, muitas vezes se dizia que os donos de escravos americanos não temiam uma "rebelião de seus escravos vigorosos mais do que uma rebelião de suas vacas e cavalos. Isso porque a tranquilidade com que os negros se aproximavam da civilização lembrava a postura de animais domésticos". Foi de "quebrar a vontade" dos animais que se originaram a canga, as algemas para as pernas, as correntes, os chicotes e os ferros de marcar tão familiares ao dono de escravos: em geral, esses instrumentos decoravam as paredes do feitor à guisa de ameaça permanente. Os escravos haviam sido reduzidos a uma dependência infantil, como a do gado, e o resultado disso foi o "mestiço" ser transformado em animal domado na literatura dos grandes fazendeiros. Essas coisas fariam Darwin começar a pensar nas formas pelas quais os donos procuravam se distanciar de seus escravos, tentando fazê-los parecer bestas de carga sem alma.

Só metade da população brasileira era de escravos; um quarto era de crioulos brancos e europeus, e o resto, mestiços de todas as tonalidades — *mulatos, mamelucos, caboclos, cafusos, zambos, cabujos* — todas as permutações dos descendentes produzidas por uniões entre africanos, brancos e índios nativos. Darwin havia sido sensível à diversidade desde que vira as inteligentes crianças mulatas em Porto Praya. Observara que cicatrizes ornamentais preservavam a identidade tribal entre os escravos, mesmo que fossem proibidos de falar sua língua materna. Ao sul do rio da Prata, o quadro mudou. Nas planícies da Patagônia e nas cordilheiras dos Andes, os rostos negros eram raros. A escravidão não florescia onde brancos tratáveis ou mão de obra nativa fossem abundantes. No entanto, a vida ali era difícil, e histórias de canibais primitivos prepararam Darwin para seus encontros com "tribos curiosas".[42]

Apesar disso, essas planícies da Patagônia estavam sendo testemunhas de um conflito genocida declarado e violento — e, nas duas excursões que Darwin fez à praia, ele viu o resultado sangrento. Os índios estavam sendo aniquilados. FitzRoy atribuía a causa da "guerra de extermínio" aos "crioulos *independentes*". Ele escreveu a Beaufort, dizendo sarcasticamente que sua "*Revolução* (que *som glorioso!*)" tinha provocado a hostilidade dos índios, que preferiam o governo espanhol. A preocupação de Darwin era mais ética (mesmo que, por baixo dela, espreitasse um entendimento contemporâneo mais sinistro do que era civilização, que media o "progresso" por meio da produtividade, na qual os índios se saíam mal): falando francamente, um "exército de vilões semelhantes a bandidos" estava fazendo uma limpeza nos pampas, massacrando índios para abrir espaço para o gado e para os fazendeiros. "A guerra é travada da maneira mais bárbara. Os índios torturam todos os seus prisioneiros, e os espanhóis fuzilam os seus."[43]

Darwin conheceu o comandante em chefe, o general Juan Manuel de Rosas, um "gaúcho perfeito", grave, sério, ele próprio um torturador. Como outros déspotas genocidas, esse futuro ditador da Argentina talvez tivesse um fraco pela natureza, se não pelos naturalistas. E foi da vasta estância de Sua Excelência, às margens do rio Salado, perto de Buenos Aires, que parte da carapaça axadrezada do fóssil de um tatu gigante *Glyptodon* foi enviada para o Colégio dos Cirurgiões de Londres. O próprio Darwin encontrou restos mortais semelhantes perto do rio Salado. Portanto, talvez depois de Darwin comentar delicadamente (como registrou ele no seu diário) com o caudilho que o genocídio dos pampas parecia "bem desumano",[44] a megafauna já completamente extinta deu-lhes um terreno comum sobre o qual conversar.

"Desumano" era dizer ridiculamente menos do que aquilo que estava acontecendo. Para Rosas, os índios eram pragas a serem erradicadas, como os ratos. Darwin ficou estarrecido. Gargantas cortadas, prisioneiros fuzilados, todas as mulheres "com mais de 20 anos" assassinadas para não "procriarem", crianças vendidas ao preço de um cavalo — essa "barbaridade chocante" numa terra supostamente "cristã, civilizada", traria uma vitória de Pirro. Os gaúchos consideravam-na "a mais justa das guerras, pois era apenas contra os bárbaros". Darwin sabia que o extermínio de todo "índio selvagem dos Pampas, ao norte do rio Negro", deixaria o país "nas mãos dos selvagens gaúchos brancos, em vez dos índios cor de cobre", sendo os primeiros "inferiores em... virtude moral", mesmo que sejam "um pouco superiores em civilização".[45] Uma raça civilizada não era necessariamente uma raça moral.

As comparações entre cores, moralidades e fisionomias tornaram-se inevitáveis. Nem sempre eram felizes; ele interpretava o que via à luz dos estereótipos preconceituosos de sua época tanto quanto qualquer outro, mas suas interpretações lançaram as sementes de reflexões posteriores. A maior parte daqueles gaúchos violentos era mestiça, "entre o negro, o índio e o espanhol"; muitos tinham "bigodes e longos cabelos negros encaracolando-se em volta do pescoço" e usavam expressões feias, como "homens dessa extração" em geral usam. Em Patagones, Darwin encontrou menos mestiços e mais índios e espanhóis puro-sangue. Os índios intrigavam-no. Um grupo, aliado de Rosas, era "uma raça alta extremamente elegante", e alguns de seus membros eram "muito bonitos", com uma "expressão que ficava abominável com o frio" e a fome, como a dos fueguinos, que eram menores, mais ao sul. E havia também as mulheres jovens, com seus olhos faiscantes, grossos "cabelos negros e brilhantes" e pés e membros elegantes. Chegavam mesmo a ser "belas", achava ele, e uma, imaginou Darwin, "flertou" com ele. Mas, "como as mulheres dos Selvagens" eram "escravas úteis", deixando a luta e a caça para os homens e alimentando-se sofregamente. Quando agachadas em volta do fogo, "roendo ossos de boi", elas "faziam lembrar animais selvagens". A dieta de carne deve ter-lhes possibilitado, "como outros animais carnívoros", suportar a fome e o frio por longos períodos.

O próprio Darwin descobriria qual era exatamente o seu grau de resistência numa caminhada de seis semanas pelas planícies. Quatro "seres estranhos" juntaram-se a ele: um "belo negro jovem", um "mestiço de índio e negro" e dois "difíceis de descrever, um deles um velho mineiro chileno da cor do mogno, e o outro parcialmente um mulato". "Negociantes", intitulou a dupla, "com expressões tão detestáveis como nunca vi." Eles sobreviveram a um avestruz, a um tatu e a um filhote de puma, acampando sob as estrelas ou procurando abrigo em postos avançados militares. Num deles, o anfitrião de Darwin era "um tenente negro nascido na África" que mantinha um curral e um "quartinho [bem arrumado] para os forasteiros". Em parte alguma conheceu "um homem mais amável que esse negro", o que tornou "muito mais penoso [...] ele não se sentar e comer conosco".[46] Os protocolos e costumes raciais satisfaziam todas as exigências; nenhum posto avançado era exceção.

Quanto mais baixa a latitude, tanto mais agradáveis Darwin e FitzRoy pareciam achar um ao outro. A cabine da popa, com suas cadeiras e a mesa cobertas de mapas medindo cerca de 2,7 x 4,0 metros, e a mesa de refeições do capitão, com 2,4 x 3,0 metros, eram pequenas para um arquiliberal e um aristocrata conservador. Mas as excursões de Darwin na praia ajudavam a diminuir a tensão, e ele voltava para passar um "dia inteiro [...] contando minhas aventuras e todas as anedotas sobre índios ao capitão". Darwin não era apenas um "bom andarilho" e um "bom cavaleiro"; para FitzRoy, Darwin tinha se tornado um "bom companheiro, sensível e inteligente". Ele se sente "em casa [...] e faz amizade com todo mundo", foi o que o Almirantado ouviu dizer.

Apesar da política e das rixas por causa da escravidão, Darwin concordava com FitzRoy em muitas coisas, e uma delas era as tribos primitivas que conheceram. Todas pertenciam à "grande família humana" de Lyell e eram, como disse o capitão, "de um mesmo sangue". O clima e a alimentação tinham modelado seu corpo, e o hábito, as suas faculdades mentais; não que tivesse havido mudanças que não fossem superficiais. FitzRoy via "muito menos diferença entre a maioria das nações, ou tribos", do que entre os indivíduos de cada uma delas.[47] Sua teologia ficaria mais rígida, mas no momento as opiniões de FitzRoy e Darwin sobre os seres humanos eram praticamente as mesmas: as nações compreendiam uma única "raça humana".

Sábios mais perspicazes discordavam, e as prateleiras da cabine da popa estavam cedendo sob o peso das contradições. Ali ficavam os 17 volumes do grande *Dictionnaire* de história natural de Darwin, coeditado por Jean Baptiste Bory de Saint-Vincent. Bory era um ex-oficial de Napoleão que se tornara um transmutacionista radical. Atuava numa Paris dissidente, republicana e anticatólica. Ali o ambiente igualitário era compatível com sua ciência: ele insistia em dizer que a vaidade levava os seres humanos a se elevarem, deixando os macacos aliados aos "brutos estúpidos". O verbete sobre "Homem" era de sua autoria, e deixou FitzRoy horrorizado.[48] Bory fez os macacos virem, com o passar do tempo, a se tornar homens, selvagens e civilizados, todas as 15 espécies deles. Para ele, Adão era apenas o "primeiro homem" dos judeus; e deve ter havido tantos Adãos quanto espécies humanas. Todas as espécies humanas de Bory eram aborigenemente distintas, e era por esse motivo que ele as considerava "espécies". Seu mapa-múndi mostrava sua "distribuição original" num tal esplendor de cores que mais parecia um vitral, e foi tudo o que FitzRoy conseguiu ver de religioso ali. Ele *sabia* que aquilo estava factualmente errado e teologicamente errado, também. Os patagões e os fueguinos *não* eram espécies distintas — ele vivera entre eles. E os fueguinos também *não* eram, como Bory pensava, como os etíopes ou australianos negros; ele tinha três deles a bordo para provar o que dizia. Todas as raças se cruzam entre si e se reproduzem, apesar dos "falsos filósofos" franceses. Era um absurdo total supor "inícios diferentes das raças selvagens em momentos diferentes e em lugares diferentes".[49]

Aqueles que acreditavam na criação ou surgimento separado de cada raça ou espécie humana eram chamados de "pluralistas". Para eles, as várias espécies humanas não tinham um único sangue, longe disso. Cada espécie em seu lar geográfico tinha uma linhagem distinta que remontava a seus primórdios, que nunca estavam ligados aos de qualquer outra espécie. Não havia um antepassado *comum* de todas as raças. Alguns autores americanos já estavam declarando que "a origem das diversas raças humanas" era o tópico mais intrigante da história natural. Alguns riam de Moisés como alguém que não merecia crédito e descartavam como conversa fiada a explanação de que o clima transformara as raças umas nas outras. Esses pluralistas achavam que os aborígenes apareceram primeiro (não de pares ancestrais, o que era zoologicamente absurdo, mas sim como populações viáveis) adaptadas ao lugar onde agora se encontravam. Portanto, negros e brancos tinham antepassados distintos e diferiam mais entre si do que uma espécie de cão de outra. Com uma agitação crescente em torno da escravidão americana, o pluralismo era uma filosofia legitimadora perfeita. Os livros já estavam negando que as raças ou espécies distintas eram iguais ou que "surgiram da mesma raiz primitiva". Portanto, escravo e senhor não tinham ligação nenhuma, o que tornava os atos dos grandes fazendeiros contra seus cativos "inferiores" mais fáceis de justificar.

Para FitzRoy e Darwin, essas heresias menosprezavam seu terreno. Eles estavam lá fora na América do Sul, estudando os nativos e o poder da civilização e da "domesticação". Outros viam os fueguinos e todos os índios como criaturas que não progrediam, como animais, "imóveis; fixados a um ponto [...] cada geração percorrendo a mesma trilha batida". Esses povos inferiores, cujas "deficiências morais" os tornavam incapazes de avançar, estavam destinados a nunca construir uma cidade ou criar um Shakespeare indígena. O "selvagismo" era seu estado natural, "essencial à sua existência", exatamente como a civilização era o estado natural do caucasiano. Eles não conseguiam "florescer em estado domesticado"; não estava em sua constituição, e todo sistema civilizador que envolvesse tentativas cruéis de tirá-los da selva "fracassaria necessariamente" e levaria à sua extinção. Mas Darwin tinha sido imensamente influenciado pelos efeitos de Londres sobre os fueguinos a bordo do *Beagle*, com suas roupas elegantes e maneiras cortesas. Para ele, o pluralismo de Bory era uma questão viva, refutável. Ele e FitzRoy estavam em regiões inferiores, testando suas afirmações e encontrando falhas nelas. Darwin fez suas próprias comparações entre os fueguinos e os patagões. Os sábios franceses tinham "separado essas duas classes de índios" ao "definir as raças primárias de homens", mas "não acho isso correto", anotaria Darwin em agosto de 1833, mostrando seu primeiro interesse pelas origens raciais.[50]

Portanto, o contato com o "pluralismo" primeiro obrigou Darwin a pensar toda a imagem filantrópica da unidade, do sangue comum e do que isso significava para as relações humanas. Alguns meses depois, durante os últimos dias do *Beagle* na ponta do continente, ele testou sua conclusão entre as tribos que viviam ao longo do estreito de Magalhães.

Os patagões do norte eram altos, com 1,80m ou mais, mas Darwin também era e olhava para eles de igual para igual, achando "impossível não gostar" deles, "eles eram tão incrivelmente bem-humorados e confiantes". Notou sua aptidão para línguas, o espanhol e o inglês, que "contribuiria enormemente para sua civilização ou desmoralização", ou ambas, pois em geral elas andam "de mãos dadas". Enquanto o coração de Darwin se abria para "nossos amigos, os índios", o sangue de FitzRoy gelava. Mais baixo que Darwin, sentia-se pouco à vontade quando estava cercado por "duzentos homens e mulheres [...] todos entre 1,77m e 1,97m — muito robustos — e de membros largos, com traços largos e vozes profundamente sonoras". Pareciam "extremamente ousados e confiantes", embora gostassem de conversar com estrangeiros. O capitão continuava desconfiado. Suas respostas também eram filtradas por preconceitos e por uma literatura contundente — principalmente a *Description of Patagonia* [Descrição da Patagônia], publicada no século XVIII e de autoria de um cirurgião de navio negreiro convertido pelos jesuítas. Os patagões até podiam ser gregários, mas tinham "mentes supersticiosas" e careciam de "restrições morais". Por baixo de seu verniz brilhante, FitzRoy tinha certeza de que esses seres humanos "desgraçavam-se" com "a pior barbaridade".[51]

Embora FitzRoy e Darwin tivessem a mesma opinião a respeito das origens humanas, sua maneira de julgar a natureza humana diferia radicalmente. Em Edimburgo, Darwin fora testemunha da tentativa da frenologia de algemar o potencial humano e, em Cambridge, qualquer vestígio de fé que tivesse na frenologia havia sido "demolido" por Mackintosh. A experiência de FitzRoy tinha sido a inversa. Agora ele estava convencido de que a cabeça e os traços eram a chave da mente humana. Os capitães do mar — de cujos julgamentos de caráter dependia a sobrevivência da tripulação — deram bons convertidos à frenologia. Até os navios de condenados que partiam para a baía Botânica tinham seus desordeiros potenciais entre aqueles identificados e segregados de acordo com os princípios da frenologia. Mas a frenologia dera mais um passo à frente ao transformar essas formas cranianas em indicadores raciais, permitindo que os primitivos fossem classificados por graus de inferioridade. FitzRoy queria registrar esses fatos frenológicos. Um par de crânios da Patagônia, roubados de um túmulo em sua viagem anterior à América do Sul, tinham sido entregues ao Colégio dos Cirurgiões de Londres. Os descendentes vivos dos ocupantes do túmulo agora confirmaram seu diagnóstico: "simplicidade e astúcia, ousadia e timidez" — "um olhar [singularmente] desvairado que nunca se vê num homem civilizado" caracterizavam os rostos patagões.[52]

Naquela viagem anterior, ao sul do estreito de Magalhães, durante a luta contra os fueguinos e sua conquista, um tiro de mosquete matara um jovem nativo que atirava pedras. Uma autópsia foi feita ali na mesma hora, e o corpo foi cuidadosamente medido. Esses restos mortais também tinham sido enviados para o Colégio dos Cirurgiões: FitzRoy entregou o crânio, os ossos e "a pele preparada da cabeça" com uma descrição dos "órgãos frenológicos". Para ele, a evidência apontava para a selvageria, a superstição, até o canibalismo: "testa extremamente pequena, baixa [...] olhos pequenos e sobrancelha proeminente [...] maxilares largos, narinas grandes e abertas; boca larga [...] lábios grossos" e assim por diante. A partir disso, ele imaginou que via o quanto seus compatriotas civilizados e cristianizados a bordo estavam transformados. Os cativos que estavam voltando à sua terra, com traços "muito melhorados" pela educação da Sociedade Missionária da Igreja, eram homens novos; agora eram fisionomicamente distintos de seus irmãos fueguinos selvagens. Ao contrário dos frenologistas, FitzRoy achava que a educação alterava realmente os traços. Poderia quebrar algemas, elevar os "selvagens". Quando a alma era salva, o rosto ficava sereno. Modelagem do cérebro pelo uso da mente era um absurdo completo para Darwin. Mas, à parte a fé do capitão na "saliencialogia", os dois concordavam: seus passageiros fueguinos eram seres humanos iguais, transformados "de selvagens que eram [...] no que diz respeito aos hábitos" em "europeus completos e voluntários".[53] Talvez nem tão voluntariamente assim, mas "civilizados" assim mesmo, mostrando as possibilidades "progressistas" inerentes a todos os povos.

Nem as palavras de FitzRoy, nem os rostos "civilizados" dos fueguinos prepararam Darwin para o choque de ver seus irmãos selvagens. Ao todo, ele passou cerca de um mês em águas fueguinas entre 1832 e 1834, e seus contatos ali foram os mais perturbadores de toda a viagem.[54]

As excursões à praia eram preocupantes, desestabilizadoras, assustadoras e fascinantes. Lá estava ele, um jovem da pequena nobreza impecavelmente correto, oriundo da cultura fechada e bem provida de Cambridge, cercado por homens e mulheres de sua idade, muitos praticamente nus, os rostos pintados, "cabelos emaranhados", a pele vermelha "suja e oleosa". As mulheres também; provavelmente essa foi a primeira vez que ele viu tanta carne feminina, ao menos fora da sala de dissecação. Deve ter sido uma sensação fantástica, do tipo que causa uma síncope na Inglaterra — não um tornozelo benfeito, mas um tronco menos que perfeito praticamente nu. Para ele, eram seres humanos crus, matraqueando e gesticulando, mal parecendo "habitantes da terra". No entanto, eram absolutamente terrenos; eram mais parecidos com os animais que os ingleses. Ele já tinha visto gente ser tratada como animal, mas nunca *vivendo* como eles, e não conseguia se livrar desse pensamento, que não lhe saía da cabeça. Sem roupas apropriadas e boas casas, os fueguinos perambulavam por aquele território colhendo alimentos e dormiam "enrolados" na terra úmida. Quando ameaçados, lutavam como que por instinto, com coragem "como a de um animal selvagem". Certamente "não existia nenhum tipo inferior de ser humano". Darwin também estava classificando os povos, mas não anatomicamente, como os frenologistas e os pluralistas. A sua era uma escala móvel de qualidades plásticas, comportamento e moralidade, com suas consequências tecnológicas e civilizatórias. E o acaso, a adaptação e o terreno desempenhavam um papel crucial em seu desenvolvimento.

Enquanto FitzRoy examinava cabeças e os oficiais faziam cara de macaco (e "caretas mais hediondas ainda" que os fueguinos), Darwin observava a humanidade de seus anfitriões. Eles até podiam ser "mais divertidos que os macacos", mas eram também, rabiscou ele num caderno em 1833, "*nus* inocentes absolutamente molhados". Um grupo chegou correndo tão depressa para cumprimentá-los que "seus narizes sangravam e eles falavam com tal velocidade que as bocas espumavam". No entanto, em geral eram "pessoas sossegadas". Sentavam-se em fila, nus, "olhando e pedindo tudo e qualquer coisa". Chegavam famílias inteiras. Ele se sentou com uma delas em torno de uma "fogueira resplandecente" e tentou ensiná-la a cantar em coro. Foi uma cena tocante ele ver um dos fueguinos sequestrados reencontrar-se com "a mãe, o irmão e o tio" depois de três anos; eles lhe disseram que o pai morrera, mas acabaram descobrindo que isso já lhe fora revelado em sonho. Depois ele acendeu uma fogueirinha e, parecendo "muito grave e misterioso", ficou olhando a fumaça subir. Apareceram vizinhos desordeiros. Um Darwin ingênuo acreditou na brincadeira de que alguns eram "canibais ousados" que devoravam suas velhas em épocas de necessidade. Mas, apesar disso, ele ficava chocado ao pensar em atirar nessas "miseráveis criaturas nuas", fosse qual fosse a justificativa.[55]

Ele achava que os fueguinos eram "essencialmente iguais" a ele próprio, "criaturas semelhantes" do mesmo Deus; e, no entanto, que abismo os separava! A "saliencialogia" não tinha nada a ver com aquilo. Ao ver fueguinos selvagens pela primeira vez, ele comparou o fosso de diferença entre eles como aquele entre "um animal selvagem e outro domesticado". Dois anos depois, em 1834, reflexões mais profundas aumentaram ainda mais esse fosso. O diplomado por Cambridge, que ainda não fizera 25 anos, ponderava sobre a capacidade de "aperfeiçoamento" da natureza. Poderia transformar um homem "selvagem" no maior dos intelectuais; poderia levar o selvagem, se não até as estrelas, ao menos a uma torre de observação como a de "Sir Isaac Newton", tal era a sua potência.

Por que existiam homens tão "elevados" e tão "baixos"? Será que os fueguinos foram criados aqui e continuaram os mesmos desde sempre? Não, Bory estava errado, essas pessoas tinham parentes nas "belas regiões do Norte". Eles devem ter descido e se "adequado" ao seu ambiente turbulento e frio. Os fueguinos sequestrados, tirando as roupas e voltando ao seu modo de vida "selvagem", provaram que ele estava certo. Mas se essas mudanças podiam acontecer, talvez todos os seres humanos tivessem se adaptado, se aperfeiçoado: continuando selvagens aqui, domesticando-se ali. "A mente da pessoa corre para trás, pelos séculos passados e [...] pergunta se nossos progenitores poderiam ser como essas pessoas." Não era um pensamento muito original, mas para Darwin seria de extrema importância. O capitão via os fueguinos como "sátiros em meio à humanidade". O "Filósofo" considerava menos depreciativo acreditar que "a diferença entre o homem selvagem e o homem civilizado" é só aquela entre "um animal selvagem e um animal domesticado". É interessante que tenha sido na Tierra del Fuego onde, perplexo e perturbado por uma raça estranha, Darwin resolveu passar o resto da vida estudando a ciência natural.[56]

"De onde vieram essas pessoas?" A pergunta que ele se fizera pela primeira vez na Tierra del Fuego continuava recorrente. Velejando pela costa do Chile em 1834, ele procurava relações ancestrais. A língua não ajudava: "Tudo o que vi me convence da ligação íntima entre as diferentes tribos, que, no entanto, falam línguas bem distintas." E então surgiu outro "enigma absoluto", a ausência de índios no arquipélago de Chonos. Com alimentação abundante, por que ali não havia ninguém para comê-la? Dado o genocídio dos pampas e a expectativa do "extermínio final da raça indígena na América do Sul", ele primeiro supôs que esses índios estivessem extintos. Mas, na ilha de Chiloé, mais ao norte, ele descobriu "homenzinhos cor de cobre de sangue mestiço", que diziam ser descendentes dos índios que tinham sido mandados pelos espanhóis para ser "escravos de seus professores cristãos". Depois de ouvir histórias sobre missionários que tentavam as tribos com presentes para elas deixarem seu lar, ele conseguiu uma resposta: os índios de Chonos tinham se mudado, não estavam extintos. Todos os aborígenes do continente devem ter se mudado furtivamente dali e se dispersado.

Os chilenos ensinaram-lhe mais uma coisa sobre as origens, ou melhor, os piolhos ensinaram. Os "vermes repugnantes" infestavam todo mundo ali. Por causa de seu tamanho muito grande, Darwin supôs que eles haviam chegado do sul com os índios chonos, pois os altos patagões tinham o mesmo parasita. Coletou espécimes para comparar com os piolhos ingleses, que pareciam ser menores e mais moles, e depois ficou sabendo pelo cirurgião inglês de um barco de pesca à baleia que os "mais escuros" que infestavam os habitantes de pele negra das ilhas Sandwich morriam imediatamente depois de se mudarem para o corpo dos marinheiros britânicos. Piolhos diferentes adaptados para viver em raças diferentes — a possibilidade era fascinante. "O homem ter surgido de um tronco comum era uma ideia que concordava com o fato de suas *variedades* terem parasitas diferentes", começou Darwin a anotar em seu diário, querendo dizer com isso que, se as raças humanas se diferenciaram a partir de um ancestral comum, talvez o mesmo tenha acontecido com seus piolhos. E aí caiu no sono, pensando que "isso leva uma pessoa a muitas reflexões".[57]

A diversidade humana floresceu quando ele entrou novamente nos trópicos. No norte do Chile, os índios tinham "uma fisionomia ligeiramente diferente" — "mais morena, os ossos malares [...] muito proeminentes", expressões faciais "em geral sérias e até austeras", os cabelos "não tão lisos e em maior profusão". Ele adotara a linguagem de FitzRoy, mas nada do conteúdo de sua ciência craniana. Mesmo assim, Darwin era tão crítico quanto o capitão. Em Lima, Peru, ambos notaram a rica miscigenação racial. FitzRoy contou "no mínimo 23 variedades distintas", que Darwin registrou como "todas as misturas imagináveis entre sangue europeu, negro e índio".

Por fim, o *Beagle* começou sua longa viagem de volta ao lar, cruzando o Pacífico primeiro para a "frigideira" das ilhas Galápagos em 1835. Ali os turbilhões de lava escaldante pareciam ter acabado de sair sibilando da boca de um vulcão, lembrando as terras devastadas e cobertas de cinzas em volta das fornalhas de Wolverhampton. Terra nova era aquela ali, recém-erguida do mar, parcialmente colonizada. O estranho era que toda a ilha tinha sua própria variedade marginalmente diferente de tartarugas-gigantes. E os inquisitivos e velozes pássaros-das-cem-línguas também pareciam variar ao longo daquela cadeia desolada. Mais espécimes para mandar para casa à medida que o *Beagle* velejava pelos mares do Sul e pelo oceano Índico, fazendo com que Darwin entrasse em contato com mais grupos étnicos em 13 meses do que durante os quatro anos anteriores. Enquanto estudava o arco-íris racial na viagem de volta à Inglaterra, seu diário registrava cada variedade com um assombro crescente.

O diário de Darwin contém pouco daquele julgamento racial depreciativo que foi amplamente usado na literatura etnológica das décadas seguintes. Os taitianos, com seus "corpos nus tatuados" e expressões suaves, eram os "melhores homens" que ele já vira na vida: "Muito altos, de ombros largos, atléticos, com [...] membros bem proporcionados" e "a destreza dos animais anfíbios na água." "Um homem branco banhando-se ao lado de um taitiano" parecia "uma planta alvejada pela arte dos jardineiros" ao lado de outra "crescendo na amplidão [...] dos campos". A analogia que ele usara na Tierra del Fuego estava se enraizando: os povos civilizados eram apenas variedades domesticadas da espécie. E a domesticidade civilizada acontecia aos poucos. Portanto, os maoris, embora evidentemente "da mesma família" que os taitianos, ainda tinham um olhar cheio de "ferocidade e astúcia", que revelava a sua selvageria, ao passo que seu primo, em comparação, era um "homem civilizado".[58]

Os fueguinos que FitzRoy levara para Londres tinham sido "civilizados", tanto que foram apresentados à corte ("exibidos" seria uma palavra melhor). Mas assim que voltaram para seu próprio terreno, arrancaram as roupas europeias e voltaram a ser selvagens. Richard Matthews, o jovem missionário que partira com eles, não recebeu qualquer ajuda dos nativos e teve de ser resgatado. Um Darwin perplexo sempre tinha considerado Matthews esquisito e sem energia, mas ali ele estava patética e literalmente fora de seu elemento: ainda não havia feito 20 anos e fora deixado numa cabana no fim do mundo, com bandejas de chá, terrinas de sopa, alguns vegetais e ordens de encontrar uma missão anglicana! A loucura sagrada durou duas semanas; depois FitzRoy o trouxe de volta a bordo, planejando deixar o rapaz com o irmão, um missionário da Nova Zelândia.

Como seu fracasso parlamentar em Ipswich, o fiasco fueguino levou FitzRoy a assumir os deveres da expiação. O Taiti era um paraíso sinônimo de liberdade sexual, celebrada poeticamente como tal por Erasmus Darwin e pelos marinheiros de uma forma mais física. Cruzando o Pacífico, Darwin preparou-se para ler a obra "interessantíssima" — em vários volumes — do ministro congregacionista William Ellis, intitulada *Polynesian*

Researches [Estudos polinésios]. Era um relato tipicamente cor-de-rosa, como Darwin sabia, que outros do ramo criticavam, mas tinha autoridade porque o humilde missionário aprendera a falar taitiano. No meio das páginas cristãs filantrópicas que pregavam o progresso moral e a erradicação de "idolatrias... ilusórias", havia um repositório imenso de saberes e costumes locais, de etnologia e história natural. Essa leitura se tornaria uma das paixões permanentes de Darwin.

Durante a estadia de dez dias do *Beagle* no Taiti, Darwin ajudou FitzRoy a fazer sondagens morais entre os nativos para avaliar seu "progresso". Na época do Natal de 1835, fizeram o mesmo na baía das ilhas da Nova Zelândia. Esse belo arquipélago abrigado atraía marinheiros e barcos de pesca à baleia de todo o Pacífico com suas bebidas baratas e sexo. Alguns anos antes, Augustus Earle, que tinha sido desenhista do navio e que morara com Darwin em Botafogo,[59] visitara o arquipélago. Deixara o *Beagle* no Brasil, mas sua "excentricidade" boêmia continuava incomodando Darwin e FitzRoy. A *Narrative of a Nine Month's Residence in New Zealand* [Narrativa da residência de nove meses na Nova Zelândia] — um relato devastador de sua permanência anterior na baía das ilhas, publicado em 1832 — chegara ao navio, exasperando os oficiais e dando a FitzRoy uma nova chance de se redimir.

Viajante inveterado, Earle conheceu muitos lugares por acaso. Portanto, numa viagem do Rio para Calcutá e que passava pelo Cabo, ele ficou encalhado nas ilhas desoladas de Tristan da Cunha e foi salvo por um navio que passava com destino à Nova Zelândia. Como os destroços de um naufrágio, ele acabou na baía das ilhas em 1827. Seu livro fala sem rodeios do florescente comércio sexual que encontrou; da maneira pela qual os marinheiros se despediam das "namoradas" que apinhavam os barcos que se aproximavam deles remando. Depois disso, essas moças nativas desembarcavam com "um quê de vulgaridade [...] suas belas formas escondidas embaixo de velhas camisas engorduradas, vermelhas ou xadrezes". Ele falou da prostituição como um comércio moral, derivado do fim do infanticídio feminino. Agora, com essas "belas jovens" recebendo presentes das tripulações europeias, as famílias estavam naturalmente "ansiosas por cuidar e proteger seus bebês do sexo feminino", pois eram uma fonte de renda em potencial. "[S]e um pecado havia sido encorajado até certo ponto, outro muito pior foi aniquilado."

A Sociedade Missionária da Igreja não toleraria nenhum dos dois. Ela denunciara tanto os baleeiros depravados quanto Earle. O livro era a vingança dele. Satirizava os moralistas que pregavam o evangelho em seus lares aconchegantes, cercados por uma paliçada construída para "manter a distância os pagãos 'selvagens'". Os evangelistas tinham confundido os nativos com doutrinas religiosas "abstrusas" e "opiniões absurdas", em vez de lhes ensinar as coisas práticas necessárias para uma vida dura: "como fundir um pedaço de ferro ou fazer um prego". Mas Earle reconhecia de fato um único mérito: os missionários tinham poupado uma pobre moça escrava do sacrifício humano. Contra a escravidão, eles finalmente concordaram.

Ele reconhecia tão claramente quanto FitzRoy e Darwin a "forma hedionda" da escravidão local. As pessoas eram feitas prisioneiras de guerra, quando os chefes tomavam as mulheres bonitas como esposas e "tinham grande apreço" pelas crianças. A escravidão era pela vida toda, encerrada apenas com a morte, que muitas vezes não demorava a vir. Darwin conheceu um chefe que "enforcara uma de suas esposas e um escravo por adultério", achando que estava seguindo o "método inglês" de punição. Earle ficou sabendo de outras atrocidades medonhas, como a escrava adolescente assassinada que descobriu sendo cozida pelo dono. FitzRoy foi até o lugar com um missionário da SMI, que lhe disse que o chefe estava fornecendo "suas vassalas" aos barcos de pesca à baleia, que era melhor do que devorá-las. FitzRoy e Darwin tinham visto a escravidão sexual com os próprios olhos:[60] ao entrar na baía, o *Beagle* passara por três baleeiras com "muitas dessas mulheres" a bordo.

A escravidão era endêmica. Darwin chegou até a deixar um escravo carregar sua trouxinha, tal era a suposta "indignidade" de ele mesmo a carregar. Nessas ilhas selvagens, antípodas de seu mundo, além do alcance da diplomacia jurídica, só os missionários tinham condições de "redimir" os que estavam em pecado ensinando-lhes os preceitos básicos: o cristianismo e o críquete. FitzRoy e Darwin, acreditando nisso, observaram a missão de perto por dez dias. Earle tinha desacreditado ou negado perversamente, assim parecia, essas boas obras, vingando-se depois que os missionários denunciaram a exploração sexual de escravas perpetrada por Earle.[61]

As irmãs de Darwin duvidavam que houvesse alguma coisa boa no livro de Earle depois que ele passou pelo crivo do *Edinburgh Review* e da imprensa religiosa. Darwin estava do lado de Deus. Disse às moças (numa carta da baía das ilhas, levada por uma das baleeiras) que "a civilidade" com que os missionários tratavam seus caluniadores era muito maior "do que a libertinagem deles" merecia. Mas tocou no xis da questão cristã numa carta a Henslow: gente do tipo de Earle torcia o nariz para o trabalho missionário porque "não está muito ansiosa em considerar os nativos seres morais e inteligentes".

A atitude do próprio Darwin em relação aos indígenas era complexa, mas ele tinha realmente fé na moralidade e na inteligência de muitos deles. A sua era uma visão filantrópica padrão das capacidades dos nativos: só era preciso uma mão condescendente para eles começarem sua "ascensão". Essa mistura de *noblesse oblige* e humanitarismo nasceu das atitudes de sua própria cultura, dividida em categorias "superiores" e "inferiores". Ele achava que os superiores a bordo eram aqueles "cujas opiniões valiam alguma coisa". No entanto, até mesmo isso era refratado por sua simpatia pela vítima da injustiça social, fosse ela um escravo, um maori ou um cão, literalmente. A simpatia foi o primeiro passo para questionar o próprio conceito de "inferior" na criação.

Quando o Natal chegou nessa "Inglaterrinha" que era antípoda da sua terra natal, Darwin e FitzRoy participaram de uma cerimônia realizada pelos missionários em inglês e maori e jantaram com suas famílias. FitzRoy passou o chapéu, e £15 libras foram levantadas para a igrejinha minúscula que estava sendo construída em meio às "choças imundas" de Kororareka, "o baluarte do vício" da baía das ilhas. Na véspera do ano-novo, de volta ao alto-mar a caminho da Austrália, o capitão decidiu registrar suas sondagens morais. Ele e Darwin poriam suas observações no papel e publicariam um artigo defendendo as missões de gente como Earle.[62]

Quando chegou a hora de escrever esse artigo missionário, Darwin pediu ajuda a Sir James Mackintosh, sogro do primo Hensleigh Wedgwood. Darwin desencavou seu exemplar da *History of England* de Mackintosh e anotou trechos que elogiavam os primeiros missionários cristãos por elevarem os ancestrais bárbaros, "ateus e rudes" do país até a civilização. O exemplar que Darwin tinha da obra de Humboldt apoiava os missionários das Américas, e FitzRoy colocou essas passagens no início do artigo. Até os membros de uma raça de "selvagens puro-sangue" como seus fueguinos, disse FitzRoy, podiam ser transformados em "pessoas bem comportadas, civilizadas" (ele não tocou na recaída de seus cativos).

Trechos de "nossos diários" vinham em seguida no artigo, tendo o capitão aprovado os sentimentos de Darwin. Frequentar a igreja dos taitianos, ler a Bíblia e fazer orações simples tinham impressionado Darwin profundamente. O álcool era proibido (não há menção de Darwin passando seu cantil, o que fazia os nativos murmurarem "missionário" a meia-voz); a "devassidão" foi abolida e a "libertinagem" foi muito reduzida, em função do que Darwin concluiu que os críticos dos missionários eram homens frustrados sexualmente. Mal-humorados ao descobrir a perda de seu paraíso, desprezavam "uma moralidade que não desejavam praticar". FitzRoy concordava. Na baía das ilhas, os missionários eram pacificadores e pregavam a temperança a uma sociedade corrompida por armas de fogo, bebidas alcoólicas e prostituição. Irresponsáveis como Earle naturalmente se opunham àqueles que procuravam "verificar, ou mostrar, a inconveniência de sua própria imoralidade até então irrestrita". Se os ensinamentos evangélicos não conseguissem reformar esses homens, ao menos "funcionavam como uma varinha de condão" sobre os nativos, miraculosos em seus "efeitos morais".[63] Por um momento, Darwin parecia Charles Simeon.

Na Austrália, Darwin viu os aborígenes como selvagens "inofensivos", nômades como os fueguinos, com corpos também "abominavelmente sujos", mesmo que, na baía King George's Sound, em março de 1836, sua alegria e seus rituais selvagens o tenham deleitado. Mas havia tensão no continente, e sua ironia e injustiça não passaram despercebidas ao visitante. A Tasmânia, fundada como colônia penal, agora mantém seus aborígenes "como prisioneiros". Os dois mil restantes tinham ficado aterrorizados e foram levados como carneiros para a península da Tasmânia. Deve ter lembrado Darwin das limpezas étnicas dos pampas. Ele não mencionou o papel dos missionários, como George Robinson, metodista atarracado e ex-pedreiro, que entrara no sertão para buscar os últimos membros da resistência tasmaniana. Por isso, recebeu a recompensa de £8 mil em dinheiro vivo e concessões de terras e foi nomeado comandante do "campo de concentração cristão" da ilha de Flinders, onde estavam os últimos remanescentes esfarrapados dos povos indígenas da Tasmânia.[64] Talvez Darwin não tenha tido consciência deste "bom" trabalho missionário, mesmo que isso pareça surpreendente. Mas achou trágicas as remoções "cruéis", porque "sem dúvida a má conduta dos brancos" tinha levado a hostilidades aborígenes.

Os primeiros contatos de Darwin sempre eram reveladores. Na África do Sul, achou a situação racial mais explosiva ainda. A chamada "Sexta Guerra Cafre" terminara alguns meses antes. Agora, pela primeira vez, ele conheceria africanos negros "selvagens" e outros surpreendentemente civilizados em sua terra natal. Repetindo: o extraordinário em seu encontro com o povo "hotentote" (hoje os khoikhoi) do Cabo foi o fato de não desacreditá-los conscientemente, apesar de uma vasta literatura depreciativa que os mostrava como ladrões e assassinos.

O quanto essa literatura era depreciativa foi algo ilustrado pelo especialista no Cabo, o Dr. Andrew Smith, um homem formado em Edimburgo. Ele era o cirurgião do exército do velho 72º Regimento de Robert Knox e tão versado em etnologia quanto Knox. (Smith se tornaria uma das principais fontes de Darwin quando ele começou suas explorações evolutivas.) Para ele, os "bosquímanos" eram notórios por sua "conduta universalmente revoltante". Eram cruéis, "ladrões", "profundos conhecedores da fraude e traiçoeiros ao extremo", e suas tendências agressivas se manifestavam em "depredações e assassinatos que cometiam contra os colonizadores".[65] A lista de atrocidades de Smith foi compilada com o uso de parâmetros típicos do colonizador, que julgavam de acordo com a observância da lei por parte dos "selvagens" do Cabo, com a moralidade dos missionários, que era obediência e servilismo. Os bôeres já tinham tentado aniquilar esses povos, e muitos ainda aplaudiam sua extinção; mas não antes de uma série de cadáveres de "Vênus" hotentotes ter sido empalhada, para ilustrar as "peculiaridades atribuídas a essas ninfas pelos viajantes".[66] Uma coisa grotesca dessas poderia ter sido vista por Darwin na Cidade do Cabo quando ele passou por lá, um lembrete do lado do avesso da moralidade civilizada.

Darwin não teve essa atitude aviltante com os "hotentotes", muito ao contrário. Considerava-os a parte "maltratada". Os bôeres tinham considerado esses "selvagens" patentemente inferiores e estavam ressentidos com os ingleses por liberá-los da escravidão. Por isso a nota de Darwin: "Os holandeses são hospitaleiros, mas não como os ingleses, a emancipação não é popular junto a ninguém..." O próprio termo "hotentote" era uma palavra holandesa depreciativa, que significava "gago", por causa de sua língua curiosamente cheia de estalidos. Essa língua e sua estatura diminuta despertaram o interesse de Darwin. Na Cidade do Cabo, em junho de 1836, ele contratou "um jovem hotentote como guia" e partiu para suas explorações. Durante quatro dias os dois ficaram juntos na estrada, viajando através da caatinga desolada das montanhas do leste. Praticamente não viram ninguém, só tinham a companhia um do outro. Repetindo: a experiência de Darwin era de primeira mão, como havia sido com os fueguinos e seu "negro retinto" de Edimburgo. Seu guia falava um inglês perfeito "e estava muitíssimo bem-vestido; usava um casaco comprido, um chapéu alto de feltro e luvas brancas"![67] Um cavalheiro diminuto e perfeito — aí estava o xis da questão. O encontro de Darwin foi com o que ele chamaria de um hotentote "doméstico" ou zoologicamente domesticado: domesticado não no sentido pejorativo, mas como os próprios homens brancos. Demonstrava mais uma vez a maleabilidade da constituição humana em qualquer de suas formas.

No entanto, esse povo pálido de pequena estatura, "como negros parcialmente alvejados", era uma das raças mais vilipendiadas do mundo. Não era nada raro ouvir dizer a seu respeito que "estavam exatamente no nadir da degeneração humana", fazendo fronteira com os chimpanzés. Tinham "a cabeça e os pés com formas singulares", observou Darwin. Por esse motivo, os frenologistas teriam colocado esses "representantes miseráveis da humanidade" a meio caminho entre os homens e os macacos, e até Morton, o amigo de Knox em Edimburgo, achava que eles eram "a maior aproximação aos animais inferiores". Darwin continuava firme em sua crença na unidade das raças humanas e atribuía a esse companheiro impecavelmente vestido a mesma atitude em relação à civilização que teria um homem branco. Darwin deve ter tratado essas pessoas como trataria os "extratos inferiores" na Inglaterra, mas esses contatos pessoais só podem ter fortalecido sua decisão de se opor a uma craniologia cada vez mais corrupta. Como disse um escritor mais tolerante: "Quando conhecemos melhor o hotentote, nós o desprezamos menos."[68] Parece ser o que aconteceu a Darwin.

Na Cidade do Cabo ele conheceu o próprio Andrew Smith, que acabara de voltar de uma expedição à região tropical do rio Limpopo. Tinha sido uma viagem típica de comércio-e-cristianização, feita com vinte exploradores e rastreadores hotentotes. Os comerciantes estavam sempre em busca de novas matérias-primas, e Smith tinha sido financiado por mercadores para conseguir informações mais acuradas sobre as tribos, a geografia e os "produtos naturais" do norte do país. Smith voltara armado com informações suficientes para um livro de zoologia em quatro volumes. Era possível entender por que ele se tornaria a principal fonte de Darwin sobre as tribos e a fauna do Cabo. "Agradável", era a opinião de Darwin a seu respeito, e a expedição, "interessantíssima". Os dois homens faziam "longas perambulações geológicas", e Darwin visitou o museu de Smith. O que foi que viu lá? Todo mundo era atraído pelos troféus que Smith trouxera para casa. Mas uma exposição mais sinistra também era "obrigatória", ao menos para as tropas — a mulher nua empalhada. Diziam que a "Vênus hotentote" esfolada era "de Smith", de modo que provavelmente estava no museu.[69] O que teria dito a Darwin? Pessoas negras e animais eram tratados com a mesma barbárie, podendo ambas ser empalhadas?

Outro que a viu foi o físico e astrônomo Sir John Herschel, filho de William Herschel, o descobridor d   rano. Sir John estava no Cabo para observar o cometa Halley e mapear os céus meridionais. Darwin tinha grande admiração pelo homem e apresentou-se a ele antes mesmo de sua viagem de quatro dias.⁷⁰ Herschel era um liberal bem ao gosto de Darwin, inteiramente a favor de um governo progressista que administrasse com uma eficiência mecânica, como o próprio cosmo. Isso significava que os aborígenes deviam buscar o que Herschel considerava modos de vida mais "racionais", controláveis, agrícolas. Nessa época de grandes tensões — depois da Guerra Cafre (Xhosa) —, era importante estabilizar as relações sociais. Como muitos ingleses liberais, ele via a agricultura como uma atividade civilizadora que podia levar os trabalhadores remunerados a participar do cálculo econômico. Isso o colocava, como Darwin, do lado dos missionários liberais — na verdade, do lado do mais liberal dos membros do lado missionário: o secretário-geral da Sociedade Missionária (dos dissidentes) de Londres, o reverendo John Philip, "um homem bom e digno", nas palavras de Herschel, que apoiava Philip e "sua visão compassiva" das relações raciais, mesmo que "os bôeres o detestassem cordialmente" por promover uma "igualdade ímpia" entre as raças.⁷¹

Os missionários estavam no centro da sociedade inglesa colonial, embora Darwin também tenha notado a hostilidade que enfrentavam. O artigo de FitzRoy e Darwin começava deplorando esse "sentimento contra os missionários", um sentimento imerecido tanto aqui quanto na Nova Zelândia. A má vontade não surpreendia. Eles haviam atuado como autoridades civis em regiões tribais, negociando rixas, e como comerciantes honestos com o governo colonial (ou nem tão honestos assim, se formos dar crédito aos bôeres). Mas as crenças de Philip eram extremas e paralelas às de Darwin. Philip defendia a igualdade fundamental de todos os seres humanos. Todos eram passíveis de salvação, todos tinham a mesma atitude: as distinções eram mais uma questão de privação social que de incapacidade inata.⁷² Ele também pensava (como Darwin na Patagônia) que os nativos eram escravizados frequentemente por homens inferiores a eles em termos morais.

Philip havia exercido um papel crucial no sentido de conseguir mais liberdade para os "hotentotes" livres, principalmente para eles se saírem de um sistema de passes que restringia seu movimento. E ele levara a questão até Londres, perante grupos antiescravagistas. Este era um fato conhecido dos Wedgwood, que naturalmente possuíam uma cópia da obra propagandística de Philip, *Researches in South Africa* [Estudos na África do Sul]. E então houve a emancipação dos escravos na África do Sul em dezembro de 1834, que enfureceu muitos colonizadores, como Darwin bem sabia: a libertação de 36 mil escravos levou à escassez de mão de obra para os fazendeiros, enquanto o fim das restrições às viagens tinha incentivado migrações populacionais e gerado conflitos inevitáveis. O novo governador, Sir Benjamin d'Urban, mudara-se para a terra dos xhosas depois da Guerra dos Cafres e a anexara para criar um amortecedor contra esses "selvagens traiçoeiros e incorrigíveis". Um Philip indignado apelara para lorde Glenelg de Clapham (ministro das Colônias e vizinho de Charles Grant, Fanny e Hensleigh Wedgwood), que obrigou d'Urban — seis meses antes da chegada de Darwin — a voltar às fronteiras anteriores. A perda de terras e escravos por parte dos bôeres — e a "doutrina intolerável de que negros pagãos e brancos cristãos devem ser tratados em pé de igualdade"[73] foram as gotas d'água que finalmente desencadearam sua "Grande Marcha" de 1836-7. Cerca de 7 mil colonos holandeses atravessaram o rio Orange para fora da colônia e fundaram o que viria a ser o "Estado Livre de Orange". Era compreensível por que os filantropos evangélicos eram detestados tão "cordialmente" em regiões expansionistas e comerciais.

No Cabo, os filantropos opunham-se a frenologistas raciais como Smith, que procuravam degradar os negros. A revista *South African Quarterly Journal* usava a frenologia racial para justificar "retratos pessimistas do caráter africano". Os frenologistas já estavam enviando cabeças de "hotentotes" para colegas de Edimburgo na década de 1820 (as notas que as acompanhavam eram arrepiantes: "fuzilado por alguns campônios [...] no ato de roubar gado — e deixado ao léu até que os abutres e hienas limparam-lhe os ossos). Esses frenologistas raciais queriam o fim das políticas conciliatórias e o retorno à tomada das terras. Darwin estava se afastando mais ainda de uma ciência que fixava e separava temperamentos raciais com suas visões depreciativas dos negros. Sua herança e suas experiências com os "hotentotes" puseram-no do lado dos missionários, com Herschel, que se recusava a ver os negros como inerentemente inferiores, ou a fechar os olhos para o roubo de suas terras.[74] Herschel não suportava nem mesmo se sentar à mesma mesa que D'Urban. De modo que o naturalista do *Beagle* encontrou seu ídolo *em pessoa* sentado alegremente ao lado dos anjos.

Quando Darwin jantou com Herschel, é possível que tenham discutido mais que as derrotas de D'Urban ou a exploração dos "hotentotes". Herschel, que procurava uma mecânica racionalmente eficiente da criação, achava que, junto com a lenta mudança das paisagens, Lyell devia ter discutido simultaneamente a mudança das espécies. Para Herschel, a causa da sucessão dos fósseis da vida era "o mistério dos mistérios". Era o grande problema para o futuro. O cosmo racional do astrônomo não combinava com o surgimento aparentemente fortuito das espécies, algo como um caos criativo, uma lançada aqui, outra ali. Se as formas da terra eram mudadas por forças climáticas como as daquela época, será que as espécies não deviam ser consideradas produto das forças fisiológicas que conhecemos hoje? Ele não estava promovendo antecipadamente o que mais tarde seria chamado de "evolução". Não tinha em mente uma transmutação animal — essa era apenas uma de uma série de soluções para o problema.[75] Mas estava tentando acabar com a imposição das causas potenciais da sucessão das espécies feita aos estudos.

Novamente em alto-mar, Darwin e FitzRoy terminaram seu artigo em defesa dos missionários, e a carta a Herschel (no Cabo) que o acompanhava tinha a data de "alto-mar, 28 de junho de 1836". O manuscrito chegou em boa hora e exigia ser guardado em segurança. Duas cópias foram mandadas em navios diferentes, para o caso de perda. Herschel publicou devidamente o artigo no *South African Christian Recorder*, um novo periódico mensal dos missionários, e enviou exemplares a FitzRoy e Darwin.[76] Foi o primeiro artigo publicado de Darwin.

Velejando para o norte pelo Atlântico, desembarcaram no Brasil uma última vez em agosto de 1836 para que o meticuloso FitzRoy verificasse de novo as suas leituras de longitude. Na Bahia, a exuberância tropical reencantou Darwin; mas, apesar de todas as glórias da "selva", esse paraíso também tinha seu miolo humano podre.

O tráfico negreiro ainda estava sendo realizado ativamente, talvez até mais que antes, por causa (segundo as palavras do cônsul britânico) da conivência e da "venalidade desavergonhada da magistratura inferior". Do miolo bichado tinham saído os vermes. Uma revolução de escravos irrompera em janeiro de 1835, deixando suas marcas por toda parte: por mais bizarro que pareça, até as "mais belas mangueiras" de que Darwin se lembrava de ter visto na vida tinham desaparecido, destruídas durante os conflitos. Tinha sido "a mais eficiente rebelião urbana de escravos da história" e ao menos mostrava que os negros tinham capacidades militares.[77] Escravos muçulmanos nascidos na África, armados de espadas e versos do Corão, tinham atacado a capital da Bahia, São Salvador. Soldados e civis tinham atirado e matado cerca de 70 deles, enquanto 500 foram condenados à prisão, ao chicote, à deportação ou à morte. Isso incentivou a renovação do debate sobre a escravidão no Parlamento do Rio. Não se sabe o quanto Darwin compreendeu durante os cinco dias que passou na cidade, mas a notícia da rebelião certamente fez com que se lembrasse da revolução à moda do Haiti que ele previra para esse país escravagista.

Entre todos os sons e visões de cinco anos de circum-navegação, um deles o perseguiria. Pernambuco era o último porto de todo o continente para o *Beagle*. Era em meados de agosto, a temporada das chuvas estava terminando. A cidade estava "imunda" e "repugnante"; as casas erguiam-se "altas e melancólicas" no meio do mau cheiro. A minoria de europeus parecia "estrangeiros" num mar de peles "negras ou... pardas". Meses antes, mais 300 africanos haviam sido desembarcados ao sul da cidade e enviados para as *plantations*. E cargueiros lotados de homens e mulheres apavorados e algemados estavam em alto-mar naquele exato momento. Os grandes fazendeiros estavam se reunindo para proteger seu "contrabando bárbaro", e o cônsul britânico estava pedindo mais patrulhas navais.

Em algum lugar dessa parte repulsiva do Brasil, provavelmente na velha cidade de Olinda, onde ele chegou remando através de "exalações pútridas" dos brejos e mangues, Darwin ouviu um grito ao passar por uma casa. Maus-tratos ele tinha testemunhado; vira instrumentos de tortura — grilhões, anjinhos (instrumento de tortura para apertar os polegares), chicotes —, mas, por mais incrível que pareça, nunca vira a dor infligida deliberadamente. Por trás das paredes, invisíveis, inalcançáveis, mas horrivelmente reais, vinham "os mais lamentáveis gemidos" e gritos. Sensível, melindroso, Darwin torturou a si mesmo. Não adiantaria nada ir à polícia, como em Cambridge; não adiantaria correr para a rua, como em Edimburgo. Não havia ninguém a quem recorrer, era impossível intervir. A raiva e a frustração deixaram-no se sentindo "impotente como uma criança" — incapaz de ajudar a si mesmo ou a uma criatura inocente; talvez tenha querido, como ao ver a criança em Edimburgo sob o bisturi, sair correndo e gritando. Essa emoção o perseguiria pelo resto da vida. Um "grito distante"[78] sempre traria de volta as lembranças daquele escravo torturado.

Foi uma nota sinistra para terminar uma viagem extraordinária. A Cambridge dos claustros pode ter dado uma âncora moral a Darwin, mas ele saíra da Inglaterra sem rumo. Podia ter assimilado o *ethos* antiescravagista das irmãs, devorado os panfletos de Shrewsbury e Maer, mas seus ensinamentos austeros estavam muito próximos de um *pathos* impresso para ser levado como bagagem ética. Para o jovem Darwin sentir e compreender, foi necessário o sofrimento tropical, pernas reais algemadas e costas encharcadas de suor nas plantações de cana. Durante toda a viagem, Darwin nunca deixou de enfrentar o vento da escravidão, navegando contra um vendaval maligno na América do Sul. Voltou bronzeado, experiente e renascido.

Sair da ilha e do continente deixou-o calejado e mais sábio. Nunca, em cinco anos, conseguiu fugir da escravidão, vista agora pelo que era, um império planetário do mal que exigia um remédio igualmente planetário. Nunca se acostumaria com aqueles desgraçados navios negreiros ancorados, "como era geralmente o caso", em todos os portos. No entanto, como estava orgulhoso de saber que os "negros [desembarcados] e libertados dos navios de escravos", como aqueles do posto avançado militar da ilha de Ascension, eram "pagos e alimentados" pelo governo de Sua Majestade [...]

Com que frequência Darwin não deve ter visto também o cordial John Edmonstone, o empalhador que havia sido escravo, nesses povos oprimidos. Toda pele seca ao sol e enviada para casa deve tê-lo lembrado, assim como todo rosto negro enrugado.

Assim foi até o fim, em julho de 1836, no rochedo do Atlântico Sul chamado Santa Helena, para onde Napoleão foi banido e enterrado. Ali estava outro "mundinho curioso por si mesmo," cheio de espécies importadas e destroços humanos dos quatro continentes. A fortaleza era uma alegoria de sua viagem pessoal, e até mesmo de sua experiência com os negros de modo geral. Ali estava John outra vez, muitos Johns: estoicos, de boa índole, interessantes. Entre os "extratos inferiores" que desembarcaram em Santa Helena, havia uma comunidade pobre de "escravos emancipados [...] abençoados com a liberdade [...] que acredito que eles valorizam plenamente". A liberdade era tão valorizada numa ventosa ilha-presídio quanto em Edimburgo. O guia de Darwin era um velho que dominava o terreno vulcânico recortado como se fosse um jovem pastor de cabras. Era "de uma raça com muitas misturas", a pele "fosca", mas clara, o rosto agradável. Em suas longas caminhadas diárias, Darwin se maravilhava com o quanto aquele "velho muito cortês e sossegado" falava com equanimidade "da época em que era escravo".[79]

Depois da viagem, FitzRoy e Darwin, capitão e companheiro, tomariam cada qual o seu rumo em todos os sentidos. A teologia de FitzRoy ficaria mais rígida e se tornaria mais literal. Dali a poucos anos ele declararia que os filhos de Noé, Sem, Cam e Jafé, gerariam, respectivamente, as raças branca, negra e vermelha. Desde o Dilúvio, sua descendência produzira "todas as variedades" de pele e cabelos por meio de uniões entre si. Ele aceitaria até mesmo a maldição divina sobre Kush, o filho "negro" de Ham, que o tornava "servo dos servos", e essa seria a origem da escravidão negra. Essas opiniões estavam se tornando cada vez mais comuns à medida que as demandas pela abolição da escravatura americana chegavam ao seu auge. Em 1838, tratados religiosos já estavam dizendo que toda a África estava cheia de descendentes amaldiçoados de Ham. Nos estados escravagistas do sul, em particular, os favores e maldições de Deus eram vistos como muito desiguais, e os descendentes de Noé eram classificados de acordo com eles.[80] A ideologia pró-escravatura se serviu tanto da maldição de Ham quanto da craniologia pluralista. Mas as opiniões de Darwin tenderiam na direção oposta. Darwin levaria às últimas consequências a "ancestralidade comum" sobre a qual ele e FitzRoy concordavam durante a viagem do *Beagle*.

Os povos oprimidos exigiram sua atenção no fim da viagem tanto quanto no início. Seu desejo de aliviar o sofrimento, abolir o mal, solapar a instituição — participar da "glória de ter se exercido" para acabar com a escravidão estava sempre presente.

Ele não conseguiu entrar correndo na casa de um estranho para acabar com a tortura. Mas havia formas mais sutis de intervir. Durante cinco anos ele suportara os enjoos e a solidão do mar; agora sabia que sua recompensa viria quando pusesse suas experiências em prática.

> Não há dúvida de que é uma grande satisfação conhecer vários países e as muitas raças da humanidade, mas os prazeres vividos no momento não contrabalançam as mazelas. É necessário esperar pela colheita, por mais distante que possa estar, quando alguns frutos serão colhidos, algum bem realizado.

Darwin já tinha enviado muitos caixotes de espécimes a Henslow. E mais cinco caixas a bordo estavam prontas para partir. Entre as miríades de rochas, ossos, peles, plantas e fósseis, não havia nem um único crânio humano.[81]

O jovem Darwin não queria saber da craniologia, não tinha a menor simpatia por sua ênfase na distinção e classificação das raças. Nenhuma coleta de crânios marcaria sua ciência. Ele encontraria uma forma muito diferente de considerar negros e brancos, escravos e homens livres.

5

A origem comum: do pai do homem ao pai de todos os mamíferos

Se o marinheiro de água salgada não estivesse tendendo para a evolução ao desembarcar, o marinheiro de água doce estaria inteiramente envolvido com ela dali a poucos meses. Mas a imagem que Darwin tinha de uma natureza em transformação era extremamente peculiar. Na verdade, provavelmente era única.

Como Bory, discípulo de Lamarck e anticlerical, o radical Robert Grant, seu professor de Edimburgo, via a transformação da natureza de uma forma que hoje parece estranha. Os seres humanos tinham ancestrais símios e, por meio deles, toda uma linhagem que remontava aos peixes, é bem verdade. Mas era, em geral, uma única linha reta. Para esses evolucionistas, os macacos de hoje não participavam de nossa ancestralidade. Não houve nenhuma encruzilhada em nossa linhagem que pudesse tê-los produzido (ou vice-versa). Eles tinham seu *próprio* pedigree até o passado mais remoto. Até aquele momento, sua estirpe só havia chegado aos macacos, mas esses macacos de hoje são os seres humanos de amanhã. Por mais bizarro que pareça, para os evolucionistas que precederam Darwin, a natureza era composta de muitas linhas paralelas, todas progredindo e todas passando pelos mesmos estágios: algumas chegaram até os peixes, outras até os macacos, e uma percorrera todo o caminho até o ser humano.[1] Bory chegou até a dividir as raças humanas e atribuiu a *cada* uma delas uma linhagem própria que remontava a um germe gerado espontaneamente na aurora dos tempos. Portanto, os negros, com sua própria ancestralidade chimpanzé, ainda teriam de subir até o topo branco de sua escada. Os brancos já tinham passado pelos estágios de chimpanzé e negro — e chegaram à sua apoteose. Esse era o ponto crucial: *os negros e brancos vivos não tinham nenhuma relação entre si*, não tinham um ancestral *comum*.

A imagem de Darwin era completamente diferente. O eixo antiescravagista de Maer e a âncora religiosa de Cambridge fizeram com que ele se alinhasse com as raças humanas enquanto irmandade. Como irmãs, elas tinham uma ascendência comum: as raças estavam unidas pelo sangue. A metáfora que Darwin visualizou perto do início de sua viagem evolutiva foi a de uma "árvore" genealógica: muitos galhos que confluem no passado para um único ancestral.

No começo de seus "cadernos sobre evolução" — uma série de bloquinhos com capa de couro, de 1837, ele anotou pensamentos sobre a origem e a propagação da vida — Darwin tentou visualizar esse pedigree humano estendido a todos os animais e plantas. Suas anotações são telegráficas, ofegantes, fragmentárias e muitas vezes cifradas, com muitos erros ortográficos, mas ele continuava voltando à analogia humana:

> Minha teoria [escreveu ele em maio de 1838] explica que a semelhança *de família* [nos animais], que enquanto família humana absoluta é indescritível, mas mesmo assim é *válida*, o mesmo acontece com a classificação real [...] Não consigo deixar de pensar que uma boa analogia pode ser traçada entre a relação de todos os homens vivos agora e a classificação dos animais — [.][2]

De modo que a imagem evolutiva de Darwin era de uma linhagem de sangue *convergente*. Sua heresia foi estender as relações raciais humanas a todos os ramos da criação e empurrar o tronco bem para baixo do solo geológico. Mal começara a especular quando chamou o par de mamíferos do tamanho de musaranhos do Jurássico, conhecidos graças às lousas de Oxford, de antepassados de todas as diversas famílias vivas, de seres humanos a porcos-espinhos, de morcegos a camelos bactrianos:

Temos um marsupial [diz uma das primeiras anotações, do verão de 1837] [...] o pai de todos os mamíferos de eras remotas [...] e mais ainda do que se sabe de peixes e répteis.³

Estas últimas palavras significam que podemos ir mais longe ainda na ancestralidade vertebrada para nos juntarmos a todos os répteis e mamíferos na busca de um ancestral peixe comum.

Darwin levara ao extremo sua opinião a respeito da "ancestralidade comum" das raças. Mas estava sempre olhando as raças humanas em retrospectiva, sempre examinando os pais com seus traços semelhantes comuns, depois os antepassados:

> As *raças* de homens diferem principalmente em cor, forma da cabeça & traços (portanto, intelecto? & que tipos de intelecto), quantidade e tipo de formas dos pelos das pernas — por conseguinte, o pai da espécie humana provavelmente tinha uma estrutura nesses pontos [.]

E deste "pai da espécie humana" ele pulou rapidamente para uma ancestralidade mais antiga antes de especular novamente:

> Agora podemos esperar que aquele animal a meio caminho entre o homem e o macaco teria diferido na cor dos pelos [...] na forma da cabeça & nos traços; mas também no comprimento das extremidades, como as raças Nesse aspecto [...] (Negro ou pai do negro provavelmente primeiro foi negro na base das unhas e sobre o branco dos olhos, — [.][4]

Esses retalhos de pensamentos do final de maio de 1838 mostram-nos vislumbres tentadores do caminho de Darwin até a "ancestralidade comum", um caminho que ele deve ter começado a percorrer durante os últimos estágios da viagem. Ilustram também a dívida abolicionista de Darwin.

Dois selvagens, [tão distantes entre si que parecem] duas espécies [...] o Homem civilizado. Pode exclamar com os cristãos que somos todos Irmãos em espírito — todos filhos de um pai. — no entanto, as diferenças percorreram um longo caminho.[5]

As raças são aparentadas, mas diferentes, de modo que a questão para o futuro era: como foi que essa diferença surgiu? Depois de solucionada essa questão, todo problema evolutivo pode ser explicado.

A velocidade com que Darwin adotou a evolução sugere uma gestação durante a viagem. Aqueles eventos chocantes em todo o mundo — a brutalidade, a escravidão, a segregação e a degradação dos negros — testaram sua resistência moral sobre a unidade racial. O humanista sensível ficara chocado, e a barbaridade da escravidão deu ao seu abolicionismo quase invisível um canal de expressão súbito e intenso. Exigia um novo comprometimento, do tipo que ele não conseguira ter até agora.

Seus encontros com os fueguinos de gravata e com "hotentotes" de luvas brancas tinham provado a capacidade de adaptação cultural humana de uma forma que nenhum tratado antiescravagista teria conseguido. Nada poderia ter provado melhor a maleabilidade das raças. Justificava a fé abolicionista na capacidade dos negros se elevarem por seus próprios méritos. O "hotentote" de maneiras impecáveis era uma prova viva do erro de ver como animais abjetos os seres humanos "selvagens". Esses encontros raciais apuraram o senso de injustiça de Darwin — os escravos torturados, o genocídio dos pampas argentinos, os confinamentos dos tasmaniamos, o "empalhamento" de peles "hotentotes". O resultado foi um transbordamento espantoso logo no começo de seus cadernos, que revela a angústia por trás de sua empreitada evolutiva.

Aqui está sua expressão extraordinária e ofegante, anotada em fevereiro de 1838 — um fluxo de consciência que se estendia das raças prejudicadas em seus direitos à degradação de todos os animais e chegava até sua elegante solução evolutiva:

Os animais — que escravizamos não gostamos de considerar nossos iguais. — Os donos de escravos não querem fazer com que o negro seja de outra espécie? Animais com afeições, imitação, medo, dor, pesar pelos mortos. — respeito

Não temos mais motivos para esperar [sermos capazes de encontrar] o pai da espécie humana. do que [encontrar o pai do animal extinto parecido com o lhama da América do Sul] Macrauchenia e, no entanto, ele pode ser encontrado [...] se eu quisesse dar rédea solta às conjecturas então os animais nossos semelhantes na dor, doença morte e sofrimento e fome; nossos escravos no trabalho mais laborioso, nosso companheiro em nossas diversões, eles podem participar de nossa origem em um ancestral comum todos nós podemos ser reunidos. —[6]

Darwin enfrentou o preconceito brasileiro como seu avô enfrentara o preconceito das Índias Ocidentais: donos de escravos relegando os escravos a bestas de carga. É claro que os donos de escravos estavam transformando o negro numa "outra espécie", uma espécie que era "bruta, ignorante, preguiçosa, astuta, traiçoeira, sedenta de sangue, ladra, indigna de confiança e supersticiosa"; pele negra e cabelo encaracolado "como o velocino dos animais", ele próprio infestado de peculiares piolhos negros.[7] Darwin estava combatendo a difamação pela raiz.

Mas os animais também estavam sendo degradados, pois eles "conhecem os gritos de dor tanto quanto nós". A investida da obra de Darwin, que "reunia" todas as criaturas sofredoras, humanas e animais, agora estava se voltando contra a arrogância dos professores clericais com sua imagem "divina" do homem. À sua moda inescrutável (e muito particular), Darwin evocou toda a raiva que sentira no *Beagle* com a degradação de que fora testemunha:

Não é o Homem branco que degradou sua Natureza e viola todos os melhores sentimentos instintivos ao escravizar seu semelhante negro, que muitas vezes desejou considerá-lo outro animal — o modelo da humanidade. E eu acredito naqueles que se elevaram acima

Desses preconceitos, no entanto exaltaram com justiça a natureza do homem. gostam de pensar em sua origem divina, ao menos toda nação pensou até. agora. — [8]

Depois de tudo quanto vira, Darwin abominava a arrogância cósmica que levava a essas opiniões. Castigou os intelectuais devotos que se julgavam acima dos preconceitos contra os negros e que, apesar disso, separavam seres humanos "divinos" de uma criatura bestial — o grande reverendo William Whewell, por exemplo, que reprovava a escravidão, mas cuja filosofia dependia inteiramente dos seres humanos terem ideias divinas enraizadas numa alma imortal.

Essas eram críticas implacáveis e niveladoras, escritas num clima político de violência implacável e niveladora e ataques dos intelectuais ao poder arrogante dos reis, sacerdotes e aristocratas. Os anos 1838-1842 foram agitados e desestabilizadores para a Grã-Bretanha, à medida que as demandas por reconhecimento dos direitos políticos das classes inferiores (que haviam sido ignorados nas reformas do início da década de 1830) chegaram ao auge com tumultos e rebeliões.[9]

Darwin também estava anotando suas especulações quando os escravos estavam terminando o período de "aprendizado" que se exigia deles (embora tecnicamente a escravidão tenha sido proibida em 1833-4, os escravos foram obrigados a fazer um "aprendizado" — ostensivamente para prepará-los para a liberdade; mas, na realidade, era mais um período de quatro a seis anos de trabalhos forçados nas *plantations* coloniais). E isso nos faz lembrar que havia um outro lado de Cambridge que ele estava endossando, *sim*. Ele estava cada vez mais firme sobre os alicerces morais fornecidos por sua família e pelos professores de Cambridge. Nunca perdeu a fé na irmandade das raças. Que os seres humanos *estivessem* divididos em raças era algo que ele não questionava. Mas estava chegando o momento de investigar por que elas haviam sido separadas e como haviam se formado. Em seu primeiro caderno sobre a evolução, ele anotou que "o homem não teve tempo de formar uma boa espécie", querendo dizer com isso que os seres humanos não existem há tempo suficiente para as raças divergirem em populações distintas que não podem se cruzar. E tudo sugeria a "probabilidade de [os seres humanos] terem surgido de um ponto". A babel de línguas — e ele ouvira o suficiente em cinco anos para compreender por que a Torre de Babel destinava-se a separar os seres humanos — era uma prova de quê as raças não haviam sido criadas em separado por Deus. Todas elas surgiram ao mesmo tempo, "criadas como [são] agora", as línguas "certamente devem ter sido mais homogêneas", possibilitando-lhes comunicar-se.[10] A evolução sugeria que, à medida que as tribos divergiam, o mesmo acontecia com suas línguas.

No fim desses meses iniciais em terra, Darwin — como um bom materialista de Edimburgo — estendera a linha racial comum a tais magnitudes heréticas que a prudência e um certo sigilo foram necessários nos vinte anos seguintes.

"Nossa, a forma de sua cabeça está muito alterada!" O Dr. Darwin soltou essa exclamação quando o filho entrou em The Mount no dia 5 de outubro de 1836. Foi a primeira vez que viu Charles depois da viagem, e o jovem tinha ganhado tantos quilos que parecia maior na parte superior. Também adquirira peso intelectual. Eles sabiam disso por causa do diário, que chegara em capítulos para ser lido em voz alta depois do jantar e, em seguida, enviado para os Wedgwood em Maer.[11]

Ao contrário dos fueguinos de FitzRoy, cujos rostos haviam mudado com a civilização, o de Darwin não degenerara no meio da natureza selvagem. A observação frenológica era uma piada, talvez como a enorme gravura de George IV que Darwin ficou pasmo de encontrar decorando a sala de visitas do pai, "para honra e glória da família", brincara ele depois com FitzRoy. A consciência liberal da família, a estrela polar de Darwin durante a viagem, ainda brilhava muito e, em casa, suas "irmãs radicais" ajudaram-no a se colocar a par dos fatos. Conversaram sobre "o grande feito" da emancipação das Índias Ocidentais, mesmo que os escravos tivessem de suportar os aprendizados. E, como outros "imediatistas", as irmãs estavam revoltadas com a compensação de "20 milhões [de libras]" pagas aos donos de escravos. Apesar disso, sentiram muito prazer com a admiração de Darwin pelos negros e empalideceram ao saber da "guerra assassina" contra os índios da Argentina, chocadas com o fato de "uma coisa tão perversa [...] quanto a conduta do general Rosas" poder acontecer "nos dias de hoje". Estavam loucas para saber mais desde que a última parte de seu diário chegara da América do Sul. Agora ele podia regalar as irmãs pessoalmente, falando dos antípodas, da África e além, com os missionários em primeiro plano. O artigo seu e de FitzRoy não havia chegado à Inglaterra, mas o resumo de Darwin causou "comoção" nas irmãs, principalmente por causa das atitudes "vergonhosas" do governo e da política xhosa do Cabo. Ao menos os liberais estavam de volta ao Parlamento britânico depois de um "odioso" interlúdio conservador, e Darwin assegurou à "irmandade" que os cinco anos passados com FitzRoy não haviam corroído seus princípios. Eles estavam "tão firmemente arraigados e bem fundamentados quanto sempre".[12]

Maer o esperava, de modo que um fim de semana foi dedicado ao tio Jos e aos primos Wedgwood. Jos, "mortalmente cansado" da rotina parlamentar e das substituições, não se candidatara à reeleição. Já era mais que suficiente ele ter votado em favor da emancipação; sua missão política terminara, como a de seu pai, no seu 65º ano. A sociedade antiescravagista de Hanley continuava publicando declarações e discursos.[13] Suas petições viraram fumaça quando um incêndio destruiu o interior das Casas Parlamentares em outubro de 1834: parecia uma oferenda de incenso do Velho Testamento pelo pecado da nação.

Em Maer, o viajante que fizera a volta ao mundo era o centro das atenções, os homens recebendo lições de geologia, enquanto Bessy e as irmãs esperavam que "*o leão* Charles" (como o chamavam) agradasse a tia Sarah. Desde a emancipação, Sarah abrira sua bolsa bem fornida para a nova Sociedade Antiescravagista Americana. Ela parecia se encontrar "num estado mais desesperador" do que sua congênere britânica estivera no início. Nos Estados Unidos havia casos piores de crueldade a enfrentar e "preconceitos [mais fortes] contra a população de cor". Todos sabiam sobre o que a tia Sarah queria conversar. Em geral, ela exasperava os convidados; eram encurralados, sentiam-se "presos a um poste" enquanto ela os obrigava a conversar. Mas Charles estava cheio "exatamente dos assuntos" de que ela gostava; ela ficou tão absorta na conversa que, quando a carruagem chegou para levá-la para casa, ela a dispensou. Maer recebia suas notícias americanas através da imprensa antiescravagista, e as últimas tinham chocado todo mundo: um relato minucioso do "julgamento e execução de dez homens, cinco negros e cinco brancos pela lei de Lynch". Parece que "os negros foram chicoteados antes de serem enforcados!"[14] Com as emoções exaltadas, Darwin sem dúvida descreveu horrores comparáveis no mundo todo.

Cambridge não parecia ter "nem metade da alegria" de antes. Velhos amigos tinham ido embora, o Colégio de Cristo estava cheio de fantasmas. Na verdade, enquanto Darwin estava em Maer, o luto tomou conta da universidade com a morte de Charles Simeon, que durante meio século injetara força espiritual no movimento antiescravagista. Os estudantes e a cidade em peso participaram do funeral na capela do Colégio do Rei, e os professores mais velhos de Darwin foram tomados pela emoção. Naquela semana, uma leoa que fazia parte de um grupo de animais ferozes mantidos em cativeiro com vistas à exibição teve leõezinhos, que um aluno batizou de "Whewell", "Sedgwick" e "Simeon", mostrando quem governava os corações e mentes de Cambridge. Darwin poderia confirmar: até entre os "jovens fidalgotes", cujo modo de vida ele reprovava, muitos agora iam à igreja aos domingos. A família de Henslow parecia estar entre as "relações mais íntimas", mas Darwin recusou sua oferta de um quarto e levantou acampamento para trabalhar durante alguns meses selecionando os espécimes do *Beagle* e revisando seu diário para publicá-lo. Jantou em meio a histórias da Tierra del Fuego, provavelmente censurando os intelectuais ao falar do encontro com aquele ser "miserável", o "homem selvagem". Mas Cambridge estava muito longe das viagens marítimas, e o Filósofo logo se deu conta de que sua ciência florescia em meio à balbúrdia. Não havia nenhum lugar como Londres para a história natural, mesmo que não houvesse natureza na capital "odiosa, suja e cheia de fumaça".[15] Londres era o império da ciência.

Em março de 1837, Darwin conseguiu uma casa vizinha à de seu irmão Erasmus na Great Marlborough Street. Ali descarregou seus caixotes de rochas, peles e espécies selecionadas. A fortuna da família possibilitava a Darwin estar a salvo de todas as apreensões financeiras. Ele não tinha nenhuma necessidade de trabalhar (coisa que Erasmus nunca fez). Mas labutaria durante a vida toda, a partir de agora, em sua ciência. A Sociedade Geológica ficava perto, assim como o museu de espécimes empalhados de Piccadilly, que pertencia ao zoológico de Londres. E também não estava longe do museu do Colégio dos Cirurgiões, que acabara de ser reformado em grande estilo, com tatus e bichos-preguiça gigantes da América do Sul como suas principais atrações. Todos eram cruciais para a paisagem intelectual de Darwin, e nessas instituições trabalhavam equipes de especialistas que agora estavam recebendo a carga que ele trouxera no *Beagle*.

A fama de Darwin precedeu-o. Henslow já tinha mostrado suas cartas e espécimes, mas ninguém percebeu mais do que o culto Charles Lyell, cujos *Principles of Geology* tinham tido tanta influência, que a estrela de Darwin estava começando a subir. Ficaram amigos. Uma espécie de Henslow urbano, Lyell assumiu o papel de padrinho de Darwin. Entrou "de corpo e alma" na carreira de Darwin e mostrou ser um espírito religioso afim. Como liberal e (ainda nesse estágio) um anglicano também liberal, ele tinha em comum com os Darwin e os Wedgwood a fé na liberdade progressista: para ele, emancipar vidas, inteligências e o mercado levariam aos maiores benefícios (nesse sentido, o humanismo evangélico de Henslow era mais restrito). Rico, de uma família que possuía muitas terras, Lyell tinha um ar de superioridade e, nos *Principles*, reconhecera "uma conexão qualquer entre uma testa elevada e capaz de certas raças e um grande desenvolvimento das faculdades intelectuais". Tinha consciência da questão do status, na ciência e fora dela; mas, apesar de assumir a vasta superioridade dos brancos, ele ainda acreditava na existência de uma única família humana e chamava todos os homens de irmãos. Ele também reconhecia seus próprios defeitos. Por isso, com "dor no coração", abandonou sua teoria de que as ilhas de coral tinham se formado no topo de vulcões que estavam se elevando.[16] Seu novo protegido o convencera do contrário: que os recifes se formavam em círculos em volta de montanhas que estavam submergindo. O discípulo estava revisando o livro didático do mestre. Seria uma tendência da vida inteira.

Lyell conseguiu a eleição de um Darwin ansioso para seu próprio clube, o Athenaeum, um clube fechado, um "microcosmo" de "igualitarismo da classe dominante". Ali ele se misturou aos grandes da ciência e da literatura. Ele poderia ter sido eleito como um dos "quarenta ladrões" (isto é, sem votos), mas o clube o fazia se sentir "um lorde", ao passo que o jantar a dois shillings e nove pence não o obrigava a vender a prataria da família. E depois, mais uma vez com a ajuda de Lyell, veio sua participação na Sociedade Geológica, instalada num grande edifício público em Somerset House on the Strand. À sua moda, este era um clube mais fechado ainda: a Sociedade Geológica mantinha os repórteres a distância, temendo que suas discussões, que envolviam épocas remotas, ofendessem sensibilidades religiosas. O êxito na capital exigia autodisciplina, e as dicas de Lyell foram boas. "Não aceite nenhum cargo científico oficial" — consumiria tempo demais; siga o exemplo de Herschel: ele era produtivo no Cabo, em vez de "presidente da Sociedade Real, cargo do qual escapou por um triz". Darwin foi convencido a se tornar secretário da Sociedade Geológica em 1838; fora isso, seguiu o conselho de Lyell.

Era claro que os dois incentivavam um ao outro. Uma observação casual de Darwin levaria a uma resposta bem pensada de Lyell, o que "muitas vezes me fez enxergar com mais clareza", lembrava Darwin. Lyell consolidou a autoconfiança de Darwin e lançou-o numa produção literária sem precedentes. Em dois anos Darwin publicou bem uma meia dúzia de importantes artigos científicos, viu seu diário do *Beagle* impresso, conseguiu uma subvenção do governo no valor de £ 1 mil para descrever seus espécimes zoológicos e estava perto de terminar um livro sobre a geologia da América do Sul. Por seus esforços, alguns anos depois, no dia 24 de janeiro de 1839, pouco antes de fazer 30 anos, foi eleito membro da Sociedade Real.[17]

Durante esse período, sem que Lyell ou qualquer outro colega cientista soubesse, Darwin andara enchendo sub-repticiamente seus cadernos sobre evolução. Eles são prova de sua extraordinária façanha intelectual. O turbilhão mental pelo qual passou é quase imperceptível e, ao ler seus rabiscos compridos e finos, mesmo hoje a gente fica atordoado com sua ousadia. "Assim que for ponto pacífico que as espécies [...] podem se transformar umas nas outras [...] & todo o edifício oscila & cai". Seu trabalho de demolição estava derrubando imponentes edifícios criacionistas. Era preciso ter coragem para transformar o velho mundo em entulho. A fanfarronice de um jovem impregnava esses rabiscos enquanto ele batia de frente contra o poder conjunto de seus intelectuais de Cambridge, na verdade, contra o mundo conservador: "o edifício cai! Mas o Homem — o Homem maravilhoso [...] não é uma divindade, seu fim sob a forma presente virá [...] ele não é exceção."

Enquanto Darwin animalizava efetivamente o homem (no bom sentido da palavra), também começou a se recolher, a começar sua retirada de uma sociedade potencialmente hostil, para proteger aquilo que um cavalheiro mais valorizava, que era o seu caráter. Ele sabia que estava pisando em ovos. Basta olhar para suas conclusões candentes: "amor à divindade [é] efeito da organização [do cérebro] oh, você, Materialista! — Leia Barclay sobre organização!!" Esse lembrete da atitude oficial de censura de Edimburgo perante essas heresias dizia tudo: Barclay era o professor de anatomia de fora dos muros que demolira toda aquela conversa sobre átomos que moviam a si mesmos ou que a estrutura do cérebro era a única explanação do pensamento. Mas Darwin persistiu, parodiando as zombarias provocadoras pelas quais os reducionistas estavam sendo acusados. "Por que um pensamento, sendo uma secreção do cérebro, seria mais maravilhoso que a gravidade, que é uma propriedade da matéria? É nossa arrogância, é nossa admiração por nós próprios." Isso aí era gíria dos ateus, o jargão de panfletos radicais nivelando uma Igreja despótica e uma aristocracia inquisidora, e se Darwin expressava essas ideias diante da família é algo que não se sabe ao certo. Ele guardou realmente uma nota que sugere que um membro da família duvidava de sua negação da existência de qualquer fantasma na máquina: "Hensleigh fala por falar. O *cérebro* pensar por si é absurdo; mas quem vai se aventurar a sugerir o germe dentro do ovo, não pode pensar" — mas em que contexto Hensleigh disse isso, não sabemos.

Seja como for, esses anos viram os primórdios da reação corporal nervosa de Darwin, que chegava a dar náuseas. A doença o afligiria enquanto ele não pusesse novamente de lado a questão humana, 35 anos depois.[18] Agora ele estava numa viagem muito mais longa e velejando em águas perigosíssimas.

Depois dos anos no *Beagle*, seu hábito de fazer anotações sossegadamente se tornaria uma segunda natureza. Os 15 blocos que ele encheu durante a viagem continham a matéria-prima de seu diário. Agora a nova série sobre evolução tratava de temas mais heréticos. Em seu primeiro bloco, nas páginas 3 e 4, Darwin examina uma questão que havia sido crucial para seu entendimento do potencial humano: a domesticação. Como é que seres humanos selvagens se tornaram civilizados e *continuaram* civilizados? Seus fueguinos tinham voltado ao ponto de partida. Talvez não se possa ensinar truques novos a cães velhos. Talvez os jovens fossem mais maleáveis ou, como ele rabiscou com um viés crítico,

> os filhotes dos seres humanos transformam-se permanentemente ou estão sujeitos à variedade de acordo com as circunstâncias [...] filho de selvagem [poderia levar a tribo à civilização] homem não civilizado [que, como os fueguinos, reverteu à selvageria] [...] Pode haver uma dificuldade desconhecida com o indivíduo *completamente adulto* com organização fixa para se modificar dessa forma — portanto, geração para adaptar e alterar a raça em relação a um mundo *em transformação*. —

Em síntese, talvez os filhos dos "selvagens" fossem mais maleáveis culturalmente. Ou os adultos, civilizados e por isso alterados por situações em processo de transformação, produziriam filhos já aculturados, porque de algum modo as mudanças haviam afetado o sistema reprodutivo dos adultos, possibilitando-lhes transmitir as mudanças. Assim sendo, desde o começo Darwin estava testando seu entendimento da domesticação para explicar como os seres humanos poderiam ser alterados para se manter em harmonia com suas circunstâncias. Era como se a civilização fosse o objetivo, a ser construída sobre "instintos [refinados] de sabedoria [e] virtude", e que uma aptidão para isso já tinha se tornado hereditária nas raças brancas.[19]

Nesse estágio inicial, Darwin também começou a questionar a noção de "progresso", aquele alimento básico da época. Perguntou a si mesmo: "Toda espécie muda, progride. O homem tem ideias." Aqui o paralelo humano era com o conhecimento cumulativo produzido pela civilização ("O homem tem ideias."). Mas, se este era o parâmetro, em que sentido os animais e as plantas "progridem"? O que está embutido no sistema evolutivo? Muitas e muitas vezes ele brincou com o problema complicado do aperfeiçoamento evolutivo, mas logo jogou fora a regra do "alto" e "baixo" e a substituiu por uma abordagem mais maleável, adaptativa, do tipo tudo-tem-seu-próprio-parâmetro. Os seres humanos não eram o ser absoluto, nem a finalidade de tudo:

> É absurdo dizer que um animal é superior a outro. — *Nós* consideramos os que têm a estrutura cerebral/faculdades intelectuais os mais desenvolvidos, os mais elevados. — Não há dúvida de que uma abelha seria [um deles] em se tratando de instintos. — [20]

Essa declaração surpreendentemente relativista desaparece diante da sabedoria convencional. Mas a "origem comum" — muito fácil de reconhecer — sempre implicara uma árvore genealógica frondosa, como todo genealogista de família sabia. Darwin só fez os galhos terminais se adaptarem a circunstâncias muito diferentes. As abelhas tinham seguido seu próprio caminho. O parâmetro era seu grau de adaptação — e não sua proximidade dos seres humanos. Até Bory, o materialista radical, posicionara a humanidade no ápice da criação, permitindo que os brancos olhassem os negros de cima e que os negros fizessem o mesmo com todos os outros, chegando até as abelhas. Darwin estava começando a pensar o impensável, que não havia absolutamente nenhum ser "superior" ou "inferior". Esses conceitos régios faziam uma injustiça à adaptação da vida aos nichos.

Outro tema surgido imediatamente foi o casamento inter-racial e sua descendência. "O Dr. [Andrew] Smith diz que tem certeza do momento em que o Homem Branco e os Hotentotes ou Negros se cruzaram no Cabo da Boa [Esperança]. Espera que as crianças não se tornem intermediários, os primeiros filhos tendo mais coisas da mãe, os últimos, do pai." Esse também seria um tema recorrente enquanto Darwin tentava descobrir o que realmente resultava dos casamentos mistos, e se as misturas produzidas alimentavam a evolução ou, muito ao contrário, interrompiam a divergência racial (por causa de traços resultantes de miscigenação no passado). O que o obcecava era o mecanismo que mantinha as raças à parte e as afastava cada vez mais. "Não há dúvida", escreveu ele, "de que os homens selvagens não se cruzam facilmente, distinção de tribos na T. Del Fuego. a existência de tribos mais claras no centro da América do Sul mostra isso." Sendo as raças somente uma espécie incipiente, até que ponto "negros e brancos" teriam de se distanciar antes de "se aterem a seu tipo" e se recusarem a se cruzar, ou terem uma prole estéril?[21] Esses foram vislumbres tentadores, sequências de pensamentos para o futuro.

Enquanto ele refletia sobre a África, a revista missionária com seu artigo chegou finalmente, tendo sido enviada por Herschel do Cabo. Por coincidência, Darwin tinha acabado de discutir com sua irmã Caroline uma longa carta analítica de Herschel a Lyell sobre seus *Principles of Geology*, que Lyell lhe passara. Ela falava do "lapso de anos desde que o primeiro homem fez sua aparição maravilhosa". Indo além dos registros egípcios e chineses, Herschel o considerava um período vasto, que se estendia desde a mais remota antiguidade, quando as línguas "se separaram de um único tronco".[22]

A carta de Herschel dava uma outra lição sobre a linguagem. Ele considerava as palavras "relíquias danificadas de eras passadas", cheias de significado, como as rochas, esses remanescentes de períodos anteriores, para o geólogo. Agora Darwin estava vendo as *espécies* vivas dessa forma: como produtos finais, carregando informações sobre sua rota ancestral. Elas também haviam surgido *naturalmente*. Herschel também pensava que "vamos acabar descobrindo que a substituição de espécies extintas por outras [...] é um processo natural, em contraposição a um processo miraculoso". Essa sucessão de espécies no tempo, mostrada pelas rochas, ou no espaço (como, por exemplo, as planícies da Patagônia), perseguiu Darwin durante meses a fio. Ele não via "prodígio maior na extinção das espécies do que na de [um] indivíduo"; portanto, por que motivo a substituição das espécies também não seria um processo natural?

Darwin se lembrava de relatórios de missionários que falavam de "estranhas doenças contagiosas" transmitidas por europeus saudáveis a "nativos de climas distantes", que matavam os "aborígenes de ambas as Américas — Cabo da Boa Esperança — Austrália e Polinésia". Será que essas mortes *individuais* levaram ao desaparecimento de raças inteiras e ao surgimento de outras novas? Ele enviou essa série de questões abstrusas para o pai por intermédio da irmã Caroline (o contágio pode ser causado por perfuração na pele? Será que era possível fazer um experimento para ver se a perfuração do couro de um cachorro morto transfere algum contágio para um cachorro vivo?) para que "o governador não pense que enlouqueci". Algo na "primeira mistura" das raças parecia fatal.[23] Talvez fosse isso que varreu da face da terra a megafauna da América do Sul — aqueles tatus e preguiças gigantescos que ele havia mandado para casa.

Mais à frente, em seu primeiro caderno de anotações, vemos que Darwin ainda estava tentando compreender a "origem comum" das raças, e as imagens da extinção reforçavam a ideia de uma "árvore" da vida. Volte àquele pai de todos os mamíferos, o pequeno comedor de insetos do Jurássico: muito poucos de seus descendentes devem estar vivos. Essas eram as estranhezas da existência, a sobrevivência era puro acaso. Muitos ramos da árvore devem ter sido extirpados por acidentes, mudanças climáticas extremas e assim por diante.

> Da mesma forma, se considerarmos um homem de. uma grande família de 12 irmãos e irmãs [...] vai haver pouquíssimas chances de qualquer um deles ter uma prole que esteja vivendo daqui a dez mil anos [...] de modo que, olhando para trás, os pais seriam reduzidos a uma pequena porcentagem. — [24]

O pedigree humano e o pedigree animal existiam num *continuum*. Mas os seres humanos davam o exemplo cômodo da família: famílias surgindo e desaparecendo; algumas morrendo, outras formando grandes dinastias. De modo que a frondosa árvore da vida, baseada na "origem comum", teria muitos galhos mortos. As famílias humanas podiam ser varridas da face da terra por

> não quererem se casar, doença hereditária, efeitos de contágios & acidentes [...] um homem matando outro. — O mesmo se dá com as *variações* das raças humanas [...] todas as raças agem sobre as demais e recebem o impacto de todas as outras, exatamente como as duas boas famílias sem dúvida uma série diferente de causas deve agir nos dois casos, Que isso não se estenda a todos os animais [...]

O exemplo da família era humano, fácil de entender (ele estava pensando em termos de apresentação, se fosse publicado), mas a imagem estendia-se das famílias às raças de todos os animais. Era o mesmo processo. Quanto maior o número de galhos mortos na família, tanto maior o fosso entre os grupos sobreviventes. No quadro geral, isso explica "a grande lacuna entre pássaros e mamíferos".[25] Os intermediários extinguiram-se; seus ramos foram eliminados num passado distante.

Embora Darwin agora pudesse explicar essas grandes lacunas entre, digamos, mamíferos e pássaros, quando se tratava de seres humanos e macacos ele não era avesso a aproximá-los um pouco mais. Sabia que aí é que encontraria a resistência mais feroz. Depois de visitar o orangotango do zoológico de Londres, ele falou com simpatia de suas "lamúrias expressivas" e "inteligência quando se conversa [com ele]; era como se entendesse todas as palavras", e de "sua afeição". Contrastou isso com as histórias cruéis de canibalismo dos fueguinos e continuou: "Olhe para o selvagem, assando seu pai, nu, sem nenhuma arte, sem se aperfeiçoar, mas aperfeiçoável." Mais uma vez, de volta à prancheta: como a humanidade ousa "vangloriar-se de sua orgulhosa proeminência?"[26]

Os seres humanos não eram a única fonte de insights da transmutação, mas parte indispensável do projeto de Darwin. No entanto, a degradação racial simbolizada pela escravidão era de fato uma usina emocional que o impelia a seguir em frente.

Depois que voltou da viagem, provavelmente havia tantos negros em Londres quanto ingleses na África. Alguns estavam se dando bem, melhor que os "hotentotes". O melhor de tudo foi o Colégio da Universidade de Londres prestar uma homenagem a John Carr, o filho de um escravo de Trinidad, o prêmio inaugural da Lei Inglesa de 1839 (exatamente quando Darwin estava terminando seus principais cadernos sobre a evolução) e com a presença de ninguém menos que lorde Brougham. Negros e bengalis tratados com igualdade era um fato da vida britânica que os americanos em visita achavam repugnante. Muitos ficaram estarrecidos pelo fato de a semicasta dos bengalis ser "recebida na sociedade e assumir o lugar de seus pais [brancos]" e enojados ao ver "nas ruas de Londres refinadas damas jovens, nascidas na Inglaterra, caminhando com seus meios-irmãos, ou mais comumente seus sobrinhos, nascidos na Índia". Alguns admitiam que ficavam constrangidos, porque aquilo destacava a intolerância americana numa terra de homens supostamente "livres". As atitudes estavam começando a ficar mais rígidas na Grã-Bretanha também, mas a medicina ainda atraía muitos estrangeiros para o Colégio da Universidade (que ficava pertinho da futura casa de Darwin na Upper Gower Street). Era ali que os estudantes bengalis estavam se formando. Robert Grant, o antigo mentor dissidente de Darwin, que viera a assumir a cátedra de Anatomia Comparativa, recebeu sua medalha de ouro em 1846.[27]

Numa época de *laissez-faire*, muitos viam a escravidão negra como "o símbolo de todas as forças que contrariaram a liberdade individual em sua sociedade". Ao mesmo tempo, um anatomista chamado Friedrich Tiedemann, de Heidelberg, ao visitar a Grã-Bretanha para estudar crânios, esqueletos e artefatos raciais em 1836, desaprovara a "alegação covarde", feita pelos defensores do "tráfico abominável" de escravos, "de que a raça negra é uma seção inteiramente degradada e inferior da família humana". Tiedemann, como Darwin, defendia a igualdade e provavelmente estava em Londres para conseguir uma visibilidade maior para suas descobertas entre os humanistas britânicos. Seu estudo estatístico provava "que o cérebro do negro é tão grande quanto o do europeu". Isso causou furor no campo da frenologia racial, que estava assumindo uma premissa mais degradante. Rotularam-no de "preconceito". Alguns criminosos também têm cérebros grandes, foi a resposta grosseira (mas absolutamente típica). E depois mudaram de alvo para provar que, fosse como fosse, não era o tamanho geral do cérebro que contava, mas sim o desenvolvimento dos órgãos do "intelecto" e das capacidades de civilização.[28]

Desde que chegara a Londres, Darwin continuara procurando provas irrefutáveis da unidade das raças humanas. Tinha esperanças de que os piolhos da cabeça — como aqueles que vira na ilha de Chiloé, que ele sabia serem diferentes em homens negros e brancos — pudessem constituir "um bom argumento em favor da origem única do homem", mas os piolhos acabariam sendo um problema perene. Mesmo assim, a unidade racial era seu ponto de partida para explicar a ascendência comum de toda a vida usando uma abordagem do tipo pedigree. Com os seres humanos, para entender as relações entre primos, você precisa procurar seu parente comum. O mesmo acontece com "porcos e tapires"; não adianta procurar um elo vivo, mas sim "um progenitor comum". Depois veio a busca de pistas que explicassem como as raças humanas tinham realmente surgido. Darwin analisava meticulosamente as histórias de homens peludos, albinos e doentes banidos da comunidade e especulava que eles poderiam fundar novas colônias (todas as oportunidades eram aproveitadas nos primeiros tempos). Mais provavelmente, "primeiro fundar um país — pessoas muito aptas a serem divididas em muitas raças isoladas", quando a geografia podia apresentar barreiras para os grupos voltarem a se misturar.[29] Se a geografia não apresentava barreiras, era a "repugnância" umas pelas outras, algo que ele vira bastante no mundo todo.

Fanny e Hensleigh Wedgwood continuavam levando o velho modo de vida de Clapham. Mesmo que as cruzadas evangélicas não tivessem mais a sua sede ali, o ar do campo de Clapham atraía os fiéis, as mansões que ficavam ao lado da Câmara dos Comuns eram um lembrete de seus dias de glória. A igreja da paróquia ainda tinha ecos dos hinos, e as instituições de caridade trabalhavam diligentemente, enquanto as crianças, os amigos e os parentes dos antigos Santos mantinham Clapham um exemplo de reforma moral e antiescravagismo. Mas quem estava impulsionando o movimento antiescravagista agora eram os Unitaristas, os liberais de inclinação científica e livres-pensadores radicais, homens e mulheres que tinham a mesma seriedade moral dos Santos, mesmo que não concordassem com sua teologia ou não tivessem a sua riqueza.[30]

Erasmus, o irmão de Darwin, vinha de West End a Clapham em seu cabriolezinho. Erasmus, instruído e inteligente, era estranhamente apático, com uma expressão "sarcástica" que podia aterrorizar, embora provavelmente fosse causada pelo excesso de ópio. Fanny Wedgwood fazia-lhe todas as vontades, e ele se deixava ficar em Clapham por semanas a fio enquanto Hensleigh estava absorto na compilação de um dicionário. O amor de Erasmus por Fanny era um segredo público e notório, como sua devoção aos filhos dela. "Faz tempo que papai está alarmado com as consequências", disse a Darwin sua irmã Caroline, "e espera ver um processo nos jornais." Darwin foi ele próprio a Clapham e caçoou de Erasmus por deixar Júlia, de 4 anos, "o maior dos seus amores", sentar-se nos seus joelhos. Fanny e Hensleigh examinaram o diário do *Beagle* e toda a família estava "muito ansiosa" pelo veredito. Achavam a prosa de Charles interessante demais para ser criticada; o que mais agradava os membros da família eram suas histórias de missionários no Taiti e na Nova Zelândia.[31]

Darwin jantava com ativistas em Londres. Harriet Martineau, segura de si e voluntariosa, filha de um fabricante de roupas que abriu caminho para seu jornalismo fecundo, conheceu Erasmus primeiro. Unitarista, defensora do livre comércio e bem radical, Martineau conhecia todo mundo que valia a pena conhecer no mundo político. Acabara de chegar da América, era solteira, surda e indomável, com opiniões sólidas a respeito da dissolubilidade do casamento. Sua relação com Erasmus estava florescente quando Darwin os viu juntos. Ficou atônito ao ver Erasmus com ela, murmurando algo como "(para usar sua própria expressão)... como se não passasse de um 'negro' seu". Fanny veria Erasmus fazer sinal de que "o cabriolé está esperando", e Harriet pular para dentro, pronta para ser levada para casa, o que fazia os dois "parecerem muito que estavam casados". Fanny e Erasmus sabiam que era apenas "uma relação confortável", como o casamento dela, "que o dispensava" de "ler os livros dela".[32] Mas não dispensava Darwin. Agora ele não só era castigado com os mais minuciosos relatos sobre a escravidão do Sul — os três volumes de Martineau sobre a *Society in America* [A sociedade nos Estados Unidos], e três outros do *Retrospect of Western Travel* [Retrospecto da viagem ao Ocidente], todos publicados no período de dois anos desde o retorno de Darwin — como também tinha de suportar a autora à mesa do jantar. Darwin leria todos eles. Mas não havia pressa enquanto ela era presença obrigatória nas brilhantes festas de Erasmus na casa ao lado e estava sempre pronta para comparar "nossos métodos de escrita".[33]

Já uma leoa literária em termos de propaganda em favor do governo liberal, Martineau estava instilando o espírito do abolicionismo americano no movimento antiescravagista britânico, celebrando a façanha de emancipar os escravos das colônias. Os dois anos de coleta de fatos de Martineau tiveram por objetivo avaliar a sociedade americana em relação às ideias fundadoras do país, mas ela nunca foi uma observadora imparcial. Antes mesmo de voltar para casa, defender a emancipação imediata e completa, sem compensação para os donos de escravos. Qualquer mulher de sobrenome Darwin ou Wedgwood que visitasse os Estados Unidos teria tido a mesma experiência. (Tia Sarah Wedgwood, bem articulada e presunçosa, era em muitos sentidos uma Martineau de meia-idade com dinheiro.) Todos defendiam a mesma herança radical unitarista-humanitária, à qual Harriet acrescentou a obrigação moral de falar alto e bom som.

Suas histórias eram assunto obrigatório nos jantares. Tendo chegado à América em meio à violência antiabolicionista, ela teve a ousadia de falar diante do ramo "feminino" da Sociedade Antiescravagista Americana de Boston enquanto manifestantes furiosos atiravam pedras no edifício. Ela se levantou para defender o que chamava de "causa sagrada", e William Lloyd Garrison, a força motriz dos ultra-abolicionistas, publicou suas palavras em seu tabloide inflamado, o *Liberator*. Viajando com sua corneta acústica pelo Sul, ela denunciou a escravidão como a "abominação suprema" e "incoerente com a lei de Deus". Os donos de escravos odiavam-na por abusar da hospitalidade do Sul. Os jornais convidavam-na a voltar para que pudessem lhe cortar a língua. Em Charleston, Carolina do Sul, onde ela viu uma mulher ser vendida com os filhos no mercado de escravos, chamaram-na de "incendiária", e ela ficou sabendo de planos para linchá-la. A perspectiva eletrizou-a: depois de "testemunhar & ser envolvida nos perigos & lutas dos abolicionistas",[34] ela escreveu *Society in America*, com a delirante esperança de mobilizar um exército moral para liberar os negros. Essa era a companheira de mesa frequente de Darwin enquanto ele redigia suas próprias anotações incendiárias sobre a evolução racial.

Enquanto os ianques faziam piadas pelo fato de seu livro ter sido "posto no *Index Expurgatorius* do Sul", Maer devorava cada palavra, e a prima Emma Wedgwood sabia que as irmãs de Darwin "iam gostar muito da senhorita Martineau". As mulheres acharam-na "incomumente arguta", e não só como observadora. Era uma consumada estrategista literária, entremeando o antiescravagismo em seus capítulos de modo a tornar "impossível para os americanos" retirá-lo de sua edição. Alguns membros da família achavam que ela estava diluindo a mensagem por também tocar no assunto dos "sofrimentos das mulheres" em geral. Para tia Fanny Allen, isso simplesmente diminuía o valor de seus comentários "nobres, verdadeiros e impactantes" sobre "os verdadeiros sofredores, os escravos", embora ela ainda acreditasse que o livro faria um "bem infinito". Era "impossível não se contagiar com parte de suas esperanças a respeito da escravidão".[35]

Martineau tinha um gosto refinado, mas aquela "mulher maravilhosa" tinha uma queda para atrair "gênios" que assombrava Darwin — os grandes da linha liberal; leitores e colaboradores do *Edinburgh Review*; professores que eram livres-pensadores; Erasmus, que lhe mandava uma única rosa de quando em quando. Erasmus via seu lado bom; Charles também, e ele foi obrigado a reconhecer que ela "não era uma Amazona completa". "Pensar demais" a deixava esgotada, e a ele também, enquanto enchia seus cadernos de anotações.[36] Mais especificamente, como ele, ela tinha experiência da escravatura em primeira mão, como ninguém mais de seu círculo. Ambos foram testemunhas da brutalidade, foram alvo de ameaças de violência, ouviram gritos de dor. Viram homens negros serem tratados como animais por homens brancos que se comportavam como animais. A visão de tanta escravidão no Novo Mundo, em vez de amortecer seus sentidos, apurara sua consciência e, em 1838, Darwin fez anotações sobre outro livro ainda de Martineau, *How to Observe* [Como observar].

Ela fizera um esboço do livro a caminho da América, com o objetivo de destilar o que o "viajante filósofo" precisava saber sobre a forma de manifestação do senso moral nos diferentes povos. Darwin comparou-o com um livro sobre filosofia ética de Sir James Mackintosh e encontrou um terreno comum: além de "*alguns* sentimentos universais de certo e errado", os seres humanos têm um "senso moral" que varia de raça para raça, observou Darwin, assim como as diferentes raças de cães têm "instintos diferentes". Os sentimentos morais são tão "naturais" nas pessoas quanto os instintos gregários no gamo. No entanto, por mais fixos que a "consciência ou instinto" da humanidade pareçam ser, podem ser modificados e aperfeiçoados.[37] Uma ideia muito útil a Darwin, que continuava pesquisando, tentando compreender como os selvagens se tornam sofisticados.

Para Martineau, o sul dos Estados Unidos era uma mistura incongruente de polidez e injustiça; escravidão patrícia sem culpa. Nas *plan-*

tations, a caridade e a barbaridade andavam de mãos dadas e, apesar disso, muitos brancos consideravam idílica a vida do escravo. Era uma cegueira que se devia à ignorância, e o remédio era a educação: ensine aos brancos sulistas do país os princípios libertários que a escravidão acaba. Darwin simpatizava com essa visão, mas sua abordagem cortaria pela raiz o mal da "instituição doméstica" (um eufemismo comum da escravatura nos Estados Unidos): a ideia de que os escravos eram de outra espécie ou que poderiam ser tratados como tal. Seus antepassados tinham apoiado a Revolução Americana. O dissidente esclarecido do iluminismo, tão proeminente entre os Patriarcas Fundadores, tinha se reproduzido nele e, com ele, o mesmo "compromisso inabalável" com o antiescravagismo que moldara a missão de Martineau.[38] Mas a brutalidade que Darwin testemunhara durante a viagem do *Beagle* viu sua nova dedicação manifestar-se de uma forma muito diferente: levou-o a forjar um vínculo evolutivo comum. Ele estava unindo as raças no seu nível mais fundamental.

Ou melhor, ele havia progredido no sentido de investigar o que fizera com que elas divergissem. Como é que uma espécie se divide em raças? O caráter nacional era muito diferente de uma região para outra; o físico também variava; os "cafres" eram muito mais altos que os "hotentotes". "O [índio] americano do Brasil está nas mesmas condições que o negro do outro lado do Atlântico. Por que então são tão diferentes?" "Observe ambos em estado selvagem — observe ambos semicivilizados." São distintos, mas viviam nas mesmas condições. O que teria levado seu ancestral comum a se diferenciar nesses dois povos?

Suas leituras onívoras apontavam em todas as direções. Os cirurgiões coloniais deram uma pista que Darwin seguiu como hipótese inicial. Um antigo soldado que havia lutado contra Napoleão, e depois fora enviado para as Índias Ocidentais e fizera das doenças tropicais a sua especialidade, levantara a questão da resistência do negro às "febres endêmicas" (o que o tornava tão útil no exército); algo relacionado com a textura da pele, conjeturou Darwin. Fascinado, ele observou que "a idiossincrasia do negro (& parcialmente do mulato) impede que ele pegue qualquer forma de malária

— adaptação & semelhança da espécie". Será que haveria algo na constituição africana que a tornava resistente? Essa "adaptação" daria ao negro uma distinção "semelhante à de uma espécie".[39] A imunidade comparativa era algo que Darwin podia estudar como uma das causas possíveis da divergência entre as raças.

Ele mergulhou mais profundamente na pré-história humana. O fracasso médico procurava indícios reveladores em relíquias anatômicas: "O rudimento de uma *cauda* mostra que o homem foi originalmente um *quadrúpede*. — Peludo. — conseguia mexer as orelhas." Era prova de que os macacos estavam lá atrás em algum ponto do caminho. Na mais chocante das revelações, uma descoberta que ele manteve em sigilo durante três décadas, Darwin chegou até a imaginar a existência de um "homem-macaco" intermediário. Fósseis de macacos eram desconhecidos até aquele momento; mas surgiram alguns indícios muito oportunos: um fêmur nas montanhas indianas ao pé dos Himalaias; depois um crânio perfeito; enquanto isso, notícias de descobertas no Brasil começaram a se multiplicar, e depois houve notícias de descobertas na França e na Grécia. Em torno de 1837, em poucos meses havia notícias de fósseis de macacos em três continentes. Eles provavam uma coisa: qualquer previsão da impossibilidade de existirem criaturas até mais perturbadoras, atribuída à falta de fósseis, "não tinha valor algum".[40] Agora os macacos, depois os homens.

Ainda era muito cedo para dizer que grupo de macacos espreitava em nosso passado. Mas Darwin tinha uma forma peculiaríssima de resolver esse tipo de problema. Notou que os babuínos machos "conheciam mulheres". Andrew Smith vira-os muitas vezes "tentar puxar as anáguas" e depois "enrolá-las na cintura e olhar no rosto deles", fazendo ruídos que significavam "reconhecimento com prazer". "Esses fatos podem ser ridicularizados ou considerados repugnantes", rabiscou Darwin; mas, para um "naturalista filósofo", estão "prenhes de interesse". O estranho era que a espécie americana do zoológico de Londres "não [mostrava] nenhum desejo por mulheres", mas os senegaleses sentiam-se atraídos, sugerindo, brincou ele, que "os macacos compreendem as afinidades do homem melhor que o filósofo arrogante" que nega sua ancestralidade.[41] Os seres humanos descendiam dos primatas do Velho Mundo — os macacos sabiam disso instintivamente!

Em julho de 1838, Darwin deu mais um passo em sua exploração do ser humano. Começou um novo caderno, no qual examinaria as implicações morais e metafísicas mais profundas da evolução humana. Insanidade, emoção, memória, expressão facial, disposições hereditárias, materialismo (inclusive o seu), o significado de livre-arbítrio. Nada foi excluído. Era um terreno refratário, atacado muitas vezes da maneira que ele conhecia melhor: antropomorficamente. A evolução deu um instrumento a Darwin: "A experiência mostra que o problema da mente não pode ser solucionado se atacarmos a cidadela em si. — a mente é função do corpo. — temos de dispor de um alicerce *estável* a partir do qual argumentar." Esse alicerce era a evolução mental, que tornava os seres humanos morais, e os costumes, a melhor parte do instinto bruto. A conclusão era, claro está, que nossos instintos de vingança, raiva e outros semelhantes são relíquias modificadas e, como a cauda, "estão desaparecendo lentamente" — remanescentes de nossa época beligerante nas árvores. "Nossa ascendência é, portanto, a origem de nossas paixões malignas!! — O Demônio sob a forma do Babuíno é nosso avô!" Era de tirar o fôlego, mas também empolgante: "Agora a origem do homem está provada", rabiscou ele.[42]

Em junho de 1838, Hensleigh e Fanny Wedgwood tinham acabado de se mudar para a casa de Erasmus, vizinho de Darwin. Hensleigh perdera o emprego de juiz criminal. Seus escrúpulos em relação ao preceito do Cristo de não jurar venceram-no, de modo que ele não podia mais receber ou fazer juramentos. Maer discordava de sua exegese, mas respeitava seu "grande sacrifício... por um princípio cristão", embora ele significasse que seria preciso abrir mão de Clapham como medida de economia. Tinham pensado em se mudar para os Estados Unidos, mas outra oferta de emprego (ser arquivista de cabriolés londrinos) permitiu a Hensleigh ficar. Significava que Darwin se encontraria mais com ele, e era inevitável que a questão de ser consciencioso — um tópico do novo caderno de Darwin — se tornasse um tema de conversa. "Hensleigh diz que o amor à divindade e pensar nela e na eternidade são as únicas diferenças entre a mente do homem e a dos animais." Darwin duvidava disso; tanto quanto sabia, essas coisas eram "bem tênues num fueguino ou num australiano"! E ele sempre dispunha de sua solução — "por que não gradação. — nenhuma dificuldade maior para a Divindade escolher quando [a consciência moral do homem é] suficientemente perfeita para um estado futuro [de evolução], [... do que] quando suficientemente bom para o Céu ou suficientemente ruim para o Inferno".[43] Havia uma escala criativa até mesmo a respeito de questões morais mais sutis, talvez relacionadas à cultura, sem qualquer moralidade de tamanho único.

A essa altura, Erasmus estava em bons termos — e cada vez melhores — com o amargo ensaísta escocês Thomas Carlyle, uma figura bem dissonante no círculo de comensais de Darwin. Carlyle tinha se apegado a Erasmus como se este fosse um cosmopolita como ele, "um italiano, um alemão, uma espécie de viajante universal [...] muito bem educado, bom, sossegado". Erasmus apresentou-o a outros, e Carlyle achou os Wedgwood encantadores, mas Martineau, nem tanto. Carlyle adorava conversar e, certa vez, silenciou uma festa ao fazer um sermão sobre as virtudes do silêncio, de modo que uma tagarela ruidosa não era bem-vinda. Martineau, insistia ele, não parava de se vangloriar, nem de fazer questão de "que você também agite bandeiras".[44]

As bandeiras dela não eram as de Carlyle. A cruzada antiescravagista de Martineau era demais para ele, só isso, e seus livros "cheios de ilustres mortais obscuros que ela impõe a você, de Pregadores, Panfletários, Antiescravagistas" — "realmente bem mais do que o necessário". O otimismo dissidente e a fé no progresso de Martineau — sua crença fundamental no avanço material por meio da educação moral — ele ignorava. Enquanto ela andava por aí com "sua visão poético-unitarista" da escravidão, da sociedade e de Deus, ele estava decompondo questões morais em intuições toscas e fabricando teias de aranha retóricas a partir de sua consciência alienada de escocês calvinista. Desprezava Priestley, o mais importante dos unitaristas, e também Erasmus, o avô livre-pensador de Darwin, por descartar as explanações espirituais. Zombava dos franceses que ensinavam "que 'assim como o fígado segrega a bile, o cérebro segrega o pensamento'", respondendo com a redução ao absurdo, de modo que "a Poesia e a Religião [...] são um 'produto do intestino delgado!'"

Darwin, secretamente materialista — feliz porque os cérebros segregam até noções religiosas como subprodutos fisiológicos —, estava em sua rota de colisão com Carlyle. Mas não foi como materialista que encontrou tantas objeções a fazer ao escocês. Para Carlyle, o que fazia o mundo progredir era o gênio nativo, a "heroica" alma racial anglo-saxônica. Aqui Darwin estava diante do "sábio" que simbolizava o destino manifesto da raça: as raças brancas supremas, mordendo o freio, prontas para o império. "Será que os milhões indomáveis, cheios da antiga energia e fogo saxão", perguntava Carlyle, "devem ficar engaiolados nesse recanto ocidental, asfixiando uns aos outros [...] enquanto toda uma terra fértil sem dono, desolada pela falta do arado, grita: Venham e cultivem-me, venham e colham os meus frutos?" O destino humano está nas mãos dessa raça e de seus heróis. Os Estados Unidos também eram "*um reino inteiramente saxão*", disse ele a seu admirador Ralph Waldo Emerson de Massachusetts, e "nós iremos alegremente mais longe ainda para continuar essa festa".[45] A visão que Carlyle tinha de uma América branca racializada era a *bête noire* de Martineau.

Até Erasmus, que sofria de dispepsia, tinha dificuldade para entender a presença desse dissidente em seu meio, de tão alienígena que era o seu credo em relação aos dos Darwin. O desprezo de Carlyle pela ciência e seu repúdio às suas explanações materialistas por considerá-las "arrogantes" irritavam Darwin. Mas ele teria a última palavra. Mal sabia Carlyle com o que ele estava envolvido: o escocês teria tido uma síncope se visse as raças negra e branca unidas fraternalmente e explodiria ao saber que nossos maus hábitos estavam sendo atribuídos às iras babuínas. Quanto aos pensamentos serem considerados secreções do cérebro, como a bile da vesícula — aquilo o teria deixado enfurecido. É difícil saber como os dois toleravam estar na mesma sala; mas é claro que Darwin nunca revelava seus segredos, ao passo que todos conheciam os de Carlyle. Ali estava o convidado que considerava a tentativa de Martineau envolver os outros na "Controvérsia Negra [...] uma coisa lamentável ao extremo". Quem se importa se "Mungo" (o escravo das Índias Ocidentais) come "sua gororoba como um aprendiz estúpido em vez de comê-la como um escravo estúpido!". Darwin achava as explosões de Carlyle francamente "revoltantes".[46] A negrofobia e a justificativa da escravidão só podiam ter confirmado o seu curso.

A natureza, como a sociedade tradicional, era estática na década de 1830, com o lugar de cada criatura ordenado e mantido fixo por Deus. Para quem quer que dissesse o contrário, havia sérias penalidades sociais. Em seus cadernos sobre evolução, Darwin, depois de fazer de uma criatura o progenitor de outra e liberá-las dos grilhões da Criação, estava nadando contra a correnteza, e agora estava doente naquelas águas encapeladas. Tia Sarah Wedgwood havia se encontrado com ele em Shrewsbury, ouviu dizer sua sobrinha Emma, e declarou que ele "não estava nada bem", com "palpitações" cardíacas, embora "ela diga que ele não parece nem um pouco inválido". Em junho de 1838, Emma foi a Londres pessoalmente, ficando na casa de Erasmus com Fanny, Heisnleigh e as crianças. Darwin continuava mal: "Um pouco de teoria da Espécie, e perdeu muito tempo passando mal", registrou ele em seu diário naquele mês; agora era uma relação bem estabelecida. As visitas de Carlyle provavelmente não ajudavam. Em volta da longa mesa de jantar nos "Braços de Darwin e Wedgwood" (a casa de Erasmus), Emma tinha justamente acabado de conseguir entender seu "forte" sotaque "escocês" quando, ao que parece, a conversa voltou-se para o aprendizado dos escravos.[47]

Os imediatistas haviam previsto que o sistema de aprendizado que se seguiu à emancipação de 1834 seria alvo de abusos. Foi. Os grandes fazendeiros tentavam extrair os últimos gramas de trabalho forçado "livre" antes de expirar o período de aprendizado. Os privilégios mantidos sob a escravidão tinham terminado, horas de trabalho árduo haviam sido estabelecidas, os açoitamentos brutais eram tolerados. A Jamaica suportou a pior parte disso. Apesar da mediação de juízes especiais, os ex-escravos viviam como "prisioneiros emancipados".

Uma nova organização radical, o Comitê Central da Emancipação, dirigido por Joseph Sturge, comerciante quacre dos condados do centro da

Inglaterra, estava fazendo campanha pela abolição imediata do aprendizado. O público antiescravagista acordou de novo e, durante meses, as petições choveram novamente em Westminster. As moções abolicionistas eram debatidas em ambas as Câmaras. Broughman fracassou na Câmara dos Lordes, mas a Câmara dos Comuns, controlada pelos liberais, votou em 22 de março de 1838 em favor da liberdade imediata, ganhando por uma margem mínima e levando Wedgwood a se rejubilar.[48] Durante toda a campanha, Maer apoiou o "partido moral radical" de Sturge com doações, assinaturas de seu jornal *Emancipator* e uma petição de sua sociedade antiescravagista enviada a tempo para aquela votação crucial.[49] Tia Fanny Allen, com lembranças da revolução de escravos do Haiti liderada por Toussaint l'Ouverture, achava que "o coração dos faraós das Índias Ocidentais deve ter endurecido e eles serão punidos... [O]s escravos nunca serão livres enquanto não lutarem e vencerem". Seu radicalismo falava por si. É claro que Sturge procurou interessar a tia Sarah em financiar sua Companhia de Investimento em Terras das Índias Ocidentais para dar aos aprendizes livres seus próprios assentamentos independentes.[50]

Carlyle não poderia se importar menos. Martineau escreveria sucintamente sobre Toussaint l'Ouverture, transformando em "um belo 'Washington negro'" alguém que Carlyle considerava "um negro de mãos ásperas, cabeça dura, deformado e mal articulado" em sua fase "mais horrível" de "Sansculotismo *negro*". Ela podia lamentar que os homens não se espicaçassem "com a devida impetuosidade para participar da Controvérsia Negra", mas Carlyle não se lembrava do estado em que se encontrava o "Mungo" "estúpido".[51] Contentamento, e não aperfeiçoamento, era a única esperança do negro, uma ideia indigerível para qualquer convidado que estivesse à mesa de qualquer Darwin ou Wedgwood.

Se as opiniões de Carlyle sobre os "negros", "embrulhadas numa embalagem beneficente de estupidez e insensibilidade", não eram próprias para discussão, todos os Darwin e Wedgwood sabiam quais eram. Por sorte, *The Life of William Wilberforce* [A vida de William Wilberforce] acabara de ser publicada em cinco gordos livros em formato in-oitavo, escrita por seus filhos Robert e Samuel, reverendos da Igreja alta [a Igreja anglo-católica].

Os membros da família descobriram que faziam parte da obra — Wilberforce tramando a abolição na velha Etrúria com os pais de Emma, o pai Jos, a mãe do primo do primo de Charles, a tia Sarah adolescente, as outras tias e tios; Wilberforce apoiando tio James Mackintosh na Câmara dos Comuns e recebendo elogios seus por atacar "todas as formas de corrupção e crueldade que flagelam a humanidade". Havia "expressões de grande respeito" pelo marido de tia Jessie, o historiador suíço Sismondi, que promovera a antiescravidão na França e com quem Emma acabara de passar três semanas em Paris.[52]

Se era preciso um lembrete do quanto a cultura imediata de Darwin era obcecada com a escravidão e a difícil situação humana dos negros, esse círculo o forneceu. A propagandista Martineau, cheia de histórias de tortura dos Estados da linha de frente; Carlyle, entrando como forma de reação em sua fase de desancar os "negros sujos"; Erasmus e os Wedgwood vizinhos da casa ao lado deleitando-se com o papel da família na história de Wilberforce/emancipação. Era o ar que Darwin respirava enquanto continuava investigando as bases raciais da evolução humana.

Só de ouvir um boato "atroz" de que os Wilberforce, em *The Life*, tinham manchado a reputação de Thomas Clarkson — o primeiro e maior organizador itinerante antiescravagista — dizendo que ele era um "importuno agente pago" — deixou a família encolerizada mais uma vez. Todos os seus membros sabiam, e alguns se lembravam pessoalmente, que o avô Jos recebera as visitas rápidas de Clarkson à Etrúria. Emma concordava que os "filhos insensíveis" tinham sido "muito maldosos com o pobre do velho Clarkson, que é cego e tem mais de 80 anos". Só isso deveria tê-los feito "tomar cuidado para não feri-lo", coisa que "seu pai jamais teria" feito. Emma estava simplesmente alegríssima pelo fato de que ao menos a obra de Clarkson estava realizada: "Os aprendizes serão emancipados, pois a Jamaica finalmente resolveu libertá-los no dia 1º de agosto!" Foi um Clarkson velho e triste que mandou seu panfleto contra *The Life* para Maer. Cheio de "pura dor" por ter de defender a si mesmo em vez de lutar pelos indefesos, a *petite histoire* de Clarkson marcou o fim de meio século de batalha. Jos respondeu com humildade: "Sempre venerei seu caráter e toda a devoção de todo o seu ser à causa... que agora o senhor vê triunfante."[53]

No dia 1º de agosto de 1838, milhares de negros participaram das solenidades do Dia de Ação de Graças e desfilaram não só pelas ruas de Kingston, Jamaica, mas também em lugares tão distantes quanto Filadélfia e Nova York.[54] A emancipação britânica finalmente estava completa, e o esforço de Darwin de emancipar toda a vida de suas algemas criativas estava começando.

Era uma sorte que Emma, que estava com 30 anos, fosse igualmente firme nessas questões. Percebera os olhares de Darwin durante sua estadia na casa ao lado. Ele agora considerava a prima "o espécime mais interessante de toda a série de animais vertebrados". Um namoro postal levou ao noivado, do qual Lyell foi o primeiro a saber fora da família. Erasmus levou Martineau em seu cabriolé na busca de uma casa para os noivos, e Carlyle redimiu-se um pouco ao declarar que Emma era "uma das sobrinhas mais encantadoras que já vira". Por seu lado, Emma achava Charles "o homem mais aberto e transparente" que conhecia e "de temperamento absolutamente doce", além de algumas "qualidades menores que intensificam particularmente a sua felicidade, como [...] ser humano com os animais". Sua "grande aversão" ao teatro significava que "vamos ter algumas discussões domésticas [...] a menos que eu consiga que Martineau me leve de vez em quando".[55] Ela ainda não tinha a menor ideia do que a esperava.

O pai de Darwin aconselhava-o a esconder cuidadosamente as suas dúvidas sobre religião para que Emma não temesse pela sua "salvação". (O Doutor compreendia as devotas mulheres Wedgwood, tendo ele mesmo se casado com uma delas.) Mas, com tantos pontos de vista em comum, Darwin achou que a candura seria a melhor política e, uma semana depois do noivado, ele foi em frente e conversou com ela sobre seu caderno de heresias. Essas ideias chocantes eram uma negação da fé profundamente intuitiva da moça. Ele estava apagando a linha entre corpo e alma. Para ele, a moralidade e os sentimentos religiosos eram herdados dos animais, e não insuflados no corpo. Que necessidade haveria, portanto, de revelação

A ORIGEM COMUM: DO PAI DO HOMEM AO PAI DE TODOS... 199

de verdades religiosas na Bíblia? Se a ressurreição de Jesus não era uma promessa de imortalidade, como é que ela e Charles poderiam ser um do outro para sempre? O unitarismo tradicional, tal como era defendido por Martineau, não via necessariamente um conflito aí, e as opiniões de Darwin poderiam se harmonizar com ele. Mas o mesmo não acontecia com o unitarismo anglicanizado de Emma, com sua crença numa alma imortal. Ela procurou tranquilizar-se, e "toda palavra" que ele lhe enviou como resposta foi um conforto. Ele disse que não considerava sua "opinião formada" (ele estava seguindo o conselho do Doutor tarde demais),[56] o que deu esperanças a Emma.

A questão da emancipação voltou novamente à tona quando o grupo foi a uma festa dada pelo antigo vizinho de Fanny e Hensleigh, Sir Robert Inglis, "uma personificação gorda de John Bull, o espírito inglês; com problemas digestivos, energia, honestidade e inteligência limitada", segundo o modo de pensar de Carlyle. Mas depois ele escarneceu dos "cem mortais" presentes, "quase todos do sexo masculino; advogados e homens que pareciam pregadores; enfadonho e banal". Sir Robert cumprimentou Emma pelo noivado. Ele "apertou minha mão 'até parecer que nossos corações iam rebentar'", e ela ficou se perguntando quando aquele conservador excêntrico a soltaria. Não estava predisposta contra ele (nenhum liberal jamais estava). Aquele membro do Parlamento votara contra a proposta de abolição imediata de maio, ostensivamente nos interesses dos aprendizes.[57] Até agora parecia uma traição. Fanny Wedgwood também não gostava de Sir Robert, achando que ele se importava mais com a Igreja e a Coroa do que com a moralidade. Darwin disse a Fanny que Inglis era "um homem nobre" ao menos por causa de suas motivações. Infelizmente, Emma não concordava. "Nunca pode ser nobre [...] fazer o que você não tem o direito de fazer, mesmo que por grande generosidade."[58] Os escravos mereciam liberdade imediata, não mais sofrimento. Ao menos essa era uma trilha na qual ela poderia mantê-lo.

Charles deu a Emma o último número do periódico radical *Westminster Review*, com o ensaio atordoante de Martineau intitulado "A Era dos Mártires dos Estados Unidos". Apesar de todos os seus "pequenos harrietismos", o artigo encantou Emma. Era a primeira análise exaustiva do abolicionismo americano para leitores ingleses. Seu clímax era o martírio "sagrado" do reverendo Elijah Lovejoy, pregador presbiteriano e editor de um jornal, cuja prensa foi destruída depois que ele condenou o linchamento de um negro livre em St. Louis. Ele havia cruzado o rio Mississippi e assumido um jornal no estado "livre" de Illinois, onde também, por duas vezes, sua prensa foi destruída por um populacho antiabolicionista. Ao ser notificado de que teria de deixar a cidade, ele defendeu seu direito de expressão:

> Eu sei que sou apenas um e que vocês são muitos [...] Vocês podem me enforcar como a ralé enforcou indivíduos em Vicksburg; vocês podem me queimar na fogueira, como fizeram com M'Intosh em St. Louis; vocês podem me passar alcatrão e me encher de penas, ou me jogar no Mississippi, como ameaçaram fazer tantas vezes. Eu, e somente eu, posso me desgraçar; e a maior de todas as desgraças seria, numa época como essa, negar meu Mestre abandonando sua causa.
> — Ele morreu por mim, e eu seria completamente indigno de usar seu nome se eu me recusasse, se necessário, a morrer por ele.

Dias depois, Lovejoy foi fuzilado por uma ralé embriagada que atacou suas impressoras. Emma contou a Charles que esse apelo passional era "a melhor" parte do ensaio e insistiu com seus parentes de Maer para que o lessem.[59] Estava claro que a escravidão sulista ocupara imediatamente a lacuna criada pela emancipação das Índias Ocidentais. A partir de agora, graças às mulheres, todos os olhos estavam fixados no outro lado do Atlântico.

Darwin, prestes a se casar, insistia com as irmãs para que rezassem pela liberdade "de nosso pobre 'negro'" (ele mesmo) como elas haviam rezado pelos escravos norte-americanos. Estava satisfeito de se submeter a Emma, mas a preocupação com seu trabalho era eloquente, e ela ficava desesperada ao vê-lo "parecendo tão mal e tão exausto". O casamento enquanto escravidão metafórica era uma brincadeira tolerável numa família cujo abolicionismo era absoluto, e Emma começou a chamar Charles de seu "negro", enquanto ele próprio se chamava de "escravo feliz dela". Sua irmã

Caroline (agora casada com o irmão de Emma, Jos III), talvez tenha feito objeções à brincadeira, mas ela continuou por anos a fio. Emma chegou até a imaginar Charles olhando do jardim atrás de sua nova casa em Upper Gower Street como se estivesse "olhando pela janela de nossa propriedade rural para as plantações". Outras vezes, "meu negro querido" seria o dono e ela a sua "mucama".[60] O clima de antiescravagismo manifestava-se tanto nos nomes carinhosos quanto nos cadernos de anotações.

Com o casamento iminente, a questão do sexo pairava em seus cadernos. Como seria a sua prole? A mente de Emma e a sua — instintos, lembranças, senso moral, emoções — seriam transmitidas junto com suas características físicas. As crianças teriam uma dose dupla de sangue Wedgwood, pois os noivos eram primos em primeiro grau. O que a sua união mostraria? Como entendê-la em termos de "minha teoria" (o nome que Darwin dava ao seu projeto evolutivo nos cadernos)? Observava a atração mútua entre ele e Emma. Conhecia o poder do sexo, mas esse poder, súbita e inesperadamente, tornou-se criativo a partir de setembro de 1838, quando ele começou a ler *An Essay on the Principle of Population* [Um ensaio sobre o princípio da população], do velho amigo da família de Fanny e Hensleigh, o reverendo Robert Malthus.

Malthus e os desprezados asilos malthusianos tinham sido ubíquos no mundo liberal de Darwin. Quando Darwin era adolescente, Sir James Mackintosh era professor de direito no colégio da Companhia das Índias Ocidentais em Haileybury, ensinando jovens *sahibes* a governar o subcontinente. A economia de livre mercado era apresentada pelo professor Malthus (mas não de modo a conflitar com o monopólio comercial da companhia). Os Wedgwood industriais concordavam com Mackintosh e Haileybury que as leis de Deus funcionavam naturalmente de modo a otimizar a riqueza e diminuir a pobreza, sem interferência. Era preciso haver leis que erradicassem males *morais* como a escravidão, mas os males *naturais* decorrentes de excesso de população e fome eram uma bênção de Deus disfarçada; faziam os homens trabalharem arduamente e controlarem seus desejos, e, com isso, eles mantinham a população estável. Só se devia aliviar a pobreza daqueles incapazes de se sustentar. Ou pelo menos era o que dizia o "velho Pop" — de população — Malthus. Estava tudo em família: suas filhas eram amigas íntimas dos filhos de Mackintosh, e uma filha, Emily, tinha sido dama de honra no casamento de Fanny e Hensleigh.[61]

O "princípio" malthusiano envolvia um circuito de feedback: o excesso de população gerado pelo fato dos casais terem muitos filhos levava à competição por recursos e livrava o mundo dos incapazes. Martineau (que o conhecera) tinha sido a principal propagandista liberal das consequências que ignorar Malthus teriam sobre os asilos. Ela escreveu romances e panfletos vendidos por centavos para divulgar a ideia. Darwin conhecia seus panfletos propagandísticos sobre casais que entravam apressados nas relações e acabavam tendo bocas demais para alimentar, necessitados que viviam no meio da sujeira, provocando aumentos dos impostos e arrastando a sociedade para baixo. A eterna ameaça da fome era a forma que Deus encontrara para instruir as pessoas a respeito de restrições sexuais e melhoria de vida.

O próprio Darwin repetira esse mantra liberal. Mas o que o intrigava agora era sua implicação para aqueles *incapazes* de se restringir. Que desgraça para os animais selvagens, sempre se multiplicando e lutando por comida. A taxa de mortalidade era inimaginável. Uma competição acirradíssima decorrente do excesso de população gerado pelo impulso sexual animal funcionava "expulsando os mais fracos".[62] Essa era a "lei misteriosa" que governava a extinção da espécie — cuja essência ele chamaria futuramente de "minha teoria", *a seleção natural*.[63] Na luta pela vida, "os eleitos" são aqueles com alguma vantagem adaptativa, alguma vantagem física ou mental, o que significa que eles sobrevivem para deixar descendentes: estão sendo selecionados naturalmente.

Mas ainda havia uma questão pendente sobre a evolução racial. Será que *todas* as características humanas podiam ser explicadas por esse tipo de seleção e pelo expurgo de todo indivíduo mal-adaptado? Isso deixaria vivos indivíduos "superiores", mais aptos a sobreviver; mas será que todo aspecto do cabelo, da cor da pele ou forma de rosto são adaptações físicas?

Em última instância, o êxito sexual, por meio da luta e da sobrevivência seletiva da prole, viu os seres humanos evoluírem a partir de ancestrais semelhantes aos macacos. Talvez isso tenha ficado mais claro porque Darwin estava prestes a contribuir para o processo, a acrescentar os filhos que teria com Emma à população britânica em processo de crescimento rápido. Ele mergulhou mais fundo na questão das diferenças raciais e sexuais. A duvidazinha de que a seleção natural talvez não conseguisse explicar a *origem* de todas as características raciais singulares e diversas o atormentava. Bom, no auge da exuberância de seus cadernos, ele a enfrentou. Se os índios brasileiros eram fisicamente tão diferentes dos negros africanos e, no entanto, supostamente viviam nos mesmos climas tropicais, então uma outra causa qualquer podia estar em jogo; talvez algo que tornasse uma forma de rosto única, um tipo particular de cabelo, cor diferente da pele — traços que talvez não tivessem absolutamente nada a ver com a adaptação ao ambiente e, por conseguinte, com a seleção natural. Haveria algum outro mecanismo que produzia a "cor e forma" dos brasileiros e dos africanos?[64]

Os pensamentos de Darwin oscilavam entre raça e beleza. Ele assumiu um ponto de vista masculino: o que torna uma mulher bela? Segundo que parâmetros? E de onde vem o *beau idéal*? Já tendo duvidado de que os animais tivessem "noções de beleza", agora ele achava que a beleza estava sempre no olho do observador — um olho que evoluía. As ideias de beleza diferem tanto quanto as formas corporais e, na verdade, mudam e evoluem com elas. "O fato de nós adquirirmos [...] nossa noção de beleza e os negros adquirirem as deles" faz parte do mesmo processo por meio do qual surgiram as diferenças raciais e estéticas visíveis — cor da pele, tipo de cabelo e constituição física. Esse era o cerne da questão. Toda raça possuía seu próprio *beau idéal*. Viajando pelo mundo, sonhando com "anáguas brancas", ele descobrira que isso era verdade. Um negro nascido em sua terra natal "acharia [uma] negra bela" em qualquer lugar, assim como o viajante do *Beagle* com saudades de casa e perdido nos trópicos ansiara por "uma dama inglesa [...] angelical e boa".[65]

Darwin não era idealista. A beleza não estava só no olho do observador; estava encarnada em todas as raças, tornando os sexos mutuamente atraentes. Temendo ser "repelentemente feio" e perguntando-se o que Emma vira nele, ele começou a refletir sobre a maneira pela qual as características sexuais externas (ou "secundárias") evoluíram. Como de hábito, procurou a resposta numa analogia, concentrando-se primeiro nos machos vertebrados como ele próprio. Sem ouvido para a música, ele notara que "os galos atraem as fêmeas pelo canto", o que era um mau augúrio para ele, mas aí — suas anotações telegráficas continuavam gaguejando — "o homem [é] mais peludo que a mulher" (ele próprio era cabeludíssimo) e ponderou alegremente sobre os encantos da plumagem. O fato de os galos serem "todos belicosos" lembrou-o que os animais machos de toda parte eram "armados e brigões", quer fossem o gamo, focas machos ou seus companheiros de viagem no *Beagle*, que marcharam para a praia de Montevidéu levando pistolas. E a paixão da corça "pelo gamo vitorioso", rabiscou ele depois de resolver pedir Emma em casamento, era "análoga ao amor da mulher" por "homens corajosos".[66]

Apesar disso, as aves estavam se tornando seu principal interesse, sendo as criaturas mais valorizadas, cultivadas pelo homem por sua beleza. Ali estavam — se é que estavam em algum lugar — as pistas cruciais da origem das características sexuais e raciais. Embora alguns aficionados pusessem seus galos-de-briga numa arena sangrenta, outros colocavam machos ao lado um do outro para ver "qual cantaria durante *mais tempo*". A cantoria continuava, até atrair a atenção de uma fêmea e "afastar [o] rival". Por outro lado, os machos de outras espécies de aves exibiam sua bela plumagem, tentando superar uns aos outros e conquistar uma fêmea. E quanto às fêmeas? Planejando casar-se, Darwin demorou-se nas formas de competição sem sangue, sem saber ao certo qual o papel da fêmea quando os machos se exibiam diante dela em vez de lutar. Em geral ela era menor e "mais fraca" e, como os filhotes de ambos os sexos, tinha características menos pronunciadas e cores mais discretas. Mas não era inerte. Antes de seu noivado, ele chegou até a brincar com a ideia de que, em vez de ser "apenas [...] atraídas", as fêmeas podiam "lutar pelo macho", com "os mais vigorosos" de ambos os sexos formando casais, mas essa noção igualitária — que lembrava a corajosa Martineau — foi apenas uma fantasia passageira. Ele estava satisfeito pelo fato de as pavoas "admirarem [a] cauda do pavão tanto quanto nós", embora ainda se maravilhasse por Emma achá-lo bonito. Por que seria? Na verdade, como é que a "fêmea determina qual [é o] pássaro mais bonito?"[67]

Não demorou muito para ele ter em mãos o elo perdido entre a seleção natural e o mecanismo do *beau idéal*. Como seria de se esperar de um filho da pequena nobreza de Shropshire, com a paixão de toda a vida por cães de caça, gado de exposição e raças diferentes, Darwin era fascinado pela domesticação — nos seres humanos e nos animais. Estudava manuais de criação de gado, e provavelmente foram eles que lhe deram a ideia de "selecionar" características desejáveis. Ele usou raças domesticadas para compreender a herança e o comportamento selvagem. Examinou a maneira pela qual os criadores escolhiam os filhotes que desejavam cruzar para aumentar uma determinada capacidade ou aspecto anatômico. Essa seleção *artificial* do canil era a contrapartida da seleção *natural* em meio à natureza. Os criadores selecionavam como a natureza — ambos acabam obtendo a prole desejada que vai modelar a geração seguinte. "Como nas raças de cães, também na espécie, e no homem."[68] No caso do "homem", Darwin só precisava estender a analogia dos criadores para considerar *todos* os animais como autocriadores que selecionavam seus próprios pares, fazendo escolhas estéticas, criando variedades diferentes de si mesmos para chegar à seleção *sexual* propriamente dita. Todos os elementos esparsos estavam finalmente no lugar em seus cadernos de anotações.

Os dois anos daquele marinheiro de primeira viagem em terra tinham sido extraordinariamente turbulentos. De um viajante bronzeado e curtido pelas visões da escravidão, do genocídio e da brutalidade, ele se transformara num recluso bem-educado que escondia seus interesses científicos. Seus cadernos particulares mostram um caminho em zigue-zague que vinha da irmandade dos homens e da unidade da carne negadas pelos donos de escravos à sua conclusão última de "uma origem comum" — na verdade, milhões e milhões de "origens comuns" fraternais que percorrem toda a história, todo um arsenal evolutivo constituído de irmãos e troncos comuns, todos conectados pela ascendência a todos os demais: ratos e homens, amebas e cogumelos.

A ancestralidade comum foi a sua inovação: um pedigree de toda a vida que podia ser mapeado — e não só para os aristocratas humanos. Como essa "árvore" da vida cresceu foi determinado em grande parte pelo momento em que ele fechou seu último caderno de anotações sobre a evolução. Havia posto a "seleção natural" no seu devido lugar, mas tinha dúvidas se ela explicaria ou não as características estéticas do ser humano. Agora "a beleza" entrava no quadro, bem como a necessidade de uma outra causa que explicasse essas características atraentes — da plumagem à fisionomia, das músicas às formas sensuais — que tornava os machos e fêmeas de todas as raças mutuamente atraentes. Esses eram os pensamentos de um solteirão prestes a se casar.

6
A hibridização dos seres humanos

Casado em 1839, com os bebês começando a chegar e com sua primeira obra literária publicada (o *Journal of Researches* [Diário de pesquisas], sobre a viagem do *Beagle*), Darwin começou a se retirar da sociedade. O casal vivia um para o outro, seu lar em Upper Gower Street era um útero protetor. Os convites eram recusados: "Uma nota educada da Senhorita Martineau convidando-nos para uma festa [...] que não aceitamos." "Cartões de visita de Sir R. e Lady Inglis." Graças a Deus, os FitzRoy tinham se mudado da cidade. Darwin estava "ansioso por evitar" o capitão depois que FitzRoy casou-se com uma mulher penosamente carola. "Amigos e parentes eram uma provação." Fanny, Erasmus e Hensleigh vinham jantar, mas se o enjoo matinal de Emma não era a causa, era o estômago revirado de Charles que mantinha os outros a distância. Carlyle fazia com que se sentisse pior — "bem nauseado com seu misticismo, seu obscurantismo e sua afetação deliberados" — e o escocês sarcástico foi posto de lado. Até mesmo a chegada da Suíça das joviais tias Allen, Fanny e Jessie, escoltadas por Sismondi, marido de Jessie, foi demais para Darwin, e coube a Emma recebê-los.[1] O clima de reclusão já estava começando a pairar sobre o herege.

Outros velhos amigos de Edimburgo também estavam se afastando. Se conseguir crianças indianas com o objetivo de educá-las foi um projeto deixado silenciosamente de lado por Morton, ele e Hodgkin continuavam trocando caixas de minerais num ritmo mais tranquilo. Mas sua correspondência morosa mostrava as fendas quase imperceptíveis se abrindo. Depois vieram as queixas, com Hodgkin perguntando constantemente a Morton, na Filadélfia, "por que minha carta [...] não foi respondida", embora imaginasse "que havia razão suficiente em qualquer dos vários papéis que [o senhor] exerce, de marido, pai, amigo, médico, conferencista, secretário perpétuo da Academia, profissional de história natural, poeta, desenhista etc. etc".[2] Era um reconhecimento da ascensão de Morton na Filadélfia, e Hodgkin logo teria de acrescentar "craniologista", pois seria por essa "ciência" que Morton seria lembrado no futuro e foi a obra de Morton que eletrizou o crescente movimento do racismo científico nos Estados Unidos. O afastamento se acentuaria quando o amigo Morton, subindo pelos escalões da Filadélfia, chegou ao topo de um episcopalismo conservador mais aceitável.

Era de se supor que fosse bem menos aceitável para o amigo Hodgkin, que continuava com sua filantropia quacre e discordava de Morton sobre o problema da extinção das tribos humanas desde os tempos de estudante. Darwin, o outro velho aluno de Jameson, era um dos poucos que vira realmente o extermínio de povos nativos em primeira mão: o genocídio atroz sob o general Rosas, os tasmanianos todos varridos da face da terra, aborígenes sucumbindo a doenças europeias. O governo britânico tinha plena consciência da situação dificílima de muitos povos aborígenes, tanto que um Comitê Seleto da Câmara dos Comuns sobre Aborígenes em Assentamentos Britânicos examinara o problema de 1835 a 1837, sob a direção de Thomas Fowell Buxton, membro do Parlamento e baluarte da abolição. Foram obrigados a isso, em parte pela Sexta Guerra Cafre que se seguiu às incursões colonizadoras no Cabo — e todas essas coisas Darwin conhecia em primeira mão.

Do Canadá a Calcutá, povos subjugados vieram mostrar os detalhes dos custos sinistros da colonização. Seu testemunho forneceu uma rica evidência antropológica, principalmente sobre o sul da África. O reverendo John Philip foi convocado repetidas vezes para responder a mais de duzentas perguntas, e o comitê endossou sua "propagação do cristianismo" no Cabo como o "único meio efetivo" de proteger "os direitos civis dos nativos". Lorde Gleneig, o secretário colonial do grupo de Clapham que censurara a nêmesis de Philip, o governador D'Urban, foi defendido por sua intervenção imparcial em favor dos xhosas. Embora algumas testemunhas achassem que o comportamento dos cristãos era mais a causa que o remédio dos sofrimentos dessa etnia, o relatório final do comitê, datado de 1837, deve ter aquecido tanto o coração de FitzRoy quanto o de Darwin, pois defendia a obra civilizadora dos missionários. Na verdade, os membros do Parlamento exigiam novas medidas para resolver conflitos de fronteira e, desse modo, liberar os missionários de seu trabalho "político" de "agentes consulares";[3] esse também era o argumento implícito no artigo de FitzRoy-Darwin.

Hodgkin foi uma testemunha que prestou depoimento a esse comitê. Inusitado para um abolicionista, ele também era um defensor da colonização africana por negros libertos — instruídos, cristianizados e liberados de um sistema de preconceitos arraigados, principalmente aqueles da América — enquanto Buxton queria que os próprios brancos evangelizassem o continente.

Hodgkin e Buxton movimentaram-se rapidamente depois que o relatório do Comitê Seleto pediu para institucionalizar essas preocupações na Sociedade de Proteção aos Aborígenes Britânicos e Estrangeiros. Seu moto *Ab Uno Sanguine* [De um único sangue] falava coletivamente de sua fé na unidade adâmica dos povos da terra. Em meio ao entusiasmo que se seguiu à vitória da emancipação, eles esperavam ingenuamente reorientar a política colonial britânica. Uma sociedade que via a civilização andar de mãos dadas com a cristianização e que se propunha expor as atrocidades coloniais e promover uma política legislativa esclarecida para consolidar os direitos dos "nativos" conseguiria, era óbvio, o apoio financeiro de Wedgwood.[4]

Aqueles que tinham as mesmas preocupações antiescravagistas que Darwin ficaram visivelmente mais revoltados pelo fato de tantas raças indígenas estarem correndo um perigo mortal. E estavam mais preparados para agir — a Sociedade de Proteção aos Aborígenes publicara os detalhes sangrentos das atrocidades coloniais. Isso tornou a ciência da raça controvertida desde o início. O resultado foi que a história natural das raças aborígenes — para não falar de seu destino — não era um tópico bem-vindo entre a elite da nobreza da Associação Britânica para o Avanço da Ciência (em inglês, British Association for the Advancement of Science — BAAS), ainda em sua infância. Parecia-lhes que causava divisões demais, que seus proponentes eram críticos demais (e não só de atitudes eurocêntricas) e — a julgar pela Sociedade de Hodgkin — inflamados demais ao denunciar os males causados pelos colonos britânicos. Apesar disso, tanto Hodgkin quanto as *Researches into the Physical History of Mankind*, do Dr. James Cowles Prichard, conseguiram introduzir suas preocupações na reunião de 1839.

A BAAS reunia-se numa cidade diferente a cada ano. Era o rosto público da ciência, com uma imagem cuidadosamente maquiada de moderação política e religiosa (tão necessária em épocas turbulentas). Tudo isso foi alvo de ataques repetidos em 1839, quando as multidões convergiram para Birmingham, e não foi só porque uma etnologia "periférica" se introduzira furtivamente na agenda. A turbulência estava chegando ao auge durante uma depressão econômica; e o mesmo estava acontecendo na política radical. Nas primeiras eleições municipais para a câmara de vereadores de Birmingham, os conservadores foram "desfigurados e caricaturados", e a União Política de Birmingham, de linha radical, assumiu o poder. A BAAS estava dividida em relação ao cancelamento de seu evento de Birmingham, mas seguiu em frente com uma participação reduzida. Sábios cosmopolitas desceram do pedestal para se reunir aos dignitários locais na festa da ciência; infelizmente, socialistas e ativistas operários exigindo o voto também chegaram à cidade para suas próprias convenções. Com os tumultos que haviam acontecido apenas um mês antes, a paz foi assegurada na semana da visita de Darwin por "agentes da polícia e sabres da cavalaria".[5]

A última coisa que os organizadores da BAAS queriam era discursos inquietantes voltados para a política exterior. A preocupação humanista com "as raças frágeis da humanidade" era uma coisa. Mas o hábito que Hodgkin tinha de debater "os erros que precisavam ser reparados" era outra bem diferente. E suas sugestões de que se fazia menos esforço para salvar aborígenes do que para reabastecer propriedades rurais de caça na Escócia com tetrazes-grandes-das-serras que haviam acabado por lá era demais para a pequena nobreza que dava as cartas ali.

Hodgkin e Prichard viam a extinção dos aborígenes como uma "perda irreparável" para a ciência, e sua linguagem emotiva causou grande impacto. A verdadeira preocupação era que o mundo mais tarde chamaria de "genocídio", a extinção de "raças inteiras" desde a época dos conquistadores. Esses povos estavam perdidos para sempre, quando tanto ainda havia para ser aprendido a respeito de sua cultura e de sua língua. "Onde quer que os europeus tenham se estabelecido, sua chegada foi o arauto do extermínio para as tribos nativas", lamentou Prichard. A expansão do colonialismo inglês ameaçava acelerar essa destruição. Durante a depressão do final da década de 1830 e começo dos anos 1840, houve um êxodo maciço da Grã-Bretanha. Fábricas fecharam e o excedente de pobres foi embora: 400 mil todo ano eram despachados para a Austrália, o Cabo ou os Estados Unidos. Nenhuma tribo indígena estava a salvo quando se dizia que "a totalidade das regiões desabitadas da Terra pertencia aos britânicos" — pois "desabitadas" significava desabitadas por europeus. Destroços humanos era o que os emigrantes eram considerados, mas o que eles faziam era devastador. Prichard declarou que dali a um século o aniquilamento total de todas "as nações aborígenes da maior parte do mundo" será completo.[6]

Prichard estava tocando o alarme. Alguns não estavam alarmados exatamente, mas sim resignados. William Greg, colega de Darwin que se transformara no rei do algodão, achava que muitos povos aborígenes haviam sido "destinados pela Providência para uma extinção prematura", embora só Deus soubesse por que eles foram "criados somente como ocupantes temporários para preencher o vazio, até serem empurrados para fora da existência na sua plenitude por outras raças com energias mais dominadoras".

Quer dizer, os caucasianos: "energias dominadoras" era a descrição da imagem de Thomas Arnold, diretor de uma escola de Rugby. A brutalidade caucasiana assegurava que "os selvagens" que não pudessem ser "civilizados" teriam o mesmo destino dos mamutes. Isso mostrava o quão pouco de cristianismo genuíno havia na Europa, disse Greg em *Westminster Review* de 1843. Ele assumiu a ideia de Arnold de que havia centros móveis de civilização ao longo da história, cada qual transmitindo sua herança, só que ele a distorceu de uma forma surpreendente. Greg visitara os colhedores de algodão das Índias Ocidentais. Ali os africanos — com inocência de criança, "dóceis, gentis, humildes, agradecidos e quase sempre dispostos a perdoar" — eram os verdadeiros cristãos. Como almas imitadoras, sua aculturação estava garantida; não haveria extinção para eles. Abençoados pelas "virtudes da paz, da caridade e da humildade", os negros talvez achassem realmente "natural e fácil" vestir o manto cristão europeu no futuro.[7] Não tendo sido nunca um humanista, mesmo assim Greg criou uma situação digna de filantropos, embora provavelmente não fosse isso que Arnold tinha em mente.

Nem Darwin. Agora era a sua vez de se afastar. Embora estivesse tão resignado com o extermínio quanto Greg, ele substituiu o plano da Providência deste por uma explanação evolutiva. Fossem quais fossem as opiniões de Darwin sobre a redenção cristã do Taiti, ele agora adotou uma postura muito diferente em relação ao destino dos povos negros indígenas. O rei do algodão podia produzir imagens dóceis das *plantations*; as de Darwin baseavam-se nas Guerras Cafres da África do Sul. Ele aplicara suas ideias às raças humanas o tempo todo, mas as consequências de ler Malthus, nos idos de 1838, seriam profundas.

Antes daquele momento, Darwin alimentara imagens mais benignas dos "destinos futuros da humanidade". Algumas "variedades estão se extinguindo" (a situação da Tasmânia era extrema, ele sabia), embora fosse otimista em relação a outras, e "o negro da África não está perdendo terreno". Ele falava das "tribos do interior [...] empurrando umas às outras para fugir ao tráfico de escravos, e colonização da África do Sul", mas o resultado era que assim "as tribos se misturavam", impedindo aquela "separação [total] que teria acontecido sem isso", e que "em dez mil anos" teria tornado "o negro provavelmente uma espécie distinta".[8] Seu olhar estava enxergando somente que as invasões do interior estavam causando uma miscigenação das tribos forçadas a conviver.

Havia evidência de que fusões de populações inteiras — holandeses com hotentotes ou celtas irlandeses com ingleses "saxões" — poderiam resultar, na verdade, num tronco mais forte, com um potencial maior. A miscigenação racial humana poderia ser *boa* a curto prazo. As notas marginais que Darwin fez num manual de aperfeiçoamento da raça humana, o *Intermarriage* [Casamento misto] (1838) de Alexander Walker, mostram que ele estava acompanhando a discussão.[9] (Foram poucas as coisas que ele não leu, e este manual era particularmente do seu gosto — um guia prático sobre a seleção do par amoroso para as classes vitorianas bem-educadas, que ele houve por bem colocar entre a literatura sobre carneiros e a literatura sobre hamsters.) Nas costas da sobrecapa de seu exemplar de *Intermarriage*, Darwin anotou "as vantagens do cruzamento entre raças humanas". Estava se referindo à citação de uma frase do tenente do corpo de fuzileiros escoceses John Moodie, feita por Walker,[10] de que "a descendência dos holandeses com mulheres hotentotes" era superior a ambas as linhagens tanto em corpo quanto em intelecto. Essas vozes tinham peso. Moodie era irmão do ministro das Colônias em Natal. E sua observação coincidia com a do reverendo John Philip no depoimento que prestou ao Comitê Seleto sobre Aborígenes em 1835, que pagou um tributo espetacular a esses povos de ascendência mista hotentote/holandesa, habitantes de Griqua Town, na fronteira norte da Colônia (ele era seu protetor e porta-voz: na verdade, sua principal cidade se chamava "Philippolis"). Eles eram aceitáveis aos olhos dos colonizadores por seu temor a Deus, por sua sobriedade antiescravagista, por apreciarem os valores britânicos de propriedade e trabalho remunerado e por suas ações para controlar os "banditti" locais. Na verdade, estavam agindo como espiões e vigias dos colonos do norte.[11] Darwin, mesmo que não tenha ficado sabendo da existência de Griqua quando o *Beagle* estava no Cabo, agora estava entrando em contato com um povo paradigmático citado com frequência na literatura que falava da unidade-da-espécie-humana.[12]

No entanto, *depois* de ler Malthus, as imagens de Darwin tornaram-se muito mais frias. A descrição que Malthus fez da competição humana por recursos escassos mostrou a maneira pela qual as guerras e fomes agem "como um grande freio entre os homens". Eletrizou Darwin, fazendo-o racionalizar o lado mais sombrio dos contatos tribais. O viajante fora testemunha de guerras ou de seu desfecho nas planícies da Patagônia, na Nova Zelândia e no Cabo oriental. Em 1838-9, ele estava pronto para vê-las sob uma nova luz malthusiana. A competição estava em toda a sociedade liberal e em todo o mundo; a pressão populacional peneirava e selecionava os mais aptos, garantindo o progresso. Portanto, o ideólogo preocupado em acabar com a escravidão começava ironicamente a naturalizar a competição entre mentes brancas e corpos negros.

O cenário de Darwin estava se tornando um campo de batalha. "Quando duas raças de homens se encontram, agem exatamente como duas espécies de animais. — lutam, comem umas às outras, trazem doenças umas para as outras etc." Mas enquanto os animais competem em termos de força corporal, a guerra humana é "mais mortal", assegurando a sobrevivência da raça com "a organização [...] ou intelecto mais apto". O intelecto dava uma vantagem aos brancos na Austrália — supunha ele — condenando os aborígenes, ao passo que a resistência do negro à malária pode beneficiá-lo na África e nas Índias Ocidentais.[13] Para Malthus, o lado bom dessa situação era que esse conflito restringia o tamanho das populações. Para Darwin, também permitia a melhoria das espécies: à medida que os fracos iam para o paredão, os sobreviventes — aqueles com alguma vantagem em termos de adaptação ou, entre os seres humanos, os intelectos "superiores" — transmitiam essa vantagem, a ser consolidada por gerações subsequentes.

Ele não percebeu a incongruência quando sua ciência assumiu uma vida malthusiana própria, moldada pelas atitudes de julgamento das raças assumidas por sua cultura: o objetivo da civilização, os intelectos superiores, a expansão enquanto meio de "progresso". Sua ciência estava se tornando emocionalmente confusa e ideologicamente desordenada. O "grande choque da população" de Malthus resultava em conflito e conquista, e Darwin começou a naturalizar o genocídio nesses termos. Estava assumindo uma inevitabilidade que tinha de ser explicada, não uma expansão sancionada pela sociedade e que tinha de ser questionada.

Darwin estava transformando as contingências da história colonial numa lei da história natural. Uma classificação implícita — que atribuía ao homem branco o "melhor" intelecto — assegurava que o colonizador vencesse quando as culturas se chocavam. Darwin já a estava aceitando como norma evolutiva. Casada tão cedo com sua matriz evolutiva, essa imagem supremacista seria usada mais tarde para justificar políticas de limpeza étnica, por mais aversivas que fossem aos ideais humanistas do próprio Darwin. A classe da pequena nobreza à qual Darwin pertencia equiparava um "intelecto" maior dos brancos às suas façanhas culturais. Dos quartéis da Argentina aos postos de compra e venda de carneiros da Austrália, parecia evidente por si mesmo que aqueles "selvagens" avessos ao trabalho e indignos de confiança não prestavam para nada de acordo com as normas da civilização. Numa "Taxonomia do primitivismo" — na qual fisionomias "feias" (aos olhos europeus) disfarçavam moralidades mais feias ainda e desvios cranianos revelavam intelectos degradados —, elas se saíam muito mal. Isso tudo parecia tão óbvio que deu "ao olhar do colonizador o caráter de verdade científica".[14] E Darwin estava fortalecendo essa "verdade", mesmo que estivesse tornando as raças parentes umas das outras e se recusando a colocar os seres humanos acima dos outros animais.

Os ideais brancos de governo, propriedade, dinheiro, tecnologia e indústria (em todos os sentidos) eram parâmetros rigorosos. Era uma peculiaridade do povo britânico que, enquanto uma metade defendia veementemente os negros contra o tráfico e a escravidão, seus parentes expatriados para a Austrália e o Cabo estavam realizando uma limpeza étnica de nômades incômodos em nome do progresso econômico. Bastava olhar para Darwin para ver a dificuldade da convivência dessas duas ideologias. Ali estava o naturalista que perambulava pelas planícies, horrorizado instantaneamente, mas refletindo sobre o desfecho das atrocidades do general Rosas nos Pampas — uma nota tomada no calor da hora, mas que nunca apareceu no diário que publicou:

> Se essa guerra tiver êxito, isto é, se todos os índios forem massacrados, uma grande extensão do país será ganha para a produção de gado: e os vales [dos rios] da Argentina serão os mais produtivos em trigo.[15]

Portanto, houve momentos em que Darwin também imaginou os ganhos "da civilização" com a erradicação dos índios. Mas é provável que tenha ficado chocado ao reler essa passagem — e marcou-a para ser expurgada da versão impressa.

Ao "biologizar" o genocídio colonialista, Darwin estava tornando a extinção "racial" uma consequência evolutiva inevitável. Os nativos que estavam desaparecendo foram equiparados aos fósseis sob os seus pés: dinastias argentinas já tinham virado pó antes, como a megafauna com sua capivara gigante *Toxodon* e o bicho-preguiça *Megatherium*, cujos fósseis ele encontrara. As raças e espécies desaparecerem era a norma da pré-história. As raças não civilizadas estavam seguindo seu exemplo, só que o mecanismo de Darwin aqui era o massacre contemporâneo. Na linha de frente estavam os tasmanianos, foi a conclusão à qual Darwin chegou a partir de sua estadia na Austrália. A raça fora reduzida por fuzilamentos e um arrastão feito no país inteiro, como aqueles usados "nas grandes caçadas da Índia", e mesmo então os negros pareciam ignorar "nosso poder avassalador".[16] Os duzentos remanescentes tinham sido confinados e mantidos na ilha Flinders desde meados da década de 1830. Ali o missionário local George Robinson garantiu que os últimos nômades morressem como microcapitalistas, familiarizados com salários, trabalho e poupança.

Outros povos já tinham desaparecido. Povos estranhos também. Lá no alto dos Andes, perto do lago Titicaca, havia resquícios de uma civilização cujos habitantes tinham crânios peculiarmente puxados para trás. A testa era baixa, mas eles não eram ignorantes, pois seus sepulcros ciclópicos eram de "uma extraordinária beleza arquitetônica". O secretário do cônsul-geral britânico em Lima, Joseph Pentland, fazendo leituras de altitude na Bolívia recém-independente, havia falado com o Ministério do Exterior e a BAAS sobre essas relíquias de uma "raça extraordinária". Com suas cabeças compridas, não tinham nada em comum com o povo aimara que habitava aquelas altitudes na época. Na verdade, era "uma raça de homens muito diferente de qualquer outra que habita agora o nosso planeta".[17]

Aparentemente únicos, eles estavam despertando interesse, e em Darwin também, pois ele anotou o seguinte num caderno sobre evolução:

> Os crânios peculiares desses homens das planícies da Bolívia — estritamente fósseis [...] foram exterminados por *princípios* estritamente aplicáveis ao universo. — [18]

Os habitantes do Titicaca só deixaram monumentos inacessíveis e os crânios em prateleiras de um mausoléu britânico oficioso, o Colégio dos Cirurgiões de Londres. (Darwin deve ter visto esses crânios, extraordinários pela "grande depressão da testa", em suas visitas ao caçador e professor Richard Owen, na época descrevendo os fósseis dos Pampas que estavam no *Beagle*.) As raças estavam sendo aniquiladas, mas era de acordo com "*princípios*" explicáveis. Pentland imaginara que os índios aimaras atuais teriam vindo da Ásia e destruído esses antigos habitantes do lago Titicaca. Esse processo era compreensível de acordo com a análise de Malthus; agora estava se tornando um elemento integrante do mecanismo evolutivo de Darwin, no qual a preponderância dos animais era restringida pela foice seletiva da natureza.[19] As raças humanas extintas eram um indício, tanto quanto os mamíferos extintos.

Tudo isso deixou Darwin receptivo às advertências de Prichard em Birmingham. Humanistas como Prichard talvez tenham temido a destruição causada por migrações de colonos, mas Darwin entremeou imparcialmente essas imagens sombrias em seu cenário evolutivo. Elas se tornaram evidência de seu sangrento mecanismo biológico. Sobre o discurso de Prichard, ele escreveu o seguinte:

> Uma profunda consideração do método pelo qual as raças humanas têm sido exterminadas (ver o artigo de Prichard) [...] muito importante. parece dever-se à imigração de outras raças [...] bom, é essa migração mesma que tende a levar os destruidores a diversificar.[20]

Ele estava mudando de opinião e tornando a imigração, a invasão e a guerra *essenciais*. Eram o processo de aperfeiçoamento, a provação: os "destruidores" vitoriosos sobreviviam e se reproduziam, enquanto se adaptavam melhor ao território recém-conquistado. A expansão imperialista estava se transformando no próprio motor do progresso humano. É interessante, dadas as perspectivas emocionais antiescravagistas da família, que a biologização do genocídio feita por Darwin parecesse tão imparcial. Claro, de perto seu coração era tocado, e é possível sentir as emoções agitadas em seu lamento:

> Foi melancólico na Nova Zelândia ouvir os nativos admiráveis e cheios de energia dizerem que sabiam que a terra estava condenada a ser tirada de seus filhos.

Ou sua insinuação ao general Rosas coberto de sangue, que passar as índias pelas baionetas parecia "muito desumano" — ou seu horror de que essas "atrocidades" chegassem a acontecer num "país cristão, civilizado".

Ele observou que, para os perpetradores, aquela parecia "a mais justa das guerras" porque os "bárbaros" estavam sendo eliminados em função de objetivos superiores.[21] Sempre surgiam novas finalidades — econômicas, civilizadoras. Religiosas até, como no "plano da Providência" de Greg. Até os que estavam no púlpito concordavam com essa visão: um deles, ao ver os últimos tasmanianos, viu neles "uma lei universal da divina Providência", a lei segundo a qual "as tribos selvagens [deviam] desaparecer diante das raças civilizadas". Fragmentos dessas racionalizações penetraram no pensamento de Darwin; mas, para ele, o "progresso" estava pintado num quadro mais grandioso — o benefício era de toda a espécie. O extermínio era um axioma da natureza — "estritamente aplicável ao universo", declarou ele. A própria natureza seguia em frente, esmagando crânios sob os pés. "As variedades de seres humanos parecem agir umas contra as outras da mesma forma que as diferentes espécies de animais — os mais fortes sempre extirpando os mais fracos", escreveu ele em seu *Journal*. A seleção natural agora era definida em termos da extinção dos "mais fracos". Indivíduos e até raças inteiras tinham de perecer para haver "progresso". Tanto que, "sempre que o europeu chega, a morte parece perseguir o aborígene".[22] Os europeus eram os agentes da evolução.

A advertência de Prichard sobre a chacina de aborígenes pretendia alertar a nação, mas Darwin já tinha naturalizado a causa e racionalizado o resultado. Apesar disso, tirou proveito do curso dos acontecimentos. Depois de tentar despertar as paixões na reunião da BAAS de 1839, Hodgkin e Prichard propuseram a criação de um comitê para coletar fatos sobre o desaparecimento dos aborígenes por meio de um questionário que os viajantes deveriam responder. A Sociedade Etnográfica de Paris tinha um questionário pronto: que "mancha" no caráter da Grã-Bretanha se ela, com todos os seus domínios, "ficasse para trás das outras nações".[23] A França era o acicate que obrigava os organizadores da BAAS a entrar em ação.

Dada essa oportunidade de insinuar as aspirações de seu caderno de notas no resumo do comitê, Darwin não resistiu a participar. Para os outros membros, ele era um cavalheiro e viajante experiente, familiarizado com os fueguinos, cujos conhecimentos especializados eram bem-vindos. Talvez ele tenha participado da longa discussão em Birmingham decorrente do discurso de abertura de Prichard. Não há dúvida de que a agenda de Darwin era um pouco diferente, de modo que, embora muitas questões girassem em torno do crânio e da forma do corpo (a esfera dos médicos) ou da linguagem (a esfera dos filólogos), bem como de superstições, cerimônias, artes e leis, outras despertaram realmente o seu interesse: casamentos intertribais, com qual dos pais os filhos desses casamentos se pareciam, se esses casamentos afetavam a saúde ou a longevidade, o número de nascimentos e mortes, doenças, parasitas e assim por diante. E, como o próprio Darwin tinha se perguntado muitas vezes em outro caderno mais ou menos dessa época se "os selvagens praticam a seleção entre seus cães", a gente supõe ver suas impressões digitais em todas as questões que se referiam a modificações de raças domésticas por parte dos aborígenes.[24]

Ele percebeu que, à medida que as tribos divergiam, em parte por meio da autosseleção, elas também modificavam seletivamente seus animais domésticos, mudando-os igualmente. Mas como estes eram modificados em função das circunstâncias locais, ou para agradar outros gostos, à medida que as tribos se espalhavam por regiões diferentes, modificavam seus animais domésticos de formas muito diversas entre si. Não havia um paralelo geral entre os caminhos que os seres humanos tomavam para sua evolução racial e a evolução racial de suas espécies domésticas. Mas de uma coisa ele nunca duvidou: assim como as raças humanas eram geologicamente jovens e ainda não tinham formado espécies, o mesmo devia acontecer com suas raças de animais domésticos. Portanto, as diversas raças humanas podiam se miscigenar, assim como suas raças de vacas. Ele esperava obter estatísticas por meio do questionário de Hodgkin, mas os resultados demoraram a chegar.

A falta de interesse pelo questionário entre os membros da BAAS é comprovada pelos fundos escassíssimos destinados ao projeto — £ 5![25] E a propensão da etnologia de gerar controvérsias confirmou esse ceticismo.

Na reunião de 1841 da BAAS em Plymouth, que viu Hodgkin discutir a distribuição de seu questionário, o Dr. Charles Caldwell do Kentucky, um bombástico dono de escravos, frenologista e defensor das origens distintas das raças humanas, o homem elogiado por ter escrito "uma das refutações mais triunfantes já escritas da *Physical History* de Prichard", fez propaganda de uma abordagem rival. Era um indício das atitudes cada vez mais rígidas que estavam vindo da América e se introduzindo na Grã-Bretanha. O estudo anatômico, dizia Caldwell, provara que o africano tinha "uma semelhança maior com os quadrúmanos superiores [macacos] do que com as variedades mais elevadas de sua própria espécie".[26] Caldwell, agora com quase 70 anos, publicara a *Zoonomia* de Erasmus Darwin nos

Estados Unidos; na verdade, conseguira a aprovação do avô Erasmus para os artigos médicos de sua autoria. Caldwell poderia ter apelado igualmente para os velhos racionalistas do iluminismo ao criticar os Testamentos e proclamar aos quatro ventos a "'Revelação Antiga' (a palavra de Deus) pronunciada pela... natureza". Logo outros concordariam com sua crença de que "se todos os homens surgiram ou não da mesma raiz primitiva" era uma questão científica — a ser discutida por naturalistas da mesma forma que eles discutiam a origem de qualquer raça de cavalos ou touros.[27] Moisés não tinha nada a ver com isso.

Mas ali terminava a semelhança com qualquer dos Darwin. Caldwell era um arauto da beligerância dos novos conservadores doutrinários do Sul. Sua "obra pequena e influente", *Thoughts on the Original Unity of the Human Race* [Reflexões sobre a unidade original da raça humana], de (1830), atacava a bíblia da unidade da espécie humana, *Researches into the Physical History of Mankind*. Mostrava Prichard e seus simpatizantes como gente perigosa para a religião por restringirem as mentes: "Se não está errado a Divindade ter criado algumas espécies de homens inferiores a outras, não pode ser errado [...] declarar isso e tentar provar sua veracidade." E esse reconhecimento da inferioridade também não devia "perverter" a *noblesse oblige* da nobreza iluminista; pois, assim como "o homem protege" as mulheres frágeis, argumentava Caldwell, o escravo inferior é considerado muito digno de pena e de bondade.

Caldwell estabeleceu muitas das premissas que mais tarde impregnariam o pensamento científico do sul dos Estados Unidos. Seu quebra-cabeça iluminista era o seguinte: a criação de pares animais era logisticamente absurda. Ela desprezava as considerações predador-presa e os equilíbrios ecológicos. Os primeiros pares teriam simplesmente devorado uns aos outros ou morrido de fome. Em vez disso, as populações devem ter aparecido primeiro onde o terreno e o clima permitiam. E o mesmo podia ser dito a respeito dos seres humanos. As várias espécies lançavam raízes *in situ* no começo, adaptadas a nichos diferentes. Que "o caucasiano, o mongol, o africano e o índio americano" *são* espécies era comprovado pelo fato de eles diferirem entre si mais que muitas espécies de cavalos e macacos. Na verdade, era muito mais fácil perceber as diferenças entre um "hotentote" e um homem branco do que "entre duas espécies de gatos". A redução ao absurdo feita por Caldwell dizia o seguinte: se as quatro espécies do Homo — parecendo tão diferentes — são "descendentes de um par original", então espécies semelhantes de macacos, gatos e cavalos também remontam a pares ancestrais comuns de macacos, gatos e cavalos. Caldwell estava tentando fazer Prichard parecer ridículo lançando-o no campo dos transformistas. Se um caucasiano pode produzir um mongol por migração, então um "orangotango" poderia produzir um malaio. Seria uma acusação comum feita a Prichard: que ele estava atribuindo à natureza um poder ilícito. Ilícito porque não havia causas físicas conhecidas que pudessem ter esse efeito.[28] Prichard negava que as *espécies* se transmutam, como Darwin sabia. Mas Darwin estava dando seu próximo passo — procurando as causas que *poderiam* transformar a espécie indefinidamente.

Portanto, Caldwell estava dizendo que as várias espécies humanas não tinham relações entre si nem uma origem comum. Bom, como em geral as espécies não se cruzam entre si, exceto para produzir mulas de quando em quando, toda prole humana mista deve ser de *híbridos* de viabilidade limitada. Caldwell achava que os filhos "dos mulatos" [termo espanhol para designar uma "mula" humana], a produção híbrida de caucasianos e africanos" acabaria deixando de "ser produtiva, e a raça se extinguiria". Prichard, e Darwin de acordo com ele, conhecia os limites dos casamentos mistos e a viabilidade da prole podia ser testada experimentalmente usando raças domésticas selecionadas de aves e gado. Mas, para Caldwell, não havia comparação entre animais domésticos e seres humanos. Embora fosse óbvio que os porcos e as aves tinham mudado com a domesticação, os homens, não. Para provar isso, ele apontou os judeus e os ciganos que não se misturaram com outras raças como facilmente reconhecíveis em todos os continentes e climas. Esses povos foram "fatais" para a teoria unitária de Prichard. Depois Caldwell examinou documentos antigos que mostravam a existência de uma nação formada inteiramente por etíopes negros 3.445 anos atrás, quando o caucasiano Noé tinha saído da arca só há 700 anos. As várias espécies humanas *sempre* foram distintas.[29]

O ataque à justificativa bíblica da unidade racial defendida por Prichard foi muito ruim para os que estavam no pódio da BAAS. Pior ainda foi a defesa que Caldwell fez da escravidão. Darwin devia ter em mente mil donos de escravos brasileiros ou podia estar pensando em gente como Caldwell ao rabiscar o seguinte num de seus cadernos sobre evolução: "Será que os donos de escravos não querem tornar o homem negro um ser de outra espécie?" Um rico complexo de emoções estava por trás dessa investida contra a degradação à moda caldwelliana. Darwin tinha horror às apologias das *plantations*, e sua origem comum de negros e brancos e, em última instância, de *todas* as formas de vida, era a resposta.

Mas as provocações de Caldwell não terminavam aqui. Hodgkin pedira — com Caldwell presente à reunião da BAAS em Plymouth — que os filhos dos chefes fossem enviados para as escolas missionárias da Grã-Bretanha. Caldwell criticou severamente essa proposta. Só os brancos tinham capacidade para a cultura verdadeira. Os aborígenes eram "imóveis", como os outros animais, não se haviam aperfeiçoado desde tempos imemoriais. Nenhum deles produzira "um Cícero, um Bacon ou um Shakespeare". Hodgkin não gostou nada de ouvir que os homens vermelhos eram espécies indomadas trancadas num nicho e que "a civilização está fadada a exterminá-los" junto com os búfalos. Como todos os esforços para "educar os índios tinham feito com que eles se deteriorassem", declarou Caldwell, a extinção das tribos era um tiro de misericórdia num torturado povo selvagem incapaz de civilização. O ribombante Caldwell descrevia essa situação como se fosse a verdadeira história natural do homem, que a filantropia compassiva estava distorcendo de forma antinatural. A intervenção humanista era um "desperdício", prolongando a miséria de um povo adaptado às florestas e pradarias. Perdendo seu *habitat*, "sua extinção vai ser um ato de compaixão, não de maldade".[30] Para o quacre Hodgkin, Caldwell, dono de escravos e exterminador convicto, um orador arrogante de 1,88m, um homem igualmente inflexível e dono da verdade, deve ter parecido repugnante.

Os temores dos líderes da BAAS concretizaram-se: a etnologia estava se tornando explosiva. Apesar disso, Darwin estava com suas questões no devido lugar, em panfletos etnográficos impressos, cujo verdadeiro propósito ninguém conseguiria adivinhar. E, graças aos conhecimentos especializados de Hodgkin (aprimorados ao longo de mais de duas décadas de panfletagens antiescravagistas) sobre distribuição, toda a operação de enviar exemplares através de sociedades culturais, mandá-los para *émigrés* e suprir as expedições que estavam partindo para o mar Vermelho para a Nigéria, para a África do Sul, para o Canadá no extremo ocidente e para a Rússia[31] parecia uma dádiva de Deus.

Os Darwin acompanhavam de perto o destino dessas expedições. Ironicamente, o pior desastre que aconteceu a elas teve a maior das repercussões não só para a ciência de Darwin, como também para todo o movimento filantrópico.

A expedição à Nigéria começou muito otimista com a fundação da Sociedade da Civilização Africana. Depois de conseguir interromper o que era chamado de aprendizado dos escravos, os moralistas britânicos estavam em busca de novas conquistas. Seus olhos vasculhavam o globo à procura de povos de pele escura nos continentes negros que precisavam da luz da liberdade e das bênçãos do livre comércio. Joseph Sturge fundou a Sociedade Antiescravagista Britânica e Estrangeira em 1839 para proibir a demanda por escravos no mundo inteiro (com o tempo, outros órgãos abolicionistas apoiaram ou fundiram-se a este). Mas Buxton adotara uma estratégia mais comercial: fundou a Sociedade da Civilização Africana para acabar com o suprimento de escravos na fonte. Mais uma vez, o comércio era a chave: ele queria que o comércio de mercadorias substituísse o comércio de vidas humanas. Ao mobilizar os recursos naturais da África e a engenhosidade nativa, os britânicos poderiam mostrar que negócios legítimos não só eram mais lucrativos que a escravatura, como também recebiam recompensas eternas. A missão da sociedade na Nigéria parecia clara: os exploradores iriam para o interior fazer tratados com os chefes locais, fundar entrepostos comerciais e uma fazenda-modelo e coletar informações científicas.[32]

Greg, o desiludido amigo de Darwin de Edimburgo, farto de sua "vida de cão" como dono de fábrica e vendo a empresa da família quebrar em 1841, enxergou o outro lado do plano. Greg temia que poucos dos civilizadores "voltassem algum dia". Mas sua verdadeira objeção era econômica, o que o afastava ainda mais dos humanistas de Darwin. Um axioma da Alfândega dizia que nenhum comércio que rendesse um lucro de 30% entraria em falência; o magnata dos tecidos fez as contas e escreveu um livro anti-Buxton como resposta: fora da África, os donos de escravos estavam tendo lucros da ordem de 200%. Fazendo um cálculo monetário objetivo (do tipo que daria calafrios até mesmo num defensor do livre comércio como Darwin), ele afirmava que só quando os grandes fazendeiros americanos ou brasileiros vissem as mercadorias das Índias Ocidentais produzidas a um custo menor que o de seus artigos produzidos pelos escravos é que haveria abolição, mas por conta de seus próprios interesses.[33]

Apesar disso, o esquema de Buxton atraiu as melhores pessoas. A primeira reunião aberta da Sociedade de Civilização Africana, realizada em junho de 1840, estava apinhada de gente ilustre. O príncipe Albert presidiu com vinte prelados e uma dúzia de pares a seu lado. Lorde Glenelg e lorde Palmerston (o exuberante ministro do Exterior) sentaram-se ao lado de Sir Robert Inglis, perto do despretensioso Thomas Clarkson, e Buxton anunciou os nomes dos membros do comitê, entre os quais estava o capitão Robert FitzRoy. Como, segundo as palavras de Emma, "eram esperadas algumas mortes", o que não seria "um grande conforto para aqueles que morreriam nem para seus amigos", nenhum Darwin ou Wedgwood participou.[34] Dias depois, na Convenção Mundial Antiescravagista de Londres — com Clarkson presidindo a sessão de abertura aos 80 anos (sua última aparição em público) e Martineau convidada como delegada honorária americana, Buxton tentou levantar fundos. A expedição do rio Níger abriria "uma via de comunicação com o interior da África", removendo obstáculos para "a difusão do cristianismo e da ciência" e tornando o continente "uma residência salubre para as constituições europeias".[35] O dinheiro entrou e foram construídos três navios.

Nessa expedição "de Bíblia e arado" que subiria o rio Níger, todos os três comandantes levaram o questionário de Hodgkin (um deles, o capitão Allen, era conhecido de Darwin, tendo lhe dado informações sobre os recifes de corais). O mesmo fizeram os desenhistas e naturalistas — os navios levavam dois botânicos, um geólogo, um mineralogista, um vendedor de sementes e Louis Fraser, funcionário do curador da Sociedade Zoológica, de quem os amigos de Darwin se lembravam como um "sujeito rude". Acompanhando-os vinham dois missionários da Igreja da Inglaterra e um grupo de Índios Ocidentais negros, com tripulação e trabalhadores africanos: 302 pessoas ao todo. Chegaram à foz do rio Níger em seus moderníssimos barcos a vapor movidos a rodas no valor de £ 64 mil — dois deles batizados em homenagem a *Albert* e *Wilberforce*.

Seis semanas depois, um navio de resgate encontrou o *Albert* com um negro americano liberto da Libéria ao leme, lutando para descer o rio, sua missão abortada e movendo-se "como um navio empesteado, cheio de mortos e agonizantes".[36] A "febre do rio" acabou matando 39 europeus, entre os quais 12 oficiais. A tragédia teve muita repercussão: a Sociedade de Civilização Africana estava liquidada, Buxton morreu desacreditado e a redenção da África por meio do que Dickens ridicularizara como "cristianização ferroviária" (por meio do comércio) teve um retrocesso grave. A partir daí, a ênfase estaria em levar africanos para a Inglaterra a fim de receberem educação médica e missionária.[37] Pior ainda: a literatura racista exploraria a calamidade observando que a tripulação negra andava ilesa por esse "cemitério" branco. Por que sobreviveram? — porque eram uma espécie distinta adaptada primordialmente aos miasmas do rio Níger.[38]

Um sobrevivente, Louis Fraser, conseguiu chegar a curador do museu da Sociedade Zoológica e seria um correspondente ocasional de Darwin. Outro, o geólogo William Stanger, do *Albert*, conheceria Emma em 1842 na casa de Lady Inglis e lhe contaria que aprendera a manejar os motores por meio de manuais e os fizera funcionar noite e dia durante dez dias para levar o vapor de volta ao mar aberto e, por estranho que pareça, "todos os sofrimentos penosos desapareceram de sua cabeça como um sonho". Um terceiro sobrevivente, um intrépido mestre-d'armas chamado

John Duncan, voltou emagrecido e, apesar disso, apresentou-se como voluntário para voltar a penetrar no rio Níger e nos rios da cidade de Lagos, no interior. Essa empreitada ainda parecia um imperativo moral e comercial, e Darwin doou um guinéu para ajudar a financiá-la, embora "fosse assassinato numa pequena escala".[39]

As respostas às perguntas de Darwin certamente teriam algum custo. Mas, por causa do desastre, o questionário adquiriu uma nova importância para a Sociedade de Proteção aos Aborígenes. Com o desencanto público, ela mudou sua política para um estudo científico dos aborígenes, ao menos como prelúdio à proteção. O desastre levou os filantropos de Hodgkin para uma direção científica — a direção de Darwin.[40] Mesmo que agora Darwin estivesse convencido de que um aspecto qualquer da constituição dos negros tornava sua raça diferente.

Essa reunião da BAAS de 1839 chocou-se com a obra de Darwin de uma outra forma: levou-o a obter a última edição (a 3ª) de *Researches into the Physical History of Manking*, de Prichard. Ao sair de Birmingham, Darwin foi para Maer e Shrewsbury "apático e desconfortável". Ali leu Prichard. Queria fazer isso havia um ano. Uma nota de 1838 lembrava-o de fazer um resumo de Prichard nas seguintes áreas: cor, forma craniana, cabelos, intelecto, órgãos genitais femininos (não havia assuntos tabu) — em que as raças diferiam.[41] Agora devorou os dois volumes. Nenhum livro tinha escorado tão bem o edifício da unidade racial humana com tantos e tão extensivos dados sobre zoologia, medicina, etnografia e linguística. Em sua maior parte, foi a evidência extraída da zoologia que atraiu Darwin, bem como as histórias do viajante que pretendiam mostrar que um único tronco humano se havia espalhado pelo mundo e resultado nas raças de hoje. Prichard era um espírito afim: ele podia estar obsoleto ao defender a unidade adâmica ou a cronologia bíblica, mas era um aliado moral. Sua coleta global de fatos sobre os animais mostrou a Darwin que os dois trabalhavam de uma forma surpreendentemente parecida.

Mas, embora os estudos evolutivos de Darwin também assumissem valores abolicionistas, suas necessidades eram diferentes. Prichard apresentou pilhas de evidências para provar que as raças são uma só; Darwin foi além disso e propôs mecanismos hipotéticos que as dividiriam, que as afastariam — em resumo, queria mostrar como é que elas podem ter se *originado naturalmente*, que era a ideia na qual Prichard acreditava. Filho de médico, um estudante de medicina fracassado, mostrando os primeiros sinais de doença genuína que logo se transformaria numa invalidez conveniente, Darwin investigava as suscetibilidades à doença nas raças. Pesquisava as causas das doenças, como elas se tornavam hereditárias, por que se manifestavam em certos descendentes ou pulavam gerações. Nada deixou de ser examinado por causa de sua estranheza: Henry Cline, o velho cirurgião da era revolucionária, pode ter publicado só um livro sobre a forma animal, mas Darwin localizou sua observação de que os animais domésticos que eram cruzados para ter um tamanho maior eram "mais suscetíveis às doenças". As raças eram como as famílias: lá num futuro remoto, alguns vão ter muitos descendentes, outros vão ter poucos; e: "Quem consegue analisar as causas [disso, quaisquer que sejam] não gosta do casamento, nem de doença hereditária, efeitos de contágios e acidentes."[42] Ele começou a estudar estatísticas médicas relativas às "mesmas raças", mas em "países diferentes", para ver se sua tendência às doenças variava. Se variasse, esse dado poderia ajudar as raças a se diferenciarem no futuro.

Isso estava no fundo da mente de Darwin enquanto ele lia *Researches*. Prichard queria provar que as diferentes espécies tinham doenças diferentes; como todos os seres humanos sofriam das mesmas doenças, eram todos da mesma espécie. Mas mesmo que não houvesse nenhuma doença "peculiar a uma única raça", poderia haver predisposições diferentes à doença nas diferentes raças, assim como há nas famílias e nos indivíduos. Darwin agarrou-se às "predisposições". Seria essa a chave da separação racial? Como as raças humanas estão mais próximas, talvez mostrem apenas predisposições incipientes a doenças diferentes. "O modo de ver" de Prichard era "certamente o modo filosófico de ver a questão": "as raças humanas [mais próximas] mostram predisposição diferente", escreveu ele.[43] Mas ele chegou só até aqui.

Em última instância, Darwin nunca conseguiria apresentar muitas provas para a hipótese da "doença" e, à medida que ela foi se desvanecendo, o terreno finalmente foi preparado para sua teoria mais importante — que acabaria sendo chamada de "seleção sexual" — ascender inquestionada.

Outros também estavam lendo Prichard, e não eram só os cavalheiros do Sul que o estavam refutando. Um dos informantes de Darwin no zoológico estava ele próprio inconformado com a ideia defendida por Prichard da migração primordial dos negros (e até de brancos) para continentes distantes onde sua anatomia se transformava. Era o especialista que descrevera um grande número dos mamíferos que Darwin trouxera da viagem do *Beagle*, William Charles Linnaeus Martin (que não escondia o fato de ser filho de um naturalista).

Martin, recém-nomeado assistente de curador do museu da Sociedade Zoológica, era um especialista no assunto predileto de Darwin — macacos e raças humanas —, e estava prestes a publicar um livro sobre raças domésticas. Mas não foi sua descrição da raposa de membros curtos que Darwin trouxe da ilha de Chiloé, nem o tatu de formas irregulares que tinha chamado a atenção da família de Darwin. Foi o que ele disse sobre os gatos de Darwin e sua crença de que um deles, de cabeça pequena e corpo longo, morto a tiros perto do rio por um velho padre português que queria dá-lo a Darwin, que poderia ser uma nova espécie. Nesse caso, disse Martin, ele se propunha a batizá-lo de *Felis darwinii*.[44] A reportagem do *Morning Herald* tinha deixado a família nas nuvens, "especialmente papai", escreveu Catherine Darwin. Ao lado dos desenhos dos tentilhões das ilhas Galápagos feitos para Darwin pelo artista e superintendente do Departamento Ornitológico do zoológico, John Gould, o "Felis Darwinnia [sic] foi mencionado". "Papai quer saber que gratidão o zoológico mostrou a você; ele devia ao menos fazer de você um membro honorário."[45] (Infelizmente se descobriu mais tarde que não se tratava de uma nova espécie, mas sim do jaguarundi, ou "gato lontra", que recebeu esse nome por caçar em cursos d'água.)

Darwin participou das reuniões. Enquanto assistia Gould decifrar seus pássaros da América do Sul, também aprenderia sobre macacos com Martin[46] (o forte de Martin: ele estava escrevendo uma monografia sobre a espécie indígena naquele momento). Martin havia sido boticário — ou um cirurgião pouco hábil com o bisturi: sabia tanto sobre a expressão do orangotango quanto de dissecação de lóris. Darwin conversava com ele e registrava suas histórias sobre os animais do zoológico em seus cadernos.[47] Martin merecia confiança a ponto de ser citado extensamente por Darwin em seus livros posteriores.

Portanto, quando Martin falava, falava como um naturalista sério, e agora falou de Prichard. Depois que a reduzida Sociedade Zoológica o tornou redundante em 1838, Martin começou a trabalhar para o editor e escreveu sua principal obra, à qual deu o título desajeitado de *A General Introduction to the Natural History of Mammiferous Animals, with a Particular View of the Physical History of Man, and the More Closely Allied Genera of the Order Quadrumana, or Monkeys* [Uma introdução geral à história natural dos animais mamíferos, com enfoque particular na história física do homem e nos gêneros aliados mais próximos da ordem quadrúmana, ou macacos], publicada em 1841.

O negro, observou ele, parecia revelar os extremos da etnologia. Martin tinha o devido respeito pelo venerável Prichard, mas não via provas de que as causas naturais eram "capazes de produzir raças distintas". Não havia probabilidade de que o calor tivesse enegrecido a pele dos negros, "engrossado seus lábios, anelado seus cabelos e alongado suas mandíbulas e seus calcanhares" — nem que os europeus dos trópicos estivessem se tornando negros. Assim como "o cavalo de corrida, que cruzando com uma égua de corrida produzia um cavalo de corrida", sem sofrer a influência do clima dos estábulos de qualquer lugar do mundo, também os *émigrés* humanos se reproduziam onde quer que vivessem. Na verdade, se os seres humanos constituíam raças ou não era uma questão em aberto (embora Martin os classificasse eloquentemente como *Homo ethiopicus Homo hottentottus* e assim por diante). Só penetrando a "escuridão da antiguidade", atravessando o véu de "tempos idos, é que poderemos descobrir a história de nossa espécie, começando com a existência do primeiro homem do globo", e resolver a questão das origens.

Mas a imagem de humanidade de Martin era complexa. Mesmo que lhe tenha questionado o princípio mais importante, inclinava-se em concordar com a crença de Prichard de que as várias raças africanas poderiam perder "suas supostas marcas de inferioridade" se recebessem educação e subissem "na escala". Sua inteligência era bem adaptável num sentido cultural, por mais fixas que fossem suas anatomias. Parte da prova de Martin veio de Darwin. Que até as raças mais degradadas pudessem ascender (com a ajuda britânica) foi provado por sua discussão sobre os taitianos:

> O Sr. Darwin fala em termos muito favoráveis a respeito dos nativos do Taiti e os considera muito superiores aos neozelandeses tanto mental quanto fisicamente; uma superioridade a ser atribuída à influência humanizadora do empenho britânico no sentido de tirá-los dos hábitos e costumes bárbaros que, até recentemente, os colocava entre os mais degradados da raça humana...[48]

Portanto, as publicações de Martin não eram só um recurso importante para a escola florescente que defendia a pluralidade de raças não aparentadas entre si,[49] como também eram apropriadas para aqueles que defendiam uma origem comum. E Martin tinha nas veias uma quantidade suficiente de sangue humanitário para sentir que as acusações de "inferioridade intelectual" deixavam o negro vulnerável aos donos de escravos em seus "atos de crueldade e opressão". Ele endossou estudos que mostravam que o cérebro do negro era tão grande quanto o do branco e achava que as refutações se baseavam em amostras de "remanescentes miseráveis de um povo escravizado, rebaixados corporal e espiritualmente e degradados pelos maus-tratos". Os modos de vida selvagens das raças "mais inferiores" eram, concluiu Martin parafraseando Darwin, passíveis de ser "melhorados pela civilização".[50]

Mas essa igualdade no tamanho do cérebro foi contestada de maneira feroz. As capacidades cranianas passaram a ser cada vez mais a especialidade de Morton na Filadélfia. Em 1839, Hodgkin, o velho amigo de Edimburgo era o novo professor de anatomia da Faculdade de Medicina da Pensilvânia e um paleontólogo eminente (que conhecia seus fósseis de ostras). Estava satisfeito e confiante quando publicou *Crania Americana* (1839), um livro memorável aparentemente saído do nada.

Esta obra ilustrava seu outro talento, o de coletar crânios humanos (que havia sido alimentado, sem dúvida, por suas experiências em Edimburgo). Aproximadamente US$ 10-15 mil foram usados para construir seu Gólgota moderno, e os alunos dos primeiros tempos lembravam-se de ver grandes quantidades de crânios em sua sala — 867 foram contados em 1840. George R. Gliddon, o cônsul dos Estados Unidos no Cairo, efusivo e ateu, pilhara túmulos com o maior entusiasmo por todo o Nilo, chegando até a região que antigamente era a Núbia, e enviara-lhe 137 crânios, entre os quais 90 cabeças de múmias. Mas a especialidade de Morton era as tribos americanas. *Crania Americana* descrevia crânios de mais de 40 nações indígenas. O mausoléu de Morton era elogiado em casa como "a glória científica dos Estados Unidos".[51] Graças aos aplausos recebidos por *Crania*, Morton foi eleito um dos vice-presidentes da Academia de Ciências Naturais em 1840.

Embora Hodgkin tivesse feito de Morton um Membro Correspondente da Sociedade de Proteção aos Aborígenes antes da publicação de *Crania*, a gente fica se perguntando quais teriam sido os seus sentimentos depois. Porque, embora Hodgkin talvez tenha odiado o bombástico Caldwell, Morton ficou impressionado por ele e, no Kentucky, Caldwell *amou* o livro *Crania Americana*. Morton estava se afastando de Prichard, de Hodgkin, de Darwin e dos humanistas ingleses. Não só estava repudiando a noção da origem da humanidade a partir de um único casal, mas também seu corolário: a ideia "desnecessariamente inferida" de que as raças humanas devem ter surgido graças às "vicissitudes de clima, localização, hábitos de vida" e assim por diante. As imagens da Arca de Noé em Prichard também foram atacadas: Morton duvidava que uma "Providência onisciente" enviaria um dilúvio universal, que levaria a uma dispersão subsequente dos povos por todo o globo com probabilidades mínimas de êxito. Morton defendia a criação dos aborígenes em suas terras natais como algo de acordo com a sabedoria divina. Portanto, suas 22 grandes famílias de seres humanos consistiam em nações que inicialmente eram únicas e criadas no local onde viviam, mesmo que tenha havido miscigenação depois. Seus comentadores da Academia falavam "daquela unidade imperecível, o gênero humano",[52] como se os seres humanos divergentes fossem várias espécies diferentes. E, embora Morton tenha tido o cuidado de nunca dizer isso em *Crania*, essa linha de interpretação era fortemente desencorajada.

Crania Americana foi um teste para saber se "os aborígenes americanos de todas as épocas pertenceram a uma só raça ou a uma pluralidade de raças". A conclusão de Morton foi que (com exceção dos esquimós), todos os índios, do frio Canadá ao árido Paraguai, eram de uma única espécie. Isso significava que um único tipo craniano ocorrera em muitos terrenos diferentes, do subártico à zona tórrida. O clima não poderia ter modelado esses povos, porque eles eram uniformes num território vastíssimo. Era um ataque à tese de Prichard, um ataque reforçado num artigo enviado para a Sociedade de História Natural de Boston em 1842 e publicado com o título de *An Inquiry Into the Distinctive Characteristics of the Aboriginal Race of America* [Uma pesquisa sobre as características distintivas da raça aborígene na América]. Quase 400 crânios de índios das Américas do Norte e do Sul — de cemitérios peruanos às planícies ocidentais — mostravam ser de "uma única raça". Nem os cabeças-compridas do lago Titicaca eram singulares, acreditava ele agora, mas sim um povo que amarrava a cabeça de seus filhos, como se sabe que faziam as tribos dos cabeças-chatas do rio Colúmbia. Obviamente, o problema de caracterizá-los todos como "selvagens" impossíveis de civilizar era a grande dinastia Tolteca que desaparecera — aquela que deixara edifícios e esculturas no Peru e em Bogotá, as pirâmides do México e as fortificações do vale do rio Mississippi. Mas Morton diminuiu a importância desses toltecas construtores de monumentos. Supunha que esse ponto alto de "refinamento" era só de "um punhado de pessoas"; a maioria continuou selvagem, maioria essa que solapou essa civilização antiga e deixou seus descendentes nas planícies modernas como uma raça decadente. No seu todo, "a extinção parece ser o fim desventurado, mas que está se aproximando rapidamente de todos eles".[53]

Crania Americana somou-se à evidência que justificava a desapropriação das terras dos nativos americanos. Era um recurso incrível para a análise racial, e o Dr. Caldwell usou a mesma moeda num periódico do Kentucky. Fazendo alarde da animalidade revelada por esses crânios de selvagens, ele enfatizava que as diferentes tribos "dão livre curso ao seu desejo pessoal de vingança ou travam guerras". Uma análise frenológica mostrava-os como criaturas ferozes, degradadas, indolentes e resistentes às restrições civis; bem como revelou que os caribenhos estavam numa luta "de extermínio dissimulado e quase completo". Caldwell foi mais longe que Morton. Os peles-vermelhas estavam destinados a perder "a guerra para uma raça de homens *superiores a eles*". Como os milhões de indianos controlados por alguns milhares de homens da Companhia das Índias Orientais, os nativos americanos haviam descoberto que "seus conquistadores e senhores eram os anglo-saxões — aquela variedade que está claramente à frente dos caucasianos e é sua casta mais elevada".[54]

Os humanistas poderiam ter questionado Caldwell e Morton. Poderiam ter defendido uma origem asiática dos aborígenes da América e a unidade de todos os filhos de Deus, sancionada pela religião. Poderiam ter neutralizado a imagem de indígenas belicosos de Morton com uma lista de atrocidades civilizadas; ou apontado o progresso dos choctaws e dos cherokees como prova de potencial; ou mencionado que as populações locais que saudaram os espanhóis no México e na Guatemala eram mais alfabetizadas cientificamente, e mais bem-dotadas arquitetonicamente, que os bretões cobertos de tecidos tingidos com anil que cumprimentaram César. Mas esses humanistas estavam pregando para os já convertidos, e muitos deles estavam abandonando a religião. Os que ficaram nos bancos das igrejas — inclusive os Wedgwood e os Darwin — tinham sido batizados com essas visões comparativas. O Comitê Seleto de 1835, ao questionar Hodgkin, não observara que os bretões que estavam resistindo às legiões romanas estavam num estado de "degradação" tão grande quanto os maoris de hoje? Esse relativismo moldou a visão evolutiva de Darwin, ajudando a explicar seu sarcasmo mais tarde, diante da arrogância de Lyell: "Para mim", disse Darwin, "seria uma satisfação infinita acreditar que toda a humanidade vai progredir até tais alturas, a ponto de sermos vistos em retrospectiva como simples bárbaros."[55]

As ilhas humanistas estavam se despovoando nos anos 1840, principalmente na América. A nova etnologia estava dando poder a médicos numa nação que lutava com "selvagens" nas fronteiras, ao passo que um sistema escravagista subitamente encontrou uma nova sanção científica.

As declarações de Morton certamente chamaram a atenção dos defensores da escravidão. Os crânios egípcios e os hieróglifos de Gliddon mostravam que "as raças caucasiana e negra eram perfeitamente distintas naquele país há três mil anos tanto quanto são agora". E quando Morton publicou ilustrações das múmias de Gliddon em *Crania Aegyptiaca* (1844), não foi preciso muito para sugerir que "a posição social [dos negros] nos tempos antigos era a mesma de agora: a posição de servos e escravos", o que fazia a escravidão parecer um sistema instituído pela divina Providência. A etnologia brutalmente realista de Morton também estava apelando para a *intelligentsia* reunida em torno do periódico *North American Review* (que era um tabloide conservador na época, que "nenhum sulista jamais acusou de abolicionismo", mesmo que o *Review* se queixasse da repressão moral aos escravos). Para a elite da Nova Inglaterra, as medidas acuradas de Morton garantiam "justiça e precisão". Os egípcios e negros caucasianos *eram* distintos; os toltecas feudais *eram* senhores dos índios selvagens e resistiam tanto ao "amálgama" quanto as classes da "Europa aristocrática" sempre resistiram. A ênfase continuava na estratificação: a civilização era sustentada pelos poucos enobrecidos, um processo perigoso na cultura tolteca, e era uma advertência metafórica sobre os excessos da sociedade sulista, caso os negros algum dia fossem liberados. *Crania Americana* era simplesmente "o acréscimo mais valioso" para a questão da raça em toda uma geração.[56]

Mas o que realmente conquistou a aprovação foi o novo cálculo do tamanho dos cérebros feito por Morton. Eles contradiziam frontalmente Friedrich Tiedemann, o anatomista de Heidelberg, afirmando que havia uma grande variedade no tamanho dos cérebros, de 34,25cm^3 nos brancos até 30,70cm^3 nos etíopes. Essa classificação do cérebro provocou mais comentários que todo o resto do livro, o que continua até hoje.[57] Mas a questão é que ela satisfazia expectativas preconceituosas. Um ano antes da publicação do livro de Morton, um importante frenologista de Edimburgo anunciou que "todos os anatomistas modernos estão corretos" ao afirmar que o negro é "inferior".[58] Com Morton, o estereótipo encontrou dados irrefutáveis. Tabelas de medidas de crânios com ilustrações davam crédito às suas medidas de capacidade craniana. Agora a maioria dos comentaristas estava convencida não só de que as raças estavam separadas desde tempos imemoriais, como também de que podiam ser classificadas imparcialmente. Em 1840-41, a *American Phrenological Journal* [Revista Frenológica Americana] elogiou a "magnífica obra" de Morton e publicou sua hierarquia com o título de "Superioridade da Raça Caucasiana". Morton mostrara a "cegueira" dos lacaios humanistas de Tiedemann.[59] A revista usou os números de Morton para tornar o homem negro uma espécie distinta e empurrar os peles-vermelhas para mais perto das reservas. O anglo-saxonismo racial estava a pleno vapor — com explanações frenológicas da subjugação histórica e previsões anatômicas de extinção futura.

Este era o território de George Combe, o frenologista de Edimburgo, e foi a resenha de Combe que ajudou a pintar o quadro dos *Crania Americana* para Darwin. Por coincidência, o melancólico Combe estava fazendo uma turnê pelos Estados Unidos em 1838-1840, dando conferências e interpretando as cabeças norte-americanas. Seus livros tinham anunciado sua chegada, e os prefácios locais das edições americanas deram uma forte tonalidade racista, muito além de qualquer coisa que estivesse nos originais de Combe.[60] Um número cada vez maior de pessoas considerava realmente os negros impossíveis de civilizar, e o *System of Phrenology* [Sistema de frenologia] de Combe (em sua 4ª edição em 1836) fez pouco para dissuadi-las. Apesar de Combe ter horror à escravidão, seu *System* tinha mostrado os negros com órgãos pequenos de "consciência" ou "justiça", o que explicava por que os juízes da Índia e da América estavam certos por não aceitar o depoimento dos nativos nos tribunais coloniais. Sugeria também que os "filhos e filhas" sequestrados da África, com seu senso reduzido de justiça, não se davam conta da injustiça da escravidão.[61] O sistema determinista de Combe poderia ser facilmente usado para defender a "instituição doméstica" do Sul (e foi).

Mas deparar-se com a escravidão ao vivo e em cores, mesmo em Washington, DC, parece ter abalado Combe. Em Maryland, ela assumia sua "forma mais branda", ou pelo menos foi o que disse o senador Henry Clay, representante de Kentucky (num discurso contra a abolição que muitos viram como o sinal de partida para a campanha eleitoral para a presidência em 1840). Mas, assim como "a pirataria, o assassinato e o incêndio criminoso", disse Combe, a escravidão ainda era um abuso e, se não fosse refreada, terminaria "em sangue e devastação". A retórica "inflamada" no Congresso sobre "a liberdade universal" não combinava nada com os anúncios de escravos nos jornais locais para "o mercado de Louisiana e Mississippi". Piores ainda foram as discussões dos senadores sobre os escravos enquanto propriedade. Essa mercantilização parece ter convencido Combe da baixeza da instituição. A gente também fica se perguntando qual teria sido a reação de Combe à distorção virulenta da frenologia pró-escravidão que ele encontrou em algumas cidades. O lado agitador de Clay certamente o incomodou, principalmente a declaração de que a abolição levaria a "uma guerra de extermínio [...] entre as raças".

Washington estava no caminho de Damasco de Combe. Ele passou por uma profunda mudança de opinião: antes ele também tinha achado que a guerra se seguiria à liberação; agora ele estava dando para trás. A contra-evidência formava pilhas: ele descobriu que os negros tinham cérebros maiores nos Estados Livres (onde eles podiam exercer suas faculdades intelectuais); prestavam grande atenção às suas palestras em salões quacres (tendo recebido a permissão de ficar discretamente perto da porta); os sermões deles eram feitos num inglês impecável. E depois de mandar dissecar o cérebro de uma mulher, Combe descobriu que as faculdades da benevolência, da consciência e da reflexão eram realmente maiores que aquelas dos nativos americanos. Isso explicava a "paciência, a confiabilidade e, numa inversão completa, o senso de justiça" dos negros. De modo que "as próprias qualidades que tornam o negro em escravidão uma companhia segura para o branco vão torná-lo inofensivo quando estiver livre".[62] A frenologia reconsiderada estava declarando que o alarmismo de Clay era "infundado".

De modo que foi um Combe cauteloso, sensibilizado pela escravidão, que escreveu anonimamente a resenha sobre Morton lida por Darwin. Mas a mudança de opinião de Combe não o impediu de pintar um quadro sombrio do índio. Como tantos, ele ficou maravilhado com a coleção de crânios de Morton e chegou até a emprestar a Morton crânios de índios pés-pretos para que figurassem na *Crania Americana*. Morton, por seu lado, conseguiu que o "ilustre" Combe acrescentasse um apêndice frenológico ao seu livro. Ali Combe confirmou o que era, na verdade, o problema de Darwin: os naturalistas tinham de explicar diferenças nas raças que viviam em ambientes *semelhantes*. Não que Combe tenha estudado os nativos americanos *in situ*. Sua análise se baseava nas ilustrações cranianas de Morton. Nada mais, pensou ele, era necessário para aquele ser "um documento autêntico, no qual o filósofo pode tomar conhecimento das atitudes nativas". Elas lhe provaram que aquilo que a nação pode realizar só podia ser determinado pela capacidade mental. Não podia ser moldado pelo "solo e [pelo] clima", porque os europeus progrediram no Novo Mundo, onde as tribos locais estagnaram.[63]

Apesar de ter contribuído para o *Crania Americana*, Combe não hesitou em fazer resenhas sobre a obra. Seu panegírico apareceu anonimamente na *American Journal of Science*, cujo responsável era Benjamin Silliman, que se recusava a tratar a frenologia como algo "ridículo e absurdo" (como os frenologistas de boa-fé, Silliman observou seu valor prático para identificar criminosos potenciais — o que provavelmente explica a recepção calorosa que Combe teve em New Haven por parte do governador e do juiz que era presidente do Tribunal Superior do estado).[64] É provável que essa tenha sido a resenha mais badalada de todas. Apresentou Morton a muita gente, no caso de Darwin por meio de uma reimpressão desfrenologizada e expurgada na *Edinburgh New Philosophical Journal.*

A partir daquele momento, Darwin mergulharia periodicamente em Morton, mas foi iniciado nesse autor por essa resenha, que fixava os atributos emocionais e morais de uma raça desde a aurora de seu surgimento. Darwin sabia em que direção o vento estava soprando — estava soprando muito forte contra Prichard. Essa resenha o confirmava de novo, com sua classificação racial depreciativa baseada em capacidades inatas. E, como que para confirmar a disparidade suprema entre as principais raças, a resenha dava aos povos negros e "vermelhos" camadas de pigmento na pele que eram exclusivamente suas. Nenhuma camada epidérmica podia ser *produzida* pelo sol, pelo calor ou pelo frio. Corroborava a crença de Morton de que toda raça estava bem adaptada "por uma Providência onisciente" desde o princípio. A neuroanatomia explicava por que as nações indígenas eram incorrigíveis, incapazes de raciocínio abstrato, imutáveis desde a "época primitiva" e resistente ao "trabalho missionário e às benesses privadas".[65] Nada estava fora do alcance da frenologia enquanto explanação de gabinete dos conflitos raciais.

Deve ter mostrado mais uma vez a Darwin que a sociedade científica de uma era expansionista estava divergindo drasticamente do caminho que ele havia tomado. Ele também não via mais o clima como algo importantíssimo. Mas uma linha pluralista, tão útil à escravidão sulista e aos craniólogos nortistas, estava se consolidando e puxando o tapete de seu protomecanismo de seleção sexual por dividir as raças a partir de um povo antigo unificado.

Os Darwin aguentaram firme mesmo que os acontecimentos parecessem sombrios. Em 1841, eles ficaram revoltados com a tentativa do governo britânico de diminuir os impostos sobre o açúcar que tinham favorecido as Índias Ocidentais emancipadas (a tarifa bloqueara efetivamente o açúcar mais barato produzido por mão de obra escrava de outros lugares). Não era preferível que até os bretões pobres pagassem mais pelo açúcar produzido por mãos livres do que permitir a entrada do açúcar escravo e com isso aumentar de novo a demanda por escravos? Greg, o velho amigo de Darwin, adotou uma linha menos ética: uma tarifa temporária era necessária para permitir aos grandes fazendeiros das Índias Ocidentais otimizarem a produção usando trabalho negro ou importado e, desse modo, vender mais barato a cana ou o algodão escravo. Os Darwin, que podiam se dar ao luxo de pagar qualquer preço pelo açúcar, mantiveram-se firmes. "Nós, antiescravagistas, estamos todos surpresos com os planos do governo", protestou Emma.[66]

As coisas pioraram quando um problema diplomático ameaçou as relações anglo-americanas. Embora o tráfico transatlântico tivesse sido proibido nos Estados Unidos em 1807, um tráfico negreiro interno florescia ao longo da costa sudeste e sul do país, com os principais portos de contrabando em Charleston, Mobile e Nova Orleans. Cargas humanas eram a força vital do sistema de *plantation*, mas eram vulneráveis no mar. Em 1841, os escravos que estavam indo da Virgínia para a Louisiana sequestraram o brigue americano *Creole* e obrigaram a tripulação a levar o navio para Nassau, nas Bahamas, uma colônia britânica emancipada. Todos os 135 negros (exceto aqueles acusados de assassinato) receberam asilo e foram libertados. Donos de escravos sulistas exigiram uma compensação. Daniel Webster, o secretário de Estado dos Estados Unidos, exigiu a volta dos escravos afirmando que, de acordo com a lei americana, eles eram propriedade legal. Em Londres, o Ministério do Exterior observou calmamente que o motim acontecera em águas internacionais, onde a lei americana não se aplicava. À medida que os ânimos se exaltavam, os Darwin ficaram "alarmados com a possibilidade de os Estados Unidos declararem guerra contra nós". Também estava em jogo, ouviu dizer a tia Jessy, o "direito de busca", que era um acordo internacional cujo objetivo era acabar com o tráfico negreiro em alto-mar. Mas, quer "fosse o direito de busca, quer fosse não desistir dos escravos do *Creole*, assegurou-lhe Emma, se a guerra viesse, seria por uma boa causa".[67]

Enquanto denunciava a escravidão americana ou boicotava seus produtos, Darwin estava ocupado solapando seus pilares científicos, a negação de sangue comum e de uma herança comum. No entanto, esses pilares estavam sendo reforçados naquele ano, e um homem fez mais que todos os outros para reforçá-los.

Em Mobile, Alabama, o Dr. Joseph Nott era um verdadeiro cavalheiro sulista. Tinha a mão caridosa estendida para os doentes e pensamentos desumanos sobre o lugar dos "negros sujos", dos quais possuía nove. Filho de um parlamentar com credenciais impecáveis, Nott foi inspirado pelas *Crania Americana* de Morton. Da Carolina do Sul, ele também fora estudar na Universidade da Pensilvânia com o antigo mentor de Morton, o Dr. Physick, antes de migrar para Mobile em 1836. Ali a mancha de ateísmo foi camuflada por um trabalho dedicado à febre amarela. Ele enriqueceu em meio ao surto populacional tratando dos comerciantes de algodão (e de sua valiosa propriedade) e começou a divulgar seus pontos de vista sobre *"negrologia"*, o que de repente o pôs no leme da nova ciência.[68] Ali — na cidade escravocrata que expulsava pregadores por sermões antiescravagistas — se tornou a voz científica da separação das raças.

Mobile tinha muitas faces. Cada elemento da sua massa de comerciantes de algodão, mercadores ingleses e visitantes via um lado que se harmonizava com sua atitude em relação à escravatura. Partes da cidade eram elegantes, com jasmins maravilhosos perfumando o ar, principalmente ao longo da praia. Nelas as beldades sulistas passeavam, explicando aos estrangeiros que elas "não podiam passar sem os escravos" e que a "opinião pública" garantia que eles fossem bem tratados. No entanto, misturado ao perfume de jasmim havia o fedor de carne queimada, e fantasmas algemados assombravam a velha baía, que um dia fora o principal porto do Alabama de carregamentos vindos da África. Pouco antes de Martineau chegar a Mobile em abril de 1835, dois escravos tinham sido queimados vivos, "em fogo lento, ao ar livre, na presença dos cavalheiros da cidade". Parece que foi por estupro e assassinato de uma moça branca, embora os escravos tenham sido presos depois de um incidente sem relação alguma com este. Os detalhes eram obscuros, mas a anfitriã de Martineau os atribuiu à "libertinagem" dos patrícios brancos entre as moças negras, que forçava represálias, pelas quais os dois infelizes pagaram com a vida. A história, como tantas vezes, tinha um tema sexual; mas, na época, muitas vezes a propaganda abolicionista ganhou força por explorações quase voyeuristas "nas fossas mais profundas da licenciosidade", conhecidas somente nesses tórridos estados escravagistas.[69]

A miscigenação era o assunto que obcecava Nott. Saber se negros e brancos conseguiam produzir descendentes viáveis por gerações e gerações de casamentos mistos estava se tornando uma questão controvertida. Muitos do lado antiescravagista nunca duvidaram de que poderiam, sim. Ao tomar conhecimento de que Henry Clay achava que negros e brancos, que Deus separara, deviam "manter-se separados", Combe respondeu:

> Quando a Providência quer impedir as raças de se misturarem, ela torna o produto de sua união estéril, como no caso da mula. Os donos de escravos imprimiram na população escrava evidências claríssimas de que essa proibição não existe entre as raças africana e europeia.

Feitores coabitando com escravas e vendendo seus filhos de pele clara; senhores brancos estuprando escravas (e amantes brancas enforcando as mulheres por "permitirem isso"); as elegantes filhas ilegítimas do dono de escravos sendo vendidas para a prostituição até a morte; essas eram as histórias que os viajantes britânicos guardavam na manga para provar que "a licenciosidade e a tirania se uniram". Como essas histórias eram sinistras e incontáveis, e como havia "mulatos" por toda parte, muita gente acreditava na total viabilidade das gerações dos casamentos mistos. "A cor branca distinguível em milhares" de escravos provava isso, disse Combe. E depois ele exasperou ainda mais seus adversários linha-dura (por isso teve dificuldade em conseguir que suas *Notes on the United States* [Notas sobre os Estados Unidos] fossem publicadas sem censura ao descrever os "quartos" (um quarto de sangue negro) como pessoas "belas e talentosas".[70]

Nott questionou essas afirmações num artigo explosivo que deu início a um debate sobre hibridismo que penetrou profundamente na literatura de animais domésticos de Darwin. A defesa da escravidão era a pedra fundamental da filosofia cada vez mais coerente do Sul. Com a investida abolicionista dos anos 1830, Dixie renunciou a qualquer herança revolucionária baseada na igualdade. A reação foi acelerada pela revolta de escravos de Nat Turner na Virgínia (1831). Depois da execução de Turner, os vigilantes (nos Estados Unidos, corpo de cidadãos voluntários que se organizavam para capturar, julgar e punir aqueles que consideravam criminosos no sul e no oeste) expulsaram abolicionistas e criaram patrulhas nas *plantations*. No Alabama de Nott, houve violência. Mesmo antes da insurreição, quando Nott estava crescendo, a Carolina do Sul mandara prender marinheiros negros livres que tinham permissão para desembarcar com o objetivo de evitar todo e qualquer contágio. As justificativas pró-escravagismo estavam tomando forma quando Nott começou a escrever, graças, em parte, a uma indústria editorial florescente no Sul (com sua ascensão, caíram as proibições de ensinar os escravos a ler). O apoio cristão à escravatura no Sul foi exageradamente bíblico — Israel a tinha praticado, São Paulo a havia sancionado —, mas, por meio das estatísticas de Nott, os sulistas agora saberiam como a "lei natural" e uma ciência com um prestígio cada vez maior fortaleceram seus conceitos de ordem hierárquica e sua responsabilidade social. A conversa passara de "direitos" para "deveres". Cuidados e um procurador cristão eram os novos lemas da escravatura. A situação dos negros "inferiores" do Sul era retratada como melhor que "os escravos assalariados sacrificados a Mamon nas fábricas do Norte". Como os ideais dos Patriarcas Fundadores foram repudiados, uma visão orgânica daquela instituição peculiar estava se formando no Sul, uma visão — sustentada pela ciência de Morton, Nott e Gliddon — que via a escravatura remontar à pré-história e ordenada por Deus.

Como provar que os verdadeiros escravos estavam em situação melhor que os "escravos assalariados" livres do Norte? Escamoteando estatísticas questionáveis de mortalidade e o Censo de 1840, Nott afirmou que a mortalidade dos negros livres de Nova York era maior que a dos escravos de Baltimore. Mas esses indicadores de morte também sugeriam que os mulatos viviam menos que "africanos puros" ou "anglo-saxões". Com base nessa "descoberta", Nott escreveu seu artigo de 1843 (publicado numa revista científica impecável) com o título de "O Mulato — um Híbrido". O texto em si era pobre, só cinco páginas, a maior parte colagens. Mas a conclusão — na verdade, o subtítulo — "provável extermínio das duas raças se brancos e negros tiverem permissão de se casar" — atirou a luva. O mulato enfraquecido, com tendência a doenças, era uma bomba-relógio cada vez menos fértil. O médico tinha visto isso em Nova Orleans, onde antigas famílias de mulatos tinham "se esgotado tão completamente" que deixaram propriedades rurais sem herdeiros. As mulheres eram "más parideiras" e mães piores ainda. Na verdade, apresentada em termos sexuais e estéticos, a questão publicada por um jornal branco para leitores brancos estava distorcida:

> Olhe primeiro para a mulher caucasiana com sua pele cor-de-rosa e lírio, seus cabelos sedosos, suas formas venusianas e seus traços bem cinzelados — e depois para a prostituta africana, com sua pele negra e de cheiro forte, seu cabelo pixaim e seus traços animalescos —, então compare suas qualidades intelectuais e morais e toda a sua estrutura anatômica... e diga se elas não diferem tanto uma da outra quanto o cisne e o ganso, o cavalo e o asno...

A doutrina dos grandes fazendeiros escravagistas tinha voltado à tona com um viés médico. Com a infertilidade aumentando ao longo das gerações, esse amálgama de tipos "anglo-saxões" e "negros" acabaria com toda a pureza e qualquer futuro para a humanidade civilizada.

Havia uma certa ironia familiar nisso. Henry, o irmão de Nott igualmente sarcástico, tinha tido uma atitude muito mais relaxada no sentido de andar atrás de "prostitutas" negras. Certa vez defendeu a "filosofia verdadeira" de um amigo ao "aproveitar os bens que "'os deuses nos deram" — tendo o amigo, como Desdêmona, "se regalado com alguém de pele escura, na falta de pasto melhor". Mas, para o doutor, isso era uma baixeza; a miscigenação das raças "anglo-saxônica e negra" era intolerável. Não *raças* de fato, porque um "híbrido", ao contrário de um "mestiço", como

Darwin lembrou cautelosamente (a terminologia era uma palavra-gatilho nessas áreas explosivas), era uma mistura de *espécies*. O mulato de Nott era a prole "degenerada, antinatural" de "duas espécies distintas — como a mula do cavalo e da asna". Essa mula humana estava "condenada pela natureza". Que essas mulas humanas existissem — sendo uma "violação das leis da natureza" — era algo a ser explicado por Nott.[71] Sua solução foi sugerir que os híbridos da espécie eram mais comuns do que os naturalistas supunham. Alguns eram estéreis, outros, como os gansos, pintassilgos e canários, cabras e ovelhas, não eram, e muitos, como o mulato, estavam entre os dois extremos.

Os artigos de Nott e sua agressividade ajudaram a revigorar as controvérsias sobre o cruzamento de animais domésticos que marcariam a década seguinte. Na verdade, as controvérsias acaloradas sobre o híbrido humano alimentaram os debates. Darwin já estava noivo e estava longe de ser imune ao que estava acontecendo no sul dos Estados Unidos. Enviou seu emissário aos estados escravagistas: seu mentor urbano, o cavalheiro através de cujos olhos científicos Darwin foi treinado para ver, Sir Charles Lyell.

7

Essa questão mortalmente odiosa

No auge da carreira, Charles Lyell nunca havia cruzado um oceano, nem conhecido um "homem selvagem", nem vivido entre escravos. Sua vida tinha sido extremamente confortável. Mesmo quando estava exercendo o ofício de geólogo no continente, viajava nos melhores círculos. O terreno pode ter sido íngreme, as crateras vulcânicas explosivas, mas sempre tinha visto as coisas de cima. E também foi assim quando velejou duas vezes, com armas, bagagens e esposa, para visitar os americanos em sua terra natal. Depois de toda viagem cansativa de trem ou trecho difícil por barco a vapor, depois de todas aquelas escaladas de rochedos e subida de montanhas, um jantar os esperava, servido por criados de libré.

Depois de se despedir do pupilo Darwin, aquela "alma gêmea" com independência financeira e interesses "precisamente iguais" aos seus, Lyell foi primeiro para Boston, em julho de 1841, para dar as Conferências Lowell sobre geologia. Charles Sumner, um político ambicioso, conheceu o casal e apresentou-o à sociedade, como fizera com Harriet Martineau anos antes. Sumner defendeu a "contundente"[1] *Society in America* de Martineau e foi atraído por seu abolicionismo. Ajudaria a formar o Partido da Terra Livre para deter a disseminação da escravatura e dedicou sua carreira de senador por Massachusetts à causa da justiça racial. Entre os novos amigos de Lyell, ele seria a exceção.

Movimentando-se sem esforço pela sociedade de Boston, os Lyell tiveram anfitriões liberais em termos de religião e conservadores em termos sociais. Os unitaristas e episcopalianos (americanos anglicanos) preocupavam-se mais com a santidade da propriedade do que com os direitos sagrados do homem. O antiescravagismo era elegante e respeitável, mas o abolicionismo — exigindo que os americanos abrissem mão de suas "propriedades" — ainda era anátema, tanto mais com o escravo fugido Frederick Douglass fazendo conferências pelo estado, criando problemas e angariando apoio para sua causa. George Ticknor, a estrela-guia de Boston e professor aposentado de Harvard, recebeu os Lyell de braços abertos em sua casa em Park Street. Ali eles conheceram seu grande amigo Daniel Webster, secretário de Estado norte-americano, cuja defesa da propriedade de escravos granjeou-lhe a estima dos grandes fazendeiros do sul do país. John Armory Lowell, curador das conferências que tinham o seu nome, levou-os para ver suas fábricas de tecidos na cidade epônima da família, onde o algodão escravo se transformava em tecidos que seriam vendidos no Sul. Na Cambridge suburbana, os Lyell haviam conhecido o cunhado de Ticknor, o reverendo Andrews Norton, "o papa unitarista" e, na capela de Harvard, ouviram um seco discurso unitarista sobre o texto "Amai-vos uns aos outros como a si mesmos". Numa cerimônia episcopal, a Sra. Lyell sentiu grande angústia ao ver "sete mulheres de cor" receberem a taça da comunhão em separado, mas descobriu que os unitaristas também eram segregados (durante a visita dos Lyell quatro anos depois, o magnata têxtil Abbott Lawrence levou-os à igreja de Brattle Square, onde um ex-escravo já velho, Darby Vassall, estava na "galeria elevada reservada aos negros" acima do órgão"). Os negros podiam votar, exercer cargos públicos e participar de júris em Massachusetts.[2] Mas não eram amados por seus vizinhos brancos como eles amavam a si mesmos.

Depois que as conferências terminaram, Charles e Mary Lyell foram para o sul para passarem o inverno lá. Do outro lado do rio Potomac, na Virgínia, ao descer para o litoral leste, seus olhos se abriram. Mas não com horror, como acontecera com Darwin no Brasil; estes eram visitantes admirados de um país distante que encontraram inesperadamente pessoas como eles.

Um cartaz, "Homens e Mulheres comprados e vendidos aqui", marcava a entrada nos estados escravagistas. A cor da pele da sociedade mudou imediatamente. O número de negros tinha dobrado ou triplicado numa geração. Invariavelmente bem-educados, os negros eram controlados com rédea curta, com "passaportes" para monitorar seus movimentos depois do pôr do sol e, desse modo, evitar que caíssem presa de "missionários abolicionistas". Tendo sabido da existência desses intrometidos em Boston, Lyell ouviu grandes fazendeiros mais ou menos bem-educados vociferarem contra eles, chamando-os de "incendiários, ou animais predadores", que só serviam para ser "fuzilados ou enforcados". À medida que as semanas foram se passando, ele começou a sentir o mesmo ressentimento que seus anfitriões. Com escravos "tão excitáveis quanto ignorantes" e prestes a superar os brancos em número por causa do paternalismo permissivo dos grandes fazendeiros, "o perigo de um movimento popular qualquer" era, reconhecia ele, "realmente aterrador". "Estatutos rigorosos" tinham de ser promulgados, "tornando crime ensinar os escravos a ler e escrever", leis severas tinham de ser aprovadas contra "a importação de livros relativos à emancipação", tudo por causa dos "esforços fanáticos" dos abolicionistas. Embora Lyell considerasse sua "influência e número" maiores do que eram de fato, ele concordava com os grandes fazendeiros. A arrogância dos "oradores e escritores antiescravagistas dos dois lados do Atlântico" era prova, se houvesse necessidade de alguma, de que "ao lado dos evidentemente maus, a classe habitualmente chamada de 'pessoas bem-intencionadas' é a mais perversa da sociedade".[3]

Era isso que Boston gostava de ouvir e, ao escrever a Ticknor, Lyell enfatizou as mazelas abolicionistas enfrentadas pelos grandes fazendeiros do Sul. Se estivesse no lugar dos donos de escravos, essa "intromissão" também o teria irritado. Não era um "antiabolicionista"[4] quando chegou, mas agora culpava os fanáticos abolicionistas por fazerem com que a escravatura fosse defendida. Sua conversão foi no sentido contrário à de Martineau.

Os Lyell foram de barco a vapor para Charleston, Carolina do Sul, antigamente o principal porto de escravos do continente e o último a acabar com o comércio transatlântico. Lá os negros eram a maioria, e uma milícia de voluntários brancos montava guarda. Os dignitários locais fizeram fila para cumprimentar o casal no hotel, entre os quais o Dr. Samuel Dickson, um professor de medicina formado em Yale, e seu colega, o Dr. Edmundo Ravenel, que havia sido colega de Morton na Filadélfia. Ravenel levou-os para ver sua *plantation* de 3 mil acres de algodão, The Grove, onde encontraram cem escravos reunidos na cozinha da mansão para um casamento. O feliz casal era de "raça africana pura", e a noiva e as damas de honra estavam "todas vestidas de branco"; um sacerdote episcopal oficiava. Depois os Lyell ficaram sabendo que a cerimônia era uma impostura. Não era juridicamente legal. O casamento legal interferiria no "direito de venda" — da maior importância quando "os escravos se multiplicavam tão depressa" e os donos tinham de "separar pais e filhos, maridos e mulheres". Na *plantation* Dean Hall, onde Ravenel os levou em sua lancha a vapor para tentarem descobrir fósseis, a questão de cuidar de seres humanos ficou clara. Todo dia, depois de chamados, quarenta "negrinhos" chegavam correndo à porta da cozinha para pegar sua refeição. Os futuros trabalhadores dos campos de arroz do coronel William Carson exigiam uma alimentação adequada. "É exatamente como cuidar de um monte de animais numa fazenda", concluiu Mary Lyell, mesmo que se preocupasse com "o estado moral e religioso" das crianças.[5]

"Incrivelmente animados e alegres [...] tagarelas e conversadores como as crianças, em geral se vangloriando da riqueza de seu senhor e de seus próprios méritos peculiares" — essa foi a impressão geral que os escravos causaram em Lyell. Uma escrava, quando lhe perguntaram se pertencia a uma certa família, "respondeu contente: 'Sim, pertenço a ela, e ela pertence a mim'". Isso não era prova da bondade de seus donos? Apesar de todos os horrores apresentados cruamente pelos abolicionistas, Lyell achava "impossível sentir algum tipo de comiseração por pessoas tão evidentemente satisfeitas consigo mesmas".

Quanto mais impressionado ele ficava com a alegria dos escravos, tanto mais fácil a comparação com os rústicos servis da Inglaterra; os escravos certamente eram "mais bem alimentados que uma grande parte da classe operária europeia". Sua simpatia não se reservava aos escravos, mas aos grandes fazendeiros que assumiam a responsabilidade de sua manutenção: almas sensíveis que, "por motivos de bons sentimentos", em geral "tinham extrema relutância em vender" seus escravos, que não paravam de se multiplicar. "Nunca devemos esquecer que os escravos têm, no presente, o monopólio do mercado de trabalho; os grandes fazendeiros são obrigados a alimentá-los e vesti-los e são incapazes de deter o seu fluxo e contratar trabalhadores brancos em seu lugar." Por isso, alguns donos de escravos eram "constantemente tentados" a viver além de seus recursos e enfrentar a falência.

O Sul desconcertou Lyell. Ali estavam "duas raças tão distintas em suas peculiaridades físicas que chegavam a fazer com que muitos naturalistas, que não tinham o menor desejo de depreciar o negro, duvidassem se eram ambas da mesma espécie e haviam surgido inicialmente do mesmo tronco". Como poderiam se reconciliar e viver em harmonia? Talvez fosse possível fundar "reservas de negros", onde "negros livres [...] poderiam formar Estados independentes" e se aperfeiçoarem. Os distritos seriam escolhidos por seu clima tórrido, "insalubre para os europeus", mas onde os negros "são perfeitamente saudáveis". Os grandes fazendeiros detestaram a ideia: os "negros sujos" só recairiam na "vida selvagem", acabariam se reorganizando e planejariam ataques a brancos vulneráveis. Não eram "a raça afável, gentil e inofensiva" que Lyell pensava que eram e depois de várias gerações poderiam aspirar a uma "igualdade moral e intelectual".[6] Os negros só serviam para a escravidão.

Ali finalmente Lyell traçou uma linha divisória. Ele sabia que os negros podiam se aperfeiçoar. Não gostava da escravidão — ela afrontava seu liberalismo tanto quanto afrontava o de Darwin —; apesar disso, seis semanas no Sul transformaram seus "sentimentos em relação aos grandes fazendeiros". A cultura "aristocrática" do Sul "gentil" — um país dentro da União, povoado por "cavalheiros de verdade", cujos parâmetros se baseavam no caráter e na propriedade — tinha conquistado mais um simpatizante.⁷ Seus preconceitos haviam sido "completamente erradicados".

Lyell estava ali por causa de geologia, como todos sabiam, e tinha pouco tempo e talvez menos vontade ainda de refletir profundamente sobre a tragédia do Sul. Aquela ciência estava implicada nessa tragédia, como ele sabia por intermédio dos naturalistas que duvidavam se negros e brancos eram "do mesmo tronco". Ele sabia que as raças não haviam sido criadas separadamente; aqueles mestiços que ele via eram prova de que negros e brancos eram da mesma espécie. Mas talvez chegasse *um dia* em que o intelecto dos brancos tivesse superado tanto o dos negros que um naturalista diria que se tratavam de "duas espécies".⁸

Um naturalista que tinha dúvidas sobre essa questão era um velho conhecido de Darwin. Talvez Darwin tivesse aconselhado Lyell a respeitá-lo. Originalmente de Nova York, o reverendo John Bachman havia sido chamado para a Igreja Luterana de São João de Charleston. Não havia clima melhor para sua doença. Darwin conhecera o pastor no verão de 1838, quando, com a saúde "abalada", Bachman fizera um cruzeiro até Londres. Ali estava um homem caro ao coração de Darwin, que criava patos, cruzava pombos e era um horticultor de mão-cheia — já tinha publicado textos sobre abutres e migrações de aves e estava fazendo uma monografia sobre lebres, musaranhos e esquilos americanos. Gostava das mesmas coisas que Darwin: raças domésticas e patos híbridos (tendo tido êxito num cruzamento que ele mesmo fizera entre um galo d'angola e uma pavoa, embora a prole fosse estéril). No verão de 1838, Bachman frequentou assiduamente o museu da Sociedade Zoológica. Ganhou de presente 36 peles de animais nativos e classificou toupeiras, ratos-anões e esquilos, fazendo com que agradecidos especialistas metropolitanos batizassem uma nova "lebre de Bachman" de *Lepus bachmani* em sua homenagem.⁹ Nas reuniões e no museu apinhado, era evidente que Darwin e Bachman tinham se dado bem. Os cadernos de anotações de Darwin sobre a evolução deixaram uma série de conversas registradas sobre a maneira pela qual as lebres e as aves variam nas montanhas Rochosas, como os papa-moscas estavam ampliando seu território por toda a América e como os esquilos de Bachman embranqueceram no norte. Tudo isso havia sido útil para as teorias de Darwin.

Agora Lyell também encontrara um classificador enciclopédico de novas espécies americanas. Bachman descreveu em mil palavras o que Audubon mostrara em cada uma das ilustrações exuberantes que acompanhavam o texto (os dois colaboradores eram parentes: dois filhos de Audubon se casaram com duas filhas de Bachman). Bachman passava as mãos em cima de um mapa, mostrando a Lyell as fronteiras dos territórios dos mamíferos de leste a oeste, zonas que existiam mesmo que não houvesse "grandes barreiras naturais" à migração. Só o clima tinha limitado seu território. Mas os seres humanos tinham invadido esses territórios em sua marcha incansável para oeste. Bachman pode ter sido dono de escravos e antiabolicionista, mas acreditava na unidade humana tal como havia sido ensinada pelo Gênesis. Todos os seres humanos pertenciam a um único tronco que descendia de Adão e perambulavam livremente pela terra desde que a Arca tocara o monte Ararat. Os negros eram descendentes de Ham, filho de Noé, cuja prole Deus destinara a ser "servos dos servos". Nesse sentido, os brancos tementes a Deus tinham a responsabilidade especial de cuidar deles como seus senhores.[10] Fora o Gênesis, essa visão não estava longe daquela de Lyell. Negros e brancos pertenciam a uma família hierárquica, como e onde quer que seus membros surgissem.

Depois das conferências na Filadélfia e em Nova York (onde a *People's Press* o presenteou com um perfil frenológico), os Lyell retomaram sua excursão geológica, viajando para oeste até Cincinati, no rio Ohio, que separava os estados escravagistas dos estados livres. Uma série de rotas clandestinas entrecruzavam-se naquele rio imponente com casas seguras onde os "condutores" abolicionistas ajudavam negros fugitivos a escapar para a liberdade. Milhares percorriam essa "ferrovia subterrânea" todos os anos, embora muitos acabassem se tornando presa dos grandes fazendeiros. A visão de "quatro escravos fugidos [...] algemados juntos", sob guarda armada e alvo de zombarias enquanto eram arrastados de volta para o castigo certo, fez Mary "se sentir mal", embora o marido tenha lhe assegurado que não se tratava de "nada pior que desertores sendo levados de volta ao seu regimento". Embora os mulatos fossem considerados fracos, Lyell observou que, em Ohio, muitas mulas propriamente ditas eram "elogiadas por sua longevidade". Surpreendeu-o que o híbrido do cavalo e da jumenta desfrutasse "uma parte da longevidade do asno" e deu a notícia a Darwin em meio a risadas: "Que criatura perfeitamente intermediária!"

Viajaram para o Canadá ao longo da rota dos escravos fugitivos, depois voltaram a Boston para se despedir dos Ticknor. Foi ali, quatro meses antes, que Lyell conhecera Morton, que estava presidindo uma reunião da Associação Americana de Geólogos. Lyell declarou que seu inventário de fósseis americanos do cretáceo "estava correto em sua maior parte".[11] Mal se deu conta da importância que o Gólgota craniano de Morton teria no futuro.

Em 1840, Darwin fechou seus cadernos sobre evolução e deixou a teoria amadurecer. Publicar suas anotações não era uma opção; havia "preconceito" demais. Ele podia dessegregar as raças por meio de um ancestral comum, podia concordar com o abolicionismo unindo todos os povos; mas pôr os macacos em sua árvore genealógica — fazendo dos homens animais sem alma — equivaleria a uma traição numa sociedade anglicana sustentada por pilares criacionistas. O edifício que "oscila e cai" não seria o cosmo criacionista, mas sua reputação. Ele encerrou suas anotações privadas num tom de desafio ao comparar os instintos da criança e do chimpanzé.

Sua saúde estava piorando, com flutuações alarmantes. Em 1840, ele foi para Shrewsbury e Maer para descansar junto à família. Enquanto refletia sobre as espécies, ele ficou gravemente doente e permaneceu ali durante meses até se recuperar. O prognóstico sombrio do Dr. Darwin condenou-o a uma invalidez crônica. O inválido e sua esposa/enfermeira Emma saíram à procura de uma casa no campo. Ar fresco, espaço para mais crianças, espaço para cultivar plantas, manter gado e fazer experimentos — se um paliativo de longo prazo podia ser encontrado, era esse. No verão de 1842, enquanto as cidades da Grã-Bretanha transbordavam, famintas e exasperadas durante uma depressão econômica, eles partiram para uma velha paróquia de Down, uma aldeia do Kent, a quase 24 quilômetros da metrópole e bem longe da ferrovia mais próxima. Mudar-se foi como fechar a sete chaves os seus cadernos clandestinos. A privacidade estava garantida.[12] Vivendo em Down House como um vigário do interior, ele manteria a sociedade a distância e trabalharia sossegadamente em sua teoria.

Pouco antes da mudança, ele fez às pressas um esboço a lápis de 35 páginas sobre a seleção natural. Durante os dois anos seguintes, enquanto redigia a geologia da viagem do *Beagle*, ele "aumentou e melhorou lentamente" o esboço e, no verão de 1844, tinha um ensaio de 189 páginas pronto para ser passado a limpo e mandado para o prelo. Mas só devia ser publicado por cima do seu cadáver, disse ele a Emma. Preferia que ela pagasse "alguém competente" para enxugar o ensaio, corrigi-lo e expandi-lo a partir de suas anotações — para passar alguns meses fazendo esse trabalho. O "melhor" revisor seria Lyell. Ele ia "achar o trabalho agradável e [...] descobrir alguns fatos".[13]

Nesses primeiros esboços privados de sua teoria, a audácia dos cadernos foi controlada. É possível ter um vislumbre do materialismo de Darwin: dizem que alterações mentais produzidas pelo hábito podem ser herdadas "por meio de sua conexão íntima com o cérebro". Mas seus exemplos eram cavalos, cães e pombos. Ele procurava a origem dos animais domésticos que, no caso dos cachorros, era de mais de uma espécie selvagem. E ele refletiu sobre o problema complexo da esterilidade dos híbridos, e o que provavam as exceções esporádicas. Os seres humanos habitam a terra como qualquer outro animal e têm instintos semelhantes, como "os selvagens" mostram claramente; mas os seres humanos aparecem aqui sem os seus antepassados. Esses esboços eram seguros, em certa medida.

Se Darwin mal tocou nos seres humanos, concentrou-se em algo exclusivo deles — cruzam animais. Toda tribo seleciona e melhora as espécies domésticas que considera as mais apropriadas às suas circunstâncias (favorecendo os carneiros de pernas curtas nas montanhas ou de pelo mais grosso em lugares frios). Toda raça, "devagar, ainda que sem se dar conta conscientemente", cria suas próprias espécies. E estas são peculiares a cada uma das raças. O que os seres humanos conseguem artificialmente, argumentava Darwin, a luta pela existência faz naturalmente. Os animais que dispõem de um benefício adaptativo que os amolda melhor que seus rivais às condições locais tendem a deixar uma prole maior. Ele também via o papel da "luta sexual", com os machos competindo pelas fêmeas. Os machos "mais vigorosos", mais bem equipados para a luta, geravam mais filhotes; o namoro, que implica a exibição mais vistosa ou as músicas mais melodiosas, atrai a fêmea. Agora Darwin chamava isso de "segunda atividade".[14] Mas ainda tinha de analisar o processo, ou usá-lo para explicar a origem das diferenças raciais.

Nada lhe importava mais que "o homem", o animal que vira nos seus *habitats* mais remotos: homens selvagens ainda eram um choque. As especulações de seus cadernos talvez nunca vissem a luz do dia, mas ele continuava aprofundando seus insights, tentando compreender como esse descendente do macaco chegara a dominar o planeta de formas tão variadas. Os livros de viagens — histórias desses encontros —, como o seu, eram uma de suas fontes prediletas. Mas seu apetite era voraz. Lia pilhas de livros todo ano: história, biografias, teologia, filosofia e romances, além de história natural, de criação de animais à zoologia. Em 1841, ele acrescentou à sua lista mais uma obra de Martineau, *The Hour and the Man* [A hora e o homem], que celebrava o revolucionário negro Toussaint l'Ouverture. Shrewsbury e Maer tinham bibliotecas grandes e bem supridas para atender os gostos católicos da família. Nas suas visitas, Darwin passava dias e dias garimpando as prateleiras. O ensaio de 1788 de Stanhope Smith, intitulado *Essay on the Causes of the Variety of Complexion and Figure in the Human Species* [Ensaio sobre as causas da variedade de pele e da forma da espécie humana], defendia a teologia calvinista e a democracia americana por meio de um estudo da unidade adâmica. Pode ter parecido pouco promissor, mas Smith, ex-presidente do que viria a ser a Universidade de Princeton, defendia a divergência racial por causas naturais — e foi "muito lido", mesmo que não seja citado de novo.[15] Menos útil foi *An Account of the Regular Gradation of Man* [Uma visão da gradação regular do homem] (1799), de autoria de um parteiro de Manchester, o Dr. Charles White. Sua "hipótese" (francamente "absurda", na opinião de Prichard) colocava a espécie numa escala estática que ascendia das plantas até o homem, com os europeus no topo e os africanos logo acima dos macacos. Os piolhos dosavam a diferença: os dos "negros são mais escuros e geralmente são maiores".

"O lixo de Lyell", foi o comentário enigmático de Darwin sobre esse livro. Ele queria dizer que Lyell chamara o livro de White de "lixo".[16] Lyell era "o único homem da Europa cuja opinião sobre a verdade geral de um argumento muito longo" Darwin "sempre estava ansioso por ouvir". Mas o único "argumento muito longo" que Darwin nunca discutiu foi a seleção natural: Lyell nada sabia sobre a teoria de Darwin. Apesar disso, Darwin comprou e leu com cuidado toda nova edição dos *Principles of Geology* de Lyell (agora na 6ª edição), procurando como nunca antes as declarações de Lyell sobre os seres humanos.

Agora parecia muito óbvio: Lyell estava num ponto elevado demais para ver os pequenos — negava a existência do homem primordial. Para ele, os seres humanos eram uma criação recente, talvez a mais recente de todas. Chegaram como que por "um salto repentino de animal irracional para animal racional" — Darwin pôs um ponto de exclamação à margem, opondo-se à declaração da diferença de tipo. Além disso, segundo Lyell, provavelmente chegaram num estado civilizado, já "intelectuais e morais" e com "uma dignidade muito maior" que qualquer animal. Outro ponto de exclamação. É claro que Lyell nunca pusera os olhos em seres humanos primitivos: Darwin *conhecera*-os na Tierra del Fuego e na Austrália, onde encontrara outros sobreviventes arcaicos. Rabiscou seu veredito secreto: "A introdução do homem, só uma mudança maior que qualquer espécie de ornitorrinco" — o que significava que o surgimento do homem não era mais maravilhoso que o de um ornitorrinco.[17] Podia haver controvérsias sobre a questão do ornitorrinco pôr ovos, mas ninguém negava sua singularidade, e ele também tinha uma história desconhecida. Para Darwin, a chegada do ser humano não era mais extraordinária, nem menos.

Em 1845, Darwin terminou de escrever a última parte da geologia do *Beagle* quando *Travels in North America* [Viagens na América do Norte] de Lyell foi publicado. Nessa época, Darwin estava preparando uma nova edição de seu *Journal of Researches into the Natural History and Geology of the Countries visited during the Voyage of H.M.S. Beagle* [Diário das investigações na história natural e geologia dos países visitados durante a viagem do *Beagle*, navio de Sua Majestade], acrescentando um parágrafo sobre o porquê dos esqueletos humanos de cavernas sul-americanas provarem que "a raça índia" vivera ali durante "um vasto período de tempo". Ele vasculhou as *Travels* em busca de mais evidência, notando o esqueleto humano do Brasil incrustado em calcário que Lyell vira na Filadélfia. O choque e a consternação de Darwin eram palpáveis: "Sua discussão sobre escravos me perturbou muito [...] deu-me algumas horas insones das mais desagradáveis", escreveu ele a Lyell, "mas como você não se importaria mais com minha opinião sobre esse assunto do que com as cinzas desta carta, não vou dizer nada." Mas não conseguiu resistir e acrescentou uma correção factual pernóstica: os fueguinos "nunca usaram uma árvore oca, mas sim camadas da casca" em suas canoas. O erro de Lyell se devia à *Inquiry into the Distinctive Characteristiscs of the Aboriginal Race of America* [Estudo das características distintivas da raça aborígene da América], uma obra que Lyell considerava "luminosa e filosófica". Morton nunca tinha visto um fueguino; Darwin tinha, o que aparece em sua resposta imperiosa: "O Dr. Morton está completamente errado" sobre as canoas dos fueguinos.

A resposta de Lyell não sobreviveu. Talvez ele tenha explicado que havia necessidade de tato: que os donos de escravos o receberam de braços abertos e que ele estava prestes a fazer uma segunda turnê pelo Sul, onde dependeria de sua hospitalidade. Enfrentá-los como Martineau teria sido tanto deselegante quanto autodestrutivo.[18] Seja como for, as *Travels* não foram dedicadas a George Ticknor, a eminência antiescravagista de Boston?

Darwin ainda tentou voltar atrás em sua réplica: "Não vou escrever sobre esse assunto; talvez acabe aborrecendo você e muito certamente a mim mesmo." Mas não adiantou: tudo aquilo transbordou: "Desabafei com um parágrafo ou dois em meu Diário sobre o pecado brasileiro da escravidão: você talvez pense que se trata de uma resposta a você; mas não é." Darwin estava sendo friamente educado. Detestava aquele "pecado" e desprezava Lyell por não o detestar com a mesma intensidade. Darwin sublinhou a declaração de Lyell nas *Travels* que mencionava sem críticas que um senhor de escravos "defendia o costume de educar as crianças da mesma propriedade rural em comum, pois era muito mais humano não alimentar vínculos domésticos entre os escravos" (porque poderiam ser vendidos), e sublinhou de novo o sentimento de Lyell algumas linhas abaixo, segundo o qual "o efeito da instituição sobre o progresso dos brancos é extremamente prejudicial". Aquilo era demais:

> Como é que você pode relacionar tão placidamente esse sentimento atroz em relação a separar as crianças de seus pais e, na página seguinte, falar de se sentir mal pelo fato de os brancos não terem prosperado; asseguro-lhe que o contraste me arrancou exclamações.

O que Lyell sabia realmente sobre vida familiar, com 13 anos de casado e sem filhos? Os Darwin, já com cinco filhos na época em que esse parágrafo foi escrito, em agosto de 1845 (tendo o último nascido só seis semanas antes), achavam imperdoável escrever tão friamente sobre filhos serem arrancados dos pais. A nova edição do *Journal* de Darwin denunciaria Lyell e todos os outros cúmplices dessa abominação. Quem entre eles tinha visto sua perversidade, as cargas malcheirosas, os ferros de marcar, o terror no rosto dos homens, crianças indefesas encolhendo-se de medo? "Não falei sobre nada" no *Journal* revisado que "não tenha ouvido no litoral da América do Sul", disse ele a Lyell. A "explosão de sentimentos" de Darwin provavelmente os deixou abalados. "Não cumpri minha intenção e por isso não vou falar mais sobre esse assunto mortalmente odioso."

Pediu ao editor que enviasse a Lyell o *Journal* revisado para ele ler a caminho de Boston e levar para o Sul como um talismã em sua segunda viagem. Ao abrir o livro, Lyell encontrou uma dedicatória ofensiva a ele próprio, mas o veneno estava no fim do *Journal*, quinhentas páginas depois.[19] Ali Darwin deu rédea solta à sua ira:

> Graças a Deus, nunca mais vou visitar um país escravagista. Até hoje, quando ouço um grito distante, ele me faz lembrar com penosa clareza de meus sentimentos ao passar por uma casa perto de Pernambuco, quando ouvi os mais lamentáveis gemidos e não pude deixar de suspeitar que algum pobre escravo estava sendo torturado, mas sabia que eu estava impotente como uma criança até para protestar [...] Perto do Rio de Janeiro, eu morava defronte de uma senhora que tinha instrumentos para esmagar os polegares de suas escravas. Fiquei numa casa onde um jovem mulato doméstico, todo dia e toda hora, era insultado, espancado e perseguido o suficiente para quebrar o espírito do animal mais baixo. Vi um menininho de uns 6, 7 anos, ser golpeado três vezes com um chicote de cavalo (antes que eu pudesse interferir) na sua cabeça desprotegida, por ter me dado um copo d'água que não estava perfeitamente transparente; vi seu pai tremer a um simples olhar de seu senhor. Estas últimas crueldades foram testemunhadas por mim numa colônia espanhola, onde sempre ouvi dizer que os escravos eram mais bem tratados que nas portuguesas, inglesas ou outras nações europeias. Vi no Rio de Janeiro um negro fortíssimo com medo de evitar um soco dirigido, como ele pensou, ao seu rosto. Eu estava presente quando um homem de bom coração estava prestes a separar para sempre os homens, mulheres e crianças pequenas de um grande número de famílias que viviam juntas havia muito tempo. Não vou sequer aludir às muitas atrocidades hediondas das quais ouvi falar por fonte segura; — nem teria mencionado os detalhes revoltantes dessas sobre as quais acabo de falar se eu não tivesse conhecido muita gente tão cega pela alegria constitucional do negro que chega a falar da escravidão como um mal tolerável. Em geral, essas pessoas visitaram as casas das classes superiores, onde os escravos domésticos costumam ser bem tratados; e não viveram, como eu, entre as classes inferiores.

Lyell poderia se ver aqui, embora Darwin, lembrando a rixa na Bahia, certamente estivesse se referindo também a FitzRoy: "Essas pessoas vão interrogar os escravos sobre sua situação; esquecem que deve ser de fato estúpido o escravo que não calcula a chance de sua resposta chegar aos ouvidos de seu senhor."

Contas antigas estavam sendo acertadas. FitzRoy, agora governador na Nova Zelândia, sua nomeação recém-anunciada, receberia as *Geological Observations on South America* de Darwin como presente de volta ao lar, em lugar do seu *Journal*. Depois disso, suas cartas escassearam. FitzRoy sempre foi uma causa perdida. Mas Lyell ainda poderia voltar a cair em si, e Darwin dirigiu seus golpes cortantes ao texto de Lyell no final do *Journal*:

> Aqueles que olham com ternura para o senhor de escravos e com o coração frio para o escravo parecem que nunca se colocam no lugar deste último — que perspectiva desanimadora, sem uma expectativa sequer de mudança! Imagine você mesmo a chance, sempre pendendo sobre a sua cabeça, de sua mulher e seus filhinhos — aqueles objetos que a natureza obriga até o escravo a chamar de seus — serem arrancados de você e vendidos como animais ao primeiro comprador! E esses atos são realizados e aprovados por homens que professam amar seu próximo como a si mesmos, que acreditam em Deus e rezam para que Sua vontade seja feita na terra! Isso faz o sangue ferver, mas o coração treme ao pensar que nós, ingleses, e nossos descendentes americanos, com um orgulhoso grito de liberdade, fomos e somos tão culpados...

Nunca antes Darwin se expressara em termos tão exaltados. Três gerações de Darwin Wedgwood ergueram-se dentro dele para condenar o mentor cujas opiniões científicas ele tanto respeitava. No entanto, como sabia todo fiel, a redenção era possível. Assim como a Grã-Bretanha tinha "feito um sacrifício maior que o de qualquer outra nação para expiar o seu pecado",[20] disse Darwin, os americanos também deviam fazer a "vontade" de Deus e emancipar seus escravos.

Antes de Liverpool ascender como um porto de algodão, Bristol dominara o comércio nacional de mercadorias produzidas por escravos. Bristol foi construído com açúcar. Os bens enviados para a África eram trocados por escravos. Enviados para as Índias Ocidentais, faziam a colheita que depois era mandada de volta em barris para encher os bolsos de Bristol e estragar os dentes dos ingleses. Na época da abolição, ao menos três quintos do comércio do porto dependiam do açúcar escravo. Todos eram tocados e manchados por ele à medida que o dinheiro era distribuído. Banqueiros e comerciantes engordaram, suas igrejas e capelas agradeciam a Deus pela fartura. A maioria dos aristocratas do açúcar era anglicana, ao passo que muitos dissidentes importantes, com dor na consciência, opunham-se também ao tráfico de escravos.

Quando o movimento abolicionista ganhou seu primeiro impulso, os unitaristas construíram uma capela espaçosa no coração de Bristol, onde se pregaria o antiescravagismo. A Casa de Reuniões Lewin's Mead ficava ao lado de uma refinaria de açúcar, bem pertinho das docas para onde os barris rolavam para a praia. Foi aqui que o jovem James Cowles Prichard viu homens de cor pela primeira vez e conheceu sua mulher, a filha do ministro. Prichard estudara medicina em Edimburgo com o irmão, John Bishop Estlin, que voltara a Bristol como cirurgião ocular e homem que fazia campanha contra a escravatura. O sucessor mais velho de Estlin em Lewin's Mead foi Lant Carpenter, que iniciou W. R. Greg, o amigo de Darwin em Edimburgo, no antiescravagismo, providenciou petições parlamentares e, apesar de sua cautela com a emancipação, lançou uma seguidora adolescente, Harriet Martineau, na direção do imediatismo. O filho mais velho de Carpenter, William Benjamin Carpenter, foi aprendiz do Dr. Estlin. Depois de viajar com ele para as Índias Ocidentais, Carpenter o seguiu para Edimburgo e foi estudar medicina. O caminho para a dissidência devota rumo ao antiescravagismo através de Edimburgo era uma trilha batida.

W. B. Carpenter não era radical a ponto de exigir a emancipação da noite para o dia. Como Lyell, crescera na linha "moderada" do antiescravagismo. Com o Dr. Estlin em St. Vincent, ele vira o lado "benevolente" da vida da *plantation*. Não tendo visto nenhuma crueldade, ele havia suposto que só a instrução religiosa era necessária para contrabalançar a imoralidade na qual os negros pareciam estar caindo. Suas experiências reforçaram a crença da família numa "emancipação 'gradual e segura'" por meio do sistema de aprendizado.[21] Mas a posição de William mudaria quando a escravidão americana foi para o primeiro plano.

Mil oitocentos e oitenta e quatro foi o ano de Carpenter. Ele também estudara com Robert Grant, aprendendo que a vida estava interconectada por meio de um fluxo contínuo de formas. Um astro em ascensão, ele finalmente se mudou de Bristol para Londres em 1844, conseguiu uma cobiçada participação na Academia Real e sucedeu Grant em sua cátedra fulleriana de fisiologia na Instituição Real. Era um crítico formidável da medicina e da sociedade (o trabalho remunerado era obrigatório para homens de ciência sem os bolsos fundos de Darwin). Ele escreveu artigos para o periódico liberal *British and Foreign Medical Review*, matérias que refletiam um racionalismo unitarista formal ao promover mais "a lei e a ordem" do universo que o impulso criador. Era um homem de Darwin em muitos sentidos. Naquele ano, Carpenter chegou até a fazer frente aos comentaristas ao elogiar a "bela" obra intitulada *Vestiges of the Natural History of Creation* [Vestígios da história natural da criação] por sua imagem edificante do desenvolvimento ao longo do tempo. O livro, uma obra anônima publicada com o objetivo de ganhar dinheiro, afirmava que era desnecessário fazer remendos miraculosos contínuos nas espécies.[22] O processo começara na Criação e se desenvolvia "naturalmente", de acordo com um plano divino.

O sarcástico Carlyle criticava Carpenter dizendo que ele praticava uma "espécie de apostolado do microscópio", um filósofo com o talento da moda numa época fascinada pelas revelações microscópicas. Mas esse talento fez carreiras. Enquanto Darwin estava publicando as descrições dos restos mortais que trouxera no *Beagle* — sua *Saggita* espinhosa e translúcida de águas chilenas (mais tarde ficou comprovado que se tratava de uma Chaetognatha *[Arrow-worm]*), nos prosaicos *Annals and Magazine of Natural History*, Carpenter continuava sua série dos *Annals* sobre a estrutura microscópica da concha. Portanto, foi como microscopista que Carpenter entrou em contato com Darwin pela primeira vez (também em 1844), oferecendo-se para seccionar suas rochas chilenas em busca de fragmentos de fósseis nas conchas.[23] Assim começou uma amizade que duraria o resto da vida entre dois naturalistas cujas ideias unitaristas e antiescravagistas só se fortaleceriam.

"Fortalecer" significava para Carpenter uma ação na retaguarda para proteger seu herói Prichard das calúnias sulistas. Carpenter passara para o abolicionismo radical, e a sua foi a primeira resposta pública à ciência escravagista do outro lado do Atlântico. Mais resolvido em 1844, ele esmagou educada, mas publicamente, Orville Dewey, o pastor unitarista de Nova York. Dewey era um antiabolicionista conservador e pregava na igreja que ele mesmo construíra na Broadway, a Igreja do Messias. Era um gradualista que, embora condenasse "a imoralidade estupenda do sistema escravagista", achava que a emancipação negra levaria a algo pior ainda. Os abolicionistas estavam pressionando o país nessa direção e ameaçando a União, que para Dewey era sacrossanta. Para salvá-la, declarou ele certa vez, ele sacrificaria o próprio irmão ou filho, entregando-o à escravidão, o que levou à réplica inevitável.[24] Quando William Craft — escravo fugido e enviado para a Inglaterra pelos abolicionistas em nome da sua segurança — foi recebido pelo círculo de Carpenter, seus membros sugeriram a Dewey que assumisse seu lugar na *plantation* da Geórgia.

Recém-chegado de uma viagem à Inglaterra, Dewey estava enfurecido com o povo britânico que ridicularizava a retórica americana da liberdade quando ele próprio tinha escravos negros. Por mais que detestasse a escravidão, detestava ainda mais a arrogância britânica. Ele fez aquilo parecer uma insinuação inglesa de depravação nacional. Mas o que realmente irritava Carpenter era a apologia dos grandes fazendeiros que Dewey fazia: sua insistência em dizer que "a emancipação [...] não fez bem algum ao homem de cor; que ele tinha [...] piorado com sua liberdade". Queria dizer com isso que os bolsões "deprimentes" e isolados de escravos libertos deviam ser "separados de nós por barreiras físicas — se não mentais — intransponíveis; repudiava o casamento misto, recusava se relacionar com os negros como iguais, mesmo que tudo isso fosse muito injusto; como é que eles vão ascender algum dia?" Estariam melhor no Haiti ou nas Índias Ocidentais, onde, como maioria, "poderiam ascender até seu devido lugar de homens".[25]

Se Dewey estava com vontade de "pegar John Bull pelos chifres", muitos estavam inclinados a atribuir os chifres a Dewey. Em *Christian Examiner*, Carpenter refutou a declaração separatista de Dewey dizendo que "não era verdadeira, nem científica, nem historicamente". Como poderia haver barreiras intransponíveis entre raças "se a sua origem é a mesma"? Carpenter não tinha "a menor dúvida" de que Prichard tinha provado essa afirmação, rebatendo toda e qualquer ideia de que negros e brancos são "espécies distintas". *Researches into the Physical History of Mankind*, de Prichard, atribuíra às raças "um tronco comum" e nos faria "examinar várias circunstâncias externas (como aquelas que produziram vários tipos de nossas raças domesticadas) como a causa das diversidades".

A relação entre a variação racial humana e as espécies domésticas estava se estreitando. Darwin nunca foi o único a compreendê-la, mas a sua visão era mais complexa que a de Carpenter. Na verdade, em seu ensaio inédito de 1844, Darwin estava preparado para aceitar que "a maioria de nossos animais domésticos descendeu de mais de um tronco selvagem". Isso porque ele imaginava grupos humanos primitivos nos diversos continentes, cada qual domesticando os cães, porcos e outros animais selvagens. De modo que os lobos selvagens, que tinham evoluído para espécies distintas na Sibéria e na América, poderiam ser, tanto uns quanto outros, a fonte dos cães domésticos locais. Por outro lado, mesmo nesse ensaio ele já estava desconfiado daqueles que multiplicavam excessivamente o número de troncos aborígenes que formaram as espécies domésticas.

Em 1844, a visão de Carpenter (com a qual Darwin concordava) era que, assim que os naturalistas descobrissem como se haviam formado tanto os troncos criados seletivamente pelo homem quanto as espécies domésticas, conseguiriam explicar a diversificação dos homens. Animais com constituições maleáveis, dizia Carpenter, entre os quais estão "todas as nossas raças domesticadas", e que se espalharam pelo globo, muitas vezes mostram "grandes variações" entre elas:

> o homem inquestionavelmente vem em primeiro lugar, o cão provavelmente em seguida, e depois nossos cavalos, carneiros e bois. Será que alguém vai afirmar que há mais diferença entre um negro e um caucasiano do que entre um galgo e um mastim ou que a educação, que, contínua ao longo de várias gerações, desenvolve certas faculdades e hábitos no cão seria menos efetiva no homem?

Em seu novo livro didático em dois volumes, intitulado *Zoology*, Carpenter atribuiu à visão dos negros-inferiores-enquanto-espécie-distinta àqueles "que desejavam desculpar os horrores da escravidão ou a extirpação de tribos selvagens" — tornando essa posição tão anticientífica quanto era "imoral". As raças humanas, declarou, dificilmente poderiam ser "espécies" se "temos todos os motivos" para pensar que as raças domésticas remontam "a uma origem comum" (o que era mais do que Darwin estava preparado para publicar nessa época).[26] Se as raças domésticas remontavam a uma origem comum, as raças humanas também descendiam de um mesmo tronco.

Durante a década seguinte, Carpenter aprofundou-se cada vez mais na variabilidade de certas espécies, usando seu microscópio para expor as formas variadas de conchas numulites incrustadas em calcáreo e com forma de lentilha, e seus parentes vivos. A questão da variabilidade humana natural — uma questão com grande carga moral — continuava parte do subtexto dessa obra de filigrana. Mas não havia nada de surpreendente, pois ele admitiu repetidamente que sua atenção havia sido atraída primeiro para a "variabilidade da espécie" pelos estudos humanos de Prichard.

Embora Carpenter concordasse com uma premissa dos doutores americanos de teologia e medicina — de que a civilização distinguia os negros dos brancos —, discordava de outra: de que os negros não tinham aptidão para ela. Dadas oportunidades educacionais, eles chegariam ao mesmo nível que nós. O potencial estava ali, mesmo que fossem precisos séculos para elevar "o selvagem da Nova Holanda, ou o bosquímano africano, ao nível do Europeu".[27] Como prova, apontava a Jamaica pós-emancipação sob as políticas proativas do governador Sir Charles Metcalfe. Em dez anos, uma população negra próspera "elevara-se" o suficiente para que seus líderes fossem "admitidos nos bailes e festas do governador — e também para que recebessem o patrocínio do governo".

As opiniões de Dewey foram sintomáticas à medida que a reação se instaurou. A ideia de que os negros não podiam ser educados até se tornarem cavalheiros estava ganhando terreno, mesmo que os imortais que haviam lutado pela igualdade negra e pela liberdade negra estivessem mostrando que não eram tão imortais assim. O último deles, Thomas Clarkson, alto e melancólico, mas comprometido com a causa até a medula dos ossos, estava vendo com uma simpatia cada vez maior o mais fervoroso e imediatista dos defensores da abolição nos Estados Unidos, William Lloyd Garrison, cujo jornal causticante, o *Liberator*, endossava a destruição do país, se necessário, para acabar com a escravidão (em casa, o próprio Garrison era chamado de "Clarkson" americano). Agora Clarkson era tão idolatrado que a moda de fazer suvenires com seus cabelos tinha acelerado a sua calvície. Seus últimos anos foram passados escrevendo contra a escravidão americana e, como forma de mostrar sua gratidão, Garrison bateu à porta de Clarkson em agosto de 1846, acompanhado pelo eloquente ex-escravo Frederick Douglass. O frágil Clarkson, então com 86 anos, morreu algumas semanas depois, no dia 26 de setembro de 1846. Distante dos líderes antiescravagistas, ele não foi enterrado na Abadia de Westminster (pensaram que seus amigos quacres poderiam se opor). Mas, para Darwin, ele ainda era o maior de todos.

Agora havia menos deles lutando, mas entre eles estava o jovem Carpenter. Ele se fortaleceu com o contingente "negro" tradicional da faculdade de Edimburgo, que "nunca havia sido excluído das interações sociais por causa da cor de sua pele". Ele se fortaleceu com o "estudante negro do Templo [uma das quatro sociedades de elite de Londres que formam advogados contenciosos], que estuda suas lições de direito, janta e se associa da maneira habitual com seus colegas; e não ouvi dizer que ele tenha manifestado nenhuma das desqualificações fantasiosas que são apresentadas como barreiras entre as duas raças na América.[28] Mas, apesar de todos os protestos de Carpenter, não era difícil ver que as barreiras estavam aumentando. Os apologistas da escravidão estavam adquirindo voz. A Grã-Bretanha estava sendo chamada mais a salvar as almas negras do que a formar cavalheiros negros. A ação de Carpenter era de retaguarda, mas essas vozes escasseariam com o passar dos anos. A tese da unidade das raças, desenvolvida secretamente por Darwin até chegar a uma tese da unidade da vida, estava avançando cada vez mais contra a maré do novo pensamento científico.

Opor-se à maré tinha seu lado Canuto. O novo clima científico não era evidente só nos estados escravagistas. O bombástico Robert Knox não tinha nada a ver com a escravidão da Carolina, mas tudo a ver com sua ciência racial insensível. O mais influente e mais popular dos professores de anatomia da época de Darwin em Edimburgo agora era um trabalhador assalariado itinerante. Começara uma turnê que, em 1844, atraiu multidões em todo o país. Dava conferências sobre "As Raças Humanas". Lá foi ele, do cadinho industrial de Newcastle no nordeste do Sul, até Colchester, passando por Sheffield, Warrington, Manchester, Liverpool e Birmingham. Organizou Institutos Filosóficos onde agitava a questão racial. O público ouvia dizer inequivocamente que "nenhuma raça vai se amalgamar com nenhuma outra" e que os frutos das uniões inter-raciais, "as mulas, ou mulatos, como são chamados, a natureza não vai aceitar".

Em Chelmsford ou em Charleston, a mensagem era a mesma: o *"amálgama das raças"* era antinatural. "Quando os mulatos se casam entre si, desaparecem em duas ou três gerações, como tudo indica", dizia Knox. Até localmente, saxões e celtas estiveram em "desunião perpétua". E Knox — com o único olho que lhe restava focado na política local — achava que os saxões do norte da Alemanha logo se libertariam do domínio "eslavo" dos Habsburgo. A raça era tudo. Knox criticava "o prosaico amante do detalhe" (referindo-se a Prichard), cujo vasto compêndio "sobre a história natural do homem" era um castelo no ar. A essa altura, Knox já havia perdido completamente a fé na capacidade do clima alterar "as características físicas ou psicológicas das raças". Os índios vermelhos não eram caucasianos bronzeados pelo sol. Essas "besteiras idiotas e repugnantes" tinham de desaparecer. Portanto, embora a civilização expresse realmente "a literatura, a ciência e a arte da raça", ela não consegue *alterar* a raça. O tempo não dava esperanças maiores. "Os judeus, os coptas e os ciganos" — povos que não praticaram o casamento misto — provavam que as raças se mantinham inalteradas numa escala temporal histórica.[29] E as câmaras das tumbas egípcias mostravam que a raça negra estava inalterada havia 3 mil anos.

Os estereótipos sociais importados da frenologia e da etnologia da Edimburgo dos anos de Darwin estavam sendo reforçados agora por Knox de forma violenta. Onde o saxão era "o próprio modelo de perfeição, de limpeza, de método, de economia e regularidade"? Na verdade, o "democrata perfeito", que fez da América "o destino da raça saxônica" — o bárbaro celta católico — era "irresponsável, perdulário e destruidor, incuravelmente indolente [...] pessoalmente sujo [...] alguém que despreza a lei". Assim como a história mostrou "a grande luta entre as raças dominantes pela supremacia", um grande campo de batalha também estava diante dos saxões quando eles invadiram os trópicos. A extinção aguardava seus ocupantes:

> Já [...] tínhamos varrido da Terra de Van Diemen todo ser humano aborígene; a Austrália, naturalmente, seguida pela Nova Zelândia; não há como negar o fato de que o saxão [...] tem o maior horror de seu irmão de pele mais escura. Por isso a inutilidade da guerra travada pelos filantropos da Grã-Bretanha contra a natureza [racial humana].[30]

Mas Knox reconhecia que os brancos nunca vão realmente "colonizar um país tropical": o fiasco do rio Níger era prova disso. Os aborígenes, com "uma constituição adaptada ao trabalho sob o sol tropical", vão manter esses postos avançados se conseguirem manter distância das armas dos brancos. Ali estava a última esperança, na Zona Tórrida da Amazônia ou do Congo, onde os povos indígenas "recuperam continuamente seu vigor e seus números originais, fazendo recuar a invasão branca". Ali os negros vão resistir, sem grandes edifícios, nem grandes obras.[31] Sua salvação está nas florestas densas.

A turnê chegou a Londres, onde o exibicionismo de Knox atingiu seu cume no auditório predileto dos filantropos, Exeter Hall, local de grandes reuniões antiescravagistas. O anúncio de página inteira do *Times* em 1847 dizia que ele "apresentaria ao fisiólogo e homem de ciência cinco bosquímanos, ou povo dos bosques — dois homens, duas mulheres e uma criança —, os únicos espécimes dessa raça singular de seres humanos que já visitaram a Europa". O anúncio destinava-se ostensivamente aos profissionais da saúde, mas esperava-se que o voyeurismo cobrisse as despesas. A cor local ajudou a vender entradas. A propaganda do espetáculo baratinho foi dirigida àqueles absortos pelos "eventos excitantes que estão acontecendo agora na... [última] guerra Cafre". Esses "pigmeus" — descritos pela mídia como pessoas sujas, parecidas com animais, sem propriedade e geralmente vestidas a caráter com "um monte de peles podres" (como Dickens os descreveu) — eram selvagens sendo deliberadamente aviltados. A imagem de uma raça animalesca estava realmente sendo forjada. Knox estava capitalizando com o gosto do público pelas exposições de anomalias, depois da turnê de Tom Thumb, de P. T. Barnum, no ano anterior. Esse espetáculo de curiosidades tinha uma vantagem. Dava aos espectadores talvez a última chance de ver "pigmeus" antes da "provável extinção das raças aborígenes".[32]

Vestido com um colete de tecido brilhante, Knox previa futuras guerras raciais e, depois das revoluções de 1848 na Alemanha, na França e na Itália, ele apontaria para elas como exemplos. Elas certamente foram a ocasião para o *Medical Times* publicar suas conferências e anunciar que "a história, durante os últimos seis meses, pode ser considerada apenas uma propaganda permanente de nosso curso". Onde quer que fossem as revoluções, "o grande elemento de [...] reorganização europeia é a raça". Não mais tão extremas, essas ideias estavam ganhando terreno. O *Medical Ti-*

mes fez eco a Knox: a história não era só uma série de acidentes, nem era guiada única e exclusivamente por "princípios ou interesses". O novo etnólogo médico que falava da luta pela supremacia, aumentando seu valor social, estava dizendo que tinha a chave de sua tendência subjacente. As explanações raciais de Knox eram tão valiosas "na política" quanto "um ponto de vista científico".³³ Tinham implicações políticas no império para os irlandeses, os judeus, as semicastas e os aborígenes.

As areias estavam movediças embaixo dos pés dos prichardianos. Sua defesa de uma linhagem de todas as raças que remontava a Adão cheirava a antiquadas atitudes bíblicas. Seu arrazoado especial tinha gosto de filantropia protecionista, não de anatomia prática.

Para Carpenter, seres humanos que eram fruto de raças diferentes *eram* férteis. Pais negros e brancos tinham um antepassado comum (por mais distante que fosse; ele concordava que os hieróglifos egípcios comprovavam uma longa separação). Isso fazia delas *raças*, não espécies. Mas, em seu ensaio de 1844, Darwin foi mais ambíguo em relação ao que separava as duas. Na verdade, declarou francamente que "precisamos desistir da esterilidade [...] como um indício infalível por meio do qual *espécies* podem ser distinguidas de *raças*, isto é, daquelas formas que descenderam de um tronco comum".

A visão tradicional de que a prole estéril provava que os pais eram de espécies diferentes em *todos* os casos estava errada. Darwin sabia que, de vez em quando, uniões de espécies diferentes *eram* férteis: havia uma gradação da fertilidade segundo a proximidade das espécies e a "constituição" do corpo dos pais. O hibridismo entre espécies ocorria de fato, mas era desintegrador e anômalo, e ele o excluiu como parte de seu mecanismo de transmutação. E também era muito raro, embora "seja muito pouco frequente o experimento [de cruzamento de espécies] ser benfeito", de modo que ninguém sabe realmente o quanto ele é raro. A fonte horticultora de Darwin nessas questões, o reverendo William Herbert, agora diácono de Manchester, chegou a mostrar em seus experimentos de estufa com nenúfares e amarílis que, em casos raríssimos, os híbridos eram "claramente mais férteis que qualquer dos dois pais puros". Portanto, em relação à humanidade, agora esta prova estava longe de ser definitiva aos olhos de Darwin. Quanto a serem ou não da mesma espécie, a fertilidade da descendência dizia pouco. Mas ele teria concordado com Carpenter que a prole de *raça* mestiça às vezes era até "superior" aos pais, como se podia ver nos florescentes cadinhos de misturas de raças da "América do Sul e Hindustão". Na verdade, Darwin foi mais longe ainda. Em 1844, ele achava que a miscigenação das raças era uma fonte "copiosa" de novas raças e que, em gerações subsequentes, esses mestiços "variariam extremamente", fornecendo a matéria-prima para a seleção adaptá-los de maneiras diferentes.

O que acontecia *exatamente* às raças humanas miscigenadas era um assunto que interessava Darwin intensamente desde 1837. As autoridades achavam "que a descendência de negro e branco vai retornar ao tronco nativo", rabiscou ele, com a cor dependendo do fato dos pais dos "mulatos" se misturarem depois com pessoas de cor negra ou branca. Andrew Smith tinha certeza de que foi isso o que aconteceu no Cabo, e outros usaram os experimentos de Herbert com nenúfares como exemplos paralelos. Isso levou Darwin a rabiscar lembretes para si mesmo para cruzar raças de plantas e também de "pombos, galinhas, coelhos", para ver até que ponto sua analogia com os "mulatos" era de fato pertinente.[34]

As alusões do próprio Carpenter à raça mestiça eram um insulto aos seus protagonistas americanos. Os bristolenses estavam habituados a marinheiros negros e suas "frequentemente muito belas" esposas brancas. Esses casais falavam volumes contra barreiras "intransponíveis". Ele admitia a "repugnância instintiva" de muitos americanos a esse contato inter-racial, mas ele "não sabia" como explicá-la, exceto como preconceito, induzido por uma sociedade habituada à escravidão negra. Parte da repugnância ele atribuía à posição social. Para ele, uma ligação entre negros e brancos não era menos natural ou "intransponível" que aquela entre "a filha de um par do reino e o filho de um camponês". Carpenter estava pisando deliberadamente nos calos contemporâneos ao associar distinção social e orgulho racial. Acendeu um estopim ao prever que não estava muito longe o dia em que "a filha de um comerciante americano pode achar que o descendente do negro desprezado não é indigno de seu amor". Isso foi revoltante para muitos americanos. E, para piorar as coisas, houve a insinuação de que a matriz britânica tinha superado essas coisas, ao passo que os americanos achavam que haviam sido *eles* que tinham acabado com as restrições do Velho Mundo.

Mas Carpenter não foi recompensado por seus esforços. Uma réplica do Dr. Samuel Dickson publicada pelo mesmo *Christian Examiner* reafirmava tudo o que Dewey dizia. A hospitalidade de Dickson a Lyell em Charleston havia sido irrestrita, mas ele não mostrou nenhuma com Prichard, que foi condenado como "advogado", como alguém que distorcia a verdade com finalidades duvidosas. Quem dispunha de fatos reais agora era Morton, "de quem a ciência norte-americana tem um orgulho justificado". Ao descrever as raças representadas na pedra egípcia, Morton expôs os "inúmeros erros" de Prichard. "Quando vimos um negro pela primeira vez — na infância do mundo —, ele era exatamente como o vemos hoje; conquistado, subjugado, na escravidão." A subserviência estava escrita em sua constituição.

Essa era a Carolina do Sul branca falando, com seus 300 mil escravos negros. Ali a voz de Nott — declarando que o "mulato é incapaz de 'manter seu número', ele decai e desaparece" — tinha ecos na de Dickson (Nott retribuiu o elogio, declarando que Dickson era um dos "principais médicos" do Sul que ajudaram a provar que a extinção aguardava o ilícito mutante saxão/negro). O mulato era o verdadeiro problema: um híbrido "duplamente desprezado; em parte por causa de sua ancestralidade e em parte por ser evidentemente um bastardo". Desnecessário dizer que a arenga de Dickson foi instigada pela solução de Carpenter de "amálgama irrestrito por meio do casamento misto".[35] A sugestão de que as interações — sociais ou sexuais — resolveriam a situação, e até mesmo os problemas de raça, era "revoltante".

Quando Lyell voltou à América em setembro de 1845, enfrentou essa questão do hibridismo com uma nova urgência. Em Boston para dar sua segunda série de Conferências Lowell, ele e Mary reingressaram no círculo de Ticknor. Depois o inverno os expulsou para o Sul, novamente através de Washington e da Casa Branca, onde foram recebidos pela esposa do presidente Polk.

Lyell levava uma carta de Darwin. Ele a recebera em Boston e ela continuava o diálogo entre os dois. Antes de Lyell partir, Darwin lhe apresentara "questões de cruzamento dos negros". Agora tinha outra, surgida da velha *History of Jamaica* [História da Jamaica], obra antiga de Edward Long em favor da escravidão (1774). Long considerava os africanos sub-humanos, mas alguns homens brancos não mostravam nenhuma repugnância em manter relações sexuais com suas mulheres e gerar "descendentes espúrios de diversas cores de pele", que eram estéreis como as mulas. Darwin, em descrença total, comentou com Lyell: "Vejo Long [...] dizer que nunca soube que dois mulatos tivessem filhos!!!!! Você teria como obter qualquer informação comparativa sobre miscigenação entre indianos e europeus, e negros e europeus?" Darwin queria prova de cruzamentos férteis.

Lyell estava sendo testado, talvez punido por ser tolerante com o "pecado" da escravidão, e a tarefa seguinte de Darwin para ele foi "um assunto [mais] repugnante ainda". Darwin ouvia falar havia muito tempo que os piolhos dos negros eram maiores e mais escuros que os dos brancos. Raças diferentes de piolhos vivendo em raças diferentes de seres humanos fazia sentido em termos de adaptação; mas e se os piolhos fossem de *espécies* diferentes? Para fazer uma comparação, Darwin precisava de piolhos de "negros nascidos na América do Norte" e pedia a Lyell para obtê-los "através de algum médico [...] sem ficar muito nauseado". Darwin sabia o quanto Lyell detestava sujar as mãos. Ainda sarcástico, talvez, falou da visita ao diácono de Manchester, um botânico e "grande fabricante de híbridos", e que depois jantou com o viajante da América do Sul, Charles Waterton e suas filhas adotivas meio aruaques, "duas mulatas!" da Guiana, cuja mãe era índia.[36] O próprio Waterton casara-se com uma terceira filha (as moças eram filhas do fazendeiro Charles Edmonstone, cujo ex-escravo John ensinara Darwin a empalhar aves). A mestiçagem era mais comum do que Lyell supunha, mesmo entre os grandes fazendeiros, e Darwin queria garantir que ele soubesse do fato.

Depois de receber conselhos de Morton na Filadélfia sobre a viagem, Lyell fez de tudo para identificar a raça mestiça do Sul que ignorara em sua visita anterior. Mulatos, pessoas com um quarto de sangue negro e outras miscigenações mais raras estavam por toda a parte. Ele chegou a Charleston na época do Natal. Os Lyell comungaram na Igreja Episcopal de São Felipe antes da taça passar para pessoas de cor. Algumas eram "bem negras", observou Mary. Mas agora ela também estava observando as nuances. Uma ou duas eram tão claras quanto sua irmã "e não tinham praticamente nenhum traço africano. Parece realmente muito duro e cruel que essa marca da escravidão nunca possa ser apagada".

Pior que a escravidão era a pecha de bastardo nos estados que proibiam os casamentos mistos. "Relações licenciosas com escravas" não deixavam "nenhuma possibilidade de segredo". Os pais eram considerados culpados quando acusados e quem sofria eram os filhos. "A escrava [...] acha uma honra ter um filho mulato, tem esperanças de que ele venha a ser mais bem cuidado que uma criança negra", mas o mulato carrega sua cor, observou Lyell, como uma "mancha indelével" e a transmite por gerações e gerações "nascidas de um casamento legítimo". Estes, segundo ouviu falar, talvez não fossem numerosos, e ele apresentou o fato a Darwin. "Só os mulatos representam quase todas as relações ilícitas entre o homem branco e a mulher negra da geração que está viva" e, apesar disso, depois de 150 anos de escravidão, aqui eles não constituem mais de 2,5% da população.[37]

Antes de sair de Charleston, Lyell conversou de novo com Bachman sobre sua grande obra a respeito dos mamíferos americanos. Bachman tinha acabado de terminar o primeiro volume, descrevendo mais de 120 espécies novas, que ganharam vida exuberante com as ilustrações de Audubon. Dessa vez Bachman apresentava uma forma de distribuição que poderia ser explicada pela criação divina de "centros específicos" em ambos os lados das montanhas Rochosas, embora Lyell achasse que poderia haver outros. A partir da nova edição do *Journal* de Darwin, que levava consigo, Lyell sabia que a distribuição da espécie dos tentilhões no arquipélago Galápagos parecia levantar questões sobre "aquele grande fato —

aquele mistério dos mistérios — o surgimento, pela primeira vez, de novos seres nessa terra" (essa foi a primeira declaração pública de Darwin que sugeria seus pensamentos mais profundos). Lyell procurou a tal forma de distribuição nas montanhas Rochosas e no mundo inteiro, "a limitação de tipos genéricos peculiares a certas áreas geográficas", e concordava com Darwin a ponto de admitir que "uma lei superior que governa a criação das espécies" pode ajudar a explicar essas formas de distribuição, mesmo que essa lei "possa, talvez, continuar um mistério para sempre".[38] Não se sabe se ele falou ou não sobre isso com Bachman.

Certamente a notícia chegou a Darwin: em Savannah, Geórgia, Lyell comentou com ele a descoberta de fósseis de preguiças terrestres. Depois os Lyell desfrutaram durante duas semanas a hospitalidade de uma *plantation* com 500 escravos antes de descerem através do Alabama. Os domingos eram para a amostragem de sermões. Lyell foi a um culto religioso batista com "aproximadamente 600 negros de várias tonalidades" na congregação, "a maioria deles muito escura". Ele era o único homem branco. Os negros frequentavam outras igrejas com a permissão de seus donos, com senhor e escravo rezando juntos, mas em bancos separados. Para Lyell, isso representava um passo imenso do "progresso [dos escravos] rumo à civilização". Ouvir a mensagem do senhor de que "o homem branco e o homem negro são iguais perante Deus" elevava o escravo "a seus próprios olhos e aos olhos da raça dominante". A igualdade genuína, embora uma aspiração distante, estava se realizando lentamente, em sua opinião. Uma ponte estava sendo construída sobre o "fosso intransponível", tijolo por tijolo, enquanto "o negro humilde da costa da Guiné" mostrava ser um dos mais "improváveis dos seres humanos".

Na verdade, a maioria dos escravos que Lyell conheceu parecia mais feliz, mais saudável, mais segura e alguns deles mais inteligentes do que os habitantes de "uma paróquia inglesa média". Se não fosse ilegal, aqui uma solteirona inglesa poderia ser mais feliz casando-se com "um artesão negro bem-comportado" do que com um irlandês "bêbado e analfabeto". Ou então seu eleito poderia ser de raça mestiça — Lyell viu tanto "africanos quanto mulatos" aprendendo ofícios que exigiam talento.[39] Não havia dúvida de que muitos dos negros estavam se saindo bem. A questão, como Lyell a via, era se a sobrevivência da escravidão e o modo de vida sulista eram preços que valia a pena pagar para dar continuidade até a essa elevação gradativa e parcial dos negros. Lyell achava que sim; Darwin, como ele sabia, achava que não.

Os Lyell assistiram a leilões de negros em Montgomery, Alabama, num lugar onde se vendiam cavalos no dia seguinte. Em fevereiro de 1846, eles chegaram a Mobile, no golfo do Novo México. Ali o Dr. Josiah Nott foi provavelmente o fornecedor dos piolhos de seus pacientes negros que Darwin pedira. Se foi mesmo, foi uma ironia deliciosa: o doutor, que defendia a supremacia branca, forneceu piolhos negros para um abolicionista estudar as origens raciais.

Nott acabara de chegar de uma visita a Morton, cuja coleção de crânios humanos — que agora tinha mais de mil — incentivara sua "negrologia" e as opiniões que estava formando a respeito de híbridos humanos. Nott também achou Lyell "muito interessado no assunto" (sem saber que Darwin fizera um resumo de sua obra) e bem informado.[40] Lyell conhecia o argumento de que o casamento misto produzia descendentes inferiores, arrastando tanto negros quanto brancos para baixo. Estudara o artigo de Nott publicado no último número de *Southern Quarterly Review*, no qual afirmava que a raça negra carecia de "maleabilidade":

> Lyell e outros nos dizem que muito poucas gerações são suficientes para efetuar [nos negros] tudo o que pode ser feito em animais [domésticos], e fomos informados também de que essas mudanças são concretizadas com grande certeza e uniformidade; mas a história, dos tempos de Heródoto até nossos dias, não oferece evidência positiva dessas mudanças no homem.

Os murais egípcios mostravam a raça negra inalterada ao longo de 3 mil anos, os crânios de Morton mostravam que o cérebro dos negros era insuficiente. Deixados por conta própria, os negros degeneravam; a emancipação seria "sua ruína".[41]

Lyell, rabiscando anotações, reconhecia que os negros "só [poderiam] ser civilizados por meio da escravidão" e achava que o sistema, se fosse implementado humanamente, acabaria fazendo os negros se "elevarem até o nível do caucasiano". Nott discordava; essa ingenuidade nascera de um estrangeiro "viajando tão depressa" pela América que a verdade lhe passara despercebida. Dez anos de prática médica em Mobile convenceram-no do contrário:

> As raças de homens, como as raças de animais, num estado incivilizado podem, se forem dóceis, ser domesticadas, educadas e enormemente aperfeiçoadas, mas há limites estabelecidos para cada uma delas pela natureza, além dos quais nenhum avanço é possível. Embora vejamos de quando em quando o exemplo de um negro que mostra um certo grau de inteligência e capacidade de melhoria maior que das massas, nenhum negro jamais deixou atrás de si nenhuma obra intelectual digna de ser preservada.[42]

Por esse motivo, o "amálgama" era ainda pior que a emancipação. Os mulatos tinham um "intelecto híbrido"; davam servos "mais presunçosos" — "descontentes, 'espertos demais'", julgando-se "superiores". Lyell discordou em vão, dizendo que as melhorias também podiam ser herdadas, que a mistura de africanos puros tinha diluído o processo civilizatório, que a prostituição reduzia a fecundidade dos mulatos e que, sem estatísticas confiáveis, sua longevidade ainda era uma questão em aberto. As notas de Lyell terminam com um tom sinistro: "O Dr. Nott gostaria que não houvesse negros, nem necessidade deles."[43]

Mais tarde, naquele mesmo dia, a ironia da posição de Lyell veio à tona quando ele visitou a nêmesis religiosa de Nott, o reverendo William Hamilton, ministro da prestigiosa igreja presbiteriana da rua do Governo. Em palestras muito concorridas, Nott explicara aos mobilenses as implicações do que Lyell acabara de ouvir. A ciência do Gênesis estava errada; Prichard, "o grande defensor ortodoxo" da unidade humana, agia irresponsavelmente com os textos sagrados. A melhor ciência moderna, apelando somente para "analogias, fatos, indução e para as leis da natureza, universais e invariáveis", mostrava que o "gênero homem consiste ao menos em duas espécies, a 'caucasiana' e a 'negra'", que se misturam por sua própria conta e risco. Hamilton não concordava com nada disso. Considerava o mulato "mais inteligente que [...] o negro puro" e queria a legalização dos casamentos dos escravos para impedir que as famílias fossem separadas. Familiarizado com os *Principles of Geology*, aplaudiu a ideia da unidade humana de Lyell, citando, como Lyell também citara, "a obra erudita do Dr. Prichard". Dez anos de ministério religioso em Mobile haviam lhe convencido que os negros *não* eram inerentemente inferiores. "Desde tempos imemoriais o negro é uma raça oprimida, e quem pode dizer do que até o intelecto negro não se mostra capaz?"[44] Esse não era, com certeza, um homem que agradaria Lyell profundamente?

Nem tanto. Tudo em que Hamilton acreditava baseava-se na Bíblia. Ele a interpretava literalmente e fez dos oito membros da família de Noé os ancestrais de toda a humanidade. Depois do Dilúvio, na Torre de Babel, Deus criou "a presente diversidade de raças e línguas" a tempo dos rostos negros aparecerem nos murais egípcios. Prichard tinha exigido tempo demais para a diversificação acontecer; de acordo com o seu método, as raças não poderiam ter se formado na época do Egito antigo. Portanto, Hamilton fez Deus "interferir diretamente",[45] miraculosamente, para criar as raças em Babel. Acreditava que era a única solução. Para Nott era ridícula — e ele não fazia segredo disso.

A Bíblia também permitia a Hamilton tolerar a escravidão. Os israelitas tiveram escravos, e também a igreja primitiva. Num sermão de 1844, *The Duties of Masters and Slaves* [Os deveres de senhores e escravos], ele reconhecia que a Regra de Ouro ("Amai-vos uns aos outros como a vós próprios") só se referia ao que seria razoável esperar num determinado momento. Portanto, a mensagem de Jesus aos grandes fazendeiros era amar seus escravos como se sentiriam no direito de serem amados se fossem escravos eles próprios. Por esses ensinamentos, Hamilton era caluniado, como notou Lyell. Os abolicionistas consideravam-no "um rufião envelhecido — um hipócrita carola — um vilão sedento de sangue". Se você prova que a Bíblia endossa a escravidão, vociferavam eles, "você prova que Deus é mais satânico do que Satã".

Os abolicionistas eram homens maus; a escravidão não era um pecado, diziam os fiéis sulistas. As críticas estavam ficando mais ferinas ainda quando Lyell partiu de Mobile para Nova Orleans. Em 1844, as igrejas brancas dividiram-se em relação à escravatura: metodistas e batistas racharam entre norte e sul, e os presbiterianos de Hamilton ficaram indecisos sobre quem seguir. Os unitaristas pareciam defender a sanidade, enquanto Lyell triangulava suas próprias crenças, ainda agitadas "com o partido fanático do Norte", cuja "interferência e cujos insultos" tanto magoaram seus amigos da nobreza sulista.[46] Por que homens bons como Hamilton e Bachman não acreditam nas coisas certas pelas razões *certas*? Não havia base melhor para a unidade humana e para o progresso "negro" do que as ficções do Gênesis? Será que a ciência apontava inevitavelmente para o pessimismo racial de Nott? Não havia esperanças para os negros no fato de os brancos terem avançado? Se todos eram membros de uma espécie progressista, certamente *haveria* esperança.

No grande porto algodoeiro de Nova Orleans, os Lyell viram pela primeira vez o arco-íris racial que tanto espantara Darwin na América do Sul. O carnaval estava terminando; as ruas fervilhavam de crioulos. Essas pessoas de ascendência francesa e espanhola evitavam "tanto quanto o habitante da Nova Inglaterra o casamento misto com alguém manchado [...] pelo sangue africano". Em teatros segregados, mestiços com um quarto de sangue negro — descendentes de brancos e mulatos — sentavam-se numa camada superior de camarotes como se fossem "um grupo seleto e exclusivo" e, no mercado, todo tipo de miscigenação humana se misturava em meio a uma babel impressionante de línguas. As camadas sociais fascinaram Lyell tanto quanto as geológicas e, por um momento, ele pensou ter vislumbrado um novo mundo em processo de criação.

> Entre esse grupo de cores diversas, surgido de tantas raças, encontramos um casal jovem de braço dado, de pele clara, evidentemente anglo-saxão, e que parecia ter chegado recentemente do Norte. Os

índios, espanhóis e franceses que os rodeavam pareciam colocados ali para nos lembrar das raças sucessivas sob cujo poder a Louisiana estivera, enquanto esse casal branco representava um povo cujo domínio leva a imaginação para o futuro. Por mais que o moralista satirize o espírito de conquista ou que o estrangeiro ria quando nos vangloriamos de "nosso destino", não há dúvida de que desse tronco vai surgir o povo que vai superar todos os outros do norte, se não também do continente sul da América.[47]

Não vendo mais as coisas em preto e branco, Lyell se deu conta de que o Sul estava mudando numa escala de negro *a* branco, pois a raça mais clara prevalecia. Era uma visão com a qual os "anglo-saxões" concordavam cada vez mais, Darwin inclusive.

A atitude de Lyell em relação à escravatura não havia mudado. "Se forem emancipados", os negros "vão sofrer muito mais do que vão ganhar", como o negro sem raízes do Norte parecia comprovar. Se os estados livres "realmente desejavam acelerar a emancipação, deviam começar dando exemplo aos estados sulistas, tratando a raça negra com mais respeito e mais em pé de igualdade". O extremismo estava se manifestando em toda parte agora, e até mesmo na ciência. Na Filadélfia, Lyell encontrou-se com Morton duas vezes — o homem que, mais que qualquer outro, catalisaria a nova antropologia segregacionista. Antes de deixarem a América, os Lyell, com os Ticknor, ouviram um sermão contra a guerra feito por Dewey.[48] Muito oportuno, com os estados escravagistas agora superando em número os estados livres e com os temores pela unidade nacional aumentando.

8
Animais domésticos e instituições domésticas

A essa altura, os pluralistas — aqueles que acreditavam que as raças humanas haviam sido divididas nos primórdios — estavam se voltando para o estudo dos animais domésticos. Esse estudo se acelerou rapidamente a partir de meados da década de 1840. Morton assumiu a questão depois de estabelecer contatos cordiais com Nott em 1844. O próprio Nott estava muito ocupado desmascarando Moisés em suas populares conferências em Mobile. Insistia em dizer que a "pluralidade de espécies da raça humana não faz mais violência à Bíblia do que os fatos reconhecidos da astronomia e da geologia".

No ambiente sulista, o escravo não se tornou "o outro" apenas num sentido figurado, mas literalmente uma outra espécie. Por isso é que Nott defendia um "gênero humano" constituído de muitas espécies fixas. E o defendia usando uma mistura cáustica de questionamento da Bíblia, cronologia egípcia e a craniologia de Morton — com seu corolário de que os negros eram e sempre foram servos e escravos. Como nenhuma espécie, vegetal, animal ou humana — "pode se propagar fora do clima ao qual está adaptada",[1] ele acreditava que os negros arrancados do solo africano se dariam mal na América, principalmente nos estados mais frios do Norte, a menos que fossem bem cuidados (como diziam que eram os escravos do Sul). Para provar sua tese, ele mergulhou nas estatísticas de mortalidade das companhias de seguros, dados que abarcavam negros livres e escravizados de Nova York, Filadélfia e Charleston. Em suas mãos, elas mostravam uma redução das mortes a cada passo em direção ao Sul, e uma redução maior ainda quando só os negros escravos eram considerados. Essas estatísticas de Nott levaram à conclusão reconfortante para os apologistas da *plantation* de que "mesmo o cólera e a escravatura combinados [no Sul]... são muito menos destrutivos para o negro do que a liberdade e o clima de Boston".²

Essa conclusão se harmonizava perfeitamente bem com o *DeBow's Review*. Que lugar melhor do que o mais importante periódico comercial do Sul, para o qual os escravos eram investimentos econômicos? Mais ainda: o periódico defendia veementemente uma economia agrária escravagista, mesmo que também defendesse uma diversificação da base exclusiva de algodão/escravo para a indústria. Na época em que Nott entrou para suas fileiras, a defesa das instituições sulistas estava adquirindo uma importância crucial, e suas contribuições foram bem-vindas. O próprio James DeBow, professor de economia política da Universidade de Louisiana, chegou a oferecer a Nott sua tribuna de professor para ele continuar dando suas conferências. O resultado, observou Nott, foi que "todos os artigos de capa que escrevi sobre *negrologia* foram avidamente devorados no Sul".³

Havia um componente crucial embutido nessa propaganda política da "*negrologia*". Dizia respeito a cães (e ovelhas e galinhas). Nott mergulhou de cabeça na analogia de Prichard entre a suposta transformação de negros em caucasianos e nas mudanças dos animais domésticos. Afirmava que os diferentes cães, dos terras-novas aos poodles, eram um exemplo impressionante de sua plasticidade nas mãos humanas, mas observava que os seres humanos que haviam modelado esses cães mantiveram-se eles próprios inalterados desde a antiguidade egípcia até hoje.⁴ As raças *humanas* eram simplesmente menos "mutáveis".

Eram afirmações precipitadas e insatisfatórias: "O que se aplica a um animal" (como acreditava Darwin, e a maior parte dos zoólogos concordava) "aplica-se ao longo de todos os tempos a todos os animais." Ou, como anotou em seus cadernos um Darwin mais juvenil, o "homem age & é objeto da ação de agentes orgânicos e inorgânicos dessa terra, como todos os outros animais".⁵ Os seres humanos não eram imunes a essas influências, nem diferentes ou menos "mutáveis": as raças de animais, plantas e seres humanos deviam ser tratadas da mesma forma. Morton compartilhava dessa visão. Por isso teve problemas com o tratamento diferencial de Nott.

Morton tinha um outro motivo que o obrigou a corrigir a posição de Nott. Se os mulatos eram uma espécie híbrida, então a natureza teria de ser inteiramente reconsiderada, porque, tradicionalmente, as espécies eram definidas como estéreis quando se cruzavam, impedindo aquela exceção única. Nott estava fazendo um contraponto: que as espécies *podiam* se cruzar — que o cruzamento de pintassilgos e canários dava certo, assim como entre bodes e carneiros —, e agora Morton, que concordava cada vez mais com ele, ampliaria a lista de híbridos férteis.

Ele estava entrando em águas cada vez mais perigosas. A agressividade de Nott granjeara-lhe inimigos, e ele foi ridicularizado por ser um naturalista ingênuo. Suas conferências provocadoras foram um gatilho que desencadearia muitos eventos. A questão da pluralidade humana explodiu em 1845, quando o primeiro dos artigos da "Unidade" *versus* "Pluralidade" foi publicado no periódico *Southern Quarterly Review*, de Charleston, o prelúdio da enxurrada de outros durante a década seguinte em todo o espectro de publicações norte-americanas. No decorrer de um ano, foram publicadas três respostas e réplicas só a esse artigo no *Southern Review*. (Outro meio de comunicação religioso, conservador, agrário e escravagista que defendia os valores sulistas, o *Southern Review* deve ter gostado dos argumentos de Nott sobre a inferioridade dos negros, mas como "cuspia veneno" nos racionalistas do iluminismo, deve ter execrado sua postura laica.)

No começo, Nott foi criticado como leviano e superficial e reprovado tanto na questão da cronologia bíblica quanto na de hibridismo biológico. O doutor podia conhecer a febre amarela de perto, mas não a natureza. Desleixado era a palavra — ele não sabia sequer o que era um "gênero", a julgar pelo fato de ter posto o "orangotango, os macacos, os babuínos etc." num só gênero!⁶ Desde o início o debate apelou para o jogo sujo, tendo seu primeiro comentarista, na verdade um dos poucos, assumido uma linha prichardiana sobre a "potência e a flexibilidade da constituição" do ser humano. (Um comentarista que estava próximo dos conhecimentos zoológicos de Darwin, o reverendo John Bachman. Na verdade, as observações feitas por Bachman sobre patos híbridos do zoológico de Londres — vindos das Índias Orientais — que ficaram estéreis depois de uma geração são mencionadas na resenha.) Os velhos naturalistas clericais estavam falando contra o leigo Nott. O comentarista, íntimo do galinheiro e de Bíblia na mão, não concordava que os híbridos fossem comuns na natureza, assim como não concordava que a natureza do mulato era a de um híbrido comum. Os patos foram examinados, os erros de Nott foram apontados e os experimentos com híbridos realizados pelo próprio Bachman com galinhas-d'angola e pombos foram apresentados como prova de que a esterilidade era a norma. E, como o mulato não era exceção na natureza, "a premissa derivada da fertilidade é que ele não é um híbrido".[7]

Mas, nessa atmosfera sulista, declarar que um criador de animais era uma autoridade superior não era garantia de vitória, como Nott e Morton provariam. Agora todos os lados — no tumulto das resenhas e comentários de "Unidade" *versus* "Pluralidade" — redefiniriam o debate sobre a analogia e a flexibilidade das espécies domésticas e dos híbridos.

Morton entrou numa controvérsia já acalorada. Quanto mais ele desviava o caminho de Nott "em favor da doutrina das *diversidades primordiais* entre os homens", tanto mais necessário se tornava concordar com o estudo sobre hibridismo de Nott. Afinal de contas, o mulato, embora fosse um híbrido, *era* claramente fértil (mesmo que só, como acreditavam muitos sulistas, numa extensão limitada). Portanto, passou a ser crucial desacreditar aquela velha e resistente definição de espécie, que incluía sua incapacidade de produzir híbridos férteis.

Não que os naturalistas achassem que esta era uma regra inquestionável. Darwin estava bem preparado para aceitar os híbridos. Na verdade, seus cadernos mostram que estava em busca de uma regra que explicasse o *grau* de fertilidade dos híbridos, quer a proximidade das variedades ou espécies dos pais — isto é, a proximidade ou distância no tempo de sua divergência evolutiva — ou um outro fator qualquer relacionado com uma constituição ou situação específica. De modo que, quando ele chegou a fazer sua secreta declaração cósmica em favor da evolução, Darwin rabiscou à sua moda telegráfica:

> Minha teoria entusiasmaria a Anatomia Comparada Recente & Fóssil, e também levaria ao estudo de instintos, hereditários & hereditariedade intelectual, toda a metafísica. — o que levaria ao exame mais detalhado da hibridação e, quais circunstâncias favorecem o cruzamento & o que o impede — [.]

Em síntese, só a evolução poderia começar a resolver essa questão controvertida.[8]

Mas isso era Darwin na sua vida privada. Em público, outros estavam fazendo dos híbridos um campo de batalha ideológica. Se os seres humanos constituíam tantas espécies e seus híbridos não eram uma exceção da natureza, como Morton agora concordava, os pluralistas teriam de provar que animais híbridos férteis eram mais comuns do que se supunha. Que leões e tigres produziam realmente tiões e ligres. Que o jaguarundi de Darwin se cruzaria com gatos domésticos. E até, disse Morton aceitando o desafio, que carneiros possam se cruzar com cabras, porcos com gamos ou que os gatos produzam filhotes com a marta castanho-escura. Se pudesse citar exemplos de uniões férteis apesar "da enorme distância dos gêneros", tanto melhor. Faria com que a miscigenação humana se harmonizasse perfeitamente bem com tantas outras mais estranhas.

O único relato em primeira mão apresentado por Morton foi o de um cruzamento entre uma galinha comum e uma galinha-d'angola numa fazenda local. Mas seu artigo de 1847 estava cheio de declarações mais extravagantes, segundo as quais os poucos casos excepcionais explicariam os muitos casos controvertidos. A maior parte destes últimos foi desencavada em histórias e livros de viagens de autores antigos. E alguns nem tão antigos assim: as *Researches* de Prichard foram vasculhadas em busca de menções a híbridos de animais, "embora, a meu ver", disse Morton, "contrastem violentamente com sua posição principal". A lista de cruzamentos exóticos de Morton, publicada pelo periódico *American Journal of Science* (editado em Yale), levou o debate para a corrente principal. Adquiriu uma nova importância, vinda do vice-presidente da Academia de Ciências Naturais da Filadélfia — um dos mais ilustres homens da ciência dos Estados Unidos e que logo seria o presidente da Academia. E o título também não escondia seus objetivos: "Hibridismo em animais, considerado com referência à questão da unidade da espécie humana". Ele estava lançando um desafio: se diversos animais podiam hibridizar, então mulatos férteis não eram prova contra seus pais serem de espécies distintas.

O artigo foi reimpresso na Grã-Bretanha, tornando impossível não lê-lo. Não que Darwin não o fosse ler de qualquer maneira: Lyell, cada vez mais um *agent provocateur*, enviou-lhe o *Journal*, pedindo-lhe a opinião. Provocação ou não, Darwin a deu polidamente. Era "apenas uma compilação feita" a partir de outras compilações mais antigas e indignas de confiança. Morton devia estar mais bem informado. Era "crédulo demais". E ali estava o pecado capital de um naturalista: aceitar informações de segunda mão e "não ter chegado à sua fonte original".[9]

Para acabar com o que restava de admiração em Lyell, Darwin destacou alguns erros mais crassos ainda. Considere os mutuns tropicais da América, aves semelhantes à galinha com machos protegidos por um capacete em algumas espécies, domesticados por causa da carne. Segundo Morton, todas essas aves cruzam-se entre si "facilmente", "produzindo descendentes que são reprodutivos infinitamente". O compilador que ele plagiara parecia achar que as permutas entre esses híbridos produziriam novas variedades *"ad infinitum"*.[10] Essa adulteração dos fatos era imperdoável. A fonte original — como Darwin informou Lyell claramente, mostrando sua fluência em verso e prosa — era Coenraad Temminck, premiê e zoólogo holandês.* Ninguém conhecia melhor as aves do mundo inteiro. Temminck era uma autoridade inquestionável, com uma monografia em três volumes, para não falar de publicações mais recentes sobre a fauna das

---

*Coenraad Temminck foi o primeiro diretor do Museu Nacional de História Natural de Leyde ou Leiden (Holanda). Seu pai, Jacob Temminck, financiou a expedição de François Lê Vaillant. (N. da E.)

Índias Orientais (por sua causa, os zoológicos abrigavam numerosas espécies *temminckii*, de galos-de-banquiva [*Gallus gallus*] a macacos, batizados com seu nome em sua homenagem). O Museu Britânico tinha comprado sua coleção de aves empalhadas, que diziam ser das maiores do mundo, e suas exposições de aves recebiam o nome de acordo com a classificação dele, a "melhor e mais aceita por todos".[11] *Este* era o especialista a ser citado, como Darwin sabia, e não um compilador plagiário. Mutuns foram enviados a Temminck, e sua avaliação *real* dos híbridos, disse Darwin a Lyell, era que "um grande número era estéril, outros se reproduziram uma vez & um número menor ainda produziu muitos descendentes"; mas, entre estes últimos, não havia como saber se eles haviam se cruzado entre si ou com algum dos pais, de modo que essa observação não tinha muito valor. (Darwin poderia ter ido mais longe: na verdade, Temminck teve dificuldade em distinguir as espécies, porque essas aves comestíveis tinham uma grande variedade de cores, o que tornava difícil saber se os filhotes eram realmente híbridos.)[12] Estava provado que Morton era incompetente e impreciso.

E até Temminck *poderia* estar errado. Podia ser venerado, mas, durante controvérsias acaloradas, até a autoridade inquestionável foi questionada. Sua monografia sobre aves era antiquada, tendo sido publicada em 1813-1815. Muita coisa havia acontecido desde então, mas só um naturalista experiente com a mão na massa saberia. E, por isso, Darwin não poderia deixar de esfregar o nariz de Lyell na questão, acrescentando um PS à sua resposta sobre supostos cruzamentos de lavandiscas, "caso você acredite nisso graças ao peso da autoridade de Temminck": agora "autoridades influentes têm dúvidas a respeito". Cada erro, cometido dessa forma estarrecedora, irritava Darwin. Morton separava o corvo comum e o corvo que come carniça, supondo que eram espécies diferentes, tornando híbridas aves da mesma espécie! E "eu poderia mostrar muitos outros exemplos, mas não vou perder seu tempo, nem o meu".

A exasperação de Darwin era visível. Uma década estudando esses cruzamentos deixara-o seguro de si, um sentimento que transparecia à medida que destruía a credibilidade de Morton diante dos olhos de Lyell. Entre as aves domésticas, os tentilhões e os corvos de Morton havia uma verdadeira mixórdia de informações interessantes, as válidas e as lendárias, regurgitadas sem muita reflexão crítica ou conhecimento em primeira mão. Darwin, mais cuidadoso nesse momento com a credulidade de Lyell, terminou dizendo simplesmente: "Portanto, como conclusão, não acho que seja seguro citar o Dr. Morton..."[13] Não restou a Lyell nenhuma dúvida sobre quem era *a* autoridade agora.

Morton levantou uma outra questão crucial: que toda *raça* de animal doméstico descendia de uma espécie selvagem distinta ou era um amálgama desses troncos primitivamente diferentes. Nesse sentido, estava seguindo outra tendência cada vez mais influente. Dessa vez a autoridade era o tenente-coronel Charles Hamilton Smith, engenheiro militar aposentado e naturalista inglês conhecido por sua obra sobre antílopes (entre os quais ele batizou numerosos gêneros novos). Hamilton Smith era um aquarelista brilhante, com atenção para o detalhe, e que usara bem seus cargos militares. Seus livros eram muito lidos pelo público inglês, amantes da equitação e da caça, como Darwin. Ele rabiscou toda a obra de história natural de *Dogs* [Cães] e *Horses* [Cavalos] de Hamilton Smith, deixando uma massa de anotações. Nesses livros, Hamilton Smith considerava o cavalo domesticado de hoje um híbrido de cinco raças distintas, e os cães domésticos também tinham muitos ancestrais diferentes.[14] As espécies ancestrais distintas eram primordiais. Ao contrário de Nott, preso na armadilha da cronologia histórica das tumbas de Gizé e das dinastias faraônicas — da obra de George Gliddon, o ex-ministro do Cairo —, Hamilton Smith conhecia perfeitamente bem fósseis de cães e cavalos. Estava fazendo o debate voltar no tempo *geológico* — algo que seria importante quando se tratava de entender profundamente a pré-história humana.

Ali estava outro naturalista influente. William Swainson, viajante pouco refinado e autor prolixo, considerava-o uma das quatro "maiores autoridades sobre classificação de mamíferos", o que colocava Hamilton Smith no mesmo patamar de imortais que Linnaeus e Cuvier. Na verdade, a divindade de Cuvier baseava-se em grande parte em *Animal Kingdom* [Reino animal], a obra que o consagrou, e, quando ela foi publicada em 16 volumes em inglês (tornando-se o compêndio no qual Morton mais confiava), Hamilton Smith logo começou a falar dela. Hamilton Smith era conhecido de todos os sábios. Portanto, quando Richard Owen, astro em ascensão considerado ele próprio o "Cuvier inglês", foi a Plymouth para a reunião da BAAS apresentar os "Dinossauros" em 1841 (ou melhor, quando não os apresentou, pois agora dizem que ele introduziu os dinossauros em seu discurso impresso depois, em 1842), ele ficou hospedado na casa de Hamilton Smith, que morava na cidade. Na verdade, a mulher de Owen conhecia o tenente-coronel das *soirées* de Cuvier em Paris.[15] De modo que o velho cavalheiro era bem relacionado e bem versado em estudos de campo: em outras palavras, outra autoridade formidável com quem Darwin poderia terçar armas.

Morton extraiu suas conclusões de Hamilton Smith. Os cães domésticos não tiveram um antepassado comum. Se tivessem tido — se os mastins, os galgos e os spaniels tivessem todos eles descendido de um lobo primordial —, não teríamos dificuldade em aceitar "a transmutação progressiva das espécies" como resultado do clima ou dos hábitos. Afinal de contas, se os seres humanos podem levar esses cães a assumir formas tão diversas, a natureza certamente deve ter feito o mesmo. Mas não fez: como a maioria dos naturalistas, Morton considerava ridícula a hipótese de uma transmutação de animal em ser humano. Um tipo de cão não se transforma em outro, nem na natureza, nem no canil. Por isso é que Hamilton Smith era tão convincente quando sugeria que nossas "raças" de cães provavelmente derivaram de muitas espécies selvagens, entre as quais o lobo, o chacal e o dingo (cão selvagem australiano). O *dhole* peitudo — cão selvagem indiano — provavelmente foi domesticado como o galgo, e algum parente extinto semelhante à hiena transformou-se no mastim de mandíbulas fortes. FitzRoy, o antigo capitão de Darwin, enviou anotações a Hamilton Smith que sugeriam que o cão fueguino, como outros caninos sul-americanos, tinha o palato negro, o que fazia dele um possível ancestral dos terriers. Todos esses cães tinham sido hibridizados para produzir formas e tamanhos os mais diversos e, às vezes, absurdos em termos de cães domésticos. Não havia necessidade de mutações que dividissem um *único* tronco selvagem — só pedigrees distintos e hibridização posterior.

Essa era a tese de Hamilton em *Dogs*. E era interessante o que apresentava como evidência. Falava de coisas como tetas (numa passagem sublinhada por Darwin). Toda espécie selvagem tinha um número fixo, que pode diferir de uma espécie para outra, mas variam de três a cinco pares nas cadelas domésticas que, às vezes, podem ter números diferentes de cada lado. Isto poderia indicar que nossas raças são amálgamas de diversas espécies selvagens. Um Darwin cético grifou essas passagens. "Duvido que qualquer *híbrido* tenha mamas ímpares", rabiscou ele. Mas as revistas de ciências naturais que ele lia destacaram a ancestralidade múltipla que Hamilton Smith atribuía sem pestanejar ao melhor amigo do homem. Era uma questão controvertida, mas nada de errado estava sendo dito. Os comentadores falavam acriticamente da opinião de Hamilton Smith de que as raças de canil derivavam de "cães selvagens genuínos de mais de uma espécie homogênea", assim como o pangaré de todas as ruas londrinas era uma mistura de muitos cavalos aborígenes.[16] Um número cada vez menor tinha condições de questioná-la.

Os cães, seguindo corajosamente os seus donos, transformaram-se em tornassol para as relações raciais. Todos, de Hodgkin — protetor dos aborígenes — a Nott, agora olhavam para a outra ponta da corrente. Normalmente enfadonho, Hodgkin fez o maior sucesso na BAAS com suas palhaçadas em 1844, pois usou perucas para imitar raças peludas — sem êxito (a imprensa teve um dia cheio e fez reportagens sobre seu triunfo final como velho cão de caça inglês, que sua aparência lembrava naturalmente). Todo espaço foi uma tentativa de mostrar que as modificações ocorridas nos cães poderiam dar indicações dos climas a que seus donos haviam sido expostos durante suas migrações históricas. Em resumo: ele estava investigando pedigrees para descobrir as afinidades tribais e raciais de seus proprietários.[17] (Ele supunha uma espécie de transformação paralela, uma vez que cão e dono eram igualmente expostos a novos climas, uma ideia que Darwin descartara. Darwin achava que a *seleção* humana ativa produziria cães diferentes em cada tribo, fossem quais fossem as similaridades de clima ou *habitat*.)

Seja como for, do amigo Hodgkin, usando teatralmente lulus-da-pomerânia que viviam nas proximidades do Ártico para relacioná-los com seus donos vestidos de peles, até Nott, do outro lado do Atlântico, que estava estudando espécies de cães para provar a pluralidade da ascendência humana, um *único* consenso estava surgindo: que entender as origens e mudanças das raças domésticas era a chave para descobrir as relações "naturais" entre as raças humanas.[18] E, por trás deste consenso, havia um outro mais fundamental. Todos concordavam que os burros nos campos, os cães nos canis e as galinhas nos galinheiros tinham uma *história* — algo que Darwin sabia de longa data.

Darwin conhecia Hamilton Smith havia muito tempo, tendo tomado o café da manhã com ele em Plymouth enquanto esperava o *Beagle* lançar-se ao mar. Mesmo nessa época, o jovem o considerara "um velho cavalheiro muito inteligente", e mais tarde Darwin recorreu ao cérebro bem viajado do soldado sobre a questão das ilhas de coral que estavam afundando. Quando *Dogs* foi publicado, Darwin deixou uma série de garatujas ilegíveis no livro memorável de Hamilton Smith. Mas seu resumo na capa dizia tudo: "A analogia entre carneiros e bodes de um lado & vacas e cavalos do outro me faz duvidar da visão que o coronel Smith tinha dos híbridos dos cães." Hamilton Smith achava que os carneiros de pelos ásperos tinham sangue de bode/cabra, o que o desacreditou aos olhos de Darwin — ou pelo menos suas declarações mais extravagantes, como a que as hienas são os ancestrais de um tipo de cão doméstico.[19] Darwin duvidava que todas as raças domésticas do mundo, vivas e extintas, tivessem produzido híbridos a partir de ancestrais tão incrivelmente diferentes. A variedade não era decorrência da "hibridização", e sim da seleção habilidosa — consciente ou inconsciente — ao longo de séculos, e Darwin supunha ossos e cartilagens mais flexíveis no tronco original e nos troncos intimamente relacionados a ele. Mas estava entre um número cada vez menor de questionadores.

Por mais velho que o coronel Smith fosse, estava muito longe de ser obsoleto. Como Darwin, adorava passar das raças de animais domésticos para as raças humanas. E, tendo servido no 60º Regimento da Jamaica por uma década, e também no Canadá e na Europa, tinha um conhecimento em primeira mão de povos de cores diferentes. Sua *Natural History of the Human Species* [História natural da espécie humana] (1848) foi escrita com o objetivo expresso de dar continuidade a *Dogs* e *Horses* e levar suas ideias até a coroa da criação. Foi um livro inovador, que demoliu as fronteiras de Noé que tanto restringiam a literatura etnológica. Hamilton Smith foi ousado quando chegou o momento de falar da antiguidade humana — muito adiante do tímido Lyell, colocou o velho soldado bem mais perto de Darwin no tocante à questão da ancestralidade humana, que se estendia pelo tempo geológico. O livro reforçou a imagem "naturalista" e direta do pluralismo. A extensão do período geológico atribuído ao homem fez a visão rival bíblica da queda dos casais ancestrais parecer desgastada e antiquada.

Para Hamilton Smith não houve "pares originais" — ele não derivava os vira-latas domésticos dos passageiros da Arca de Noé, assim como não derivava os seres humanos dos filhos de Noé, e muito menos de Adão e Eva. E as nações originais também não haviam sido criadas a partir umas das outras por mudanças de clima ou alimentação. Para ele, todas as espécies animais e vegetais "devem estar convivendo" desde que surgiram em populações perfeitamente equilibradas. O "dogma" das raças humanas divergindo de um ancestral comum estava descartado. Cada uma delas tinha uma origem distinta, embora, ao contrário dos cães, dos gatos e dos porcos, essas raças humanas desconectadas se miscigenassem com menos êxitos (como Nott, ele duvidava da capacidade dos mulatos durarem cinco gerações). Mas sensacional mesmo foi a data das primeiras aparições das várias espécies humanas.

Em 1848, Hamilton Smith foi um dos primeiros a admitir que os seres humanos antigos viveram entre os mamutes, rinocerontes-lanosos e ursos de caverna. Outros haviam considerados mais recentes os restos mortais de seres humanos encontrados em cavernas e buracos. Ele não. Não tinha dúvida alguma sobre os ossos humanos desenterrados pelo Dr. Lund em cavernas brasileiras; a declaração de Lund de que eles estavam nas mesmas condições que as 44 espécies associadas de mamíferos extintos era mais que suficiente. E também não tinha dúvidas sobre os esqueletos encontrados pelo Dr. Schmerling em cavernas de Liège, nem sobre muitos outros no mundo inteiro, todos misturados a espécies extintas de rinocerontes, ursos e alces gigantes (*Megaloceros*). Portanto, esse cavalheiro do sudoeste da Inglaterra aceitava rotineiramente — muito antes da maioria das figuras de proa da época — que os restos humanos e as facas de pedra lascada das cavernas locais de Torquay, Brixham e Plymouth, em Devon, eram contemporâneos de suas provisões de ossos de urso e hiena. As formações subsequentes de estalagmites em determinados lugares sugerem que esses não eram esqueletos recentes introduzidos dentro delas. Na verdade, alguns ossos humanos de Brixham, observou ele, tinham sido roídos, possivelmente por hienas.

E, para coroar, as localidades mostravam evidência de fumaça, indicando que essas cavernas haviam abrigado "selvagens trogloditas" que acendiam o fogo. Ele não teve medo de traçar um quadro mental do planeta "jovem", tudo florestas densas, palmeiras exuberantes e brejos:

> A imaginação poderia enxergar os paquidermes remanescentes à beira dos lagos; ruminantes enormes fervilhando nas campinas... Hienas na orla das florestas ou espiando da entrada de cavernas; e, talvez, uma coluna distante e solitária de fumaça branca subindo da floresta, indício certo da presença do homem, mas ainda humilde e com medo dos monarcas brutos à sua volta; sem outra arma além de um porrete, sem outro instrumento além de uma faca de pedra lascada...[20]

Portanto, em 1840, os pluralistas tinham condições de apresentar um diorama (quadro iluminado na parte superior por luz móvel e que produz ilusão de óptica) "naturalista" da aurora do mundo humano. E isso em um tempo em que muitos unitaristas (com suas crenças na origem única das raças) respeitados por Darwin ainda evocavam imagens do Jardim do Éden.

Ainda mais fascinante era a cronologia de Hamilton Smith do surgimento das várias raças humanas. Como velho acólito da corte de Cuvier, ele estava *au fait* com a embriologia "recapitulacionista" francesa — um estudo do feto humano em processo de crescimento, desenvolvendo-se por meio de estágios sequenciais de peixe, réptil e mamífero que culmina no bebê humano na hora do parto. Observações cuidadosas das mudanças dos últimos dias mostraram algo mais ao maior embriólogo da época, o francês Etienne Serres: um cérebro que passava por toda a fase "de pelos lanosos", depois por uma típica de uma pessoa "malaia ou americana intermediária", depois por outra de mongol, que finalmente amadurecia como um tipo caucasiano.[21] Essa sequência era reflexo da ordem em que essas raças apareceram no tempo. Portanto, assim como os peixes precederam os répteis e os mamíferos nas camadas rochosas, os negros precederam os malaios e os índios peles-vermelhas, que foram seguidos pelos mongóis e finalmente pelos homens brancos na era geológica mais recente.

Além de serem menos "desenvolvidas" anatomicamente, algumas nações humanas eram, na realidade, mais antigas. Isso foi demais para a maioria dos defensores da unidade. Embora a *Natural History of the Human Species* de Hamilton Smith tenha gerado um dilúvio de comentários, ao menos um unitarista com suas visíveis limitações adâmicas foi testemunha do descrédito a que a crença de Hamilton Smith "na existência de homens fósseis" lançou o seu argumento.[22] Nada mais prejudicou sua credibilidade numa época em que tão poucos levavam em conta uma história geológica da humanidade.

Que nossas raças de cães e cavalos tenham surgido de diversas espécies selvagens estava se tornando lugar-comum em 1850. Em parte catalisado pelo debate sobre a raça humana, o tema das origens domésticas realimentou-se com ele. O resultado foi que a onda de publicações sobre "A unidade da raça humana" tratava de cães, cavalos e galinhas com ares de superioridade.

Havia mais que criaturas bíblicas na *Doctrine of the Unity of the Human Race* [Doutrina da unidade da raça humana] (1850) de Bachman, questionando Morton sobre a questão dos híbridos, e esse era um livro típico. Metade dele tratava de raças domésticas e selvagens. Bachman era um homem viajado, respeitado e tinha muito prestígio, tanto como naturalista de campo quanto de gabinete. (Em 1838, em Londres, lembra? — ele havia feito um resumo de uma obra de Darwin e ligara-se à elite metropolitana. Esta lhe deu suas credenciais no caso Morton, e ele trabalhou arduamente em sua obra com "os melhores naturalistas da Europa e do mundo".) Por isso, sua refutação sufocantemente persistente de Morton fez da *Unity of the Human Race* um dos tomos mais autorizados do mundo sobre variedades animais domésticas e selvagens — e sobre o hibridismo — antes da obra *Variation of Animals and Plants under Domestication* [A variação de animais e plantas domesticados] de Darwin, publicada em 1868. Isso mostra o amálgama ubíquo dos temas que fizeram os livros do próprio Darwin — *Variation*, que pretendia ter um capítulo "humano", e *A origem do homem*, no qual os capítulos sobre o ser humano foram invadidos por discussões sobre variedades animais — parecerem pouco excepcionais na época, mas bem esquisitos hoje, e difíceis de explicar nesse contexto de raça humana.

Bachman chegou até a usar a referência ao gado "niata" criado pelos índios do rio da Prata feita por Darwin em seu *Journal*. Esses animais tinham cabeças tão pequenas e lábios tão virados para cima que adquiriram um "ar ridículo de autoconfiança" e agressividade, como se fossem buldogues do mundo vacum. Eram prova de que era possível produzir as mais incríveis alterações do crânio; e, se aconteciam com o gado, por que não com os seres humanos?[23] Bachman chegou a invadir partes cruciais do terreno de Darwin. A ameaça pluralista também lançou o ministro luterano em meio aos parasitas humanos. Não só aos parasitas intestinais comuns a todas as raças, e prova contra as origens plurais; Bachman também se voltou para os piolhos da cabeça — do tipo que Lyell trouxera dos Estados Unidos a pedido de Darwin, e que o próprio Darwin via como indício de relações de hospedagem. Bachman reconhecia que esses piolhos diferiam realmente nos negros e brancos, mas só na cor, e essa cor, pensava ele, os piolhos obtinham de substâncias químicas do couro cabeludo.

Os pombos que eram produto de seleção artificial são importantes no livro de Bachman. Todas as raças animais flutuam em termos de "forma, estrutura interna, instintos e hábitos". Não bastava examinar só o crânio: toda variação, da fisiologia aos instintos, tinha de ser levada em conta. E entre todas as espécies domesticadas, eram os pombos exibidos em feiras de condado, com topetes e penachos na cabeça, ruidosos e mal-humorados, que mostravam as variações mais impressionantes de forma e comportamento.

Bachman reconhecia que todos os pombos que eram produto de seleção humana derivavam de um tipo ancestral, a *Columba livia*, ou pombo-dos-rochedos silvestre. É claro que estava fugindo do problema. Essa derivação era o ponto a ser provado. Ele discordava da declaração de Morton, Hamilton Smith e Temminck de que cada variedade de pombo ou ave comestível doméstica descende de uma espécie selvagem distinta. Bachman, ele próprio criador de pombos, pedia ao "defensor da pluralidade da raça humana um exame das variedades encontradas entre os pombos domésticos". As raças de seres humanos e de pombos eram uma coisa só: provar que esses pombos extraordinários descendiam todos de um único ancestral vai facilitar muito provar o mesmo no caso do homem. Ali estava "o pombo-nanico [o *runt* que, como a nossa banana-nanica, é uma espécie grande] quase do tamanho de uma galinha comum, e... o pombo-de-cambalhota, só um pouquinho maior que um tordo [americano]" e, mesmo assim, ambos descendem do pombo-dos-rochedos da Europa, que também era a origem

> do pombo *rough-legged*, do pombo *laced-winged* que não consegue voar, do pombo Lafote (*crested*), do pombo-peludo, cujas penas parecem ter se transformado em pelos, do pombo-de-leque, do *cropper*, do pombo-papo-de-vento, do pombo-correio, e de um número imenso de outros, e a enumeração de suas variedades encheria uma página [...] pediríamos [aos naturalistas] que apontassem essas características distintivas por meio das quais os homens são divididos em muitas espécies, pois as variedades de pombos são todas consideradas da mesma espécie...[24]

Atendo-se tão religiosamente à unidade, Bachman ridicularizou aqueles que consideravam essas variedades espetaculares espécies distintas. Nunca houve "um absurdo tão grande". Mas agora um número menor de pessoas estava preparado para concordar de imediato. Essa identidade distinta de *todas* as variedades é exatamente o que procurava um número cada vez maior de pessoas interessadas nas origens plurais dos seres humanos. O ponto controvertido estava vindo à tona. Mas em quem confiar? E por quê? As questões levantadas pelo pombo-do-papo-de-vento e pelo nanico exigiam uma abordagem nova antes de uma resposta abrangente pôr ordem no pombal outra vez.

Bachman refutou os híbridos "férteis" de Morton. Contestou exemplo por exemplo. Mutuns: sabia por experiência própria como era difícil entender essas aves da Guiana ou fazer com que se cruzassem (as inglesas não tiveram mais sorte: um prêmio oferecido por ovos seus chocados com êxito nunca foi reclamado). Ele ficou surpreso, como os naturalistas ingleses, com a cor "infinitamente" variável dessas aves comestíveis na coleção de lorde Derby. De volta ao lar, ele próprio acabou conseguindo algumas, mas ali também não encontrou duas realmente iguais. Essas aves mudavam com tanta facilidade quando domesticadas que Temminck e Morton foram levados a multiplicar as "espécies" e considerar simples variantes como "híbridos". Nunca foram "híbridos". Pelos seus cálculos, Bachman possuía mais híbridos propriamente ditos de espécies diferentes do que "qualquer outro indivíduo" na América, e todos eram estéreis, exceto um — o cruzamento do ganso comum com o chinês —, e sua fertilidade era temporária. Sua conclusão foi mais longe que a de Darwin: o hibridismo era, *sim*, um bom teste de ascendência. Se os descendentes fossem férteis, os genitores eram da mesma espécie. "Por isso, o fato de todas as raças de seres humanos produzirem umas com as outras uma descendência fértil [...] constitui um dos argumentos mais convincentes e inegáveis em favor da unidade das raças."

Esse conhecimento prático e a citação de capítulos e versículos desorientaram os pluralistas durante algum tempo. Até Nott escreveu a Morton, dizendo que "o velho Bachman é um osso duro de roer e acertou-lhe vários golpes baixos". E Robert Gibbes, outro apologista de Nott, ele próprio filho de uma família antiga de Charleston, também escreveu sobre o "furor" que a *Doctrine* estava causando: se não fosse por mais nada, Bachman "merece muito crédito por suas pesquisas".

Embora a mulher de Bachman tivesse escravos domésticos, o debate ainda era estruturado em função dos interesses dos donos de escravos. Bachman nunca duvidou de que os africanos eram "inferiores", a julgar por sua "incapacidade [histórica] de se autogovernar". As Escrituras eram seu guia para os "deveres tanto de senhores quanto de escravos". Os escravos eram como crianças, e era nosso dever cristão dar-lhes apoio, e não animais de carga sem alma, que deviam ser obrigados a trabalhar até a morte. Por isso ele criticava timidamente os pluralistas por darem "aos inimigos de nossas instituições domésticas" a impressão de que o dono de escravos é "preconceituoso e egoísta por desejar degradar seus servos, considerando-os abaixo do nível dessas criaturas [...] por cuja redenção um Salvador morreu, como pretexto para mantê-los na servidão". É claro que Bachman sabia que Morton estava na má companhia de Nott, que atribuía a escravatura à distinção das espécies e dizia que os defensores da Bíblia eram "cafetões da ciência".

Sem nunca se deixar intimidar, o luterano mostrou-se mais racional que os racionalistas. Deus criara uma vez só, dizia Bachman, mas dera às suas criaturas — inclusive ao ser humano — a capacidade de variar um pouco, a qualquer momento, em qualquer lugar. Portanto, as variações apareceriam muito naturalmente onde quer que se fizessem necessárias. Por conseguinte, "as variedades de seres humanos seriam formadas sem nenhum milagre", como as variedades de galinhas que os fazendeiros selecionam para criar. Bachman estava se apresentando como alguém mais naturalista do que era na realidade para competir com o anticlericalismo agressivo dos pluralistas. Imaginava novas ilhas, talvez vulcânicas, como as do arquipélago de Galápagos, povoadas sem a intervenção divina. Não havia necessidade de milagre algum, só de colonização oriunda de algum continente próximo, a partir do qual as novas variantes poderiam "adaptar-se gradualmente ao clima".[25] Na opinião de Bachman, os pluralistas exigiam um novo milagre para cada raça e variedade, humana, animal e vegetal, domesticada ou selvagem, há um milhão de anos ou nesse momento. Os unitaristas, não. Por um instante, o pastor da Igreja de São João parecia um naturalista bem ao gosto de Darwin.

Continuava sendo verdade que um dos melhores lugares para obter informações sobre aves contemporâneas era num livro sobre a raça humana, como o de Bachman. A gente começa a ver que, afinal de contas, a obsessão de Darwin com o terreiro das propriedades agrícolas não era tão absurda assim. Mas a posição dele era claramente a de um consenso redutor (que se fechava em torno dos conservadores bíblicos), e sua solução evolutiva para as relações raciais era uma forma singularíssima de cortar o nó górdio. O que torna interessante a posição de Darwin era a companhia de que se cercava. O pluralismo oferecia uma imagem naturalista viável da existência, colorida pelo anticlericalismo triunfante de Caldwell, Nott, Gliddon e Hamilton Smith. Essa imagem, combinada aos dados trabalhosos e a um *ethos* de luta por verdades pouco palatáveis, fez com que eles parecessem modernos aos olhos dos novos profissionais que subiam penosamente os escalões da sociedade científica de Londres. À primeira vista, a abordagem moral rival da de Darwin, baseada na santidade do antiescravagismo e parente próxima do prichardismo, fundamentada ela própria nos alicerces bíblicos, poderia parecer claramente antiquada. Quer dizer, teria parecido, se ele a tivesse apresentado algum dia.

Nos Estados Unidos, a vitória certamente já estava sendo celebrada pelo campo pluralista. As *Researches* de Prichard eram definidas "como o Partenon", uma bela ruína, cheia de esplendor antigo. Desmoronou por se basear no atoleiro da unidade racial e da origem comum — "tão revoltantes para o gosto universal". E, depois que o edifício virou entulho, o que restou da prescrição social de Prichard? — "que os negros, sendo da mesma espécie, são capazes da mesma civilização que os brancos e não devem ser escravizados por estes". A ciência moderna, dizia o periódico *Southern Quarterly Review*, determinara que "o grau mais elevado de civilização que [o negro] é capaz de atingir é o estado de escravidão". Prichard labutara durante "quarenta anos" para mover "uma montanha". E não conseguira. A *United States Magazine and Democratic Review*, influente e de acordo com as regras (e, promovendo os longos discursos veementes de Carlyle como argumentos "ousados" "em favor do reescravizamento" dos índios ocidentais "negros" do interior), também dava aos pluralistas a sua coroa de louros. A revista pretendia remodelar a política em relação aos índios e negros evitando o sentimentalismo doentio que ela via em torno da causa unitarista e, considerando esse objetivo, declarou o fim da guerra. Os vencedores: Notts, aquele líder laico e profano (cujos sacrilégios deixaram muitos insatisfeitos), e Frederick Van Amringe (que invocava uma justificativa bíblica mais aceitável para a separação da espécie humana). Os motivos: "Agora, poucos — ou ninguém — concordam realmente com a teoria da unidade das raças."[26] Quanto a Bachman, é isso.

Se os Estados Unidos estavam perdendo uma guerra, a Grã-Bretanha não estava muito atrás. Embora os etnólogos optassem cada vez mais pela separação da espécie humana, visões substanciosas sobre a origem múltipla das espécies domesticadas estavam aparecendo entre a comunidade de criadores de animais.[27] A arte desses criadores era o arroz com feijão de Darwin. Era a fonte das informações reprodutivas sobre tamanho, forma, ascendência e mestiçagem — ou hibridismo, como parecia estar correndo o risco de se tornar.

Darwin estava a par desses debates entre o lobby de criadores de animais. Considere os porcos. Todos os protagonistas da questão humana reuniram-se em torno dos resultados apresentados por um tal de "T. C. Eyton, escudeiro". Esses resultados confirmavam ou contestavam sua conclusão — que porcos chineses, africanos e ingleses cruzavam-se todos entre si. Mas Eyton mostrava que o número de vértebras dorsais, lombares e caudais variavam nesses porcos (muitas vezes de forma drástica: o número total de vértebras da coluna podia variar entre 50 e 59). Para os pluralistas, isso tornava esses porcos uma espécie distinta em termos anatômicos, e se espécies diferentes de porcos conseguiam se cruzar, o mesmo poderia acontecer com espécies de seres humanos. Do contrário seria atribuir "capacidades plásticas" inacreditáveis à natureza no chiqueiro, assim como aceitar que os fazendeiros acrescentaram vértebras à coluna de algumas raças. Nada disso, respondeu Bachman, ele próprio um criador de animais. A domesticidade não tinha o menor problema em levar uma espécie até esse ponto, de produzir variedades com vértebras adicionais. E, seja como for, ele achava que Eyton só havia feito o cruzamento de variedades diferentes do mesmo porco-do-mato selvagem que se disseminara amplamente pela Europa, Ásia e África, onde é conhecido como "porco da Guiné".[28] (Por outro lado, o porco etíope e o javali africano eram gêneros realmente diferentes. Mas não eram conhecidos em Londres — tanto quanto Bachman sabia; eles chegaram à cidade pouco depois que o artigo de Eyton sobre porcos foi lido na Sociedade Zoológica.)

Para os protagonistas, esse "Eyton" era uma entidade desconhecida, um nome, e só tinha alguma serventia na medida em que poderia ser arrastado para a guerra das monografias. Não para Darwin — pois era Tom Eyton, um de seus mais caros amigos de Cambridge.

"Olá, amigo, prazer em conhecê-lo" não descreve sua camaradagem. Com a mesma idade, a mesma formação, os mesmos defeitos (nenhum dos dois jovens tinha ouvido para a música, sendo incapazes até de reconhecer uma delas, o que os estudantes achavam muito engraçado),[29] esses rapazes tinham se divertido juntos em Cambridge da melhor forma que puderam. Estudaram insetos no País de Gales, escalaram Snowdon, e Darwin caçou com a matilha de Eyton. Mas era um mundo menor para a pequena nobreza, menor até do que sugerem essas pinceladas rápidas. "Eyton de Eyton", como Darwin o chamava muitas vezes diante de terceiros, mostrando que sua condição social indicava que era alguém digno de confiança, era filho do mais alto funcionário de Shropshire, o herdeiro de 23 anos dos Eytons de Eyton. Mesmo como amigos da Escola de Shrewsbury, já tinham caçado e pescado juntos. E quando Darwin desembarcou no Brasil, incentivou Eyton a seguir-lhe o exemplo. Mas não teve sorte, pois o bisturi e o compasso de calibre acabariam sendo a vocação de Tom. Ele respondeu à América do Sul que estava trabalhando "arduamente com aves, tanto inglesas quanto estrangeiras", e já tinha "uma das melhores coleções deste país". Ele estava reduzindo "peixes, aves & animais" à sua expressão mais simples e tinha "quase cem esqueletos". Rico e independente como Darwin, ele também estava fazendo carreira com seus passatempos. Essa redução a esqueleto — redução das aves a ossos, que depois eram medidos com o objetivo de detectar diferenças — era algo que ele ensinaria a Darwin. Levemente horrorizada, a irmã Susan Darwin descobriu "um grande número de esqueletos [...] no quarto de T. Eyton". E Catherine falou do casamento de Tom Eyton de uma forma que mostrava prioridades crescentes de ambas as partes: "Penso que você vai achá-los um casal muito agradável de conviver quando voltar; Tom Eyton, tenho certeza, gosta muito de você; ele já lhe escreveu *três* vezes para Valparaíso e vai escrever de novo. — Ele conseguiu uns gansos chineses..."[30]

Darwin, recém-saído do *Beagle*, não dera todas as suas aves para John Gould descrever. Havia empalhado e preservado numerosos pássaros em álcool para Tom. Como ornitólogo publicado (interessado, como tantos membros da pequena nobreza, em animais domésticos e selvagens — daí é que surgiu sua monografia definitiva sobre patos), Eyton acrescentara um apêndice ao volume de Gould sobre aves da *Zoology of the Voyage of H.M.S. Beagle* [Zoologia da viagem do *Beagle*, Navio de Sua Majestade], de Darwin. Há até uma insinuação de que Darwin teria tomado emprestado um dos tentilhões de Tom para incrementar a descrição feita por Gould das aves de Galápagos do *Beagle*.[31] O colega da Escola de Shrewsbury estava claramente envolvido em eventos cruciais da vida de Darwin.

A carta de Eyton, com uma lista da contagem de vértebras de vários suínos, foi lida na Sociedade Zoológica no dia 28 de fevereiro de 1837 — a reunião na qual Gould descreveu o pássaro-das-cem-línguas que Darwin trouxera do arquipélago de Galápagos. Os porcos eram o forte de Eyton. Darwin pedia-lhe conselhos e ajuda: por isso, desde o início, o nome de Eyton aparece muitas vezes nos cadernos de Darwin sobre evolução. Nessas reflexões particulares, Darwin considerou o artigo sobre porcos "MUITO BOM", e o que ele queria dizer é que era MUITO BOM para ele. Dava exemplos de uma variação impressionante no esqueleto de raças que se cruzavam entre si. Era o que Darwin precisava para a seleção natural ter uma base sólida. Darwin não sabia por que o número de vértebras diferia: talvez algumas tivessem aumentado e se dividido posteriormente.[32] Mas o fato de seu número ter aumentado lhe foi útil. As tabelas de medidas de ossos feitas por Eyton enfatizavam a variação, que era o que Darwin precisava para derivar novas espécies de um ancestral comum. Era de secundária importância se esses porcos eram variedades ou espécies (para ele, um simples *continuum*). Se barreiras naturais separassem esses porcos com diferenças no número de vértebras na Ásia, China e Europa, eles poderiam seguir caminhos divergentes. Eram os ancestrais potenciais de novos gêneros ou famílias.

Eyton era perito em cruzar espécies, um dos poucos em cujos resultados Darwin confiava realmente. Os que estavam fora do círculo familiar e provinciano de Darwin eram muito mais céticos. Os dados de Eyton foram lançados nos debates acalorados sobre as distinções raciais humanas — com seus subtons escravagistas —, e até Eyton teve dificuldades em evitá-los.

Na verdade, ele havia anunciado informalmente seus resultados iniciais com o hibridismo na periferia do debate humano. Quando os sábios se reuniram em Bristol para o encontro da Sociedade Britânica para o Avanço da Ciência em 1836, Carpenter discutiu a visão de Prichard — que nascera nessa cidade — sobre os seres humanos e o fato de ele ter definido "espécie", em parte, com base na infertilidade de seus descendentes (portanto, os seres humanos eram raças, pois produzem descendentes férteis quando se miscigenam). A isso Eyton respondeu que havia cruzado um ganso doméstico e um ganso chinês — duas espécies totalmente diferentes — e que os descendentes *eram* férteis. O mesmo aconteceu com um porco chinês e um porco inglês doméstico. Sobrancelhas ergueram-se à sua volta, porque isso sugeria que a justificativa que Prichard apresentara da unidade humana não era sólida: espécies distintas podiam se cruzar. Os zoólogos questionaram "a falta da devida cautela ao realizar os experimentos"[33] por parte de Eyton. O que incentivou Eyton a escrever um artigo contundente sobre gansos para a *Magazine of Natural History*, com o objetivo de deixar seus resultados "além de qualquer suspeita". Sua conclusão era a seguinte: ou as aves eram da mesma espécie — o que não era impossível, porque suas diferenças "não [eram] maiores que aquelas existentes entre as raças humanas", na Inglaterra e na China (a referência sobre o grau de alterações que poderia ser alcançado por "circunstâncias locais")[34] — ou as tentativas de definir "espécie" em termos de hibridismo precisariam ter um fim. Ele votava na segunda alternativa, porque a prole resultante de seus cruzamentos de porcos tinha quantidades diferentes de vértebras, e não havia absolutamente nada parecido com *isso* nas diferenças raciais humanas.

O artigo de Tom levou a mais anotações de Darwin sobre evolução, começando com uma aceitação: "Os híbridos propagam-se livremente" foi seu primeiro comentário. Os descendentes dos cruzamentos de porcos chineses e ingleses fascinaram Darwin também pelas questões que levantavam: será que o cruzamento contínuo faria com que eles revertessem ao tipo de um dos pais? (Não, eram sempre intermediários); que tipo de espécies conseguiriam se cruzar? Só aquelas de países *distantes*, segundo Eyton — e Darwin sublinhou a passagem —, isto é, espécies desconhecidas uma da outra, de modo que havia menos repugnância. Darwin duvidava disso e perguntou ao melhor hibridizador de lírios do país, o reverendo William Herbert, se era mais fácil hibridizar plantas distantes. Herbert também duvidava que a distância abrisse o coração.[35]

Ao contrário de Bachman e dos prichardianos, Darwin assimilou tudo isso sofregamente, sem pensar nem por um momento que a descendência dos cruzamentos de Tom confirmava o pluralismo humano. Ele sempre citaria os gansos de Eyton como um dos poucos "casos autenticamente bem fundamentados de animais híbridos inteiramente férteis" que ele conhecia. Até o fim da vida, continuou descrevendo o êxito de Tom como "o fato mais notável que já foi registrado" sobre o assunto.[36] Era uma raridade, mas esses cruzamentos tinham de ser acomodados, embora *não* em relação à pluralidade humana. Aos olhos de Darwin, essas espécies de gansos, como as variedades de gansos, ainda descendiam do mesmo tronco ancestral: ele foi — agora é um chavão — um evolucionista singular da "origem comum" graças aos seus próprios méritos. Darwin queria saber como a divergência acontecia, o que fazia com que o cruzamento fértil fosse interrompido e a esterilidade do híbrido se estabelecesse. Sem perceber, Tom estava levantando mais questões: por que a esterilidade não se manifestara ali para manter aqueles gansos em particular em seus caminhos distintos?

Darwin acomodou os híbridos em seu quadro de referências prichardiano de migração e adaptação. Como era o viajante mais experiente dos dois, ele ainda concordava com as opiniões de Tom a respeito dos seres humanos. Onde Eyton, ancorado em Shropshire, dividia o mundo em "Províncias Zoológicas", com uma raça humana caracterizando cada uma delas, Darwin, o *globe-trotter*, sabia que este era um conceito simplista. A viagem do *Beagle* mostrara-lhe uma natureza desordenada que não podia ser dividida de acordo com linhas preconcebidas. A Austrália tinha aborígenes semelhantes nos litorais leste e oeste, mas plantas muito diferentes; na Nova Zelândia e na Nova Caledônia dava-se exatamente o contrário: "duas raças de homens", mas plantas semelhantes.[37] A alternativa sofisticada de Darwin seria construída com um número muito maior de variáveis, no tempo e no espaço, e levaria em conta o puro acaso enquanto, durante suas migrações, os recém-chegados tiravam o maior proveito possível de cada situação. Ele tinha uma percepção vívida de contingência histórica que faltava a seus amigos.

As conotações desses experimentos eram incríveis, mas até os dados referentes aos porcos se baseavam nos debates seriíssimos sobre a responsabilidade dos seres humanos diante de Deus. Numa dúzia de livros sobre "Unidade *versus* Pluralidade" das raças humanas, publicada no fim dos anos 1840 e começo da década seguinte, os animais domésticos e a "instituição doméstica" estavam separados por um fio de cabelo. Mas, em seus cadernos, o próprio Darwin descrevera os animais como escravos e condenava aqueles que viam os escravos como animais. Ele também compartilhava da visão de que a criação fora uma só, estendendo-se das instituições humanas aos instintos animais, e que havia lições políticas a serem aprendidas com a natureza. Ele sabia que as bestas de carga estavam levando uma enorme bagagem ideológica.

Até mesmo vigários que se dedicavam à cerâmica estavam virando a casaca. Dessa vez, o pároco em questão era outro velho contemporâneo de Cambridge, o reverendo Edmund Saul Dixon. Ele se estabelecera numa paróquia de Norfolk e era um "homem excelente", segundo Darwin. Dixon era mais um daqueles informantes que constituíam as fontes esotéricas de Darwin. Darwin tinha a mesma obsessão de Dixon pelas aves domésticas, e o mesmo desespero pelo fato de tantos naturalistas "respeitáveis" terem uma atitude desdenhosa em relação à domesticação e à seleção humana.[38] Revolver essas fontes do quintal de casa tornou Darwin diferente e, por isso, bem-sucedido.

No dia 25 de dezembro de 1848, um Darwin apropriadamente festivo leu *Ornamental and Domestic Poultry* [Aves domésticas e ornamentais], de Dixon. Era o tipo de livro sobre galinheiros e pombais que ele adorava; "muito bom & divertido", diria ele. Era sobre "a 'origem' de nossas raças domésticas", e qualquer abordagem que pusesse o galinheiro vivo acima das exóticas peles secas conquistava a simpatia de Darwin. Mas aí terminava a similaridade. Parece que Dixon havia "começado com a ideia ótima da poderosa influência transmutadora do tempo, da mudança de clima e do aumento de comida", na produção de variedades, mas acabara convencido de que *toda* raça doméstica, no galinheiro e no pombal, era uma criação aborígene. É claro que Darwin (em cartas que se perderam) tentou argumentar sobre a questão da variedade e dos híbridos; mas, escreveu Sua Reverência,

> A descoberta do Sr. Darwin, resultado de seu grande engenho e experiência, de que "o sistema reprodutivo parece muito mais sensível a quaisquer mudanças das condições externas que qualquer outra parte da economia viva", confirma minha suspeita da extrema improbabilidade de conseguirmos originar uma raça permanente, intermediária e capaz de se reproduzir por meio de hibridização.[39]

Darwin acreditava que as mudanças climáticas alteravam o sistema reprodutivo para produzir pequenas variações; mas, para Dixon, os resultados eram monstros mal desenhados destinados a desaparecer. Darwin realmente o incentivou a tentar cruzar híbridos para testar sua fertilidade, o que evidentemente deu início aos experimentos posteriores de Dixon com cruzamento de gansos, embora os resultados simplesmente o tenham levado a se afastar ainda mais.

Apesar disso, Darwin era um dos poucos a descer do Olimpo, e os criadores de animais gostavam disso. Na verdade, sabendo que Darwin estava atolado nas criaturas marinhas de conchas (ele dedicou oito anos, de 1846 a 1854, ao estudo da craca-das-pedras) "e quase foi levado ao desespero por seu caráter escorregadio", Dixon aconselhava implicitamente o amigo a esquecer aquelas conchas irritantes e voltar aos pássaros. Mal sabia ele o quanto se arrependeria dessa sugestão. Como praticamente todos — menos um punhado de seus confidentes mais próximos —, Dixon não tinha a menor ideia do que Darwin estava realmente pensando. E, como tantos dos contemporâneos de Darwin, Dixon abominava a evolução porque ela ameaçava transformar os seres humanos em brutos sem alma com tendências amorais, mais voltados para o ganho terreno do que para a recompensa celeste. Darwin e Dixon podem ter tido em comum a obsessão por aves domésticas, mas ela vinha de direções diametralmente opostas. Dixon achava que os naturalistas da elite, com suas origens raciais prichardianas, tinham se desviado do caminho certo por causa de seu desprezo pelo galinheiro e pelo chiqueiro imundo. Ele achava que o galinheiro e o chiqueiro continham evidência *contra* um ancestral comum de todos os pombos produzidos por seleção artificial, ou contra uma origem comum para todos os diversos patos e, por extensão, um ponto de partida comum para todas as raças selvagens. Para Dixon, "as raças domésticas de aves e animais não são desdobramentos, são criações", uma declaração que Darwin sublinhou, sugerindo desaprovação.[40]

Na *Quarterly Review*, Dixon criticou violentamente a obra evolucionista *Vestiges of the Natural History of Creation* [Vestígios da história natural da criação], com sua visão penosa do "homem pensante" gerado pelo macaco. Também castigou um futuro simpatizante de Darwin, Edward Blyth (curador do museu da Sociedade Asiática em Calcutá), por sua "sede de 'origens'", isto é, de origens *comuns* das aves domésticas. Depois Dixon chegou ao seu veredito. Hamilton Smith estava certo. As principais raças domésticas eram todas derivadas de uma espécie distinta, em cães, em pombos e em *pessoas*. Blyth não conseguiu reconstruir a trajetória de seus diversos perus e galinhas indianos até um ancestral selvagem lá em Calcutá simplesmente porque ele nunca existiu: estas eram criações aborígenes. A domesticação não era "uma espécie de varinha de condão: toque uma criatura [...] que você transforma um palhaço em colombina". Nem o artifício, nem a natureza conseguem dividir linhagens. Nem o ambiente, nem a vara do domesticador conseguem produzir mutações nas raças. "Portanto, segue-se daí o fato de que a população indo-portuguesa não se transforma em negros, nem deriva 'sua pele extremamente negra da influência permanente do clima...'" Era óbvio para Dixon que uma boa ciência de quintal logo frustraria aqueles "que concordam com os estudos do Dr. Prichard". Darwin discordou e sublinhou seu exemplar de *Ornamental and Domestic Poultry* de modo a não deixar dúvidas sobre isso. Tornar toda raça doméstica "aborígene" daria fim a toda a sua empreitada: "Olhe para os bois de todos os diversos países da Europa — olhe para os cães [desses países] — olhe para os homens — se suas variações forem negadas — meu trabalho pode ser dado por encerrado."[41]

"Sr. Dixon of Poultry notoriety" — era assim que ele era conhecido no círculo de Darwin — o homem "que argumentara corajosamente em favor da ideia de que toda variedade é uma criação aborígene". Hoje, olhando em retrospectiva, é impossível entender por que porcos, pombos e aves domésticas podem ter despertado tantas paixões, até que a gente se dá conta de sua relação com a questão racial humana. As galinhas domésticas estão na outra ponta de um fio analógico atenuado que se estende por todo o caminho até o HOMEM. O que era válido para as aves domésticas era válido para a criatura eleita por Deus. Numa era que repudiava a ideia de toda e qualquer capacidade civilizatória nos cérebros negros, os estudos das aves domésticas pareciam enfatizar naturalmente a separação de todas as raças.[42] A moral da história estava clara e era confirmada por experimentos — nesse caso, incentivados pelo próprio Darwin. Dixon começou cruzando gansos, ou falando de cruzamentos entre gansos e faisões na *menagerie* de lorde Derby, para ver — agora estava oscilando em sua dúvida — se os híbridos férteis *poderiam* ser criados a partir de aborígenes, o que explicaria as gradações dos intermediários encontradas nas fazendas daquela época.

Dixon estava entre o número crescente de pessoas que acreditavam que o pombo-de-cambalhota sempre seria um pombo-de-cambalhota, e os negros sempre seriam negros e os brancos, brancos. Negava toda e qualquer origem comum na biologia. Era um leitmotif florescente naquele momento. A domesticação de troncos escravizados até eles chegarem à fazenda estava por trás da enxurrada de livros a favor ou contra a unidade humana.

Um dos menos contundentes era *Races of Man,* de Charles Pickering, tipicamente enorme e descrito certa vez como "amorfo como a neblina, indiferenciado como um bolinho e heterogêneo como uma salsicha barata". A consistência de salsicha nunca incomodou Darwin (ele mesmo escrevia desse jeito). Devorou o petisco por volta do ano-novo de 1851. Na verdade, o livro foi mais bem recebido do que essa citação sugere, tanto por sua abordagem técnica quanto por sua ambivalência sobre a questão de uma ou várias origens. Darwin leu-o uma segunda vez. Pickering também havia dado a volta ao mundo. Também fora um contemporâneo de Morton na Academia de Ciências Naturais, mas sua viagem com a Expedição Wilkes de Exploração dos Estados Unidos, que o levou dos Mares do Sul aos Andes, deu-lhe muito mais autoridade, que ganhou mais peso ainda com suas viagens subsequentes ao Egito, à África, à Arábia e à Índia para estudar seus povos e a distribuição da flora e da fauna. (Ele teve a cortesia de enviar listas de plantas que encontrava em ilhas de coral para Darwin, que era um dos especialistas mundiais em atóis.) Pickering aumentou o número de raças humanas para 11, e a complexidade que encontrou ficou evidente em sua massa de informações, exatamente do tipo de que Darwin gostava. Mas Darwin vasculhou *Races* diligentemente em busca de fragmentos da história da domesticação e da geografia das espécies introduzidas. Para ele, o campo de batalha era a origem comum das variedades domesticadas. Prove essa origem comum que a defesa do pluralismo desmorona, dando muito mais crédito à diversificação por meio da seleção.

Era evidente que Pickering amenizara sua predileção pelas origens plurais no texto final. (Como era um relatório da Expedição de Exploração dos Estados Unidos, *Races of Man* foi submetido à aprovação da Biblioteca do Congresso, e um senador antiescravagista do comitê já tinha censurado as "ideias estranhas" de Pickering nos primeiros rascunhos.) As ideias de Pickering ficaram tão invisíveis que periódicos da Nova Inglaterra e uma reimpressão inglesa o teriam recomendado aos anjos e o usariam contra as "ridículas teorias" pluralistas. E o usariam contra aqueles que procuravam degradar nossos "irmãos africanos", aqueles homens maus que "riram e se perguntaram se a alma de um negro tinha sensibilidade" e que o teriam equiparado a um animal "com o objetivo de rebaixá-lo" nas "terras sobre as quais a nuvem negra da peste da escravidão ainda tem permissão de pairar".[43]

A luta e a distorção eram típicas porque o debate engendrou grande revolta moral, com a América do Sul como seu novo foco. As últimas explosões de Carlyle, o velho conhecido de Darwin, contra os "negros sujos" estavam sendo aplaudidas entusiasticamente por resenhas americanas simpatizantes do Sul. Sua arenga sobre os "disparates" dos filantropos, vindos da Inglaterra, como não podia deixar de ser, foi reproduzida em brados mais altos ainda. *DeBow's* achou "a questão do Negro [...] resolvida com um golpe de mestre [...] Quando escritores ingleses falam dessa maneira, está na hora de o fanatismo nortista parar para pensar". A *United States Magazine and Democratic Review* considerou-o um sinal de que "houvera uma poderosa reação na Inglaterra no tocante à política a ser adotada em relação aos negros". Dadas as tensões, aquele clamor todo só aumentaria a determinação dos donos de escravos. Carlyle podia dizer que a escravidão era uma "coisa preciosa", mesmo que, nesse caso, tenha dito a respeito dos índios ocidentais libertos da Inglaterra, sem muita convicção,

Agora vocês não são mais "escravos"; nem desejo, se puder ser evitado, vê-los escravos de novo; mas é óbvio que terão de ser servos daqueles que nasceram *mais sábios* que vocês, que nasceram senhores de vocês...[44]

Outros viram essa explosão como "indizivelmente perversa". John Stuart Mill recuou diante dessa arrogante "obra do Demônio". O interessante é que, embora alguns se tenham afastado da companhia de Carlyle, reclamando do estrago feito, Erasmus, o irmão de Darwin, não se afastou. Ainda frequentando a casa de Carlyle, o solteirão da cidade apenas suspirava diante desses "discursos ocasionais sobre chicotes beneficentes, ou qualquer que seja o nome que lhe dê. Fico alarmado, pois ninguém aguenta muito tempo uma coisa dessas".[45] Um cansado dar de ombros teria sido a última coisa que Darwin teria feito. O desprezo professoral de Carlyle provavelmente o teria feito estremecer de raiva.

Atitudes racistas mais intransigentes estavam se disseminando por todas as classes, até as mais baixas. Homens agressivos, como Knox na Inglaterra e Nott nos Estados Unidos, eram desafiadoramente laicos. Agora ativistas urbanos "ateus" chegaram a esse veio do livre pensamento para explorar o pluralismo num nível bem vulgar. Aqui ele se tornou ainda mais transparentemente ideológico.

Noções de que as raças existentes de seres humanos "devem ter surgido originalmente de *troncos completamente distintos*" (como dizia uma propaganda da literatura vulgar, o *Infidel's Text-Book* [Manual do infiel]), foram transformadas em armas proletárias contra a crença ingênua em Adão e Eva, que sustentava a detestada autoridade da Igreja. Podia se transformar num programa de ação, principalmente no caso do agitador Charles Southwell. Ele havia começado a publicar uma série de artigos sobre evolução com uma tendência ateísta pronunciada em *Oracle of Reason*, um tabloide ilegal vendido nas ruas. (O primeiro número de 1841 tinha uma ilustração do fóssil de um homem cabeludo — considerado ele próprio uma "fantasia racista" — muito antes de qualquer cavalheiro naturalista — exceto Darwin — acreditar num bicho desses.) Depois de uma carreira de luta contra a Igreja, iniciada com seu martírio na prisão por condenar de forma blasfema aquela "produção judaica odiosa e revoltante chamada BÍBLIA", ele emigrou para a Nova Zelândia. A Sociedade Missionária da Igreja controlava a região havia muito tempo. (FitzRoy, o antigo governador, consultara-a ele próprio sobre questões maoris, nunca tendo se afastado da postura pró-missionários que tinha no *Beagle*.) O racismo de Southwell explodiu ao ver bispos e missionários devolverem os direitos à terra dos maoris às expensas das reivindicações dos colonos brancos. Ele fez aumentar as vendas do *Auckland Examiner* ridicularizando a doutrina dos missionários de "amálgama de raças". Depois mandou discursos longos e veementes para os radicais que ficavam em casa, fornecendo-lhes combustível para combater os filantropos de Exeter Hall, com a mensagem implícita de que, como os "selvagens" não podem ser civilizados, seria melhor exterminá-los.[46]

Tendo viajado para casa com FitzRoy proclamando aos quatro ventos a boa obra dos missionários, Darwin viu-se lançado outra vez do lado evangélico. Era o lado da unidade da espécie, por meio de um ancestral comum, que muitos agora associavam com uma etnologia prichardiana desmoralizada e ingenuidade de púlpito. A vanguarda da ciência estava se tornando cada vez menos receptiva à tese darwinista de uma origem comum.

À medida que os abolicionistas se reorganizavam e o racismo exacerbava-se, os cientistas se voltavam para a natureza a fim de compreender a escravidão.

Formigas amazônicas que marchavam, invadiam e escravizavam, criando a prole das espécies capturadas como servas suas: décadas antes, seu perplexo descobridor achava esse comportamento "um desvio quase inacreditável das regras habituais da natureza". Mas agora alguns estavam se perguntando se esse comportamento era mesmo antinatural. Na década de 1840, proliferaram artigos sobre essas formigas vermelhas e suas escravas. Todos eles previam a incredulidade dos leitores e todos tinham o mesmo subtítulo: "Para aumentar o espanto, a maioria dessas [formigas] escravizadoras são vermelhas ou avermelhadas, ao passo que aquelas capturadas para se tornarem suas servas são negras!"⁴⁷ Essas palavras eram de William Swainson, o melindroso filho de um inspetor da alfândega que fez carreira escrevendo, mas poderiam ser de um grande número de escritores. A escravidão em outra espécie chocou tanto uma geração entusiasmada com seus êxitos abolicionistas quanto seus filhos mais insensíveis. A gente lê interminavelmente sobre seu "assombro", e que sempre os "sequestradores" são claros "e os escravos, como os maltratados nativos da África, são de um preto retinto". Os evangélicos acharam que se tratava de uma lição horrível e que o mal estava em toda parte; outros diziam que era "antinatural"; e uma geração mais velha observava que a Providência garantia que as formigas "negras" escravizadas — como eram sequestradas somente quando eram larvas ou pupas — ao menos fossem poupadas do sofrimento de serem arrancadas de seus entes queridos (o que não era o caso dos cativos africanos).⁴⁸

Grande parte da posição de Swainson foi uma reformulação de opiniões de outros e incluía suas cenas de batalha. Essa colagem de citações tinha o selo de autenticidade de uma reportagem empolgante do *Times*, com sua evocação de um massacre cheio de cadáveres enquanto as larvas eram arrastadas para a escravidão. Foi apresentada como um relatório direto, e Swainson *era* muito viajado, tendo pesquisado no Brasil muitos anos antes de Darwin. Mas isso havia sido há muito tempo. Agora ele era um velho rabugento que escrevia para ganhar o pão, produzindo volumosos livros de ciência natural cheios dessas descrições de segunda mão, ele mesmo prestes a emigrar. Era desprezado pelos naturalistas da classe dominante que haviam estudado em Oxford, que o consideravam um ignorante mutilador de espécies. E todos eles concordavam que, como produzia livros para pagar as contas, ele podia ser "abominavelmente descuidado". Mas o que irritou Darwin igualmente foram suas explanações teóricas "absurdas" sobre a maneira pela qual grupos naturais de todos os bichos e plantas podiam ser classificados em círculos de cinco. Para Swainson, havia cinco raças humanas, organizadas em separado em cinco "verdadeiras divisões zoológicas da terra". Mas era preciso imaginá-las conectadas por um círculo, de modo que cada raça humana transformava-se gradativamente na próxima na fronteira entre elas. Os cinco grandes troncos de aves também eram organizados da mesma forma, cada qual caracterizando uma zona. É provável que Swainson esperasse que as formigas também se encaixassem no seu modelo de cinco espécies. Para Darwin, aquilo era loucura classificatória, até certo ponto arbitrária, e o deixou com "pouca tendência a acreditar em qualquer declaração de Swainson".[49]

Darwin preferiu pedir informações sobre o comportamento das formigas em primeira mão à "maior autoridade", que era Frederick Smith — um verdadeiro naturalista de campo que descrevia incansavelmente abelhas, vespas e formigas. Smith foi curador da Sociedade Entomológica na década de 1840 e assistente do Departamento Zoológico do Museu Britânico na década de 1850, onde ele e Darwin tiveram suas conversas. Em última instância, a reputação de Smith foi coroada com sua fantástica descoberta de formigas escravas na Inglaterra (em 1854),[50] uma façanha que levou Darwin a procurá-lo. Smith se tornaria a principal fonte de Darwin quando chegou a hora de escrever sobre seleção natural. Embora Darwin as tenha ignorado em seus cadernos de notas sobre evolução, com o novo status paradigmático das formigas, ele teria de explicar a origem de seu comportamento escravagista, e de uma forma que não o fizesse parecer antinatural, nem abrandado pela mão da Providência, *nem* um equivalente das atrocidades humanas. Isso se fazia muito mais necessário agora, por causa dos acontecimentos dos Estados Unidos.

A regionalização das raças humanas e a ridicularização da ideia dos homens brancos migrando para a África e adquirindo pele negra ou lábios grossos, defendidas por Swainson, granjearam-lhe admiradores do outro lado do Atlântico.[51] Suas palavras eram citadas por pluralistas que também saberiam dar bom uso às formigas escravagistas. Entre os primeiros estava William Frederick Van Amringe, um advogado nova-iorquino que incentivou explicitamente as formigas vermelhas a morderem Prichard. Formigas escravas eram "um dos tópicos de discussão mais empolgantes dos nossos dias" — e não só por mostrarem claramente a espada de dois gumes que Prichard estava brandindo. Essas formigas "faziam guerras predatórias sistemáticas" contra espécies que eram o seu alvo "com o propósito exclusivo de obter escravos para realizar os trabalhos servis de suas habitações": provavam o perigo do uso de analogias animais, como as de Prichard, para validar relações humanas.

Esta foi a advertência de Van Amringe em sua *Investigation of the Theories of the Natural History of Man* [Investigação da história natural do homem], obra de 736 páginas, publicada em 1848. Se validarmos a abordagem de Prichard,

> temos um exemplo, de acordo com a lei mais infalível, derivada diretamente do Criador, manifesta no instinto desses insetos, de que a escravidão é permitida, se não ordenada. É extraordinário também que a semelhança [...] com as instituições humanas da escravidão seja perfeita, não só em relação ao gênero, mas também à cor dos seres escravizados: e não só à cor, mas às condições comparativas sociais e [...] mentais de senhores e escravos; pois a economia doméstica das formigas [vermelhas]... mostra um avanço em termos de conforto e segurança superior ao da condição das formigas negras, uma representação clara e justa do avanço comparativo da civilização da Europa em relação à África.[52]

Ele acreditava realmente que nenhum invertebrado descoberto neste mundo nos ajudaria a entender os seres humanos. Van Amringe chegou a ponto de negar que a própria zoologia tivesse qualquer conexão com a origem das raças. O clima não poderia tê-las formado. Eram um dado bíblico — os semitas brancos, os jafetistas amarelos, os ismaelitas vermelhos e os cananeus negros — e deviam ser classificados entre os brancos do topo e os negros da base. Cada qual tinha suas distinções físicas e seu temperamento, mas só um advogado poderia tê-las caracterizado tão precipitadamente, atribuindo à "espécie semita" o "temperamento enérgico; à jafetista, o passivo; à ismaelita, o insensível; e à cananeia, o indolente". As espécies eram invioláveis, criadas por Deus, psicologicamente separadas dos animais por um abismo. Não houve transição, nenhuma transmutação vil de homem negro em branco — o próprio conceito era "humilhante".

Para Van Amringe, as diferenças específicas dos seres humanos que tornavam o mulato "temporariamente fértil" eram algo tão antinatural quanto um cruzamento entre orangotangos e chimpanzés num zoológico. Com uma pomposidade patriótica, o advogado falava, "em nome do povo americano, ao menos, se não de toda a família humana", contra a busca prichardiana de analogias raciais humanas entre os animais.[53]

As resenhas aproveitaram o impulso de Van Amringe e mostraram as consequências de uma origem unitária de todos os seres humanos:

> Se um europeu pode se transformar gradualmente num bosquímano ou vice-versa (segundo a teoria do Dr. Prichard, que afirmava que todos os homens eram originalmente negros, e que a raça branca é só uma variedade congênita), que selvagens hotentotes, negros e nus podem se transformar em Bacons e Miltons — que necessidade haveria de criar Adão e Eva, uma vez que um progresso gradativo da criação animal, que os restos fósseis provam que existiu, teria criado lentamente os seres humanos, quando a Terra se tornou propícia para ser habitada por eles?[54]

O próprio Darwin descera alegremente por essa encosta escorregadia uma década antes. Mas Van Amringe concordava com Darwin num ponto: que a grande lei criadora que mantinha as raças separadas era uma diferença constitucional na definição de *beleza*, e dedicou um capítulo inteiro a provar esse ponto de vista. Na verdade, muitos pluralistas adotaram essa linha de raciocínio — destacando obviamente o seu oposto, a "repugnância" do homem branco pelo negro.[55] Darwin não foi o único a introduzir a estética na sua ciência.

Van Amringe não estava satisfeito com isso, mas sabia que a grande questão humana, unidade ou pluralidade, estava sendo resolvida com raças domésticas e selecionadas. E dado que "a ciência de cruzar animais domésticos chegara a tal perfeição naquela ilha maravilhosa" (Inglaterra), ele não se surpreendia com o fato de Prichard e seus seguidores viveram ali.[56] As tentativas religiosas de afastar o debate das analogias domésticas não tiveram êxito. A capacidade de mudar, cruzar e rastrear a ancestralidade de raças domésticas seria uma das principais características do debate sobre raças humanas durante uma década. Era impossível deter aquele impulso: todos os lados tinham agora um interesse velado no problema.

Não há dúvida de que o próprio clã de Darwin teve a sua parte na grande questão. O Dr. Henry Holland, o vaidoso médico da rainha, compreendeu-a. Holland era da geração anterior e era parente de Darwin, tendo uma origem comum com ele por parte de seus bisavós maternos. Ele também vinha sendo o médico de Darwin durante esses anos críticos. Em momentos de estresse agudo — quando estava enchendo seus cadernos de anotações sobre evolução; quando o pai morreu —, Darwin ia parar no consultório de Holland. Assim sendo, no fim de sua criativa fase evolutiva (1840), Darwin estava discutindo com Holland sua saúde em deterioração ao mesmo tempo que fazia o cérebro trabalhar: sublinhando passagens sobre "doença hereditária" das *Medical Notes and Reflections* [Notas e reflexões médicas], de Holland, e assim por diante. Darwin finalmente enviou a Holland uma série de perguntas sobre doenças herdadas por indivíduos e nações, indagando também sobre a aparência física de seres humanos "mestiços".[57] Embora tenha achado o médico da rainha "terrivelmente convencido" e muito crítico em relação aos "trabalhos dos outros", a visão que tinham um do outro variava visivelmente, e Holland acabaria aderindo aos bajuladores que seguiam seu primo em segundo grau e se deleitando com sua "amizade longa e íntima".

A doença e a depressão que se seguiram à morte do pai obrigaram Darwin a voltar ao consultório de Holland.[58] Era janeiro de 1849. Por acaso, naquele momento o próprio doutor estava prestando homenagens a Prichard. O maior defensor da unidade humana, James Cowles Prichard, acabara de falecer, em dezembro de 1848, cinco semanas depois do Dr. Darwin. Os dois homens, símbolos potentes, tinham se ligado intelectualmente. Os livros de Prichard concordavam com as opiniões do pai do Doutor, Erasmus Darwin. Ou, melhor dizendo, Prichard tinha procurado distanciar suas ideias de mudança racial limitada daquelas do libertino, que defendia a evolução de todas as formas de vida (uma heresia racional de uma era revolucionária, descrita na *Zoonomia*). Conseguiu distanciar-se bastante demarcando seu mecanismo de divergência dos troncos humanos da lenta causa climática de Erasmus Darwin: por outro lado, o processo rápido de Prichard baseava-se em mudanças predeterminadas, passíveis de serem herdadas, no sentido de transformarem feiura em beleza, corpos negros em brancos. Mas a morte acabara com tudo aquilo. Golpeara ambos os mundos, o de Prichard e o do evolucionista do iluminismo, e um novo horizonte estava começando a se definir.

Até Holland deu sinais disso. Achava que Prichard havia se precipitado ao descartar as discussões sobre transmutação. Ela podia ser um erro (ele pensava que era), mas levantava questões interessantes sobre a definição das espécies,

> e as mudanças mais ou menos permanentes às quais são suscetíveis, quer por causas naturais, quer pela educação, quer pela união forçada umas com as outras na produção de híbridos. O tópico é do maior interesse, levando-nos por caminhos divergentes no meio das questões mais profundas que podem ocupar legitimamente a nossa razão. Está intimamente associado a muitas das ciências naturais, principalmente com tudo o que se relaciona com a história física do homem.

Holland foi outro, como Carpenter, criado entre unitaristas de Bristol. Isso se via em seu uso racional da abordagem de causa e efeito e nas explanações materialistas. (Como Deus agia por meio de causas naturais, elas não eram algo a temer, mas sim a celebrar — até mesmo, talvez, aquelas que levam ao desenvolvimento da vida ao longo do tempo geológico.) E, como Carpenter, ele era um defensor incansável daquele outro luminar do porto escravagista, Prichard. Na verdade, Holland fora educado em Bristol pelo padrasto de Prichard, John Prior Estlin, o ministro unitarista que se dedicara à causa abolicionista. Agora, com a morte de Prichard, aquele médico ilustre prestou-lhe uma homenagem. Escreveu uma resenha de quarenta páginas sobre as exaustivas *Researches into the Physical History of Mankind*, de Prichard, cuja série monumental de cinco volumes só seria terminada em 1847.

Ostensivamente, a resenha também devia falar da *Natural History of the Human Species*, de Hamilton Smith, em nome da imparcialidade, mas imparcialidade foi uma qualidade que ela não teve. Uma única menção rápida deu conta de Smith. O primo de Darwin reconhecia que a grande questão do momento, "da qual se pode dizer que governa todo o tópico", era saber se as raças humanas eram "descendentes de um único tronco ou se descenderam respectivamente de várias famílias". Toda a resenha girava em torno dela, e toda ela era um apoio instintivo à resposta de Prichard. A resposta à pergunta, se "o negro perfeito e o europeu perfeito, vendo os grandes contrastes e diversidades que mostram, podem ser corretamente considerados da mesma espécie", era uma conclusão a *priori*. A anatomia, a fisiologia e a fertilidade inter-racial respondiam "sim". Mas a pura e simples "exuberância do tema" das analogias domésticas mostrava que elas estavam fadadas a buscar uma resposta em casa. Ali, entre cães, galinhas e pombos — com seu leque estonteante de formas, cores e tamanhos de ossos —, estava a prova inquestionável da unidade humana. Essa palavra final "será compreendida por todos".[59] Darwin sabia disso.

9

Ai, que vergonha, Agassiz!

Em última instância, um homem foi responsável por fazer Darwin se manifestar a respeito da questão humana: o futuro luminar da ciência americana, Louis Agassiz, professor de Harvard.

Agassiz foi a nata dos naturalistas de elite do continente. Foi ele próprio o herdeiro do trono de Cuvier, um especialista em fósseis de peixes quando essas coisas estavam interessando a pequena nobreza. Mas quando se tratava de seres humanos — e Agassiz começou a tratar deles assim que desembarcou nos Estados Unidos em outubro de 1846 —, ele colocaria um selo definitivo na segregação racial. Por meio de Agassiz, a força do punho de Morton-Nott atingiu diretamente o queixo de Darwin. Em grande parte, Agassiz ajudou a desencadear o *annus mirabilis* de Darwin, 1854-5, quando o sossegado e recluso de Down House elaborou sua resposta à questão racial humana.

A relação de Darwin com Agassiz começara em setembro de 1846, quando a Sociedade Britânica para o Avanço da Ciência foi a Southampton para sua reunião anual. Multidões haviam chegado ao porto. Um visitante acidental, como Thomas Henry Huxley, um jovem desembaraçado que era assistente de cirurgião, hospedou-se no Hulks,* que ficava perto, no porto de Portsmouth, esperando sua própria viagem ao redor do mundo, estava ali para aprender os macetes do ramo da pesquisa científi-

---

*Hulks eram navios grandes que ficavam fundeados. Alguns funcionavam como prisões. (*N. da E.*)

ca. Lyell apareceu para falar do delta do Mississippi, sua primeira apresentação em público depois de nove meses nos Estados Unidos. Agassiz, seu velho amigo, veio da Suíça para falar de fósseis de peixes. E Darwin saiu de Down para se encontrar com Lyell e testar o ambiente hostil à sua teoria.

Havia um pequeno desejo a realizar antes de Darwin pensar em publicar alguma coisa sobre seleção natural. Tudo o que estava no *Beagle* fora publicado ou explicado, exceto uma craca minúscula do Chile. Descrever sua anatomia não levaria muito tempo. Ou pelo menos era o que ele pensava até o Dr. Joseph Hooker, o jovem botânico que descrevera suas plantas do arquipélago de Galápagos, desafiá-lo a apresentar "minuciosamente" as diferenças entre *todas* as espécies de craca. Hooker estava se tornando um dos mais íntimos confidentes científicos de Darwin. Ele também havia sido um viajante, não do tipo convidado à mesa do capitão, mas como assistente de cirurgião mal pago no navio de Sua Majestade *Erebus* (1839-43), enviado para explorar o oceano Antártico e suas ilhas (levara um exemplar do *Journal* de Darwin e ficou impressionado com o que era necessário para seguir os passos do naturalista). A amizade floresceu entre esses dois viajantes. Agora Hooker estava escrevendo sua *Flora Antarctica* nos Jardins Botânicos Reais de Kew, onde seu pai era diretor. Tornar-se um especialista em todo um grupo de animais, disse ele, daria a Darwin o direito de falar de uma questão obscura como a origem das espécies. A prudência de Hooker tinha peso porque ele era um dos poucos eleitos que sabiam da crença de Darwin na transmutação. (Confiar até mesmo em Hooker havia sido penoso para Darwin, equivalente a "confessar um assassinato".)[1] Numa cultura que considerava a transmutação abominável e uma natureza que movia a si mesma algo blasfemo, só um louco publicaria sem credenciais sólidas. Seja como for, Hooker apontara um problema. A seleção natural precisava de um suprimento constante de variáveis para ter condições de identificar e polir os mais bem adaptados. Mas até que ponto as espécies variavam? Ninguém sabia de fato. Darwin precisava saber, e este era outro motivo para ele ampliar seus estudos.

Agassiz estava sendo tratado como celebridade em Southampton. Durante anos o grande naturalista estivera causando consternação a Darwin.

Havia postulado uma "era do gelo" na Europa, que teria levado os glaciares a avançar pelas regiões montanhosas da Escócia, inutilizando a solução primorosa de Darwin para este famoso quebra-cabeça em forma de paisagem: no primeiro artigo científico importante de Darwin (que decidiu a sua participação na Sociedade Real), ele afirmara que as estranhas "estradas" paralelas — ou terraços — das encostas de Glen Roy eram praias antigas, abandonadas quando a terra aos poucos acima ergueu-se do nível do mar. Agassiz considerava essas "estradas" as praias de sucessivos lagos glaciais criados quando o gelo tomou conta de Glen. Superficial e baseada em trabalho de campo apressado, a teoria de Agassiz ainda estava conquistando adeptos.[2]

Foi um golpe tão forte que provavelmente diminuiu muito a confiança de Darwin em sua outra teoria — a teoria da evolução. Mas ele voltou a se sentir confiante em 1842, quando rascunhou o primeiro esboço da seleção natural, impelido pela convicção de que *ele* estava certo a respeito de Glen Roy, qualquer que tenha sido o papel dos glaciares.[3] Em Southampton, ele ainda pensava que "nunca houve teoria mais fútil" que a de Agassiz sobre os lagos glaciais. Mas as lâminas de gelo do sábio suíço estavam varrendo tudo à sua frente, e Darwin continuava desconfiando de Agassiz, mesmo que tenha aceitado os glaciares muitos anos depois. Ele detestava ser vencido, era algo que lhe fazia "um mal terrível". Ficou mais angustiado com a perspectiva de "provarem que estava errado" sobre Glen Roy do que em relação a "praticamente qualquer outro assunto"[4] — e "qualquer outro" significava evolução.

Agassiz redimiu-se em Southampton. Falou sobre cracas para a Ray Society, que publicava livros de história natural escritos por especialistas. Disse à sociedade — Darwin era membro dela e memorizou suas palavras — que "uma monografia sobre as Cirripedia [cracas] era uma necessidade urgente na zoologia". O que poderia ser mais útil para uma nação marítima? Em Southampton Water elas perfuravam os barcos de madeira da Inglaterra, e o problema tinha de ser enfrentado cientificamente. Darwin resolveu examinar o maior número possível de espécies. Poucos meses depois, o projeto da Ray Society tinha adquirido vida própria. Todo mundo lhe enviava espécimes, inclusive Agassiz.[5] Oito anos depois, Darwin havia descrito cracas do mundo inteiro, vivas e extintas. Em 1853, quando recebeu a Medalha Real da Sociedade Real por essa façanha — uma espécie de título de cavaleiro e sua permissão de falar sobre coisas mais importantes —, tinha muito o que agradecer a Hooker pela sugestão e a Agassiz por lhe dar o pontapé inicial.

Depois de Southampton, Lyell levou Agassiz para Liverpool de trem para vê-lo partir para a América. A viagem foi coisa de Lyell. Agassiz estava numa encruzilhada: a mulher o deixara, estava endividado. Lyell convenceu John Amory Lowell, industrial do algodão e mecenas da ciência, a fazer seu amigo segui-lo como orador das Conferências Lowell.[6] Agassiz nunca mais voltou. Nas três décadas seguintes, o homem que cobrira a Europa de glaciares se tornaria o naturalista mais influente dos Estados Unidos e o maior rival de Darwin no Novo Mundo.

Mas Agassiz não era só gelo. Era um homem cordial e, para George Ticknor, o amigo de Lyell, sua amabilidade era inexaurível. Seu amor pela criação de Deus era tão grande que até Lyell, arrogante e seco, achava-a contagiante. Erudito e ardente, encantava seu público. A sociedade de Boston ficou assombrada com ele, os Estados Unidos estavam ansiosos por ouvi-lo. "A moda pôs o seu selo nas conferências de Agassiz", observou um bostoniano. Harvard também lançou sua rede para pegar esse peixe grande que sabia mais sobre peixes que qualquer outro. Em 1847, Abbott Lawrence, o magnata da indústria têxtil, conseguiu instalar Agassiz como o primeiro professor de geologia e zoologia na Escola Científica Lawrence, que ele patrocinava. Lowell, do corpo administrativo de Harvard, negociou sua nomeação. Depois que Agassiz se casou de novo em 1850 com uma mulher de uma importante família industrial, chegou às maiores alturas da ciência americana. Sua *oeuvre* foi apoiada pelos elementos mais ricos e conservadores da indústria do algodão da Nova Inglaterra.[7] O que Agassiz desejava, seus patronos lhe davam. E ele foi a síntese do que eles queriam num homem de ciência ianque: independência, objetividade e espiritualidade, com um toque democrático.

Sua espiritualidade não era o que parecia para a maior parte dos norte-americanos. Filho de uma sexta geração de pastores, Agassiz aprendeu a teologia tradicional antes de a *Naturphilosophie* romântica afastá-lo de seu ancoradouro bíblico. A natureza tornou-se sua bíblia, revelando a intenção do Criador. Agassiz a adivinhava nas manifestações da vida — no progresso das espécies fósseis ao longo do tempo, que parecia corresponder ao desenvolvimento do embrião. E foi assim que o professor Agassiz, à sua moda cautelosa, propôs-se explicar a mente de Deus para os Estados Unidos: como a história da vida revelava a execução do Plano de Deus para colocar o homem espiritual na terra. Essa história estendia-se ao longo de vastas eras geológicas, pontuada por cataclismos (e as glaciações eram perfeitas para fazer o serviço), cada qual varrendo toda a vida antes de uma nova onda de repovoamentos miraculosos. E, a cada nova onda, o surgimento do homem ficava um pouco mais próximo. De modo que não poderia haver um *continuum* de espécies que remontasse aos primórdios da história: as lâminas de gelo de Agassiz resolviam esse problema.

Os geólogos britânicos estavam acostumados com a excentricidade de Agassiz. Em Southampton, uma festa (da qual Lyell participou, e talvez Darwin também) acabou em discussões profundas. O elegante Edward Forbes, poeta e pescador de mariscos por excelência, especialista em moluscos do fundo do mar, diagnosticou-os como conchas comuns que eram *variedades* daquelas encontradas como fósseis em algumas rochas vermelhas ao longo da costa da Inglaterra. Mas Agassiz não admitia a transmissão da vida desde os tempos pré-glaciais, representada por essas rochas: declarou que as conchas vivas do fundo do mar eram uma nova espécie, e que suas congêneres fósseis de aparência semelhante eram uma outra espécie já extinta. Se a geologia catastrófica de Agassiz não passava de "fantasia" para os antigos professores de Darwin em Cambridge, as implicações pareceram mais fantasiosas ainda aos olhos de Darwin. Observando os eventos, ele já tinha identificado Agassiz como alguém que apresentava "os argumentos mais convincentes em favor da imutabilidade" da vida.⁸ Para Agassiz não podia haver irritantes *mutações* de formas de vida "inferiores" em "superiores" ao longo do tempo: o que havia acontecido era uma sucessão de tipos cada vez "mais elevados", de peixes a seres humanos — não havia uma conexão material ou evolutiva entre um fóssil e outro; eles só se relacionavam por meio da Mente divina, que miraculosamente criava toda espécie nova.

Pessoalmente, Agassiz era um livre-pensador como Darwin. Fez as pazes com o unitarismo de sua nova mulher e harmonizou-se perfeitamente com sua cultura aristocrática. Quando pressionado, dizia que o Gênesis estava errado e que a história do Dilúvio era apenas uma ciência aguada da era do gelo. Nada disso era novidade para os unitaristas, que interpretavam a Bíblia de forma literal, e poucos tinham condições de acompanhar Agassiz quando ele mergulhava na metafísica idealista, e Lyell certamente não era um deles. Os *Principles of Geology* de Lyell eram um longo arrazoado *contra* a existência de catástrofes globais. Um pouco depois, nada deu "mais prazer" a Lyell do que ficar sabendo "do belo ensaio de Forbes que [...] considerava idênticas as carapaças [fósseis] do caranguejo e a dos exemplares vivos", só pelo fato de refutarem as declarações de Agassiz.⁹ Por outro lado, ao contrário de Agassiz, Lyell não achava que a vida progredira, e por um bom motivo. Tire os cataclismos gelados dos cenários de juízo final de Agassiz, e o que resta? A marcha de formas de vida cada vez mais complexas, que culminariam nos orangotangos, nos selvagens e, por fim, nos anglo-saxões civilizados. Isso corria o risco de parar em mãos evolucionistas, como Lyell certamente avisou a Agassiz.¹⁰ Mais cedo ou mais tarde, alguém explicaria essa ascensão por meio de processos evolutivos, degradando o homem e negando Deus. Mas Lyell e Agassiz acreditavam ambos no homem espiritual e levaram o mundo para a ciência terrena. O plano de Agassiz podia ser arriscado, mas ele e Lyell cerraram fileiras contra a transmutação e continuaram bons amigos.

Antes de dar as Conferências Lowell, Agassiz conheceu Morton na Filadélfia. Na verdade, ele o conheceu perto da época em que Morton estava lendo seus artigos para a Academia, artigos que contrapunham o hibridismo à unidade humana, de modo que é natural supor que tenham discutido o assunto. Havia sido uma inesquecível primeira visita à cidade, e não só por causa do "Gólgota" craniano de Morton. O choque que Agassiz levou aconteceu depois, no hotel. Ali ele teve sua primeira experiência pessoal com os negros e quase adoeceu. Lá estava um exército de garçons africanos, "seus rostos negros com seus lábios grossos e seus dentes protuberantes [e] com a lã na cabeça", o que provava que eram "uma raça degradada e degenerada". Agassiz nunca vira um negro na vida, quanto mais num jantar; agora "mãos alongadas" com "unhas grandes e curvas" estendiam-se para o seu prato. O resultado foi visceral, instantâneo e chocante (e expurgado de sua *Live and Letters* [Vida e correspondência]). Foi muito difícil disfarçar a repugnância. Agassiz ficou petrificado:

> Eu não conseguia afastar os olhos de sua aparência e lhes dizer para manter distância. E quando eles punham a mão hedionda no meu prato para me servir, eu gostaria de poder me afastar dali e comer meu pedaço de pão em outro lugar...

Essa foi a sua reação visceral. Ele mal ousou contar à mãe na Suíça a "impressão horrível" que eles lhe causaram. Era impossível "sufocar a impressão de que eles não são do mesmo sangue que nós".

De repente ele compreendeu que o problema negro ameaçava o futuro dos Estados Unidos. Acusou os filantropos e os donos de escravos igualmente — os primeiros por quererem transformar os negros em cidadãos, embora se recusassem a dar as próprias filhas em casamento a eles. O filho da África só poderia florescer nos trópicos; lá é que ele devia estar, não na escravidão. "Que desgraça para a raça branca ter ligado sua existência tão intimamente à existência dos negros" nos estados americanos. "Deus nos livre [na Suíça] desse contato!", escreveu ele para a mãe.[11] A visão "hedionda" dos negros lançou o maior zoólogo dos Estados Unidos nos braços de Morton.

Levando um exemplar de *Crania Americana*, Agassiz voltou a Boston para uma declaração pública de mudança de opinião. Escrevera na Europa que a espécie humana consistia em raças diferentes, cada qual habitando sua zona geográfica. Agora ele concordava que toda raça havia sido *criada* em sua própria zona — negros e brancos tinham origens distintas. Incapaz de afastar os garçons, ele procuraria se certificar de que seus ancestrais "manter[iam] a distância". Somente "referências ao Criador" e uma refutação contundente da transmutação salvaram-no da censura por essa gafe teológica. Ou pelo menos foi o que pensou Asa Gray, professor de história natural de Harvard, nesse momento tentando "livrar-se da escravidão" confinando seu novo *Manual* de botânica americana à flora setentrional. Gray tinha razões técnicas para repudiar as origens raciais múltiplas — um calvinismo moderado ensinara-lhe a unidade humana em Adão —, mas, apesar disso, ele admirava o grande hóspede de Boston. Como tantos outros, ele achava possível rejeitar as conclusões de Agassiz sem trair "seu espírito". Numa época em que os americanos defendiam tantas interpretações conflitantes do Gênesis, a reputação de Agassiz não sofreu muito. Mas, "à noite", Gray "ouviu o sinal de alarme contra incêndio".[12]

Agora Darwin e Agassiz estavam tomando direções diametralmente opostas. Darwin importunou seu editor para ele lhe conseguir um exemplar americano da segunda edição de seu *Journal* da viagem do *Beagle*, temendo que os editores tivessem moderado sua postura diante da escravidão. A edição era de 1845, e Darwin não tinha os direitos autorais. Lyell estava escrevendo sua *Second Visit to the United States* [Segunda visita aos Estados Unidos] com suas delicadas concessões à escravatura, que devem ter aumentado as preocupações de Darwin com a censura às suas críticas contundentes (elas não foram censuradas). Embora Darwin temesse o poder do lobby pró-escravidão, este temia que ele conseguisse atrair Agassiz para o seu lado. O Sul recebeu Agassiz de braços abertos. Sua primeira viagem a um estado escravagista no final de 1847 viu filas e filas de seguidores de Nott e apologistas das *plantations* prestando homenagens ao homem de Harvard. Em Charleston — uma cidade que falava o tempo todo das opiniões pluralistas de Nott[13] —, Agassiz os agradou dançando conforme a música sulista. Em suas conferências, ele tornava negros e brancos espécies totalmente distintas. E fez o mesmo no Clube Literário do próprio Bachman. Não é de admirar que o livro *Unity* do pastor tenha despertado tanto desprezo.

Lyell mantinha-se a par das atividades de Agassiz e enviava-lhe mensagens cúmplices por intermédio de Ticknor, em Boston: "Quanto ao fato de Agassiz dizer que o cérebro do negro é como o de um adolescente de 14 ou 16 anos, se não me falha a memória, Owen diz o mesmo a respeito do adulto apático ou do trabalhador agrícola analfabeto. Diga isso a Agassiz e veja se é novidade para ele." O educado Lyell foi atraído para essas questões como uma mariposa pela chama, incapaz de evitar essa espécie de zombaria arrogante. Ela aparece de novo nos dois volumes de sua *Second Visit*, publicados em 1849. Se Darwin tinha se preocupado com a possibilidade do lobby escravagista censurar seu livro, Lyell teve medo do oposto: de que os abolicionistas da Nova Inglaterra denunciassem sua descrição judiciosa da aristocracia das *plantations*. Esperava que eles criticassem violentamente "aquela parte de minha obra".[14]

Alguns periódicos sulistas ficaram muito satisfeitos com a ponderação de Lyell a respeito das dificuldades inevitáveis da escravidão, principalmente porque autores ingleses que examinavam inquisidoramente a linha Mason-Dixon eram muito críticos. Estavam preparados para o pior depois da célebre visita de Dickens, e suas *American Notes* [Notas americanas] com suas citações revoltantes de jornais locais:

> Fugiram uma mulher negra e duas crianças. Alguns dias antes da fuga, eu a queimei com um ferro quente, no lado esquerdo do rosto. Tentei fazer a letra M.

> Fugiu meu homem Fonte. Tem furos nas orelhas, uma cicatriz no lado esquerdo da testa, levou tiros nas partes de trás das pernas e as costas estão marcadas pelo chicote.

Dickens sentia a mesma indignação que Darwin: ninguém duvidava de que havia "muitos senhores bons", mas

> A escravidão não é nem um pouco mais suportável porque existem alguns corações que conseguem resistir parcialmente às suas influências embrutecedoras; e nem a onda de indignação da ira honesta vai se deter porque, em seu movimento, ela carrega alguns que são relativamente inocentes entre uma miríade de culpados.[15]

Depois disso, o Sul gostou muito de ter "as reflexões de um *cavalheiro*" em vez de "calúnias de um *cockney* vulgar". Lyell estudara com prazer "os estratos de nossa economia social" e o resultado "é um testemunho voluntário da excelente condição dos escravos".[16]

Darwin fez bem em responder somente à seção nortista do livro de Lyell, e que "o faz desejar ser um ianque".

Lyell posicionou-se estrategicamente entre Charleston, Boston e Down. Os Lyell continuavam fazendo visitas a Darwin e continuavam enchendo-o de livros americanos. Um deles era do ministro unitarista Theodore Parker, cujos sermões instigantes Lyell ouvira em Boston. Parker, como os militantes unitaristas ingleses, via a verdadeira religião expressa em ações destinadas a aliviar o sofrimento da sociedade. Não que tivesse papas na língua: condenava um clero apático que estava "pronto a vender a própria mãe para a escravidão, ao mesmo tempo que introduzia a Bíblia entre as fileiras de pecadores americanos".[17] Estava fazendo agitação e arrastando as polidas classes médias de Lyell para o abolicionismo. Não havia dúvida quanto à linha política desses livros, que devem ter agradado Darwin.

Os anos próximos a 1850 parecem ter sido sombrios. Foi um momento em que o conde francês Gobineau, de uma cultura que tendia às revoluções regulares, conseguiu enxergar as causas raciais de catástrofes políticas do passado, exatamente enquanto o desiludido Knox, na Grã-Bretanha, explicava com elas as catástrofes futuras. A obra em quatro volumes de Gobineau foi importada para os Estados Unidos por Nott e traduzida à moda sulista por Henry Hotze, seu amigo de 21 anos que morava em Mobil, com o título de *The Moral and Intellectual Diversity of Races* [A diversidade moral e intelectual das raças]. Hotze, como Agassiz, era outro racista suíço afetado, que prestaria bons serviços aos donos de escravos. "À moda sulista" significava expurgar o sentimento unitarista, retirar as críticas à escravidão e tornar a condensação um único volume compatível com o pluralismo (um ponto reforçado por Nott num apêndice).[18] Depois disso, a obra estava pronta para ser enviada aos "estadistas da América". Não é preciso dizer que o apêndice de Nott dedicava o mesmo tempo a porcos e cães, cavalos e híbridos, com sua mania habitual de mortificar Bachman. Mas, a essa altura, era uma atitude *de rigueur.*

Como Nott, o cínico Robert Knox era denunciado na Grã-Bretanha como "ateu, deísta, infiel" por seus comentários cáusticos sobre o clero. O cinismo foi destilado nas *Races of Men* [Raças humanas] de Knox, livro publicado em 1850. Ele era extremista e sarcástico o suficiente para fazer tremer de raiva os "rudes anglo-saxões". "Ao contrário da obra do coronel Smith", declarou um comentarista, esse livro violento, "se alguém o pegar para ler, provavelmente vai abandoná-lo, com aversão ou com medo". Ele fazia da raça o único determinante da história humana e de Prichard um ingênuo que havia enganado o mundo. Além de reescrever a história britânica como um campo de batalha racial, reescreveu também sua própria história, de modo a fazer de si mesmo um determinista racial desde seus primeiros dias em Edimburgo. O subtítulo ferino do livro era claríssimo: "A raça é tudo." Governava as relações políticas; era inflexível, imune às religiões e aos climas e imutável, pois "as raças humanas [...] não podem se converter umas nas outras por meio de absolutamente nenhum artifício".[19]

As opiniões radicais de Knox deixaram muita gente perplexa. Na verdade, ele odiava a escravidão, mas os donos de escravos o adoravam. Ele segregou e estereotipou as raças (e "fez delas caricaturas", reconheceu um intelectual), cada qual em seu próprio domínio geográfico. Mas havia uma garantia contra o genocídio previsto, afirmou Louisa McCord, uma "senhora de escravos de *plantation*" da Carolina do Sul, conservadora, insensível e porta-voz do Sul (na verdade, a única ensaísta mulher que falava publicamente no Sul). Knox gritara apocalipticamente:

> A guerra mais violenta já travada de fato — as mais sangrentas campanhas de Napoleão — em nada se compara com aquela que está acontecendo agora entre nossos descendentes na América e as raças de pele escura; é uma guerra de extermínio — na bandeira de cada um dos lados há uma caveira e nenhuma possibilidade de rendição; uma ou outra tem de morrer.

Uma instituição era salvaguarda contra esse "clímax sangrento", declarou McCord: "A instituição da escravatura, estabelecida providencialmente e abençoada, três vezes abençoada e bela em sua harmonia com a criação!"

Certo, pois, como Knox previra, com a expansão branca: "A raça amarela, a mais frágil, naturalmente vai ceder primeiro; depois o cafre — ele também vai ceder ao rude Saxão, de cujo lado está a justiça, isto é, o poder; pois falando em termos humanos, o poder é o único direito." Mas a escravidão *protegia* os fracos disso, dizia McCord. O negro ignorante era "incapaz de civilização, mas tinha boa índole, considerável inteligência e capacidade de trabalho"; em lugar da extinção, esmagado pelas "raças brancas", que melhor "destino Deus, em sua sabedoria misericordiosa, reservou a ele que aquele que ocupa sob nossa instituição da escravatura?" Liberto, ele vai tomar o caminho dos índios americanos. Escravizado, está salvo. Em seu cenário pós-knoxiano, o juízo final é invertido. Tendo de escolher entre "extermínio ou escravidão", esta última, a dádiva benfazeja de Deus, era a salvação do negro.[20]

Ninguém nos Estados Unidos esperava que a escravidão tivesse um fim próximo. Os próprios abolicionistas estavam profundamente divididos, vítimas tanto de suas próprias estratégias quanto da repressão política e da violência do populacho. William Lloyd Garrison e os radicais imediatistas mais tinham polarizado do que mobilizado a nação; tocaram corações, mas não senadores. Ainda pregavam uma revolta moral, mas duas décadas haviam se passado desde o lançamento de *Liberator* e, apesar do apoio de ingleses convertidos como Harriet Martineau, a antiga *belle* de Erasmus, e W. B. Carpenter, futuro simpatizante de Darwin, a abolição imediata parecia impossível. Os moderados conseguiram pouca coisa mais por meio de envolvimento político. Sem uma base eleitoral significativa, não tinham poder para unir o país e nem mesmo para neutralizar os radicais que gostariam de vê-lo rachar-se ao meio.[21]

Os Estados Unidos sofreram por serem pouco unidos e terem muitos estados. Em 1850, 17 dos 31 estados eram "terra livre", o que lhes dava um certo peso no Congresso. Um de cada sete habitantes de toda a população era negro e, no Sul, a proporção era de um para dois; e onde os escravos superavam o número de seus donos na base de dez para um.[22] Os números mudavam constantemente porque o país estava mudando: negros fugiam para o Norte; grandes fazendeiros invadiam o Texas com seus escravos; imigrantes refugiados da fome irlandesa, da revolução europeia e da pura e simples dificuldade de viver naquela época. Todos eles se arrastavam pelas planícies do Oregon ou perambulavam pelo novo estado livre da Califórnia em busca de ouro. Nessa terra devastada, as pessoas e o poder estavam indo na direção oeste às expensas das tribos nativas, acabando também com sua vida. Norte e Sul concordavam sobre um fato eleitoral: se a escravidão não pudesse se expandir, desapareceria.

Darwin nunca visitou os Estados Unidos, mas às vezes sonhava em emigrar. Lia avidamente os relatos de viagens: depois de Tocqueville falando sobre a democracia americana, foi a vez de *Four Months Among the Goldfinders* [Quatro meses entre os descobridores de ouro], uma história de Utah intitulada *The Mormons* [Os mórmons], as *Forest Scenes* [Cenas da floresta] de um diário escrito nos ermos canadenses e, com a situação se deteriorando, ele finalmente deu conta dos seis volumes da *Society in America* e *Retrospect of Western Travel*, de Harriet Martineau. As narrativas de Harriet eram entremeadas com histórias tocantes da escravidão, relatos terríveis em primeira pessoa, pelos quais ela foi caluniada nos Estados Unidos como "instrumento de um ninho de radicais venenosos". Talvez Darwin tenha tido um vislumbre de si mesmo nessa situação. Ele fez às

Memoirs de Thomas Fowell Buxton, o defensor da emancipação dos escravos, um elogio raro, dizendo que eram "muito boas".[23]

Em 1850, Darwin tinha sete filhos com menos de 11 anos, e eles também foram supridos com leituras românticas. Um dos ambientes prediletos das histórias era os Estados Unidos. Com a república amargamente dividida e penetrando cada vez mais fundo na crise, até as igrejas racharam ao longo de linhas divisórias à medida que os abolicionistas — em particular os quacres, os metodistas e os unitaristas — transgrediam a lei contrabadeando escravos fugidos para o Norte, e mais tarde para o Canadá, através da "ferrovia clandestina". Uma das principais rotas de fuga passava pelo meio do estado de Ohio, onde haviam se estabelecido parentes quacres ingleses de Mary Howitt, uma autora popular que escrevia para crianças. Ela contou a história deles em *Our Cousins in Ohio* [Nossos primos de Ohio] (1849), um retrato cativante de uma família inglesa vivendo como vizinhos de negros libertos, cujos filhos brincavam no interior exuberante a poucos quilômetros da fronteira com os estados escravagistas. Darwin comprou um exemplar para seus filhos, no qual escreveu "Charles Darwin Down". Preocupado com o futuro das crianças — em 1850 o oitavo estava a caminho —, em seus devaneios de emigração, Darwin considerava os "estados centrais aqueles que mais me agradam"[24] — Nova York, Pensilvânia, talvez até mesmo Ohio: solo livre situado entre o esnobismo da Nova Inglaterra e o adorado Sul de Lyell.

O devaneio começou a desaparecer à medida que os Estados Unidos tomaram a direção do conflito declarado. Em 1850, o *casus belli* definiu-se. A escravidão devia ser contida no Sul ou estender-se para o Oeste? Com os sulistas ameaçando separar-se para proteger seu "modo de vida", o Congresso conseguiu produzir um pacto "conciliatório", dando aos estados ocidentais a opção de votar entre serem livres ou não e — a vitória que o Sul comemorou com mais prazer — a permissão de recapturar e devolver os escravos que tinham fugido para o solo livre. A lei, promulgada em setembro, não resolveu nada, exceto os motivos de rixas futuras. Quando os territórios do Kansas e de Nebraska foram criados em 1854, colonos armados — pró- e antiescravatura — correram a dar o seu voto. A fraude levou ao assassinato e ao conflito armado, com intervenção de tropas e, em 1856, o "Kansas sangrando" tornou-se proverbial — foi preciso uma guerra civil local para manter o Kansas livre.

A draconiana Lei do Escravo Fugitivo despertou uma resistência feroz. (Daniel Webster, amigo de Ticknor e simpatizante dos sulistas, manchou sua reputação para sempre por endossá-la.) De repente, tanto os fugitivos quanto os homens livres transformaram-se em presa — 20 mil fugiram para o Canadá —, enquanto policiais federais os perseguiam. Alguns caçadores de recompensas abriram seu próprio negócio de escravos, arrastando negros livres para o Sul a fim de vendê-los. A rendição era iminente — não havia necessidade de nenhuma garantia; um juramento feito por um reclamante era o suficiente para lhe assegurar a devolução de sua propriedade. Agora os cidadãos do Norte eram responsáveis por impor a escravidão, por defender o direito dos sulistas brancos possuírem africanos negros.[25] Nada poderia ter sido mais bem calculado para unir os abolicionistas. Até os moderados tiveram de optar entre questionar uma lei injusta ou transgredi-la em sã consciência. O próprio abolicionista unitarista Parker escondia fugitivos em sua casa e participara do Comitê de Vigilância de Boston, que ajudava os escravos fugidos. Foi ele quem armou William Craft e sua mulher com um revólver quando eles estavam fugindo e depois fez com que saíssem do país e fossem recebidos em Liverpool por parentes de Carpenter. Parker chegou a ser membro até do comitê que promoveu os planos de insurreição armada de John Brown. E assim começou uma década de desafios, por meio de questionamentos legais e resistência armada. O que os imediatistas não conseguiram em décadas estava se tornando uma possibilidade violenta.

Foi nessa hora que aconteceu a apoteose de Agassiz como teórico das raças. A Sociedade Americana para o Progresso da Ciência reunia-se duas vezes por ano e, em março de 1850, Charleston foi a cidade escolhida para o evento. Agassiz chegou com uma proposta para o Sul, um acordo intelectual entre a ciência nortista e as suscetibilidades sulistas. Seu discurso mostrava que sua visão da história da vida sem o Gênesis poderia ajudar os cristãos brancos por fundamentar suas crenças sobre a inferioridade dos negros.

Naquele mês, no *Christian Examiner*, o periódico unitarista (com membros da diretoria de supervisores de Harvard assumindo papéis editoriais), Agassiz fez o trabalho de base questionando o conceito de que toda a vida surgiu de "um centro comum de origem". Praticamente todo pluralista assumiu essa negação como bandeira, mas o importante agora era a estatura do sábio que a defendia. Agassiz também cavou mais fundo nas rochas. A fauna de cada região zoogeográfica da terra, dizia ele, fora colocada ali desde o começo do período atual. E o mesmo acontecera com a fauna do período anterior. Certo, os fósseis *mais antigos* de que se tinha notícia vinham de regiões muito distantes entre si e pareciam realmente semelhantes uns aos outros. Se recuarmos o suficiente no tempo, a vida antiga do Cabo, da Austrália do Sul e da Europa pareceriam "quase idênticas". Mas uma origem comum? "De forma alguma." (Darwin, ao ler o artigo de Agassiz, pôs um ponto de exclamação à guisa de crítica a essa declaração.) Ainda havia pequenas diferenças. De modo que os animais e as plantas de cada região nunca haviam tido qualquer ligação uns com os outros. Simplesmente eram varridos periodicamente, e sucessores novos, de aparência mais moderna, eram criados ali mesmo.[26] Darwin sublinhou essas passagens com desprezo.

O artigo falava de seres humanos. A certa altura, Agassiz fez uma observação provocadora:

> E o que não é pouco extraordinário é o fato de que o orangotango negro ocorre naquele continente que é habitado pela raça humana negra, ao passo que o orangotango marrom habita aquelas partes da Ásia onde se desenvolveram os malaios cor de chocolate.

Portanto, a progressão criativa avançou dos chimpanzés até os homens negros na África e dos orangotangos até os malaios na Ásia. As linhas de criações sucessivas eram independentes nos diversos continentes. Essa probabilidade de vínculos geográficos entre primatas e seres humanos não foi levada mais adiante aqui, mas foi uma sentença portentosa.

Poucos dias depois da publicação do texto no *Examiner*, Charleston, o porto escravagista do Sul, viu Agassiz segurar o rojão na AAAS. Nott desceu do pódio no dia 15 de março de 1850. Havia falado sobre os judeus e sua história sem adulteração e fisionomia inalterada desde o tempo do grande faraó como prova de sua origem e identidade distintas. Depois subiu o homem que todos queriam ouvir (conforme Robert Gibbes, paleontólogo local e apologista da *plantation* disse a Morton) —, aquele de quem se esperava que as declarações sobre os seres humanos fossem *ex cathedra*. Agassiz corroborou Nott em todos os sentidos. Confirmou que as raças humanas estavam confinadas às suas províncias zoológicas. Eram criações aborígenes, enraizadas à terra natal, e não alguns migrantes de outro lugar qualquer que se adaptavam e mudavam de cor. A "Escola Americana de Antropologia" (como viria a ser chamada) que estava surgindo encontrara seu eco *émigré*. As raças poderiam ser classificadas "cientificamente", disse Agassiz. Como de costume, os negros ocupavam a base da pirâmide por serem incapazes de constituir uma civilização em sua província africana. Mesmo que Agassiz pensasse que havia igualdade "perante Deus", ou uma espiritualidade superior ligando as raças, coroou cerimonialmente a visão pluralista, para consternação de Bachman e deleite de Nott. "Com Agassiz na guerra, a vitória é nossa", disse um Nott exultante a Morton. Ele esperava que Agassiz escrevesse um livro sobre o assunto que "estourasse os miolos do velho Bachman".

Os unitaristas radicais devem ter se perguntado se era conveniente publicar o discurso de Agassiz — entre todos os periódicos — no número de julho do *Examiner* ("soberbo", disse a Morton um Nott empolgado). Ele não levava em conta a afronta ao Gênesis — os radicais já o haviam descartado havia muito tempo. Mas, mesmo que Agassiz desconsiderasse as acusações de que suas ideias "tendiam a apoiar a escravidão", ver o jornal de sua igreja reforçar a segregação e a humilhação raciais deve ter exasperado os abolicionistas unitaristas, por mais moderados que fossem, pois eles sabiam a importância que isso teria para o Sul.[27]

Depois dessa reunião, o Dr. Gibbes, simpatizante de Nott, acompanhou Agassiz em sua turnê pelas grandes propriedades rurais perto de

Colúmbia, ao norte de Charleston. Nott e Gibbes percorreram um longo caminho antes de voltar para casa, tendo fundado juntos uma escola preparatória de medicina em Colúmbia em 1833. Gibbes ainda clinicava ali, unha e carne com os aristocratas das *plantations*. Cuidava dos escravos dessas propriedades rurais: de Edgehill, a *plantation* de Benjamin Taylor, e de Sand Hills, a fazenda de 18 mil acres do coronel Wade Hampton. O trabalho de Gibbes sobre a febre tifoide, assim como o de Nott sobre a febre amarela, teve vastas implicações financeiras para esses barões do algodão: Hampton, um dos homens mais ricos do Sul, reconhecia isso. Com 3 mil escravos, economizara o correspondente a dezenas de milhares de dólares em vidas de escravos graças aos estudos do Dr. Gibbes. Médico e grande fazendeiro andaram muitas vezes de mãos dadas. Dado também o interesse de Gibbes pelos fósseis — e, em particular, pelos tubarões antigos da Carolina do Sul —, dá para entender por que Agassiz, o maior especialista mundial em peixes, acabasse por atraí-lo para a sua órbita. E Morton: ouve-se falar muito menos dele como paleontólogo. Ainda vice-presidente da Academia de Ciências Naturais, ele leu a própria dissertação sobre fósseis de ouriços-do-mar na mesma reunião em que leu o artigo de Gibbes sobre peixes do Eoceno. Um tubarão colossal — ou ao menos seu dente de 10 centímetros, tudo quanto era conhecido a seu respeito — Gibbes batizou respeitosamente de *Charcharodon mortoni*.[28] Houve, portanto, uma comunhão intelectual. Mas era como defensor da escravidão que Gibbes mais brilhava. Ele repisava a linha Morton-Nott de separação das espécies humanas, seu surgimento inicial na terra em províncias distintas e populações viáveis, e o absurdo dos casais do Gênesis.

Agassiz passou oito dias com Gibbes. Em algumas fazendas havia um clima de brutalidade que dava medo, onde a proporção do número de escravos em relação aos brancos era de vinte para um. O que só poderia ter confirmado a visão de superioridade dos brancos que Agassiz alimentava. Ele andou pelas propriedades de Taylor e Hampton selecionando homens e mulheres representativos de tribos diferentes, determinando uma origem africana pura. Queria que fossem daguerreotipados — "cientificamente" fichados, carimbados e classificados hierarquicamente. Essas imagens "objetivas" deviam enfatizar as diferenças físicas dos negros, assim como as estatísticas de Nott pretendiam salientar as diferenças fisiológicas, e o mausoléu craniano de Morton a sua degradação osteológica. Era mais uma quantificação; um exercício com o objetivo de fundamentar categorias sociais com princípios científicos. Gibbes conseguiu que os escravos fossem levados ao daguerreotipista, que lhes tirassem a roupa e fossem fotografados, e que seu nome, origem e donos fossem registrados. "Gostaria que você os pudesse ver", disse ele a Morton.[29] Os resultados foram imagens obsedantes, trágicas, que mostravam rostos vazios e resignados. Quinze placas de daguerreótipos prateados ainda sobrevivem. Esse documento lavrado com objetivos taxonômicos e, em última instância, políticos era também um retrato da opressão. Ali estavam eles, despidos à força até a cintura (homens e mulheres), completando a imagem da degradação e da sujeição (imagine uma beldade sulista sendo despida por um fotógrafo negro: ele muito certamente teria sido linchado). O controle político da ciência aparece igualmente nu nesses retratos comoventes.

No porto escravagista de Charleston, Agassiz também coletou cracas para Darwin. Junto com elas seguiu seu último livro, *Lake Superior* [Lago Superior] ("Não é uma grande honra?", perguntou Darwin a Lyell com uma ponta de sarcasmo). Mas a verdadeira mensagem do remetente era muito mais inquietante. Embora as cracas enviadas em líquidos voláteis nauseantes estivessem fazendo Darwin se sentir literalmente mal, a diatribe de Agassiz sobre as "raças humanas" só fez aumentar os problemas de estômago de Darwin. "As conferências de Agassiz nos Estados Unidos", corroboram "a doutrina de várias espécies — para grande prazer, ouso dizer, dos sulistas donos de escravos", disse Darwin a Lyell.[30]

Se o pluralismo de Agassiz no tocante ao mundo animal contradizia qualquer possibilidade de transmutação bestial, no tocante ao mundo humano contradizia o que ele parece ter temido ainda mais: homens negros compartilhando uma ancestralidade branca comum e suas perspectivas revoltantes de igualdade social e miscigenação. Essa aversão profunda era endêmica na literatura: o amálgama "degradaria toda a família humana"; "revoltaria os sentimentos de todos os membros da raça superior". Mesmo que "a repugnância tenha o selo do desejo" — havia uma estranha corrente sexual subterrânea em muito disso —, era mais visceral que erótica, um choque no sistema, como o primeiro encontro de Agassiz. A bastardização racial fazia parte de uma "filosofia piegas" de *"negrologia"* "que muitas vezes corresponde a uma traição" (dizia a *Negro-Mania*, uma obra segregacionista de 500 páginas, publicada em 1851). Igualdade nenhuma, e a própria natureza protestava contra o amálgama.

> Será que a raça branca vai concordar algum dia com que os negros fiquem ao nosso lado no dia da eleição, na tribuna, nas fileiras do exército, em nossos locais de diversão, em locais de culto religioso público, com que andem nas mesmas carruagens, nos mesmos vagões de trem ou nos mesmos navios? Nunca! Nunca! Nem é natural ou justo que esse tipo de igualdade exista. Essa nunca foi a intenção de Deus.[31]

Darwin tinha deixado de perscrutar os desígnios de Deus, mas seu horror moral à injustiça continuava tão veemente quanto sempre fora. Na época em que estava terminando seu trabalho sobre cracas em 1853, a necessidade de evidência de espécies domésticas para discutir a origem das raças e debater a escravidão era bem clara. A controvérsia Morton-Bachman continuou explosiva em 1851. Ambos os lados estavam cada vez mais convictos. Morton, o pluralista — em uma de suas últimas declarações —, aderiu à visão de Cuvier de que os pombos obtidos por seleção humana eram um amálgama de pombos-dos-rochedos e espécies selvagens, e Bachman, o unitarista, negou o fato com a mesma determinação. Para ele havia um único ancestral comum, assim como no caso dos seres humanos.[32] Essas perspectivas repercutiram em todos os protagonistas de ambos os campos. Morton defendia seus autores já falecidos, mas logo se juntou a eles, pois morreu em 1851.

Quase ninguém reconhece, mas não passa de um truísmo: conceitos como "unidade de origem" ou "origem comum", tão familiares a nós hoje por causa da saturação darwinista, surgiram na primeira metade do século XIX em debates sobre relações de raça e escravidão. Esses conceitos estiveram no centro de inúmeras resenhas e livros contestados. "Unidade" e "comum" implicavam consanguinidade e proximidade, precisamente o que a "Escola Americana" de antropologia negava. Na verdade, entre a emancipação de escravos da Inglaterra colonial dos anos 1830 e a Guerra Civil Americana, esses indicadores raciais carregados de emoção eram uma reserva desses dois campos hostis. Os termos eram familiares graças às múltiplas edições das obras de Prichard. Assim, essas línguas apontavam para origens comuns que "não têm outra explicação além da unidade original dos ancestrais". O que era contestado por Agassiz e seus seguidores, pois qualquer que seja a unidade espiritual aos olhos de Deus, ela "pode existir sem uma origem comum, sem uma ancestralidade comum, sem aquela relação que muitas vezes é sugerida pela expressão 'laços de sangue'".

Na Sociedade Etnológica de Londres este era um tópico que preocupava. A Sociedade Etnológica era a sucessora da Sociedade de Proteção aos Aborígenes de Prichard e Hodgkin e, no início, foi solidamente unitarista. Mas as rachaduras começaram a aparecer depois da morte de Prichard em 1848. Não só rachaduras financeiras, embora elas já estivessem bem grandes quando o interesse começou a diminuir e os membros a sair (em meados da década havia 32, em 1858 só seis apareceram para comemorar seu aniversário). Pior ainda foi o agravamento do cisma ideológico. Em 1853, um membro remanescente teve a ousadia de sugerir que "a verdadeira unidade da espécie humana não está na consanguinidade de uma origem comum; tem sua base na participação de todas as raças na mesma natureza moral e na identidade dos direitos morais, que se tornaram privilégio de todos". Portanto, a necessidade de provas de uma "unidade de origem" real, *material*, era imperativa. E como esse argumento em favor da "unidade da origem humana" se desenvolvera graças a estudos de espécies domésticas, nos anos 1850 a solução era óbvia: Bachman sintetizou o que todos os *cognoscenti* sabiam: a maneira mais segura de combater as ideias vergonhosas de "pluralidade da raça humana" era corroê-las com um estudo das "variedades que são encontradas entre os pombos domesticados".[33]

Os interessados na questão racial incentivavam qualquer um que conseguisse apresentar uma nova abordagem sobre a questão das espécies domésticas. Era de se esperar que os comentários sobre a rixa Morton-Bachman também se dividissem, e os antagonistas gritavam "hipóteses não comprovadas" para Bachman. Os detratores também menosprezavam as "afirmações ditatoriais" de Bachman, pois tudo o que desejavam eram "fatos irrefutáveis". Em 1851, Nott declarou pura e simplesmente no *Debow's* que: "Saber se todas as variedades de cada um de nossos animais domésticos são produtos de uma ou mais espécies ainda é uma questão controvertida entre os naturalistas do mundo inteiro." De volta a Norfolk, Dixon insistia em dizer que as respostas para as perguntas mais profundas sobre a origem e a diversidade da vida estavam entre as aves domésticas e os pombos: na verdade, as origens raciais "não podem ser tão bem estudadas em nenhum outro campo". A ocasião exigia um trabalho novo e pioneiro sobre a origem das espécies, sobre a fertilidade dos híbridos e sobre sua disseminação. Até Agassiz exigia um estudo desse tipo. Ele não tinha como negar as mudanças "impressionantes" pelas quais os animais passavam quando se aclimatavam e eram domesticados, mas insistia em dizer que "não há tópico que precise mais de uma investigação profunda e meticulosa".[34] Na década de 1850, o pombal, a horta e as plantações haviam se transformado *no* campo de batalha para bons naturalistas e maus propagandistas em desavença sobre as origens humanas.

Se para os pluralistas extremos toda espécie era fixa e toda variedade criada no seu local de origem, Darwin provou que todas as espécies, ao menos entre as cracas que ele estudava havia tanto tempo, eram contínua e "eminentemente variáveis"; na verdade, "em certo grau, toda parte de toda espécie" o era.[35] Esse fato tornava difícil escolher seus espécimes: onde ficava exatamente o ponto entre uma variante extrema e uma nova espécie? Os pluralistas estavam errados nesse ponto.

Prichard também afirmara que as variantes são mais comuns do que se supõe e que a domesticação aumentava sua probabilidade em animais e plantas, como a civilização fizera com os seres humanos. Em meados da década de 1850, Carpenter, o devotado seguidor de Prichard, era um poderoso burocrata da ciência: em 1856, era arquivista da Universidade de Londres, um cargo que poderia facilitar a entrada na nova Faculdade de Ciências e a obtenção do diploma de bacharel em ciências. A variabilidade das espécies, reconhecia ele, era uma doutrina que assimilara "desde muito cedo graças ao Dr. Prichard". Portanto, os livros de Prichard sobre a raça humana haviam influenciado Carpenter. Ele estudou uma criatura microscópica chamada *Orbitolites,* com múltiplas câmaras e protegida por uma concha e, em 1855, Darwin a citou na monografia[36] que apresentou à Sociedade Real. Darwin ficou satisfeito ao descobrir que elas variavam em todos os aspectos. Esse estudo transformou em motivo de chacota a demanda mais extrema dos pluralistas: que toda variante era, ela própria, uma criação aborígene, quando não uma espécie distinta.

Em resposta à draconiana Lei do Escravo Fugitivo surgiu — veja só! — um romance — mais que um romance, "um terremoto verbal, um maremoto de papel e tinta", o livro demolidor contra a escravidão, *A cabana do Pai Tomás* (1852). Harriet Beecher Stowe pode ter feito uma caricatura dos negros e dado forma ao preconceito branco, mas escreveu com paixão, cheia de *pathos*, com a crença na capacidade negra que adquirira quando vivera entre ex-escravos no Ohio. Com exceção do *Manifesto comunista,* nenhum panfleto político jamais teve tanta influência. Traduzido ao menos para 23 línguas, *A cabana do Pai Tomás* tornou-se o best seller do século; só na Grã-Bretanha vendeu mais de um milhão de exemplares e reavivou o movimento antiescravagista. Em 1853, a tumultuada recepção de Stowe na Inglaterra levou a uma petição das mulheres que lembrava os bons tempos de antigamente, com suas 576 mil assinaturas exigindo o fim daquela "instituição peculiar" dos Estados Unidos. A consciência de Emma Darwin também despertou, pois aconselhou seu filho mais velho, William, na Escola de Rugby, "a pegar *A cabana do Pai Tomás* na biblioteca".[37] O que significava que Darwin, depois de encerrar o estudo das cracas, mergulhara nos problemas mais abrangentes da origem e distribuição racial num clima de renovada determinação abolicionista.

Agassiz estava se tornando a *bête noire* de Darwin, suas opiniões sintetizando tudo o que havia de errado no pluralismo zoológico que apoiava a escravidão. Como sempre, Lyell era o mediador. Visitara a Nova Inglaterra numa terceira viagem no fim de 1852, cujo motivo havia sido fazer pesquisas geológicas com Agassiz nos arredores de Boston (ele também ficara sabendo que a obra de Agassiz corroborava a teoria darwinista da submersão dos topos de montanhas para a formação de recifes de coral, de modo que "vou ter muito a conversar com você [Darwin]", disse Lyell). E depois houve uma quarta visita no verão de 1853, quando ele esteve novamente com Agassiz. O professor estava acumulando poder naquele ano. Estava recrutando *protégés* entusiasmados e, na hora de fazer listas de contribuição para publicar seus livros sobre zoologia, ele podia contar com o número impressionante de "dois mil e cem nomes antes do aparecimento das primeiras páginas de uma obra que custava US$ 120!" Em março de 1854, uma irritação moderada tomara conta de Darwin: "Raramente vejo um artigo sobre zoologia da América do Norte sem notar a influência da doutrina de Agassiz — outra prova, aliás, do grande homem que ele *é*" (querendo dizer com isso que só um grande homem poderia fazer com que um "disparate" desses fosse aceito — uma expressão clássica de desprezo por parte de Darwin).[38] O zoólogo que Darwin via apoiando os "sulistas donos de escravos" estava se fortalecendo cada vez mais.

De repente dá para entender por que Darwin pulou diretamente das cracas para — veja só! — as sementes. Não houve nada de anômalo nesse salto. Era a primeira parte de seu ataque experimental a todo o problema da origem e da dispersão. A disseminação das raças era anátema para Agassiz: ele negara frontalmente a imagem explosiva da diáspora, as hégiras de seres humanos de pele escura, as migrações de animais ou a dispersão das plantas à medida que elas se propagavam a partir de um ponto alfa qualquer e se adaptavam a seus novos lares. Era categórico quanto a isso:

> É incoerente com a estrutura, os hábitos e os instintos naturais da maioria dos animais sequer supormos que eles podem ter migrado de grandes distâncias, quaisquer que sejam. Está em contradição ca-

1. O medalhão antiescravagista original, criado em 1787 pelo avô de Darwin, Josiah Wedgwood I. O baixo-relevo em jaspe preto sobre amarelo foi fabricado aos milhares e distribuído para promover a abolição do tráfico negreiro.

2. Erasmus Darwin, o outro avô de Darwin, propôs chocar a Câmara dos Comuns exibindo um "instrumento de tortura" fabricado em Birmingham. Tinha em mente esse tipo de dispositivo: uma máscara de ferro com um colar cheio de pontas, usada como castigo, que impedia o escravo de comer, falar ou deitar-se.

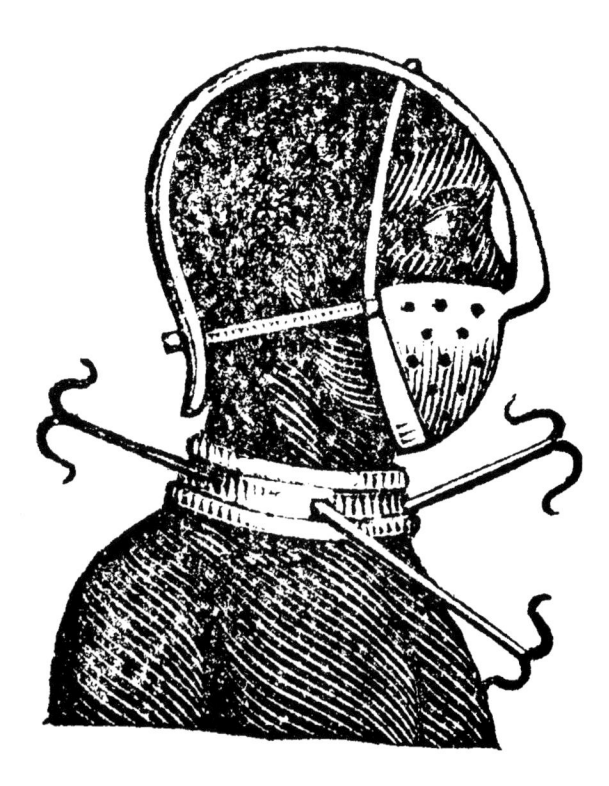

3. O jovem Charles Darwin.

4. Thomas Clarkson, arquiteto da luta contra o tráfico de escravos e que convenceu William Wilberforce a lançar a campanha no Parlamento. Josiah Wedgwood, avô de Darwin, foi um dos maiores aliados de Clarkson.

5. (*Acima*) Na sua adolescência, Darwin caçava e jantava perto de sua casa, em Shrewsbury, com o principal representante de Clarkson na região central da Inglaterra, o arcediago Joseph Corbett, de Longnor Hall. Essa anotação de um diário mantido pela irmã de Corbett mostra Darwin e um colega do curso de medicina, Henry Johnson, entre um grupo que estava em Longnor no 12 de setembro de 1825, pouco antes de a dupla ir para a Universidade de Edimburgo.

6. (*À esquerda*) O reverendo Joseph Corbett, arcediago de Shropshire, o maior abolicionista do condado, amigo leal e seguidor de Thomas Clarkson.

7. O Museu da Universidade de Edimburgo na década de 1820, onde o jovem Darwin passaria muitas horas em 1826 aprendendo a preservar aves com um escravo liberto da Guiana.

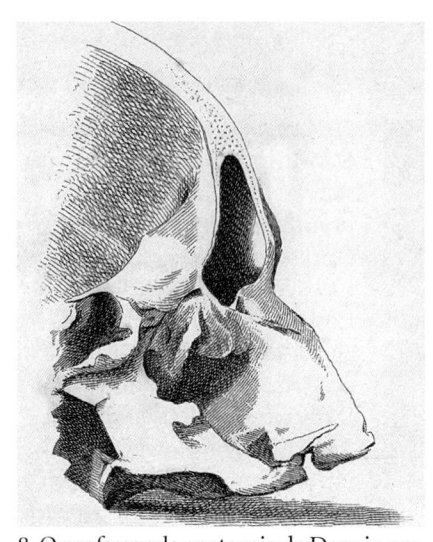

8. O professor de anatomia de Darwin em Edimburgo opunha-se veementemente aos frenologistas. Darwin estudou dissecação dos ossos dos sinus frontais do crânio (aqui em seção transversal, a cavidade escura acima e abaixo do cavalete do nariz), que provava que as "saliências" do cérebro nessa região não poderiam ser "percebidas" pelos frenologistas, e, por isso, invalidou seu sistema.

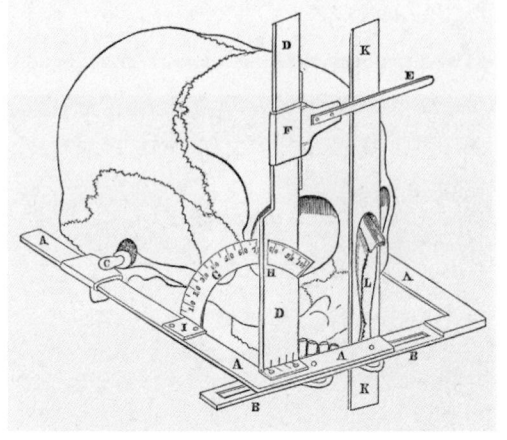

9. Os instrumentos de medição do crânio usados pelos frenologistas de Edimburgo na época de Darwin para caracterizar diferenças individuais logo foram adaptados e aumentados pelos antropólogos para distinguir e classificar raças inteiras. Este instrumento media o ângulo do rosto e maxilares protuberantes – quanto mais perpendicular o rosto, mais "elevada" a raça.

10. Os primos Darwin e Wedgwood começaram cedo com a literatura antiescravidão. Esta é uma fatura enviada a Francis Wedgwood por autores de panfletos propagandísticos que seriam distribuídos por Hanley e Shelton, membros da família Wedgwood e da Sociedade Antiescravidão: de panfletos baratinhos sobre o boicote ao açúcar das Índias Ocidentais à obra de Thomas Clarkson, *Thoughts on Improving the Condition of the Slaves in the British Colonies*, ou à *England Enslaved by Her Own Colonies*, de James Stephen, ou ao livro de "conselhos práticos" de T.S. Winn aos donos de escravos, intitulado *Emancipation*. É claro que o periódico *Anti-Slavery Monthly Reporter* era *de rigueur*.

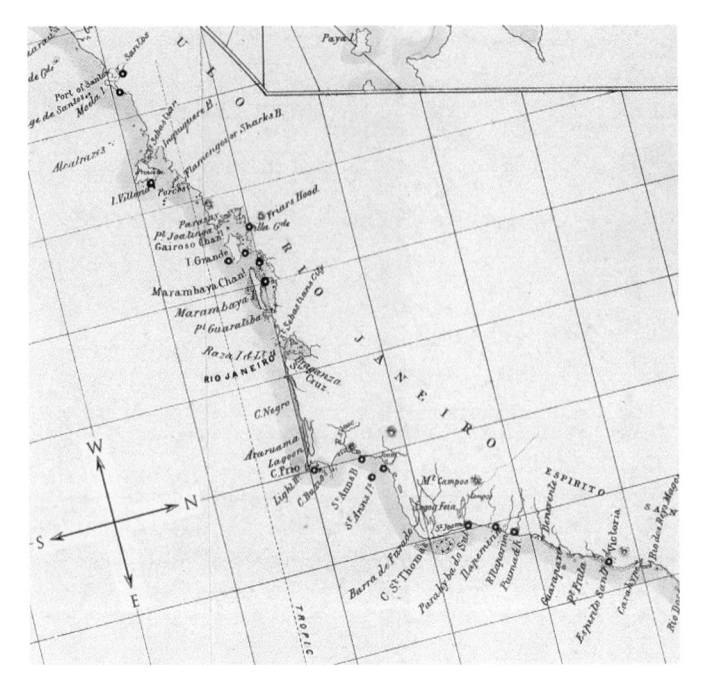

11. Durante a viagem do *Beagle*, Darwin encontrou provas do tráfico de escravos em praticamente todos os portos da América do Sul. Os pontos escuros deste mapa da parte central da costa escravagista entre Santos (São Paulo) e Vitória, a mais ou menos 320 quilômetros do Rio de Janeiro, mostram os locais conhecidos onde os negreiros desembarcavam suas cargas humanas e equipavam-se para viagens de volta à África.
(© National Maritime Museum, Greenwich, Londres)

12. Na Bahia, Brasil, Darwin ouviu em primeira mão histórias das condições infernais suportadas pelos escravos na viagem da África. Este é o navio negreiro baiano *Veloz*, interceptado em 1829 por uma fragata da Marinha Real. Carregava 517 africanos (os 55 mortos já haviam sido jogados no mar). Eles eram marcados com ferro em brasa, como gado, com as marcas de seus donos, e cada um deles tinha direito a 60 centímetros quadrados de espaço embaixo de um convés escaldante, aquecido por um sol equatoriano abrasador.

13. Darwin viu o chicote em aço e ouviu os gritos. *Castigos domésticos* no Brasil, retratados (e inspirados pela vida real) pelo artista alemão J.M. Rugendas, cujas gravuras Darwin conhecia: uma criança chora enquanto a mão de sua mãe é golpeada com uma palmatória, uma mulher jovem espera o chicote (*centro*) enquanto a família colonial (*à direita*) se diverte.

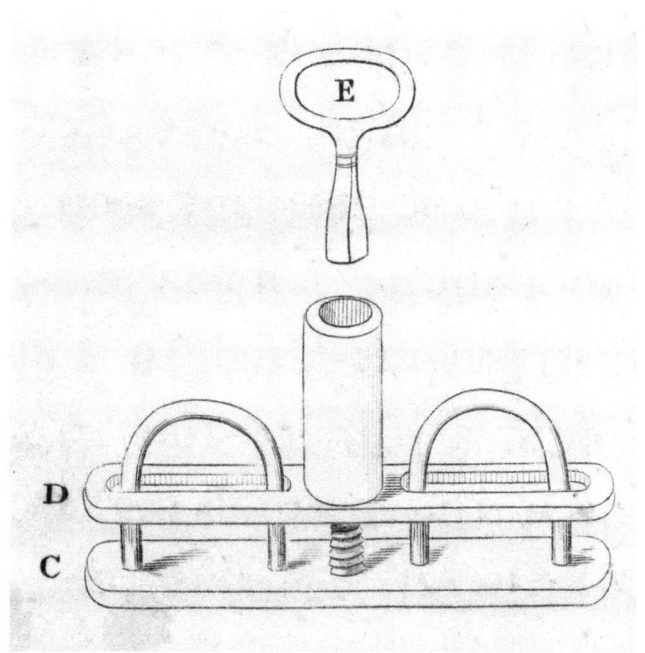

14. Anjinhos, do tipo usado em escravas pela "velha senhora" que morava do outro lado da rua onde Darwin estava hospedado perto do Rio de Janeiro. Os polegares eram postos nos dois buracos da parte de cima. Virar a chave (E) levantava a barra (D), causando dor. Virar a chave várias vezes obrigava o sangue a esguichar da ponta dos polegares. Retirar a chave deixava a escrava torturada presa na sua agonia.

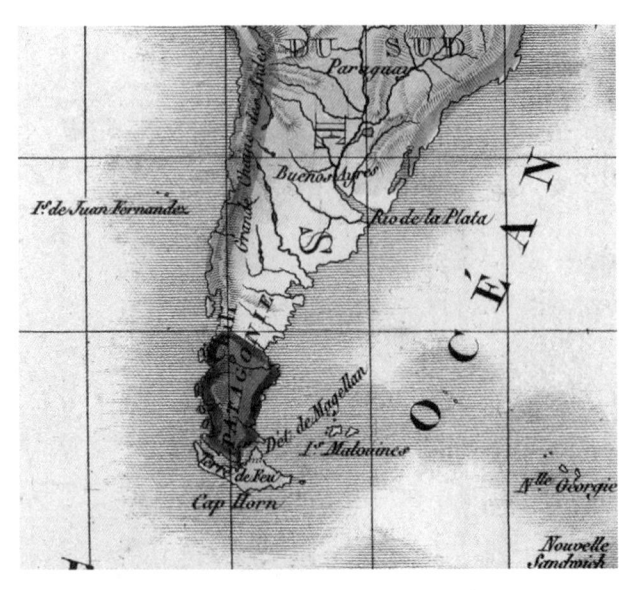

15. Darwin combatia os "pluralistas", que viam toda raça humana como uma espécie distinta, com sua própria linhagem, desconectada das outras. Para eles não havia "origem comum" das raças negra e branca. Esse detalhe de um mapa de 1827 do "genus humano", do dicionário de história natural de Bory de Saint-Vincent, mostra as espécies distintas de seres humanos que os contemporâneos de Darwin acreditavam existir na Patagônia (*área escura*) e na Tierra del Fuego (*área clara embaixo*). Darwin tinha seu próprio exemplar do dicionário no *Beagle*, mas ele e o capitão, Robert FitzRoy, sabiam que Bory estava errado – os patagões e os fueguinos eram parentes consanguíneos.

16. Muitos dos que consideravam os hotentotes uma espécie distinta consideravam-nos obscenamente próximos do macaco. Darwin sabia que não era nada disso: em 1836, foi escoltado durante quatro dias por um guia hotentote impecavelmente vestido e bem falante – como esse dândi retratado aqui – pelo Cabo, África do Sul. Mais uma vez, Darwin percebeu que Bory e seus seguidores estavam errados: os maltratados hotentotes eram da mesma espécie e inteiramente passíveis de se aculturarem.

17. Darwin e seu primogênito, William, em imagem feita por um daguerreótipo de 1842: 25 anos depois, uma brincadeira de William a respeito de uma atrocidade racista na Jamaica levaria seu pai a publicar sobre as origens humanas.

18. O dândi Robert Knox – professor em Edimburgo quando Darwin morou na cidade – tornou-se um showman depois do escândalo do assassinato de Burke e Hare. Para ele, as raças humanas compreendiam muitas espécies, e a competição entre elas era a força motora da história. Assim como o número crescente, ele também negava toda e qualquer "origem comum". Em Londres, em 1847, ele mostrou esta família hotentote, que a imprensa comparava a animais em vias de extinção.

19. James Cowles Prichard foi o maior defensor da unidade da espécie humana. Suas *Researches* monumentais sobre a humanidade foram meticulosamente estudadas por Darwin. Além de considerar os hotentotes da mesma espécie que ele, Prichard opôs-se à tendência racista mostrando as mulheres hotentotes em seu livro com "traços regulares e até bonitos".

20. Louis Agassiz, o charmoso e afável professor de zoologia de Harvard, ficou tão visceralmente revoltado com o povo negro, que ele também passou a ver as raças como categorias separadas, desconectadas e imutáveis, e, desse modo, tornou-se o mais formidável oponente de Darwin fora da Grã-Bretanha na década de 1850.

21. Agassiz encomendou esse daguerreótipo como parte de uma série de retratos feitos em 1850 numa *plantation* perto de Colúmbia, Carolina do Sul, para mostrar os traços físicos distintos dos africanos "puros". O nome que lhe foi dado era "Renty", da tribo do Congo, e o olhar soturno fala por volumes inteiros. Ironicamente, esta é a mais antiga das imagens conhecidas de um escravo. (© Harvard University, Peabody Museum, foto 35-5-10/53037)

22. O europeu, o americano e o negro (*da esquerda para a direita*) estavam entre as oito espécies humanas primordiais de Agassiz, cada uma delas criada numa zona geográfica diferente com sua própria fauna peculiar. Nessa ilustração grosseira da visão de Agassiz sobre habitantes de quatro das zonas mundiais, extraída da bíblia "pluralista" *Types of Mankind*, o hotentote (*à extrema direita*) também é mostrado como uma espécie distinta.

24. (*À direita*) Exemplos das raças de pombos selecionados artificialmente por Darwin: em primeiro plano, um pombo-correio (*à esquerda*) e um pombo-papo-de-vento (*centro*), atrás deles, os pombos-gravatinha com suas coleiras naturais de penas (*à esquerda*) e pombos sarapintados (*à direita*), e um pombo-de-cambalhota atrás, na prateleira. Ao provar que todos eles descendiam de um pombo-dos-rochedos ancestral, Darwin removeu um grande obstáculo à crença de que as raças humanas, com suas características físicas variadas, tipos de cabelo e cor de pele diferentes, poderiam descender de um ancestral humano comum.

23. (*Abaixo*) A genealogia das "onze raças principais" de pombos selecionados artificialmente por Darwin. O ancestral pombo-dos-rochedos está no topo. Ele explicava que as espécies em itálico são aquelas "que passaram pela maior quantidade de modificação. A extensão das linhas pontilhadas representa grosseiramente o grau de diferenciação de cada raça em relação ao primeiro genitor, e os nomes colocados embaixo uns dos outros nas colunas mostram fortes ligações. As distâncias que as linhas pontilhadas têm umas das outras representam aproximadamente o grau de diferenciação entre as várias espécies".

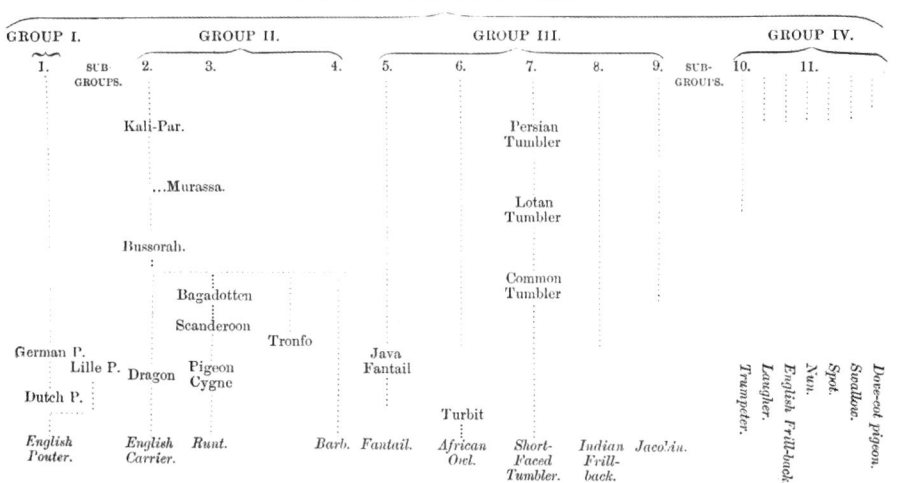

25. (*À esquerda*) Asa Gray, professor de botânica de Harvard, patriota antiescravagista e grande defensor de Darwin nos Estados Unidos.

26. (*Abaixo*) A residência de Gray, a Garden House, Cambridge, Massachusetts, onde as ideias de Darwin sobre evolução foram ventiladas pela primeira vez nos Estados Unidos. No dia 12 de maio de 1859, numa reunião do Clube Científico de Cambridge, realizada nessa casa, Gray apoiou-se na autoridade de Darwin para dizer que "aquilo que é considerado espécies intimamente aparentadas pode, em muitos casos, ser a descendência linear de um tronco original, assim como as raças domesticadas".

27. Charles Darwin, enfrentando uma guerra por causa da escravidão e uma batalha pela "origem comum". Seu filho William tirou a fotografia no dia 11 de abril de 1861; a Guerra Civil americana foi deflagrada no dia seguinte.

28. (*Acima*) Richard Hill, ativista antiescravidão e primeiro magistrado tributário da Jamaica: Darwin elogiou seu trabalho em favor da "causa sagrada da humanidade". (Cortesia da Biblioteca Nacional da Jamaica)

29. (*À esquerda*) Charles Lyell, mentor de Darwin durante toda a sua vida, em 1863. Neste mesmo ano, a incapacidade de Lyell adotar a seleção natural e a evolução humana em sua obra *Antiquity of Man* levou Darwin ao desespero.

30. "O Carvalho Wilberforce", onde dizem que, em 1787, William Wilberforce teria ouvido o apelo de Deus para a luta contra o tráfico de escravos, ficava a mais ou menos um quilômetro e meio de Down House. Aparecem aqui em 1873 o reverendo Samuel Crowther (*centro*), o primeiro nativo africano a se tornar um bispo anglicano, com colegas da Sociedade Missionária da Igreja. O banco oval comemorativo ao fundo, à esquerda do tronco, fica na trilha pública por onde Darwin passava quando saía para coletar plantas em Keston Common.

bal com as leis da natureza, e todos conhecemos as mudanças pelas quais nosso globo passou, para imaginar que os animais se adaptaram realmente às suas diversas circunstâncias durante a migração, pois isso seria atribuir tanto poder às influências físicas quanto ao próprio Criador.

Darwin, sempre tão adequado em público, em particular criticava causticamente os grandes e poderosos que definiam a "lei universal", como se ela fosse uma imposição categórica sobre o que os animais e plantas podiam ou não fazer. "Que singular tudo isso", deixou ele escapar para Hooker, "que um homem tão *eminentemente* inteligente" escreva "as bobagens & disparates que ele escreve."[39] Do seu jeito sutil, Darwin começou a derrubar o monólito de Agassiz subvertendo suas proposições banais. A simplicidade de Darwin sempre foi um ás na manga. Ele tinha uma postura de agricultor inteligente quando se deparava com refinados quebra-cabeças existenciais. E aquele momento não foi exceção. Ele realizou uma manobra inesperada para atacar o lado vulnerável de Agassiz.

Em novembro de 1854, Darwin continuava questionando Hooker sobre a distribuição das plantas no mundo inteiro. Depois calculou as distâncias entre as zonas botânicas e entre ilhas e continentes; também calculou correntes marítimas — depois levou em conta o dito segundo o qual as sementes morrem na água salgada e testou-o. Parece que ninguém duvidara que a água salgada era fatal para as sementes, nem mesmo Hooker, seu confidente mais íntimo (que devia ter duvidado, em função de seu futuro cargo de assistente de diretor dos Jardins Botânicos Reais de Kew, o enorme banco de sementes e depósito imperial). Era exatamente isso que estava por trás da objeção de Hooker ao manuscrito de Darwin sobre seleção natural escrito uma década antes: como as ilhas foram colonizadas, dado que as disseminações pelo vento e pelas ondas eram um fator desconhecido? Não é exigir demais da imaginação supor que as travessias de oceanos poderiam explicar a existência das mesmas plantas na Tierra del Fuego e na Tasmânia? Mesmo antes dessa data, a capacidade de resistir à água do mar era algo que Darwin, ele próprio tão impregnado do sal dos oceanos, queria testar. Como as plantas haviam chegado ao arquipélago de Galápagos, para não falar dos locais no meio do mar? As plantas do *Beagle* provenientes das ilhas Keeling (agora Cocos), ao sul de Sumatra, intrigaram-no: será que suas sementes dispersas poderiam ser levadas pelo vento? De modo que suas próprias opiniões sempre tiveram uma germinação longa. Seus cadernos de evolução estavam cheios de especulações sobre corujas carregando ratos para as ilhas, de tordos trazendo sementes no estômago; e também havia os lembretes obrigatórios: "Fazer experimentos com conchas terrestres em água salgada" e "Mergulhar todos os tipos de sementes em sal. Água artificial".[40] As ideias eram lançadas nos cadernos a torto e a direito e ficavam semiesquecidas, à espera de um novo dia. Esse dia chegara e havia uma nova urgência.

O questionamento tornou-se sistemático a partir de novembro de 1854. Não havia nada que ele não questionasse, nem ninguém. Chegou até a descobrir um marinheiro que havia naufragado na ilha da Desolação (um nome muito pertinente, pois era um ponto equidistante entre a Austrália e a África do Sul) e pediu-lhe para descrever minuciosamente a maneira como se salvara para descobrir se ele havia visto madeira sendo lançada na costa pelas ondas. Como Hooker encontrara plantas da Tierra del Fuego ali, Darwin precisava saber se as correntes marítimas poderiam explicar essa viagem impressionante. Também havia evidência de que as fezes de aves de rapina continham sementes da última refeição de suas vítimas. Ou que as sementes eram transportadas em banquisas de gelo. Em março de 1855, Darwin começou ele mesmo a "salgar" sementes, pondo aquelas de plantas locais — repolho, agrião, rabanete, alface e aipo — numa imersão em água salgada. Alguns frascos foram para a horta, outros para o porão (envoltos em gelo, para ver se a temperatura afetava o resultado). Depois de uma semana, as amostras foram transferidas para pratos que ficavam em cima do console da lareira: todas germinaram. Depois de duas semanas continuavam germinando. O pobre Hooker foi torturado com relatórios semanais e foi pressionado com bom humor a adivinhar o período de sobrevivência das sementes. Em troca de todo esse trabalho, Darwin começou a receber sementes exóticas de Kew. Mais de cinquenta frascos foram arrumados em cima das cornijas e prateleiras da lareira, e todas elas começavam a cheirar mal quando a água não era trocada. Depois vieram os incontáveis pratos com brotos, e Darwin ficou tão ocupado testando amostras que foi obrigado a cancelar compromissos. A casa virou uma sementeira. E não foi só a sua casa: vigários amigos foram aliciados e sacos de sementes foram enviados para imersão em água do canal da Mancha, e a solução de água salgada estendeu-se a outras hortas e a outros reinos, ao menos a ovos de caracóis e lagartos — o que mais ele não diria, pois seus outros experimentos com água salgada eram "tão *absurdos* até mesmo em *minha* opinião que não tenho coragem de lhe contar", segundo disse rindo a um Hooker completamente convencido.[41]

Por outro lado, os resultados eram mortalmente sérios. Uma implicação foi apresentada na declaração inicial do *Gardener's Chronicle* [Crônica dos agricultores] em maio de 1855:

> Como esses experimentos podem parecer infantis a muita gente, peço licença para tomar como premissa que eles têm uma relação direta com um problema muito interessante que, ultimamente, em particular nos Estados Unidos, chamou muita atenção, qual seja, se o mesmo ser orgânico foi criado num lugar ou em muitos sobre a face de nosso globo.[42]

A essa altura, sementes de agrião, cenoura, aipo, alface e rabanete estavam germinando depois de 42 dias, enquanto uma lista aleatória de sementes moles, exóticas, cultivadas e silvestres também estavam germinando depois de bem mais de um mês. Só uma espécie, o trevo, morreu logo no começo entre as 23 espécies com que foram feitos experimentos. E quanto ao ruibarbo e ao aipo, na verdade o período de germinação foi acelerado pela imersão em água salgada.

Para calcular as distâncias percorridas, Darwin usou o *Johnston's Physical Atlas of Natural Phenomena* [Atlas Johnston de fenômenos naturais], que mostrava vividamente as zonas vegetais de acordo com as estatísticas de Humboldt. Ele achou que o atlas confundia (embora tivesse aprendido "muito" com outros mapas, entre os quais um "Mapa Etnográfico" das cinco "raças principais", decorado com crânios representativos para ilustrar as disparidades entre caucasianos, mongóis e negros — mostrando até que profundezas cartográficas a nova antropologia havia chegado).[43] A partir do atlas, calculou a velocidade média de uma corrente do Atlântico: 33 milhas náuticas [uma milha náutica equivale a 1,852m e é usada quase exclusivamente na navegação] por dia: em 42 dias, uma corrente do Atlântico poderia levar suas sementes a 1.300-1.400 milhas de distância. Não importa que elas tendessem a mergulhar em seus depósitos: era evidente que vagens, cápsulas e plantas inteiras podiam ser levadas pelas águas por todo o caminho que conduzia aos Açores do meio do Atlântico.

O botânico Asa Gray, outro professor de Harvard e colega de Agassiz, ficou estupefato e logo viu a pertinência. "Por que ninguém pensou em fazer esse experimento antes? Em vez de considerar ponto pacífico que o sal mata as sementes?" Ninguém pensara porque foi preciso uma ameaça como Agassiz para estimular alguém como Darwin, que sabia o que estava em jogo. Todas as espécies de Agassiz — plantas, animais e seres humanos — haviam sido criadas no seu local de origem com todo o seu leque de variedades, e naturalistas antiescravidão como Gray e Darwin sabiam que essa ciência estava dando fundamentos àquela instituição maligna. Gray não demorou em acertar o alvo depois de receber o artigo de Darwin. "Vou mandar imprimi-lo quase na íntegra na revista de Silliman [a *American Journal of Science*] como uma *noz* para Agassiz quebrar."

Nesse momento (meados de 1855), Darwin já tinha identificado Gray como um aliado potencial a ser cultivado em Harvard, seu homem anti-Agassiz no lugar certo: um unitarista, um dispersionista e mais. Gray, como Darwin, considerava eventos normais o aparecimento e desaparecimento das variedades. Variedades são naturalmente transitórias e não criações aborígenes. Sua "miscigenação inevitável" e os cruzamentos posteriores com espécies selvagens as impediam de se tornar uma variedade permanente. Mas, disse ele: "Se interferirmos na natureza por meio da domesticação & segregação, elas surgem com uma velocidade impressionante." Essa declaração foi muito estimulante para Darwin, e a carta (que havia sido mandada para Hooker e passada para Darwin) também revelava que o próprio Gray estava enfrentando Agassiz quando "tentava lhe mostrar que seus próprios dados" não levavam "às conclusões às quais ele às vezes chega".[44]

Agora todos estavam desconfiando de Agassiz. Hooker escrevera sua *Flora Novae-Zelandiae* (1853) de olho nele. Ao escolher entre espécies aborígenes e espécies que se dispersavam, reconhecia Hooker: "A meus olhos, Agassiz ocupava uma posição proeminente de juiz." Hooker reuniu coragem para "combater" a teoria da criação aborígene de Agassiz — ela gerava confusão, com "toda pequena diferença" significando caoticamente uma nova espécie. E: "Oh, meu caro, oh, meu caro", admitiu Hooker a Gray, "minha cabeça não concorda inteira, fiel e implicitamente com as espécies enquanto entidades criadas." A essa altura, Darwin estava começando a conquistar Hooker e a mostrar que a capacidade de produzir variações, e até mesmo de produzir mutações, aumentaria o alcance da botânica. O resultado fortaleceria a crença do próprio Hooker de que "todos os indivíduos de uma espécie [...] derivavam de um único ancestral". Eles variavam mais do que se pensava e sua distribuição foi levada a cabo por causas naturais. Os cutucões constantes de Darwin haviam dado fruto. Na verdade, quando Hooker ganhou a Medalha Real em 1854, o prêmio deveu-se em parte ao seu ataque botânico ao problema mais complicado da ciência. Como disse o presidente da Sociedade Real, aquela era "uma das questões mais difíceis da ciência natural, que agora está adquirindo a proeminência à qual tem tanto direito — estou me referindo à questão [do local] da origem e da distribuição das espécies".[45] Também nesse caso, Gray espicaçou Agassiz mandando um resumo enorme da *Flora* para a *American Journal of Science*.

Mas os botânicos ainda estavam relutantes, por Agassiz ser tão "extraordinariamente inteligente". "Há muito tempo tenho conhecimento das 'heresias' de Agassiz", disse Hooker a Gray. "Suas opiniões são extremadas demais para merecerem crédito e, por conseguinte, não passam de preconceitos. São mais refutadas ainda pelos fatos. Lyell e eu conversamos sobre ele por mais de uma hora. Lyell e Agassiz são grandes amigos pessoais." Gray estava "cada vez mais" satisfeito porque suas "noções gerais, formadas em segredo", haviam sido confirmadas por Hooker: "Mantemos uma *fé ortodoxa* em meio a 'todo tipo de dificuldades'", respondeu Gray. Isto é, fé na origem comum de todas as raças humanas. Bastava olhar para os gatos sem cauda da ilha de Man ou para as galinhas de Dorking com seus cinco dedos para provar que "não se pode dizer de antemão quais são os limites possíveis de variação de uma espécie; ou de se opor [...] àqueles que, como Agassiz, dizem que as diferenças entre os *homens* (a mais numerosa de todas as espécies animais domesticadas) são grandes demais para admitir ancestrais comuns em sua origem". Gray não se preocupava abertamente com *a maneira pela qual* as novas raças (de plantas ou de seres humanos) rompiam o *continuum* da *"semelhança genética"* para dar início à sua própria linhagem.[46] Para ele, bastava que isso acontecesse. Ao saber disso, Darwin percebeu que suas opiniões não iam escandalizar Gray.

Agassiz era "um bom companheiro", alegre e cordial, e Gray achava que críticas públicas "costumam fazer mais mal do que bem"; mas ele ia fazê-las assim mesmo, "no lugar certo & na hora certa corrigiria o equívoco" com suas próprias opiniões contrárias, pois nunca iria querer que "depois achassem que eu concordara" com ele. Em parte, era isso o que Darwin queria ouvir. Mas havia um probleminha, e ele envolvia fazer concessões ao diabo. Ele disse a Hooker: "Não entendo muito bem por que você & ele estão tão convencidos de que 'faz mais mal que bem combater essas opiniões'."[47]

Para Darwin, o combate havia começado. As sementes, apesar de todas as suas frustrações malcheirosas, tinham provado seu ponto de vista. Seus contraexperimentos continuavam, com um pimentão levando a palma por germinar depois de 137 dias imerso na salmoura. E o alvo era mais preciso do que nunca — e global. Os cônsules de Sua Majestade haviam sido contatados. Um enviou sementes que haviam chegado às praias da Noruega; acabaram descobrindo que eram caribenhas (e, para "consternação extrema" de Hooker, elas germinaram). Outro mandou uma lista de plantas dos Açores para que Darwin pudesse salgar suas equivalentes britânicas. Metade do tempo, era em Hooker que Darwin estava pensando. Tendo participado das expedições dos navios de Sua Majestade *Erebus* e *Terror* nos Mares do Sul, ele era especialista na flora "fragmentária" da região — o que viu como remanescentes dispersos apontavam para a existência de um supercontinente antigo. De que outra forma explicar anomalias como a árvore *Edwardsia*, que ocorria no Chile e na Nova Zelândia e em nenhuma outra parte entre esses dois países? Na *Flora Novae-Zelandiae*, pouco antes de começarem os experimentos com água salgada, ele perguntara de novo de onde vinha a *Edwardsia*. "A ideia de transporte por correntes aéreas ou marítimas não pode ser alimentada, pois as sementes não resistem à exposição à água salgada e são pesadas demais para serem levadas pelo ar." Assim como Darwin estava revelando os preconceitos de Agassiz, também estava solapando a convencionalidade de Hooker, que estava mudando de opinião, mas lentamente: "Acho que você está com medo de me mandar uma vagem madura da Edwardsia", provocou Darwin, "temendo que eu faça com que ela seja levada pelo vento da Nova Zelândia até o Chile!!!"[48]

Nada era sacrossanto. Darwin examinava a lama que encontrava sob pés de patos (as pessoas enviavam-lhe pés pelo correio!) em busca de sementes e ovos de caracol — e provava que as aves podiam transportar as novas plantas e os invertebrados colonos. Ele examinava um pássaro morto, o papo inchado depois de imerso em água por um mês, e remexia as fezes à procura de sementes que faria germinar. Em retrospectiva, tudo parece muito óbvio. Mas foi preciso um ataque decidido e total falta de fé em pontes terrestres entre os continentes e múltiplos centros de criação. Não havia necessidade de espécies aborígenes, nem da criação de todo o leque de seres humanos aborígenes, pois a dispersão *era* viável, mesmo que implicasse a travessia de oceanos. Há muito tempo que Lyell aceitava uma única explosão criadora para cada espécie, seguida pela irradiação. Agora a pesquisa de Darwin levou Lyell a profetizar que "Um dia, a criação múltipla de Agassiz vai constar, ao lado da geração espontânea", como heresia. E acrescentou: "Anseio por ver seu sistema de modificação [que geraria novas] de espécies" — isto é, a teoria da seleção natural de Darwin. A teoria da criação aborígene de Agassiz e a "seleção" de Darwin ameaçavam uma à outra. Hooker percebeu isso, sabendo que "centros múltiplos" eram "piores para sua teoria que qualquer outra coisa". Darwin concordou: "Você fala muito acertadamente sobre criações múltiplas & minhas ideias; se um único caso for comprovado, eu serei esmagado."[49]

Se as sementes eram "fedorentas", não havia nada comparável aos experimentos que ele estava fazendo ao mesmo tempo — o *grande* programa, e a segunda parte de seu ataque experimental à questão racial. Este foi literalmente mefítico, com cadáveres se decompondo em infusões fétidas de potassa cáustica e óxido de prata. O mau cheiro da carne podre estava fazendo Darwin "ter ânsias de vômito tão fortes" que ele teve de parar e pedir a ajuda do especialista Eyton. "É de fato o trabalho mais hediondo." Ele estava reduzindo pombos a esqueletos; não só um ou outro, mas por atacado. Mesmo que a controvérsia sobre as raças humanas não tivesse exigido estudos com pombos domésticos, um dia Darwin acabaria voltando a atenção para esse caminho. Uma ou duas vezes, ele teceu comentários sobre o cruzamento de pombos em seus cadernos sobre evolução, mas agora estava envolvido com uma operação urgente de escala zoológica,[50] decidido a provar uma hipótese usando pombos domésticos, e não a confirmar a evidência.

Em geral, os criadores plebeus eram ignorados pelos naturalistas aristocratas, mas tinham olho clínico e muita experiência. Em mil terraços imundos, eles selecionaram e cruzaram pombos escolhidos em função de características desejadas — para ganhar dinheiro, para fazer exposições, pelo prazer puro e simples dessa atividade. Um processo paralelo diferenciava os animais selvagens de Darwin: a luta entre variantes rivais eliminava os fracos, deixando somente aqueles com traços vantajosos para a multiplicação. No mundo dos pombos domésticos, os "vencidos" eram igualmente vítimas da predação — os filhotes que Darwin considerava indesejáveis iam para a panela (bacon em fatias finas, pombos jovens, molejas e cristas de galo eram os ingredientes do *vol-au-vent* com "virado de pombo"). Os criadores só mantinham os filhotes de pombos que tinham uma cauda acentuada, ou uma coleira de penas em volta do pescoço, ou qualquer outra característica desejada. Foi assim que surgiram os estranhos pombos-gravatinha e os pombos-papo-de-vento, um processo que levou outras variedades selecionadas a adquirirem suas peculiaridades. Foi uma analogia que fez da própria evolução uma ciência doméstica.

No fim de 1854, Darwin começou a encher sua casa de campo de cachorros, coelhos, patos e gansos, vivos e mortos. Talvez não tenha sido tão estranho ele ter sido apresentado como "Fazendeiro" na *History, Gazetteer and Directory of Kent* [História, dicionário geográfico e catálogo de Kent], de Bagshaw. Mas ele não era um homem convencional, apesar dos 15 acres plantados com feno atrás da casa e dos 300 acres que comprara em Lincolnshire como investimento.[51] Sua preocupação não era tanto melhorar o pedigree de suas espécies, mas sim compreendê-lo. Entre todos os animais domésticos, eram os pombos os que poderiam provar da maneira mais convincente que derivavam de uma única fonte — ele os media, mostrava como as espécies divergiam umas das outras e o que os criadores haviam tido de fazer para conseguir que eles tivessem uma aparência tão diferente. Darwin enfrentou a tarefa com gosto e, à parte o processo de esqueletização, com imenso prazer. Era um caso de "dar um boi para não entrar numa briga, e uma boiada para não sair". E ele pagava, pois cada ave lhe custava uma libra. O primeiro pombal foi construído no final de março de 1855. Seu objetivo era ter todas as espécies de pombos da Europa (muitos obtidos por intermédio de um juiz de exposições dos maiores criadores de pombos domésticos do país).[52] Treze ou 14 casais estabeleceram-se ali em novembro, quando ele pediu a ajuda de Eyton por causa do mau cheiro da carne em decomposição, oferecendo-lhe a cabeça de um cachorro morto em troca dos seus serviços (não um cachorro comum, óbvio, mas sim um chinês, pois Darwin também estava pesquisando as espécies de cães a que Nott dava tanta importância).

Em dezembro, seu objetivo eram os pombos domésticos — ou suas peles — de todos os cantos do mundo. Foram enviadas cartas para a Ásia, a África e a América do Sul — para diplomatas, coletores de espécimes, diretores de jardins botânicos e homens da Companhia das Índias Orientais. Foi um verdadeiro quem-é-quem das colônias: cônsules e coletores de espécimes da China à Pérsia, médicos de Antigua, Natal e Gâmbia, governantes bem lembrados, como o rajá Brooke, e, por que não, nosso homem em Santo Domingo, Sir Robert Schomburgk (um especialista na cultura do Caribe e da Guiana Inglesa que explorou o rio Essequibo de Waterton até as cabeceiras e, durante o processo, descobriu o nenúfar gigante). A maior parte desses homens ele conhecia pessoalmente ou por meio de um contato. Schomburgk nos mostra o tipo de homem que Darwin preferia. Sua obra sobre a vida selvagem, os recifes e a geologia da Guiana é citada nos livros de Darwin. O próprio Schomburgk reconhece a ajuda de Darwin sobre as ilhas de corais em sua *History of Barbados* [História de Barbados] (1848) — a primeira história escrita após a emancipação, que exaltava "uma população de ex-escravos transformada em camponeses felizes". Richard, irmão de Schombergk, colaborara com Darwin no comitê da BAAS redigindo as perguntas etnográficas em 1839. O próprio Sir Robert contribuíra para a literatura sobre as raças humanas. Dera informações a Darwin sobre os "selvagens" e seus cães (e, sim, os índios aruaques *cruzavam* seus cães domésticos com espécies selvagens para aperfeiçoar sua capacidade de caçar).[53] E Schombergk era famoso o bastante para ser convidado para ir a Down.

Equipes de consulados interromperam programações intensas para caçar pombos locais. Documentos parlamentares mostram que Edmund Gabriel, árbitro de Sua Majestade na Comissão Mista Grã-Bretanha-Portugal do Tribunal de Luanda, Angola, estava atuando no julgamento de propriedades confiscadas em função da repressão ao tráfico de escravos e, ao mesmo tempo, "fazendo uma extensa coleção de aves etc. para você",[54] disseram a Darwin.

A coleção das mais diversas espécies e variedades de pombos de Darwin estendeu-se aos quatro pontos cardeais, tudo para mostrar que — como as pessoas que os criavam — os pombos descendiam de um único tronco. O braço longo da Inglaterra também se tornara o braço de Darwin. Sua posição social e suas pesquisas permitiam-lhe apelar para diplomatas e *émigrés* dos lugares mais distantes para onde a rainha Vitória os enviara, até mesmo com um pedido que a maioria acharia ridículo — penas e plumas. Aquilo podia "parecer bobagem à primeira vista", disse ele ao ministro do tribunal da Pérsia, "mas acredito que o senhor vai achar o objetivo final digno de sua atenção". Ridículos ou não, ele conseguiu suas peles e ossos porque esses homens achavam realmente a tarefa digna de sua atenção. Como explicava em suas cartas, ele estava trabalhando com "a variação & a origem das espécies" ou "a origem das variedades & espécies"; e, dado o bafafá contemporâneo em torno das zonas da vida e do local aborígene da criação de cada espécie, um termo genérico como "origem das espécies" poderia facilmente ser interpretado como o *lugar* de cada origem (principalmente quando ele escrevia para esses homens que ocupavam cargos em países distantes). Ele não estava deixando escapar nenhum segredo — certamente não estava declarando ser um evolucionista.[55] Estudar a "origem" das espécies em 1855 era permissível se implicasse o local e a época da criação. Agassiz transformara esse estudo em moda. Os diplomatas imperiais deixavam-se arrastar alegremente para essa empreitada contemporânea.

"Achei que faria meu trabalho melhor se estudasse meticulosamente alguns pequenos grupos de variedades", acrescentou Darwin ao ministro persa, "& me dediquei em particular ao pombo, às galinhas, aos patos & aos coelhos domésticos". Mas eram os pombos que realmente o interessavam. Vasculhou o globo em busca de espécies inexistentes na Europa, mas que floresciam em colônias remotas como o Cabo, ou de variedades criadas exclusivamente no Ceilão ou na Índia. E continuou:

> Os pombos, se é que descendem realmente de um único tronco selvagem, como acredito, depois de muita reflexão, ser o caso, variaram da maneira mais espetacular em quase toda a sua organização. — A Pérsia tem fama de ser o local de nascimento de várias raças, como os pombos-correio, os pombos-de-cambalhota, os pombos-papo-de-

vento, os nanicos de Bussorah &tc. & a comparação entre um pombo-correio persa e um inglês, por exemplo, seria de extremo interesse para mim.

Com essa finalidade, ele pediu todas as espécies que existiam há muito tempo, ou exemplares escolhidos a dedo. "A *totalidade* dos ossos das pernas & asas, & tanto quanto possível do crânio deve ser deixada na pele. — Cada espécime deve ser etiquetado com o nome nativo, *habitat*, & toda e qualquer informação que for possível obter sobre seus hábitos."[56] Não era frequente os cônsules de Sua Majestade receberem esse tipo de pedido.

Apesar disso, enviaram a Darwin engradados de carcaças para sua "câmara de horrores". No ar mais salubre da horta, ele agora tinha dois pombais cheios de espécimes vivos. Contou-os em junho de 1856 e ficou espantadíssimo com seu número: 89, com mais chegando todo mês. Entre eles havia todo tipo de raridade — era uma *menagerie* racial em miniatura que tinha seu paralelo naquele arco-íris de seres humanos que conhecera durante sua viagem.

Ao contrário dos homens, era possível fazer experimentos com os pombos para provar sua hipótese. Assim que os pássaros se reproduziam, ele os levava para a panela e media seus ossos alvos. Queria saber se os filhotes pareciam menos extravagantes e mais parecidos com o pombo ancestral. (Ele odiava essa parte horrível da pesquisa. Suas filhas também adoravam os pássaros, beldades seráficas cobertas de plumas como ditava a última moda. Mas lá estava a panela esperando por eles, e alguém com dor de consciência: "Realizei o ato maligno", confessaria ele, "& assassinei um filhote angelical de pombo-de-leque com pombo-de-papo-de-vento que tinha dez dias de vida.") E ainda havia a comparação entre potros de cavalos de tração e de cavalos de corrida, além de barris de "filhotes de buldogues & galgos conservados em salmoura", que o levou a admitir que "estou perdendo o pé".[57] Cadáveres imersos em infusões de bruxas, e caixas amassadas chegando pelo correio com intestinos de patos saindo lá de dentro: a casa estava se tornando um cemitério.

Na verdade, tratava-se de um grande programa de pesquisa realizado por um só homem. E tinha múltiplas funções. Por isso os filhotinhos eram mortos: para ele descobrir com que idade apareciam certas características que podiam ser selecionadas. Mas o que ele queria provar era que os pombos domésticos do mundo inteiro descendiam do humilde pombo-dos-rochedos (uma espécie conhecida da maioria dos habitantes do mundo setentrional — sua ocorrência vai da Grã-Bretanha ao Japão). Essa era a questão controvertida que estava lá no fundo da florescente literatura sobre raças humanas. Muitos antropólogos novos negavam essa ideia. Poucos criadores de pombos acreditavam realmente nela (a maioria supunha que cada uma das 11 "raças" principais, segundo a classificação de Darwin, surgira como uma criação distinta), e os criadores aristocratas também não gostavam daquele "miserável excomungado", o reverendo Edmund Dixon. O argumento em favor da unidade de origem, dizia Darwin, "não tem a menor influência sobre algumas pessoas, como o Sr. Dixon, célebre por causa do Poultry, que defendeu valentemente a ideia de que toda variedade é uma criação aborígene". É por isso, disse Darwin ao primo Fox, "que estou ansioso por obter o maior número possível de fatos exatos sobre cruzamentos, tanto [para provar a unidade] quanto para a comparação genérica entre mestiços & híbridos". Os pombos mostravam o problema da evolução no microcosmo. Darwin fixou-se neles exatamente porque as provas de sua descendência de um único tronco eram "muito mais claras do que no caso de qualquer outro animal domesticado".[58]

Ele provou isso fazendo primeiro o que nenhum criador de animais domésticos que se prezasse faria. Ele cruzou seus pombos de pedigree. Queria poder dizer, a partir de extensos conhecimentos em primeira mão, que a prole era "perfeitamente fértil", o que tornava a crença em sua separação "aborígene" "extremamente improvável". Chegou a ponto de reunir numa só ave nada menos que cinco raças de pombos. E ainda havia uma "fertilidade inalterada", embora todo mundo soubesse que "cruzamentos complexos entre várias espécies são assombrosamente estéreis".

Portanto, estas *não* eram espécies. Claro, o cruzamento de aves que ganhavam campeonatos não ajudava em termos de aceitação entre os criadores, entre os quais a pureza era valorizada por causa das exposições. Ele sabia disso:

> Sentei-me uma noite num bar onde se vendia gim no Burgo, entre vários criadores de pombos — quando alguém insinuou que o Sr. Bult tinha cruzado seus pombos-papo-de-vento com nanicos gigantes para obter um tamanho maior; & se você tivesse visto todos aqueles criadores sacudindo solene, misteriosa & assustadoramente a cabeça num gesto de aprovação a esse procedimento escandaloso, teria reconhecido o quão pouco o cruzamento teve a ver com a melhoria das espécies [pelos criadores]...[59]

Mas ele tinha uma segunda — e muito mais óbvia — maneira de provar que os pombos descendiam de um único tronco. Foi inspirada, talvez, por outro colecionador que Darwin importunava com seus pedidos de peles de pombos. Ele era "um sujeito muito inteligente, estranho, excêntrico" de Calcutá, Edward Blyth. Os dois se conheceram na Inglaterra e, como o próprio Darwin admitia: "Gostei de tudo o que vi nele." Essa primeira impressão foi confirmada pelas pilhas de cartas que ele recebeu entre 1855 e 1858, cheias de detalhes sobre espécies orientais e variedades selvagens. Nenhum naturalista conhecia melhor os pombos e as galinhas da Índia. Talvez Blyth tenha ficado mais atraente ainda porque Dixon o denunciara por declarar que todas as espécies de galinhas "derivavam de uma única ave selvagem". (Blyth concordava com Darwin sobre esse ponto.) Por isso é que as cartas de Darwin provavelmente foram um pouco mais explícitas do que seriam em outras circunstâncias. Nenhuma das cartas enviadas por Darwin foi encontrada (podem estar em Calcutá até hoje), mas podemos imaginar seu ponto de referência a partir da resposta de Blyth datada de 21 de abril de 1855. Blyth respondeu o seguinte: "O tópico das raças de animais domésticos nunca foi realmente considerado à luz da *Ethnology*, e não é improvável que [esta obra] esclareça questões importantes."[60] Blyth, ele próprio "engaiolado" havia 14 anos como um de seus pombos na "imensa capital superpovoada" da Índia, teve muito prazer em saber que a analogia dos pombos domésticos com as relações raciais humanas "havia sido feita por alguém tão competente".

Blyth mencionou as aves domésticas representadas em túmulos "etruscos, gregos & romanos". Todas pareciam ser *"do mesmo tipo"* e eram muito semelhantes à ave selvagem, o *"pássaro persa"*, como o chamava Aristófanes, que sugeria seu ponto de partida. Não havia nada sobre variedades no Velho Testamento, nem em Homero, de modo que o "pássaro persa" deve ter se transformado em muitas variedades durante a Idade Média. A história *real* dos pombos criados e cruzados por seres humanos do mundo inteiro, como Darwin percebeu com tanta clareza, poderia ser reconstruída diretamente a partir dos manuais de criadores que remontavam há séculos. Acabou sendo uma manobra tipicamente darwinista, tão óbvia em retrospectiva. Ele leu de ponta a ponta muitos livros empoeirados sobre criação de pombos. Os textos mofados eram notoriamente desiguais, e ele não conseguiu descobrir muita coisa sobre o período anterior a 1600, época em que a maioria das espécies já existia. Mas, depois dessa data, ele conseguiu "rastrear as mudanças graduais das espécies", suas modificações e extinções.[61] Mostraria — ao contrário das afirmações de Nott e Gliddon baseadas nas inscrições de tumbas desses dois autores — que tinham havido, *sim*, mudanças históricas. Depois de 1600, toda variedade continuara evoluindo de acordo com os gostos humanos. Os pombos-papo-de-vento ficaram com as pernas mais fortes, e os pombos-gravatinha adquiriram mais penas na cabeça. O bico dos pombos-correio ingleses (que vieram da Pérsia) ficou maior. Os pombos-de-cambalhota de rosto pequeno — que surgiram no começo do século XVIII — ficaram com o bico mais curto ainda. Agora Darwin tinha uma prova direta de que os pombos haviam mudado.

Como eles foram alterados foi algo que ele descobriu nos manuais de criadores. Com o olho treinado e a mão experiente, eles selecionavam a partir de variações diminutas no bico ou nas penas. Para ter uma ideia melhor desse ofício esotérico, Darwin entrou para clubes de criadores de pombos, da ralé e da aristocracia. Da aristocracia significava um clube exclusivamente masculino do West End, exatamente de acordo com seu gosto social. Quanto à ralé: "Estou unha & carne com todos os tipos de criadores, de habitantes do campo de Spital que fazem cruzamentos & toda sorte de espécimes esquisitos da espécie humana que criam pombos." Aqueles "homenzinhos" que fumavam cachimbos de barro — e que insistiam que fumasse com eles — ensinaram-lhe sua arte.

Também lhe disseram o quanto era difícil cruzar variedades e estabelecer uma semiespécie permanente: esses cruzamentos acabavam revertendo a um ou outro tipo dos pais. Embora a fertilidade dos cruzamentos provasse a unidade, a impossibilidade quase total de obter espécies *intermediárias* na base do meio a meio mostrava o erro daqueles que afirmavam que todas as espécies de cães domésticos, ou de galinhas, ou de pombos, poderiam ter resultado do "cruzamento de algumas espécies aborígenes". E também puxava o tapete dos antropólogos que viam o *continuum* racial humano criado da mesma forma pelo cruzamento de alguns aborígenes humanos.[62] As mudanças permanentes não eram consequência do cruzamento de variedades, mas sim da seleção constante de indivíduos ao longo de incontáveis gerações, tanto na natureza quanto no quintal.

No entanto, mais tarde, ele aceitaria que os intermediários podem se estabilizar depois de muitas gerações, no mínimo seis no caso dos pombos, mais de oito no caso dos cães, mas era um processo que exigia uma perseverança enorme por parte do criador. Não que isso o tenha feito parar de provocar os criadores de cães. Tinha o maior prazer em dizer aos "puristas" que alguns cães de "pedigree" eram eles próprios, se é que lhe permitiriam dizer, "mestiços". O cão veadeiro escocês era um exemplo; mas, como disse rindo a Fox: "Não diga isso a nenhum escocês, senão vou ser assassinado." Ele achava que o cão veadeiro irlandês era uma mistura do "escocês com um mastim". Para testar essa hipótese, descobriu homens que haviam recruzado o cão veadeiro com um outro cão veadeiro escocês com pedigree para ele perder todos os resquícios do mastim, e teve tanto êxito que um especialista estava disposto a investir uma grande soma na compra de um filhote que participaria de campeonatos.

Havia um motivo para tudo isso. Darwin provara que não se podia confiar nas declarações de pureza dos criadores por causa de sua visão limitada a uma única geração e de seus interesses velados. E foi "um caso muito importante para mim" porque, embora os pluralistas afirmassem que toda raça doméstica era uma criação distinta, agora ninguém poderia "achar que o verdadeiro cão veadeiro escocês era uma raça aborígene pura & distinta".[63] Fora criado com um pouquinho de mistura, muita seleção e depois muitos cruzamentos. Os cães também eram um microcosmo da natureza, onde a fixidez e a pureza eram quimeras criadoras. Nem o "cão veadeiro", nem o "anglo-saxão" era algo mais que um tipo com um pouco de cruzamento e muita seleção. Simplesmente aconteceu de estarem separados de seus primos no momento por barreiras geográficas temporárias; ou, no caso do cão veadeiro, por barreiras humanas.

Darwin acreditava havia muito tempo que se o cruzamento fosse interrompido numa espécie selvagem ou domesticada, a pressão da seleção constante acabaria permitindo que a raça se reproduzisse genuinamente.[64] E achava que, nos seres humanos, esse processo era interrompido em grande parte por razões estéticas (os brancos preferem um par com características de brancos; e os negros, de negros). Apesar disso, suas pesquisas com cães em meados da década de 1850 sugeriam que toda população humana poderia muito bem ter conhecido e absorvido membros de outras em sua longa trajetória evolutiva — como lhe permitiam dizer suas ideias unitaristas e dispersionistas — algo que nunca saberíamos.

A árvore genealógica dos pombos tornou-se um paradigma darwinista e uma metáfora perfeita para a árvore genealógica humana. Darwin começaria colocando os pombos em seus galhos genealógicos. Quando chegou a hora, ele introduziu esse esquema em *A origem das espécies*. Fisgou o público com um tópico da moda com moral da história. Depois de definir seu alvo, ele declarou:

> A doutrina da origem de nossas diversas raças domésticas a partir de vários troncos aborígenes foi levada a um absurdo extremo por alguns autores...[65]

E deixaria os pombos liderarem o contra-ataque. O contexto social da ofensiva de Darwin escapuliu e depois desapareceu, mas recuperá-lo dá sentido ao projeto do mundo moral de Darwin. Solapou cientificamente o desejo etnográfico de segregação e lares aborígenes, tão reconfortante para os "sulistas donos de escravos". Darwin, que sabia atacar pontos vulneráveis, estava querendo vencer seus adversários. Seu estudo pode ter adquirido vida própria, mas ao rastrear todas as variedades até um único pombo, ele faria basicamente pelos pombos o que Prichard tentara fazer pela humanidade — unir as raças.

Algumas pessoas precisavam saber. Darwin convidou Lyell para ir a Down em abril de 1856, oferecendo-se para "mostrar-lhe meus pombos! Que é o maior presente, em minha opinião, que pode ser dado a [um] ser humano". Cientes das simpatias de Lyell, imaginamos um motivo oculto. Naquele fim de semana, Darwin revelou sua teoria de seleção natural e confessou sua heresia sobre a evolução humana. Tendo considerado o homem culto e refinado como o "produto mais nobre do tempo", Lyell agora estava diante de um pedigree conspurcado pela perspectiva de sangue negro ancestral e de um parentesco mais revoltante ainda com os macacos. Suas anotações pessoais comprovam a agonia pela qual passou ao tentar engolir seu orgulho racial. Ainda se agarrava à contraevidência. Se os cães domésticos são resultado de mais de uma espécie selvagem, não poderíamos supor que "muitas raças como o homem são equivalentes a espécies"? Era uma boa pergunta. "Você se lembra", perguntou a Darwin, "de uma passagem de Agassiz sobre os negros serem negros onde o chimpanzé é negro & amarelo no Bornéu? Onde o orangotango é amarelo?" Mas Darwin ateve-se aos seus pombos e à unidade. Entre todas as teorias, a de Agassiz, "de que há várias espécies de homens", não "nos ajuda nem um pouco". Mesmo que os cães domésticos sejam resultado de múltiplas espécies (o que Darwin admitiu), era possível rastrear a origem comum de suas variedades de pombos. Lyell saiu zonzo de sua visita aos pombais: se os pombos criados por Darwin fossem selvagens, um ornitólogo teria reconhecido "três bons gêneros e cerca de 15 boas espécies".[66] Tamanha dispersão numa espécie fazia pender a balança em favor de uma origem humana comum. Se a estratégia convencesse Lyell, Darwin sabia que daria certo em *A origem das espécies*.

A linha direta de Darwin com os criadores de animais era usada com tanta frequência quanto sua linha direta com os diplomatas que lidavam com os aspectos cotidianos da emancipação. Outro que visitou os pombais foi o governador Robert Mackintosh, recém-aposentado de seu cargo nas ilhas Leeward e "parecendo um homem que acabara de sair de um hospício".[67]

Os simpatizantes entendiam por quê. O governador era um parente por afinidade (na verdade, irmão de Fanny Wedgwood, cunhada de Emma). Filho único de Sir James Mackintosh, casara-se com uma moça de Boston, da família dos barões do algodão, os Appleton — outro daqueles clãs, como muitos membros da alta sociedade unitarista, com o pai defendendo os "senhores dos teares" e os filhos condenando os "senhores do chicote". Molly, a esposa mal-educada de Robert, despertara em Fanny Allen, a tia de Emma, tanto "horror de toda a raça [americana]" que ela não queria contato com ninguém que viesse de um lugar "mais próximo que a nova terra descoberta". Mas Molly e Robert haviam sido contemplados com dinheiro e com os valores Darwin-Wedgwood — e tinham sido absorvidos pelo círculo da família antes mesmo de Robert se aposentar do cargo de governador das ilhas Leeward, nas Índias Ocidentais. Mais tarde ele foi nomeado vice-rei na capital de Antigua.[68]

As notícias de uma colônia açucareira atrasada tinham um interesse enorme para os parentes. O governador considerava os grandes fazendeiros absenteístas "o grande mal" de Antigua. Eles administravam seus negócios por intermédio de agentes locais em meio a redemoinhos subterrâneos de tensão racial. Muitos negros livres optaram por cultivar suas próprias terras. Com uma taxa elevada de mortalidade infantil e o açúcar americano barato produzido pelos escravos diminuindo os salários, houve uma escassez crônica de mão de obra nas *plantations*. Vindos da África, os braços que trabalhavam nos canaviais tinham de ser designados ilha por ilha, e era preciso tratar os doentes para não haver epidemias.[69] Os problemas eram intermináveis. E sempre havia o tráfico humano — o sujeito sequestrado enquanto pescava, vendido como escravo e mandado para Havana, cuja família implorava sua libertação; "a pobre mulher de cor" raptada enquanto tomava banho, escravizada e violentada em Porto Rico, com três filhos e dois netos. Todos os problemas exigiam a atenção do governador. Não era de admirar que ele parecesse um lunático. Depois de visitar Erasmus em Londres, Robert, Molly e as crianças passaram dez dias em Down House.[70] Ali viram a exótica *menagerie* racial de Darwin, onde ele criava e reproduzia seus animais, tudo para provar que os parentes por baixo da pele branca e negra eram irmãos.

Agora os hábitos do governador e os costumes de Darwin estavam sendo abertamente ridicularizados. Thomas Carlyle riu "a bandeiras despregadas" dos modos ianques de Molly, mas esperavam dele uma impertinência ruidosa. Admiradores antigos ficaram irritados com o barulho antes mesmo de seu *Occasional Discourse on the Nigger Question* [Discurso ocasional sobre a questão dos negros] ser publicado. Essa jeremiada em altos brados sobre a emancipação das Índias Ocidentais satirizava o tipo de sociedade que Mackintosh governava. A escravidão fora benéfica para o "subjugado", mantendo-o no trabalho; pequenas propriedades eram ruins para negros preguiçosos. O trabalho imigrante faria com que a África ficasse mais indolente, mais miserável, criando uma "Irlanda negra" no Caribe, a menos que os brancos recuperassem a mão que brandia o chicote.[71] A peçonha de Carlyle aumentou sua alienação dos humanistas mesmo que o conflito nos Estados Unidos estivesse reavivando seu "sentimentalismo cor-de-rosa".

Os Darwin-Wedgwood, ao contrário, estavam mais empenhados que nunca em acabar com a escravidão americana. Certamente a paixão de Fanny Wedgwood por causas radicais aprofundara-se com o passar dos anos, o que era inusitado numa mulher de sua posição social. Por baixo "daquela serenidade refrescante", ela tinha "uma lava de fogo vivo" prestes a entrar em erupção em favor do republicanismo italiano, da educação superior para as mulheres, do antivivisseccionismo, do sufrágio feminino e de sua primeira grande causa, a emancipação dos negros. A amizade de toda uma vida com Marianne Thornton, de Clapham, que se lembrava das reuniões dos Santos na biblioteca do pai, ajudou a manter vivo o espírito evangélico mesmo que os velhos abolicionistas estivessem morrendo. Sarah Wedgwood, a tia rica de Emma que deixara Maer para morar perto de Emma e Charles, era agora uma solteirona encarquilhada que vivia em meio à austeridade. Ainda se dedicava às suas obras de caridade e ainda mandava £40 ou £50 para a Sociedade Antiescravagista todo ano — e mais para as missões evangélicas.[72] Até sua morte em 1856, as festas da família em Down House traziam lembranças do enclave antiescravagista de Maer.

As cartas de Blyth continuavam, tão excêntricas quanto seu autor — resmas de fatos e fluxos de consciência doméstica: sobre o cruzamento de espécies de cães e variedades sobrepostas, sobre a derivação dos cães domésticos de múltiplas espécies de lobos, sobre suas galinhas indianas híbridas que raramente chocavam, sobre a saliência abaixo do pescoço dos touros, o lugar zoológico da monogamia humana, sobre as diferentes espécies de orangotango e o que elas diziam a respeito da "unidade ou distinção de certas raças humanas", a respeito *do homem* (considerado em termos zoológicos)" ser "um tipo de macaco do Velho Mundo", em contraposição ao tipo de macaco do Novo Mundo, que Darwin sabia que refutava a ideia de Agassiz de uma "raça ou espécie americana aborígene de *Homo*". O homem de Agassiz, criado na América, podia ser uma impossibilidade, mas até Blyth tendia a acreditar em mais de um berço humano no Velho Mundo: tanto na África quanto no sudeste da Ásia, ele imaginava "homens & mulheres nus & incultos" surgindo numa época "muito mais antiga do que em geral se supõe".[73] Foi outro golpe para Darwin, mas ele ainda acreditava firmemente nas cartas factuais enviadas por Blyth. Calcutá, onde Blyth era curador do museu superlotado da Sociedade Asiática, ficava na encruzilhada da Ásia para os britânicos, e ele estava num local privilegiado para colher informações. Darwin sublinhava suas cartas e fazia anotações, e esses detalhes sobre a fauna do subcontinente viriam à tona em seus livros. Talvez ele tenha até comprado alguns de seus pombos de Blyth, que estava envolvido com um comércio intensivo de espécies exóticas para suplementar sua renda.

O próprio Blyth distinguia *"raças"* naturais de *"variedades* (produzidas artificial & intencionalmente)", "por que eu não sei", disse Darwin.⁷⁴ Era porque Blyth via duas operações fundamentalmente distintas em andamento, uma natural, formando as raças selvagens, e a outra um processo artificial e deformante de domesticação — e estava diferenciando os resultados. Darwin afastara-se dos outros naturalistas sobre essa questão. Considerava análogas a seleção natural e a artificial. Ambas envolviam acrescentar e retirar características, e ele não via motivo algum para separar seus produtos.

Além das variedades normais, como o gado bovino e ovino da Europa, que se alteraram lentamente e lembravam seus ancestrais selvagens — e as raças humanas comuns entravam nessa categoria —, Blyth também tinha fascínio pelas "monstruosidades". Entre os exemplos havia o "carneiro-lontra" de Massachusetts, preservado e reproduzido porque os rebanhos não conseguiam pular as cercas; ou "patos-pinguins", que andavam eretos como os pinguins. Eram "brincadeiras", deformidades saídas diretamente do útero e que se tornavam congênitas, como reconhecia Blyth, por meio do cruzamento seletivo. Havia exemplos humanos também, entre os quais a "família porco-espinho" — uma família famosa, exibida nos palcos, com os flancos e o abdômen com a pele coberta de cerdas como a do ouriço-cacheiro tosquiado — ou pessoas que nasceram com seis dedos nas mãos ou nos pés. Blyth se perguntava até se a seleção dos *"espécimes mais primorosos"* dos "bosquímanos" ou albinos não constituiriam raças humanas novas e estranhas. Ele não demorou a deixar sua fonte clara: "Já viu o curioso volume de Knox sobre as raças humanas?", perguntou a Darwin. Darwin andara envolvido demais com as cracas para lê-lo. Por isso, em sua lista de "Livros a serem lidos" havia o seguinte: "Raças humanas de Knox — Livro curioso. (Blyth). Na Bibl. de Londres — (lido)."⁷⁵

Como Darwin, Blyth era fascinado por trechos esquisitos de obras literárias. Declarou que a "curiosa" crença de Paul Strzelecki, que explorou o interior da Austrália, de que depois de ter um filho com um colono branco uma mulher aborígene não poderia conceber outro com um homem de sua própria raça havia sido "satisfatoriamente" refutada. Darwin anotou essa referência também. E as menções repetidas que Blyth fazia de Prichard, principalmente de sua opinião de que os cães domésticos ficavam mais inteligentes com a domesticação (como a civilização fazia com os seres humanos), levou Darwin a se fazer outro lembrete: "Prichard (tenho de ler!)",[76] o que significava reler e familiarizar-se novamente com o texto. Darwin tinha a edição anterior de Prichard, mas agora preferiu a condensação popular intitulada *The Natural History of Man* [A história natural do homem].[77] Por conseguinte, o início de 1856 foi testemunha do aumento do interesse de Darwin pelas questões raciais.

O que reforçou esse interesse e lançou Darwin com toda a força no âmago da literatura sobre raça e escravidão foi o lance seguinte de Lyell. Sir Charles, aquele conduto que levava a Charleston, passou dois dos panfletos de Bachman a Darwin.[78] Quais não se sabe, mas como entre setembro de 1854 e julho de 1855 Bachman publicara um comentário imenso — em quatro partes — na *Charleston Medical Journal* sobre o livro de Nott e Gliddon, *Types of Mankind* [Tipos de homens] (1854), um texto que exigia providências imediatas, e conseguira que a gráfica imprimisse três partes como panfletos, dois dos quais foram rodados às expensas de Agassiz, sabemos o que Darwin estava lendo. Bachman mandara seus volantes anti-*Types* para Lyell, que os passara adiante.

Types of Mankind foi o auge da literatura sobre espécies separadas provenientes de lares separados. Com seus mapas coloridos, mapas dobrados e 362 xilogravuras mostrando grupos de espécies humanas e animais, todos primordialmente distintos, o que poderia ser mais impressionante do que aquelas setecentas páginas impressas com letras miúdas? Além de fisicamente enorme, o livro era extremamente caro, cerca de US$ 150 em moeda de hoje e, mesmo assim, vendeu enormidades. Começou com mais de setecentos contribuintes que o compraram antes de ficar pronto e fez um sucesso estrondoso com sete edições antes mesmo de Darwin sequer passar os olhos pelos panfletos de Bachman. Agassiz não se propusera escrever um livro de sua autoria, como Nott esperava, de modo que Nott e Gliddon redigiram *Types of Mankind* em homenagem ao falecido Morton, com um prefácio de Agassiz à guisa de imprimatur. O professor de Harvard não era alguém de fora envolvido inadvertidamente, nem um inocente enganado; era unha e carne com os seguidores de Mobile e Morton. Pelo "caráter pessoal" de Nott ele tinha "a maior consideração".[79] Nott era um cavalheiro sulista muito íntegro. Até Gliddon, um egiptólogo vulgar, foi declarado por Agassiz um companheiro melhor que os fanáticos "unitaristas" com sua mentalidade tacanha.

Havia insultos de sobra para irritar Bachman, e todos os demais. Dizer que os hotentotes se pareciam com os orangotangos era anátema na Europa, sendo esses "exageros vergonhosos" "apresentados no interesse do dono de escravos e do negreiro e aceitos somente nos Estados Unidos". Os impropérios de Gliddon eram piores ainda, principalmente quando acabou dizendo que a Bíblia era um "fetiche". Não havia necessidade de novas versões, profetizou Gliddon, porque os instruídos estavam construindo "novas religiões por conta própria". Não há sombra de dúvida de que essas declarações deixaram um ministro como Bachman tremendo de raiva; mas, ali, ele era um dos "ignorantes bíblicos" de Gliddon. *Types of Mankind* foi uma blasfêmia chocante para Bachman: ciência irresponsável que não se sujeita a um livro superior. Duas vezes ele se voltou para a declaração de que "um homem fóssil [havia sido] desenterrado no delta do Mississippi, 'com 57 mil anos de idade'". Essa afronta, além da previsão de Morton de "que 'vão descobrir o homem em estado fóssil, e que ele andou sobre a terra ao lado do *Megalonyx* [a preguiça terrestre gigante] e do *Palaeotherium* [ancestral do cavalo do tamanho de um cachorro]'", fazia dos *Types* um absurdo.[80] Na opinião de Bachman, fósseis humanos eram uma impossibilidade. Sobre a questão da antiguidade do ser humano, o ministro estava por fora.

O primeiro panfleto de Bachman atacava a visão de Agassiz segundo a qual o chimpanzé e o gorila não diferiam mais que "o mandinga [do oeste da África] e o negro da Guiné". Mas desperdiçou munição criticando o uso que Agassiz fazia do gorila recém-descoberto, pois ninguém tinha certeza do quanto ele era diferente (em sua estreia na década de 1840, foi batizado de *Troglodytes gorilla*, o que fazia dele um chimpanzé grande).

Seria melhor, disse Bachman, comparar "homens domesticados" com pombos domesticados, a analogia perfeita para as "variedades da raça humana". Mas ele não conseguiu ir até o fim, e dá para ver por que Darwin ficou decepcionado. Bachman desviava-se constantemente do assunto em pauta: aqui falava de uma música de pássaro (catalisada pelo absurdo de Agassiz, segundo o qual as línguas não tinham uma origem comum, assim como os sons feitos por aves aparentadas entre si também não tinham uma origem comum), ali falava da zombaria de que os unitaristas eram transmutacionistas enrustidos. O segundo panfleto era uma digressão gigantesca sobre as "Tabelas" de Agassiz — as ilustrações horrorosas que mostravam tipos de seres humanos e de mamíferos nas oito "províncias naturais", feitas à mão livre por Gliddon. Os rostos dos seres humanos eram caricaturais: o desenho de um "Negro Crioulo" parecia tanto com "um orangotango" que traía claramente a intenção de Gliddon.[81] Bachman não foi capaz de se conter, deixando sua resposta parecer apressada e *ad hoc*. A confusão que ele fez ficou muito óbvia para Darwin.

Em sua condição de unitaristas, Bachman e Darwin eram homens do campo que haviam se encontrado uma vez e agora estavam separados por muito mais que o oceano Atlântico. Deviam falar a mesma língua, e é evidente por que Darwin se interessaria por esse ataque contra os pluralistas que defendiam a escravidão. Mas Bachman não estava usando seus porcos e pombos em proveito próprio. "Estou surpreso", acrescentou Darwin a Lyell, "pelo que me lembro de Bachman, de ele não ter feito coisa melhor."[82] Bachman estava limitado pela religião, cego de raiva e fazendo picadinho de sua causa. Darwin se desviaria de tudo isso.

Comprou seu exemplar de *Types of Mankind* e talvez tenha tido uma ponta de remorso por ridicularizar seu velho conhecido. Darwin ficou mergulhado no livro durante quatro dias, pouco antes do Natal de 1855. Indignado, encheu o ensaio de Agassiz sobre os homens aborígenes em suas províncias zoológicas de observações cortantes: "Que coisa falsa [...] que raciocínio forçado!"[83] E, quanto ao fato de Agassiz deduzir as raças humanas "primordiais" dos estudos sobre híbridos feitos por Morton, isso "incorre em petição de princípio". Agassiz termina anunciando que "não há absolutamente nenhuma evidência" das "orígens comuns" — a origem comum, dizia Agassiz, era "contrária a todos os resultados modernos da ciência" e levava a uma evolução condenável, ateia. Pode apostar que ele estava dizendo que a etnologia moderna era purificadora moralmente: mostrava que "as raças humanas, até se especializarem como nações, são formas primordiais distintas" criadas por Deus em seu local de origem. (Contra isso, Darwin rabiscou a refutação: "Olhe para a mesma raça nos Estados Unidos & na América do Sul" — querendo dizer com isso que, na verdade, duas das províncias de Agassiz tinham os mesmos povos florescentes.) Para Agassiz, o local de origem era "determinado pela vontade do Criador", não pela dispersão e adaptação de um tronco humano comum.

No pé da página, Darwin rabiscou: "oh proh pudor Agassiz!"[84] Ai, que vergonha, Agassiz!

A ideia de que os seres humanos eram muitas espécies diferentes estava ganhando terreno. Para Darwin, o cruzamento e a miscigenação provavam que os seres humanos são *raças*, mas nem mesmo considerá-las "espécies" era fatal do seu ponto de vista da "origem comum", porque mesmo assim todas elas evoluíram a partir do mesmo ancestral. Essa era a essência de outra nota de Darwin no fim de *Types of Mankind*: elas ainda "descendiam de um tronco comum", de modo que "daria na mesma".[85] Os laços de sangue continuavam existindo numa situação de origem-e-dispersão, fosse como fosse que os naturalistas e demagogos chamassem os tipos humanos locais.

Darwin estava tranquilo e confiante, mas essa refutação o estava levando a penetrar mais profundamente em território hostil. Foi obrigado a ler todas as citações de Nott e Gliddon, e sua lista de leitura inchou com livros pluralistas.[86]

O suntuoso dilúvio de fatos de Blyth era o pano de fundo que confirmava a questão "doméstica". A torrente de restos exóticos que chegava de Calcutá significava que Darwin estava ficando dependente. A descrição que Blyth fizera de arrulhos semelhantes em todos os pombos era outro insight a ser divulgado. Os pombos acabariam se tornando os astros dos estudos de Darwin. Em si, não representavam perigo; mas, para os entendidos, eram a prova necessária para decidir o longo debate da "unidade *versus* pluralidade". Eles eram o modelo da maneira pela qual as raças, por mais diferentes que pareçam, podem ser rastreadas até um tronco comum. Esse modelo era igualmente válido para pombos e pessoas. Como dissera o jovem Darwin, homem e animal faziam parte "da mesma rede".

Lyell, tendo finalmente tomado conhecimento da mecânica da seleção natural, começou a insistir com Darwin para pôr suas ideias no papel, com medo de que ele perdesse a chance de ser o primeiro a apresentá-las. "Publique um pequeno fragmento de seus dados [,] pombos, por favor, & divulgue a teoria & que ela tenha data — & seja citada — & compreendida", pediu Lyell depois de sua visita a Downe (agora o nome da aldeia era escrito com um "e").[87] Depois de quase vinte anos de preocupações e vacilos, era difícil para Darwin dar esse passo. Mas ele concordou. No dia 14 de maio de 1856, ele começou a redigir um esboço, que logo se transformou em opus, com o título pertinente de "Seleção natural".

10

A contaminação do sangue negro

Foi na primavera de 1856 que a hemorragia teve início nos Estados Unidos. Enquanto Darwin começava a pôr a sua teoria evolutiva no papel, o Kansas estava sendo dilacerado pela rivalidade entre legislaturas de terra livre e pró-escravidão, com parlamentares sulistas e o próprio presidente conspirando para manter esta última em vigor. A sangria começou em dias sucessivos de maio. Um velho conhecido seria o primeiro a sofrer.

Charles Sumner vivera em Londres no final da década de 1830, onde frequentara o clube de Darwin, o Athenaeum, e fizera muitos amigos no círculo de Darwin. Depois de receber os Lyell em Boston, Sumner tornara-se senador por Massachusetts e agora, no dia 19 de maio de 1856, atacou ferozmente seus colegas sulistas no Senado norte-americano por cumplicidade num "crime [eleitoral] contra o Kansas". Censurou um cavalheiro refinado por ter "uma amante... que, embora feia aos olhos dos outros, é sempre linda para ele; embora poluída aos olhos do mundo, é casta para ele — estou falando da prostituta chamada Escravidão". Essa violência verbal digna de um ultra-abolicionista tinha precedentes na Câmara. A punição violenta de Sumner não tinha. Sentado tranquilamente depois do discurso, enorme com seus 1,93m de altura, foi abordado por um senador que carregava uma bengala de borracha dura. O fazendeiro da Carolina do Sul golpeou-o nos ombros como se fosse um escravo, e o pesado punho de ouro da bengala abriu-lhe a cabeça em dois lugares. Cego com o próprio sangue, Sumner agitou os braços e berrou até cair inconsciente no chão do

Senado, a bengala tremendo em seus golpes finais. Sua degradação foi deliberada. Mostrava aos abolicionistas insolentes que eles não mereciam nada melhor do que os negros presunçosos, e o Sul aprovou-o ruidosamente. *The Times*, o jornal de Darwin, ficou boquiaberto.[1]

Logo depois, um representante da autoridade federal no Oeste, à frente de uma força civil determinada, composta por setecentos homens a favor da escravidão, invadiu o paraíso de terra livre de Lawrence, Kansas, saqueou a cidade, quebrou prensas e matou um abolicionista. Dias depois, John Brown, um abolicionista revolucionário e seus guerrilheiros do Kansas, vingaram-se: cinco fazendeiros pró-escravidão foram mortos a tiros, facadas e picaretadas. Agora *The Times* falava de "guerra civil". Em junho, o grito de guerra tornou-se político — 1856 era ano eleitoral — quando o Partido Republicano antiescravista, com Sumner como seu mártir, propôs o heroico explorador John C. Frémont como candidato à presidência em sua primeira convenção nacional. O relato das famosas expedições ocidentais de Frémont estava nas prateleiras de Darwin, que se baseou em sua descrição do búfalo migrante ao tratar dos "instintos" no manuscrito de sua "Seleção natural".[2] O *Times* ficou muito satisfeito com a candidatura de Frémont e, no início, fechou os olhos para o uso da força para resistir aos ataques pró-escravatura. Seu correspondente falou de "milhares de homens marchando numa coluna sólida através" de Nova York, "cantando a Marsellaise como palavra de ordem e engrossando [...] o coro da meia-noite, 'Terra livre, expressão livre, imprensa livre, homens livres, Frémont e vitória'". Em julho, tropas federais interditaram a legislatura livre do Kansas; em agosto, irrompeu uma guerra de fronteira que deixou centenas de mortos e arrasou propriedades no valor de milhões de dólares; em setembro, as tropas estavam ali de novo. Os estados nortistas pareciam fracos, reféns das exigências do Sul. Quando os democratas — um "partido que era uma extensão da escravatura" na visão do *The Times* — assumiram o poder em novembro, o governador da Carolina do Sul, sob pressão para garantir o trabalho negro nas *plantations* do Oeste, exigiu o impensável, a reabertura do tráfico de escravos africanos.[3]

Nesse momento, *Types of Mankind* estava florescendo, prestes a ter sua oitava edição. Podia ser um panfleto em defesa da supremacia branca, mas o livro — dado o imprimatur de Agassiz — tinha de ser enfrentado. A maior parte dos comentaristas, impressionados com a egiptologia da moda e com a etnologia recém-nascida, achavam que *Types* continha alguma verdade sobre as raças. No Sul, uma defesa bíblica da escravatura teve precedência, e os ataques de Gliddon ao Gênesis foram considerados supérfluos e levianos; mas alguns ainda pensavam que era possível um pequeno ajuste religioso. Uma revista pró-republicanos endossou uma visão mediadora: se a ciência de *Types* fosse aceita, os ensinamentos cristãos ainda poderiam ser salvos. Morton, Nott e Gliddon podiam ter dispensado Adão e Eva, mas não tocaram na verdade essencial ensinada por Agassiz, de que Deus criara as raças "de um único sangue [...] não genealogicamente, mas *espiritualmente*".[4] Até os abolicionistas, que em geral viam a escravidão mais como uma questão moral do que científica, podiam conviver com uma coisa dessas.

Nos últimos anos, Lyell voltara a Harvard duas vezes para visitar Agassiz. Conversaram sobre recifes de coral e sobre o plano criador de Deus, mas discordavam sobre a maneira pela qual o plano foi implementado. O "desenvolvimento progressivo" da vida era anátema para Lyell. Sabia que Darwin estava trabalhando com a seleção natural, mas Lyell não demonstrou muito entusiasmo em seu próprio dossiê sobre evolução quando ele se deu conta de suas implicações. Faltava ali aquela excitação do "vamos supor que seja verdade" que impregna os velhos cadernos de notas de Darwin. Ao abrir um segundo e um terceiro caderno, Lyell deparou-se com a visão fria de um rosto de macaco que emitia sons incoerentes. Onde Darwin via uma ancestralidade comum que rebaixava os poderosos e subvertia a escravidão, Lyell via degradação, uma perda de nobreza. Para Lyell, o progresso moral de Darwin seria a ruína da humanidade. Quando o edifício de sua grandiosa visão de mundo ameaçou desabar, ele temeu a queda. Encheu páginas e páginas com suas preocupações, perguntando-se: "E se for verdade?" Se a história da humanidade era a história da terra, e a alma, como é que ficava? Se um pirralho chorão podia se transformar num Shakespeare ou num Newton, por que um homem negro ou um chimpanzé desarticulado não poderia se transformar num homem branco? A nobreza estava no resultado, não na trajetória. Estava mesmo? E lá foi ele, dando voltas e voltas à cabeça, com Darwin nos seus calcanhares. Parecia não haver saída dos penosos "pensamentos noturnos" sobre probabilidade e desígnio, lei e providência, corpo e alma, morte e eternidade, homens e macacos. Mas Lyell fugia igualmente dos múltiplos centros de criação de Agassiz, embora concordasse que o evento máximo do tempo foi a aparição recente do homem. De que modo ele surgiu Lyell não sabia, mas não foi por milagre, *pace* Agassiz. "O mistério da gênese ainda é muito grande em todas as teorias sugeridas até agora",[5] declarou Lyell numa conferência em Boston, sabendo que Darwin estava trabalhando numa delas.

Lyell viera preparado para sua quarta visita. Na viagem de Liverpool, andara para lá e para cá no convés com o marido de Harriet Beecher Stowe, que estava voltando mais cedo que o previsto de sua turnê inglesa para a divulgação de *A cabana do Pai Tomás*. O íntegro Lyell ainda alimentava aristocráticas simpatias sulistas. "Espero que 'A cabana do Pai Tomás' faça mais bem que mal no todo [querendo dizer com isso que o livro poderia afrontar ainda mais um abolicionista violento]. É uma caricatura grosseira porque o grande número de senhores bondosos, e de famílias em que os mesmos negros ficam por gerações a fio, são cuidadosamente mantidos fora da vista." Mas reconheceu de fato, para alívio de Calvin Stowe, que "quase todas" as mazelas descritas pela esposa dele "acontecem de vez em quando entre a população". Assistir a *Uncle Tom* num palco de Boston com George Ticknor talvez lhe tenha abrandado o coração, e depois Harvard fez com que a coluna se endireitasse. Agassiz acabara de voltar de uma rodada de conferências no Sul; em Mobile, Nott o persuadira a escrever em favor de *Types of Mankind*, e os dois compararam notas sobre diferenças raciais.[6] O que quer que Lyell tenha ouvido de Agassiz sobre a conversa, só deve tê-lo feito se lembrar de seu próprio encontro com Nott.

Agassiz defendeu Nott, que desejava que "não houvesse negro[s]", pois não conseguia enxergar "a necessidade deles". No entanto, Agassiz dizia o tempo todo que a raça redundante de Nott tinha sido criada espiritualmente igual aos brancos. Essa contradição absurda mortificava Lyell cada vez mais: apesar de todas as suas simpatias sulistas, estava sendo levado para os braços de Darwin. Negros e brancos pertenciam a uma mesma família e, se tivessem a chance, os negros poderiam atingir o modelo caucasiano — essa crença fazia parte da tradição cristã tanto de Lyell quanto de Darwin. Mas a única defesa viável da unidade humana — a única alternativa às criações múltiplas de Agassiz — estava começando a se parecer com a "origem comum" evolutiva de Darwin. Tendo refutado antigas versões francesas de *transformisme* ao longo dos nove volumes de seus *Principles of Geology,* foi com temor que Lyell confessou seu desejo de ver a teoria de Darwin publicada.[7]

O espectro de Agassiz estava sempre rondando Lyell. Acreditando numa criação progressiva do simples para o complexo, "Agassiz & os mais ortodoxos", com suas "teorias dos seis dias", haviam pintado um retrato da história que podia ser apropriado pelo evolucionista com a maior facilidade. E, ao colocar "o homem no mesmo sistema", como seu produto final, ele também se tornara vulnerável, o resultado de um mecanismo que "desenvolvera o orangotango a partir de uma ostra". Foram aqueles que acreditavam no Gênesis, com sua escada de seis degraus até o homem, que "levaram a C. Darwin". Faça a escada mover-se, deixe as espécies se transformarem, que "todas as hipóteses em favor da Criação separada & independente [das espécies] podem se voltar para a defesa da teoria da transmutação",[8] até mesmo a história de Adão, queixou-se Lyell.

Ele tentou imaginar como Darwin via a origem do homem. Sua imaginação via as raças desfilando para trás no tempo, "como a última cena de Macbeth", o "tipo negro" recuando "indefinidamente no passado". E daí? Será que o primeiro homem surgiu da noite para o dia como Adão? Ou "devemos rastrear o homem [...] até vários troncos ou pontos de partida?" De acordo com a segunda hipótese, "onde o homem começaria & na forma de que raça, vermelha, branca ou negra? Selvagem ou civilizado, superior em estatura & forma ou inferior, ou de beleza mediana?" Se a teoria de Agassiz sobre as raças humanas aborígenes era difícil de aceitar, a ideia de Darwir de transformá-las todas numa só família também tinha lá os seus problemas. A divergência racial de um único tronco exigiria "um tempo tão vasto" que a história da civilização pareceria ter sido apenas um momento. E quanto ao tronco do qual as raças descenderam, era de "capacidade moderada ou média?" Ou pequena? Na verdade, será que Deus permitiu que os seres humanos existissem durante eras da maneira com que "os negros africanos & hotentotes existem agora?"[9]

Se a humanidade "nasceu de um único casal", escreveu Lyell, e se considerarmos a criação com os olhos de Darwin, então a diversidade obtida pelos seres humanos, a julgar pelo "bosquímano, negro[,] caucasiano", era tão grande quanto a de outras espécies. Os seres humanos diversificaram-se "como qualquer outro mamífero"; nesse sentido, "as raças de homens" eram "equivalentes às variedades de cães", de fato todos os seres vivos eram o prolongamento de uma raça. Toda a "variedade da Criação" era apenas "a formação de raças vistas erroneamente como espécies". E, saltando do passado para o futuro, quem poderia dizer que "o gênero homem" não produziria "com o tempo muitas espécies" de seres "superiores em termos de capacidade mental"?[10] Lyell estava empolgado e aterrorizado.

"Sobre a mutabilidade das espécies", Lyell estava "mudando de opinião num ritmo lento", na opinião de Darwin. Mas foi uma mudança difícil para Lyell, e ele aconselhou Darwin muitas e muitas vezes "a ser prudente em relação ao homem". O compromisso moral que Darwin assumira ao unir as raças por meio de uma origem comum foi uma responsabilidade que Lyell assumiu a duras penas. Para esse aristocrata, significava perda de uma posição privilegiada. Lyell procurou desesperadamente uma compensação. Refletindo sobre um pedigree manchado com inferiores de pele escura e animais sem alma, esperava a chegada de criaturas "superiores" redentoras numa "vida após a vida" evolutiva. Mas este era um conforto insignificante e, fosse como fosse, ele não compreendia como é que essas criaturas poderiam vir a existir. Embora Darwin só tivesse falado recentemente sobre a "seleção natural" com Lyell, enquanto lhe mostrava seus pombais em 1856 (ele foi só o segundo naturalista, depois de Hooker, a tomar conhecimento daquele segredo de vinte anos; para se ver o quanto Darwin era capaz de manter a boca fechada), ele ainda não a tinha aceitado completamente. Lyell continuava refletindo sobre suas anotações a respeito "da obra do tempo no sentido de possibilitar a qualquer raça produzir outras por meio de uma adaptação lenta & gradual".[11] Ainda estava pensando em termos antigos, ainda estava pensando em algum tipo de adaptação climática automática — em vez de pensar na seleção de Darwin. Era óbvio que Lyell tinha um longo caminho pela frente.

A ironia foi, claro está, ter sido o próprio Lyell quem aconselhou Darwin a se apressar em publicar "um pequeno esboço". Isso foi o pior. Darwin simplesmente não tinha condições de comprimir suas descobertas numa obra de pequeno porte. Optou por uma obra imensa, "quase tão completa quanto permitir o meu material", uma obra que resistiria às críticas e demoliria os centros primordiais de criação racial de Agassiz. Sabia que ela teria de dar um golpe mortal por meio de detalhes inquestionáveis.

A correspondência que chegava todos os dias mostrava a oposição que teria de enfrentar. Tome como exemplo uma carta de junho de 1856, enviada por Samuel Woodward, asmático, obsessivo e especialista em conchas. Havia sido membro da equipe, primeiro da Sociedade Geológica (como subcurador), depois do Museu Britânico e, até então, Darwin só tivera contatos administrativos com ele. Woodward era um leva e traz. Mandava amostras de rochas para a sala de visitas do Sr. Darwin ou enviava fósseis de cracas para Downe pelo correio. Não era muito inteligente, mas, segundo a orgulhosa moda clerical, escrupulosamente instruído e culto. Estes servos dedicados, com fatos na ponta dos dedos, procuravam Darwin aos magotes. Numa época em que a nobreza possuía estantes cheias de conchas, esse *Manual of the Mollusca*, obra à moda de Gradgrind em três partes, com suas preciosidades sobre fósseis e distribuição recente de conchas, aumentava sua importância. Na última parte recém-publicada, Darwin estudou meticulosamente esse "livro *capital* sobre conchas", fazendo anotações nele.[12] Depois entrou em contato com o autor, pondo Woodward à prova para saber se os seus moluscos tinham uma variação maior ou menor ao longo das eras geológicas. A correspondência entre os dois floresceu por um breve momento dos meados de 1856, quando Darwin estava ansioso por descobrir fatos a respeito da distribuição das conchas.

No *Manual*, Woodward declarara que as ilhas oceânicas eram resquícios de continentes antigos que submergiram havia muito tempo; e suas populações, relíquias de impérios afogados havia milênios. Darwin não acreditava nisso: sua teoria se baseava na premissa de que as ilhas eram terras vulcânicas que estavam se elevando (como as ilhas de Galápagos, cobertas de lava), prontas para a colonização. Na verdade, ele era "bem *fanático*" sobre essa questão, de modo que seu questionamento foi intenso. Woodward defendeu firmemente sua crença em Atlântidas desaparecidas. Levou o problema para o chefe, o defensor da geologia, George Waterhouse — o *único* homem que conhecia de longa data uma das ideias mais bem guardadas de Darwin. Waterhouse fizera uma monografia sobre os mamíferos do *Beagle* de Darwin (reconhecendo 19 ratos novos ao todo, o que ajudou a convencer Darwin de que os ratos, como seus pássaros-das-cem-línguas e tentilhões de Galápagos, eram representantes de cada ilha — um pré-requisito para desenvolver sua teoria de raças em evolução nas ilhas). Darwin confidenciara inusitadamente a Waterhouse que "a classificação consiste em agrupar os seres de acordo com suas *relações* reais, isto é, sua consanguinidade ou origem a partir de troncos comuns". Hoje essa frase parece inofensiva, mas naquela época era uma declaração excitante, ignorada como aberração (e provavelmente como ofensa) por Waterhouse. A primeira regra de Darwin era reunir grupos que tinham "herdado" suas características "de um tronco comum".[13] Darwin, cheio de segredos, deixara escapar vislumbres de sua teoria a muito poucos colegas. Um lapso como esse poderia lhe custar caro.

Woodward sabia que Darwin estava trabalhando com a variabilidade da vida e esperava "a publicação de suas pesquisas *específicas*!". Talvez isso quisesse dizer que ele sabia de mais coisas, pois para aquele homem carola, que acreditava que um naturalista deve ver o mundo com "um olho espiritual" para compreender o amor de Deus pelas "criaturas mais humildes", agora recomendava a Darwin que lesse uma obra religiosa sobre as criaturas marinhas de Deus, com a advertência para "a armadilha da fama" que poderia levá-lo a apropriar-se indevidamente de "teorias capciosas".[14] Woodward falou do apoio que recebera para sua teoria das ilhas, e que "o Dr. Pickering deve acreditar em algo parecido com essa noção — por causa de seu capítulo sobre o cenário Provável da Criação do Homem". Essa conversa sobre criação humana levou Woodward ao nó da questão. Em *Races of Man*, Pickering pusera os berços humanos nas selvas do orangotango e do chimpanzé (nas Índias Orientais e na África Ocidental). Para Woodward, isso era sugerir uma ancestralidade espúria: "Ele hesita entre a *área* dos orangotangos & aquela dos *chimpanzés* & parece inclinado a tornar negro o primeiro homem!"[15] África e/ou Ásia Oriental, não importava: ambas eram cheias de peles bem escuras. Woodward aceitava reinos separados de homens negros e brancos, uma visão muito parecida com a de Agassiz. Quer estivesse ou não tirando proveito da confissão de "consanguinidade" de Darwin, declarou francamente que:

> É uma sorte para aqueles de nós que respeitam os antepassados & repudiam até a contaminação do sangue negro — que Agassiz continue de pé para dar combate aos transmutacionistas.

Isso foi intolerável para Darwin, que respondeu, por sua vez, dizendo que não pediria "mais nenhum favor". E depois deu um vislumbre raro, mesmo que incompleto, sobre seu estado de espírito:

> Estou ficando tão ruim quanto os piores a respeito de espécies & não restou em mim nenhum vestígio da crença na permanência das espécies, & essa confissão vai fazer com que pense muito mal de mim; mas não posso evitá-la, essa se tornou minha convicção sincera...[16]

Darwin optou pelo "sangue negro" e pela fama, em lugar da criação e da escravatura. E reconhecer isso encerrou efetivamente a correspondência entre os dois durante uma década.

O braço longo de Agassiz incomodava Darwin. Com Woodward fazendo propaganda do nome de Agassiz em Londres, nenhum lugar era seguro

Darwin precisava de aliados na alta cúpula, principalmente nos Estados Unidos, no campo anti-Agassiz. O "Livrão" de Darwin sobre "variação & espécies" ficaria pronto em alguns anos — disse ele discretamente, testando o terreno.[17] E, desde que encerrara o estudo das cracas, ele vinha ganhando confiança de que chegaria a hora em que alguns homens dariam testemunho de sua integridade. Ninguém o estava ajudando mais que Blyth, cujas cartas imensas, conscientemente ou não, mostravam que as raças animais e humanas evoluíram juntas por meio do cruzamento seletivo. Darwin tinha toda a atenção de Hooker, e Lyell em estado de alerta.

Mas havia um outro mestre no qual Darwin estava de olho. Thomas Henry Huxley era, ele próprio, um homem com experiência marítima — sua viagem no *Rattlesnake* até a Grande Barreira de Recifes e a Nova Guiné fizera dele um especialista em águas-vivas e quase todos os outros invertebrados inferiores. Agora refestelado no cargo de professor da Escola de Minas de Piccadilly, era um alvo perfeito. Huxley tinha um talento temível e uma inteligência ferina, era um propagandista brilhante, pronto a enfiar o dedo em qualquer ferida. Mas Darwin se preocupava com suas opiniões, principalmente a negação de qualquer progresso nos documentos que eram os fósseis. Sobre a questão humana, Huxley também parecia suspeito.

Com apenas 30 anos de idade, Huxley era de uma geração mais nova, mais obstinada e mais à vontade com uma etnologia que caracterizava os negros como homens incivilizáveis. Em 1854 era um colunista do periódico *Westminster Review* que não assinava suas matérias, e ali disse que *Types of Mankind* era um livro "extraordinário" e declarou que Morton era de "primeira linha" e que sua morte fora "uma grande perda". Huxley gostou da análise dos dados, não se incomodou com os ataques violentos à Bíblia e opunha-se à escravidão não por qualquer simpatia pelos negros, mas sim porque ela desumanizava o senhor de escravos. Embora não estivesse inteiramente convencido, ainda considerava a resposta "diversionista" de Nott e Gliddon à questão das origens "de longe a síntese mais requintada e eficiente" já feita até o momento — e tão convincente quanto a defesa feita por seus adversários. O argumento baseado na egiptologia era "um bom argumento", pois ilustrava a permanência das variedades humanas — mais que a estabilidade humana, ele mostrava a estabilidade de "bassês, galgos e cães de caça" (que também aparecem nos murais dos túmulos) ao longo de mais de 4 mil anos, todos muito eloquentes contra o "unitarista" que acreditava numa origem comum.[18] A ideia de povos que ocuparam todo o globo antes da época a que se refere o Gênesis era atraente para alguém arrogante que jogara a Bíblia fora e agora vivia à custa dos fatos.

Types of Mankind era considerado pensamento avançado, racionalista. A declaração de independência da ciência estava conquistando adeptos jovens. Homens como Huxley, cuja estrela estava subindo, estavam numa encruzilhada nos anos 1850, que foram uma década otimista. Um número cada vez maior de colegas estava prestando atenção aos ensinamentos da ciência e em busca de uma literatura legitimadora, liberta de amarras religiosas.

Aos olhos de Huxley, nenhuma palavra de *Types of Mankind* legitimava a escravidão. A "referência incessante, mesmo que velada, à questão da escravatura" ao longo do livro era "de mau gosto e pior ainda em termos de lógica". A "instituição doméstica" dos Estados Unidos era uma abominação que nenhuma ciência jamais apoiaria. Com a Grã-Bretanha ainda nas garras da "mania do Pai Tomás", Huxley acusou esses apologistas da etnografia de Simon Legree, o assassino dono de escravos de *A cabana do Pai Tomás*. Quer o negro fosse "uma espécie distinta ou até um orangotango metamorfoseado", isso não justificaria o escravizamento. Mas Huxley não era nenhum filantropo e viveu numa nova era, cada vez mais hostil às aspirações negras. Não tinha nada da simpatia de Darwin pelo negro como "Homem e Irmão": aquilo era uma relíquia de uma geração do passado. "Não processamos o tropeiro, nem o cocheiro por acreditarmos que o pobre boi ou cavalo maltratado é nosso irmão", observou Huxley friamente. A sua era uma linha de argumentação muito diferente para conseguir que "os Legrees do Sul" parassem com "suas atrocidades". A escravidão era um mal não por causa do "suposto parentesco [do senhor de escravos] com sua vítima, que pode existir ou não, e que, em todo caso, nunca conseguiremos provar", mas sim porque essa brutalidade "degrada o homem que a pratica".[19]

É claro que Darwin estava se esforçando ao máximo para provar esse parentesco. Embora seu nome viesse a se tornar inextricavelmente ligado ao de Huxley nos cinco anos seguintes, ele tinha uma forma profundamente diferente de ver a ciência e a escravidão. Darwin preocupava-se com Huxley e convidou-o a visitar Downe no final de abril de 1856. Huxley passou o fim de semana sendo ritualmente crivado de perguntas sobre suas opiniões. Viu para que lado o vento estava soprando, e ele e Hooker (que também estava presente) estavam ficando "cada vez menos ortodoxos" sobre a estabilidade das espécies, provavelmente como reação às perguntas desestabilizadoras de Darwin.[20] Sua conversão seria consumada pelo passeio obrigatório pelos pombais.

Huxley talvez não conhecesse Darwin há tempo suficiente para ficar sabendo do segredo da seleção natural, mas tomou o rumo evolutivo. Tivera uma base precária e corrigiu-a imediatamente. Sua aula seguinte na Escola das Minas, em maio de 1856, levantou questões muito importantes. Qual é a origem das espécies? — De "casais criados"? — Mas "não temos a menor evidência científica desses atos criativos incondicionais", nem poderemos ter. Para ele, uma capacidade ilimitada das espécies preexistentes era a única alternativa e, fossem quais fossem as dificuldades, era "de longe a solução mais satisfatória". O hibridismo é "quase inútil" como guia. É preciso procurar em outro lugar se quisermos encontrar esse guia. Huxley voltou convencido, como Lyell, pelos pombos. Vejam as "grandes mudanças" que podem ser feitas com a seleção artificial, disse ele a seus alunos. Essa escultura extraordinária — disse o professor recém-chegado dos pombais de Darwin — com a qual as variedades obtidas "podem diferir tanto umas das outras como muitas espécies diferem realmente".[21]

Darwin estava atraindo acólitos para defender seus flancos. Eles seriam necessários nos anos turbulentos que se seguiriam. Mas onde recrutar alguém no Novo Mundo? Um bom advogado poderia enfrentar Agassiz e conseguir-lhe uma audiência. Washington e o Oeste não tinham ninguém de estatura, o Sul estava sitiado politicamente, e os naturalistas de Charleston estavam envolvidos em suas próprias rixas, defendendo a escravidão das escrituras contra os abolicionistas que endossavam a Bíblia e a unidade racial contra o *Types*, que negava a Bíblia. Só restava a Nova Inglaterra. No mundo acadêmico dos Estados Unidos, não havia prestígio maior que aquele conferido por Harvard ou Yale. Darwin voltou-se para o amigo de Agassiz, James Dwight Dana, de Yale, que adotara uma linha mais definida contra a escravidão.

Era um homem bem ao gosto de Darwin. Além de ser igualmente viajado — fora com Pickering na Expedição de Exploração dos Estados Unidos —, também já escrevera sobre grupos de corais e crustáceos, concordando com Darwin a cada passo. (Parece que os crustáceos e os corais atraíam tipos nervosos com uma capacidade infinita de lidar com detalhes, uma qualidade que aparece nesse caso — as imensas monografias de Dana sobre a expedição excediam até mesmo as de Darwin: 3.117 páginas ao todo, sem incluir as ilustrações. Não é de surpreender que Huxley achasse que Dana tinha a inteligência mais abrangente da América.) Ali estava um homem que também se interessava pelas cracas, e esse tipo de gente não era comum. Acabariam cultivando uma amizade de longa distância e uma troca de mão dupla de espécimes e monografias — principalmente depois que Dana concordou com a teoria predileta de Darwin sobre a submersão do topo das montanhas, que explicaria as origens dos atóis.[22] Um Darwin sensível apegava-se às pessoas que elogiavam sua ciência.

Dana era de uma família antiga de comerciantes e impecavelmente evangélico. Tinha controle editorial sobre o periódico científico mais influente do país, o *American Journal of Science*, fundado pelo sogro, que ele acabara de suceder como professor de Yale. Escrevia com lucidez e sabia ser "muito persuasivo" — no todo, um "sujeito muito inteligente", pensava Darwin, e Lyell concordava. Apoiaram a candidatura de Dana para membro estrangeiro da Sociedade Real. Mais importante ainda: Dana era próximo de Agassiz — talvez nenhum naturalista dos Estados Unidos o conhecesse melhor.[23] Isso seria uma dádiva.

Durante o ano de 1856, Dana envolveu-se numa guerra de monografias com um exegeta muito culto, Tayler Lewis, que defendia a criação em seis dias e a escravidão com base na Bíblia. Lewis, um classicista ríspido, ainda falava sobre "a escuridão que o espírito indecente do abolicionismo [...] lançou sobre as mais belas ideias do cristianismo" quando Dana o enfrentou em relação ao Gênesis.[24] Sem se referir à sua própria crença no abolicionismo e em Adão, Dana usou sua autoridade geológica para solapar o único exemplo da Bíblia apresentado por Lewis dando rédea solta à ciência em questões de história antiga, inclusive aquelas que faziam parte dos *Types of Mankind*. Apesar disso, Dana achava que, em si, grande parte dos *Types* não tinha nada de científica, exceto pela contribuição de Agassiz, que Dana declarou estar "inteiramente deslocada" naquela obra de Nott e Gliddon. Agassiz respondeu causticamente que Nott era "um homem do meu gosto [...] um homem de verdade e fé". Enfrentara "fanáticos mais ou menos da mesma forma que você está enfrentado o professor Lewis", invocando a ciência. Gliddon, reconhecia ele, era indiscreto, mas ele "preferia estar com um homem como ele a estar com qualquer daqueles que fechavam os olhos à evidência".[25]

Dana parecia o homem certo para Darwin, que escreveu uma daquelas cartas hábeis que compunha quando precisava pedir um favor, perguntando a Dana se seu amigo comum Agassiz tinha notado que o peixe cego das cavernas de Kentucky era peculiar à América do Norte. Esperava que Agassiz deixasse escapar algum fato que ajudaria a corroer sua teoria de criação aborígene. Darwin terminou com uma nota pessoal, sem precedentes em suas cartas a Dana: "Eu gostaria *muito* de ter notícias suas, de saber se está tudo bem com você. Está trabalhando agora com algum tema importante em particular? Espero que sim, embora ninguém mais no mundo tenha mais direito de descansar sobre seus louros do que você. Nunca deixo de ficar realmente espantado com a quantidade de trabalho que você fez." Depois de um parágrafo sobre si mesmo, a família e a vida em Downe, encerrou a missiva.

Dana mordeu a isca. Consultou Agassiz pessoalmente sobre o peixe cego das cavernas e, ao ouvir que eles eram "incrivelmente americanos", repetiu o veredito de Darwin, junto com páginas e páginas de dados sobre sua distribuição. Mencionou também que estava pesquisando "embriogenia" para um artigo sobre "o plano de desenvolvimento" da vida na

América do Norte. Era o Plano Divino de Agassiz, sintetizado no embrião em crescimento, a recapitulação fetal do surgimento da vida através do tempo geológico. Darwin sabia que Dana podia ser "horrivelmente hipotético", mas os "votos cordiais de saúde" com que terminou a carta pareciam promissores, assim como as notícias pessoais sobre a família.[26] Depois de morder a isca, Dana poderia ser fisgado, de modo que, em setembro, Darwin deu um puxão na linha.

Essa carta era uma revelação calculada. Não houvera nada parecido com ela desde a "confissão de um assassinato" que enviara a seu amigo Hooker há mais de uma década.[27] Agradecia a Dana pelos fatos "incrivelmente interessantes" sobre a vida do peixe cego das cavernas, e depois desviou o foco para Agassiz.

> Estou muito curioso para ver sua *Embryogeny of N. America* [Embriogenia da América do Norte]! [...] Desejaria de todo o coração que Agassiz publicasse em detalhes sua teoria de paralelismo entre o desenvolvimento geológico & o embriológico; eu gostaria de acreditar, mas ainda não vi o suficiente para me tornar um discípulo.
>
> Estou trabalhando com muito afinco no meu tópico da variação & origem das espécies & estou com o manuscrito pronto para ser impresso, mas quando ele vai ser publicado só Deus sabe, espero que não seja daqui a muitos anos; mas, seja quando for, vou providenciar para que o primeiro exemplar lhe seja enviado — agora faz 19 anos que estou com esse tópico à minha frente; mas ele é grande demais para mim, principalmente porque minha memória não é boa. Nos últimos tempos, trabalhei basicamente com animais domésticos [...] Estou surpreso com o quão pouco esse tema foi discutido: encontrei diferenças muito grandes nos esqueletos de coelhos domésticos, por exemplo, que eu penso terem todos descendido de um único tronco selvagem. Mas os pombos são o caso mais espetacular de variação, & me parece que é possível apresentar uma evidência conclusiva de que todos descenderam da C[olumba] livia...
>
> Sei que você não acredita na doutrina de pontos isolados de criação, doutrina pela qual me inclino muito a acreditar, em função de

argumentos *genéricos*; mas, quando se trata de detalhes, certamente há dificuldades assustadoras. Nenhum fato me parece tão difícil quanto aqueles ligados à dispersão dos Mollusca terrestres. Se você algum dia pensar, ou ouvir falar de qualquer meio estranho de dispersão de quaisquer organismos, eu ficaria *infinitamente* grato por qualquer informação; pois nenhuma questão me dá tanto trabalho para explicar quanto a presença da mesma espécie de produções terrestres em ilhas oceânicas...

Você vai ficar indignado ao saber que estou me tornando — na verdade eu deveria dizer que me tornei — cético quanto à imutabilidade permanente das espécies: sofro ao fazer essa confissão, pois terei pouca simpatia daqueles cuja simpatia só eu valorizo. — Mas, seja como for, tenho certeza de que você vai me dar crédito por não ter chegado a uma conclusão tão heterodoxa sem muita reflexão. Como (penso que) as espécies se transformaram é algo que vou explicar no meu livro [...] Mas o que a minha obra vai se tornar, eu não sei; só sei que trabalhei árdua & honestamente com o meu tema.

Agassiz, se algum dia me der a honra de ler a minha obra, vai jogar um rochedo em cima de mim, & muitos outros vão me apedrejar, mas *magna est veritas* &tc., & aqueles que escrevem contra a verdade muitas vezes, penso eu, prestam tão bons serviços quanto aqueles que adivinharam a verdade; de modo que, se eu estiver errado, devo me consolar com essa reflexão. Pode parecer presunção da minha parte, mas penso que, em certa medida, desconcertei até mesmo Lyell...

Seu sincero & heterodoxo amigo, Ch. Darwin[28]

Discreto e simples, mas tentador — o Darwin típico. Prefaciado pelo *desejo* de acreditar, essa foi sua resposta a Agassiz numa pílula dourada —, coelhos domésticos descendentes de um único tronco, pombos obtidos por seleção artificial a partir do pombo-dos-rochedos, dispersão em vez de criação múltipla explicando a distribuição — tudo o que poderia despertar o interesse de alguém que acreditava na unidade racial.

Mas, tanto quanto precisava de um aliado, Darwin precisava desacreditar Agassiz. Não resistiu à tentação de atirar a primeira pedra. Num PS, atacou o fato de Agassiz ter recorrido à ausência de fósseis para defender seus passos isolados e desconectados da ascensão da vida, onde os animais e plantas de cada época eram destruídos antes de uma nova série ser criada. Sobre isso, Darwin declarou que "divergia, tanto quanto os polos, do grande Agassiz". Na verdade, era possível fazer com que "a evidência geológica" se encaixasse no Plano Procusteano de Agassiz. Talvez Dana dissesse isso a Agassiz, assumindo a batalha de Darwin.

Havia muito mais que a evidência em jogo: "Aqui todos nós agora nos interessamos muito pela política americana — Você vai nos achar *muito impertinentes* se dissermos que desejamos fervorosamente que vocês do Norte sejam livres."[29] Livres de quê? Essa mudança repentina de assunto aparece no fim da carta; talvez fosse um atrevimento — um inglês opinando num ano eleitoral dos Estados Unidos —, mas Darwin se manifestou assim mesmo. A convicção foi mais forte que a prudência, como sempre acontecia quando Darwin declarava sua heterodoxia a respeito da evolução. A carta era toda no mesmo teor. Depois das insinuações a respeito do pluralismo de Agassiz, Darwin queria que Dana soubesse o que exatamente ele implicava. "Todos nós... aqui" — os abolicionistas britânicos, a família de Darwin — queremos que os estados do norte ficassem "livres" do jugo das exigências sulistas de proteger a escravidão. Este era o apelo abolicionista da manchete do *Liberator*: "Não à União com Donos de Escravos." O apelo à "Desunião" dramatizado por William Lloyd Garrison quando ele queimou publicamente a Constituição norte-americana no dia 4 de julho de 1854. Ao menos Dana saberia qual era a posição de Darwin. Escravatura, raça e evolução continuavam inseparáveis.

Darwin atirou-se de corpo e alma ao trabalho no "Livrão" durante o ano de 1856, levando alguns meses na redação de cada capítulo. Não foi atrasado somente por uma casa cheia de crianças, por Emma grávida (inesperadamente quando já estava com 48 anos) e um estômago que lhe dava problemas periódicos, mas sim pela complexidade pura e simples do seu tema. Apesar do dilúvio de informações, ele avançava inexoravelmente, mesmo admitindo de vez em quando que o assunto parecia "além das minhas forças". Perseverou, "às vezes triunfante & às vezes em desespero", temendo que o livro ficasse "terrivelmente imperfeito [...] com muitos erros".³⁰ Pastas cheias de anotações foram examinadas, livros desencadernados foram desencavados enquanto ele continuava vasculhando a geologia, a geografia das plantas, a criação de animais e uma dezena de outros campos. Só classificar o material já era um feito prodigioso, quanto mais estruturar um texto com eles.

Os fios de vinte anos de pesquisas estavam se juntando. Os fios da história que ele estava contando eram como os fios do algodão escravo das fábricas de Lancashire, fibras apertadas entre si na nova teoria, apertadas o bastante para resistirem aos golpes dos críticos. Ele só tinha medo de publicar um estudo ruim, não que pudesse estar errado e Agassiz e os grandes fazendeiros certos. Sua crença na transmutação era tão forte agora quanto vinte anos antes, quando viu pela primeira vez a origem comum unificar todas as raças. Mas como traduzir insights antigos numa teoria sólida das origens raciais?

Darwin acreditava que a chave era o sexo: sexo não só no sentido de que eram os homens de cada raça que, ao escolher mulheres com certas características, estavam ditando a aparência da raça, mas sim num outro sentido. Ele se perguntava por que havia sexos, afinal de contas, como a evolução nos deixara com machos e fêmeas, para começo de conversa, e se não haveria uma grande teoria unificadora que explicasse tanto a origem dos sexos quanto as diferenças raciais.

Ele ainda tinha uma "teoria dos sexos" num velho caderno de notas, anterior ao seu casamento. Ali a vida começava com um hermafrodita e acabava evoluindo com a separação dos órgãos reprodutivos femininos e masculinos em organismos distintos, mesmo que ambos preservassem traços de seu passado bissexual. Em sua opinião, o desenvolvimento do feto refletia essa rota evolutiva: os seres humanos iniciavam a vida como um feto hermafrodita, que se desenvolve e se transforma num sexo ou no outro. "Todo homem e toda mulher" é um "hermafrodita abortado" porque ambos os sexos preservam parte dos traços do outro: "ambos estão presentes [...] mas desenvolvidos de maneira desigual", como os seios e as barbas.³¹ Darwin, imbuído dos preconceitos sociais de seu tempo, concluiu que, em geral, os homens eram mais desenvolvidos que as mulheres. As crianças de ambos os sexos eram semelhantes até a época da reprodução, quando os meninos cresciam de repente e se tornavam maiores e mais assertivos, deixando para trás as meninas ainda infantis.

Nos primeiros esboços de sua teoria, Darwin procurou mostrar como essa diferenciação sexual ocorria. Via animais tendendo a manifestar características mais ou menos na mesma idade em que seus antepassados as adquiriram. A competição por recursos escassos na natureza levava à seleção das melhores características para adaptar os animais a ambientes em transformação. Era a seleção natural, seu principal agente de mudança. Além disso, os machos competiam pelas fêmeas, o que resultava num "segundo agente" no rascunho de Darwin de 1844. Na maturidade sexual, "os machos mais vigorosos" — entre os pássaros, aqueles que desenvolveram cantos mais melodiosos, aparência vistosa ou beleza que pudessem exibir durante os rituais de aproximação — tinham mais sucesso no acasalamento e deixavam uma prole mais numerosa. Os machos aperfeiçoavam constantemente seus atributos — chifres, galhadas etc. — e os transmitiam, bem como os comportamentos do namoro, a seus descendentes do sexo masculino, que também os expressavam na maturidade sexual. Essas "características sexuais" alteradas, destinadas à luta ou à exibição, eram *acrescentadas* aos traços adaptativos que os machos e as fêmeas tinham em comum.³² De modo que as fêmeas, como todo páter-famílias vitoriano sabia, continuavam mais fracas, passivas e apropriadas para criar os filhos.

Ao reagir aos livros racistas, Darwin teve um insight maior do papel que "a beleza" desempenhava no sentido de levar as raças a percorrer seus caminhos divergentes. "A beleza" era parte integral da literatura que defendia pontos de vista opostos aos seus. *Types of Mankind* era um hino à "beleza viril" dos nobres rostos caucasianos, "à perfeição da beleza daquilo que admiramos pura e simplesmente". Exaltava a abóbada frenológica "impecável", fosse dos gregos antigos, fosse dos ingleses modernos, cujos traços apolíneos contrastavam com a fisionomia "grosseira e feia" do negro.³³

Knox também celebrara a beleza em seus livros de anatomia para artistas (Darwin leu *Great Artists and Great Anatomists* [Grandes artistas e anatomistas]. Em suas *Races of Men*, Knox, rejeitado por Edimburgo e desiludido, ignorava todos os critérios estéticos, menos os da própria raça: ciganos — "uma raça sem uma única qualidade redentora [...] não tem os elementos da beleza"; judeus — "Por que será que o rosto da mulher judia não resiste a um olhar longo e penetrante? A resposta é que, nesse caso, a falta de proporção se torna mais evidente." Eslavos — "extraordinariamente deficientes em elegância de forma; a beleza externa não lhes pertence". Estes livros apresentavam um problema estético, que Darwin traduziu para sua velha questão relativista. Por que os homens brancos acham belas as mulheres brancas, e os homens negros acham belas as mulheres negras? Onde estava "a beleza"? Mais de acordo com o ponto de vista evolutivo, se a "beleza" da forma não era uma característica adaptativa — se não ajudava a sobreviver —, como seria selecionada?

Refletir sobre essas críticas raciais maldosas ajudou Darwin a definir claramente seu segundo mecanismo evolutivo. Os indivíduos escolhiam seus pares de acordo com critérios estéticos, o que levava a uma divergência de características desejáveis, mas que não auxiliavam na adaptação. Um ideal diferente caracterizava cada raça humana. Na verdade, como todos os animais tinham em comum uma imagem da beleza, ela existia em toda a natureza — em todas as raças. Ele rabiscou uma pergunta nas costas de *Types of Mankind*.

> Que efeito teria a ideia de beleza nas raças em [termos] de seleção. Tenderia a acrescentar a cada [a sua] peculiaridade. V. nossa aristocracia.[34]

Escolher características agradáveis aos sentidos era subjetivo em toda raça. Lábios, orelhas, nariz, testa, todos eles podiam ser transformados por meio desse processo de autosseleção, mesmo que variações diminutas no lóbulo da orelha ou na forma dos lábios provavelmente não fossem vistas como adaptações. Basta olhar para a aristocracia britânica, que escolheu as beldades mais deslumbrantes de cada geração para seus próprios experimentos com miscigenações maravilhosas. Darwin era um leitor assíduo da coluna de fofocas da sociedade e da corte do *The Times*. Importunava seus correspondentes do mundo inteiro, perguntando-lhes se o *beau idéal* dos maoris da Nova Zelândia ou dos "selvagens" africanos era o mesmo dos europeus. Queria saber "se nós & eles escolheríamos o mesmo tipo de beleza".[35]

Darwin tinha o conceito. Agora cunhou um termo para sintetizá-lo. Seu uso mais antigo (de que temos notícia) ocorre — eloquentemente — em suas ruminações fragmentárias sobre as *Races of Men*, de Knox. Em março de 1856, Darwin reconheceu que era difícil detectar qualquer mudança nas raças humanas ao longo do tempo histórico, quer usando as imagens dos túmulos de Gliddon, quer usando a descrição das famílias europeias mais antigas do Cabo feita por Andrew Smith. A mudança era obviamente muito, muito lenta e — rabiscou Darwin numa nota sobre Knox de 3 de março — "a lentidão de quaisquer mudanças [deve ser] explicada por constituições [resilientes] [e pela natureza probabilística da] seleção [natural] & da seleção sexual.[36] *Seleção sexual:* conseguira sua palavra-chave.

A leitura de *Types of Mankind* — que fez picadinho do "belo tecido unitário" de Prichard e criticou ferinamente suas *Researches into the Physical History of Mankind*, dizendo tratar-se de uma distorção catastrófica "para combinar com as noções teológicas do momento" — lembrou Darwin de tomar providências para recuperar a imagem de Prichard. Ele anotou "1847" (a data da última edição de Prichard) na margem dos *Types* e escreveu "Última edição de Prichard" nas costas da guarda do livro. Isso ele riscou quando o grande livro chegou: cinco tomos gordos com 2.500 páginas, vendidos pelo elevado preço de quatro libras e dois xelins.[37] Fazia *Types of Mankind* parecer um anão em todos os sentidos, e Darwin lançou mãos à obra de lápis em punho.

Desde a época de sua dissertação em Edimburgo, escrita no auge do movimento contra o tráfico de escravos, até sua morte em 1848, Prichard defendera a variação em pequena escala na espécie humana ao longo dos tempos históricos. O clima ou "agentes externos" haviam produzido todas as raças de homens a partir de um único tronco adâmico. Ele recuou, ou acelerou o processo, ou equivocou-se em alguns pontos, mas durante mais de quarenta anos defendeu firmemente a unidade humana, principalmente de negros e brancos. Como os livre-pensadores e os pluralistas franceses (como o transmutacionista Bory de Saint-Vincent, que Darwin lera no *Beagle*) haviam defendido as origens múltiplas, as *Researches* cresceram — um volume em 1813, dois em 1836, mais três em 1847 e, em 1851, saiu a reimpressão que Darwin havia comprado. Os críticos chamavam-na de etnologia de gabinete, mas ninguém nunca vira nada parecido. Prichard vasculhara reinos inteiros do saber: anatomia, fisiologia, zoologia, geografia física, história, arqueologia, filologia — nada escapara à sua atenção. A última edição parecia uma enciclopédia. Darwin, que estava produzindo seus próprios capítulos, ainda não havia terminado o primeiro volume quando se deu conta de repente — rabiscando nas costas das *Researches* — "[d]o quanto tudo isso vai se parecer com o meu livro".[38]

"Meu livro" agora tinha um título, "Seleção natural" e, como o de Prichard, prometia encher vários volumes. E finalmente estava ficando claro como "o homem" entraria no "Livrão". Darwin leu as *Researches* ao menos duas vezes em 1856, deixando uma trilha de anotações rabiscadas nas margens e em seus papéis. A beleza era sua maior preocupação: inúmeras anotações nas margens são prova disso. "Os chineses admiram a beleza chinesa", assim como seus parentes da Cochinchina e os siameses, embora algumas mulheres asiáticas despertem admiração na Europa. E, aqui também, o que é deformidade para uma raça pode ser um grande atrativo para outra — como, por exemplo, "a cabeça achatada" dos índios americanos de Morton. Originalmente, Darwin atribuíra um propósito adaptativo a essas características. Mas é claro que ele estava levando estes e outros traços — a pele dos "hindus", "o acúmulo de gordura nas nádegas das mulheres hotentotes", "a tíbia dos negros", "o crânio dos australianos" e "a forma da pélvis" — para o reino da seleção sexual. O que é confirmado por outra nota deixada nas costas do primeiro volume de Prichard: uma deformidade pode ser "um ponto essencial da *beleza*".

Como Prichard fez a humanidade desfilar na frente de Darwin em xilogravuras e ilustrações coloridas, a magnitude de suas escolhas aumentou e, no fim do quinto volume, Darwin entendeu o que ela poderia fazer. Os crânios malaios distorcidos estavam de acordo com os padrões locais de beleza tanto quanto os curiosos "cabelos & cor" de outras raças. A única seleção necessária para criar esses traços era a artificial, que dependia do senso estético de cada raça. Agora Darwin faria com que o conceito penetrasse muito mais profundamente na natureza. Depois de se dar conta da estética racial humana, ele poderia começar a procurar um tipo semelhante de seleção não adaptativa em todo o reino animal. Como rabiscou numa nota nas costas do último volume de Prichard, "As características sexuais do homem [são] como [aquelas] dos patos de penacho" — foram escolhidas, em ambos os casos. Na mesma nota, escreveu ainda "Em minha nota sobre o homem..." Este foi o primeiro indício de que Darwin planejava incluir os seres humanos em seu livro, mesmo que falasse pouco a seu respeito.[39]

Darwin alternou leitura e redação durante o verão de 1856, deixando referências ao "Cap. 6" nas margens do livro, em pedaços de papel e até em seus velhos cadernos de anotações relidos. Alguns pedaços de papel foram colocados numa pasta especial com a etiqueta "Cap. 6 Seleção Sexual". Era evidente que ele pretendia tratar o assunto no mesmo capítulo, ao lado da seleção natural. Começou rabiscando reflexões sobre outros livros. Num tratado francês sobre hereditariedade, lido em setembro, ele fez da "seleção natural" um termo que designava todo o processo de diferenciação sexual — abrangendo sua teoria de separação dos sexos a partir de ancestrais hermafroditas, além de tratar da beleza humana e de machos no cio. Flores masculinas e femininas na mesma planta ou em plantas separadas? Ver o "Cap. 6 Seleção Sexual". As diferenças sexuais "em todo o Reino animal (ver o Cap. 6)". "Sobre animais [como], o touro & o garanhão, que têm muito mais opções do que [se] poderia pensar. Cap. 6."[40]

Mais evidências persuasivas apareceram em sua edição pirata das *Lectures on Man* (1822), do cirurgião William Lawrence. ("Pirata" porque o livro foi considerado blasfemo no tribunal, por causa de sua atitude materialista em relação ao desenvolvimento físico e mental do ser humano: os livros que explicavam os seres humanos de forma natural eram perigosos, como Darwin bem sabia. De acordo com a lei inglesa, ele perdeu seus direitos autorais e os ateus da classe operária vendiam exemplares piratas, um dos quais pertencia a Darwin.)[41] Na parte interna da capa, Darwin rabiscou outra vez o seu neologismo, "Seleção sexual", e depois fez uma lista com "Barba", "Orelhas", "Mulheres tatuadas", "Lábios", "Nariz achatado" e "esteatopígia" (referindo-se às nádegas das "mulheres hotentotes"), e depois, à tinta, "esteatopig[i]a dos babuínos". Esses rabiscos cifrados diziam respeito à crença etnográfica infundada de Lawrence, segundo a qual "os negros e os hotentotes aproximam-se em alguns pontos da estrutura do tipo macaco". Onde mencionou "as massas trêmulas de gordura" das nádegas "hotentotes" que, segundo Cuvier, têm "uma semelhança impressionante com aquela que aparece nas fêmeas do mandril e do babuíno etc." Darwin entendeu o que estava escrito nas entrelinhas. Ele estava dando um novo sentido a uma literatura antiga, imprudente e arrogante sobre a "Vênus hotentote" (a moça khoikhoi chamada Sara Baartman, que fora exibida em espetáculos de curiosidades da época de Cuvier, quando "aberrações" e estrangeiros exóticos eram considerados anormais). Darwin parecia estar pensando: "Por que os africanos que tatuam mulheres e gostam de nariz achatado também gostam de nádegas como as da fêmea do babuíno?"[42]

Tudo aquilo dizia respeito à *preferência* e, para os olhos ocidentais situados no centro da civilização, preferências estranhas levavam a anatomias mais estranhas ainda na periferia. Mais distantes ainda deste centro, os próprios animais também devem escolher suas características feéricas, vistosas e extravagantes de acordo com critérios estéticos, pois não há outra explicação para elas. Voltando aos pássaros: Darwin refletiu sobre suas características sexuais e fez alguns comentários em seus velhos cadernos de notas sobre pegas, gaios e estorninhos. A *"seleção sexual"*, rabiscou, e depois escreveu: "Se [um] traço masculino [for] acrescentado à espécie, dá para entender por que os filhotes & as fêmeas [são] parecidos: as fêmeas continuam sem se desenvolver, ao passo que os machos acumulam traços distintivos adicionais — plumagem vistosa e voz sonora — competindo entre si." Em dezembro de 1856, quando ele recortou páginas dos cadernos e colocou-as nas pastas, garatujou "Bom Cap. 6" sobre isso, "Guardar".

E então? O que Darwin estava pretendendo com essa "nota sobre o homem"? Trabalhando depressa, deixou poucas dicas. Em outro caderno de notas, escreveu a lápis "Cap. 6" ao lado de um comentário seu sobre características sem função adaptativa, como "as mamas dos homens", que podiam ser herdadas. Encontrou uma "observação excelente" num livro do herdeiro e sucessor de Prichard na Sociedade Etnológica, Robert Latham, um dos últimos agitadores unitaristas que ainda sobreviviam. (Ou que mal sobreviviam: Latham, um velho etoniano, agora estava parecendo um velho clérigo devasso; ligeiramente desleixado — um exemplo daquele tipo de homem que não consegue encobrir a miséria apesar das maneiras elegantes e refinadas, talvez um símbolo daquilo a que chegara o prichardismo. Mesmo assim, conseguia discorrer sobre uma quantidade interminável de livros áridos que classificavam um número cada vez maior de súditos de Sua Majestade.) Em *Man and His Migrations* [O homem e suas migrações], Latham discutia a maneira pela qual as variações de tamanho dos minúsculos "hotentotes" e dos "cafres" gigantes se sobrepunham; as duas tribos, tão diferentes em suas características, desalojaram e erradicaram todos os tipos intermediários, deixando apenas, por assim dizer, esses galhos terminais na árvore genealógica humana. Bom exemplo, *"citação no Cap. 6?"*, rabiscou Darwin nas costas de seu exemplar. Parece que "o homem" — as raças humanas — estavam destinadas ao capítulo seis de seu tratado, que também teria a explanação de sua divergência original, a "seleção sexual".

Em março de 1857, ele estava com cinco capítulos prontos, mais ou menos 90 mil palavras, e este sexto estava em andamento. No final do mês ele parou e definiu o conteúdo do capítulo 6.[43] Se este capítulo devia ser "uma nota sobre o homem," esse resumo certamente mostraria. Mas não mostra. Havia um espaço em branco e um número de página provisório no lugar onde ele deveria estar.

Dana foi uma decepção. Como reação à sua franqueza herética, Darwin recebeu uma profissão de fé de "ideias-arquetípicas" divinas por trás da fachada humana. Como Agassiz, Dana traçava um paralelo entre o desenvolvimento do feto e o progresso paleontológico; mesmo que não "na mesma extensão que Agassiz", ele também via nisto a ciência criacionista do futuro. Espécies sucessivas ao longo da história não passavam de muitos grãos de areia diante dos olhos oniscientes do Todo-Poderoso. A mudança *não* era provocada por uma transformação bestial de uma "tribo" animal em outra, mas sim por milagres recorrentes. Ofereceu-se para ajudar Darwin a procurar a "verdade real", confiando em que os fatos compilados em Down House lançariam "os melhores alicerces do mundo" para as "leis" de Agassiz.

Não haveria uma quinta-coluna em Yale. "Adeus — Floreat Scientia", respondeu Darwin com um tom de despedida. No fim de 1857, quando Hooker confessou que não conseguia acompanhar "as ideias metafísicas de Dana", Darwin apresentou o seu próprio veredito: "Pobre coitado, ele acredita n° 1º Cap[ítulo] do Gênesis, de modo que é preciso lhe dar um bom desconto." O capítulo mais importante para Darwin era o seu próprio, pois acrescentou um PS: "Acabei de terminar um trabalho incrível, meu capítulo sobre hibridismo."[44]

As 30 mil palavras custaram-lhe três meses de labuta. Com ou sem Dana, os americanos seriam convencidos. Era o maior capítulo até o momento, e quaisquer que fossem as ressalvas de Darwin — seu reconhecimento de que "o assunto todo é muito complicado" —, elas apontavam para um único caminho: as espécies eram invariavelmente estéreis quando se cruzavam, exceto, como sempre, os gansos de Tom Eyton. As raças — "variedades" — sempre eram férteis quando se cruzavam, mesmo que, muito de quando em quando, num grau ligeiramente menor. (Ele pensava de fato que os resultados dependiam do período de tempo durante o qual as variedades existiam: quanto maior, tanto mais sua constituição seria parecida com a da espécie.) A complexidade pura e simples tornava temerária qualquer afirmação "universal". Todo caso tinha suas sutilezas, que só podiam ser avaliadas por meio de "experimentos realizados com o maior cuidado". O capítulo era muito maior que uma simples refutação ao campo Morton-Nott, tão demolidor que Morton foi relegado a mordazes notas de rodapé. Elas mostravam que ele estava confundindo um ganso-do-canadá com um ganso-bravo ao citar textos sobre hibridismo e depois adulterando os resultados ao falar de fertilidade quando a fonte original falava de esterilidade. Quanto à única declaração de Morton em primeira mão, sobre o cruzamento de galinhas comuns com galinhas-d'angola, Darwin contava com a autoridade da Sociedade Zoológica, cujo "híbrido era completamente estéril".[45] Em outra passagem, Nott e Gliddon foram acusados pura e simplesmente de exagero ao falar de coisas como uniões férteis de gado ovino com gado caprino.

Mesmo que os cães domésticos tivessem descendido de várias espécies selvagens (como Darwin admitia), os cruzamentos originais não devem ter sido tão férteis quanto os dos mestiços contemporâneos. Mas quando se tratava de animais domésticos, "o caso" exemplar "de fertilidade perfeita entre variedades — e que mais me impressionou — é o dos pombos". Agora a autoridade de Darwin era suprema: "Eu mesmo fiz muitos experimentos com a fertilidade tanto de cruzamentos simples quanto dos mais complicados entre as variedades mais distintas." Todos resultaram em descendentes férteis e, considerando o quanto o "pombo-papo-de-vento, o cambalhota-de-face-curta, o pombo-correio, o pombo-de-leque & o pombo-de-barba" são diferentes, o fato de eles se cruzarem entre si era eloquente, ao passo que *espécies* mais parecidas entre si, mas distintas, como o "Faisão-dourado, prateado & comum" ou não se cruzavam, ou todo filhote produzido era "absolutamente estéril"!

A evidência dos pombos era tão persuasiva que ele planejou começar "Seleção natural" com dois capítulos sobre animais domésticos. "A variação sob a domesticação" era o nome que eles teriam — e enfatizariam a maleabilidade da vida doméstica. Nesses capítulos ele apresentaria seu know-how em cruzamentos para dar à "Seleção natural" o peso da autoridade que a propaganda de Morton e Nott não possuía. Ele mostraria a ubiquidade das variações infinitesimais, a idade em que aparecem nos filhotes dos pombos, e como elas são selecionadas, com o efeito de "acréscimo de pequenas alterações".[46] Estes capítulos tratariam de toda a gama que vai dos repolhos ao gado, com detalhes impressionantes e combinados entre si, mas o pombal era o seu âmago. E sua mensagem era a seguinte: o cruzamento de variedades domésticas prova que eles são todos da mesma espécie. As espécies podem ser ampliadas artificialmente, tanto que, se forem selvagens, o naturalista poderia classificá-las como gêneros diferentes. Mas não são gêneros diferentes: seus ancestrais (na verdade, também os ancestrais de gatos, coelhos e patos) podem ser rastreados por meio dos manuais dos criadores antigos. As variedades ficavam nos galhos genealógicos de sua árvore doméstica, cujo antepassado era um antiquíssimo pombo-dos-rochedos.

Essa imagem da árvore explicava como os animais e as plantas deviam ser agrupados e classificados: genealogicamente. A unidade derivava do sangue e da ancestralidade. Era o que Darwin confessara a Waterhouse muitíssimos anos antes. Tudo realmente poderia ser posto em seu lugar, e desaparecia a necessidade das "'formas primordiais' adotadas por Agassiz", ou da criação independente de espécies idênticas em ilhas distantes.[47] A diáspora da vida fala da disseminação de viajantes ancestrais, não de seres criados "primordialmente" no seu *habitat*. Aplicava-se igualmente a pássaros, cracas e bosquímanos.

Na época em que Darwin terminou seu capítulo gigantesco contra Morton e Nott (no dia 29 de dezembro de 1857), Nott e Gliddon já haviam publicado uma nova obra, *Indigenous Races*. Tão provocadora quanto a anterior, esta apresentava mapas dobráveis de Gliddon que mostravam a "Distribuição Geográfica de Macacos, em sua Relação com Alguns Tipos Inferiores de Homens".

Indígenas ancestrais e macacos extintos de cauda preênsil viveram onde os índios modernos e macacos-aranha modernos vivem agora — eram elementos de sua "província de criação" norte-americana. Gliddon estava voltando à geologia. Enfatizou as descrições de homens fósseis (e havia muitos boatos), e um dos motivos era que elas irritavam homens como Bachman. Segundo a teoria de Gliddon, todo fóssil de homem inferior estaria em seu local geográfico de nascimento. Essa era a previsão — fósseis de homens brancos na Europa, fósseis de homens negros na África.

Tinha havido uma "progressão" histórica única de toda a fauna e flora no interior de cada zona. Na província caucasiana, seria de se esperar fósseis mais simples de macacos ao lado de fósseis humanos "de capacidade intelectual menor", precursores dos anglo-saxões modernos; o que *não* foi previsto aqui, claro está, foi a ocorrência de "negros" ancestrais. Eles teriam sua própria linhagem na África. Agora a paleontologia do pluralismo de Gliddon ficou interessante. Ele fazia com que linhagens de fósseis recuassem no tempo *paralelamente* por todo o globo. Não havia nenhum "elemento comum" na raiz. Os conceitos de bifurcação e divergência racial de Darwin estavam ausentes.[48] Não havia nenhum laço de sangue ancestral entre o homem negro e o branco.

As expectativas de fósseis humanos alimentadas por Gliddon aumentaram muito depois da descoberta de ossos do maxilar e do braço do "macaco-dos-carvalhos" de rosto curto, o *Dryopithecus*, que um dia vivera nas florestas de carvalho dos Pireneus. A notícia dessa descoberta chegou a Darwin em 1856. Até Lyell ficou empolgado com esse macaco do tamanho de um homem. Achava que ele estava "tão próximo do negro" (e talvez fosse o ancestral do negro) que enganaria um estudante do Colégio dos Cirurgiões. Mas Richard Owen — ele próprio ex-aluno do Colégio dos Cirurgiões — não se deixou enganar. Ele abominava a transmutação com toda a alma e descartou o fóssil como um gibão extinto. Na opinião de Gliddon, essa descoberta "gratificante" significava que "o homem fóssil, de um grau inferior, agora é a única coisa que falta para completar a série paleontológica da Europa".[49]

Indigenous Races aproveitou ousadamente o impulso do momento. E aproveitou a linguagem também. Num exercício de renomeação, Gliddon rebatizou seus protagonistas pluralistas e unitaristas. A estes últimos chamou de "monogenistas", enquanto seu moderníssimo grupo científico era composto pelos "poligenistas". Como sempre acontece com as palavras-chave, seu significado estava carregado com os próprios termos do debate. Não eram epítetos neutros. Gliddon introduziu os termos em sua longa contribuição de duzentas páginas, "os monogenistas e os poligenistas", e fez um trabalho de marketing brilhante. Até Darwin acabou sendo obrigado a lançar mão dessa terminologia. E as gerações seguintes não se deram conta de que os pluralistas antinegros, pró-escravidão e defensores de locais de origem distintos tinham posto na linguagem o selo de sua autoridade. As palavras que agora os historiadores reaplicam rotineiramente a períodos anteriores foram cunhadas em 1857 com um propósito claro. "Monogênese" ficou manchada com o "dogma religioso da *unidade* humana". Tratava-se de um mito sem valor moral, ao qual "uma ortodoxia trêmula se agarra como marinheiros que estão se afogando [agarram-se] à sua última tábua". De acordo com essa caricatura, os monogenistas viam Adão e Eva postos na terra por um "bando de anjos negros". A ciência moderna apoiava a "poligênese", uma exegese imparcial e corajosa que sugeria uma ancestralidade distinta para negros e brancos.[50] Embora Gliddon fosse obrigado a admitir, até a poligênese acabara se baseando na história de um passado remoto, que era realmente uma terra incógnita.

Era nesses termos que estava o grande debate enquanto Darwin se preparava para sua estreia, com medo — que lhe revirava o estômago — de expor a verdadeira origem da humanidade: os animais. Era o tipo de medo que o mantivera de boca fechada durante duas décadas: o tipo que o colocaria num sanatório quando chegasse a hora de se expor.

Fatos: ele precisava de mais fatos. Nunca parou de coletá-los. Agora queria insights de especialistas sobre a psique humana. Cirurgiões do exército do mundo inteiro eram uma mina inexplorada de informações, como haviam sido os criadores de animais. Ele começou a perguntar se os soldados da cavalaria "de pele mais clara ou escura" eram mais resistentes às doenças tropicais. A seleção sexual podia explicar muitas características estranhas, mas ele sempre havia suposto que a cor da pele era selecionada pela natureza, sendo uma pele escura mais útil que atraente nos climas tropicais. Essa era mais ou menos a visão de Prichard, e Darwin apropriara-se dela. Surpreendentemente, um cirurgião militar de Serra Leoa afirmava o contrário: que soldados "sanguíneos" de pele clara resistiam muito melhor ao clima do que os "melancólicos" de pele escura. No delta do rio Níger, o rei dos warris — aquela tribo itsekiri que há muito tempo era intermediária do tráfico de escravos — tinha uma experiência igualmente longa com negreiros portugueses que o visitavam e confirmou a impressão: "Ah!... é a época certa para trazer homens brancos para a África quanto mais jovens melhor, e eles são verdadeiros filhos do sol, seus cabelos de fogo (claros) os salvarão de muitas doenças ruins; eles e outros como eles *viverão*!"[51] Depois do fiasco da Expedição do Níger, Darwin tinha lá as suas dúvidas.

Ele levou a seleção sexual em frente — e cada vez mais —, pressionando outros naturalistas a lhe dizerem se alguma vez tinham visto insetos ou crustáceos do sexo masculino "lutarem por fêmeas". A essa altura, ele começara a suspeitar de que os *machos* não eram os únicos seres ativos na hora de fazer uma escolha. Machos potentes podiam escolher o que havia de melhor em termos de fêmeas, mas elas nem sempre cooperavam. Se havia realmente uma escolha em jogo, talvez as fêmeas fossem mais exigentes e menos passivas do que ele tinha pensado.[52] Como sempre acontecia com Darwin, era um salto em câmera lenta; até para começar a dar esse salto ele foi obrigado a romper com um preconceito vitoriano: a passividade feminina.

Num momento qualquer, provavelmente em meados de 1857, ele pôs no papel a evidência sobre seleção sexual, 2.500 palavras em dez páginas. E anotou a lápis o conteúdo do capítulo 6, ao lado do número de página provisório: "Teoria aplicada às Raças de Homem." Esta seria finalmente sua última "nota" portentosa, que começava na página 63.[53] O verão já tinha acabado, e Darwin estava terminando os capítulos 7 e 8. Havia mais 60 mil palavras no final de setembro.

Assim como ele estava repensando a seleção sexual, também estava recalculando a estratégia do que era seguro e conveniente publicar. Ele simplesmente não ia se expor sem evidência esmagadora. Depois de escrever ao afável coletor de espécimes do Extremo Oriente, o socialista e simpatizante dos daiaques, Alfred Russell Wallace, pedindo-lhe peles de aves, as carcaças chegaram. Cartas agradáveis também. Uma queria saber se o livro de Darwin sobre o qual tanto se falava (sim, até do outro lado do mundo as pessoas davam ouvidos aos boatos) "discutiria 'o homem'".

Darwin respondeu no dia 22 de dezembro de 1857: "Acho que vou evitar [esse] assunto todo", pois ele estava "cercado por preconceitos" demais, mesmo que os seres humanos sejam "o problema mais elevado & mais interessante para o naturalista".[54] De repente, a humanidade, o problema supremo que ameaçava ter repercussões temíveis, desapareceu do projeto do *magnum opus*. A *raison d'être* de grande parte do trabalho de Darwin ia ficar em segredo. Ele tiraria a ciência de dentro de casa e a levaria para a horta, restringindo suas manifestações públicas a pombos e plantas, que eram mais seguros.

Em público, *Hamlet* ia ser representado sem o príncipe. Por quê? Toda a furiosa energia abolicionista que Darwin investira na salvação das raças, evolutivamente, assegurava que os seres humanos eram parte de seu "Livrão" até meados de 1857. É claro que os outros capítulos teriam referências elípticas às ações habituais que se tornaram instintivas nos seres humanos, de velhinhas tricotando a bebês imitando maneirismos dos pais, mas elas se perderiam em meio aos detalhes enciclopédicos. O fato é que a "nota sobre o homem" desapareceu. Será que Darwin deu ouvidos a Lyell, que o aconselhara a não mexer em caixa de marimbondos mencionando raças humanas? Os dois eram íntimos; Lyell continuava angustiado,[55] e era astuto em sua abordagem cautelosa, discreta e paciente.

O quanto era astuto é algo que só podemos imaginar. O arrogante anglicano Richard Owen, o próprio "*cuvier* inglês", falou em fevereiro e abril de 1857. Owen execrava a transmutação e fizera nome combatendo implacavelmente essa ciência abominável. Com muito prestígio graças a seu fervor e piedade, o anatomista comparativo estava no auge, tendo sido nomeado há pouco superintendente das coleções de história natural do Museu Britânico. A maioria dos bizarros monstros ressuscitados que tanto chamaram a atenção nesse período — de dinossauros a preguiças terrestres e moas gigantes — foi obra sua. Embora muitos, entre os quais Huxley, detestassem o sujeito por achá-lo arrogante, ele era adorado por Thomas Carlyle. O sábio perseguidor de "negros sujos" foi atraído pela natureza reverente de Owen e achava que esse homem eminente falava coisas com tanto sentido que "me fazem chorar".

Em 1857, na Sociedade Linneana, Owen classificou os seres humanos como uma subclasse distinta, ostensivamente porque tinham um cérebro "singular", com características que não são encontradas em nenhum macaco; mas, na verdade, estava isolando o único ser que tinha uma alma imortal. Se até Wallace, que estava no Extremo Oriente, ouvira falar sobre o que Darwin estava fazendo, certamente Owen, no Museu Britânico, também tinha ouvido algo. A essa altura, um pequeno círculo conhecia o pensamento de Darwin, e, entre esses eleitos, estava o entomólogo Thomas Wollaston — ele também estivera em Downe em 1856 quando Huxley e Hooker começaram a discutir a evolução em termos positivos. Por coincidência, Wollaston, que descartava a transmutação, estava organizando sua coleção de besouros para Owen no museu em 1857. E, embora Huxley estivesse criticando o supernaturalismo em suas aulas, a Sociedade Real ficara sabendo do projeto de Darwin. De modo que é provável que o ataque de Owen tenha sido preventivo.[56] Ele criou um grupo taxonômico no topo, que receberia a humanidade, cuja natureza moral exigia um tipo de explanação em separado. Não é de admirar que Lyell tenha previsto dificuldades e advertido Darwin. É provável que o próprio Darwin tenha se dado conta de sua chegada. Ele ficou consternado com a classificação de Owen, que deixaria os seres humanos mais longe dos chimpanzés que os chimpanzés dos ornitorrincos. Sempre relativista, ele se perguntou o que "um chimpanzé diria a respeito disso". Ninguém ficou surpreso com que o desaforado Huxley disse; chamou a classificação senhorial de Owen de "um pórtico coríntio em cima de esterco de vaca".[57]

Mas o fato de Darwin ter retirado a humanidade do livro tinha outra explicação possível. Seu *modus operandi* sempre fora reunir uma quantidade impressionante de evidências. Ele não descrevia uma craca; tinha de descrever todas elas. Ao tratar dos seres humanos, isso era simplesmente crucial. A apaixonante teoria de divergência racial de Darwin tocaria nos tabus sociais mais profundamente arraigados e, com Agassiz em ascensão e imensos livros poligenistas sendo elogiados, Darwin tinha de continuar reunindo quantidades absurdas de detalhes, como fizera Prichard em seu *magnus opus*. Sua rede de correspondentes no mundo inteiro enviara enxurradas de informações para Downe, mas era preciso tempo para discernir quais características raciais tinham valor de sobrevivência e quais eram preferências sexuais. Ele queria ter certeza absoluta de que plumas iridescentes e cor da pele não adaptaram pássaros nem seres humanos a um nicho qualquer, mas sim que eram equipamentos usados na conquista, possivelmente para seduzir fêmeas exigentes. E lá foram mais cartas para as colônias sobre cor de pele e constituição.

O tema humanidade estava "cercado de preconceitos", como disse Darwin a Wallace. Qualquer hipótese de transmutação humana era convite para uma reação violenta. Darwin estava nervoso nos melhores momentos; entrando e saindo de spas, o estômago e a cabeça zonza estavam piorando, e ele temia mencionar o assunto. Então a desculpa perfeita para tirar a humanidade do livro apresentou-se espontaneamente. A linha direta com Blyth, seu principal fornecedor de informações coloniais, parou de funcionar.

As imensas cartas de Calcutá assinadas por Blyth sobre raças animais e humanas, sua história, hibridismo, coloração, competição e características sexuais tinham se tornado esteios — dez em 1855, nove em 1856. E então, justamente quando Darwin, lendo Prichard, pediu mais informações sobre a evolução da beleza racial, as cartas pararam de chegar. A Primeira Guerra Nacional de Independência da Índia — o que os britânicos chamavam de "motim" por parte das tropas sipaias da Companhia das Índias Orientais — irrompera. A revolta começou bem na periferia de Calcutá, em janeiro de 1857. Blyth conseguiu enviar uma carta em abril. Um mês depois, Délhi estava sitiada, e as mulheres e crianças inglesas de Cawnpore foram massacradas em junho. A carta seguinte de Blyth foi escrita enquanto uma "salva de tiros" estava sendo dada "em homenagem à chegada da gloriosa guarnição de Lucknow, isto é, os oficiais feridos, as senhoras e crianças". Aquela visão fez com que ele desacreditasse "da luta [inútil] do barbarismo contra uma civilização superior enobrecida pela aplicação de todas as ciências".[58] Durante o banho de sangue, cirurgiões do exército tiveram seu trabalho literalmente talhado para eles a sabre e cutelos, não deixando tempo para responder às cartas de Darwin sobre resistência a doenças. E, para coroar, outra catástrofe atingiu Blyth pessoalmente. Sua mulher, casada com ele havia menos de três anos, morreu subitamente de hepatite em dezembro de 1857, o que lhe causou um colapso quase fatal. Não chegaram mais cartas. Darwin, cheio de inseguranças empíricas e emocionais, tomou sua decisão. Como que para confirmar que a falta de comunicação era o problema, ele disse timidamente a Lyell que tivera "uns raios de luz" sobre *Races of Men*, mas que "o motim na Índia interrompeu pesquisas importantes".[59]

Um ano depois de tentar conquistar Dana para sua causa, Darwin procurou um novo aliado americano, dessa vez em Harvard — o botânico Asa Gray. Eles haviam se conhecido por intermédio de Hooker anos antes e agora estavam trocando cartas. Com exceção de Blyth, ninguém no exterior o ajudou mais, e as estatísticas de Gray sobre plantas norte-americanas estavam indo direto para o manuscrito de "Seleção natural". Hooker elogiara Gray por ser "puro e desinteressado", querendo dizer com isso que gostava de se ater aos fatos e se opunha visceralmente ao criacionismo de Agassiz. Darwin havia lido a correspondência de Gray com Hooker, o que lhe mostrara que se tratava de um aliado antiescravagista, esperando o momento certo para atacar Agassiz.[60]

Filho de um fazendeiro do norte do estado de Nova York, Gray adquirira sua formação científica com o livro "blasfemo" de William Lawrence, *Lectures on Man*, enquanto estudava medicina. Seus argumentos em favor da unidade da espécie humana lançaram raízes morais depois da conversão de Gray a um presbiterianismo "ortodoxo" ressuscitado que abominava a escravidão. Na sua condição de professor recém-chegado a Harvard em 1842, ele recebeu de braços abertos a intensificação do "sentimento abolicionista" provocado pelo caso de um escravo fugido da Virgínia, George Latimer, preso, julgado e alforriado depois de um feroz clamor público.[61] Os fugitivos tinham sido *causes celèbres* até mesmo antes da nova Lei do Escravo Fugitivo, uma lei draconiana, entrar em vigor.

Em 1848, Gray casou-se com uma moça de uma família logo atingida por aquela lei detestada. Os Loring eram unitaristas conservadores como os Ticknor. A filha Jane foi criada como "calvinista do interior" ao lado da mãe e fazia um belo par com Gray. Seu pai, um importante advogado de Boston e membro da Corporação de Harvard, Charles Greely Loring, no começo não tinha a menor simpatia pelos abolicionistas. Mas a família frequentava a elegante West Church de Boston, cujo ministro foi se tornando menos conservador com o passar dos anos. A captura e a rendição do escravo Thomas Sims em 1851 reuniram todos eles em torno da causa do pobre rapaz, e Loring passou para o lado dos republicanos antiescravagismo. Com Sims ameaçando suicidar-se e Theodore Parker vociferando no seu púlpito abolicionista, a equipe jurídica de Loring, declarou *The Times*, lutou em vão para conseguir a libertação de Sims. Centenas de homens armados marcharam ao lado do moço de 17 anos, com lágrimas escorrendo pelo rosto, até o navio da praia de Boston que esperava para devolvê-lo ao seu dono na Geórgia. Em Savannah, o rapaz recebeu o número máximo de chicotadas permitido pela lei: 39.[62]

Quieto e reservado, dedicado a uma Jane sempre doente e ao herbário de Harvard, Gray não era nenhum incendiário e nem mesmo, admitia ele, "um abolicionista muito entusiasmado". Acreditava firmemente que as descobertas sobre o mundo de Deus não lesariam suas convicções religiosas. E, embora tivesse "outros motivos além dos científicos" para resistir a Agassiz, ele, como Darwin, sempre se atinha aos "fatos".

Em Yale, Dana estava preso num dilema, comprometido profissionalmente com Agassiz, mas teologicamente com a unidade adâmica. Gray tentou mostrar a saída a seu amigo Dana: os fatos de Darwin apontavam para "centros de irradiação" em relação a cada nova espécie, possivelmente até para grupos de novas espécies como em Galápagos, em vez das áreas gerais de criação por atacado de Agassiz. No mundo de Darwin, toda espécie nascia somente uma vez e num único lugar, a humanidade inclusive. Para Gray, essa era a "fé ortodoxa", e ele insistiu na questão com Dana. "Estou satisfeito por saber que sua ideia da unidade da espécie humana está sendo cada vez mais confirmada", disse ele para encorajar Dana, entendendo o que estava em jogo em termos evangélicos, e depois acrescentou: "A evidência parece-me firmemente em favor dela." À medida que

Darwin foi se aproximando de Gray, acabou por revelar inadvertidamente as suas verdadeiras intenções; Gray, por sua vez, deu a Dana informações sigilosas sobre uma "ressurreição" futura da célebre "teoria do desenvolvimento". O novo ângulo, advertiu Gray, tornaria a crença na criação por meio da evolução "mais respeitável e mais formidável" do que nunca, se é que Dana tinha sabedoria suficiente para entender sua importância.[63]

"A superficialidade e deplorável capacidade de argumentação" de Agassiz repugnavam Darwin. Ele ria da maneira pela qual "o grande homem" contornava fatos incômodos, declarando que "a natureza não mente jamais" (querendo dizer com isso que a natureza nunca mentiu para Agassiz). Gray ria com ele, sabendo que não havia nada que Agassiz "não pudesse explicar". Era a arrogância de alguém que acreditava compreender "a natureza completamente". No entanto, a arrogância de Agassiz não era muito diferente da declaração mais modesta de Gray de que a natureza estava de acordo com a sua fé. E, no fundo, Darwin sabia que ele também tinha "noções teóricas" impermeáveis a influências externas e conseguia contornar as dificuldades "à moda de Agassiz"; Darwin não admitira ele próprio sentir "um instinto para a verdade", que considerava paralelo a "um instinto para a virtude"? Mesmo assim, Agassiz era o alvo: quando Gray apresentou dados sobre a distribuição de gêneros de plantas grandes e pequenas, Darwin sentiu um grande prazer, pois "o resultado era o que devia ser, pois, como diz Agassiz: A natureza não mente jamais!" Gray *tinha* de estar certo; os dados mostravam que a migração e a irradiação adaptativa, e não a criação a partir do zero, explicavam a distribuição das espécies pelo globo. E o que era válido para as plantas também se aplicava aos seres humanos, "desde que", dizia Gray, "a gente se atenha [...] à ideia de um único local de nascimento das espécies".[64]

Uma dúzia de naturalistas, talvez mais, sabia que Darwin estava escrevendo um livro, mas só dois sabiam do que se tratava. Esperava-se uma obra de peso. Na verdade, depois de um "progresso sistemático", Darwin achou que o original estava pronto para ser publicado — impedindo o recrudescimento de sua temida doença — em 1859. Imenso com suas 375 mil palavras, em dois volumes no mínimo, *Seleção natural* seria um alvo fácil para um demagogo com um "pedrão" para atirar. Darwin esperava que Gray interceptasse o pedrão e até mesmo o atirasse de volta. De modo que jogou uma isca para Gray, contando-lhe a gestação de 19 anos e a coleta de fatos junto a "agricultores & horticultores", seu estudo de "variedades domésticas" como a chave da "*maneira pela qual* as espécies mudam", sua "conclusão heterodoxa de que espécies criadas independentemente umas das outras são coisas que não existem" e sobre como tudo isso "vai fazer você [...] desprezar a mim e às minhas excentricidades". Reafirmou que os dados de Gray sobre distribuição mostravam que as espécies descendiam umas das outras, em vez de terem sido criadas no seu *habitat*. Como de costume, Agassiz era o alvo tácito. A resposta de Gray: "Você começa [...] com fatos sólidos, tangíveis; e estou interessadíssimo em saber o que fazer com eles", abriu as comportas.[65]

"Meu caro Gray", começou Darwin com a maior intimidade, omitindo o "Dr." pela primeira vez; depois soltou um suspiro de alívio. O antiescravagismo de Gray deixara Darwin com "os mais cordiais sentimentos de respeito". Contou a Gray o "segredo", juntando-o aos outros dois naturalistas que haviam sido informados sobre a mecânica da seleção natural, Hooker e Lyell. Pedindo encarecidamente a Gray para "não mencionar minha doutrina", para que ninguém lhe roubasse a ideia, Darwin enviou um resumo de 1.200 palavras para Harvard.

Lendo o manuscrito, Gray o achou muito "hipotético", mas não fez nenhuma crítica mais grave; estava aberto e concordou em continuar enviando fatos. Mas, àquela altura, o que leu já tinha sido atenuado. Ou, mais precisamente, as raças humanas e a seleção sexual haviam sido expurgadas: elas seriam interpretadas por um americano, por mais liberal que ele fosse, simplesmente como bestiais — não só a unidade humana, mas também a unidade com o orangotango. O grau a que Darwin levara a "origem comum" — fazendo os seres humanos e os macacos terem um mesmo ancestral — poderia acabar com a aceitação de toda a teoria por parte de Gray.

Apesar disso, em qualquer debate sobre transmutação, o problema da unidade racial e, por conseguinte, dos macacos seria o primeiro rastilho de pólvora para os americanos. Agassiz garantira isso. A biogeografia criacionista de Agassiz continuava nas obras pró-escravatura de ativistas da *"negrologia"*. (Uma carta sua foi posta num local proeminente do novo livro de Nott e Gliddon, *Indigenous Races*, o que assegurou que seu nome constasse da página de rosto. Apresentava evidência de que até os povos malaio e negrilho das mesmas ilhas do sudeste da Ásia eram espécies distintas.) Em si, o "poligenismo" de Agassiz continuava parte integral do conflito torturante sobre a escravidão, enquanto o país se preparava para a guerra.[66] Sua intervenção garantiu que a criação "poligenista" *versus* a transmutação "monogenista" seria uma questão ideológica como nunca antes — seu foco seria, e só poderia ser, a humanidade.

Enquanto ianques dedicados à ciência e sulistas da vanguarda entusiasmavam-se com a etnologia abençoada por Agassiz, a questão da escravatura dentro e fora da ciência tornava-se inevitável. Gray percebeu isso e já estava enfrentando Agassiz. No entanto, por mais privilegiada que fosse a sua posição para se contrapor ao pluralismo do colega, ele era um devoto e, quando se tratava da transmutação humana mais profunda, Darwin não tinha certeza de poder contar com ele. Darwin estava incalculavelmente mais bem equipado para tratar dessa questão. Mas até ele queria mais informações raciais. E, por conseguinte, a despeito de sua repugnância pela escravidão, a prudência e os acontecimentos da Índia obrigaram-no a adiar a publicação do texto sobre a humanidade.

11

A ciência secreta separa-se de sua causa sagrada

Nem todos eram reticentes como Darwin. Outro naturalista que compreendera a importância crucial da raça para o debate sobre transmutação foi seu contato no Extremo Oriente, Alfred Russel Wallace.

Wallace fora para o exterior como coletor de espécimes autônomo na época de Prichard e, desde então, passara menos de 18 meses na Inglaterra. A sua era uma mentalidade da década de 1840, que era tudo, menos ingênua em relação a Agassiz e a *Types of Mankind,* e Wallace levou para os trópicos os *Vestiges* evolutivos em seu kit intelectual. Enquanto capturava aves e caçava borboletas, ele esperava provar sua "hipótese engenhosa" de que uma espécie gerava outras naturalmente. Wallace, auxiliado pelas *Lectures on Man*, de Lawrence, obra "interessante & filosófica", chegou à mesma conclusão a que Darwin chegara vinte anos antes: como as raças humanas eram análogas àquelas de animais e originaram-se naturalmente, todas as espécies devem ter sido criadas da mesma forma.[1]

Os seres humanos surgiram dos macacos, e os *Vestiges* chegavam até a dizer onde ficava "o berço da família humana". De modo que Wallace foi para lá: as Índias Orientais Holandesas. Nas florestas de Bornéu e de Sumatra, ele esperava encontrar a ponte que transpunha o fosso entre orangotangos e seres humanos. Depois de um ano foi publicado seu pequeno artigo sinótico (1855), que dizia que uma espécie podia derivar de outra "espécie intimamente aliada". Nessa época, Blyth informara Darwin a respeito desse pequeno artigo. "O que acha" dele?, perguntou Blyth.

"Bom! No seu todo!" "Ele de algum jeito abalou suas ideias a respeito da persistência das espécies?" É claro que Darwin estava bem à frente e não havia prestado muita atenção: "nada de muito novo", rabiscou ele. "Usa o meu símile da árvore."² Estava ocupado demais para entender os sinais.

A mais de 15 mil quilômetros de casa, Wallace atirou-se de cabeça sobre o que Darwin temia escrever. As aves do arquipélago malaio eram o seu ganha-pão, mas "os habitantes humanos" não eram menos importantes. Logo depois de separar "duas províncias zoológicas bem distintas", uma caracterizada por mamíferos placentários e a outra por marsupiais (demarcadas mais tarde pela famosa "Linha Divisória de Wallace"), ele também encontrou "duas das mais distintas e bem caracterizadas raças [humanas]". Os malaios morenos e de cabelos lisos tinham vindo do continente asiático, enquanto os papuas negros de cabelos pixaim vieram de uma massa de terra do Pacífico que submergira muito tempo atrás. Ao menos era o que Wallace insistia em dizer contra aqueles etnólogos de gabinete que consideravam as duas raças uma única (e até Agassiz as juntou numa mesma "província") ou confundiu seus "cruzamentos" com raças ligadas entre si, ou transitórias. Wallace estava entre seus objetos de estudo, vivendo com os daiaques:

> Estou convencido de que ninguém pode ser um bom etnólogo se não viajar, & não viajar apenas, mas residir como eu meses & anos com cada raça, tornando-se bem familiarizado com a fisionomia & o caráter moral médios, de modo a ter condições de detectar miscigenações, que desorientam o viajante por completo, pois ele acha que são transições!!³

Mesmo que naquela época os malaios e os papuas não mostrassem "nenhuma afinidade detectável uns com os outros", ele estava convencido de que tinham um ancestral comum.

Em cartas para casa, ele já estava se digladiando sobre a questão com Barnard Davis, discípulo de Morton e ex-cirurgião de baleeiras do Ártico que se tornara médico de província. O bajulador *Crania Britannica*, com um retrato de Morton na capa e tudo, havia sido recentemente publicado com coautoria de Davis. *Types of Mankind* seguira sua pista; *Indigenous Races* elogiara a obra. Darwin a leu, embora provavelmente tenha tido pouca simpatia pela intenção de Davis, que era manter a história anglo-saxônica pura, isenta da mancha celta. Embora Wallace estivesse apresentando a Davis "problemas" sobre a origem comum, as respostas que recebia toda vez eram da linha pluralista, segundo a qual era impossível *"povoar a terra a partir de uma única fonte"* — em resumo, a unidade de origem estava morta e enterrada. "Estou farto dele", desabafou Wallace com um amigo; como contra-argumento, "ler Prichard de ponta a ponta & as *Lectures on Man* de Lawrence" com o maior cuidado.[4]

A escravidão era endêmica no arquipélago. Durante eras, os supostos "selvagens" daiaques com quem Wallace vivia em paz tinham sido cruelmente explorados, os homens assassinados, as mulheres e crianças capturadas e vendidas a comerciantes malaios. Embora os nativos se escravizassem uns aos outros, os crioulos holandeses escravizavam os nativos, mesmo que o governo holandês, como observou Wallace, tivesse lhes dado "havia muito tempo proteção e direitos legais". Na ilha de Ternate, o anfitrião de Wallace, que tivera uma educação inglesa, tinha "mais de cem escravos" e, em fevereiro de 1858, foi uma tripulação de escravos, "a maioria papuas", que levou Wallace num barco a remo até a ilha vizinha de Gilolo para coletar pássaros e insetos. Ele pegou malária. Numa cabana próxima a um vilarejo ocupado por comerciantes malaios, "cercado de colinas" e onde os nativos de origem papua cultivavam arroz e sagueiros, de onde extraíam o sagu, Wallace ficou sofrendo, refletindo sobre a fragilidade da vida, a luta entre grupos raciais, na verdade a luta de todos os seres vivos pelos meios de subsistência. Entre os ataques, lembrou-se de ter lido um livro de Malthus sobre o problema de alimentar o excedente de população que nascia. Pensou no quanto era difícil florescentes populações de animais se alimentarem, ou para os daiaques e papuas obterem o suficiente para viver e quase — em estado de natureza. "Por que alguns morrem e outros vivem?", perguntava-se ele — e ocorreu-lhe uma resposta: os mais aptos para se alimentar sobrevivem. Deles surgiam novos grupos rivais e, em última instância, novas espécies.

Quando a febre passou, ele voltou a Ternate e pôs sua ideia no papel em "duas noites consecutivas".⁵ E lá foi o manuscrito para Darwin no primeiro vapor postal, que ficou guardado em alto-mar durante semanas.

Na família Darwin, em meio "ao ir e vir constante dos parentes e amigos", Fanny Allen, a tia radical de Emma, ainda afiadíssima aos 70 anos, acompanhava os acontecimentos dos Estados Unidos com um olho clínico. Acreditava no fundo da alma que "a emancipação vai encontrar seu caminho", mas achava que poderia "andar mais depressa" se os abolicionistas fossem "mais tranquilos".⁶

A situação americana deteriorara-se gravemente com a decisão de 1857 do Supremo Tribunal sobre o caso do fugitivo Dred Scott, segundo a qual os negros não eram cidadãos, mas sim propriedade, e não tinham "direitos que o homem branco fosse obrigado a respeitar". Essa decisão foi tomada dois dias depois que o novo presidente democrata usou seu discurso de posse para denunciar todos os abolicionistas. Meses depois, o mesmo James Buchanan, ex-embaixador em Londres, começou a participar de uma campanha pró-escravatura no Kansas, preparando o terreno para um sucessor republicano chamado Abraham Lincoln. Enquanto os americanos percorriam rapidamente o caminho que levava à catástrofe, *The Times* contava os detalhes da situação para os leitores ingleses, entre os quais Darwin. "Outra arma nas mãos dos abolicionistas", foi o comentário sobre a Decisão Dred Scott, cujo extremismo levou os moderados para o campo abolicionista.⁷

Por outro lado, Harriet Martineau estava vociferando contra os Estados Unidos no periódico radical *Westminster Review*, profetizando a des-União como seu "destino manifesto" por sancionar a escravidão. Martineau, antiga companheira de mesa e fumante de charutos, continuava íntima dos Wedgwood e preservara sua aguda consciência moral. Sua invectiva mais pura foi aquela relativa às importações de escravos cubanos pelos sulistas e aos pedidos descarados de reabertura do tráfico de africanos. A execrável Decisão Dred Scott, enraizada nos "alicerces [jurídicos] de uma estrutura de liberdade que parecia justa", teria consequências devastadoras. Contava como os seus próprios direitos haviam sido ameaçados com violência brutal no Sul. Ela chicoteou implacavelmente "o poder escravagista", censurando "o barbarismo intelectual" de "uma raça de valentões" que vivia em "mansões que estavam caindo aos pedaços" e que mandara pobres "rufiões" brancos ao Kansas com "armas e bíblias na mão" para "fazer propaganda da instituição que arruinara" todos eles.

Essa abolicionista radical não poupava ninguém. Muito tempo depois de seu batismo na política americana, ela ainda brandia uma pena letal. Em Lake District, tendo a inspiração do retrato de seu herói William Lloyd Garrison, ela escrevia editoriais para o *Daily News* sobre a falência moral do Sul, o fortalecimento do negro e a grandeza dos abolicionistas. A resposta inflamada a seu artigo do *Westminster* convenceu-a de que "todo o curso da política americana é determinado" pela questão escravagista.[8] Não é de surpreender que sua corneta acústica tenha sido confundida com um megafone.

E, para coroar, agora ela se declarava ateia, uma das primeiras damas nessa condição que as delicadas senhoras da sociedade inglesa conheceram. Fazia proselitismo sobre isso também, daí a sarcástica observação de Darwin: "Deus não existe & Harriet é sua profetisa." Seu lapso em relação ao unitarismo era mais ou menos aceito. Tia Fanny ficou horrorizada, mas Erasmus simpatizava com o movimento, e Darwin não se perturbou. Como o avô, via o unitarismo como "um colchão de penas para aparar um cristão em queda", e ela acabara de cair.[9]

Todos eles pareciam florescer com a resiliência moral de Harriet, com Deus ou sem ele. Fanny Wedgwood era uma admiradora devota de Martineau, e a correspondência entre as duas era copiosa entre as visitas. Em 1858, Martineau confidenciou-lhe que estava escrevendo outro ensaio sobre um tema perigoso. (Fanny sabia da "extrema importância" de proteger a identidade de Martineau de americanos enfurecidos.) Naquele verão, Charles Sumner, "o velho amigo" de Martineau, que lhe fora apresentado perto de Boston, estava na Europa para um "tratamento *cirúrgico*" depois de ser espancado violentamente por um senador sulista. Na Inglaterra, ele conhecera, muitos dos amigos de Darwin, entre os quais seu vizinho lorde

Cranworth, que morava perto de Downe. Prestes a visitar Martineau, Sumner insistiu com ela para que enterrasse os arautos americanos do juízo final apresentando "os resultados reais" da emancipação das Índias Ocidentais. Como era uma garrissoniana da gema, Martineau desconfiou da antiescravidão política de Sumner, mas "o espírito de sua vida pública" ajudou-a a superar a desconfiança e ela achava que, "se ele se recuperar, vai ser presidente".[10]

O novo artigo de Martineau era o seu primeiro para o periódico *Edinburgh Review*, leitura obrigatória nos lares Darwin-Wedgwood durante meio século. Parece que o próprio Darwin fora convidado a escrever para essa revista trimestral solenemente liberal e porta-voz da política antiescravagista. Seu colega de escola W. R. Greg, um importante colaborador, fez o convite por intermédio de Fanny — quase £1 por página, mais do que pagava o *Westminster* —, que massageou o ego de Darwin, embora ele não escrevesse por dinheiro.[11] Recusou, claro. Seu "livro atual sobre as espécies & variedades" vinha em primeiro lugar — e ainda bem. Embora o manuscrito sobre "Seleção natural" refutasse o pluralismo e a escravatura à sua moda devastadora, nada que ele pudesse ter escrito para a revista *Edinburgh* teria sido melhor do que "O tráfico de escravos em 1858". Foi o artigo mais revelador de Martineau desde "A era dos mártires nos Estados Unidos".

Cinquenta anos depois de sua abolição, o tráfico negreiro estava renascendo graças à tolerância pública. Uma nova geração achava o movimento antiescravagista "obsoleto e enfadonho". "Visões modernas e novos interesses" estavam se impondo. A propaganda sulista, com "referências extasiadas ao Sr. Carlyle" e apelos à nova ciência — aquele maremoto que culminou em *Types of Mankind* e *Indigenous Races* —, afirmava que "a servidão negra ao homem branco não é escravidão humana, mas sim a condição normal da raça inferior". Martineau contra-atacou apelando para os exemplos de Mackintosh e Wilberforce — aos Santos, e não à ciência.[12] Havia pouca ciência moderna para subverter a causa escravagista.

Essa ciência era a preocupação constante de Darwin. Aliás, o trabalho e a preocupação contínuos esgotaram-no, e ele foi muitas vezes para uma casa de repouso hidropática em Moor Park, perto de Farnham, em Surrey. Durante uma semana ou um mês, ele abandonava a "Seleção natural" para se tratar, não se importando, disse a Emma, "a mínima com a maneira pela qual os animais e as aves foram criados". Ela sabia das coisas. "Ando sem rumo durante horas no parque e distraio-me observando as formigas", confessou ele. Uma pausa em 1858 acabou levando a algo parecido com um insight produtivo quando ele finalmente teve um vislumbre, nas charnecas arenosas, "daquela formiga rara que faz escravos e viu as negrinhas nos formigueiros de suas donas".[13]

A primeira notícia de formigas escravas na Inglaterra havia sido publicada fazia só quatro anos. Foi o informante de confiança de Darwin, Frederick Smith, do Museu Britânico, que as descobrira perto de Hampshire. Na verdade, a *Formica sanguinea* escravagista só existia em áreas seletas do sul da Inglaterra. Isso levou Darwin à caça — e então suas formigas foram enviadas a Smith para que ele confirmasse sua classificação, ou talvez tenham sido levadas para Londres pelo próprio Darwin. De manhã cedo ou no fim da tarde eram os melhores horários para observar um grupo de pilhagem, avisou Smith; e durante o verão, quando as pupas estavam no formigueiro saqueado. De modo que, todo verão, o inválido Darwin fazia experimentos: encontrou 14 formigueiros ao todo e começou a mexer neles, tirando as pupas e depois observando como as minúsculas escravas negras (com metade do tamanho de suas "donas" vermelhas) reagiam. Sempre as escravas defendiam a colônia vermelha alienígena, protegendo o formigueiro, carregando as pupas para local seguro, como que sugerindo estarem "se sentindo completamente em casa".

Ele especulou sobre a evolução da escravatura das formigas em "Seleção natural". As ancestrais das saqueadoras de formigueiros roubavam as pupas para comê-las, e algumas delas eram poupadas e criadas como escravas. Estas, no seu devido tempo, começavam a trabalhar para o formigueiro de suas captoras. Sua presença aumentava a "aptidão" da colônia, e essas colônias que chocavam ovos começaram a dominar, com a seleção favorecendo as atacantes, cujos instintos foram modificados para elas só sequestrarem — e não comerem — as servas *"negras"*. Mais à frente desse caminho evolutivo estava a formiga escravizadora *Polyergus*, "abjetamente dependente" de suas servas capturadas. Essa espécie não tinha "operárias neutras, mas só soldados, ou escravagistas, cujas mandíbulas eram incapazes de construir um formigueiro" ou alimentar os filhotes. Essas senhoras de escravos haviam perdido o instinto de cuidar da colônia: as escravas faziam os ninhos, alimentavam as larvas e determinavam a hora de migrar. O bizarro, como disse Darwin em "Seleção natural", era que essas escravas bajuladoras chegavam até a impedir que suas donas saíssem em expedições de pilhagem enquanto as larvas que eram o seu alvo não estivessem no ponto certo! De modo que parecia que os instintos das *escravas* também haviam sofrido modificações para atender às necessidades de suas captoras.[14] Isso seria fatal para a seleção natural. Darwin resolveu o problema sugerindo que o instinto das escravas de impedir sua própria espécie de migrar na hora errada simplesmente se manifestava agora quando evitavam que suas donas saíssem para um ataque durante as semanas erradas.

Enquanto Darwin estava naturalizando o instinto escravagista da *Formica sanguinea*, procurava desacreditar a argumentação escravagista do *Homo sapiens* (variedade branca do Sul). O que tornou seu trabalho fascinante foi que, nos meses do auge do verão, em que as formigas não atacavam outros formigueiros, a família continuava sua campanha abolicionista. As questões sociais eram inevitáveis.

Três semanas antes de Darwin ver a primeira *derrota* de um grupo de formigas escravagistas, William, seu filho mais velho, então com 19 anos, estudando com um tutor de Norfolk para seu exame de admissão em Cambridge, enviou-lhe pelo correio uma reportagem do *Times* sobre a escravidão em Cuba. Não havia necessidade de aulas para esse filho da abolição ter ideia de sua importância. No dia 17 de junho de 1858, o bispo Samuel Wilberforce (filho do grande abolicionista) levou à Câmara Alta uma petição da Jamaica pedindo aos lordes que obrigassem o governo espanhol a honrar seus tratados e acabar com o tráfico de escravos em Cuba. "O amor ao lucro" estava na raiz do tráfico, dizia Wilberforce aos gritos de "Ouçam, ouçam" — lucro ilegítimo "obtido com... sangue". A Inglaterra cristã estava "obrigada... por todos os deveres... mais sagrados" a usar todos os meios em seu "poder para dar um basta às mazelas" do tráfico.[15] O *tour de force* do bispo acabou nas mãos do herói de tia Bessy Wedgwood, o octogenário lorde Brougham, que dirigira a acusação da Câmara dos Lordes contra a escravidão das Índias Ocidentais trinta anos antes, erguendo-se para liderar um coro nobre de vozes que concordavam com ele. Foi uma "medida capital do bispo de Oxford", respondeu Darwin, agradecendo a William.

Darwin estava tão mergulhado na literatura antiescravagista que escorregava facilmente (quando não conscientemente) para a terminologia da "Instituição Doméstica" enquanto observava o que se passava embaixo da terra. Ele era inflexível em relação a isso. Explicou a Hooker suas últimas descobertas em Moor Park da seguinte maneira:

> Distraí-me um pouco aqui observando a formiga escravagista, pois não consegui evitar minhas dúvidas sobre as histórias fantásticas, mas agora vi um grupo de pilhagem derrotado, & vi a migração das escravagistas de um formigueiro para outro, levando suas escravas (que são escravas *domésticas* & não do campo) na boca![16]

Smith notara que as minúsculas prisioneiras da espécie *F. nigra* nunca saíam do formigueiro, exceto para migrar. De modo que ele também as chamava de "Escravas Domésticas", e Darwin atribuiria a Smith a ideia de elas serem "escravas estritamente domésticas". Mas está claro que Darwin já adotara antes essa linguagem.

Seria de se esperar que ele procurasse ter certeza de que não havia possibilidade de nenhum desvio metafórico. Afinal de contas, escravizar era "um instinto muito extraordinário e odioso", como ele próprio admitia. E, na verdade, os comentaristas viram-no reconhecer uma prática natural das formigas "ao mesmo tempo que tentava impedir toda e qualquer naturalização da escravidão humana", e viram-no usar o vocabulário descritivo do Sul "sem permitir que o comportamento das formigas justificasse as práticas humanas".[17] Ao contrário: ele não fez absolutamente nenhuma tentativa de relacionar *ou* deixar de relacionar o comportamento dos seres humanos e das formigas — na verdade, ele nunca mencionou os seres humanos no mesmo contexto. No entanto, como Darwin sempre insistira em dizer que "o que se aplica a um animal aplica-se a todos os outros animais", e como ele usava termos da "instituição peculiar" dos Estados Unidos para falar de colônias de formigas, um adversário poderia dizer, *prima facie*, que ele estava tornando naturais ambas as sociedades "odiosas".

O absurdo dessa conclusão foi ressaltado pela piada perene de Erasmus Darwin sobre formigas: "Qualquer hora dessas vou descobrir que elas têm os seus bispos." Esse era o ponto essencial, claro. Não havia formigas abolicionistas, nem bispos influentes num Parlamento de formigas, nenhuma guerra civil Formicidae sobre questões morais. Mesmo que um mínimo de "discernimento ou razão" influenciasse os "animais muito abaixo na escala",[18] as formigas continuariam sendo instintivas em sua maior parte, quase autômatos. Os seres humanos eram vistos como criaturas racionais e morais, com faculdades que lhes abriam um grande leque de opções: a diferença pareceria tão óbvia aos leitores de Darwin que ele simplesmente não teve necessidade de levantar essa bandeira.

Essa opção era evidente agora como nunca antes. Enquanto observava seus insetos vermelhos e negros, todos os ingleses liam atentamente a imprensa diária, perguntando-se quando a bomba-relógio dos Estados Unidos explodiria, sabendo que cada momento, cada atrocidade sulista, cada ataque abolicionista fazia aproximar-se a hora da explosão. Não havia nenhum front abolicionista para acabar com as atrocidades das formigas.

Não é preciso dizer que uma nova raça de deterministas duvidava que houvesse muito espaço de manobra mesmo entre os seres humanos, mas os Darwin ativeram-se às suas crenças. O historiador autodidata Henry Buckle, que, como Darwin, vivia da herança e, como Darwin, adorava a rotina, publicou sua *History of Civilization in England* [História da civilização na Inglaterra] em 1858. Heróis valentes, vitórias gloriosas, escravatura e sua abolição — toda a grandeza de Albion era, para Buckle, o resultado estatisticamente correto das leis naturais do progresso. Martineau, que nunca acreditara no livre-arbítrio, adorava seu senso de fatalidade; Erasmus enviou-lhe o livro. Alguns deploraram a implicação de que a conduta estava além do controle do indivíduo, outros que toda a ciência e toda a história eram regidas "por um princípio glorioso de regularidade universal e invariável". Mas, ao contrário de Knox, para Buckle a primordialidade da raça era algo que não existia, só havia uma separação prichardiana natural das nações para harmonizar clima e tempo. Na verdade, seu liberalismo metropolitano se contrapunha aos ditames racistas mais crassos da época (ele se negava a levar em conta a ideia de "uma raça celta preguiçosa; o fato puro e simples era que os irlandeses não gostavam de trabalhar não por serem celtas, mas sim porque seu trabalho era mal pago").[19] Portanto, quem melhor do que Fanny e Hensleigh Wedgwood para convidar para jantar com Erasmus, os Darwin, e os Hooker?

Foi um erro. Qualquer que fosse a rotina de trabalho de Buckle, não era como a de Darwin: um Buckle dominador vociferou a noite toda, enchendo a sala de visitas de detalhes sobre a maneira pela qual ele compilara e indexara fatos de sua biblioteca de 20 mil volumes. Darwin, ele próprio um indexador de fatos, acabou lendo duas vezes a *History* de Buckle, mas duvidava de que suas "leis" tivessem "qualquer valor". Todos acharam Buckle extremamente chato. Emma acalentava seu próprio raciocínio nefando: se "o caráter pessoal" não conta na história, como explicar "a abolição da escravatura?" Será que "Buckle [...] diria que se Garrison não tivesse surgido" nos Estados Unidos, a história teria feito surgir "um outro" de igual estatura para expiar o pecado?[20]

Quando a descrição do discurso do bispo chegou a Down House, chegou também um pacote sinistro. O manuscrito de Wallace vindo do Extremo Oriente foi aberto no dia 18 de junho de 1858. A vida rotineira de Darwin sofreu um baque. Naquele dia, sua filha Henrietta apareceu com o que, à primeira vista, parecia uma amidalite, mas o diagnóstico acabou sendo de difteria. Os hóspedes e familiares de visita — o ex-governador Robert Mackintosh inclusive — foram embora imediatamente por medida de segurança. A doença era o infortúnio que atacava a família constantemente, mas Darwin tinha condições de enfrentá-la. O que o estava torturando era o manuscrito de Wallace.

Lyell previra essa bomba. Não havia sido o pequeno artigo de Wallace de 1855 que o levara a aconselhar Darwin a publicar suas ideias, para que elas não lhe fossem roubadas? Suas "palavras tornaram-se realidade em alto grau", admitiu Darwin. O manuscrito de Wallace parecia uma revelação da teoria que ele refinava incessantemente havia vinte anos. Wallace podia não ter mencionado o termo "seleção", podia ter negado qualquer analogia entre raças selvagens e domésticas, mas, nos aspectos malthusianos sobre superpopulação, luta e sobrevivência diferencial, a teoria parecia semelhante. Darwin viu nela o que temia, um "furo de reportagem". "Onze longos capítulos" sobre "Seleção natural" estavam esboçados — 225 mil palavras — com cerca de três ainda por escrever; as dez páginas sobre seleção sexual tinham sido introduzidas sub-repticiamente no manuscrito no início do capítulo 6, junto com outros acréscimos. Depois de duas décadas de agonia, Darwin estava à beira de um ataque de nervos e só conseguia gemer para Lyell: "Toda a minha originalidade... vai ser esmagada!"[21]

Uma enxurrada de cartas levou a um acordo de cavalheiros. Hooker e Lyell garantiram a primazia de Darwin com a leitura conjunta de resumos de seu ensaio de 1844 e da carta de 1857 a Gray, e do manuscrito de Wallace perante a Sociedade Linneana no dia 1º de julho de 1858. Os artigos foram publicados nessa ordem (nada que fosse do conhecimento de Wallace, lá nos confins do Extremo Oriente). Essa reunião, a primeira do mundo sobre seleção natural, passou quase despercebida; a "seleção sexual" não foi citada textualmente, e muito menos uma explanação da divergência racial humana. Darwin falou de passagem sobre uma "segunda maneira" de produzir mudanças, "qual seja, a luta dos machos pelas fêmeas" (não havia indício de que ele estivesse começando a passar para a opção feminina) — uma luta travada por meio de batalha, beleza ou música para conquistar favores. A luta entre os machos levava à diferenciação sexual, mas a ideia não foi elaborada, nem explicada, bem como não foi feita nenhuma alusão à seleção quando se tratava das características raciais.

Poucas semanas depois, Darwin estava reduzindo seu original para poder publicá-lo rapidamente. No início ele pensou em fazer um "panfleto"; depois, à medida que os problemas se multiplicavam, um livro "popular". Lyell fez uma proposta a seu próprio editor, John Murray, com a promessa de Darwin de que "meu livro não é mais *hetero*doxo" que o necessário, querendo dizer com isso que "não discuto a origem do homem" nem "levanto qualquer discussão sobre o Gênesis". Murray não gostou nem um pouco da "Seleção natural" no título, mas Darwin insistiu nisso porque "a seleção" era "usada constantemente em todas as obras sobre cruzamentos" — e este era um livro que começaria com pombos domésticos. Chegaram a um acordo em torno de "Seleção natural ou preservação das raças privilegiadas", título de que Murray gostou. Todos estavam familiarizados com o conceito de raça, não apenas com espécie de pombos. O anglo-saxonismo racial estava varrendo a Grã-Bretanha e os Estados Unidos, e proselitistas como Knox e Nott eram apenas a ponta do iceberg de uma ideologia do "destino manifesto"que estava se arraigando profundamente em ambas as culturas. Os sofrimentos de uma raça escravizada na América estavam prestes a levar a uma guerra e estavam tocando o coração dos abolicionistas em casa graças aos cartuns de *Punch* e a um milhão de exemplares de *A cabana do Pai Tomás*.[22] O contato racial, a preservação racial, o destino racial eram os grandes argumentos da época. *Sobre a origem das espécies por meio da seleção natural, ou a preservação de raças privilegiadas na luta pela vida* pode não ter discutido "a origem do homem", mas uma palavra significativa no título de Darwin, "raças", pôs o livro no centro do maior debate moral do momento.

Talvez tenha acontecido também que as opiniões de Darwin sobre seleção sexual, que estavam mudando, combinadas ao bloqueio das cartas de Blyth, tenham deixado sua alternativa antiagassiziana — negros e brancos diferenciados por acasalamento seletivo — para publicar mais tarde. Enquanto forma de explicar a criação, *A origem das espécies* "insultaria o Gênesis" de qualquer forma, de maneira que falar sobre raças humanas poderia comprometer ainda mais a aceitação da seleção natural. Mas aqueles que conheciam a ciência de Darwin teriam percebido o quanto ela era tradicional, num certo sentido. Criadores de animais com botas enlameadas e com seus conhecimentos obtidos a duras penas sobre hereditariedade e "longas linhagens de descendentes" orgulharam-se de constar na *Origem*. Por que "as espécies em estado de natureza" não deviam ser consideradas "descendentes lineares de outras espécies", perguntava ele, exatamente como "muitas de nossas raças domésticas descenderam dos mesmos pais?"[23] Sua premissa ainda era que, em última instância, *todas* as raças originaram-se de ancestrais comuns, o que incluía a humanidade implicitamente.

Nem todos os cientistas perceberam as intenções de Darwin com a mesma rapidez de Lyell. Huxley detestava a escravidão, mas estava disposto a ouvir os argumentos de Nott e Gliddon em *Types of Mankind*. Ele a detestava mais que a maioria e, para ele, Agassiz estava ao lado de Richard Owen e dos bispos de seu panteão demoníaco. Darwin teve de concordar que "a superficialidade e deplorável capacidade de argumentação" de Agassiz chegaram a seu ponto máximo em seu *Essay on Classification* [Ensaio sobre classificação] (1857). Depois de agradecer a Agassiz o "seu presente magnífico", Darwin virou a casaca e riu com Huxley daquele "lixo absolutamente impraticável". Imagine um professor de Harvard declarando em 1857 (como anotou Darwin em seu exemplar) que a "ideia de esp[écies] provenientes de um único casal [era] algo de que quase todos os naturalistas haviam desistido!"[24]

Mas Huxley tinha seu próprio "lixo" mental para limpar. Estava andando depressa, mas não o bastante para acompanhar Darwin. Huxley ainda duvidava da progressão da vida através do tempo geológico; achava que um homem da época dos dinossauros devia ter caçado marsupiais com lanças "como os negros australianos" fazem agora — em síntese, que a humanidade podia ter persistido inalterada durante eras e eras, o que tomava fútil a busca das origens.[25] Ele não conseguia aceitar a ideia de animais antigos serem mais "generalizados" do que seus descendentes vivos. Huxley achava Darwin difícil. Suave, suave, como sempre, era o caminho de Darwin, enquanto ele sondava socraticamente o pensamento de Huxley. Mas era trabalho duro, pois Huxley desprezava as "árvores genealógicas" de animais e plantas feitas por Darwin: "Seu negócio de pedigree", respondeu Huxley, "não tem mais relações com a zoologia pura do que o pedigree humano com o censo." Essa era uma opinião tão ruim quanto as de Agassiz, reunindo todas as espécies num lugar só em vez de rastrear seus laços de família. Darwin estava menos interessado na contagem de números de animais; para ele, a origem comum era o *verdadeiro* "plano com o qual o Criador... trabalhara", aquele plano procurado tão ansiosamente por todos. Ele reagiu com uma pergunta fatal:

> *Suponha* que todas as raças humanas descendessem de uma única raça; *suponha* que toda a estrutura de todas as raças humanas fosse perfeitamente conhecida — suponha que um diagrama perfeito da origem de todas as raças fosse perfeitamente conhecido — *suponha* tudo isso... e depois você não pensaria que a maior parte das pessoas preferiria como a melhor classificação uma classificação genealógica[?]

O que se aplicava às raças humanas aplicava-se a todas as raças. Será que Huxley ousaria negar que todos os seres humanos são parentes? "Eu gostaria de ouvir o que você diria sobre esse exemplo puramente teórico", escreveu Darwin. "Em geral, podemos supor tranquilamente que a semelhança das raças & seus pedigrees andam de mãos dadas."[26] Os buldogues de Darwin exigiam o mais rigoroso adestramento.

O próprio Lyell fez muita pressão sobre Huxley. Se os fósseis mostravam *realmente* que a vida "progredia", afinal de contas, então, advertiu ele, acabaremos descobrindo que a humanidade é descendente de uma longa série de primatas. "Uma raça de selvagens... com pouco desenvolvimento craniano" teria surgido primeiro, "& dela as raças negra & branca & outras... extintas ou ainda por surgir" "evoluir[iam] da mesma forma que as variedades permanentes".[27] Onde *A origem* se omitia, Lyell falava — e ele estava tirando dos fatos do presente uma lição para o futuro. Agora sua preocupação era revisar seus próprios *Principles of Geology* para se manter atualizado.

Na pressa para publicar, os hábitos de leitura de Darwin se modificaram. Normalmente ele lia dezenas e dezenas de livros por ano. Nesses meses, suas listas de leitura diminuíram até ele finalmente parar de fazê-las. Muita coisa que "não era científica" agora era lida para ele por Emma, e suas preferências de leitura durante essa época de tensões raciais revelavam preocupações constantes com seu envolvimento com o que estava acontecendo nos Estados Unidos.

Um livro perturbou Darwin mais que qualquer outro. Todos recomendavam a trilogia de Frederick Law Olmsted sobre suas viagens pelo Sul. Era um pequeno mundo. Olmsted era amigo íntimo de Charles Loring Brace (que foi batizado com esse nome em homenagem ao tio defensor de escravos fugidos), cunhado de Asa Gray, o botânico de Harvard; e, durante um passeio turístico pela Inglaterra, Gray mostrara os Jardins Botânicos Reais de Kew a Olmsted e Brace. Gray também recomendaria *A Journey in the Seaboard Slave States* [Uma viagem pelos estados escravagistas do litoral] (parte de uma trilogia) a Hooker. Para Olmsted, a escravidão era mais uma tragédia que uma traição, mas ele tratou a sociedade sulista sem preconceitos. Tia Fanny fez pressão para Emma e Charles lerem a *Journey*, sabendo que "lhes daria muito prazer"[28] — querendo dizer com isso que reforçaria suas convicções.

Darwin começou o volume sobre o Texas da trilogia de Olmsted quando estava se recuperando em Moor Park e escrevendo a *Origem* durante parte do tempo. Essa introdução ao surgimento "desastroso" da escravatura num estado instigou-o a ler a *Journey* referente aos estados escravagistas, embora nada do que já lera na vida o tivesse preparado para o choque. A cada página, o poder corruptor da escravidão aparecia com uma clareza torturante. Ao entremear reportagens da imprensa com entrevistas, Olmsted recriou a proximidade da vida real.[29]

Dá para entender a simpatia de Darwin. Olmsted tinha a mesma paixão que ele pelo detalhe mais insignificante, a mesma curiosidade pela natureza humana — os mulatos intrigavam-no — e a mesma crença na dignidade de todas as raças. Na Virgínia ele ficou ao lado de negros pobres diante do túmulo de uma criança, enquanto seu líder falava com eloquência e as mulheres choravam. E também houve o caso de um homem, um menino e uma menina levados a leilão como se fossem gado, na ponta de uma corda, algemados e chicoteados por "uma tempestade de granizo", as roupas ensopadas. Olmsted pegou um trem do sul com escravos destinados ao mercado, como gado, as mulheres valendo menos como trabalhadoras do que uma "égua reprodutora". Um fazendeiro queixou-se de ter perdido "uma de suas melhores mulheres [...] no parto pouco antes da colheita", e também o bebê, e isso "foi muito duro para ele", pois não teria vendido essa propriedade nem por "mil dólares". Nos estados escravagistas que ficavam mais ao norte, Olmsted notou que "prestam tanta atenção à reprodução e ao crescimento dos negros quanto aos de cavalos e mulas".[30] A imagem do cavalheiro sulista Josiah Nott, que usava cavanhaque, criava cavalos e mantinha escravos, nunca estava longe dessas páginas.

Essas eram as mazelas santificadas pelo poligenismo. Para um cavalheiro refestelado no interior da Inglaterra, as imagens de Olmsted eram um lembrete dos frutos venenosos da filosofia de Agassiz e Nott. Capturar "negros sujos" era muito parecido com o esporte da caça. As páginas de Olmsted eram viradas por um homem que agora não tinha estômago para caçar nem um pássaro. "Nenhuma espécie *particular* de cães é necessária para caçar negros", registrou Olmsted; "sabujos, foxhounds, buldogues e vira-latas", todos eles podem ser "adestrados para isso". Um anúncio do *West Tennessee Democrat* oferecia "SABUJOS... Eles conseguem encontrar a pista DOZE HORAS depois que UM NEGRO PASSOU e pegá-lo com facilidade".

Os cães de caça eram o forte de Darwin; provar que as raças tinham uma origem comum era provar que senhor e escravo tinham uma origem comum, e essa conclusão acabaria finalmente com essa atrocidade, enquanto o poligenismo caía com seus perpetradores. Ele nunca esqueceu "o horror de suas noites insones" no começo de 1859 enquanto lia Olmsted.[31] E, àquela altura, ele estava escrevendo os últimos capítulos de *A origem das espécies*.

"A origem do homem e sua história serão esclarecidas." Uma frase curta das páginas finais da *Origem* protegia Darwin de acusações de estar escondendo suas crenças mais profundas. Ele sabia que todo mundo leria "humanidade" no livro. Aquelas nove palavras significavam que: "O homem está nas mesmas condições que os outros animais." Seria um segredo conhecido de todos, como ele admitiu para Lyell.[32]

Mas a explicação completa das origens raciais humanas foi omitida porque Darwin não tinha a evidência inquestionável de que precisava para convencer um mundo cético. Na situação em que se encontrava, ele foi obrigado a declarar que chegou à seleção natural sem motivos velados, buscando apenas a verdade. Mas nenhuma declaração especial ajudaria se ele publicasse alguma coisa sobre a humanidade. Seria necessário dispor de evidências esmagadoras para mostrar não só que a seleção sexual é que dividia as raças, mas também como é que os ancestrais humanos descenderam fisicamente dos animais — muitíssimo mais do que ele poderia reunir com aquela pressa toda.

Só um terço de "Seleção natural" havia sido adaptado para se transformar na *Origem*. O plano de seu "Livrão" era discutir as origens raciais humanas, com pelo menos um volume inteiro sobre raças domésticas, híbridos, mestiços e seleção artificial. Isso parecia crucial, pois os propagandistas da escravidão publicaram seus próprios livros imensos separando as muitas espécies humanas e os Estados Unidos estavam indo na direção da guerra. Mas, na pressa em terminar a *Origem*, que era a sua prioridade, os interesses de Darwin pela questão racial teriam de esperar. Em parte, a culpa era do poço de evidência chamado Edward Blyth, que secara; pois, como Darwin disse na *Origem*, fazendo-lhe uma bela homenagem, ele valorizava a opinião de Blyth sobre ancestralidade racial "mais que praticamente todas as outras".

Darwin introduziu furtivamente outra frase reveladora numa passagem sobre diferenças não adaptativas entre raças domésticas. "Eu acrescentaria que parece que um pouco de luz poderia ser lançada sobre a origem dessas diferenças" — entre as quais as diferenças entre as "raças humanas" em sua condição de raças domésticas — "principalmente pela seleção sexual de um determinado tipo; mas, sem entrar aqui em copiosos detalhes, minha argumentação pareceria frívola". Ele não estava dizendo tudo naquele seu discreto jeito inglês. "um pouco" significava bastante.

Mas o poder que a seleção sexual tinha de instituir raças seria mantido em segredo, mesmo que, em outra passagem, Darwin revelasse provocadoramente o tipo de seleção sexual que tinha em mente.

Sabemos que ele acreditava que os machos humanos tinham se apropriado do poder de escolher, embora ele não diga isso na *Origem*; selecionando as fêmeas por *sua* beleza, exatamente como "o homem pode dar uma carruagem elegante e beleza a seus garnisés". Depois ele foi além na observação dos jacarés machos, que se comportavam "como índios numa dança de guerra", nos machos de aves, que cantavam e se exibiam para as *fêmeas* julgarem sua força ou seu talento para o canto. Agora ele insinuava que eram elas que "por fim, escolhiam o par mais atraente". As fêmeas, "ao selecionar durante milhares de gerações segundo seus padrões de beleza", eram, na verdade, as responsáveis pela escolha do instrumental masculino.[33] Seu mecanismo para diferenciar as raças umas das outras ainda não havia sido inteiramente compreendido; mas, fosse como fosse, escolha do macho ou da fêmea, os animais da *Origem* agiam como seus próprios criadores, seus próprios arquitetos da raça. E então ele se cala novamente: "Não posso entrar aqui nos detalhes necessários para comprovar essa opinião."

Seu primo Francis Galton, que viajara pela África e fizera comentários sobre as nádegas hotentotes, queria saber mais sobre essa escolha sexual. Darwin confessou que não se sentiria seguro "a respeito da parte desempenhada por machos & fêmeas" enquanto não "comparasse todas as minhas notas". Era necessário cavar mais fundo, era necessário dispor de mais evidência. Ele temia críticas ferozes sobre machos e fêmeas, pássaros e borboletas, antes mesmo de chegar ao tópico da unidade humana.[34]

O homem era intocável na *Origem*, as raças humanas eram um assunto melindroso demais, salvo por duas esclarecedoras passagens cifradas. Mas Lyell sabia que, em última instância, o livro *era* sobre o homem. Sabia que, assim que a seleção natural fosse ponto pacífico, ela abriria uma brecha na fortaleza do homem branco. Reconheceu isso ao ler os originais, dizendo a Darwin: "Foi isso que me fez hesitar tanto tempo, sempre achando que a questão do Homem & suas Raças & o que são os outros animais & as plantas são uma só & e a mesma & que se uma 'causa vera' [causa verdadeira] for admitida para uma delas [...] seguem-se daí todas as consequências." Ainda temeroso, ele queria salvaguardas morais. Ele precisava sobretudo de Deus para garantir um pedigree elevado ao usar "o poder criador" para enfatizar a seleção que transformava "um orangotango num bosquímano [...] e depois num Newton". Ao fazer "o homem branco [suplantar] o negro", Deus mostrava que Sua raça eleita estava em seus planos desde o início.

Mas Darwin não padecia dessa arrogância. Deus não estava envolvido na criação da superioridade branca, como acreditava a aristocracia sulista de Lyell. A evolução elevava a inteligência humana por operar sobre "as raças humanas; as menos intelectuais [...] sendo exterminadas". Isso se parecia com uma frase que escrevera em seus cadernos pós-Malthus: que algumas raças, principalmente a branca, eram mais "intelectuais" e suplantariam os nativos durante a colonização. Mas, ao que tudo indica, não era bem isso, pois Darwin fez uma exceção ao exemplo de Lyell de competição entre "o negro & o branco na Libéria". A luta em solo estrangeiro não se dava basicamente entre raças ou espécies isoladas, mas entre "grupos ou gêneros" inteiros de invasores que dominavam os habitantes locais. Ele também declarou pensar "na extinção futura quase certa do gênero Orango pelo gênero Homo, não porque o homem seja mais bem adaptado ao clima, mas devido à inferioridade intelectual herdada do gênero Orango — o gênero Homo, com seu intelecto, inventou armas de fogo & derrubou a floresta". Era como se Darwin tivesse medo de suas próprias conclusões. A linhagem "intelectual" — se é que isso significava homens armados — tinha implicações sinistras para o contato racial. De que adianta libertar escravos e acabar naturalizando sua morte? Darwin, como sempre, encerrou rapidamente a questão, declarando de novo que não havia "espaço para discutir esse problema".[35] Este seria o dilema da década de 1860.

Mas Lyell não deixaria aquilo passar em branco. Como explicar, então, "a distância entre as raças europeia, negra, hotentote & australiana?" Se o clima estava fora de questão, será que só os intelectos rivais explicariam a diversidade? (Ele ainda não sabia nada sobre a seleção sexual.) Pensou de novo na intervenção divina, que ressuscitava o espectro da criação racial em separado de Agassiz: "Disseram-me [...] que provavelmente elas surgiram de vários troncos ou espécies indígenas estabelecidas em regiões remotas & isoladas." Em desespero, Lyell estava apelando para as raças primordiais de Agassiz como um último recurso para preservar parte da dignidade branca. Na verdade, será que a *Origem* não concordava com Agassiz ao reconhecer que "nossos cães descenderam de vários troncos selvagens?"[36] Isso não subvertia a bela prova de que os pombos selecionados pelo homem, assim como as pessoas, tinham um ancestral comum?

Era uma pergunta válida e nada fácil para Darwin responder. "Você superestima [a] importância da origem múltipla dos cães", respondeu ele. "Eu preferiria *infinitamente* a teoria da origem única em todos os casos; se os fatos permitissem", mas não permitiam. A postura unitarista de Darwin era profundamente arraigada, e os pombos eram seu modelo mais simples; os cães complicavam sua apresentação ao público. Ele acreditava realmente que os cães domésticos derivavam de várias espécies selvagens. Esses cães selvagens devem ter tido êxito na produção de híbridos, ou esse êxito aconteceu depois de sua domesticação. Portanto, as diferenças raciais entre seus descendentes eram em parte naturais, em parte artificiais. Mas, *em última instância*, todos os caninos derivavam de "uma única espécie muito antiga" — era simplesmente uma questão de recuar um pouco mais no tempo. Darwin disse o seguinte à sua irmã Caroline, preocupada com o mesmo problema: a hibridização dos cães era "uma questão distinta" daquela que indaga "se essas espécies selvagens descenderam de um único tronco aborígene, como eu acredito ter acontecido".[37]

Às vezes, Darwin sentia como se estivesse reduzindo um Lyell inflado às suas devidas proporções, mas seu antigo mentor ainda era um aliado e era preciso manter suas boas graças. Todos os caninos derivavam de um único progenitor e, para Darwin, "a única questão é saber se toda ou apenas parte da diferença entre nossas raças domésticas surgiu desde que o homem os domesticou [...] As raças humanas oferecem grande dificuldade: não acho que [a] doutrina [...] de Agassiz, segundo a qual há várias espécies de seres humanos, nos ajuda [Darwin, por uma questão de tato, estava incluindo Lyell] em alguma coisa [...] Um assunto longo demais para uma carta". Darwin estava perdendo a paciência. "Com respeito às raças", disse ele, "tenho uma boa linha de especulação, mas é preciso ter inteira confiança na seleção n[atural] antes mesmo de se ouvir falar disso." Isso excluía Lyell. Ele não queria saber como a seleção sexual criou as raças porque sua crença na seleção natural era precária, mesmo que até certo ponto tivesse adotado a transmutação.[38] E parece que Darwin também não falou disso com Hooker ou Gray. Falar prematuramente de seleção sexual armaria os críticos, diminuindo suas chances de êxito. Potencialmente, Darwin resolvera um problema que polarizava a ciência, alimentava o antagonismo racial e dividia a família humana; e ninguém se importava mais com essas coisas do que ele. Com os Estados Unidos marchando para a guerra, talvez tivesse chegado a hora de expor todas as implicações da seleção sexual; mas não, ele resolveu esperar. A julgar por Lyell, o mundo teria muita dificuldade para engolir a seleção natural, e Darwin não tinha os detalhes copiosos de que precisava para arrematar a seleção sexual.

Ele também era um homem doente. Durante anos estivera regularmente doente, às vezes muito doente. Quanto mais perto do "homem" e da publicação, tanto pior ele ficava. Enquanto escrevia *A origem das espécies*, por cinco vezes ele foi obrigado a levantar acampamento e ir para uma casa de repouso fazer seu tratamento à base de água, os nervos em frangalhos. "Nenhum negro com o chicote em cima dele teria trabalhado mais arduamente", explicou ele enquanto lutava com seu texto. Mas a verdadeira causa "da maior parte das doenças das quais minha carne é herdeira", admitiu ele, era a defesa inflamada da evolução da vida através de uma seleção natural aleatória que fazia na *Origem*, e ele esperava um clamor terrível por causa de suas implicações bestiais. Temia ser "execrado como ateu". Para um cavalheiro respeitável, para o qual a reputação e a honra eram tudo, isso era praticamente insuportável. Mais tarde, em sua estação de águas, enviando exemplares da *Origem*, ele dizia que era "como viver no Inferno".[39]

Justamente quando ele estava terminando a *Origem* em 1859, uma colmeia transbordando de mel — literalmente — chegou a Down House. Havia sido mandada por outro informante de confiança: "Tudo e qualquer coisa que eu tenha está às suas ordens", escreveu o cavalheiro da Jamaica. Aves e répteis carregados por tempestades, peixes locais, aves comestíveis selvagens e até papagaios presos que não se cruzavam: Richard Hill sabia tudo a respeito deles. Chegara até a mandar um panfleto sobre cruzamento de pombos. Hill, que escrevia sobre aves enquanto também convalescia numa estação de águas à beira-mar, era claramente o tipo de homem de que Darwin gostava.[40]

Darwin começara a juntar as peças do quebra-cabeça da vida de Hill depois que Philip Gosse deu testemunho de seus bons serviços. Gosse, naturalista e inventor do aquário marinho, vivia no Alabama e foi embora exatamente por causa das torturas, dos açoitamentos e das caçadas humanas. Mudou-se para a Jamaica, onde se juntou a Hill para escrever a principal obra de referência sobre os pássaros da ilha, que Darwin leu. Darwin poderia apostar que Hill e Gosse tinham ambos uma visão bíblica estreita. O bizarro *Omphalos* [umbigo], de 1857, explicava as marcas da pré-história e dos fósseis nas rochas como ilusões criadas por Deus — o umbigo de Adão era a ilusão emblemática (Adão não teve mãe, como a vida não tinha antepassados). *Omphalos* pode ter sido mais tendencioso que os livros de Hill, *Books of Moses, How Say You, True or not True?* [Livros de Moisés: O que me diz, verdade ou não?], mas o mesmo evangelismo inspirou ambos.[41] Enquanto Gosse pregava para uma congregação moraviana da Jamaica e abençoava casamentos mistos, seu amigo Hill presidia reuniões missionárias dos batistas.

O jovem Hill seguira os passos do pai — um comerciante da baía de Montego, natural de Lincolnshire — na causa antiescravagista. Quando jovem, levara uma petição da população de cor da Jamaica para Westminster e, em 1827, depois de ser absorvido pelo lobby dos Santos, teve permissão de ficar "na parte de dentro da divisória que separa o público dos parlamentares" da Câmara dos Comuns no momento de sua apresentação — o que era bem raro, porque a própria mãe de Hill era de origem africana. Trabalhou durante vários anos junto com Thomas Clarkson e outros aliados dos Darwin-Wedgwood, depois visitou o Haiti em nome da Sociedade Antiescravagista para conhecer a jovem república de Toussaint l'Ouverture. Com a emancipação, Hill voltou à Jamaica e foi nomeado o primeiro magistrado remunerado "de cor", encarregado da tarefa de decidir judicialmente as questões entre ex-donos de escravos e seus novos "aprendizes".[42]

Isso seria tudo o que Darwin saberia sobre Hill não fosse uma coincidência. Na estação de águas, Darwin conheceu um companheiro em debilidades físicas, o juiz William Wilkinson, prestes a partir para o Supremo Tribunal da Jamaica. Era inevitável que a conversa se voltasse para as leis. Darwin pode ter desistido de servir como jurado, "incapaz de suportar a fadiga de um julgamento", mas isso não impedira esse membro da classe dos proprietários rurais de exercer o cargo de juiz do condado durante os últimos dois anos. Na verdade, nas semanas anteriores, Darwin aprovara sentenças que condenavam por invasão de propriedade, danos deliberados, assalto e outros crimes menores.[43] Conversando com o juiz, ele descobriu que tinham muito em comum. Wilkinson presidira sessões trimestrais de tribunal de justiça e atuara como juiz no condado de Middlesex, onde Hill era magistrado. Portanto, Darwin ficou sabendo que, depois da emancipação, Hill resolvera conflitos e fizera justiça aos aprendizes — na verdade, investigara tudo, das atrocidades perpetradas a bordo de um navio negreiro capturado ao motivo que levara negros batistas "desordeiros" a se atracarem por causa de uma capela.[44] Havia sido nomeado membro do Conselho Privado em 1855, apesar do "preconceito de cor" do governador Henry Barkly. O fanático Barkly fora obrigado a aceitar Hill, disse o *Anti-Slavery Reporter*: a preferência "não era gratuita, mas sim compulsória", "quase uma necessidade de Estado", dada a "capacidade superior e os grandes méritos"[45] do respeitável Sr. Hill.

O primeiro magistrado da Jamaica que não era branco conseguira o que Charles Darwin, juiz de paz, teria feito em seu lugar — o que Emma e a família toda gostariam que tivesse feito — ao corrigir erros históricos, tratando das feridas e cicatrizes de que o povo de Hill sofrera. Nunca se conheceriam pessoalmente, Darwin e Hill, mas uma amizade sóbria começou a se desenvolver, superando até mesmo a fraternidade da magistratura. Agradecendo-lhe pela colmeia, Darwin fez algo inusitado, reservado exclusivamente aos amigos — tornou-se pessoal: "Suas cartas despertaram em mim um grande interesse por você. Fiquei absolutamente encantado (se você não acha impertinência da minha parte dizer isso)" — o parêntese veio automaticamente, como quando ele tocava em questões políticas ou morais — "ao saber de toda a variedade de suas realizações e conhecimentos, bem como de suas contribuições valiosas à causa sagrada da humanidade."

Depois Darwin começou seu interrogatório típico: o gado "selecionado artificialmente *há muito tempo*" na Jamaica "tende a assumir alguma cor em particular ou alguma outra característica? E quanto às pessoas? Ele estava de volta à maneira pela qual a pele e os cabelos deram vantagem a uma raça. Fazia perguntas a todo mundo — ela tinha alguma relação com a resistência a doenças? Hill também foi instado a avaliar se aqueles que haviam se reproduzido fora das Índias Ocidentais, os "europeus puros", tendiam a sofrer mais de "febre amarela ou outras doenças tropicais", se "a sua pele e seus cabelos" eram claros ou escuros. Hill não tinha a menor ideia de por que Darwin queria saber essas coisas, embora logo fosse descobrir. "Meu livrinho (*A origem das espécies*) [...] vai ser mandado para você. Tenho medo de que não aprove nenhum dos resultados a que cheguei, mas espero e acredito que vai me dar o crédito por um amor sincero pela verdade."[46]

Nenhum apelo à "causa sagrada da humanidade" pouparia Darwin de uma reação: uma surra de chicote por dar a negros e brancos uma humanidade comum, e outra por manchar a humanidade com sangue de macacos. Era preciso uma humildade rara para ver os seres humanos "criados a partir dos animais" como ele via. Perder Adão e Eva e os dias miraculosos do Gênesis talvez fosse mais do que Hill e outros tradicionalistas antiescravidão pudessem suportar; mas, em seu lugar, Darwin ofereceu-lhes uma unidade mais profunda, uma teologia "mais humilde" e uma "grandeza" evolutiva mais espetacular.[47] Escolheu para a *Origem* uma epígrafe da maior autoridade moral de que tinha notícia, o reverendo William Whewell de Cambridge, que ensinava que os acontecimentos do mundo material são causados não por "interposições [isoladas] do poder divino [...], mas sim pelo estabelecimento de leis naturais". O Deus de Darwin estava ficando mais distante. Não estava envolvido pessoalmente com a criação; Ele estava delegando.

Era preciso uma certa ingenuidade para mandar um exemplar da *Origem* para o reverendo Adam Sedwick (o antigo professor de geologia de Darwin) no começo de novembro de 1859, sabendo que sua posição era "diametralmente oposta" à transmutação. E para Henslow: "Temo que o senhor não aprove o seu aluno", disse Darwin, tentando amortecer o golpe. O livro seria mais bem recebido por outros, e foram enviados exemplares para Hooker, Lyell, Huxley e Gray; para a família — irmãs e primos, Fanny e Hensleigh, para o irmão Erasmus (que imediatamente mandou um exemplar extra para Martineau), sem esquecer a radical tia Fanny Allen, todos leitores ávidos. Mas o primeiro exemplar a ser enviado nesse novembro foi para Agassiz — o homem revoltado com os negros e avesso à origem comum. A nota cativante de Darwin dificilmente iria desarmá-lo, mas ele tentou assim mesmo. As conclusões do livro sobre consanguinidade e unidade racial "diferem tanto das suas", reconheceu Darwin, que "você pode pensar [...] que enviei [o livro] com um espírito de desafio ou bravata; mas asseguro-lhe que ajo motivado por uma intenção completamente diferente".[48] Qual era, ele não disse.

12
Os canibais e a confederação de Londres

A origem das espécies entrou no mundo anglo-saxão nas vésperas da guerra. A primeira grande república baseada nos princípios de liberdade e justiça igual para todos estava prestes a ser rasgada ao meio, expondo seus interiores violentos.

Oito dias depois da publicação de *A origem das espécies*, John Brown — guerrilheiro, abolicionista e veterano do Kansas — foi enforcado por atacar o arsenal federal em Harpers Ferry, Virgínia, na tentativa de armar uma rebelião de escravos. Dez insurgentes morreram; seus companheiros de conspiração foram executados. A revolta em massa, financiada secretamente pelos abolicionistas, nunca teve a menor chance. Brown foi para o cadafalso exigindo sacrifício humano, expiação do pecado do país com sangue. Na Inglaterra, Martineau declarou que ele era um "mártir". Naquele mesmo dia, em seu púlpito pacifista, William Lloyd Garrison pediu de novo "a dissolução dessa União amaldiçoada pela escravatura", pois: "Que concórdia tem Cristo com Belial?"[1] Sua causa sagrada nunca pareceu tão sagrada, nem seus devotos tão donos da verdade, mesmo que a carnificina do Kansas e a caça aos escravos fugidos tornassem a vida um inferno na terra.

Esse seria o pano de fundo da recepção de *A origem das espécies* e das questões cruciais sobre as crenças secretas de Darwin: como os seres humanos se encaixam no argumento do livro? Qual era a posição da ciência de Darwin sobre as relações raciais? Para Darwin, esta última pergunta era uma questão pendente, mas os leitores não ficariam sabendo disso. Ele *ainda* estava enviando questionários através do Exército sobre cor da pele e resistência à febre. E ainda planejava publicar a parte que não usara de "Seleção natural" — seus dados enciclopédicos sobre a variação e o cruzamento de animais domésticos e plantas cultivadas — mesmo que essa obra estivesse em banho-maria. Mas, por mais estranho que pareça, ele se lançou num estudo sobre orquídeas depois de publicar *A origem das espécies*, e depois, sobre fertilização de plantas. Os amigos e familiares tentaram fazê-lo voltar à grande questão. Erasmus contou a Emma o quanto Lyell "desejara que os cães fossem publicados [a origem dos cães selvagens e domésticos que tinha uma semelhança tão grande com a questão humana] & Huxley fez o mesmo, & até Hooker reclamou pelo fato de Charles estar dedicando seu tempo às plantas em vez de aos animais".[2]

Será que algum dia Darwin tiraria "o homem" das sombras? Ele disse ao reverendo Charles Kingsley, defensor da supremacia saxônica e descendente de donos de escravos, que "a grande & quase terrível questão" da genealogia humana não era "tão terrível & difícil para mim", depois de me acostumar com a ideia, mas sabia que era exatamente isso para muitos outros. Kingsley despertara esse espectro numa carta particular. Darwin reconheceu candidamente que já "vira muitos bárbaros" na Tierra del Fuego, e foi essa visão do "selvagem nu, pintado, trêmulo e hediondo" que levou ao primeiro vislumbre de sua própria ancestralidade abjeta. Foi "revoltante para mim, não mais revoltante que minha crença atual de que um animal peludo era o ancestral incomparavelmente remoto".

Ele reconhecia o medo que o sangue negro despertava — afinal de contas, estava escrevendo para um homem cujo avô havia sido um grande fazendeiro das Índias Ocidentais e juiz em Barbados. A família fora arruinada pela emancipação, e Kingsley achava que "não devia nada aos negros porque eles já 'tinham tudo que um dia possuí'". Dava para notar. O próprio Kingsley acreditava que as raças "inferiores" foram condenadas pela divina Providência e que os brancos varreriam todas elas de sua frente antes de entrarem no Reino de Deus (e invocava alegremente a seleção natural como causa). O sentimento era generalizado. Até Darwin concordava com aquela perspectiva horrível: "É bem verdade o que você diz sobre as raças superiores de homens, quando suficientemente elevadas, terão se espalhado & exterminado nações inteiras."[3] Havia um fatalismo nessa declaração. Embora a escravatura exigisse a participação ativa de uma pessoa, o genocídio racial agora estava sendo normalizado pela seleção natural e racionalizado como a maneira da *natureza* produzir raças "superiores". Darwin acabou dimensionando a "classificação" humana de forma muito parecida com o resto de sua sociedade. Depois de evitar falar em "superior" e "inferior" em seus cadernos de notas sobre evolução, ele deixou de ser diferente ou interessante ao falar desse assunto.

Declarou a Kingsley que tinha "material para um ensaio curioso sobre a expressão humana & um pouco sobre a relação entre a inteligência do homem e os animais inferiores. Como eu seria criticado se publicasse um ensaio desses!" E ali estava o ponto crucial. Darwin dá a impressão desagradável de estar procurando alguém que o poupasse dessa necessidade. "Espero & estou na expectativa de que Sir C. Lyell trate das relações do homem com os outros animais no seu novo livro",[4] acrescentou, querendo dizer que ele seria poupado dessa necessidade de se expor.

A grande esperança era Lyell, seu mentor durante trinta anos. A esperança de Darwin nunca esmoreceu, mesmo que Lyell tenha lutado com a ideia de que as "gradações das faculdades intelectuais" humanas só poderiam ser resultado de uma "seleção natural contínua entre os indivíduos mais intelectualizados". Lyell estava avançando lentamente; mas, para ele, as imensidões eram esmagadoras. A necessidade de Deus introduzir um "princípio de melhoria" na evolução era demolidora. Que perspectiva restaria de uma vida após a vida se nenhum princípio moral havia sido acrescentado no passado? Mas Darwin "não daria absolutamente nenhum valor à teoria de seleção nat[ural] se ela exigisse acréscimos miraculosos em qualquer estágio da evolução". Ele tinha uma fé tocante que, com Lyell mudando um pouco de direção rumo à evolução humana, "iria até o orangotango". Daí o incentivo, com Lyell trabalhando agora em seu próprio livro sobre "A antiguidade do homem" (ultimamente, Lyell andara visitando todos os sítios arqueológicos com instrumentos de pedra): "Você costumava me aconselhar a ser prudente sobre o homem, suspeito que vou ter de voltar a ser cem vezes mais prudente! A sua certamente vai ser uma discussão muito importante; mas, no começo, vai horrorizar o mundo mais que a minha *Origem das espécies*."

O livro de Lyell poderia neutralizar o veneno. Outros foram menos otimistas: a explosão de Martineau diante de Erasmus mostrou qual era sua opinião quando os Estados Unidos entraram em guerra. Ela queria "saber como *os Lyells* viam essa questão americana. Estavam tão completamente envolvidos com os culpados, antipatriotas e traidores — Ticknor, Appleton etc., que, sobre temas políticos, sua inteligência me parece obscurecida ou distorcida".[5] Darwin só podia torcer para que Lyell tivesse abandonado suas simpatias sulistas ao escrever sobre a origem comum.

A guerra dos Estados Unidos não seria pela "preservação das raças privilegiadas", mas sim pela preservação de um país, uma União, que estava questionando o direito de uma raça de ser dona de outra. Nessa "luta pela sobrevivência" — para acabar com a escravidão ou defendê-la como modo de vida —, "a raça privilegiada" pelos abolicionistas era a negra. E por Charles Darwin também.

Os navios negreiros ainda percorriam a orla litorânea do Sul. Martineau denunciara o tráfico, mas novos carregamentos continuavam desembarcando, mãos negras para transformar o algodão branco em ouro. Seus donos arrastavam os escravos para oeste para cumprir ordens das fábricas do Norte e da Inglaterra. Nenhum acordo ou revolta poderia deter essa viagem para o oeste. Os Estados Unidos eram uma "casa dividida" contra si mesma que não se manteria de pé, como Lincoln declarou de forma memorável, mas ele se importava menos com a escravatura do que com a União. Quando a campanha presidencial de 1860 teve início, "o conflito irreprimível" era o lema tanto do *Times* de Londres quanto do *Times* de Nova York. Charles Sumner fez o que pôde para mantê-lo assim. De volta ao seu cargo no Senado norte-americano, ele desancava "o barbarismo da escravidão", sua violência e injustiça. Citando a Bíblia e a *Journey* de Olmsted pelos estados escravagistas, ele nem sonhava em votar para decidir "se os seus semelhantes deviam ou não ser comprados e vendidos como gado". A moralidade não era uma questão a ser decidida pelo voto.[6] Com o apoio de Martineau no *Anti-slavery Standard,* periódico de Nova York de linha garrissoniana, ele também exigia a abolição.

A origem das espécies fez o prestígio de Martineau aumentar nesse momento. Para ela, Darwin e Sumner lutavam ambos pela emancipação, pela libertação tanto das mentes quanto dos corpos escravizados. *A origem das espécies* tinha "criação" demais para um ateu, disse ela a Fanny Wedgwood — uma concordância exagerada com Deus. Mas sua argumentação em favor de uma mudança natural das espécies deu a ela uma "satisfação indescritível", e Harriet agradeceu a Erasmus pelo exemplar, que permitiu que ela entrasse novamente na cabeça íntegra de seu irmão. Já fazia duas décadas desde suas conversas *tête-à-tête* em Great Marlborough Street, quando ela tivera os primeiros vislumbres de seu "entusiasmo e simplicidade, sua sagacidade, sua diligência". Erasmus declarou que *A origem das espécies* era "o livro mais interessante que já lera na vida", cheio de raciocínios tão convincentes, tão necessários, que "se os fatos não os confirmassem, tanto pior para os fatos".[7]

Outros velhos prichardianos desmancharam-se em elogios. Carpenter falou a outros unitaristas sobre *A origem das espécies* em uma matéria do periódico *National Review*. Desde o início ele enfrentou teólogos com a analogia de Darwin: era uma questão religiosa "se nossas raças de cães derivam de um ou de vários troncos ancestrais?" Alguém teria objeções a fazer "se fosse possível provar que o cachorro é de fato uma derivação do lobo" e este uma derivação de outro animal mais antigo? Os tradicionalistas viam as raças rastrearem sua ancestralidade, percorrendo todo o caminho até Adão e Eva. Por que então, depois de reconhecer tantas mudanças, acusariam *A origem das espécies* por admitir outras tantas? E até a "ortodoxia (neste lado do Atlântico, pelo menos)", queria uma abolição *coerente*, e não apenas da escravidão, mas na história natural: "A abolição de 22 espécies entre as quais o homem fora dividido." Esta foi a exigência de um imediatista que aproveitou o impulso contra Agassiz de Darwin. O próprio Carpenter percorrera boa parte do caminho com Darwin: ele "não foi tão longe quanto eu, mas andou bastante", disse Darwin a Lyell, "pois ele admite que todas as aves vêm de um único progenitor & provavelmente todos os peixes & répteis de um outro antepassado. Mas o último bocado o fez engasgar — ele não consegue admitir que todos os vertebrados vêm de um único ancestral". Mesmo assim, "vamos vencer" um dia, com um "grande fisiólogo [como ele] do nosso lado".

Até os católicos compreendiam a "naturalidade" da conexão entre a genealogia humana e a visão de uma ancestralidade comum de Darwin. "Esses pensamentos não são novidade para nós", disse o periódico *Dublin Review*. A unidade de origem de Darwin entre as espécies "fornece um belo paralelo ao que aconteceu entre os cidadãos do mundo", a "unidade [...] e variedade de forma de nossos animais domésticos" são como "as diferenças entre os nossos semelhantes, os seres humanos".[8]

Mas o bispo Samuel Wilberforce falou em nome da maioria dos fiéis. A bondade de Deus não devia ser enaltecida às expensas de Sua providência — nem a unidade das raças, às expensas de fazer do homem um animal. *A origem das espécies* significava mais perda que ganho para os que tinham uma fé inabalável, apesar da aceitação cristã da escravatura. Além disso, Wilberforce — filho do nome mais famoso do antiescravagismo — agora tentaria fazer o feitiço de Darwin voltar-se contra o feiticeiro por causa das formigas escravas.

Ironicamente, como disse Darwin, uma "impressão maior" foi "causada pelas formigas escravas de *A origem das espécies* do que qualquer outra passagem". Embora ele não tenha imposto suas visões antiescravagistas em *A origem das espécies* ao descrever as colônias de formigas, particularmente ele se recusava a aceitar um paralelo. Anos depois, o reverendo John Brodie Innes, o vigário conservador de Downe, disse que nunca havia sido persuadido pelos livros de Darwin: "Atenho-me à velha crença de que o ser humano foi criado como ser humano, mesmo tendo se transformado em negros que precisam ser obrigados a trabalhar e em homens melhores capazes de obrigá-los a tal, se esses radicais não interferissem no castigo salutar e necessário, esquecendo as lições ensinadas pelas formigas negras em relação às brancas." Darwin publicou uma refutação cabal: "Minhas opiniões", retorquiu ele, "não me levaram a essas conclusões sobre os negros & a escravidão como levaram às suas: considero-me bem à sua frente a esse respeito." Mesmo que Darwin lavasse ritualmente as mãos em *A origem das espécies* ao descrever a escravidão das formigas como "um instinto muito extraordinário e odioso", ele descuidadamente utilizou a terminologia dos senhores de escravos ao falar de "escravos domésticos 'negros'" labutando pela *Formica* britânica escravagista.

Isso permitiu que Wilberforce praticamente o acusasse de acreditar "que a tendência das raças mais claras da humanidade de perseguir o tráfico negreiro era de fato um resquício [...] do 'instinto muito extraordinário e odioso' que se apoderara dela antes de ser 'aperfeiçoada pela seleção natural', passando de *Formica Polyergus* a *Homo*". Esta foi a mais cruel das chicotadas, mas o próprio Darwin abrira o flanco para ela por não fazer uma distinção clara em seu livro. Ele não disse o que pensava: que o comportamento da formiga havia sido constituído por uma seleção natural cega, e que esta não era um agente culpável moralmente, mesmo que criasse "instintos que levavam outros animais a sofrer".[9] Entre os seres humanos, a escravidão não era um instinto. Essa é que era a diferença. Aqui *havia* culpabilidade, sim.

Foi necessário que o pregador unitarista radical Theodore Parker compreendesse Darwin. Agora Parker estava morrendo de tuberculose na Itália. Ele havia sido um dos "seis [nomes] secretos" que ajudaram a financiar o ataque a Harpers Ferry e acreditava que o escravo tinha o direito natural de matar seus captores. Ele já estava a salvo de perseguição quando a notícia da publicação de *A origem das espécies* chegou até ele, que imediatamente voltou os argumentos do livro contra a ciência escravagista de que tomara conhecimento em Boston. Darwin subvertia "a noção idiota de Agassiz" de um milagre divino estar acontecendo sempre que a Terra precisava de "uma nova forma de lagarto" — ou de uma nova raça humana. Um Deus "que só trabalha aos trancos e barrancos não é Deus coisa nenhuma". Darwin e Parker eram parecidos, ambos fisicamente debilitados. Na verdade, a aparência alquebrada de Darwin lembrava a de Parker, ou pelo menos foi o que pensou Karl Vogt, agitador suíço e fã de Darwin, que tirou fotos dos dois lado a lado.

Em Mobile, Nott também recebeu a mensagem de Darwin: "O homem está evidentemente louco." Mas, como um pároco Skinner, Nott ao menos via que *A origem das espécies* "falava da Criação e muito bem resulta" disso.[10]

Antes mesmo de *A origem das espécies* ser publicada, Asa Gray, o botânico de Harvard para quem Darwin escrevera dando informações sobre sua teoria, começara a fazer proselitismo numa reunião privada da Academia Americana de Artes e Ciências, realizada no salão de seu sogro, o advogado Charles Greely Loring, que defendia escravos fugidos. Entre os membros da academia e os professores de Harvard estava o magnata da fábrica de algodão John Amory Lowell, com Agassiz e seus aliados. Gray falou sobre seu artigo recente a respeito da flora da Ásia Oriental e do leste da América do Norte. Por que as mesmas espécies — ou espécies semelhantes — de climas temperados chegaram a habitar lados opostos do globo? Agassiz afirmava que os grupos foram criados em separado, cada qual em seu *habitat*. A visão de Gray tinha as bênçãos de Darwin: Deus não criou as magnólias duas vezes, no Japão e nas Carolinas; todas descendiam de um único tronco, com as variantes dispersas isoladas em suas zonas distintas.

Todos sabiam o que estava em jogo. A crença de Agassiz na pluralidade era famosa, graças a *Types of Mankind* — Lowell e seu primo Francis tinham comprado seis exemplares — e a seus artigos publicados pelo periódico peso-pesado que era o *Christian Examiner*. Agassiz e Gray insistiam ambos em dizer que sua ciência estava acima da política e não se misturava com a religião. Mas, naquela noite de inverno de 1859, Gray pretendia "nocautear as bases das teorias de Agassiz sobre as espécies e sua origem — [e] mostrar... a alta probabilidade da criação *única* e *local* das espécies". Todos os que estavam presentes no salão de Loring sabiam que o alvo de Gray era Agassiz, um demagogo afável com uma ciência que dividia as raças. Lendo o relatório da discussão que se seguiu, Darwin repetiu simplesmente: "Que lixo, o que Agassiz fala."[11]

O debate Gray-Agassiz continuou retumbando intermitentemente diante de públicos maiores. Agassiz tentava desviar a discussão para seu próprio terreno, a geologia, mas Gray aferrava-se às plantas. Charles Pickering, o autor de *Races of Man*, apareceu para avaliar a força dos dois adversários. Por fim, no dia 12 de maio de 1859, um número extraordinário de pessoas se reuniu no salão de Gray, que ficava no herbário de Harvard, para ouvi-lo expor a seleção natural em solo ianque pela primeira vez. A teoria de Darwin era "a única tentativa digna de nota" de compreender a variedade e a distribuição em termos "de causa e efeito". O miraculoso Plano da Criação de Agassiz estava sendo suplantado por um mecanismo evolutivo. Gray pretendia "exasperar maldosamente a alma de Agassiz" com uma visão "diametralmente oposta a todas as suas ideias prediletas", disse um observador. E a empolgação natural de Agassiz não conseguiu conquistar o público. Darwin finalmente viu uma amizade cuidadosamente cultivada dar frutos: "Como você argumenta bem", foi o elogio que fez a Gray. "Grande" era o epíteto habitual atribuído a Agassiz, e Darwin concordava: Ele foi "grande ao adotar uma visão errada".[12]

Em 1860, Lowell, o membro mais tarimbado da corporação que governava Harvard, ficou ao lado de Agassiz contra Gray e Darwin no *Christian Examiner*. Disse que a ciência de *A origem das espécies* era ruim, e sua religião, pior ainda. A evidência de que todos os pombos domésticos descendiam de "um tronco comum" era "muito tênue". Os pombos domésticos constituem muitas espécies diferentes ou então são híbridos. Lowell conhecia *Types of Mankind*, e Agassiz o apoiou. Todo mundo conhecia híbridos. Massachusetts revogara sua lei antimiscigenação em 1843. As raças casavam-se livremente em Boston, para consternação de Agassiz. Gray refutou a teoria dos híbridos de Agassiz — "uma resposta atordoante", foi como Darwin a classificou — e puxou o tapete de Lowell insistindo em dizer que *A origem das espécies* não tocava na questão de Deus.[13] A seleção natural era uma teoria *científica*, e a ciência da criação de Agassiz era o inverso — "teísta até demais".

E foi isso que Gray disse na *American Journal of Science*. Sua resenha sobre *A origem das espécies* fazia comparações com Agassiz o tempo todo, com Darwin aparecendo como o pilar da tradição: Agassiz rejeitava "a ideia de uma origem comum como o verdadeiro elo", e o "Sr. Darwin" era alguém que indubitavelmente defendia "a visão ortodoxa da origem de todos os indivíduos de uma espécie não só num único local de nascimento, mas de um único antepassado ou casal", inclusive — embora *A origem das espécies* nunca dissesse isso — as raças humanas. E aí os papéis se inverteram, quando Gray atacou Agassiz perante o maior público até o momento, os 30 mil assinantes da nau capitânea da literatura dos Estados Unidos, a *Atlantic Monthly*. Outro Lowell, primo daquele de quem falamos antes, era o editor, mas James Russell Lowell tinha um passado radical, tendo começado a vida em jornais abolicionistas. No *Anti-Slavery Standard*, ele chegara até a resumir a etnologia de Prichard para os garrisonianos, garantindo assim que eles conheceriam tanto a defesa científica quanto a defesa bíblica da unidade humana. Com a guerra aparecendo no horizonte, Lowell estava levando a *Atlantic* para a direção do abolicionismo — publicou a enorme resenha de Gray (anônima) sobre Darwin em três números consecutivos, sem alterar, disse ele, "nem uma única letra".[14]

Com os seres humanos presentes ou não em *A origem das espécies*, Gray entendeu perfeitamente bem a intenção de Darwin. É só voltar à pré-história que o pior pesadelo de Agassiz se torna realidade. Aqueles que combatiam a "contaminação" são refutados; os sangues negro e branco correm juntos:

> Aqui as linhas convergem à medida que recuam para as eras geológicas e apontam para conclusões que, segundo a teoria, são inevitáveis, mas não são bem-vindas. O primeiro passo para trás torna o negro e o hotentote nossos parentes consanguíneos — nada a que a razão ou a Escritura tenha objeções, mas que talvez o orgulho tenha.

Gray ligou sutilmente "a hipótese de Darwin" com uma atitude racial humilde, mais característica do antiescravagismo, como parte de sua estratégia para *"batizar" A origem das espécies*.[15] O que Darwin não tinha coragem de publicar, Gray achou oportuno numa América dividida por questões de raça e parentesco.

A série da revista *Atlantic* foi perfeita para pacificar os críticos religiosos do país. Os de Gray eram "*de longe* os melhores ensaios teístas" que Darwin já lera na vida, e ele pagou para reimprimi-los como panfletos com um título tranquilizador. Quinhentos exemplares de *A Seleção Natural Não É Incoerente com a Teologia Natural* foram publicados em 1861. Metade foi enviada para clérigos, revistas, bibliotecas, clubes e amigos velhos e novos. A edição seguinte de *A origem das espécies* tinha até um anúncio do panfleto, dando seu preço e o endereço onde podia ser comprado. Lyell, que tinha lutado com as questões, concordou que os artigos de Gray eram os melhores "de ambos os lados do Atlântico" e disse isso a Ticknor. Um promotor de Agassiz podia não concordar, mas Lyell avisou a Ticknor: "As opiniões nunca mais voltarão a ser as mesmas que eram antes de Darwin aparecer."[16]

Enquanto Gray enfrentava Agassiz, os republicanos pediam para deter a expansão da escravatura em vez de aboli-la e apresentaram Lincoln como seu candidato à presidência. Com a vitória republicana na campanha presidencial, a Carolina do Sul separou-se da União, seguida por outros seis estados sulistas. Declararam ser os Estados Confederados da América e adotaram uma constituição que, embora proibisse a importação de escravos estrangeiros, protegia "o direito de propriedade sobre escravos negros". Embora em seu discurso de posse Lincoln não tenha ameaçado "a instituição da escravatura", o Sul tomou suas providências. No dia 12 de abril de 1861, forças confederadas bombardearam a guarnição federal de Fort Sumter, na enseada de Charleston. A pouco mais de um quilômetro dali, na ilha de Sullivan, os canhões dispararam perto do antigo laboratório de Agassiz à beira-mar. Depois de Lincoln convocar 75 mil soldados, mais quatro estados juntaram-se aos sete rebelados. Dois governos estavam em guerra, um fundado na verdade "sagrada e inegável" de que "todos os homens foram criados iguais" e tinham direito "à Vida, à Liberdade e à Busca da Felicidade", o outro adotando "a grande verdade" enunciada naquela primavera pelo vice-presidente confederado: "Que o homem negro não é igual ao homem branco; que a subordinação da escravatura à raça superior é sua condição natural e normal." Para os contemporâneos, essa "grande verdade física, filosófica e moral" derivava mais da ciência que da religião.[17] Apesar de todos os argumentos bíblicos em favor da escravidão em geral, muitos cristãos sulistas viam a escravidão específica do *negro* justificada pela ciência.

Agora Agassiz pedira a cidadania norte-americana, com um patriotismo adotivo cheio de gratidão. Para ele, "o progresso da ciência do novo mundo" exigia um público bem informado sobre as ciências. Uma América criacionista seria uma América forte, "uma União mais perfeita". Mesmo sem compreender a obra, escreveu uma resenha decente sobre *A origem das espécies*, publicada na *American Journal of Science*, ao mesmo tempo que em particular resmungava que era "muito pobre!!". Como Gray informou a Downe, Agassiz "geme diante disso tudo como um cão que levou uma bordoada — está muito irritado com isso — para nosso grande prazer".[18]

Repugnado e fascinado pelo horror da guerra, Darwin pedia as últimas notícias a Gray com frequência e, às vezes, com ansiedade. Campanhas políticas e militares interessavam-no, quer contra os Estados rebeldes, quer contra Agassiz: e, embora uma distinção formal não tenha sido feita entre os dois tipos de batalha, a linha divisória às vezes ficava indistinta. A maior parte das cartas de Gray durante a época da guerra desapareceu ou está fragmentada, mas sua mensagem é deduzida com base nas respostas de Darwin. Deus conduziu a guerra de Gray. O resultado estava nas mãos Dele, fosse em Shiloh ou em Bull Run, tanto quanto em qualquer dos campos de batalha da natureza, onde Gray via Deus dirigindo a seleção natural para seu destino. "Lincoln é um ótimo sujeito, um segundo Washington", vangloriou-se Gray para outro amigo inglês. Quando Darwin questionou as intenções do Norte, Gray observou que: "A seleção natural logo esmaga as nações mais fracas. De nossa parte, é simplesmente uma luta pela sobrevivência." Ele poderia ter parafraseado seu panfleto, dando-lhe o título de "A Seleção Natural Não É Incoerente com o Nacionalismo". "Temos de ser fortes para termos segurança e sermos respeitados", era a mensagem.[19]

Darwin não conseguia ver a mão de Deus na Guerra Civil mais do que a via na natureza. Os homens queriam o mesmo resultado moral — o fim da escravidão —, mas, para Darwin, os meios eram todos demasiado sangrentamente humanos. Não há dúvida de que o Norte industrial podia vencer o Sul rural (Darwin estava mergulhado na vívida *Journey in the Back Country*, de Olmsted, enquanto esses eventos se desenrolavam). Mas, perguntou ele a Gray: "O que será depois?" Nada o preocupava mais. "Deus Todo-poderoso, como eu gostaria de ver abolida a grande maldição da terra, a escravidão!" Ele pedia "a Deus [...] que o Norte proclamasse uma cruzada" contra ela. "A longo prazo, um milhão de mortes hediondas seriam amplamente compensadas pela causa da humanidade." Na época da guerra, essas palavras foram pronunciadas com todo o coração e não com a razão. Foi Henry, o filho de William Wilberforce, quem as disse (escrevendo a Martineau que, naquele momento, estava lhe dando informações essenciais para um artigo sobre a guerra): "A abolição da escravatura seria um grande ganho para os Estados Unidos & para o mundo, mesmo que todos os negros americanos fossem (literalmente) exterminados!"[20] Os participantes de gabinete estavam dispostos a sacrificar milhões — brancos num caso, negros no outro — pela causa.

Mas Darwin não conseguiu persuadir-se de "que a escravidão seria aniquilada". Lincoln, queixou-se ele, sequer "mencionou a palavra em seu discurso" perante o Congresso no 4 de julho de 1861, chamando a nação a pegar em armas. E os republicanos não estavam inteiramente comprometidos com a abolição. Só "deter a disseminação da escravidão nos territórios" já seria um ganho; mas, sem a abolição, Darwin não via a menor chance de isso acontecer. Sua posição não mudara: "Às vezes eu gostaria que o conflito ficasse tão desesperador que o Norte fosse obrigado a declarar a liberdade como forma de distrair a atenção do inimigo", disse ele a Gray, querendo dizer: declarar os escravos livres e fomentar uma insurreição no Sul. Se o Norte não conseguisse vencer, ou se não tivesse o coração suficientemente abolicionista, a solução de dois Estados seria melhor. Radical como era, como Garrison pregando a "Desunião", Darwin começou a ver superioridade moral num Norte independente pondo um cordão sanitário em volta do Sul algodoeiro.[21]

A Grã-Bretanha, embora neutra, ficou revoltada em novembro de 1861, quando um vaso de guerra da União interceptou o vapor *Trent*, do Correio Real, e retirou dele dois enviados confederados que estavam indo para a Europa. Os construtores de navios Laird, de Birkenhead, começaram a fabricar velozes vapores com pás para fazer o bloqueio de portos sulistas. Em Southampton, tripulações da União e tripulações confederadas brigaram na praia e foram presas. Lancashire, faminta de algodão, estava se passando para o lado dos confederados. Se a guerra arrastasse a Grã-Bretanha também, "faria com que nós dois, como bons patriotas, odiássemos um ao outro", disse Darwin a Gray. "E que coisa horrível seria se lutássemos d[o] lado da escravidão."[22]

Os acontecimentos mudaram depois da "proclamação da emancipação" feita por Lincoln e promulgada no dia 22 de setembro de 1862 (e que entrou em vigor a partir de 1º de janeiro de 1863). Agora Agassiz desejava regulamentação federal para impedir que houvesse mais cruzamentos inter-raciais e os mulatos não pudessem chegar a adquirir os direitos dos brancos a uma "moralidade mais pura" e a uma "civilização mais elevada". A miscigenação era "contrária à melhor parte de nossa natureza": evitá-la significava reduzir os direitos dos negros, ao menos até eles mostrarem alguma responsabilidade. Agora Agassiz podia ser visto em Harvard "muito irritado e ofendido". Estava escrevendo "uma geologia & uma zoologia muito vagas", disse Gray a Darwin, e tinha tão claramente "se juntado a seus ídolos" que não "ter[ia] mais nenhum uso direto na história nat[ural]", o que deu um prazer indescritível a Darwin. "Sou obrigado a dizer que gosto de tudo que irrita Agassiz. Ele parece ter ficado mais fanático com o passar dos anos."[23]

Mas a proclamação de Lincoln não era exatamente a "cruzada" que Darwin procurava. Chegou tarde demais, e só os estados "rebeldes" foram liberados (os Estados Escravagistas da União ficaram isentos). Como muitos, Adam Sedwick, o antigo professor de Darwin em Cambridge, ficou estarrecido com essa restrição. Lincoln quase "[torna] o câncer da escravidão [...] pior do que era, fazendo dela uma vantagem para aqueles estados escravagistas que vão lutar sob sua bandeira". E foi um balde de água fria no entusiasmo de Darwin, que duvidava que "a proclamação tivesse algum efeito". Agora as relações entre Gray e Darwin estavam se deteriorando tão depressa quanto aquelas entre Washington e Londres. O velho Sedgwick pode ter ficado assombrado com *A origem das espécies*, mas falou em favor dos Darwin nessa questão, dizendo à futura cunhada Sedgwick do filho mais velho de Darwin, William: "Se tivesse sido uma guerra pela abolição da escravatura e em defesa daqueles direitos naturais do homem" proclamados na Constituição, "todos os bons ingleses" teriam se entusiasmado. Mas a proclamação foi um expediente de guerra, parcialmente assegurado. "Esses são os pensamentos de muitos ingleses honestos, como verdadeiros amantes da liberdade civil e inimigos sinceros da escravidão."[24] Certamente eram os pensamentos de Darwin.

Para muitos dos íntimos de Darwin, a origem comum era o ponto de partida de seus comentários, enraizados como estavam na experiência humana. Hooker explicava *A origem das espécies* aos botânicos dessa forma. Falava de sua capacidade maravilhosa de transformar um minúsculo morango silvestre num "Alpino" ou "British Queen" premiados. A natureza era como um horticultor extremamente talentoso. Por isso o pedigree das variedades de morango e o pedigree da vida eram "rigorosamente análogos ao dos membros da família humana ou de qualquer outra família", unidos por "um laço de sangue". A natureza não "zombou de nós imitando a descendência hereditária em suas criações". Ela também operava dessa forma.

Se os vitorianos nunca tivessem lido *A origem das espécies*, mas só as resenhas e os comentários a respeito dela, não teriam adivinhado que os seres humanos estavam ausentes. Não quando uma resenha podia começar com a maior seriedade dizendo o seguinte: "O Sr. Darwin rastreia ousadamente a genealogia do homem e afirma que o macaco é seu irmão, que o cavalo é seu primo e que a ostra é sua ancestral remota." A abordagem do parentesco de Darwin com a natureza foi compreendida imediatamente. Os comentaristas viram algo que não estava no livro porque também estavam procurando uma genealogia humana mais ampla. Huxley entendeu isso, bem como a importância de *A origem das espécies*:

"É verdade que, com tantas palavras, o Sr. Darwin não aplicou sua visão à etnologia; mas até aquele que 'folheia e lê' *A origem das espécies* dificilmente deixará de fazer isso."[25]

Por outro lado, os mais religiosos torceram o nariz para a evolução a partir da "origem comum", dizendo que era claro que ela defendia a escravidão. Charles Loring Brace, o cunhado de Gray, adorou *A origem das espécies* e acabou declarando tê-la lido 13 vezes. Era um "abolicionista ferrenho", e sua compaixão pelos escravos e pelos pobres levou-o a se tornar um "missionário urbano" em Nova York, mantendo albergues para mendigos e crianças de rua filhas de imigrantes. Ele também sofreu grande influência de Darwin e, em *The Races of the Old World* [As raças do velho mundo], de 1863, defendeu a origem comum dos homens a partir das semelhanças entre as línguas. Para ele, tanto quanto para Huxley, os seres humanos eram de importância suprema em *A origem das espécies*, mesmo que não estivessem presentes ali. Estruturou suas *Races* como um argumento contra Agassiz e *Types of Mankind*. Mas manteve as questões éticas firmemente enraizadas no domínio da religião, pois:

> A escravidão é igualmente perversa e condenável, quer a humanidade tenha um pai ou vinte pais. A fraternidade moral do homem não depende de uma origem comum, mas sim de uma natureza comum, de um destino semelhante e de uma relação parecida com seu Pai comum — DEUS.

Em sua opinião, era uma prerrogativa religiosa — e não a ética da origem comum — que sancionava a abolição. E ele concordava com Gray que a unidade racial devia ser considerada uma questão "puramente científica".[26] Mas ele também tinha a mesma fé de Gray de que uma resposta "puramente científica" acabaria concordando com a religiosa.

Darwin tinha esperado tanto da *Antiquity of Man* de Lyell que uma decepção era inevitável. Entre a reflexão e a publicação sete anos haviam se passado, e os primeiros sinais, em fevereiro de 1863, pareciam promissores.

Lyell aproveitou o impulso de Darwin e apresentou a questão: se todas as raças humanas "divergiram a partir de um tronco comum, como resistir aos argumentos do transmutacionista, que afirma que todas as espécies intimamente aparentadas de animais e plantas surgiram da mesma maneira de ancestrais comuns?" Ele também estava argumentando *a partir das* raças humanas para o resto da criação. A única alternativa era a teoria racial poligenista de Agassiz, que Lyell repudiava. Sua profissão de fé unitarista foi o ponto de partida das resenhas. Os críticos poderiam começar seu arrazoado da seguinte maneira: "Sir Charles Lyell adota a teoria da unidade da raça humana que, sem dúvida, é a que mais está de acordo com a hipótese da transmutação da espécie." A unidade era quase tão controvertida quanto a transmutação, e os críticos foram impiedosos com ele por não identificar o "tronco humano" primordial ou por não assumir que uma genealogia das línguas indo-europeias que remontava a uma raiz ariana era prova disso.[27] Para muitos, o livro era um compêndio insatisfatório e "cauteloso", um resumo atrasado das descobertas de instrumentos de pedra em cavernas francesas e inglesas.

Foi o outro lado do argumento que desagradou Darwin. Lyell, sempre incapaz de dar o último passo, deixou a criação entrar no seu livro. Em última instância, na opinião de Darwin, Lyell não tinha coragem para defender suas convicções: "coração de menos & cabeça demais" foram as palavras de Hooker. Lyell coroara a *Antiquity* acrescentando uma "lei criacionista" para conferir "as faculdades morais e intelectuais" à humanidade. Essa "lei" suprema entrou em vigor depois de incontáveis milhões de anos em que a natureza andou sozinha, sem nenhuma ajuda: de repente, concedeu a primeira "alma" a um animal, transformando-o em homem. Lyell angustiou-se com esse instante geológico durante anos, querendo que um relâmpago ofuscante anunciasse a chegada do homem. Ele agora se alinhava efetivamente com aqueles de inclinação mais religiosa, como Gray e Richard Owen: talvez a espécie humana, com seus poetas, profetas e gênios, fosse responsável pelas "revoluções do mundo moral e intelectual" que pertenciam de fato a "um Reino distinto da Natureza": um reino moral incompreensível para qualquer criatura "inferior".

O velho Lyell estava falando para uma era marcada pela visão estática da "tumba do Egito" da Escola Americana. Agora era comum ouvir alguém falar sobre a estagnação racial e sobre as limitações do "negro". Até discípulos mais jovens de Darwin estavam habituados a isso: o mais jovem de todos, John Lubbock — banqueiro, futuro membro do Parlamento, antropólogo de gabinete e vizinho na aldeia de Downe — questionava "o progresso necessário da razão" de Lyell até mesmo durante a leitura. Por que as raças tinham necessariamente de progredir? "Olhe para os negros ou para os australianos! Eles estão muito mais civilizados agora do que eram centenas de bilhões de anos atrás? E, se deixados por conta própria, quantas eras geológicas se passariam antes de eles analisarem o sol & fazerem uma grande exposição em Timbuctoo?"[28]

Nunca tendo repudiado suas simpatias sulistas, Lyell chegou a usar a "lei criacionista" para explicar "a origem da *superioridade* de certas raças humanas". Por meio de saltos, o Todo-poderoso "introduziu-as sucessivamente" e, por sanção do Todo-poderoso, elas foram abençoadas. Para Darwin, foi a gota d'água: o sentimento "me faz gemer". Sua velha enfermidade voltou. Angustiava-se com as angústias de Lyell, sem nunca simpatizar realmente com elas. Cancelou a visita de Lyell a Downe e pediu desculpas: "Vou dizer primeiro o que detesto ter de dizer, isto é, que fiquei extremamente decepcionado por você não ter dado o seu parecer nem falado sinceramente o que pensa sobre a derivação das espécies [...] sempre pensei que seu parecer sobre a questão seria memorável. Para mim, isso tudo acabou."

Nem os heróis de Darwin conseguiram acompanhá-lo. "Isso me deixou desesperado", escreveu ele a Gray. "Às vezes eu quase desejo que Lyell tivesse se pronunciado contra mim." Darwin ficou confuso com aquelas hesitações. Sua doença agravou-se seriamente, com longos períodos de vômitos e depressão, deixando-o mais ou menos inválido até o final de 1865.[29] Apesar de tudo isso, ele ainda conseguia mostrar profunda solidariedade para com os sofrimentos à sua volta, desde a morte do filho de Hooker e do pai até o suicídio de FitzRoy (o frágil ex-capitão de Darwin cortou a própria garganta em 1865). Mas nunca mostrou a menor solidariedade pela incapacidade de o velho Lyell manter-se à altura da situação.

A mesma irritabilidade marcou suas relações com Gray durante a guerra. "As questões ianques" tornaram Gray "muito arrogante", e ele próprio exasperado com as atitudes inglesas. Gray enviou um panfleto de autoria de seu sogro Charles Greely Loring sobre as relações anglo-americanas, o qual explicou a Darwin o "horror deles à Desunião" e se queixava do apoio inglês aos estados produtores de algodão.[30] A resposta de Darwin teve menos tato ainda. Pensando que o Norte não conseguiria vencer (ele ainda estava lendo o "detestável" *Times*, que apoiava o Sul, mesmo que Emma estivesse desesperada para desistir dele) ou, pior ainda, enfrentando a perspectiva "terrível" de "que o Sul, com sua maldita escravidão, triunfasse & disseminasse o mal", ele agora achava que o Norte devia "conquistar os estados fronteiriços, & todo o oeste do Mississippi" e dividir o país, deixando o algodão do Sul secar.[31]

Darwin ainda temia que a Grã-Bretanha entrasse em guerra contra o Norte. Os estaleiros de Laird e Clyde estavam construindo "aríetes a vapor" — vasos de guerra revestidos de ferro com as últimas novidades em armas de fogo — para lutar ao lado da Confederação. O *Alabama* já saíra do notório estaleiro de Laird com documentos falsos e agora estava hostilizando comerciantes dos Estados Unidos. Washington estava irada. Havia mais do que navios em jogo. *A origem das espécies* pode ter sido um "canhão Whitworth" no arsenal do liberalismo, como disse Huxley com muita pertinência (querendo dizer que esse livro estava rearmando uma nova geração de jovens racionalistas sufocados pelas velhas ortodoxias); mas, naquele momento, rifles "Whitworth para atiradores de elite" também estavam furando o bloqueio do Norte para armar a Confederação. Agora Darwin era a voz moderada, fazendo eco ao sentimento mais comedido da família. Robert Mackintosh (o ex-governador geral das ilhas Leeward), na casa de sua irmã Fanny Wedgwood, também falou que a Des-União seria o único curso e o guia da política britânica. Outros abolicionistas impetuosos concordaram. Francis Newman, amigo de Fanny, participante de campanhas pelos direitos das mulheres, pelo republicanismo, pelo vegetarianismo (e anti tudo o mais — escravidão, crueldade contra os animais, vivissecção), explodiu diante da ideia de preservar a União e, com isso, salvar "a pior escravidão de que se tem notícia na história".[32]

"Temo que não vamos mais gostar um do outro por um bom tempo — [quer dizer,] as nações", disse Gray a Darwin. Para Gray, a única solução era vencer o Sul a qualquer custo, fazer dele "território ianque", "& manter os *Estados Unidos* completos". Esses custos estavam aumentando. "Não temos filhos", disse ele a Darwin, e "só lamento não ter um filho para mandar para a guerra." Darwin, esquecendo que ele próprio tinha imaginado mandar milhões para a morte para acabar com a escravidão, ficou estarrecido com a ideia de sacrificar um filho. Contou tudo isso a Hooker: "Já ouviu falar em coisa parecida?" Os filhos eram sacrossantos aos olhos de Darwin; a morte, uma solenidade sobre a qual falar em sussurros. Annie, sua filha de 10 anos — que morrera tragicamente de febre em 1851 —, sempre faria cair uma lágrima. Um milhão poderia ser sacrificado em dinheiro, mas não um filho. "Que cartas esquisitas Asa Gray escreve [...] Tanto faz a gente escrever sobre a guerra para ele como para um louco."[33]

Não foi mera coincidência que se formasse uma nova sociedade para estudar o ser humano durante a Guerra Civil, e menos ainda que a Confederação tenha pago seus próprios agentes. A Sociedade Antropológica de Londres foi fundada em 1863, a poucas semanas da proclamação da emancipação feita por Lincoln. Dissidentes obstinados abandonaram a Sociedade Etnológica. De seu ângulo enviesado, seus membros discordavam da "unidade das raças", de sua herança filantrópica, de suas preocupações culturais (em vez de raciais). James Hunt, o parlamentar que exercia autoridade sobre os outros membros do novo partido, médico de 30 anos que morava em Hastings e era especialista em gagueira, via com bons olhos as questões críticas para Knox e *Types of Mankind:* classificação e anatomia racial — e, com a guerra grassando nos Estados Unidos, "o lugar do 'negro'" era da maior importância. A maioria desses homens que diziam ser "antropólogos" tinham o mesmo horror que Agassiz à origem comum. A própria premissa da sociedade era de rebaixamento do negro: não havia lugar em sua nova ciência para a ideia piegas de que "o negro é um homem e um irmão". Era preciso dispor de "dados" confiáveis sobre esse desvio anatômico e reconhecer seu caráter "sensual, tirânico, taciturno, indolente". Mesmo que, na verdade, fosse inútil avaliar "a inteligência do negro, pois era muito pequena e nunca valeria a pena". Mais formalmente, a sociedade propôs a si mesma o objetivo de "documentar todos os desvios do padrão humano".[34] Esse padrão era o homem branco: a tendência da época foi simplesmente incorporada.

Além de colocarem Nott em sua lista de membros honorários desde o início, elogiando-o desbragadamente como "o maior antropólogo vivo da América",[35] os antropólogos também elegeram seu amigo Henry Hotze, um agente confederado, como membro permanente do Conselho (não apenas um amigo — Hotze era o simpatizante sulista que havia traduzido *Moral and Intellectual Diversity of Races* [Diversidade moral e intelectual entre as raças], de Gobineau, para o mercado americano sob os auspícios de Nott). Ali estava um homem bem ao gosto de Hunt. Quando se tratava de condenar, Hotze era um mestre: "a degradação moral repugnante", evidente em algumas raças humanas, significava que muita coisa tivera de ser deixada fora da tradução do livro de Gobineau por medo de ferir suscetibilidades sulistas. Na verdade, esse defensor da escravidão era pago para promover a visão benevolente que o Sul tinha de sua "instituição peculiar". Havia sido recrutado pelo serviço secreto confederado e estava na folha de pagamentos do governo confederado de Richmond. Hotze agia como seria de se esperar de um *agent provocateur*. Instruído a fazer mudar a opinião de Londres durante a guerra, ele colocou *Types of Mankind* e *Indigenous Races*, de Nott e Gliddon, na nova biblioteca dos antropólogos,[36] dava dinheiro aos confederados que eram membros da sociedade (havia três só no Conselho)[37] e tomava decisões sobre artigos e pronunciamentos (é provável que tenha sido ele o responsável pela publicação do texto de Nott sobre "A raça negra" na *Popular Magazine of Anthropology*).

E isso foi só o começo. Hotze também comprou jornalistas, imprimiu e distribuiu milhares de livros e panfletos simpáticos à sua causa e pendurou bandeiras confederadas (junto com a insígnia inglesa) em muros de ruas e estações ferroviárias. Dirigia um semanário propagandístico em Fleet Street, *The Index* (1862-5). No meio dos relatórios de guerra, o periódico promovia a Sociedade Antropológica por denunciar aquele "dogma perigosíssimo", a "igualdade dos homens", quando o Criador fizera "grupos [claramente] distintos" para tarefas diferentes. Ligava orgulhosamente a sua ciência da inferioridade do "negro" à causa confederada. A Sociedade Antiescravagista foi atacada. Sua declaração de que a recusa dos escravos em se revoltar provava que eles tinham "inteligência suficiente para merecer confiança" era refutada pelo pensamento reconfortante de que eles não tinham nenhum motivo para se rebelar. Como prova do valor de Hunt para Dixie, entre reportagens sobre batalhas de Chattanooga e a investida dos federais em Richmond, no fim de 1863, durante três semanas, *The Index* fez uma reportagem enorme sobre sua reavaliação do lugar lamentável do "negro" na natureza. O jornal levou as conclusões de Hunt ao limite. Ou esses seres humanos inferiores, de cérebro pequeno, seriam libertados para voltar ao "barbarismo selvagem", como na África, onde "sacrifícios humanos" e uma "imoralidade" inextinguível eram a norma, ou continuariam em seu "progresso maravilhoso" sob o "jugo suave e humano dos cristãos" do Sul aristocrático. *The Index* politizou a mensagem de Hunt: o lugar do negro era na escravidão.[38]

O jornal elogiava os antropólogos por investigarem "a diferença específica, invariável e imemorial" entre os povos em vez de estudarem sua origem inescrutável. Eram bons esses homens que tornavam "o negro e o europeu [...] espécies tão distintas quanto o cavalo e o asno". O negro inferior era incapaz de civilização, "exceto quando se tornava escravo do homem branco". Essa era a mensagem da Confederação, sua ciência focada nas características "congênitas" da raça. Denunciava os "fanáticos" que pregavam a igualdade e considerava "absurdo e enganoso" falar de negros e brancos "como se eles pertencessem à mesma espécie [...] Tanto o Sr. de Gobineau quanto o Sr. Hotze tinham inteligência suficiente para evitar o rochedo que fez o Sr. Darwin naufragar".[39] O *Index* pró-escravidão compreendia as entrelinhas de *A origem das espécies* tanto quanto qualquer outro comentarista; viu as implicações de suas imagens de "origem comum" das raças humanas — e não gostou nada do que viu.

Enquanto isso, Huxley e Hunt estavam travando sua própria guerra civil sobre a questão. Huxley estava entre a cruz e a caldeirinha. Seu cunhado, o médico que havia sido seu aprendiz e se casara com sua irmã Lizzie, mudara-se para o Alabama e agora era um cirurgião confederado. Suas tropas tinham acabado de ser enviadas para Chattanooga (mal dá para imaginar os horrores vistos por seu filho Tom, de 15 anos — cujo nome era uma homenagem a Huxley —, que ajudava o pai na tenda do hospital). "Meu coração está no Sul, e a minha cabeça, no Norte", escreveu Huxley a Lizzie. "Não tenho a menor simpatia afetiva pelo negro [...] Mas está claro para mim que a escravidão significa, para o homem branco, uma economia política ruim; uma moralidade social ruim; uma organização política interna ruim e uma influência ruim sobre o trabalho livre e a liberdade em todo o mundo."[40] Essa era a linha que ele defenderia.

No periódico liberal *Fortnightly Review*, ele aceitava a tese agora trivial de que não havia provas de alterações nas raças em tempos históricos, mas só isso não refutava a origem comum. Nem mesmo a aceitação das "premissas poligenistas" — de espécies humanas distintas — desmentia a origem comum de Darwin. Mesmo que os mongóis e mandingos fossem gêneros diferentes, sua genealogia evolutiva ainda remontava a um tronco comum. Mas não eram. As diferenças raciais eram tão diminutas "que a suposição de mais de um tronco primitivo para todos é completamente supérflua. É claro que agora não é possível encontrar ninguém que afirme que duas raças humanas quaisquer diferem mais entre si do que o chimpanzé do orangotango". Era o que Darwin queria ouvir: escreveu na folha de rosto do artigo de Huxley "Guardar", fez um círculo em volta e sublinhou essa passagem sobre "um tronco primitivo".[41] Agora Huxley estava travando as batalhas de Darwin em seu lugar.

"O Sr. Darwin", disse Huxley, "apresenta sua doutrina como a chave da etnologia." Em 1863, Huxley estava fazendo o ancestral comum da humanidade recuar enormemente no tempo, talvez até a época dos dinossauros.

E também não duvidava de que as raças modernas eram bem férteis quando se cruzavam umas com as outras. A população florescente da ilha Pitcairn, descendente dos marinheiros amotinados de Bligh, do navio *Bounty*, e suas mulheres taitianas, abandonava essa "questão mortal" contra Notts e Gliddons. E, fosse como fosse, onde estava a degradação em compartilharmos ancestrais negros... e até mesmo macacos? Todos nós "encontrar[emos] no tronco inferior de onde o homem surgiu a melhor evidência do esplendor de suas capacidades" e uma boa "base para a fé em chegar a um futuro mais nobre". Foi assim que Huxley terminou seu texto intitulado *Man's Place in Nature* [O lugar do homem na natureza] em 1863. Não era uma fé que apaziguaria os conservadores. Por isso, retrucou o *Athenaeum* sardonicamente: "Agora todos podem criar brasões com a forma dos longos braços do gibão ou do gorila."[42]

Assim como o futuro de Agassiz não tinha espaço para os negros, o de Darwin e Huxley não tinha nenhum para a escravidão. O sistema corrosivo era desumanizador para os brancos, quanto mais para os negros. Mas Huxley justificava a abolição com motivos *econômicos*. Era impossível ignorar aquele "grande problema que levou a uma guerra do outro lado do Atlântico" e, quaisquer que sejam as virtudes dos sulistas,

> não consigo entender como um homem de inteligência clara pode duvidar que o Sul está participando de uma batalha perdida, e que o Norte está justificado ao dispor de sangue e dinheiro, qualquer que seja a quantidade, que vai erradicar um sistema irremediavelmente incoerente com a elevação moral, a liberdade política ou o progresso econômico do povo americano.

Ele ignorava os "abolicionistas fanáticos" que consideravam o negro seu igual. Mas essa "aberração" não era nada perto da "ignorância crassa, do exagero e das inexatidões que os interesses dos senhores de escravos cultivam" — e considerava o panfleto de Hunt sobre "O lugar do negro na natureza" (um plágio deliberado do título do livro de Huxley) merecedor de "condenação pública". Deleitou seu público com passagens do seguinte tipo: "Os cabelos [do negro] são muito peculiares — três fios, nascidos de orifícios diferentes, unem-se num só", ou a velha heresia de Knox, segundo a qual os negros, parecidos com os macacos, tinham calcanhares alongados e não conseguiam ficar de pé como homens.[43]

Um apoio sólido foi recebido de um veterano da Guerra Civil que vira não um só negro, mas todo um regimento. Chegou uma carta confirmatória do coronel do 1º Regimento de Voluntários da Carolina do Sul, Thomas Wentworth Higginson. Abolicionista radical, ainda tinha no rosto a cicatriz feita por um cutelo, adquirida quando atacou um tribunal federal em Boston para resgatar um escravo fugido. Mais tarde comandou o primeiro regimento negro autorizado pelo governo federal para combater o Sul. As alturas dos elogios de Higginson aos soldados só se comparavam à profundidade de seu desprezo pelos absurdos de Hunt sobre os pés negros. Cerca de "nove décimos" do comando era "inteiramente negro", disse ele a Huxley, e ninguém precisava de botas diferentes, nem tinha pés diferentes do homem branco.[44] (O mesmo velho guerreiro visitaria Darwin duas vezes durante a década de 1870 e, na segunda vez, passou a noite em Down House: Darwin, fascinado pelo "regimento negro", estava "orgulhoso" por receber esse homem, e o sentimento era recíproco: Higginson achou Darwin "um homem ainda maior do que eu pensava".)[45]

Agora as manchetes da imprensa proclamavam "PROFESSOR HUXLEY ABOLICIONISTA". Os liberais elogiavam-no por reconhecer "direitos pessoais iguais para todos os homens" e por declarar que "o sistema da escravidão é a raiz e os ramos de uma abominação". O professor fizera "sua definição fisiológica do lugar do negro entre os homens equivalente a um apelo sincero de emancipação dos negros".[46] Foi o bastante para a Sociedade de Emancipação das Senhoras Londrinas mandar fazer cópias desse texto anti-Hunt para distribuí-las como panfletos.

O Darwin mais velho era um abolicionista, talvez até fanático. Ele nunca levou em conta as razões econômicas: a questão era a crueldade. Crueldade contra todas as criaturas: Charles e Emma estavam distribuindo um panfleto do final de 1863, escrito por eles próprios, contra o uso de armadilhas de caça, aquelas mandíbulas com longos dentes de aço de que os caçadores tanto gostavam. Essas armadilhas, que esmagavam a perna de qualquer animal que pisasse nelas, estavam sendo cada vez mais usadas na década de 1860 para eliminar os predadores das reservas de caça da nobreza. Emma trabalhou com a Sociedade Real para a Prevenção de Crueldade contra os Animais para instituir um prêmio pela invenção de um substituto mais humano. Animais ou escravos: era uma questão de crueldade iniciada pela mesma dupla Buxton-Wilberforce décadas antes. Para as classes médias, a compaixão (que agora se estendia cada vez mais aos animais selvagens) tornara-se uma marca de nobreza. E era a crueldade que realmente importava do outro lado do Atlântico. Como disse Emma: "Sobre os Estados Unidos, acho que os escravos estão sendo libertados gradativamente & é isso o que mais me importa." Quanto à retórica antiemancipação do *Times*, ela retorquiu simplesmente: "Acho que tudo quanto a Inglaterra" precisa é "levantar de novo o seu Pai Tomás". Darwin também estava amaldiçoando os "tempos sangrentos de antigamente" e ainda se perguntava o que aconteceria se os estados centrais se juntassem "ao Sul na escravidão", se o Norte não "se casaria com o Canadá depois de se divorciar da Inglaterra & criar um grande país, contrabalançando o Sul maligno".[47]

Uma parte muito grande da vida e da ciência de Darwin esteve ligada a esse horror à escravidão: uma ciência que, em seu aspecto de "fraternidade", parecia impecável. Huxley viu isso. Quando se tratava de unidade humana — uma linhagem consanguínea que ligava negros e brancos por intermédio de um ancestral comum —, Huxley "tinha o prazer de ser capaz de mostrar que o Sr. Darwin estava, de uma vez por todas, do lado da ortodoxia". E tendo hasteado sua própria bandeira da União, a guerra civil de Huxley intensificou-se quando *The Index* e os antropólogos confederados chegaram com seus canhões.

A retórica de "qualquer quantidade de sangue" de Huxley (que correspondia aos "milhões de vidas" de Darwin) foi descartada por Hunt como "a linguagem fanática habitual dos abolicionistas". O *Index* confederado imprimia réplicas de Hunt como se fossem reportagens de guerra, ignorando os ataques de Huxley, que deixou seu ponto de vista mais claro ainda. Hunt, no meio de "uma nuvem constrangedora de verborragia, 'nega indignadamente', aquilo que chama de minha insinuação (que, no entanto, a qualquer momento terei o maior prazer de trocar por uma declaração ampla e direta) de que suas 'opiniões foram apresentadas em nome do interesse escravagista'". É difícil fugir a essa conclusão. Hunt certamente se colocara ao lado do lobby escravagista ao admitir "que as leis dos estados sulistas da União contra o casamento entre negros e brancos eram leis sábias".[48]

Huxley nunca soube sequer da metade das relações incestuosas de Hunt com os americanos. Quando Hunt disse em seu "Lugar do Negro" que os grandes fazendeiros não temiam mais uma rebelião de seus "escravos do que a rebelião de suas vacas e cavalos", estava repetindo as palavras como um papagaio. As palavras eram de um panfleto de autoria de John van Evrie, editor de Nova York, com o título de *Negroes and Negro "Slavery": The First, an Inferior Race — The Latter, Its Normal Condition* [Negros e "escravidão" negra: Os primeiros, uma raça inferior; a segunda, sua condição normal]. Depois o próprio Van Evrie *republicou* o artigo de Hunt em Nova York por 35 centavos de dólar, retirando as referências e acrescentando um conveniente prefácio político enquanto a guerra grassava. Isso fez o livro parecer uma sanção científica "erudita" ao Sul por parte do "presidente da Associação" na Grã-Bretanha. Para garantir que a mensagem chegaria, Van Evrie pôs anúncios de panfletos sobre a "supremacia branca" e "antiabolicionistas" na contracapa.[49]

Portanto, a guerra "racial" em torno do "darwinismo" (um termo que estava começando a ser usado) não foi travada no distante Alabama, nem na Boston de Agassiz. Nott tinha seu representante em Londres, a Confederação tinha seu lobby dentro da Sociedade Antropológica; e os simpatizantes de Darwin os estavam combatendo. Se algum dia houve um fórum para promover Knox e a "supremacia branca" ou uma clava para esmagar a união racial de Darwin, foi essa sociedade. Hunt era discípulo de Knox e fez de tudo para Knox sair do gelo. Mimado pela sociedade, em seu último ato Knox ridicularizou o darwinismo, negando que "haja ou possa haver qualquer seleção, como diz o Sr. Darwin", de variedades inteligentes de "negros" que os transforme numa raça mais perspicaz.[50]

A Sociedade Antropológica era o único órgão "erudito" de Londres que tolerava longos debates sobre o darwinismo. Ninguém duvidava que a "luta pela sobrevivência" explicasse o extermínio racial: "Charles Darwin está absolutamente certo nesse ponto." A extirpação dos gauleses "selvagens" pelos francos, ou dos bretões "para abrir espaço para os saxões, foi um grande benefício para a humanidade". O ganho evolutivo de Darwin com a "produção de [tipos] superiores" estava sendo gerado pela destruição das raças "inferiores". A sociedade via as ideias de Darwin disseminando-se "como peste no gado", e alguns pensavam que seu movimento moral no sentido de unir todas as raças tinha a marca de um "*revival* religioso".[51] No entanto, orador após orador ainda reconhecia sua autoridade.

Aversão pelo "Clube Canibal" (como o grupo da Sociedade Antropológica era conhecido), assegurava simpatia por parte de Darwin, mais civilizado. Hunt foi recebido com vaias na reunião da Associação Britânica em 1863, quando afirmou "que havia bons motivos para classificar o negro como uma espécie distinta do europeu quanto para considerar o asno uma espécie distinta da zebra". Suas simpatias escravagistas precederam-no. Charles Carter Blake, capanga de Hunt, disse o *Evening Star*, "parece fazer o papel do fisiólogo confederado". Um "negro" presente entre o público ficou de pé (provando que conseguia) para perguntar quem era o asno humano. Este era o homem que o público viera ouvir. Todos sabiam que o famoso escravo fugido William Craft pretendia falar e correram para assistir ao espetáculo. Craft lembrou Hunt que César achara os selvagens cobertos de carvão da Bretanha "um povo tão estúpido que não servia para ser escravo em Roma (Risos.)". Mais risadas estridentes quando ele fez sua observação de que Deus dera uma cabeça dura aos negros para protegê-los do sol abrasador; se Ele não tivesse feito isso, "provavelmente seus cérebros teriam ficado muito parecidos com os de muitos cavalheiros científicos".[52]

As reportagens sobre a guerra giravam interminavelmente em torno dessa história de "Sambo e os *Sábios*". O *Leeds Mercury* acompanhou um artigo irado sobre encouraçados que estavam sendo construídos na Grã-Bretanha para os confederados com um relato da tentativa de Hunt contrabandear as ideias do "panfletista da Carolina do Sul". O *Birmingham Daily Post* publicou a refutação "aplaudidíssima" de Craft a seus artigos cáusticos sobre "reprodução dos negros e açoitamento das mulheres" no Sul e dos empréstimos britânicos aos confederados. O *Aberdeen Journal* falava de "risadas estridentes" depois da piada de Craft sobre cabeça dura, antes de passar para as opiniões francesas sobre os estados confederados e para as circulares de seu presidente Jefferson Davis aos líderes europeus. Essas vaias e risadas sem precedentes por parte de gente abastada dá uma ideia das tensões enquanto a guerra grassava nos Estados Unidos. Todos os jornais falavam dos "vivas" que se fizeram ouvir depois da declaração de Craft de que os homens negros e brancos "descendem todos de um ancestral comum". Ninguém da imprensa duvidava que a questão da origem comum fosse nada menos que extremamente emotiva. E o consenso era claramente contra "a teoria do destino manifesto" dos antropólogos.

Craft não decepcionou: ao se referir à comparação entre Shakespeare e um hotentote, ele distorceu deliberadamente o seu sentido ao declarar "que estava neste país havia vários anos e conhecera muito poucos Shakespeares". Quando o presidente, o conservador imperialista Sir Roderick Impey Murchison, interrompeu o discurso de Craft, o público ficou "muito irritado". Embora dois jornais tenham sido lidos na reunião, jornais que questionavam "a unidade da raça humana", a reação do público deixou claro que não engolia nenhum dos dois. "Só faltava a presença de um bretão antigo ou de um picto pintado para fazer a pergunta: 'Não sou um homem e seu antepassado?' para completar a confusão do pequeno bando de *sábios* etnológicos", declarou um jornal.[53] A concatenação de uma Guerra Civil com emoções exaltadas sobre escravidão manifestou-se nessas reuniões turbulentas, e elas foram um bom presságio para as discussões em torno do "ancestral comum" de *A origem das espécies*.

Contra Darwin e Huxley, os antropólogos apelaram para todas as autoridades do continente — não só apelaram, mas também traduziram, revisaram, introduziram e publicaram sob os auspícios da Sociedade. Meia dúzia de tomos volumosos veio a lume para provar a diferença imutável e a esterilidade inter-racial. Títulos como *The Plurality of the Human Race* [A pluralidade da raça humana], de Georges Pouchet (1864), e *On the Phenomena of Hybridity in the Genus Homo* [Os fenômenos do hibridismo no gênero *Homo*], de Paul Broca (1864), contavam sua própria versão dos fatos. Segundo Pouchet, a vida não só teria surgido espontaneamente no começo, como também continuava assim, dando a cada linhagem negra ou branca o seu próprio ponto de partida. Isso era muito forçado, muito artificial, até mesmo na opinião do editor. Poderia ter sido aceitável na Europa e usado para refutar a unidade humana e a origem única de todas as formas de vida da teoria de Darwin (feito pelo descobridor do crânio de Neanderthal, Hermann Schaaffhausen), mas nenhum antropólogo britânico adotou essa visão.[54]

Por outro lado, outra de suas traduções constituiu realmente um ponto de reunião. Os membros da Sociedade Antropológica "mostraram unanimidade" contra a origem racial comum dos darwinistas, e não haveria nenhum progresso "na aplicação dos princípios darwinistas à antropologia enquanto não purgarmos o tema da hipótese da unidade". Mas eles não mostraram medo da transmutação e demonstraram até alguma simpatia pelo antepassado símio. "Ninguém (exceto Agassiz e outros como ele) vai negar a possibilidade de o homem originar-se do macaco através de alguma lei desconhecida de desenvolvimento", disse o presidente em seu discurso inaugural. A saída foi apontada pelo professor Karl Vogt, de Genebra, em suas *Lectures on Man* (traduzidas por Hunt em 1864). Vogt era um pugilista melhor que Huxley — e mais chulo —, um ateu que tinha o maior prazer em chamar certas cabeças "simiescas" de "crânios de Apóstolos", afirmando que se pareciam com o de São Pedro. E ele também perguntava por que "só uma espécie [de macaco] teria esse privilégio" de evoluir e se transformar em ser humano. Provavelmente em *toda* região tropical isso acontecera com o macaco local. A ancestralidade de múltiplos macacos de Vogt estava firmemente enraizada na literatura antropológica. Atribuir um ancestral símio a cada raça humana transformou-o num "darwinista lógico" a seus olhos.[55]

O que Down House pensava não se sabe. Os correspondentes falavam de Vogt, dizendo a Darwin que "ele se divertiria com sua franqueza huxleyana". Darwin, lendo a tradução, ficou "bem ciente" da tese defendida por Vogt da "origem do homem a partir de várias famílias de macacos". Mas os antropólogos estavam vestindo Vogt com o uniforme cinza dos confederados (o próprio Vogt opunha-se firmemente à escravidão) e ignorando seus "se" e "mas". Embora apaixonado pelo darwinismo, diziam os antropólogos, Vogt "repudia inteiramente as opiniões sobre a unidade da origem humana, que uma parte dos darwinistas deste país agora está se empenhando em divulgar". Essa teoria dos múltiplos macacos era o caminho "certo e filosófico" em frente — a ciência necessária para combater "as doutrinas antiquadas" das relações consanguíneas e da genealogia que Huxley herdara de Darwin.[56]

O "Clube Canibal" tornou-se um eixo rival de poder, competindo com "a seção de darwinistas" de Huxley. Os poligenistas sentiam uma satisfação maldosa com o próprio atrevimento. Na janela de seu salão de reuniões, penduraram o esqueleto de um "selvagem", o que gerou queixas da União Cristã do outro lado da rua. O martelo que impunha ordem às reuniões era coroado com uma cabeça de negro roendo um fêmur humano. Ali discussões sobre assuntos controvertidos criavam uma atmosfera eletrizante e, por isso, a Sociedade tinha um número imenso de membros, entre 700 e 800, segundo ela mesma dizia (o que não era exatamente verdade).[57] Os poligenistas tiveram a capacidade de pôr seu próprio selo no "Lugar do Homem na Natureza". E agora, muitos usavam Vogt como escudo para enfrentar Darwin. Nas palavras de Thomas Bendyshe — mais liberal —, mas, mesmo assim, outro demônio nos círculos inferiores do Inferno de Huxley, "mais de um macaco, para reconciliar a transmutação com a teoria poligenista".[58]

Por falar em demônios, a evocação de Knox, Agassiz e Vogt por James McGrigor Allan permitiu àquele conclave definitivo provar "a origem múltipla do homem". Allan recrutou-os na "Origem Primata do Homem", texto escrito para a popular *Popular Magazine of Anthropology* (parte do esforço dos antropólogos para conseguir apoio do público). Allan era peculiar, pois apreciava os pontos fortes de muitas tribos. Vivera na América e tinha familiaridade com os índios misquito da Nicarágua. Mas não tinha ilusões sobre a extinção das tribos, sendo nosso costume "procurá-los com a Bíblia numa das mãos e uma garrafa de gim na outra e dizer-lhes para serem como nós ou desaparecerem".[59] No entanto, em sua "Origem primata", ele também criticou o sangue ruim gerado pela origem comum. Compare "os maiores heróis europeus com os hotentotes que vivem no cabo da Boa Esperança": ninguém imaginaria que são da mesma espécie, quanto mais "descendentes da mesma espécie primitiva". Por estranho que pareça, embora não suportasse essa ideia, ele conseguia aceitar a transmutação de um macaco em anglo-saxão "num período muito remoto". Um macaco selvagem e livre dos tempos antigos era preferível a um negro escravizado no presente. Allan adotou os múltiplos ancestrais primatas de Vogt, um em cada um dos "reinos raciais" de Agassiz, e usou os antagonismos raciais de Knox e "a hipótese maravilhosa d[e seleção natural d]o Sr. Darwin" para explicar não só por que os Estados Unidos se tornaram "um grande campo de batalha", como também "a antipatia entre as raças continuamente em guerra entre si". Tudo isso fazia de Allan "um poligenista e um darwinista", mostrando que ainda não havia coerência sob o rótulo "darwinista".[60] Ainda reinava a maior confusão.

Huxley e um grande número de darwinistas da elite reorganizaram-se na antiga Sociedade Etnológica, insuflando-lhe vida nova. Erasmus, o irmão de Darwin que morava na capital, entrou para o Conselho em 1862-3. Lubbock, de Downe, tornou-se presidente (cargo que, em seguida, foi ocupado por Huxley). Ali Huxley explicaria suas técnicas pioneiras de dissecação de crânios à medida que mergulhava mais profundamente na antropologia, escavando túmulos e montes de terra ou pedras embaixo dos quais os antigos enterravam seus mortos: as raças humanas estavam atraindo Huxley também.[61]

Como sempre, o excêntrico era Wallace, que tinha acabado de chegar do Bornéu e estava se deleitando com o clima de vale-tudo — mas só para homens — da Sociedade Antropológica. Ele tentou consertar a situação com um acordo. O filho pródigo que acabara de voltar não estava a par dos acontecimentos e encontrava-se igualmente fora de sintonia com os

Canibais. Wallace vivera entre os daiaques do Bornéu e admirava seu universo moral. Aqueles não eram os daiaques desacreditados por Kingsley como "animais, tanto mais perigosos" por causa de sua "astúcia semi-humana", criaturas perfeitas para serem calcadas aos pés de uma raça teutônica que estava disseminando o Reino de Deus (o interessante é que Kingsley passara três semanas com o Dr. Hunt em 1857, com o objetivo de fazer terapia para superar sua gagueira, embora sua filosofia racial fosse muito anterior a esse encontro). E ninguém da panelinha de Hunt teria entoado rapsódias junto com Wallace, dizendo que "quanto mais conheço povos bárbaros", tanto mais as "diferenças entre os povos considerados civilizados e os selvagens parecem desaparecer".[62]

Os daiaques tinham reforçado a velha ideia socialista da unidade das raças. Às vezes ele lamentava a sorte dos povos nativos e ficava triste ao ver as cidades invadindo sua vida — exatamente a antítese do desejo de Kingsley de erradicar as pragas.[63] Para Wallace, o medo dos daiaques de infringir os direitos dos outros ou sua recusa em responder a uma pergunta para não terem de dizer uma mentira eram prova de "um senso maravilhosamente delicado de certo e errado". Ele suspeitava que a moralidade era fundamental para os seres humanos e que poderia ser rastreada até a pré-história, entre os homens que usavam instrumentos de pedra. Havia até evidência disso. Numa gruta francesa de Aurignac (de onde os aldeões tinham retirado 17 esqueletos humanos), Edward Lartet encontrou pontas de flechas, pedras lascadas, o extinto leão das cavernas e ossos de urso, além de chifres de rena trabalhados. Parece que alguns ossos de animais haviam sido deixados na tumba com carne, como "alimento dos mortos da raça pré-histórica".[64] Para Lyell, essas carnes e banquetes funerários tinham sido comida para os mortos em sua viagem. E para Wallace também o sepulcro provou que as crenças morais e espirituais eram antigas.

Esse tipo de insight tornou-se o alicerce do acordo darwinista de Wallace entre o poligenismo e o monogenismo. Em 1864, a sua foi uma performance de virtuose na Sociedade Antropológica. Ele fez as origens raciais recuarem muito no tempo. Os seres humanos deviam ter vivido durante um milhão de anos ao lado de mamíferos agora extintos. Portanto, não era de surpreender que os murais das tumbas egípcias mostrassem negros evidentemente modernos, ou que os peles-vermelhas não tivesse mudado desde a "infância mesma da raça humana". A seleção natural exige um tempo absurdamente longo. Wallace acreditava até mesmo que as mudanças *anatômicas* tinham deixado de existir nos seres humanos. Carinho, simpatia e altruísmo — até nas "tribos mais atrasadas" — permitiam que elas evitassem a competição, ao passo que a tecnologia permitia-lhes driblar as circunstâncias de um ambiente que estava mudando: usando peles de animais para se manterem aquecidas, flechas para matar a caça a distância e fogueiras para preparar a comida. Portanto, o grupo ancestral "homogêneo" de pré-humanos que estava se espalhando pelo globo dividira-se em raças em épocas muito remotas, quando a seleção natural ainda estava operando. Talvez numa época tão remota quanto o Eoceno, logo depois da extinção dos dinossauros. O ancestral comum das raças daquela época, sem fala, sem "sentimentos morais", ainda se encontrava no estágio *animal*, ainda era um macaco sob a influência da seleção. Depois todas as linhagens derivadas desenvolveram o cérebro, que ficou maior, e tornaram-se seres humanos enquanto a seleção natural continuava operando *sobre a inteligência* (de forma um pouco diferente, que levou à criação de formas distintas de crânios). Por conseguinte, todas as raças têm atitudes variadas, capacidade de estruturar a linguagem e desenvolver tecnologias e atitudes sociais.

Usando a teoria de Darwin — e a sua —, Wallace evitou Morton, resolveu o problema de Hunt e manteve uma linhagem consanguínea convergente, tudo isso de forma brilhante. Depois enfureceu a panelinha ao sugerir que, em sua visão socialista, a seleção natural levaria ao "estado social perfeito". Levaria todas as raças "superiores" a se disporem a substituir as "inferiores", aperfeiçoando-as "até o mundo ser habitado de novo por uma única raça homogênea, onde nenhum indivíduo será inferior aos espécimes mais nobres da humanidade existente hoje",[65] quando a liberdade vai prevalecer e o governo coercivo vai desaparecer.

Os defensores da supremacia branca não tolerariam essa utopia anarcossocialista. Hunt não estava acreditando no que ouvia. A Sociedade

Antropológica era a apoteose do anglo-saxonismo, o antagonismo racial knoxiano e a "negrologia" pró-escravidão de um Sul agora em guerra. O "mal" de pensar que o darwinismo poderia produzir "a partir de uma única raça toda a diversidade vista agora entre os seres humanos" era infinitamente pior, pois ameaçava re-homogeneizá-la! A ideia de uma raça "homogênea" — cheirando tanto ao amálgama ou miscigenação ultrajante que estava deteriorando as relações nos Estados Unidos — deixou Hunt furioso. Certo, Wallace fizera a unidade original recuar ainda mais no passado do que Huxley, a um estágio em que o ancestral não dispunha ainda de fala nem de "sentimentos morais". Mas estas ainda eram "afirmações alarmantes" e, dada a alternativa de Vogt, "por que a humanidade deve ter sido uma única raça um dia?" Mais tarde, Hunt lembraria que Wallace "não encontrou um único simpatizante" desse "sonho eloquente". Mas isso não era inteiramente verdade, e o único simpatizante de Wallace achava que seu artigo "constituía uma nova era na antropologia".[66]

Darwin tinha algumas dúvidas sobre o artigo, pois não concordava, por exemplo, que a seleção deixara de operar entre os seres humanos. Mas ficou muito satisfeito ao ver alguém na berlinda. Sensível a críticas, valorizando sua posição entre a nobreza, ele próprio tivera náuseas ao pensar em publicar alguma coisa sobre esse assunto controvertido, a transmutação humana. Acusações de bestialização e outras piores ainda seriam feitas. Mas Wallace, o vendedor de espécimes formado pelo Instituto de Mecânica, não tinha medo de nada. Não tinha nada a perder profissionalmente. O pobre ex-inspetor e viajante tropical não tinha posição social a perder, nem filhos cujo bom nome precisasse ser protegido (algo muito importante na sociedade — Robert Chambers, o editor de Edimburgo, quando lhe perguntaram por que publicara o texto evolutivo *Vestiges* anonimamente, respondeu: "Tenho onze motivos", apontando para os filhos). Wallace sabia que Darwin havia sido desencorajado e, por isso, lançou-se ele próprio de cabeça. (Quase) poderiam ter assinado juntos a primeira apresentação da seleção natural na Sociedade Linneana, mas Darwin mal compreendia esse "coautor" tão distante socialmente. Um paraíso utópico não era o lugar para onde ele via a seleção se dirigir.[67] E então ele cometeu um erro de cálculo maior ainda.

Em maio de 1864, Wallace enviou a Darwin sua "pequena contribuição para a teoria da origem do homem" — o artigo da Sociedade Antropológica. As notas de Darwin à margem do texto mostram seus problemas com ele. Como ele (ao contrário de Wallace) nunca vivera entre "selvagens", duvidava de seu comportamento altruísta e, por isso, via a seleção natural *ainda* operando entre eles. Contra a declaração de Wallace de que, embora os animais não mostrem "assistência mútua, as tribos mais primitivas" simpatizam com os vulneráveis e doentes e protegem-nos da foice da seleção, Darwin escreveu o seguinte: "Não fazem isso [...] só homens civilizados!" Portanto, Darwin acreditava que indivíduos não civilizados ainda estavam sendo jogados uns contra os outros. *Não* eram protegidos da seleção por seus atos altruístas.

Apesar dessa diferença, ele ainda via Wallace como uma Cinderela entre suas feias irmãs antropológicas. Esperava que Wallace viesse a ser como Gray ou Huxley — os propagandistas que se dispunham a travar as batalhas de Darwin em seu lugar. Wallace poderia ser outro simpatizante que poderia assumir a tarefa, se fosse abordado da maneira certa. Darwin respondeu elogiando o artigo: "a grande ideia principal é novidade para mim", e certamente era verdade que a competição entre as raças modernas "dependia inteiramente de qualidades intelectuais & morais" — querendo dizer com isso que os brancos, superiores moral e tecnologicamente, estavam vencendo todas as outras raças.

E então, do nada, Darwin revelou sua teoria das origens raciais. Era aquela ideia sua de que as opções estéticas tinham criado as diferentes características físicas das raças. A seleção sexual levara-o a uma luta mental, e ele tinha orgulho de sua teoria. Disse a Wallace:

> Suspeito que uma espécie de seleção sexual tem sido o meio mais potente de alterar as raças humanas. Posso provar que cada uma das diversas raças tem um padrão de beleza extremamente diferente das demais. Entre os selvagens, os homens mais poderosos são os que

escolhem as mulheres e, em geral, deixam o maior número de descendentes. Reuni algumas notas sobre o homem, mas não acho que as usarei algum dia. Você pretende dar seguimento às suas ideias? Se pretende, gostaria de ter em algum momento futuro as minhas poucas referências & notas? Não sei ao certo se elas têm ou não algum valor & agora estão num estado caótico [...] P.S. Nossa aristocracia é mais bonita (mais feia, segundo um chinês ou um negro) que as classes médias, por [ter a] escolha das mulheres...[68]

Darwin esperava que Wallace assumisse o seu tema. Mas regalar um plebeu socialista com essa história de "nossa" aristocracia bonita era tentar o diabo. O argumento de venda autodesvalorizador não deu certo. Wallace não tinha a menor intenção de tomar o seu lugar. Pior ainda foi sua resposta pouco diplomática.

Wallace não entendeu o quanto Darwin se sentia proprietário de sua "seleção sexual", uma premissa à que chegara com muita dificuldade, nem a "homenagem" implícita na oferta. Wallace enfatizou o quão pouco a seleção natural afetava a evolução humana; que a "seleção sexual" teria resultados "igualmente incertos". E, saindo em defesa de suas ideias, ele duvidava da "declaração tantas vezes repetida de que nossa aristocracia é mais bela que as classes médias". "A mera beleza física — isto é, um desenvolvimento saudável e regular do corpo e dos traços de modo a aproximar-se da média ou do tipo do homem europeu — acredito que isso seja tão frequente numa classe da sociedade quanto em outra, e muito mais frequente nos distritos rurais que nas cidades." O aristocrático Darwin não queria ouvir uma coisa dessas; menos ainda a reprimenda aparente de Wallace; se ele mergulhasse na questão algum dia, aceitaria as notas.

A etiqueta sempre havia sido um pomo da discórdia com Darwin, e o prático Wallace se saiu mal. Darwin retirou a oferta, exclamando que Wallace provavelmente estava certo, menos "sobre a seleção sexual, da qual não vou desistir", e acrescentou uma frase mal-humorada: "Duvido que minhas notas possam ter utilidade para você &, tanto quanto me lembro, elas tratam basicamente da seleção sexual." Primeiro Lyell, agora Wallace; as decepções só faziam aumentar.

Só o resultado da Guerra Civil deu-lhe uma certa satisfação. "Jefferson Davis merece realmente ser enforcado", era a opinião de Gray sobre o presidente confederado depois da vitória do Norte em abril de 1865. "Não me interesso por mais nada no *Times*", replicou Darwin. "Quão admiravelmente errados estávamos nós, ingleses, ao pensar que vocês não conseguiriam controlar o Sul depois de vencê-lo. Como me lembro bem de pensar que a escravidão floresceria por séculos em seus estados sulistas!"[69]

Duas revistas darwinistas de vida breve entraram em colapso em 1865. Os darwinistas de Huxley viram sua *Natural History Review* afundar por não conseguir "atrair as massas". O grupo também havia comprado (literalmente, adquirindo ações no valor de £100) a *Reader*, mais genérica, mas os ataques de Huxley à "política da Igreja" levaram os leitores cristãos socialistas a abandoná-la e, apesar de uma redução no preço para dois xelins, as vendas caíram e a revista foi "vendida ao Diabo": Thomas Bendyshe, do Clube Canibal, comprou-a no final de 1865.[70] As coisas estavam indo morro abaixo, e bem depressa.

E Wallace também não estava ajudando os quadros darwinistas de Huxley a lutar com os Canibais pela hegemonia. Wallace continuava comparecendo regularmente às reuniões da Sociedade Antropológica. O solteirão preferia saborear a liberdade dos membros em explorar todos os assuntos, até mesmo tabus sexuais dos selvagens — desafiando tanto o pedantismo da sociedade quanto a delicadeza das "Noites das Senhoras" na Sociedade Etnológica, sua rival. Na verdade, Wallace disse a Darwin que Bendyshe era "o homem mais talentoso da Sociedade [Antropológica]". Faria mudanças na revista *Reader* "para melhor, & só espero que aquele boato daquela *bête noire*, a Sociedade Antropológica, tendo algo a ver com ela, não leve nossos melhores homens de ciência a retirar seu apoio". Wallace, que não era de se prender a regras, métodos ou procedimentos, gostava do clima de abertura e perguntou a Darwin (pareceu mais contundente do que ele pretendia que fosse): "Por que os homens de ciência têm tanto medo de dizer o que pensam e no que acreditam?" A carta de Wallace foi passada para Hooker:

> É muito fácil para Wallace fazer essa pergunta [...] de certo modo, ele tem toda "a liberdade de movimento no vácuo", se ele tivesse tantas relações boas & generosas quanto eu tenho, que ficariam pesarosas & sentidas se ouvissem tudo o que eu penso, & se ele tivesse filhos que ficariam em apuros extremamente perniciosos para mentes infantis por essas confissões de minha parte, não estranharia tanto.[71]

E havia as dúvidas de Darwin também — o rico proprietário de terras esperou cautelosamente durante vinte anos para publicar suas próprias ideias desastabilizadoras e, mesmo então, diminuiu as possibilidades de crise retirando os seres humanos de *A origem das espécies*. "Concordo inteiramente com suas observações", respondeu ele a Hooker.

Agora Darwin temia que Wallace estivesse se extraviando. "Quanto aos antropólogos serem uma *bête noire* para os homens de ciência", eram mesmo para Darwin, que detestava tanto sua grosseria e arrogância quanto sua ciência pró-escravidão. Para um homem que insistia tanto nas conveniências, nenhuma acusação poderia ser pior. Os antropólogos mal-educados tinham perdido o prestígio, e Wallace perder suas boas graças foi uma das consequências disso. Agora Darwin enfrentava a perspectiva desagradável de publicar ele mesmo sobre transmutação — ou melhor, sobre "seleção sexual" — como sua forma pessoal de separar as raças humanas de seu tronco comum.[72] Ninguém viria eximi-lo da tarefa.

13

A origem das raças

Em 1866, uma década depois de ter retirado as "Raças Humanas" de seu manuscrito abortado sobre "Seleção natural", Darwin finalmente reuniu coragem para discutir as origens raciais humanas. A repressão sangrenta de uma revolta na Jamaica deu início a uma cadeia de eventos que o levaram a escrever resolutamente.

Os problemas estavam fermentando desde a emancipação da década de 1830. À medida que os lucros do açúcar começaram a diminuir, os escravos libertos proliferaram, em vez de prosperarem. Agora os negros superavam os europeus em número na base de vinte para um; negros e mestiços, na base de trinta para um. Na Casa da Assembleia, 400 mil eram governados por uma oligarquia de fazendeiros composta por 47 homens escolhidos por menos de 2 mil eleitores. Se o voto não fazia nada pela maioria, parecia que uma revolução faria e, quando chegou o dia do ajuste de contas raciais, os sonhos abolicionistas de uma ilha pacífica e industriosa começaram a desaparecer. A antiga crença bíblica de que africanos e brancos eram membros de uma mesma família perdeu terreno para o preconceito e para a nova ciência de classificação racial. A raça estava se tornando o fator mais importante de todos à medida que os eventos da Jamaica se tornavam violentos.

Richard Hill, o especialista em aves de Darwin na capital, Cidade Espanhola, conhecia por experiência própria os sofrimentos de Morant Bay, o assentamento na costa leste da Jamaica que seria o rastilho de pólvora. Em trinta anos, ele "nunca vira a Colônia cair tão baixo". A produção era cara e o trabalho escasso, sem nenhuma lei de assistência social para amparar os desamparados. Sua voz irritava as autoridades. Suas advertências sobre as condições hediondas das prisões enfureceram de tal modo o governador Edward John Eyre que foi feito um relatório que ridicularizava suas afirmações "absolutamente infundadas", impróprias a "um cavalheiro na posição do Sr. Hill". Mesmo quando era um magistrado, um mulato tinha de tomar cuidado. Ele tomava o maior cuidado ao tratar de crianças negras "esfarrapadas e em idade escolar": usava a Bíblia sutilmente para condenar "os orgulhosos que tratam com desprezo as pessoas abaixo deles". Era compassivo, mas não era um incendiário e, depois dos tumultos, declarou que "nada havia acontecido" em sua jurisdição "além das contravenções comuns para despertar dúvidas quanto à lealdade da população negra ou apreensões pela paz e segurança da ilha".[1] Em outros lugares foi diferente.

A causa dos negros emancipados era tudo, menos sagrada para o governador Eyre. Aceito com entusiasmo como membro da Sociedade Antropológica pouco depois de chegar à posição de vice-rei, tinha em mãos a mais recente ciência racial para se contrapor àqueles condenados por Carlyle como "filantropos raivosos em favor dos negros".[2] Fatos inquestionáveis mostravam que a irresponsável maioria jamaicana era composta por selvagens irrecuperáveis. Agora vinha a prova.

No dia 7 de outubro de 1865, um veredito impopular do tribunal de Morant Bay levou a um tumulto. Os policiais enviados para realizar prisões foram vencidos, e uma multidão irada, marchando em direção à cidade, foi enfrentada por uma pequena milícia de voluntários. Pedras foram atiradas, lanças foram brandidas e a lei de ordem pública foi lida. Os voluntários entraram em pânico e atiraram na multidão, matando várias pessoas. As represálias começaram — o prédio do tribunal foi incendiado, a cidade foi ocupada e, em poucos dias, 18 oficiais e milicianos foram mortos e 31 ficaram feridos.

Ouvir dizer que "os negros se rebelaram" confirmava que o pior havia acontecido, e Eyre promulgou a lei marcial. Boatos sinistros de cabeças abertas a machado, olhos arrancados e homens estripados foram os motivos para ele marchar com suas tropas para Morant Bay. Não encontrando nenhuma resistência organizada, os soldados agiram com violência, executando 439 "rebeldes", açoitando mais de 600 homens e mulheres e reduzindo a cinzas mais de mil casas camponesas. Eyre mandou prender seu principal inimigo político, George William Gordon, parlamentar e defensor dos pobres. Filho de um grande fazendeiro com uma escrava, o próprio Gordon era fazendeiro e pregador de sua igreja batista nativa. Sentara-se ao lado de Hill como magistrado, mas Eyre o removera do tribunal de Morant Bay por denunciar a morte de um preso. Agora ele estava sendo acusado de tramar a insurreição.[3] Seu julgamento na corte marcial foi uma farsa. Condenado por alta traição e sedição com provas inconsistentes, Gordon foi enforcado nas ruínas do tribunal.

Quando a notícia chegou a Londres, ressuscitou uma aliança antiga. Enquanto a Comissão Real investigava os acontecimentos, filantropos evangélicos, reformistas liberais e radicais parlamentares combinaram tirar proveito da conduta de Eyre. O "Comitê da Jamaica" recrutou o tipo de homem que era Darwin, os sucessores dos primeiros ativistas antiescravatura da Grã-Bretanha — homens de princípios, pró-ianques na Guerra Civil e que depois fariam campanha em favor dos negros libertos, todos eles convencidos (como os Darwin e os Wedgwood nos anos anteriores à emancipação) de que a justiça no exterior era inseparável da justiça em casa. Os membros do comitê, entre os quais 19 membros do Parlamento, ligaram o caso Eyre a outra Lei de Reforma que estava para ser aprovada e que ampliaria ainda mais o voto das classes médias. Um deles, Charles Buxton, filho do sucessor de Wilberforce, assumiu a presidência. Um jovem advogado, James Fitzjames Stephen, neto de um dos Santos de Clapham e da irmã de Wilberforce, era seu consultor jurídico. Comerciantes e donos de fábricas, professores, jornalistas e clero dissidente (10% dos participantes do Comitê da Jamaica original) deram aos organizadores a força de 300 homens, e o filósofo John Stuart Mill, recém-eleito como membro do parlamento pelos liberais, graças a um programa que defendia o sufrágio feminino, era a joia dessa coroa. Todos consideravam esse "epílogo terrível" da Guerra Civil Americana um teste para a fibra moral e os princípios jurídicos da Inglaterra.[4]

Eyre foi demitido e recebeu ordens de voltar à Inglaterra. Mas, em junho de 1866, a Comissão Real deixou todos assombrados com um relatório que elogiava a rapidez de seu combate à rebelião, mesmo censurando seu abuso das mangueiras, do chicote e da tocha. Não haveria um processo criminal oficial. O derrotismo de Buxton durante a Guerra Civil deixara os abolicionistas furiosos, entre os quais os Wedgwood. Quando Buxton também concluiu que um processo privado contra Eyre era inoportuno, um Mill revoltado manifestou-se. Mesmo reconhecendo que um processo judicial por "abusos de poder cometidos contra negros e mulatos" seria impopular junto às classes médias, ele fez de Gordon a *cause célèbre*. Centenas de negros morreram mortes indizíveis, mas Gordon era visto como alguém "principalmente de cor branca". Tinha uma esposa irlandesa, propriedades, um cargo político e aliados religiosos na Inglaterra. A partir de julho, enquanto Darwin estava escrevendo a segunda metade de seu livro sobre plantas e animais domésticos, a tática do comitê passou a ser a defesa do direito constitucional inglês. A questão seria mais a ilegalidade que a imoralidade. O "devido processo legal" foi desprezado, e Gordon foi morto a sangue-frio. Teve início uma campanha para levantar um "FUNDO DE DEZ MIL LIBRAS" para cobrir as despesas do processo.[5]

Os escritores de aluguel de ambos os lados tiveram um dia de atividade fora do comum, citando culpados ou envergonhando hipócritas. Mesmo tendo aparecido evidência condenatória de testemunhas oculares na imprensa, pessoas com lembranças do "motim" também saíram em defesa de Eyre com detalhes sangrentos de massacres cometidos por homens de pele escura. "Nós, antropólogos", proclamou a claque dos Canibais, "vimos com intensa admiração" a conduta de um membro honorário. Alguns antropólogos viram "misericórdia no massacre" contra gente tão baixa. Brincaram com as vantagens de matar selvagens como um "princípio filantrópico". "O mais reles noviço no estudo das características raciais deve saber que nós, ingleses, só temos condições de governar a Jamaica, a Nova Zelândia, o Cabo, a China ou a Índia com homens como o governador Eyre." Enquanto isso, "nós, ingleses", estávamos mandando "ameaças de assassinato" a Mill.[6]

Uma recepção digna de um herói aguardava Eyre quando seu vapor atracou em Southampton em agosto de 1866. Os habitantes locais organizaram um banquete suntuoso em sua homenagem, presidido pelo prefeito e com uma banda militar para fazer uma serenata aos mais de 100 cavalheiros convidados, com suas mulheres na galeria. No dia 21, do lado de fora do Salão Filarmônico, reuniu-se um grande número de manifestantes, convocados por cartazes espalhados por toda a cidade que falavam do "banquete de sangue" e do "Banquete da Morte".

Depois dos brindes, o conde de Cardigan, do 11º Regimento dos Hussardos, ele mesmo um açoitador, que havia dirigido o ataque fatal da Brigada Ligeira na Crimeia, declarou que as tropas de Eyre haviam se comportado "da maneira mais louvável possível". "Nenhum governador, sejam quais forem as crueldades — se é que foram mesmo crueldades — cometidas por necessidade, nunca foi considerado gravemente culpado", e muito menos humilhado como Eyre havia sido. O conde de Shrewsbury, um almirante aposentado e proprietário de terras na Jamaica (cujo filho seria um colecionador mundial de instrumentos de tortura), fez críticas rigorosas ao Comitê da Jamaica. Eyre bem pode ter evitado o "extermínio de toda a [...] população branca". O reverendo Charles Kingsley estava no auge de seu talento de bajulador. Essa abordagem chegara aos ouvidos de Huxley e Darwin, e ele chegou até a ser citado em *A origem das espécies*. Agora ele elogiava Eyre, dizendo que era um homem "muito nobre, corajoso e cavalheiresco, um servo destemido da Coroa [...] e um salvador da sociedade das Índias Ocidentais". O próprio Eyre desvirtuou alegremente os motivos dos insurgentes. Homens negros, cujo sangue subia à cabeça, eram ferozes, como todos sabiam: "quando a vida e as propriedades daqueles que estavam sob sua responsabilidade e a honra de suas mulheres e filhas estavam em perigo" — Eyre estava tentando conquistar as boas graças das galerias — ele não teve outra escolha além de "intimidar" com "medidas severas", a fim de evitar "outros tumultos em outras jurisdições, quase todas igualmente maduras para a revolta".[7] Matar algumas centenas de pessoas resolveu a parada.

À medida que os convidados iam embora, os manifestantes do lado de fora gritavam palavras de ordem e exigiam que o "tirano sedento de sangue" fosse enforcado. Os homens atiravam-se na frente das carruagens que partiam, tentando bloquear o caminho e, no meio da confusão, alguns caíram sob as rodas. Para os convidados que participaram do banquete, esta foi uma sobremesa lúgubre e, no dia 23 de agosto, os leitores leram com o maior cuidado a reportagem do *Times*, verificando a lista dos convidados para saber se houvera baixas. A fina flor de Southampton havia se reunido com muitos homens eminentes — Shrewsbury, Cardigan, Kingsley... e então... "Darwin".

Que só podia ser William, pois o pai estava sofrendo horrivelmente do estômago. William Erasmus Darwin, o filho mais velho que ele mesmo instruíra na botânica quando criança e estava trabalhando com ele naquela primavera sobre a fisiologia da flor; William, que vivera nos aposentos do pai no colégio de Cambridge e, com sua ajuda, havia comprado um banco de Southampton. William, 27 anos de idade, emprestando o sobrenome Darwin a essa comemoração da crueldade arbitrária — a destruição de famílias negras, o assassinato de vidas negras.[8] Os piores pesadelos de Darwin estavam cheios dessas atrocidades. Seu *Journal of Researches* confessara tudo isso, todos os 10 mil exemplares em circulação. Agora *The Times* dizia que seu filho mais velho jantara com o diabo.

O jornal fez circular mais tristeza. No dia seguinte (24 de agosto), ele publicou uma matéria sobre a Associação Britânica, dando pela primeira vez à "antropologia" a sua própria tribuna numa reunião anual. E quem presidiria a nova subseção? Wallace, que deu as boas-vindas "a todos os estudiosos do homem, seja qual for o nome que se deem". Wallace, que duvidara da eficácia da seleção sexual, que estava disposto a fazer um acordo com os poligenistas: ele era um conciliador e, com toda a certeza, ao seu lado na tribuna estavam Hunt e Carter Blake, simpatizantes da causa sulista. Darwin sabia que os antropólogos queriam reconhecimento público e que Wallace queria que os homens de ciência cooperassem. Mas com isso — fanatismo, erotismo, poligenismo, valores confederados? Darwin folheou o último número da *Anthropological Review* com repugnância. Como é que Wallace conseguia tolerar tanta "insolência, arrogância, burrice & vulgaridade?" "Tenho medo de que ele não faça o que devia fazer na ciência", confidenciou Darwin a Hooker.⁹

Mas o pior aconteceu no dia 25 de agosto. Hunt fez um longo ataque contra o "darwinismo ilógico" que — segundo a paráfrase de *The Times* — levara homens de ciência "à inferência da unidade original da espécie humana". Uma "era científica mais acurada" consideraria "a hipótese polige[n]ista a mais provável". Ali estava, impresso, Hunt tripudiando, de pé numa tribuna oficial. Ele provocou tantas discussões que o evento continuou até "muito depois da hora habitual" de terminar.

Uma cópia do artigo de Hunt chegou não muito depois, e um Darwin consternado avaliava os estragos. Era um ataque violento, um ataque a Huxley e, por meio dele, a Darwin. Em seu estilo inflamado, apontou publicamente o dedo para Huxley ao revelar que "alguns darwinistas são monogenistas" e "neste país, eles agora estão até ensinando [...] que há, no presente momento, somente uma espécie de homem habitando o globo!" As autoridades mundiais — Agassiz, Morton, Nott — e o francês Broca "conheciam muitíssimo bem o ramo e os métodos da ciência" para perder tempo com unidade racial. Os alemães de Vogt estavam protestando contra essas "especulações prematuras" baseadas na teoria de Darwin. As raças não mudam, bem como não existe "um único exemplo autêntico" de alguma que tenha mudado. "Se a unidade *versus* a pluralidade" era uma controvérsia que devia ser decidida por antropólogos devidamente qualificados, "a decisão seria" em favor dos "poligenistas".¹⁰

Hunt estava obrigando Darwin a sair do armário, obrigando-o a levantar-se e manifestar-se. As diferenças climáticas não poderiam ter produzido os crânios e cérebros das diferentes raças. Portanto, disse Hunt, quando Huxley investigar a formação de suas "características psicológicas", vai concluir que "a humanidade é composta de várias espécies". Isso vai fazer dele "um discípulo lógico de seu grande mestre". Darwin rabiscou um X duplo na margem. Um darwinismo "lógico" seria igual a linhagens raciais distintas! E, se o clima não tinha condições de alterar as raças, o que teria? — perguntou Hunt. Não a seleção natural (e Darwin foi obrigado a concordar — a maioria das características *raciais* era inútil na luta pela sobrevivência). A "hipótese da unidade" era "um artigo de fé" para os darwinistas, um dogma tão infundado quanto a crença dos paroquianos em Adão e Eva.

"No momento presente", continuou Hunt, "não somos capazes de mostrar as causas que produzem a formação das diferentes raças com as quais as diferentes espécies humanas são formadas." O lápis de Darwin grifou essa frase duas vezes. Ele sabia que tinha uma solução na seleção sexual. Sublinhou de novo a zombaria final de Hunt: "Eu gostaria de expressar o desejo de que, em consideração às visões conflitantes sobre esse assunto, o próprio Sr. Darwin pudesse ser induzido a se manifestar e nos dizer se a aplicação de sua teoria leva à unidade da origem como afirma o professor Huxley."[11] Darwin, o recluso, ainda nos bastidores enquanto Huxley travava suas batalhas públicas sobre a questão da unidade, estava sendo insultado.

William chegou em casa de Southampton para passar o fim de semana de 22 de setembro de 1866. Downe estava encharcada e chovia sem parar. É óbvio que os sentimentos de Darwin não podiam ser expressos numa carta, e a presença de William no banquete foi debatida cara a cara. Um confronto com Eyre também estava fermentando em nível nacional. O fundo levantado para processá-lo tinha chegado a um terço do necessário. Um "Fundo de Defesa e Ajuda a Eyre", instituído após o banquete, estava fazendo anúncios diários em *The Times*, mostrando uma lista crescente de COBs (Cavaleiros da Ordem do Banho — título concedido a oficiais da ativa das forças armadas e a alguns funcionários públicos que não haviam exercido cargos no exterior), de membros da Sociedade Real e de militares em seu comitê (e muitos contribuintes que um dia haviam sido donos de escravos nas Índias Ocidentais). O conde de Shrewsbury presidia o comitê e ao seu lado estava Carlyle, o antigo companheiro de mesa dos Darwin, que odiava os "negros sujos" (e que adoraria ver Eyre tornar-se "*Dictator* da Jamaica nos próximos 25 anos"). *The Times* mostra os dois comitês neutralizando-se mutuamente, de um lado Carlyle e do outro Mill ocupando "extremos filosóficos" opostos, e a argumentação de ambos provava que: "O Sr. Eyre deve ser completamente branco ou completamente negro."[12]

É evidente que William considerava um erro o desejo do Comitê da Jamaica de processar Eyre, mesmo que pareça ter negado ser ele quem estava no banquete de boas-vindas a Eyre. Mas, nesse caso, por que o nome "Darwin" em *The Times*? Será que a lista de convidados foi entregue à imprensa? Parecia provável, e por que "Darwin" estava nessa lista? Não foi registrada a presença de nenhum outro banqueiro local (como William deve ter notado); nesse caso, por que só ele foi convidado?[13] Ele *nunca* teve nenhum envolvimento com a chegada de Eyre a Southampton? Não havia como negar, não havia outro Darwin, assim como não havia outro Hunt ou outro Agassiz envolvido com a questão racial. Na manhã de segunda-feira, depois do confronto do fim de semana, Darwin estava "tonto & indisposto" pela primeira vez em meses.[14]

Darwin foi obrigado a aceitar que William estava falando a verdade, mas não esqueceu o assunto. Era preciso fazer alguma coisa. Uma carta ao *The Times* só traria mais publicidade. Mas não seria possível corrigir *discretamente* um mal-entendido, dizendo que William havia sido vítima de um equívoco que desgraçara a família? Uma queixa poderia ser dirigida à cúpula. Mas onde?

No alto de um morro, a cerca de dois quilômetros de Down House, havia um carvalho antigo, o orgulho da propriedade rural Holwood. Darwin saía a cavalo de sua horta no Downe Valley, dirigia-se para o norte, rumo a Holwood Farm, e subia a trilha estreita do morro que levava ao carvalho. Passou por ele vezes incontáveis a caminho de Keston Common, onde colhia dróseras insetívoras para sua estufa, ou saxífragas (plantas que crescem nas pedras e dão flores cor-de-rosa). Emma gostava de levar os amigos ali na carruagem puxada por pônei.[15] Imensamente antigo, seu tronco enorme estava oco, e suas raízes maciças projetavam-se do chão e serviam de assento nos piqueniques. Foi embaixo dessa árvore, em 1787, que William Wilberforce ouviu o apelo de Deus para acabar com o tráfico de escravos. Agora um belo banco de pedra, onde suas palavras estavam gravadas, dá testemunho daquele momento lendário — a inscrição tem a data de "1862" e foi feita "com permissão de Lorde Cranworth".

Os Cranworth eram visitantes ocasionais, e Sua Excelência melhorou a opinião que Emma tinha da nobreza. Cranworth mandava dinheiro para as obras de caridade de Downe todo ano (por intermédio de Darwin, que fazia a contabilidade) e, como liberais inabaláveis que eram, concordavam plenamente em relação à Jamaica. Os eventos de Morant Bay mostraram a Cranworth que, mesmo trinta anos depois da emancipação, os grandes fazendeiros ainda deixavam os "íncubos" da escravidão oprimir a ilha. É claro que Cranworth simpatizava com Darwin; talvez ele pudesse dizer uma palavra ao ouvido certo sobre a calúnia do *The Times*. Como ex-presidente da Câmara dos Pares, estava em seu poder fazer isso. Se os liberais não tivessem perdido o poder, o Senhor do "carvalho Wilberforce" poderia ter sido chamado para participar do julgamento do ex-governador Eyre. Veja só o quanto Darwin ficou preocupado com o affair — ele ocasionou uma queixa privada ao ex-dirigente do judiciário inglês.[16]

Naquele outono, centenas responderam ao apelo do Comitê da Jamaica para juntar as £10 mil necessárias para processar Eyre. O *Anti-Slavery Reporter* imprimiu sua circular, pedindo para "o rancor da raça" ser posto de lado. Mas um certo rancor reapareceu quando o periódico adversário *Pall Mall Gazette* observou os nomes de Lyell e Darwin entre seus assinantes. O periódico perguntava se "as opiniões peculiares sobre o desenvolvimento da espécie os tinham influenciado ao conceder ao negro aquele reconhecimento simpático que estavam dispostos a estender até ao macaco como 'homem e irmão'". A insinuação era que a ciência bestial da "irmandade" evolutiva tinha levado a uma política bestial, e os discípulos de Darwin haviam mostrado a que ponto chegariam para destruir um importante funcionário público.

Um Huxley astuto e insensível ignorou a alusão ao famoso medalhão de Wedgwood. Seu apoio não era motivado por nenhuma "admiração particular pelo negro — e menos ainda por qualquer desejo mesquinho de se vingar" de Eyre. A questão era simples: será que "matar um homem como o Sr. Gordon havia sido morto constitui assassinato aos olhos da lei ou não?" Era uma questão jurídica, não uma questão científica, nem — e Darwin certamente discordaria — uma questão moral. Para Huxley, bastava que a "lei inglesa não permita que pessoas boas, sendo boas, estrangulem pessoas más, sendo más".[17]

Os amigos discordaram. "Como assim, o esquisito do Huxley participando do fundo para processar Eyre — você aprova?" Hooker estava certo, Darwin aprovava. Depois de vinte anos, Hooker — o novo diretor dos Jardins Botânicos Reais de Kew em 1865 e um botânico com grande experiência em coleta de plantas na Índia — conhecia Darwin melhor que ninguém fora da família. Sobre essa questão, eles discordavam. Numa situação de tumulto, as questões de legitimidade "são bobagens", insistia Hooker. Poupou Darwin de ouvir o que ele realmente pensava sobre os "negros"; foi o comitê de defesa de Eyre que ouviu. Hooker evocou a ameaça sexual, como fizeram tantos nesse contexto racial. A Jamaica negra "é pestilenta". "Quando seu sangue sobe, atos muitos cruéis" são a consequência. Hooker aprovava "aqueles oficiais britânicos na Índia que fuzilavam as esposas antes de se suicidarem, em vez de permitir que aquelas a quem amavam" fossem estupradas por sipaios amotinados. Teria sancionado o mesmo na Jamaica para que as mulheres brancas não tivessem que enfrentar esses "horrores indescritíveis", se Eyre não as tivesse salvado.[18]

Até o melhor amigo de Darwin estava do lado errado. Darwin nunca se sentira à vontade com o desprezo de Hooker pela democracia e pela política da Guerra Civil. Igualmente preocupante era sua crença elitista de que "sangue, dinheiro, inteligência e beleza" se transformariam numa aristocracia natural, "caso contrário, não há verdade no darwinismo". Mesmo que o negro não fosse "o igual do inglês", a verdadeira questão era saber se ele era um ser moral, do mesmo sangue do branco. A ciência confederada de Hunt e muitos simpatizantes de Eyre diriam que não. Darwin acreditava fervorosamente que sim. Investiu seu dinheiro no que acreditava e mandou £10 para o Comitê da Jamaica no dia 19 de novembro de 1866. Seu nome foi publicado em *The Times* antes mesmo do final do mês, junto com o de Mill, Huxley, Lyell e centenas de outros: "Você está do lado certo (isto é, do *meu* lado)", aplaudiu Huxley.[19] Darwin estava sendo obrigado a sair do armário, como sempre — empurrado para uma tribuna pública. Mais um empurrão, e ele estaria junto com Huxley na imprensa para tratar da questão mais profunda das origens raciais.

No dia 22, Darwin e Emma foram a Londres visitar Erasmus. Sua irmã Susan morrera e os tesouros da família que estavam em The Mount (o lar de sua infância em Shrewsbury) estavam sendo leiloados. Naquele fim de semana, William também chegou à casa de Erasmus. A conversa acabou se voltando para o processo contra Eyre. A doação de Darwin para o "Fundo de Dez Mil Libras" juntara-se às de outros 700, e havia dinheiro mais que suficiente. Aproveitando esse dinheiro caído do céu, os organizadores estavam preparando acusações e trazendo testemunhas negras da Jamaica. Os jornais estavam cheios de notícias sobre essa história, e alguns se voltaram contra os defensores de Eyre por seu "espetáculo ostentatório de opiniões"[20] no banquete de Southampton. William, que se opunha ao processo, fez uma piada "idiota" sobre o Comitê da Jamaica ter dinheiro suficiente para comemorar a condenação de Eyre com o seu próprio banquete. William lembra-se vividamente do que aconteceu em seguida:

> [D]ois assuntos que tocavam meu pai talvez mais profundamente que quaisquer outros eram a crueldade contra os animais & a escravidão — sua aversão a ambas era intensa e sua indignação era avassaladora tanto em caso de qualquer frivolidade quanto na falta de sentimento em relação a essas questões. Com respeito à conduta do governador Eyre na Jamaica, ele estava inteiramente convencido de que J. S. Mill estava certo ao processá-lo[.] Lembro-me de uma noite na casa de tio Eras, em que estávamos falando desse assunto, e aconteceu de eu achar que era uma medida exagerada processar o governador Eyre por assassinato e fiz uma observação idiota sobre os promotores gastarem o excedente do fundo num banquete. Meu pai virou-se para mim quase com fúria e disse que, se esses eram os meus sentimentos, era melhor eu voltar para Southampton [...] Na manhã seguinte, às 7h mais ou menos, meu pai entrou no meu quarto, sentou-se na cama e disse que não havia conseguido dormir só de pensar na raiva que sentira de mim [-] ele falou da maneira mais terna &

gentil do mundo. De modo que eu disse que tinha sido benfeito para mim por causa da minha piada estúpida; depois de mais algumas palavras amáveis, ele saiu do quarto.²¹

Ficar alegre por causa da condenação pelo assassinato em massa de negros era demais para alguém suportar, mesmo de um filho.

Eyre nunca foi processado. Hunt manteve o ataque contra os "estúpidos ignorantes e preconceituosos impostores fanáticos do Comitê da Jamaica que estavam perseguindo para levar ao cadafalso [...] o bravo herói que salvou a Jamaica". Depois que Hunt renunciou à presidência dos antropólogos em 1867, Eyre foi indicado para substituí-lo. Com seus "conhecimentos da [...] população mestiça de nossas ilhas das Índias Ocidentais" e sua "célebre humanidade", os simpatizantes acreditavam que Eyre "faria muito para acabar com a falsa impressão da mente dos ignorantes de que os membros da Sociedade Antropológica têm antipatia pelas espécies inferiores" de seres humanos.²²

Com a filantropia agonizando, o mundo parecia cada vez mais hostil. Perseguido por Hunt, aguilhoado por Hooker e ridicularizado pelo filho, Darwin chegou em casa e encontrou os Cranworth pedindo para vir visitá-lo com um "velho amigo", Kingsley. O admirador de Eyre estava louco para conhecer o autor de *A origem das espécies*. Darwin provavelmente não estava nos seus melhores dias quando o primeiro volume da décima edição dos *Principles of Geology* de Lyell chegou. Depois dos equívocos de Lyell em *Antiquity of Man*, Darwin esperava que seu antigo mentor se redimisse.²³ Folheou o livro, fechou-o e ficou esperando o volume dois.

Agora Wallace mais atrapalhava que ajudava. Seu novo panfleto, *The Scientific Aspect of the Supernatural* [O aspecto científico do sobrenatural], deve ter pego Darwin de surpresa. Suas 57 páginas estavam repletas de clarividência, aparições, obsessores e sessões espíritas, e citavam dezenas de autoridades para quem, segundo Wallace, não havia problema de fraude. Anunciava que "'só o espírito sente, percebe e pensa... É o 'espírito' do homem que é o homem'".

De velhos socialistas desiludidos com os fracassos da reforma a velhas damas acostumadas a falar com os espíritos por meio de pancadinhas na mesa, o espiritismo era uma religião de salão que estava crescendo depressa para combater uma era cada vez mais materialista. O panfleto fora redigido a partir de sua série baratinha publicada pelo *English Leader* de agosto a setembro de 1866. O jornaleco radical havia sido fundado pelo antigo socialista secularista George Holyoake e tinha muitos leitores entre os líderes da classe operária. Se a política não resolvia os problemas, as forças espirituais garantiriam que a evolução aprimorasse uma utopia social.[24] Darwin, com sua ciência ancorada no individualismo competitivo, detestava o socialismo. E, da perspectiva de Darwin, a hierarquia do intelecto — selecionada pela natureza e que ele considerava formada pela competição racial — seria demolida se todos os homens fossem igualmente dotados com inteligência-espírito — e o próprio homem ficaria para sempre acima dos animais que o haviam formado. Mais uma vez, Wallace parecia estar puxando o tapete da ciência de Darwin, e o impacto cumulativo dessas semanas — coroado pela revelação de Wallace — provavelmente forçou Darwin a tomar suas providências.

Certamente, antes do Natal de 1866, quando seu nome apareceu pela primeira vez em *The Times* junto com os nomes de outros que haviam feito doações ao Comitê da Jamaica, Darwin resolveu pôr "o homem" de volta no livro enorme que planejara e no qual trabalhara por uma década — *Variation of Animals and Plants under Domestication* [A variação dos animais e plantas sob a domesticação]. O livro podia ser tudo, menos uma obra acabada; os seres humanos teriam de ser reintroduzidos a toque de caixa, a resposta definitiva a críticos, perseguidores e desertores igualmente.

Os detalhes sobre a maneira pela qual os animais domesticados e as plantas cultivadas podem ser modificados tinham se tornado "uma pilha terrivelmente confusa" — uma enciclopédia de exemplos, e uma enciclopédia seca. Uma boa parte do velho manuscrito sobre "Seleção natural" entrara, e agora mais metade. Pelo peso dos fatos, ou pura e simplesmente pelo peso, os dois volumes portentosos insistiam na capacidade humana de constituir raças. Mostravam como todo pombal ou galinheiro, comum ou exótico, havia sido modelado por meio de uma série de mudanças infinitesimalmente pequenas por gerações de agricultores e criadores de animais. Resolveriam a questão da origem comum de todas as espécies selvagens a partir de um único ancestral.[25]

Ele focou todos os animais domésticos, do gado aos gatos, e depois — antes das aves comestíveis, dos peixes, dos invertebrados e das plantas — sua *pièce de résistance*, cem páginas sobre pombos. Nenhuma outra espécie foi tratada com tal abundância de detalhes. Reunindo uma montanha de provas, ele demoliu a noção de que os extraordinários pombos-papo-de-vento (empertigados, com tufos e com topete), pombos-correio, pombos-rabo-de-leque, cambalhota e pombos-gravatinha descendiam de diferentes "troncos aborígenes". Do Egito, da Índia, da Pérsia e da China, onde os pombos eram criados há muito tempo, as raças divergiram "a partir do mesmo tronco selvagem", o pombo-dos-rochedos, a "forma original adâmica". Foi o homem que "criou essas modificações notáveis", exatamente como foi o homem que criou as modificações de sua própria espécie.

E era assim que as raças humanas apareceriam em *Variation*, como raças autocriadas: não apenas um anexo de um capítulo, mas com um capítulo só seu para tornar o livro completo. "O homem" faria sua estreia de "animal *domesticado*"[26] que realizava sua própria seleção.

Darwin começou trabalhando com a herança anatômica do homem. Enviou questionários sobre o cóccix, nossa vértebra rudimentar correspondente à cauda ou músculos do ouvido herdados dos macacos. Notas antigas e livros recentes foram vasculhados — o síngnato macho que choca os ovos da fêmea era para o "Cap. Homem", rabiscou ele; Lyell falando de crânios humanos e Mackintosh sobre moral, o mesmo. Reler *Man's Place in Nature*, de Huxley, lembrou Darwin de estudar "Lubbock-Wallace-Lyell-Prichard-Pickering-Loring". Ele começou a estruturar o novo material a partir de um "esboço rudimentar" que sobrara da "nota sobre o homem" planejada para o manuscrito da "Seleção natural" dez anos antes. Mas, no Natal, ele estava "muito desorientado" ao tentar organizar tudo aquilo; um mês depois, garantiu a seu editor John Murray: "O capítulo sobre o homem vai chamar a atenção & [levar a] muitas injúrias", o que "é tão bom quanto elogios para vender um livro".[27] Mas ele só tinha chegado à seleção sexual e, a partir desse momento, o assunto começou a inchar como um balão. O que não era de surpreender, pois a seleção sexual era o tema do capítulo. Ele explicaria como a competição entre os machos e a escolha das fêmeas produziram as raças humanas a partir de uma espécie ancestral; como os homens e mulheres escolhiam traços desejáveis em seus pares, exatamente como os criadores escolhiam as características de seus pombos. O capítulo ficou grande demais. Em fevereiro de 1867, ele finalmente chegou à conclusão de que seu material sobre a ancestralidade humana e a divergência racial por meio da seleção sexual era tão rico que ele próprio daria um "pequeno volume" independente, "um ensaio sobre a origem da humanidade".[28]

Hooker foi o primeiro a saber por que o livro era tão importante. "Estou convencido dos principais meios pelos quais as raças humanas se formaram", anunciou Darwin, aparentemente revelando ao amigo pela primeira vez a importância da seleção sexual. "Não tenho esperanças de convencer mais ninguém", acrescentou ele, sem dúvida lembrando-se da rejeição de Wallace. Aquele havia sido "o golpe mais violento possível", mas Darwin sofria quando se tratava de Wallace. Disse a Wallace que sua "única razão" para enfrentar a questão humana era provar que "a seleção sexual desempenhara um papel importante na promoção das raças".[29] As provocações eram muito irritantes: não só o desafio de Hunt para Darwin contar toda a verdade sobre suas opiniões a respeito do desenvolvimento das raças, como também a falta de consideração de Wallace por sua primorosa explanação da diversidade humana. Darwin deu o melhor de si na seleção sexual porque o assunto o intrigava, sem dúvida, mas também por uma razão mais profunda: a teoria defendia o envolvimento de toda a sua vida com a fraternidade humana.

Velhos auxiliares foram revisitados uma última vez. Lá foi ele para Londres, para conversar com Andrew Smith, especialista do Cabo em chifres de gnu e "hotentotes". Três décadas haviam se passado desde que o *Beagle* tinha atracado na África do Sul, e Smith havia sido uma fonte de informações que nunca falhara. Mas Darwin encontrou um recluso inválido, que havia abandonado seu estudo monumental de cinco volumes sobre povos africanos depois da morte de sua mulher. A obra nunca veria a luz do dia. Agora Smith se havia convertido ao catolicismo e perdera o interesse pela ciência, só queria saber de estudar a Bíblia. O "pequeno volume" de Darwin pareceria cada vez mais anacrônico à medida que os velhos amigos dos anos 1830 desapareciam. Mas terminar a obra era imperativo, dadas as ironias dos Canibais. Darwin mandou muitos questionários para a América do Sul, querendo detalhes "principalmente sobre os negros" e suas expressões; tudo, explicava ele, para um "pequeno ensaio sobre a origem da humanidade" que seria publicado porque "fui acusado de esconder minhas opiniões".[30] Seu objetivo era o que Lyell e Wallace não conseguiram fazer, como todos sabiam: uma explanação totalmente naturalista da "origem comum" das raças a partir de um ancestral humano.

A hora certa era crucial. Até Blyth, aquele outro amigo fiel e recurso infalível que não parava de resmungar, e fonte de espécies de raças indianas, estava sugerindo que todo tipo humano era descendente do macaco local. Mas Darwin simplesmente não aceitaria essa "observação sobre a similaridade entre o orangotango & o malaio &tc.", feita por seu velho correspondente. Qualquer semelhança superficial entre o macaco local e a raça humana "deve ser acidental". Os seres humanos também eram parecidos; sua herança comum era absolutamente evidente. Eram esses homens que descobriam fatos para Darwin, e ele admitia que "reunira mais fatos sobre características sexuais" por intermédio de Blyth do que de qualquer outro.[31] Mas eles ficaram defasados enquanto Darwin refletia longamente sobre a questão humana.

Darwin continuava bem prima-dona quando se tratava de suas teorias e sobre a seleção sexual em particular. Ninguém estava prestando muita atenção. Apesar da alusão a ela em *A origem das espécies*, a maioria dos críticos "mostrara uma ignorância crassa, ou descrença, em relação a toda a questão". Lyell achava que Darwin havia exagerado sua importância. Wallace, duvidando de seu valor, estava à cata de exceções, ao mesmo tempo que trabalhava numa teoria rival de camuflagem e coloração. Ele observou que muitas borboletas tropicais imitavam espécies desagradáveis (tanto para os pássaros quanto para os coletores). Suas cores não tinham nada a ver com seleção sexual. Mais estranho ainda era o fato de algumas espécies zombarem da convenção: a fêmea, em geral insípida, para quem a sobrevivência era imperativa por ser ela quem chocava os ovos e ficava exposta, podia ter cores mais vivas que o macho. Numa borboleta da América do Sul, a *Pleris*, o macho era esbranquiçado, ao passo que a fêmea era "amarelo-vivo e amarelo-claro", imitando exatamente uma espécie venenosa com a qual se misturava. O mesmo acontecia com numerosos insetos, observou Wallace a Darwin, na imprensa e pessoalmente.

Um Darwin sensível viu essa explanação mimética solapar a força de sua argumentação. A teoria da camuflagem de Wallace só agravava o problema. Embora Wallace aceitasse a seleção sexual em alguns grupos, principalmente entre as aves, explicava-a de forma muito diferente. Em sua opinião, "a ação primordial da *seleção sexual* é produzir cores bem parecidas em *ambos* os sexos, mas [...] ela é sustada nas *fêmeas* pela importância imensa da *proteção* e pelo perigo de cores chamativas". Uma seleção natural compensatória tinha atuado sobre a fêmea, para assegurar que ela, chocando ovos num ninho sem ser observada, havia perdido tudo o que poderia chamar a atenção. Pior ainda foi Wallace rejeitar constantemente a possibilidade de qualquer aplicação da seleção sexual às raças humanas, o fundamento lógico da obra de Darwin. Wallace duvidava "que tivéssemos uma quantidade suficiente de fatos sólidos & acurados que tivessem qualquer relação com o homem". Agora estava falando um espírita que estava tratando do reino errado.

Suscetível, autoprotetor — ou, em suas próprias palavras, "abatido" — com a possibilidade de seu trabalho "quase ser jogado fora", agora Darwin praticamente fechou a porta para Wallace outra vez, anunciando que havia reunido suas notas e pretendia "discutir toda a questão da seleção sexual, explicando por que acredito que ela é muito importante em relação ao homem".[32]

Em março de 1867, a seleção sexual estava se "tornando um tópico bem grande". Havia se tornado *a* causa da divergência racial humana, e todos os cantos do reino animal foram vasculhados em busca de provas que a corroborassem. Correspondentes do mundo inteiro foram contatados a respeito de tudo, da armaduras dos besouros à poligamia entre pássaros e javalis, à plumagem das aves domésticas e à belicosidade dos perdigões — agora, sempre com vistas à escolha feminina, bem como ao namoro e ao combate entre os machos. E sempre havia as sugestões excêntricas, como pintar as penas da cauda ou o peito dos pombos para testar os efeitos sobre a amante. E, no meio disso tudo, estavam as perguntas sobre os critérios pelos quais as mulheres "selvagens" faziam suas escolhas, seu senso estético, e assim por diante. Maio de 1868 encontrou-o organizando todo aquele material daquela forma enciclopédica tão própria dele, "trabalhando a partir da base da escala". "A seleção sexual, que se tornou um gigantesco objeto de estudos", estava adquirindo vida própria. Até ele estava ficando "farto dos [...] eternos machos e fêmeas, galos e galinhas".[33]

Quanto mais ele explorava os adornos e cores do mundo animal, tanto mais assimétrico o projeto ficava. Não estava parecendo ser um livro sobre "*o homem*". Em maio ele "só tinha chegado nos peixes" — o brilho vistoso do macho durante a época da reprodução; e Agassiz não ajudava ao dizer que, entre os acarás da Amazônia, embora os machos chocassem os ovos na boca, tinham cores muito vivas. Agora Darwin estava "ficando meio louco" por causa desses pontos colaterais que exigiam investigação. O título estava se consolidando: ele disse a seu jovem admirador alemão, Ernst Haeckel, que o livro era sobre "a Origem do Homem & seleção sexual, que vão lhe parecer uma união incongruente". E estava ficando cada vez mais incongruente, pois um detalhe estava ameaçando tomar conta do projeto inteiro. Os seres humanos estavam sendo deixados de lado, só para provar a ubiquidade da seleção sexual. Isso se devia em parte ao desejo de suplantar a teoria rival de Wallace, a teoria da camuflagem (que tornava os peixes dos recifes espalhafatosos para combinar com os corais que os cercavam, uma explanação rejeitada por Darwin).[34] Portanto, mais uma vez, Wallace teve o mérito de cutucar Darwin, ou ao menos a natureza confusa de seu livro.

Huxley veio em seu socorro. Como presidente da Sociedade Etnológica, ele estava assumindo a antiga especialidade de Morton, os índios norte-americanos, mas de uma perspectiva oposta, migratória, de origem comum. Onde Morton falava de "aborígenes" criados em seu *habitat*, Huxley via ondas de seres humanos transbordando da Ásia ou do Velho Mundo aos magotes, espalhando-se e misturando-se, povos cujas civilizações monumentais em torno do Golfo do México rivalizavam com as do Egito Antigo. Huxley ofereceu-se para ler os originais de Darwin, o que lhe deu uma injeção de ânimo, e ele aumentou de velocidade com um novo "sentimento de satisfação, em vez de um temor vago". E ele ficou mais animado ainda por causa de Haeckel, que estava atraindo multidões com suas aulas sobre *Darwinismus* e procurando ele mesmo as origens primatas da humanidade: ele disse a Darwin que estava "esperando seu livro sobre a origem do *homem* com grande impaciência. Eu também acredito que a 'seleção sexual' desempenha um papel muito importante aí". Na verdade, ele queria dizer na produção de seres humanos a partir dos macacos. Parece, em função dos próprios textos que publicou, que ele não tinha a menor ideia de que Darwin estava usando a seleção sexual para explicar as *raças*.[35]

Agora Darwin já tinha o título: *A origem do homem*. E o livro entraria num mundo preparado para ele. A rede de correspondentes no exterior tão bem organizada por Darwin — aqueles funcionários, missionários e cirurgiões militares das colônias, a ponta dos dedos do longo braço da Grã-Bretanha — serviu igualmente bem a Huxley. Com a ajuda do Ministério das Colônias, ele começou um apanhado geral fotográfico das raças conquistadas de Vitória em 1870. Os franceses (sempre um passo à frente) já tinham feito uma exposição fotográfica das raças, nuas, de frente e de perfil. Os povos de Sua Majestade, da Cidade do Cabo à Austrália, do Ceilão a Formosa, agora também estavam fotografados, seminus, sem levar as regras em conta: padronizados e classificados, alguns com as correntes dos condenados, outros desalentados. Pareciam-se com os daguerreótipos que Agassiz mandara fazer dos escravos das *plantations*. A diferença era que agora os modelos eram livres, fosse o que fosse que significassem as correntes. Tendendo ao tipo de voyeurismo que se manifestava nos espetáculos de curiosidades e aberrações, a London Stereoscopic and Photographic Company vendia fotos de "selvagens" nus para os novos *stereo viewers* à venda. A nudez e o desalento reforçavam o preconceito público sobre a degradação e a inocência infantil dos indígenas. No entanto, mesmo que o público estivesse se familiarizando com elas, as raças estavam ficando mais escassas. O último homem nativo da Tasmânia morreu em 1869, mas seu crânio esfolado sub-repticiamente não sobreviveu à travessia do mar até o Colégio dos Cirurgiões de Londres.[36] A última mulher, Truganini, continuaria vivendo até 1876.

O atraso de Darwin significava que os livros já tinham começado a preencher a lacuna. Os discípulos tinham se apressado a explicar o "significado" evolutivo dessas raças conquistadas. Tanto para seu vizinho e *protégé* John Lubbock, em *Pre-Historic Times* [Tempos pré-históricos] (1865), quanto para o jovem E. B. Taylor em *Early History of Mankind* [Os primeiros tempos da história da humanidade] (1865) e em *Primitive Culture* [Cultura primitiva] (1871), esses "selvagens" eram retratos instantâneos da Idade da Pedra. Artefatos de pedra, como aqueles da caverna de Aurignac, com seus vestígios de enterro ritual, eram equiparados a costumes aborígenes para explicar as condições originais da humanidade. Os seres humanos não caíram de um estado de graça, como dizia o secretário de Estado da Índia, o duque de Argyll (tendo encontrado tempo para publicar seu próprio *Primeval Man* [Homem primitivo] em 1869. As superstições das raças inferiores vivas não eram "resquícios mutilados" de crenças que um dia foram mais elevadas, muito pelo contrário. Tylor pegou os "remanescentes" de Prichard — aqueles costumes que tinham feito sentido para as culturas ancestrais e com os quais Prichard se preocupava, pois se perderiam com a extinção de tribos e raças — e repensou-os como nossas superstições atuais. Esses atos irracionais, de jogar sal para trás do ombro a acreditar em espíritos, eram os remanescentes vazios de comportamentos que um dia tiveram sentido. Eram rudimentos, o equivalente do cóccix que Darwin tanto gostava de apontar como um sinal de que os ancestrais dos seres humanos haviam tido cauda um dia. Acreditando como

Darwin na "unidade psíquica do homem", esses novos antropólogos em ascensão — ao contrário dos antropólogos de Hunt — poderiam usar esses resquícios para reconstruir as crenças de seus ancestrais.[37]

Dado o quanto Darwin estava dependendo dos livros publicados na década de 1860, não é de surpreender que ele aceitasse sua escala humana linear. Agora ele também pensava na distância entre a moralidade e o intelecto do "selvagem" e na sua expressão mais elevada nos europeus, e na possibilidade "de que eles possam ultrapassar e se transformar uns nos outros" por meio de inumeráveis gradações. Ele também podia falar das séries de estágios, do fetichismo ao politeísmo e deste ao monoteísmo, como se todas as culturas tivessem passado por elas, sugerindo que o branco havia progredido mais, deixando suas superstições como "os remanescentes de crenças religiosas falsas e mais antigas".[38] Ao escrever *A origem do homem*, Darwin adotou a hierarquia cultural prevalecente, com as raças "inferiores" na base. Essa postura se harmonizava com as atitudes cada vez mais rígidas da sociedade em relação aos negros e com a visão de que eles nunca conseguiriam se transformar em cavalheiros — ao menos não durante um longo tempo. Tylor explicava o porquê. Aceitava que a inteligência era a mesma em todas as culturas, quer elas fossem da Idade da Pedra ou da Idade do Vapor. Por isso admitia uma unidade darwinista na origem. A diferença surgia com a educação acumulada e as façanhas tecnológicas, que levavam séculos para ser adquiridas. A cultura "aperfeiçoava-se" com velocidades diferentes em seu caminho da Idade da Pedra para a Idade do Vapor. Os que viajavam devagar não conseguiam saltar a enorme diferença evolutiva até seu destino da noite para o dia. Ao se alinhar, na verdade Darwin estava recuando. Moderara sua visão brilhante da disseminação adaptativa da vida. Aquelas classificações de "alto" e "baixo" que ele havia repudiado na década de 1830 estavam de volta.

Darwin estava estruturando sua visão da antropologia com base principalmente em fontes secundárias. Mas o fundamento lógico de *A origem do homem* sempre foi a seleção sexual humana, que estava sendo justificada pela evidência de todo o espectro zoológico. O próprio Darwin admitia, num tom cansado, que era um "tema gigantesco". E tudo aquilo era para ajudar a explicar as raças humanas, que Tylor considerava "os problemas mais importantes" da antropologia: "A relação entre as características corporais das várias raças, a questão de sua origem e descendência, o desenvolvimento da moral, da religião, do direito." A "inteligência" deve ter sido a mesma em todas as culturas, mas variações sutis na apreciação da beleza — o *beau idéal* — haviam levado a uma divergência do tronco comum.

Finalmente, em 1869, um obstáculo à aceitação de sua obra foi removido com a morte prematura de Hunt. Isso também prepararia o terreno para Huxley e Lubbock capturarem e decapitarem a Sociedade Antropológica quando a nova década estava começando, amalgamando-a com a Sociedade Etnológica, e o amálgama recebeu o nome de "Instituto Antropológico".[39]

Wallace rondou como um espectro até o fim, sempre duvidando. Dado que o advogado escocês John M'Lennan dedicou um livro inteiro à captura da noiva na pré-história — a noção de que as esposas eram "roubadas" em ataques a tribos vizinhas —, dá para entender por que Wallace duvidava que a escolha feminina algum dia pudesse ter sido um fator primordial na formação da raça humana. O roubo das esposas, disse ele a Darwin, impediria isso. E, nas tribos que estudara, "as mulheres certamente não escolhem os homens" (aí estava falando o homem cuja noiva rompera o compromisso com ele alguns anos antes). Os homens escolhiam uma mulher "como serva. A beleza é, a meu ver, uma questão mínima para a maioria dos selvagens".

Darwin conhecia M'Lennan, e Lubbock vociferou contra sua abordagem tipo "rapto das sabinas" em *Primitive Marriage* [Casamento primitivo], que ligava a necessidade de capturar a noiva com infanticídio das meninas, e chegava até a ver na ideia dos cúmplices do sequestro — "os homens do noivo" — a origem do costume moderno dos "padrinhos de casamento". Mas o livro despertava uma certa dúvida sobre a seleção sexual, como fizera com a escravidão das concubinas e os casamentos arranjados. As mulheres, dizia Wallace, não tinham escolha nessa questão. O próprio Darwin acreditava que os "bárbaros" tratavam as esposas como escravas úteis, embora duvidasse que elas fossem valorizadas "exclusivamente" por isso, porque as mulheres se enfeitavam. Mas o tema era complicado, e ele só podia sugerir que os sequestradores escolhiam "as mais belas escravas de acordo com seus padrões de beleza". Essa foi a ironia final: estudos mais recentes sobre a escravidão estavam ameaçando a teoria de Darwin que se originara, ela própria, numa reação a uma ciência mais antiga da escravidão.[40]

No que dizia respeito a Wallace, houve um último duelo. Sir Charles Lyell, mentor e simpatizante torturado de Darwin por tanto tempo, tinha "ficado velho" (o que era óbvio em suas visitas a Downe, pois ele começava a divagar no meio de suas histórias). Agora ele havia pedido a Wallace para fazer a resenha da décima edição de seus *Principles of Geology*, que — como Darwin temia — ainda fazia do impulso criador de Deus o motor da evolução humana (era necessário um homem "profundamente científico", avisara ele ao editor; o que ele queria dizer era que precisava de alguém que concordasse com ele). A resenha que Wallace apresentou em 1869 dizia que a "força" que impulsionava a evolução animal até sua conclusão utópica tinha pré-adaptado o enorme cérebro do "selvagem", dando ao aborígene algo muito superior às suas "capacidades mentais" animais. As pessoas estavam sendo preparadas para o pico civilizatório, dirigidas por um mundo espiritual no qual Lyell também via sua própria elevação e a elevação da humanidade. Darwin tomou a liberdade de discordar — e "pesarosamente". Sobre corpo, cérebro e raça, Wallace agora tinha opiniões diferentes, o que declarou alegremente. Esperava encontrar "mais sobre o que discordar" em *A origem do homem*, disse ele a Darwin, "do que em qualquer dos seus outros livros".[41]

Recaiu sobre Darwin o ônus de tornar plausível a evolução mental do homem. Ele apresentou as raças que se misturavam como grupos que tinham uma constituição intelectual parecida. Isso era provado pela invenção independente de artefatos semelhantes. Os instrumentos de pedra e as pontas das flechas foram comuns a todas as culturas ao longo da história e em todo o globo. Ele não aprovava a ideia conciliatória de Wallace de que esses feitos mentais foram realizados pelas diversas raças *depois* que elas cruzaram o umbral humano. Darwin foi irredutível:

todas as raças concordam em tantos detalhes insignificantes e em tantas peculiaridades mentais, que eles só podem ser explicados por meio da herança transmitida por um progenitor comum; e um progenitor caracterizado dessa forma provavelmente mereceria ser considerado um ser humano.[42]

Ele nunca capitularia nessa questão fundamental, de tão essencial que ela era para a crença de uma vida inteira na "fraternidade do homem". Talvez o tenha instigado ainda mais a provar a evolução mental quando estava terminando a longa viagem. Agora era imperativo desafiar Wallace: provar não só que o cérebro grande evoluíra naturalmente, como também que a seleção malthusiana aguçara as faculdades sociais e morais, dos "selvagens" às tribos civilizadas.

Tão sólida era a crença de Darwin na continuidade do processo de seleção natural que ele ainda a via operando nas classes da sociedade moderna ("Darwinismo Social" seria o nome que receberia mais tarde). Sua natureza e sua sociedade sempre tinham sido malthusianas, baseadas no excesso de bocas e na luta por recursos limitados. Seus liberais que governaram na década de 1830 tinham cortado a verba das instituições de caridade e obrigado os pobres aptos fisicamente a competir; com a mesma finalidade, a evolução de Darwin lançou na rivalidade os animais e plantas individuais que viviam numa natureza superpovoada. Mas agora ele havia incorporado a obra estatística e eugênica de seu primo Francis Galton e do velho amigo W. R. Greg (cuja migração conservadora para longe de seu radicalismo de Edimburgo havia sido completa). Nos anos 1860, Galton e Greg reaplicaram ambos a seleção natural à sociedade e despertaram receios de degeneração, porque "fazemos de tudo" para cuidar "dos imbecis, dos aleijados e dos doentes". Darwin fez eco a esses receios em relação aos "pobres e irresponsáveis" se reproduzirem cedo e aumentarem o número de crianças abandonadas: "Por isso os irresponsáveis, os degradados e muitos membros corrompidos da sociedade tendem a aumentar num ritmo mais rápido que os membros providentes e geralmente virtuosos." Essa era a crença que estava se consolidando entre as classes médias da década de

1860. Em sua condição de estatístico que calculava a taxa de mortalidade da classe operária e que assumia a intelectualidade superior de sua classe, os dados de Galton reforçavam as crenças aristocráticas do primo. Darwin esperava que "os mais fracos e inferiores" se casassem com menos frequência para ajudar a "deter" essa debilitação da sociedade. No entanto, por mais humanista que fosse, ele ainda declarava que temos de enfrentar "sem queixas" as consequências de os pobres sobreviverem. Na verdade, diminuir "a ajuda que nos sentimos obrigados a dar aos desamparados" causaria na mesma medida uma "deterioração na parte mais nobre de nossa natureza".[43]

O livro de Darwin também endossava a estereotipia étnica tão característica dos contemporâneos dos meados da era vitoriana (1850-1890). Citou Greg a respeito dos "irlandeses desleixados, esquálidos e sem ambição", de uma raça que se "multiplica como os coelhos". A xenofobia knoxiana simplesmente transpirava do texto, aquela aversão que a Inglaterra central tinha pelas classes trabalhadoras da Irlanda católica. Darwin chegou até a abster-se de retirar a citação ofensiva quando um irlandês pediu-lhe polidamente para fazer isso.[44] Portanto, a transferência da competição malthusiana da política para o reino animal feita por Darwin levou ao surgimento de uma ciência supostamente "inquestionável" que depois foi reaplicada à sociedade em *A origem do homem*, uma ciência defendida pelos fanáticos da época.

Mas Darwin sabia que, por mais encantadoras que fossem suas aves de plumas iridescentes e suas borboletas que pareciam joias nos capítulos sobre seleção timidamente sexual, ele poderia esperar escândalo com uma derivação evolutiva da inteligência e da moralidade. Fazer a seleção natural explicar a devoção religiosa só ia piorar as coisas. Ele tentou dourar a pílula fazendo da "crença enobrecedora em Deus" uma virtude evoluída entre as raças mais elevadas — um gesto voltado diplomaticamente para uma cultura devota, pois Darwin há muito renunciara ao seu próprio cristianismo. Era aí que morava a preocupação e, antes de o livro ser publicado, ele começou a se preparar para persuadir críticos e leitores. E foi enviada uma série de cartas nas quais ele diminuía a importância de sua pessoa e de sua obra. Avisou a um velho companheiro do *Beagle* que o livro o "repugnaria". E disse a um velho adversário que "vou enfrentar uma desaprovação universal, talvez uma execração universal". E Wallace? Darwin achou que o livro "vai acabar com a consideração que você tem por mim". Até de Asa Gray ele esperava "alguns golpes do estilete polido de sua pena" por mencionar a evolução da moralidade.[45]

E então aconteceu. O livro em dois volumes, esperado há tanto tempo e com uma gestação tão longa, intitulado *Descent of Man, and Selection in Relation to Sex* [A origem do homem, e a seleção em relação ao sexo] foi publicado no dia 24 de fevereiro de 1871. Os dias seguintes viram 2.500 exemplares desaparecerem das prateleiras tão depressa que uma reimpressão imediata de mais 2 mil se fez necessária. O editor John Murray era "atormentado" por pessoas que queriam exemplares.[46]

O livro foi recebido em meio a "uma tempestade de ira, assombro e admiração misturados". A "ira" foi reservada à degradação moral, e a "admiração", às comparações entre as encantadoras formas de namoro da natureza. *The Times* achou que estas últimas eram "um dos estudos mais deliciosos sobre história natural que já foram escritos". Mas não o resto do livro. A moral não evoluíra a partir do instinto bruto. Distinguir o certo do errado era um dom divino que garantia a salvação. Esse dom também sancionava o policiamento da ralé por parte da sociedade anglicana: os ativistas da classe operária que falavam da evolução foram presos por seu ataque sedicioso contra os privilégios clericais. Naturalizar a moralidade enquanto a revolucionária Comuna de Paris estava promulgando leis para reconhecer os bastardos só serviu para a condenação do *The Times* como algo "irresponsável". Claro, os livros caros e reverentes de Darwin e Huxley escaparam à ira da justiça.[47] Apesar disso, o Darwin impecavelmente correto, ele próprio um juiz de paz, tinha precisado de coragem para fazer da consciência a melhor parte do instinto gregário.

Agora era mais fácil falar sobre essa heresia. Uma explanação evolutiva da religião poderia se basear na obra de Tylor e Lubbock sobre sua pré-história primitiva de fetichismo, sonhos e animismo. Aqui também

Darwin estava seguindo seus seguidores ao explorar o "estado rude de civilização" dos aborígenes como um retrato instantâneo de nossa própria ancestralidade. *A origem do homem* apresentava uma espécie de visão "do auge" do passado. Pressupunha uma norma masculina, e Darwin também via sua classe britânica no ápice da civilização. Mas ele também mostrou sensibilidades de um nobre liberal ("alguns selvagens sentem um prazer mórbido em praticar atrocidades contra os animais"). E, como muitos outros, Darwin equiparava "selvageria" e sua "licenciosidade suprema e seus "crimes antinaturais" com os valores de sua própria subclasse (dois grupos pelos quais o socialista Wallace tinha a maior consideração). Mas, ao degradar a moralidade "selvagem" e aumentar as capacidades dos macacos, Darwin fez o *continuum* rumo à civilização parecer mais praticável. Por um momento também ele conseguiu calar seu individualismo malthusiano desenfreado e substituir o objetivo do êxito e da felicidade do indivíduo "pelo bem geral ou prosperidade da comunidade". E, com isso, ele ampliou sua teoria para explicar a evolução social daquilo que considerava a maior virtude dos europeus civilizados: sua humanidade em relação aos outros povos e espécies.[48] Era um humanitarismo do qual Darwin se orgulhava. Sua ética antiescravagista e anticrueldade era inviolável. No entanto, a incongruência de sua classe defender essa ética sacrossanta ao mesmo tempo que degradava as raças "inferiores" (mesmo quando os colonos as desalojavam ou exterminavam) é impossível de compreender de acordo com os padrões do século XXI.

No entanto, a evolução da moral era uma questão secundária. Darwin concentrara-se sobretudo na seleção sexual para *provar* que todos os povos podiam ser descendentes de um único tronco. Isso deixou um livro idiossincrático no mais estranho centro de gravidade que se pode imaginar. Darwin era seu próprio defensor, aliás um defensor bem antiquado, um homem que reelaborou ideias herdadas da geração de Prichard, ideias que procuravam reforçar a unidade racial como quem reforça um baluarte contra a escravidão. Nos anos 1860, "a evidência sobre a origem do homem a partir de uma forma inferior" estava se acumulando, como disse Darwin em sua introdução, e "pareceu-me interessante", e ele resumiu uma boa parte dela nos primeiros capítulos de *A origem do homem* antes de tratar da *pièce de résistance*, a seleção sexual como um fator que explicava a ancestralidade racial humana — e ocupava dois terços do livro.

Mas essa trajetória não pode ser compreendida a partir do próprio texto. Certo, o livro contém pistas. Até o título é revelador: "*descent*" [traduzido para o português como "origem", mas que também significa geração e ascendência, entre outras coisas], havia sido o termo predileto de Darwin desde o começo, por transmitir para a natureza a ideia de uma ancestralidade hereditária humana. O novo lugar-comum "evolução" estava entrando na moda por volta de 1870, mas Darwin manteve no título o significado de "origem comum". Poucos entenderam; alguns só viram as conotações negativas. Até Hooker preferia que o título fosse simplesmente *Origin of Man*.[49] Mas título e conteúdo revelavam uma procedência e um significado mais profundos da década de 1830.

O viés racial deixou *A origem do homem* muito pouco parecido com um livro sobre "evolução humana" tal como a concebemos hoje em dia. E também não era o que o público esperava. Não falava nada sobre a caverna de Aurignac de Lartet, com sua prova de que os povos que usavam instrumentos de pedra viveram ao lado dos ursos das cavernas, já extintos. Nem sobre aquelas descobertas feitas numa caverna de Brixham — principalmente um osso do braço de um urso extinto, cortado pelas facas de pedra espalhadas por ali e claramente levado para a caverna por seres humanos. A evidência de Brixham impunha uma aceitação tardia das descobertas de machadinhas feitas pelo caluniado arqueólogo amador Boucher de Perthes em Abbeville, França. Esses instrumentos de pedra finalmente definiram, sem sombra de dúvida, uma longa pré-história humana. Em 1870, a questão tinha ido além da contemporaneidade de homens e mamutes até a era geológica da humanidade.[50] Mas não havia nada sobre isso no livro de Darwin.

Ele rastreara a descendência humana dos macacos de uma forma antiquada, familiar aos estudantes de anatomia comparada durante três décadas. Recorreu, por exemplo, a órgãos rudimentares, aquelas relíquias herdadas, como o cóccix, como indicadores de parentesco humano. Ou, com a ajuda de Haeckel, mergulhou no útero, onde o feto humano de cinco meses tinha a pele visivelmente coberta de pelos, um sinal de que nossos ancestrais eram peludos. Estudou com mais engenho a anatomia dos atavismos: contou histórias desconcertantes de pessoas ainda capazes de enrugar o couro cabeludo como os babuínos ou de mexer as orelhas. Empilhou esse tipo de evidência anedótica, perdido numa biologia normalizadora. A partir de tudo isso, ele desenvolveu sua famosa imagem de nosso ancestral (matéria-prima de tantas caricaturas): um ser "coberto de pelos, ambos os sexos com barba; as orelhas pontudas e capazes de movimento; e os corpos providos de cauda".[51]

Darwin avisou deliberadamente os leitores de que "não havia praticamente nenhum fato original" nesses primeiros capítulos sobre a evolução humana, convidando-os a ir direto para a seleção sexual. Não apenas nada de novo, como também praticamente *nada* sobre fósseis. Sua única citação nesse sentido foi a descoberta feita por Albert Gaudry, do Museu de História Natural de Paris, do primitivo macaco grego do Mioceno, o *Mesopithecus*. Darwin fez do *Mesopithecus* o ancestral do símio do gênero *Macacus* e do langur (como Vogt). Mas apresentou o fóssil para ilustrar de que maneira "grupos superiores misturaram-se um dia" — de que maneira duas linhagens de primatas podiam ser rastreadas até o mesmo ponto de partida.[52] A divergência de um "tronco comum" era a regra. O fóssil foi usado para ilustrar um princípio, não para acompanhar a rota dos primatas.

A omissão mais estranha de todas foi a dos fósseis humanos. Não havia praticamente uma única palavra sobre o Homem de Neanderthal. Descoberto em 1857 nas cavernas de Neander, nas proximidades de Düsseldorf, o homem fossilizado de sobrancelhas salientes passara a ser muito conhecido graças às palestras de Huxley — tão conhecido que o cardeal católico Wiseman, um dos ouvintes de Huxley, publicaria uma pastoral denunciando os anatomistas que pesavam "um crânio solitário... na balança" contra a Bíblia.[53] Poderiam dizer que o *Man's Place in Nature* de Huxley já tratara da questão; ou que, como ninguém sabia a idade do crânio de Neanderthal, Darwin não precisava discutir sua importância. Mas a omissão foi interessante.

Assim como a falta de discussão sobre o cérebro dos macacos. Discordâncias amargas sobre a singularidade do cérebro humano tinham alertado a sociedade instruída sobre a possibilidade da transmutação humana no início da década de 1860. Huxley havia repudiado categoricamente a declaração de Owen de que os hemisférios cerebrais do macaco não tinham características encontradas nos seres humanos (e, ainda por cima, chamou-o de mentiroso). Os dois brigaram na Instituição Real e na Associação Britânica e, às vezes, semanalmente, no jornal de sábado da *intelligentsia* literária, o *Athenaeum*. A estratégia de Owen tinha sido fazer da transmutação bestial a questão em pauta e alimentar os preconceitos dos leitores contra Huxley. O próprio Darwin chegou a desprezar "o inimigo, Owen", e, apesar disso, não falou nada sobre a proximidade entre o cérebro do homem e do macaco em *A origem do homem*.[54]

Nem sobre a ecologia dos gorilas selvagens, além da estranha exceção feita às observações de Livingstone. O comportamento do gorila parece simplesmente não ter despertado o interesse de Darwin, mesmo que o público estivesse ávido por mais informações a seu respeito. Esse macaco enorme ainda era novidade, e uma das primeiras exposições do museu da Sociedade Antropológica foi de "uma pele quase perfeita de um grande gorila macho". A descoberta recente do gorila explica sua proeminência em cartuns que satirizavam *A origem das espécies*. Envolvido com ironias raciais, *Punch* agora mostrava o "bruto" irlandês como o Sr. G. O'Rilla. Talvez dê para entender por que Darwin evitou falar das reportagens sensacionalistas do aventureiro Paul du Chaillu sobre a ferocidade dos gorilas na década de 1860, que deram matérias picantes para os tabloides, mas eram consideradas inúteis pelos darwinistas. (Não ajudou praticamente nada Chaillu ter sido exageradamente cordial com Owen em Londres e voltado à África para capturar um gorila vivo para ele em 1864.)[55] Portanto, enquanto gorilas e seres humanos caçadores de mamutes davam colorido às resenhas sobre *A origem das espécies*, Darwin ignorou-as em seu livro sobre a origem do homem. O que estava faltando só serviu para enfatizar sua abordagem monolítica.

Ele preferiu fazer o manuscrito convergir cuidadosamente para sua *idée fixe*, a causa da mudança racial humana. Estava desviando todos os olhos para a seleção sexual. E ela dominou o texto, ocupando 550 páginas impressas. Primeiro apresentou as explanações rivais das diferenças entre as raças humanas: mudança do meio ambiente, um uso mais frequente de certas partes e até a seleção natural, pois ela só aumentaria as "variações benéficas" e "tanto quanto temos condições de avaliar [...] nenhuma das diferenças externas entre as raças humanas" nada significavam além de diferenças estéticas. Para Darwin, elas eram superficiais e uma questão de preferência. Apresentou situações que teriam levado os macacos a adotar a posição ereta e serem considerados homens, com todas as mudanças correlatas na pélvis, na coluna vertebral, no crânio, nas mãos e nos pés; no entanto, o mais peculiar dos atributos humanos, a falta de pelos, ele acreditava ter uma função ornamental. Os pares sexuais com uma quantidade cada vez menor de pelos eram escolhidos com uma frequência cada vez maior. Para Darwin, a pele rosada ou negra tinha um atrativo estético, como o tipo de cabelos e a forma do rosto — as pessoas simplesmente preferiam esses visuais ligeiramente diferentes. E, embora em *Primeval Man* seu rival Argyll tenha se recusado a acreditar que a competição entre os mais aptos tivesse condições de produzir um ser vulnerável, "despido e desprotegido" (para não falar que a moralidade podia surgir de instintos gregários), Darwin achava que a vulnerabilidade de nossos ancestrais podia ter sido o motor daquela coesão tão característica da sociedade humana. Nosso progenitor gregário teria se fortalecido com "a simpatia e o amor de seus semelhantes".[56]

Os julgamentos históricos de *A origem do homem* podem ser bem distorcidos. (Um especialista moderno nos estudos de Darwin declarou que "não havia nenhum motivo legítimo para um manuscrito do tamanho de um livro sobre o tema da seleção sexual ser combinado com um livro sobre a origem do homem".) No entanto, a imprensa londrina percebeu a ligação imediatamente. Ela se deparou com *A origem do homem* em seu contexto pós-Guerra Civil, quando o tópico mais importante para toda uma geração tinha sido o debate "unidade *versus* pluralidade". O *Daily News* adiantou-se à publicação por um dia e, em 23 de fevereiro de 1871, falou em termos favoráveis da "especulação corajosa, se não arriscada", de Darwin. Suas "observações detalhadas e primorosas" sobre seleção sexual, junto com a seleção natural, estavam "intimamente ligadas" à sua explanação "da origem do homem" por meio de um "pedigree que recuava muito além da época de Guilherme, o Conquistador".⁵⁷

Os comentários de Darwin sobre os macacos transmitiram a mensagem mais ampla da "origem comum". O homem "está relacionado ao gorila não como um neto ou bisneto, mas como um sobrinho-neto ou um sobrinho-bisneto", declarou o *Examiner* de Londres. Darwin reconhecia que os seres humanos acabaram com um "pedigree prodigiosamente longo, mas não, diríamos, de qualidade nobre". Ao que o *Times* acrescentou amavelmente — talvez pondo fim aos receios remanescentes de Lyell — que a nobreza "parece refletir-se no passado, no sistema chinês, segundo o qual as pessoas que se distinguem enobrecem não os filhos, mas os antepassados". ⁵⁸ Isso não ia aplacar muita gente.

Mas *The Times* também compreendeu o ângulo racial do livro. Como a seleção natural não conseguia "explicar a diferenciação das várias raças humanas", Darwin recorreu à seleção sexual para explicar as diferenças físicas e fisionômicas. "Ele acha que as fêmeas alimentaram uma preferência pelos machos, ou os machos pelas fêmeas, com certas características especiais de forma, tanto em termos de utilidade quanto de ornamentação, e, desse modo, exerceram uma seleção inconsciente, mas contínua, em favor dessas peculiaridades. Para provar sua teoria, ele passa todo o reino animal em revista."⁵⁹ Não havia dúvida quanto à *raison d'être* do livro.

O livro foi vendido a uma geração com pássaros na cabeça. A moda de penas no chapéu já estava levando a advertências terríveis sobre o declínio das populações de aves. A partir de 1870, aproximadamente 20 mil toneladas de plumas ornamentais eram enviadas para a Inglaterra todo ano. A prova inquestionável da seleção sexual foi apresentada nos quatro capítulos sobre aves de *A origem do homem* (que ocuparam nada menos de 200 páginas), e as mulheres que usavam chapéus com plumas vistosas assumiram a tese de Darwin de que o prazer estético estava presente em toda a natureza, dos seres humanos aos beija-flores. Ele estendeu o senso estético

— que muitos julgavam ser exclusivamente humano — aos pássaros e sugeriu sutilmente que havia um prazer intercambiável. "Quando as mulheres de todas as condições sociais se enfeitam com essas plumas, a beleza desses ornamentos é indiscutível." Darwin esperava que seus leitores se identificassem com as preferências das aves. Mas ele também tinha claro que a beleza era apreciada instintivamente pelos pássaros, enquanto era cultivada pelas classes mais elevadas da sociedade. Pois era para a *sua* classe que Darwin estava falando: "selvagens" e "ignorantes" sabiam do que gostavam, mas faltava-lhes um refinamento estético maior.[60] Aqui também ele estava sugerindo os passos da ascensão evolutiva, do apreço do selvagem ao apreço de um nobre vitoriano pelo "belo", quer ele estivesse presente em paisagens, na música ou em adornos.

Essa seleção sexual, que se manifestava em toda a natureza, foi usada para provar a unidade humana. Para enfatizar o que queria dizer, ele vasculhou a antiga literatura monogenista à cata de ilustrações. A evidência de Bachman sobre a fertilidade dos "mulatos" foi aproveitada, assim como a experiência do próprio Darwin com o "mestiço" brasileiro e a "mistura" índios-espanhóis da ilha de Chilóe durante a viagem do *Beagle*. Ele tinha visto as mais "complexas miscigenações entre negros, índios e europeus", e "esses cruzamentos tríplices permitiam o mais rigoroso teste" de fertilidade, como ele sabia graças a seus inúmeros experimentos botânicos. Mas os argumentos de mais peso "contra tratar as raças humanas como espécies distintas" foram as gradações naturais (sem cruzamentos). A variabilidade das raças explicava por que os poligenistas se confundiram com o número de tipos humanos — sugerindo qualquer coisa entre 2 e 63 espécies (Agassiz reconhecia 8; e Morton, 22). Qualquer um que "tivesse tido a infelicidade" de fazer uma monografia sobre uma classe zoológica e que se viu em palpos de aranha com a variabilidade de todas as famílias ("Falo por experiência própria", disse o especialista em cracas) não se surpreenderia com a variação humana. E nessa variação estava a resposta à grande questão, aquela da qual "tanto se falara" nos "últimos anos". Os poligenistas tinham de "considerar as espécies criações separadas ou entidades distintas de alguma forma". Elas eram fixas, invariáveis. Mas aqueles que aceitavam a evolução como fruto da seleção das variações às quais o ser humano é propenso, "vão concluir, sem dúvida alguma, que todas as raças humanas descenderam de um único tronco primitivo".[61] A genealogia humana era mais que uma metáfora para a evolução de Darwin, a evolução a partir de uma origem comum.

Eram muitos os aspectos da anatomia racial que falavam dessa origem comum, eram muitos os "gostos, disposições e hábitos" comuns; era muita coincidência haver um amor comum pela "dança, pela música rudimentar, pela representação, pela pintura, pelas tatuagens". Em resumo: corpo, inteligência e comportamentos não poderiam "ter sido adquiridos de forma independente, deviam ter sido herdados de progenitores" que os possuíam. Como prova final dessa unidade, Darwin, aos 62 anos de idade, levou seus leitores a percorrer todo o caminho de volta à sua experiência de Edimburgo, 45 anos antes. Como os fueguinos vestidos de casaca e "civilizados" que viajaram no *Beagle*, com "seus muitos pequenos traços de caráter", que mostravam "o quanto sua inteligência é semelhante à nossa", o mesmo "acontecia com um negro puro-sangue com o qual certa vez tive a chance de me tornar íntimo".[62] Era o "negro retinto" John, agora uma lembrança boa e distante para Darwin: o ex-escravo que empalhava aves e dera aulas ao rapazinho semana sim, semana não, durante aqueles dias solitários e gelados de Edimburgo.

Darwin estava se aproximando do final de sua longa trajetória evolutiva, iniciada naqueles anos intensamente antiescravagistas da década de 1830. Agora estava pagando uma grande dívida. Em *A origem do homem* ele falou da "escala" moral e das alturas às quais a humanidade chegara. A distância intelectual entre um selvagem e "um Newton ou um Shakespeare" era enorme, mas transposta por todos os intermediários concebíveis, assim como "a disposição moral entre um bárbaro, como o homem descrito pelo velho navegador Byron, que jogou o filho nas pedras por ele ter deixado cair uma cesta com ouriços-do-mar, e um Howard ou um Clarkson".[63] Havia Thomas Clarkson, o herói da família, que morrera havia 25 anos, devidamente homenageado pela obra evolutiva máxima de Darwin sobre a unidade das raças. Clarkson, a força motora da campanha antiescravagista da Grã-Bretanha, cujos lugares-tenentes locais e simpatizantes Darwin conhecera quando criança, assumiu seu lugar no ápice moral.

Portanto, a trajetória de Darwin até *A origem do homem* terminou, como havia começado, no terreno antiescravagista. Clarkson, que acabou sintetizando a causa sagrada de Darwin, estava no topo de seu panteão — era o Newton ou Shakespeare do cosmo moral de Darwin.

A imagem da "origem comum" de Darwin estava relacionada com tudo isso. Era anátema para o lobby do pluralismo-científico-e-da-escravidão por ter surgido num texto monogenista de Adão e Eva. E, em certa medida, eles estavam certos: a "fraternidade humana" dos cristãos era, em última instância, fator integrante da origem comum na época de Darwin. Os simpatizantes sabiam que sua defesa científica da unidade racial, agora distanciada de suas raízes religiosas, era inimiga da mensagem pluralista pró-escravidão. Como diria um simpatizante de Darwin e defensor da linha antiescravagista: "Muitos de nossos preconceitos tacanhos e teorias falsas a respeito de raça — ideias que estiveram na base de abusos antigos e instituições opressoras de longa data — são eliminados" pela etnologia de Darwin. Esse era o sonho de Darwin também. "Finalmente", disse ele em *A origem do homem*, "quando os princípios da evolução forem aceitos pela maioria [...] a controvérsia entre os monogenistas e os poligenistas vai ter uma morte silenciosa da qual ninguém vai se dar conta".[64]

NOTAS

Abreviações usadas nas notas

Ver a bibliografia para dispor de detalhes dos títulos abaixo e nas notas.

ANB	*American National Biography,* 24 vols. (Oxford University Press, 1999)
APS	American Philosophical Society
AR	*Anthropological Review*
Autobiography	Barlow, org., Autobiography of Charles Darwin
CCD	Burkhardt et al., *The Correspondence of Charles Darwin*
CJ	*Journal of the House of Commons*
CP	Barrett, *Collected Papers of Charles Darwin*
CUL	Cambridge University Library
DAR	Darwin Manuscripts, Cambridge University Library
Descent	C. Darwin, *Descent of Man,* 1871
Diary	R.D. Keynes, org., *Charles Darwin's* Beagle *Diary*
DRC	Darwin Reprint Collection, Cambridge University Library
ED	Litchfield, *Emma Darwin,* 1904 (ou edição de 1915, conforme citação)
Foundations	F. Darwin, org., *Foundations of the* Origin of Species
JASL	*Journal of the Anthropological Society of London*
Journal	C. Darwin, *Journal of Researches,* 1839 (ou a reimpressão de 1860 da edição de 1845, conforme citação)
LJ	*Journals of the House of Lords*
LJH	L. Huxley, *Life and Letters of Sir Joseph Dalton Hooker*

LLD	F. Darwin, org., *Life and Letters of Charles Darwin*
LLL	K.M. Lyell, org., *Life, Letters, and Journals of Sir Charles Lyell*
LTH	L. Huxley, *Life and Letters of Thomas Henry Huxley*
Marginalia	Di Gregorio e Gill, orgs., *Charles Darwin's Marginalia*
MLD	F. Darwin e A.C. Seward, orgs., *More Letters of Charles Darwin*
Narrative	FitzRoy, *Narrative of the Surveying Voyages*
Natural Selection	Stauffer, org., *Charles Darwin's Natural Selection*
Notebooks	Barrett et al., orgs., *Charles Darwin's Notebooks*
ODNB	*Oxford Dictionary of National Biography*, 61 vols. (Oxford University Press, 2004)
Origin	Darwin, *On the Origin of Species*, 1859
PP	*House of Commons Parliamentary Papers*, 1801-
PP, AP	*Parliamentary Papers*, Accounts and Papers
PP, CP	*Parliamentary Papers*, Command Papers
PP, HCP	*Parliamentary Papers*, House of Commons Papers
PP, ST	*Parliamentary Papers*, Slave Trade
TASL	Transactions of the Anthropological Society of London
Variation	C. Darwin, *The Variation of Animals and Plants under Domestication*, 1868
Wedgwood	B. e H. Wedgwood, *The Wedgwood Circle*
Wedgwood	Wedgwood Archive, Wedgwood Museum
WFP	Alfred Russel Wallace Family Papers, Natural History Museum

INTRODUÇÃO: LIBERDADE PARA A CRIAÇÃO

1. *Notebooks*, T79; Napier, *Selection*, 492.
2. Eisely, "Intellectual Antecedents", I; R. Dawkins, "Darwinism", 234.
3. *Notebooks*, B231.
4. *CCD*, 9:163.
5. *Notebooks*, B232.
6. *Marginalia*, 683.
7. W. P. Garrison a Darwin, 4 de outubro de 1879, DAR 165; Darwin a W.P. Garrison, outubro de 1879 e 16 de outubro de 1879, citação de W.P. e F.J. Garrison, *William Lloyd Garrison*, 4:199n. A carta de 16 de outubro está em mãos de particulares, uma cópia está no projeto de correspondência de Darwin, CUL. O resto da carta assinada não foi encontrado.

8. Howard Gruber foi o primeiro a descrever "a compaixão por todos os seres vivos" como um componente da "Weltanschauung da família" de Darwin (H.E. Gruber, *Darwin*, cap. 3).

1. O "NEGRO RETINTO", UM AMIGO ÍNTIMO

1. *Journal* (1860), 499, 500; Clarkson, *History*, 1:27.
2. Walvin, "Rise" 149, 150; Anstey, *Atlantic Slave Trade*, xix; Drescher, "Whose Abolition?", 165.
3. Anon., *Negro Slavery*, 86; Long, *History*, 1:491-2; Clarkson, *History*, I:374; Lorimer, *Colour*, 214.
4. King-Hele, *Collected Letters*, 338.
5. King-Hele, *Erasmus Darwin*, 115; Uglow, *Lunar Men*, 259, 410; Shyllon, *Black Slaves*, 184-209.
6. King-Hele, *Essential Writings*, 149 ("Loves of the Plants", III, 441-8, 455-6).
7. E. Darwin, *Temple*, 136 (IV, 73-4).
8. Barclay, *Inquiry*, 148; *Marginalia*, 32.
9. King-Hele, *Essential Writings*, 101; King-Hele, *Erasmus Darwin*, 308; E. Darwin, *Zoonomia*, citação de R. Porter, "Erasmus Darwin", 45.
10. Dolan, *Josiah Wedgwood*, 201-2; *Wedgwood*, 38 (cf. King-Hele, *Erasmus Darwin*, 81); Farrer, *Correspondence*, 71; Meteyard, *Life*, 2:40.
11. McNeil, *Under the Banner*, 81; McKendrick, "Josiah Wedgwood", 42, 46; Dolan, *Josiah Wedgwood*; Watts, *Gender*.
12. Oldfield, *Popular Politics*, 163-6; E.G. Wilson, *Thomas Clarkson*, 48-51; King-Hele, *Collected Letters*, 327-8.
13. Guyatt, "Wedgwood Slave Medallion"; Oldfield, *Popular Politics*, 155-63; Meteyard, *Life*, 2:566; Compton, "Josiah Wedgwood"; Bindman, "Am I Not a Man" sobre o contexto artístico.
14. E. Darwin, *Botanic Garden*, 1:101 (II, 315-16), 110 (II, 421-30); King-Hele, *Collected Letters*, 345; Farrer, *Correspondence*, 88.
15. Farrer, *Correspondence*, 216-17; J. Wedgwood I a O. Equiano, 19 de setembro de 1793, Wedgwood E26/18983, também em Farrer, 217-18; Fryer, *Staying Power*, 102ss; J. Wedgwood I a A. Seward, fevereiro de 1788, Wedgwood E26/28978, transcrição em J. Wedgwood, *Personal Life*, 246-8; notícias de J.F. Garling, 1788-1791, Wedgwood L111/21073-21078.

16. R.I. e S. Wilberforce, *Life*, 1:318; W. Wilberforce a J. Wedgwood I, 6 de abril de 1790, Wedgwood E36/2770; J. Wedgwood I a W. Wilberforce, 7 de abril de 1790, Wedgwood E36/2771.
17. William Darwin s Recollections, em *Darwin Celebration*, 11-12; R. Keynes, *Annie's Box*, 112-13; Desmond, *Politics*, 186; Clapham Sect, *ODNB*; Howse, *Saints*, cap. 6; Bradley, *Call*, cap. 7.
18. Fryer, *Staying Power*, 110; Gascoigne, *Cambridge*, 223-34, 255-6; Howse, *Saints*, 16-17; Clarkson, *History*, 1:241-58; E.G. Wilson, *Thomas Clarkson*, 21-4; J.D. Walsh, "Magdalene Evangelicals".
19. Peckard, *Am I Not a Man?*, 2, 6, 9; Peckard, citação de J. Walsh e R. Hyam, *Peter Peckard*, 16. O slogan do título havia sido adotado meses antes pela Sociedade da Abolição: Compton, "Josiah Wedgwood", 52.
20. M.V. Nelson, "Negro", 206, 211; Curtin, *Image*, 43-4; Horsman, *Race*, 49; R.J.C. Young, *Colonial Desire*, 149; Anon., *Negro Slavery*, 60.
21. Jordan, *White*, 492-3; Greene, "American Debate", 387; Edward Long, citação de R.J.C. Young, *Colonial Desire*, 149-51; Lorimer, *Colour*, 24; Malik, *Meaning*, 62.
22. Relato de Henry Cockburn quando Darwin residia em Edimburgo; Cockburn, *Anti-Slavery Monthly Reporter*, nº 9 (26 de fevereiro de 1826), 90; Clarkson, *History*, 1:205, 537-9.
23. T. Clarkson a J. Wedgwood I, 17 de junho de 1793, Wedgwood E22/24742, e também Farrer, *Correspondence*, 215-16; E.G. Wilson, *Thomas Clarkson*, 63-5; Thomas Clarkson, *ODNB*. Sobre Serra Leoa: Asiegbu, *Slavery*, cap. 1.
24. J. Wedgwood I a T. Clarkson, 18 de janeiro de 1792, Farrer, *Correspondence*, 187-8; T. Clarkson a J. Wedgwood I, 12 e 20 de janeiro de 1972, Wedgwood E32/24739, 24740; T. Clarkson a J. Wedgwood I, 25 de agosto e 22 de outubro de 1791; 22 de outubro de 1792, Wedgwood E32/24738, W/M 1303, E32/24738A; diários de Katherine Plymley, 20-21 de outubro de 1791, Shropshire Archives 1066/1 [12-13]; E.G. Wilson, *Thomas Clarkson*, 72-4. Sobre o importante papel das mulheres, "as guardiãs domésticas da moralidade", no boicote ao açúcar: Midgley, "Slave Sugar Boycotts", 143 e *Women*.
25. T. Clarkson a J. Wedgwood I, 18 de abril de 1794, Wegwood E32/24743, e também Farrer, *Correspondence*, 220-21; T. Clarkson a J. Wedgwood I, 30 de abril de 1794, Wedgwood E32/24744; E.G. Wilson, *Thomas Clarkson*, 74, 80-86.
26. Walvin, "Rise", 155; Anstey, *Atlantic Slave Trade*, xxii; Drescher "Decline Thesis", 3ss; Jennings, *Business*, 108-12.

27. Farrer, *Correspondence*, 159-60; Clarkson, *History*, 2:341-2; Darwin, "An Autobiographical Fragment", *CCD*, 4:338-40; *Autobiography*, 21-8; Roberts, "Josiah Wedgwood".
28. *ED*, 1:35-8, 66-70; *Autobiography*, 28-9, 55; Drescher, "*Whose Abolition?*"
29. Katherine Plymley, *ODNB*; "Panton Corbett, Esq.", *Gentlemen's Magazine*, new ser., 45 (janeiro de 1856), 87-8; E.G. Wilson, "Shropshire Lady", e *Thomas Clarkson*, 12; Walvin, *Slavery*, 3; Clarkson, *Strictures*, vi-vii.
30. Browne, *Charles Darwin*, 1:8-10; *Notebooks*, M1, 9, 10, 29, 42, 44, 156; Corbet, *Family; PP,* AP, 1834 (613), xlviii, 217, 228; 1836 (583), xliii, 161, 218-20; Clarkson, *History*, 1:467-8, identificando erroneamente o tio como o sogro do arcediago (cf. Corbet, *Family*, 2:20).
31. J. Wedgwood I a J. Plymley, 2 de julho de 1791, Wedgwood E26/18988, e também Farrer, *Correspondence*, 162-3; Clarkson, *History*, 2:341-2; E.G. Wilson, *Thomas Clarkson*, 86; diários de Katherine Plymley, 19 de setembro de 1823 a 8 de março de 1824; Shropshire Archives 1066/130, p. [35-42] e 1066/132, p. [12-14]; *CCD*, 1:31; em seu diário de 12 de setembro de 1825 (Shropshire Archives 1066/134, p. [49], Katherine Plymley, irmã do arcediago, escreveu o seguinte: "jantar no Salão, conheci Joseph, os senhores Flower, hale [?], Charles Darwin, Henry Johnson & W. Harrison, curador de Waties em Corley." Provavelmente eram os membros do grupo de caça do dia, que jantaram em Longnor Hall. "Joseph" era Joseph Corbett; "Flower", "hale" e "W. Harrison" não foram identificados, exceto o último, como curador. "Henry Johnson" era um contemporâneo mais jovem de Darwin na Escola de Shrewsbury e colega seu em Edimburgo. "Waties" era o reverendo Waties Corbett, diretor de Corley, Shropshire, filho do arcediago.
32. Darwin, "An Autobiographical Fragment", *CCD*, 2:440; Drescher, "Slaving Capital"; Costello, *Black Liverpool;* Fryer, *Staying Power*, 58-60; Law, *History*, 11-15; Clarkson, *History*, 1:373.
33. Anon., *Negro Slavery*, 39-42, 53. Sobre a descrição de torturas e agressões sexuais contra mulheres para angariar apoio ao movimento: Paton, "Decency".
34. Anon., *Negro Slavery*, 60, 64-5; Walvin, "Rise", 157-8; Davis, *Inhuman Bondage*, 104.
35. *Journal* (1860), 499, 500; Anon., *Negro Slavery*, 57; Davis, *Inhuman Bondage*, 183, 199; Berger, "American Slavery", 188.
36. Stange, *British Unitarians*, 35. Donas de casa de Shrewsbury assinaram a petição de 8 de março de 1824, que foi recebida na Câmara dos Comuns no dia 16; *CJ*, 79 (1824), 168; *Salopian Journal*, 10 de março de 1824; diários de Katherine Plymley, Shropshire Archives, 1066/132, [12-14]. Os Wedgwood e seu parente

James Mackintosh contribuíram com £279 e 13s. od. para a Sociedade Antiescravagista entre 1823 e 1831, das quais £230 foram doadas por Sarah, irmã de Josiah. As anuidades eram de um guinéu: Anti-Slavery Society, *Account*, 1823-31. Poucas famílias que apoiavam o movimento envolveram-se a esse ponto, e nenhuma mulher superou a contribuição total de Sarah Wedgwood.

37. *CCD*, 1:29; "Darwin in Edinburgh — I", *St. James's Gazette*, 16 de fevereiro de 1888, 5-6.
38. *PP*, CP 1837 (92), xxxv.1, 261-5; A. Grant, *Story*, 2:424-5; "Medical Faculty of the University of Edinburgh", *Medico-Chirurgical Review*, 20 (1833-4), 315-19.
39. *Autobiography*, 47; *CCD*, 1:2; Colp, *To Be*, 4; "Darwin in Edinburgh —I", *St. James's Gazette*, 16 de fevereiro de 1888, 5-6; J.H. Ashworth, "Charles Darwin".
40. *CCD*, 4:36; *Caledonian Mercury*, 12, 23 de janeiro de 1826; Audubon, *Audubon*, 1:167, 179, 212, 216, 218.
41. Freeman, "Darwin's Negro Bird Stuffer"; *Autobiography*, 51; *CCD*, 1:28-9; Rice, *Scots Abolitionists*, 23; Myers, "In Search", 168. Não temos outros detalhes sobre John nos anos subsequentes, exceto um agradecimento aos "Senhores FENTON e EDMONSTON, empalhadores de aves, Edimburgo", na *History of British Birds* (1:v) de MacGillivray, 1837; portanto, parece que John estava morando na cidade uma década depois.
42. B. Silliman, *Journal*, 1:209-10; Walvin, *Black*, 189; J. Bachman, *Doctrine*, 105; Myers, "In Search", 158. Os próprios negros entraram no clima: negros desfilavam pelas ruas com cartazes mostrando xilogravuras de escravos acorrentados e de joelhos com a legenda: "Não sou um homem e um irmão?" Walvin, *Black*, 190; Edwards e Walvin, *Black Personalities*, 46.
43. *Anti-Slavery Monthly Reporter*, nº 9 (26 de fevereiro de 1826), 91-2; Cockburn, *Memorials*, 267-8 sobre as primeiras reuniões de Edimburgo; Edinburgh Anti-Slavery Society, *First Annual Report*; Anti-Slavery Society, *Account* (1823ss).
44. *CCD*, 1:31, 36-41; *John Bull*, 19 de março de 1826, 94; 2 de abril de 1826, 108-9; 16 de abril de 1826, 125; sobre a Instituição Africana, Sarah Elizabeth Wedgwood a seu irmão J. Wedgwood II [julho de 1826], Wedgwood E28/20451; recibos referentes a 1822, 1825 e 1827, Wedgwood E38/28184-28186; Ackerson, *African Institution*.
45. *Descent*, 1:232; Lorimer, *Colour*, 16.
46. William Ferguson, *ODNB*; Pendleton, *Narrative*, 43 apresenta uma lista com muitos outros; Lorimer, *Colour*, 31 e 57, 215-17 sobre outros negros que se formaram em Edimburgo; Little, *Negroes*, 212; Myers, "In Search", 171; Shyllon, *Black Slaves*, 160.

47. Waterton, *Wanderings*, 210-15, 242-3; sobre coleta de serpentes, *Caledonian Mercury*, 28 de novembro de 1825; Ishmael, *Guyana Story*; Edgington, *Charles Waterton*, 30, 108, 110-111; Freeman, "Darwin's Negro Bird-Stuffer".
48. Carroll, "Natural History"; S. Smith, *Works*, 2:277, 281; J. Smith, "Waterton's Wanderings in South America", *Caledonian Mercury*, 6 de janeiro de 1827; *ED* (1915), 1:91.
49. Irwin, *Letters*, 18; S. Smith, *Works*, 2:294; Grasseni, "Taxidermy".
50. Grasseni, "Taxidermy"; Smith, *Works*, 2:290; Edgington, *Charles Waterton*, 6; sobre "vícios", ver "Campbell's Travels in South Africa", *The Port-Folio, and New-York Monthly Magazine*, 2 (1822), 265-78 (reimpresso com permissão de uma revista britânica).
51. *Essequebo and Demerary Gazette*, 11 de fevereiro de 1804, 4 de maio de 1805, 31 de janeiro de 1807; Waterton, *Wanderings*, 113-14; Ishmael, *Guyana Story*, para fontes originais sobre Charles Edmonstone.
52. J. Mackintosh a W. Wilberforce, 27 de julho de 1807, em R.I. e S. Wilberforce, *Life*, 3:302-3; Sra. J. (Bessy) Wedgwood II a seu irmão Baugh Allen, 26 de dezembro de 1807, Wedgwood E57/31938; Anstey, *Atlantic Slave Trade*, 401; Northcott, *Slavery's Martyr*.
53. Fanny Allen à sua irmã Jessie Sismondi, 26 de maio [1824] (cópia datilografada), Wedgwood E59/32533; S. Smith, *Works*, 3:143, 145; *ED*, 1:206-7; R. Stewart, *Henry Broughman*, 35; Ishmael, *Guyana Story*.
54. Waterton, *Wanderings*, 10, 17, 116-17; *CCD*, 1:34.
55. *Descent*, 1:232; Edwards e Walvin, *Black Personalities*, 51.

2. CRÂNIOS DA RAÇA DOS IMBECIS

1. Lista de leitura de Darwin em Edimburgo, 1826-7, DAR 271.5; Freeman, "Darwin's Negro Bird-Stuffer"; *CCD*, 1:75, 88, 90; diário de Darwin em Edimburgo referente a 1826, DAR, 129; "Early notes on guns and shooting", de Darwin, DAR 91:1-3; *Autobiography*, 44; Thompson, *Rise*, 270.
2. *Edinburgh Journal of Natural and Geographical Science*, 1 (1830), 272; Mudie, *Modern Athens*, 221; Audubon, *Audubon*, 1:154; *Autobiography*, 52; *PP*, CP, 1837, (92), xxxv.1, 183-4.
3. Ainsworth, "Mr. Darwin"; *PP*, CP, 1837, 1:142, 632, e Appendix, 114-18, "Syllabus of Lectures on Natural History".
4. *PP*, CP, 1837 (92), xxxv.1, 189, 533, 658, 677, 847; Chitnis, "University", 87; A. Grant, *Story*, 1:376. Robert Knox publicou textos sobre o ornitorrinco, a équidna,

o fascolomo e o casuar entre 1823 e 1828, e Robert Grant publicou um artigo sobre a nesóquia.
5. Darwin leu essa edição e fez anotações nela: lista de leitura de Darwin em Edimburgo referente a 1826-7, DAR 271.5: *Marginalia*, 173-5.
6. R. Jameson, *Essay*, 334, 378-98, 418, 421, 429-30; Secord, "Edinburgh Lamarckians", 7-8. O gradualismo geológico de Darwin, fortalecido depois de ler Charles Lyell, já tinha se manifestado em 1835, durante a viagem do *Beagle*: Hodge, "Darwin", 19-20.
7. R. Jameson, *Essay*, 117-21, 406-7.
8. *Autobiography*, 52; *CCD*, 1:19, 41.
9. Secord, "Behind the Veil", 166; L. Stephen, *English Utilitarians*, 2: cap. 8.
10. Horsman, "Origins", 390-94.
11. Horsman, "Origins", 391.
12. Mudie, *Modern Athens*, 253; Audubon, *Audubon*, 1:146, 160, 164, 182-3, 188, 191, 205-7.
13. Shapin, "Phrenological Knowledge", 224ss. Calvert, *Illustrations*. Em 1831-2, um terço dos membros das sociedades frenológicas de Londres e Edimburgo era de médicos: Erickson, "Phrenology".
14. Audubon, *Audubon*, 1:157, 204; introdução de Andrew Boardman a G. Combe, *Lectures*, v, vi.
15. R.E. Grant, "An Essay on the Comparative Anatomy of the Brain", publicado em "Essays on Medical Subjects", University College London, MS Add 28, ss. 14-15, 25-26, atacando Gordon, "Doctrines", 243, 253-4; R.E. Grant, *Dissertatio*, 8, sobre Erasmus; Jeffrey, "System", 253, 261-6, 312; *Phrenological Journal*, I (1824), iv. Sobre a ciência de Grant: Sloan, "Darwin's Invertebrate Program". Sobre sua posição social e seu radicalismo: Desmond, *Politics*, cap. 2.
16. G. Combe, *Lectures*, 91; *Phrenological Journal*, I (1824), 46-55, 54-5; Barclay, *Inquiry*, 380; Lizars, *System*, vii-viii.
17. B. Silliman, "Phrenology", 68-9; G. Combe, *System*, 45; G. Combe, *Essays*, lv. Monro falando sobre animais: *Lancet*, I (1833-4), 97.
18. J. Epps, "Elements", 100, 118; E. Epps, *Diary*, 61; Sandwith, "Comparative View", 493. Um exemplar de *Internal Evidences of Christianity Deduced from Phrenology* (1827), de Epps, foi enviado para a Sociedade Pliniana, via Browne (Kirsop, "W.R. Greg", 388, n. 17), provando a impossibilidade de manter o assunto fora da discussão. O relato da tentativa de Greg, com Darwin presente, para provar que os animais possuem todas as faculdades humanas está nas Plinian Society Minutes M.S.S., I (1826-8), f. 51, Edinburgh University Library Dc.2.53.

19. *Edinburgh Journal of Natural and Geographical Science*, I (1830), 276; PP, CP, 1837 (92), xxxv.1, 674; Chitnis, "University", 90-91; "Phrenology and Professor Jameson", *Phrenological Journal*, I (1824), 55-8.
20. G. Combe, *Essays*, 382; Shapin, "Phrenological Knowledge", 224-5.
21. Cox, *Selections*, 169-70; G. Combe, *Essays*, 583.
22. Cox, *Selections*, 160-71; G. Combe, *System*, 171, 567; G. Combe, *Lectures*, 110, 304. Sobre frenologia e raça: Stepan, *Idea*, cap. 2; Haller, *Outcasts*, 13ss.
23. G. Combe, *System*, 299, 581, e *passim* sobre características raciais; G. Combe, *Life*, 189-90; G. Combe, *Essays*, xlvii; G. Combe, *Essays*, xlvii, 338.
24. Shapin, "Homo Phrenologicus", 57; G. Combe, *Constitution*, 180.
25. B. Young, "Lust"; G. Combe, *System*, 129-30, 177, 567; Gibbon, *Life*, 1:160.
26. G. Combe, *System*, 277, 300; os crânios de assassinos aparecem de forma proeminente em Calvert, *Illustrations*. No museu de Joshua Brookes os crânios dos assassinos ficavam no mesmo armário que os "exóticos" (isto é, estrangeiros): Anon., *Museum Brookesianum*, Fifteenth Day's Sale, 86-8.
27. R. Owen, *Catalogue*, 12-14; Lloyd, *Navy*; Gough, "Sea Power"; G.S. Ritchie, *Admiralty Chart*.
28. Knox, "Inquiry," 217; Lonsdale, *Sketch*, 24-5; Haller, *Outcasts*, 5 sobre os caucasianos de Blumenbach; Gould, *Mismeasure*, 401-2.
29. *Autobiography*, 47; Rae, *Knox*, 2, 40, 55; Struthers, *Historical Sketch*, 92; "Pencillings of Eminent Medical Men: Dr. Knox, of Edinburgh", *Medical Times*, 10 (1844), 245-6.
30. Knox, "Lectures", 283; Lindfors, "Hottentot"; Lonsdale, *Sketch*, 11-12.
31. Rae, *Knox*, 16; E. Richards, "Moral Anatomy", 385; Hodgkin, *Catalogue*, sem paginação; Rae, *Knox*, 14-15.
32. Knox, "Inquiry", 210-12.
33. Lista de leitura de Darwin em Edimburgo, referente a 1826-7, DAR 271.5; *Autobiography*, 49; Browne, *Charles Darwin*, 1:84; Barclay, *Inquiry*, viii, 143-4, 148; *Marginalia*, 32; Rae, *Knox*, 35-6; Lonsdale, *Sketch*, 39.
34. Rae, *Knox*, 21-2; Ross e Taylor, "Robert Knox's Catalogue", 273; "Pencillings of Eminent Medical Men: Dr. Knox, of Edinburgh", *Medical Times*, 10 (1844), 245-6.
35. Knox, "Contributions", 501, 638; E. Richards, "Moral Anatomy"; Desmond, *Politics*, cap. 2; Rae, *Knox*, 35; Lonsdale, *Sketch*, 36-7.
36. Bell, *Essays*, 4-10, 33-4, 61-2, 68, 147ss.; Browne propôs Darwin no dia 21 de novembro de 1826, Plinian Minutes M.S.S., I (1826-8), ss. 34-5 e s., 34, 21 de novembro e 5 de dezembro de 1826, Edinburgh University Library Dc.2.53, ss.,

34-5 sobre ataques contra Bell; Desmond, *Politics*, 68, sobre os lunáticos religiosos de Browne. Mais de trinta anos se passariam antes de Darwin conseguir "abalar a visão de Sir C. Bell" e provar o modelo evolutivo em expressões faciais: *CCD*, 15:141.
37. Monro, *Morbid Anatomy*, 14-15; "Pencillings of Eminent Medical Men: Dr. Knox, of Edinburgh", *Medical Times*, 10 (1844), 245-6.
38. *Autobiography*, 48; Audubon, *Audubon*, 1:146, 174; Feltoe, *Memorials*, 106; conversando com Joshua Brookes; *CCD*, 1:25, 183.
39. G. Wilson e A. Geikie, *Memoir*, 97; Monro, *Morbid Anatomy*, x; H.E. Gruber, *Darwin*, 43; *Notebooks*, M143; Audubon, *Audubon*, 1:176; Monro deu aulas cinco dias por semana durante 75 minutos durante quatro meses e meio; *PP*, CP, 1837 (92), xxxv.1, 313.
40. Notas de Darwin sobre aulas de medicina, DAR 5.16-17; Browne, *Charles Darwin*, 1:60-61; Shapin, "Politics", 149-53; *Phrenological Journal*, 3 (1826), 166-8, 252-8; 4 (1827), 377-407.
41. W. Hamilton, *Lectures*, 1:648-51, 659.
42. Kirsop, "W.R. Greg", 379-80, 82. Hudcar Mill era uma preocupação cada vez menor sob W.R. Greg: M.B. Rose, *Gregs*, 40, 44, 63, 64, 81.
43. Kass e Kass, *Perfecting*, 20-25, 39-42; M. Rose, *Curator*, 22-6, 30-35.
44. Kass e Kass, *Perfecting*, 70-71, 75, 93, 99-100; M. Rose, *Curator*, 41-2; Hodgkin e Morton estavam em Paris com Knox em 1821-2, atraídos pela abundância de cadáveres. Hodgkin também estava recebendo e provavelmente distribuindo a literatura do "Comitê Africano": T. Hodgkin a S.G. Morton, 30 de junho de 1822, Samuel George Morton Papers, APS.
45. Hodgkin, *Catalogue*, exposições 93, 171, 983; T. Hodgkin a S.G. Morton, 19 de maio de 1828, 12 de maio de 1830, Samuel George Morton Papers, APS; G. Combe, *Notes*, 2:36-7.
46. T. Hodgkin a S.G. Morton, 17 de dezembro de 1824; T. Hodgkin ao capitão J. Norton, 17 de dezembro de 1824; T. Hodgkin a S.G. Morton, 28 de julho de 1825, Samuel George Morton Papers, APS.
47. *ED*, 1:130; T. Hodgkin a S.G. Morton, 17 de dezembro de 1824, Samuel George Morton Papers, APS; Kass e Kass, *Perfecting*, 127. Um dos poucos diários de Jessie Sismondi que sobreviveram, referente a 1826, escrito enquanto Darwin estava em Edimburgo, está em DAR 258.2064.
48. Kielstra, *Politics*, 44, 114-5; Thomas, *Slave Trade*, 582-4, 622; R.I. e S. Wilberforce, *Life*, 4:202 ss., 238; Audubon, *Audubon*, 1:108.

49. Fanny Allen à sua irmã Jessie Sismondi, 28 de dezembro de 1818 (cópia datilografada), Wedgwood E59/32513; Fanny Allen à sua irmã Sra. J. (Bessy) Wedgwood II, 2 de junho [1819], Wedgwood W/M 40; *ED*, 1:165-8; Sismondi, citação de Lutz, *Economics*, 45; J. Mackintosh à sua cunhada Fanny Allen [depois de 7 de março de 1831], Wedgwood 59/32699. Cf. J.C.L. Simonde de Sismondi a J. Wedgwood II, 20 de maio de 1833, Wedgwood, 11/9847.
50. Audubon, *Audubon*, 1:204; *Phrenological Journal*, 3 (1826), 476-81 sobre o recrutamento do grupo da Filadélfia; Spencer, "Samuel George Morton's Doctoral Thesis", 324; A.A. Walsh, "New Science", sobre os frenologistas da Filadélfia.
51. Erickson, "Phrenology"; Audubon, *Aubudon*, 1:191; Spencer, "Samuel George Morton's Doctoral Thesis", 335-6; G. Combe, *Lectures*, 48, 100.

3. UM ÚNICO SANGUE EM TODAS AS NAÇÕES

1. King-Hele, *Erasmus Darwin*, 10-18; J. Pearson, *Exposition*, 522; *Autobiography*, 57.
2. *CCD*, 1:123; Jenyns, *Memoir*, 51.
3. Scholefield, *Memoir*; Overton, *English Church*, 64-5; Jenyns, *Memoir*, 10-12; Walters e Stow, *Darwin's Mentor*, 7-8. Sobre a Instituição Africana: Sarah Elizabeth Wedgwood a seu irmão J. Wedgwood II [julho de 1826], Wedgwood E28/20451; recibos dados a J. Wedgwood II, 1822-7, por assinaturas anuais no valor de três guinéus, Wedgwood E38/28184-28186; Turley, *Culture*, 55; Howse, *Saints*, 138ss.; recibos dados a J.S. Henslow, 1822-6, pela assinatura no valor de um guinéu, e relatório da Sociedade Antiescravidão, 12 de agosto de 1823, livro de recortes de Henslow, Suffolk County Record Office, Ipswich, HD 654/1; Addenbrookes, *State*, 1826-31. O livro que foi o prêmio ganho por Henslow em §10 ou 1811 que alimentou sua paixão pela África provavelmente era *Travels*, de J. Barrow, 1807. Nossos agradecimentos a John Parker, diretor do Jardim Botânico da Universidade de Cambridge, por discutir conosco sua pesquisa sobre Henslow.
4. *Autobiography*, 65; Jenyns, *Memoir*, 52-5.
5. Henslow, *Address*, 7, 8; Bury, *College*, 44-45; Walters e Stow, *Darwin's Mentor*, 115-18; Bourne, *Palmerston*, 61, 234, 239-47.
6. Douglas, *Life*, 126, 136, 158, 183; J.W. Clark e T.M. Hughes, *Life*, 1:335-7; C.H. Cooper, *Annals*, 559; *CP*, 2:72; *Autobiography*, 64; Bourne, *Palmerston*, 243. Como eram solteirões, Sedgwick e Whewell passavam o Natal com a família do visconde Milton, liberal e membro do Parlamento, além de evangélico fervoroso — "Milton Louvado Seja Deus" para seus críticos — que achavam que

os impostos deviam ser suspensos até o Parlamento ser reformado; Kriegel, "Convergence", 425.
7. Whewell, *Philosophy*, 1:iv, xviii, 5-6; *Autobiography*, 66; Snyder, *Reforming Philosophy*; Yeo, *Defining Science*.
8. E. Darwin, *Zoonomia*, citação de R. Porter, "Erasmus Darwin", 45; Whewell, *Philosophy*, 1:652, 656, 665, 679, 682, 688-9, 700; Whewell, *History*, 3:476.
9. Whewell, *Philosophy*, 1:657, 662; Augstein, *James Cowles Prichard's Anthropology*, cap. 1; Allen, *Cambridge Apostles*, 3; *CCD*, 1:112.
10. J.B. Sumner, *Treatise*, 1:350, 363, 372, 380; Desmond e Moore, *Darwin*, 48.
11. Moule, *Charles Simeon*, cap. 5; Searby, *History*, 328-9; Carus, *Memoirs*, 658; Zabriskie, "Charles Simeon", 111; Stock, *History*, 1:141-2; J. Stephen, "Clapham Sect", 578.
12. Stock, *History*, 1:211-12; Crosby, *Ecological Imperialism*, 236-7; Salisbury, *Border County Worthies*, 196. Sobre Hongi: a glosa de Jonathan Holmes sobre um artigo de Gerda Morgan em *Cambridge Review*, 2 de dezembro de 1927, em www.queens.cam.ac.uk/Queens/Record/2001/History/Maoris.html; Carus, *Memoirs*, 217, 235, 258; Samuel Lee e Hongi Hika, *ODNB*. Nossos agradecimentos a Simon Schaffer por chamar nossa atenção para Lee.
13. Os debates: Cambridge Union Society, *Laws* 1824-5, e *Laws* 1834 (não foi encontrado nenhum registro sobre debates a respeito da escravidão em Oxford até 1829: Oxford Union Society, *Oxford Union Society*, 1831). Quanto às petições: *Cambridge Chronicle*, 18 de abril de 1823, 13 de fevereiro de 1824, 24 de fevereiro 1826; *Cambridge Independent*, 25 de fevereiro de 1826; *CJ*, 78 (1823), 238; vol. 79 (1824), 120; vol. 81 (1826), 111; *LJ*, 55 (1822-3), 635; vol. 58 (1826), 70. A universidade enviou uma petição ao Parlamento em 1814 sobre a continuidade do tráfico internacional de escravos: Cambridge University Archives, CUL CUR 50 (8).
14. Moule, *Charles Simeon*, 53-4, 97; Gray, *Cambridge*, 269-73; Loane, *Cambridge*, 185; Milner, *Life*, 464-5, 663; Searby, *History*, 417; *Cambridge Independent*, 11 de março de 1826; Anti-Slavery Society, *Account*, 1826.
15. Hilton, *Mad, Bad, and Dangerous People*, 175-7; Sivasundaram, *Nature*, 3-4. O evangelismo liberal da Cambridge de Darwin não deve ser confundido com o evangelismo conservador da geração seguinte, muito mais estreito, e menos ainda com o liberalismo da *Broad Church* (fração liberal da Igreja anglicana) de meados do século; Brent, *Liberal Anglican Politics*, 126-33, 262-74; e S.F. Cannon, *Science*, cap. 2, que descarta a evidência contemporânea de Simeon referente ao impacto contínuo do sublime sobre os homens de Cambridge, pois "os estudantes cometem muitos erros" (p. 51).

16. Hilton, *Age*, 42-3, 211; Newsome, *Wilberforces*, 5-12; Hilton, *Mad, Bad, and Dangerous People*, 401-7 (cf. Davis, *Problem*, 288-90); Jenyns, *Memoir*, 132, 136, 142, 145; *CCD*, 1:110. Henslow não pode ser considerado um teólogo "liberal" (Walters and Stow, *Darwin's Mentor*, cap. 9).
17. Henslow, *Sermon*, 6-7; Jenyns, *Memoir*, 132, 134, 143; Carus, *Memoirs*, 690; Newsome, *Wilberforces*, 11.
18. Nem *tão* arrependido assim: no *Sermon* impresso (p. iii), Henslow elogiou um editorial do órgão pré-milenarista *Morning Watch* (Anon., "On the Study") ainda que, ao mesmo tempo, procurasse o apoio de um antigo Sim, o reverendo William Marsh (cuja mulher era tesoureira da Associação Antiescravagista das Senhoras de Colchester), dizendo que a doutrina das duas ressurreições não era necessariamente infundada (W. Marsh a J.S. Henslow, 20 de março de 1829, CUL Add. MSS 8176:106; Midgley, *Women*, 80, 82). Observar Irving fracassar na tentativa de fazer um morto voltar à vida por meio de orações finalmente fez Henslow perder suas ilusões (Jenyns, *Memoir*, 143). Sedgwick levou a questão toda tão a sério que propôs um exame de teologia: uma pergunta sobre a rejeição do Milênio como "uma fábula da senilidade judaica" (J.W. Clark e T.M. Hughes, *Life*, 1:340). A frase, expurgada dos Trinta e Nove Artigos, convidava os candidatos a repensarem sua atitude em relação aos judeus, cuja conversão era esperada pelos evangélicos como um prelúdio ao Reino de Cristo (Bar-Josef, "Christian Zionism"). Entre os judeus, a Sociedade Londrina pela Promoção do Cristianismo, inspirada por Clapham, era financiada pelo reverendo Lewis Way, o amigo fanático de Simeon (Carus, *Memoirs*, 364-5, 412, 474ss., 511, 550, 574, 635, 659; *The Times*, 14 de janeiro de 1822, 1; Lewis Way, *ODNB*; Forster, *Marianne Thornton*, 128, 132). O próprio Simeon financiou a filial de Cambridge, que conheceu quando Albert, o filho adoentado de Way, frequentava as *soirées* de Henslow — "o coitadinho do Way" para seu companheiro Darwin, mais exuberante (*CCD*, 1:89, 233, 492; Carus, *Memoirs*, 595; Bury, *College*, 18). A "Sociedade Judaica", como a Sociedade Bíblica, a SMI e a Sociedade Antiescravidão, nasceu das esperanças evangélicas de cristianizar o mundo (Bradley, *Call*, cap. 7). Mas um problema persistente era o destino daqueles que nunca tiveram contato com o Evangelho. Seriam condenados para todo o sempre? O sermão de Henslow respondeu com a imagem de São Paulo de "toda a criação gemendo e labutando", os lírios do campo, as aves do céu, tudo o que no sexto dia Deus viu que era "muito bom". Todas essas criaturas vivem e morrem de acordo com os desígnios da Divina Providência, declarou Henslow, de modo que "os pagãos são melhores que as aves do céu? [...] Será que Ele pode se esquecer de

redimi-los?" Embora os judeus só aceitassem uma ressurreição para o seu povo, em São João, "na segunda ressurreição" "os pagãos serão salvos, 'todo homem de acordo com seus merecimentos'", "todos os filhos de Deus", inclusive os judeus (Henslow, *Sermon*, 9-10, 12). Darwin não estava convencido disso. Cinquenta anos depois, apresentaria o problema de Henslow a um jovem naturalista evangélico com ambições que o faziam lembrar das suas: o problema de "uma porção tão pequena da humanidade ter ouvido falar de Cristo algum dia" (Romanes, *Thoughts*, 182).

19. Overton, *English Church*, 51, 61; Halévy, *England*, 434-5. Compare com Chadwick, *Victorian Church*, 1:396-7 com Hilton, *Mad, Bad, and Dangerous People*, 174-84, e Bebbington, *Evangelicalism*, 271.
20. Citação de William Paley, *ODNB*; *CCD*, 1:104, 199; Paley, *Principles*, 1:219; *Autobiography*, 65; Clarkson, *History*, 1:465.
21. Paley, *Principles*, 1:96, 237-8.
22. Paley, *Principles*, 1:97; sobre as recordações de J.M. Herbert, DAR 112.B64-6; *CCD*, 1:106.
23. Diários de Katherine Plymley, 28 de janeiro de 1826, Shropshire Archives 1066/135, [33-4]; Marshall e Stock, *Ira Aldridge*, cap. 5; Oldfield, *Popular Politics*, 23-38; Ira Aldridge, *ANB*; *CCD*, 1:20, 31. Darwin deve ter notado a visita do ator negro, ainda que fosse somente porque William Batty, o "Jovem Roscius", célebre por sua precocidade, era filho de um médico de Shrewsbury do Colégio de Cristo (Rackham, *Christ's College*, 202-4).
24. *Autobiography*, 55-6. Nossos agradecimentos a Peter Rhodes pela nova tradução.
25. Anti-Slavery Society, *Account*, 1823-30; *ED*, 1:241; Dolan, *Josiah Wedgwood*, 388; *The Times*, 16 de março de 1825, 3; recibos e faturas com Thomas Allbut and Son, Wedgwood E32/24749-24750; faturas, 17 de junho e 18 de julho de 1829, Wedgwood E32/24751, 24779; livro-caixa, Hanley and Shelton Anti-Slavery Society, Wedgwood E32/24784A.
26. *Anti-Slavery Monthly Reporter*, n. 74 (janeiro de 1831), 44; contas e recibos entregues a Francis Wedgwood, 1829-31, Wedgwood E32/24747-24784A; reverendo H. Moore a J. Wedgwood II, 10 de março de 1824, Wedgwood E49/29810; livro-caixa, Hanley e Shelton Anti-Slavery Society, despesas de 1830, E32/24874A; J. Wood a J. Wedgwood II, 25 de janeiro de 1828. Wedgwood E30/22792; J. Wedgwood II a T. Poole, 10 de outubro de 1830, Wedgwood E3/2200.
27. *ED*, 1:136, 241; 2:277; *Wedgwood*, 198; J.C. Wedgwood, *History*, 188; Sra. J. (Bessy) Wedgwood II à sua irmã Emma Allen, 16 de janeiro [1827], Wedgwood W/M 39; Anti-Slavery Society, *Account* 1823-31; Sarah Elizabeth Wedgwood à

sua irmã Emma Wedgwood, 19 de dezembro de 1826, Wedgwood W/M 182; Sra. J. (Bessy) Wedgwood II à sua irmã Emma Allen, 23 de fevereiro [1829], Wedgwood W/M 39.

28. Sra. J. (Bessy) Wedgwood II à sua irmã Fanny Allen, 29 de maio de 1828, Wedgwood W/M 68; Midgley, *Women,* 229, n93; *ED,* 1:242; Anti-Slavery Society, *Ladies's Anti-Slavery Associations,* 5; cadernos de notas de Fanny Wedgwood, 1829-32, Wedgwood W/M 1162; Sra. J. (Bessy) Wedgwood II à sua irmã Emma Allen, 11 de maio de 1828, Wedgwood W/M 39.

29. Sra. J. (Bessy) Wedgwood II à sua irmã Emma Allen, 2 de março de 1830, Wedgwood W/M 39; Midgley, "Slave Sugar", 155 (cf. Sussman, *Consuming Anxieties*); Sra. J. (Bessy) Wedgwood II à sua irmã Fanny Allen, 13 de agosto de 1828, Wedgwood W/M 68; *ED,* 1:242, 298, 359, 361.

30. R.I e S. Wilberforce, *Life,* 5:314-15; *ED,* 1:282-3, 295; *Wedgwood,* 201; *Autobiography,* 55.

31. Charles Grant, Robert Grant, *ODNB*; Fanny Mackintosh à sua prima Sarah Elizabeth Wedgwood [31 de julho de 1830], Wedgwood W/M 167; Fanny Mackintosh à sua prima Sarah Elizabeth Wedgwood, sábado [1828 ou depois], Wedgwood W/M 167; Fanny Allen à sua irmã Jessie Allen Sismondi, 6-7 de março [1829], Wedgwood E59/32556.

32. *CCD,* 1:96, 97, 539; Mackintosh, *General View,* 152-3; *ED,*1:306.

33. Martineau, *Harriet Martineau's Autobiography,* 1:355; Charlotte Wedgwood a suas irmãs Fanny e Emma Wedgwood [30 de novembro de 1826], Wedgwood W/M 146; Sarah Elizabeth Wedgwood à sua irmã Emma, 19 de dezembro de 1826, Wedgwood W/M 182; Sra. J. (Bessy) Wedgwood II à sua irmã Emma Allen, 26 de janeiro de 1827, Wedgwood W/M 39; *Anti-Slavery Monthly Reporter,* n. 36 (maio de 1828), 227; n. 80 (maio de 1831), 259; *ED,* 1:248; Fanny Allen à sua irmã Jessie Allen, 8 de julho [1823], Wedgwood E59/32525.

34. Fanny Mackintosh à sua prima Sarah Elizabeth Wedgwood, quarta-feira [depois do dia 5 de novembro de 1830], Wedgwood W/M 167; G. Stephen, *Antislavery Recollections,* 122, 191; Davis, "Emergence", 218, 228; Broughan, citação de Fladeland, *Men,* 196; Sra. J. (Bessy) Wedgwood II à sua irmã Fanny Allen, 14 de junho de 1831, Wedgwood W/M 68. "Não acho que o papai defende exatamente a abolição *imediata*", declarou Fanny Mackintosh à sua prima Sarah Elizabeth Wedgwood; seja como for, ele não "faria disso uma condição" para proibir legalmente a escravidão (terça-feira [antes do dia 19 de abril de 1829], Wedgwood W/M 167; cf. *Anti-Slavery Monthly Reporter,* n. 49 (junho de 1829), 2-3).

35. Dr. Darwin, citação em *Wedgwood*, 212; *CCD*, 1:111; *Cambridge Chronicle*, 19 de novembro de 1830; *CJ*, 86 (1830-31), 157; *LJ*, 63 (1830-31), 125; C.H. Cooper, *Annals*, 567; Bourne, *Palmerston*, 328-9; Sra. J. (Bessy) Wedgwood II à sua irmã Emma Allen, 26 de janeiro de 1831, Wedgwood W/M 39; *ED*, 1:322.
36. Recordações de J.M. Herbert, 2 de junho de 1822, DAR 112, ss. 66-7; *Autobiography*, 59; Cambridge Union Society, *Laws* (1834), 68; Cradock et al., *Recollections*, 170; *CCD*, 1:117.
37. Whewell, *Elements*, 1:327, 375-7; *The Times*, 22, 23 e 24 de março de 1831, 4 (é provável que Whewell fosse o correspondente do Trinity College identificado na página seguinte como "Um Reformador"); C.H. Cooper, *Annals*, 568-9; J.W. Clark e T.M. Hughes, *Life*,1:375, 394; Sedgwick, *Discourse*, 95-102; Whewell, *Lectures*, caps. 10-11. Sobre a suposta tolerância da escravidão por parte de Whewell: Donagan, "Whewell's 'Elements of Morality'"; Snyder, *Reforming Philosophy*, 242ss. Sobre sua filosofia moral: Fisch e Schaffer, *William Whewell*.
38. *CCD*, 1:122; Bourne, *Palmerston*, 507; Turley, *Culture*, 63-7; *LJ*, 63 (1830-31), 352, 1119-37; *CCD*, 1:121; Halévy, *Triumph*, 33; *Anti-Slavery Reporter*, n. 80 (maio de 1831), 280; *The Times*, 24 de abril de 1831, 1.
39. J.C. Wedgwood, *Staffordshire Parliamentary History*, 70, 73; volantes eleitorais, Wedgwood E4/2966-2986; *The Times*, 4 de maio de 1831, 3; Halévy, *Triumph*, 33.
40. Jenyns, *Memoir*, 30; Innes, "Memoir"; *CCD*, 1:124.
41. Clowes, *Royal Navy*, 269; O'Byrne, *Naval Biographical Dictionary*; *The Times*, 14 de julho de 1828, 3; 14 de fevereiro de 1829, 4; 20 de abril de 1829, 2; MacGregor, *Fast Sailing Ships*, 14-15; Lyon, *Sailing List*; Ritchie, *Admiralty Chart*; Colledge e Warlow, *Ships*; Muddiman, "H.M.S. 'The Black Joke'".
42. *CCD*, 1:131; notas de Arthur Gray, Colégio de Jesus, Cambridge; *Perth Courier*, 11 de agosto de 1831; *Perthshire Advertiser*, 11 de agosto de 1831. *Autobiography*, 67 refere-se a Marmaduke como "o irmão de Sir Alexander Ramsay", e não de William. O pai e o tio-avô dos irmãos eram ambos Sir Alexander; o outro irmão de Marmaduke era Edward (Edward Bannerman Ramsay, *ODNB*).

4. A VIDA NOS PAÍSES ESCRAVAGISTAS

1. Bethell, *Abolition*, 134-42; Lloyd, *Navy*, 275; Gough, "Sea Power", 27; Conrad, *World*, 16-17; Karasch, *Slave Life*, xv, xxi.
2. "Aos Donos da Casa, habitantes de Potteries", fatura, Wedgwood E4/2997; discurso de Josiah Wedgwood II num jantar público, prefeitura de Newcastle-under-Lyme, 20 de maio de 1831, Wedgwood E4/2988; J. Wedgwood II a E. Buller, 18 de

NOTAS 533

maio de 1831, Wedgwood E11/9911, O; E. Buller to J. Wedgwood II, 22 de maio e 30 de junho de 1831, Wedgwood E11/9911, 9914.
3. Hazlewood, *Savage*, 57-9; *Narrative*, 2; Chapman, *Darwin*, 7-8; Curtis, *Apes*, 123; Lavater, *Physiognomy*, 58; Hartley, *Physiognomy*.
4. *Ipswich Journal*, 30 de abril de 1831 [1], col. 4; R. FitzRoy a F. Beaufort, 10 de maio de 1831, UK Hydrographic Office.
5. *Ipswich Journal*, 7 de maio de 1831 [1-2].
6. *Narrative*, 13-14; Thomson, *HMS Beagle*, 113-16; J. e M. Gribbin, *FitzRoy*, 80, 191; R. FitzRoy a F. Beaufort, 10 de maio de 1831, UK Hydrographic Office; *Ipswich Journal*, 7 de maio de 1831, 4; *The Times*, 5 de maio de 1831, 3. Cf. 4º duque de Grafton ao 2º conde Grey, 1830-32, e FitzRoy ao 2º conde Grey, 6 de dezembro de 1830, em Grey Papers, Durham University Library, B18/4/3-8 e B14/9/21.
7. *CCD*, 1:134, 136, 139-40, 146; Sra. J. (Bessy) Wedgwood II a suas filhas Fanny e Emma Wedgwood, 20 de maio de 1831, Wedgwood W/M 158; Sra. J. (Bessy) Wedgwood II à sua irmã Fanny Allen, 2 de outubro de 1831, Wedgwood W/M 68; *Autobiography*, 172.
8. *CCD*, 1: 186; Fanny Allen à sua irmã Jessie Allen Sismondi, 31 de outubro [1831], Wedgwood E59/32561 (cópia datilografada); Fanny Mackintosh a "M", segunda-feira [10 de outubro de 1831], Wedgwood W/M 167; Sra. J. (Bessy) Wedgwood II à sua irmã Emma Allen, 16 de novembro de 1831, Wedgwood W/M 39; Sra. J. (Bessy) Wedgwood II à sua sobrinha Fanny Mackintosh, 9 de dezembro de 1831, Wedgwood E57/31970.
9. *The Times*, 26 de dezembro de 1831, 2, dando crédito ao *Hampshire Telegraph*. Uma história mais completa, corrigida, foi publicada em *The Times*, 27 de março de 1832, 2.
10. *Narrative*, 53; Diário de Bordo do HMS *Beagle*, 24 de janeiro de 1832, National Archives ADM 53/236; P.G. King, Journal, Mitchell Library; *PP*, ST, 1842 (561), xliv, 532; Ward, *Royal Navy*, 45-50, 125; Thomas, *Slave Trade*, 334; Conrad, *World*, 70, 72; *Diary*, 23, 26, 28, 30, 32, 33, 71; Muddiman, "H.M.S. 'The Black Joke'".
11. S.B. Schwartz, *Sugar Plantations*, 431ss., 437, 444-5, 456; Reis, *Slave Rebellion*, 6; Davis, *Inhuman Bondage*, 104; M.V. Nelson, "Negro", 206; Conrad, *World*, caps. 3-4; Bethell, *Abolition*, 69-72; *PP*, ST, 1833 (007), xliii, 1832 (Class B), 151.
12. M.V. Nelson, "Negro", 206, 209-10; *Narrative*, 62; *Diary*, 43, 45, 46, 80.
13. R. FitzRoy à sua irmã Fanny, 8 de abril de 1828, CUL Add. 88 53.33; R. FitzRoy a seu pai, 8 de abril de 1828, CUL Add. 8853.34; Diário de Bordo do HMS *Beagle*, 7 de março de 1832, National Archives ADM 53/236; Sulivan, *Life*, 14-15; *PP*, ST, 1828 (366), xxvi (Class B), 121.

14. *Autobiography*, 74; R. FizRoy a F. Beaufort, 5 de março de 1832, em F. Darwin, "FitzRoy"; *CCD*, 1:183.
15. *PP*, ST, 1833 (007), xliii, 1832 (Class A), 169-70, 182; *PP*, ST, 1835 (007), li, 1834 (Class B), 225-6; Sulivan, *Life*, ix, xxix; Collister, *Sulivans*, 11, 14, 84, 183; *CCD*, 1:393; Diário de Bordo do HMS *Samarang*, 31 de agosto de 1831 — 15 de março de 1832, National Archives ADM 53/1318.
16. *Diary*, 45; O'Byrne, *Naval Biographical Dictionary*; Charles Paget, ODNB; *The Times*, 13 de maio de 1831, 3; 17 de maio de 1831, 2.
17. Humboldt e Bonpland, *Personal Narrative*, 7:150, 271; *Diary*, 42; cf. Humboldt, *Island*, 1856 e 2001. O exemplar de Humboldt que Darwin possuía está na Darwin Library, CUL. Os volumes 1 e 2, encadernados juntos, têm uma dedicatória de Henslow para Darwin. FitzRoy havia lhe dito que "é claro que ele poderia levar o seu Humboldt [...] Haverá *muito* espaço para livros". Darwin levou todos os sete volumes e pediu que o volume oito (nunca publicado) lhe fosse enviado: *Notebooks*, RN24; *CCD*, 1:314.
18. P.G. King, Reminiscences, Mitchell Library; Gough, "Sea Power". 32-3; *CCD*, 1:219.
19. *Diary*, 49; Gough, "Sea Power", 29, 31, 32 (cf. Miller, *Britain*, 50); Graham e Humphreys, *Navy*, xxvi; Gosset, *Lost Ships*; Driver e Martins, "Shipwreck".
20. Bethell, *Abolition*, 69-76; Conrad, *World*, 15-22.
21. *Journal* (1839), 22; *Diary*, 52, 53, 57, 58, 59; Barlow, *Charles Darwin*, 159, 161.
22. *Diary*, 58; Barlow, *Charles Darwin*, 162; Karasch, *Slave Life*, cap. 2; Conrad, *World*, 51-3.
23. *Diary*, 69; Barlow, *Charles Darwin*, 164; P.G. King, Reminiscences and Autobiography, Mitchell Library; *CCD*, 1:121, 393.
24. *Diary*, 69; Berger, "American Slavery", 196; J. Campbell, *Negro-Mania*, 459, 461; Stanton, *Leopard's Spots*, 208; Olmsted, *Journey in the Seaboard Slave States*, 312-13; Lorimer, *Colour*, 125; Haller, *Outcasts*, 4; e também Malik, *Meaning*, 97; Bolt, *Anti-Slavery Movement*, 3, 122; Curtin, *Image*, 64, 384; Alatas, *Myth*.
25. *The Times*, 27 de junho de 1831; O'Byrne, *Naval Biographical Dictionary*; *CCD*, 1:226, 232; *Narrative*, 74; P.G. King, Autobiography, Mitchell Library; Miller, *Britain*, 41.
26. Bethell, *Abolition*, 67-8, 85 (uma interpretação brasileira pode ser encontrada em Rodrigues, *Brazil*, 144ss.); *CCD*, 1:227; *Diary*, 61 (cf. 62, 75, 78); Bindoff et al., *British Diplomatic Representatives*; Miller, *Britain*, 53-4.
27. *CCD*, 1:313, 337; *PP*, ST, 1833 (007), xliii, 1832 (Class A), 102; *PP*, ST, 1834 (471), xliv, 1833 (Class A), 635; Karash, *Slave Life*, 120.

28. Citado em Bethell, *Abolition*, 71, 72; *CCD*, 1:313.
29. *CCD*, 1:236, 238; Palmerston, em *PP*, ST, 1834 (471), xliv, 1833 (Class B), 670; R. FitzRoy a F. Beaufort, 28 de abril de 1832, em F. Darwin, "FitzRoy"; *Diary*, 75; *Autobiography*, 73.
30. *The Times*, 24 de novembro de 1828, p. 3; 6 de julho de 1829, 2; 30 de julho de 1829, 2; 4 de agosto de 1829, 2; 14 de setembro de 1829, 5; 24 de maio de 1831, 2; 5 de setembro de 1831, 4; 3 de outubro 1831, 6; *CCD*, 1:278.
31. *PP*, ST, 1831-2 (010), xlvii, 1831 (Class B), 667-8, 800, 805; *PP*, ST, 1837-8 (533), lii, 161; *The Times*, 5 de setembro de 1831, 4; Conrad, *World*, 85.
32. *Narrative*, 95; R. FitzRoy ao capitão G.W. Hamilton, 6-14 de agosto de 1832; e T.S. Hood a R. FitzRoy, 5 de agosto de 1832, UK Hydrographic Office; Graham e Humphreys, *Navy*, xxiii; Diggs, "Negro", 296; Castlereagh, citação de Miller, *Britain*, 35; Gough, "Sea Power", 30.
33. *Diary*, 89, 90, 91, 93; P.G. King, Journal, Mitchell Library; *Diary*, 89; R. FitzRoy a F. Beaufort, 15 de agosto de 1832, UK Hidrographic Office; Diário de Bordo do HMS *Beagle*, 10 de agosto de 1833, National Archives ADM 53/236; *CCD*, 1:250.
34. *PP*, ST, 1834 (471), xliv, 1833 (Class B), 705-6; *Diary*, 148, 161; *The Times*, 4 de fevereiro de 1829, 4; 14 de fevereiro de 1829, 3; 22 de abril de 1829, 2; 22 de junho, 2; Clowes, Royal Navy, 269. Ironicamente, o próprio Hood já havia sido proprietário do *Adventure*: *Narrative*, 275.
35. R. FitzRoy a F. Beaufort, 16 de julho de 1833, UK Hydrographic Office.
36. *PP*, ST, 1834 (471), xliv (Class A), 640; *PP*, ST, 1835 (007), li, 1834 (Class B), 258; King, *Narrative*, 10, 254, 462; *The Times*, 30 de janeiro de 1833. Tendo pedido "todas as fofocas", em maio de 1834 Darwin ficou sabendo, por intermédio de um comerciante de Buenos Aires, que "dois ou três Vasos" tinham "chegado a Montevidéu com Escravos ou colonos Africanos, como os chamam", e que um "vaso equipado" em Buenos Aires havia sido detido pelo chargé d'affaires: *Diary*, 191; *CCD*, 1:378, 388.
37. *CCD*, 1:222, 245-7, 259, 276-7, 365; O'Byrne, *Naval Biographical Dictionary*; P.G. King, Journal, Mitchell Library; cf. Diário de Bordo, HMS *Beagle*, 10-11 de fevereiro de 1832, National Archives ADM 53/236.
38. *CCD*, 1:253, 290, 299, 302, 408; J.C. Wedgwood, *History*, 188; J.C. Wedgwood, *Staffordshire Parliamentary History*, 74-8.
39. *CCD*, 1:287-8, 312-13, 320, 359.
40. Hodge, "Darwin", 13ss; *Narrative*, 379; *Journal* (1860), 310; Desmond e Moore, *Darwin*, 160-2; *CCD*, 1:381, 399; *LLL*, 1:268.

41. *Wedgwood*, 215; C. Lyell, *Principles*, 2:62; *Autobiography*, 85; R.N. Hamond a F. Darwin, 19 de setembro de 1882, DAR 112.A54-A55; *Narrative*, 115; *CCD*, 1:150, 277, 305. Ver Brantlinger, "Missionaries", sobre o potentado fijiano, também o tema de uma gravura colorida em água-forte de William Heath, "Hokie pokie wankie fum, the King of the Cannibal Islands" [(Londres]: T. McLean, 22 de julho de 1830).
42. *CCD*, 1:312; Jacoby, "Slaves"; Hunt, "On the Physical and Mental Characters", 387; citando Van Evrie, *Negroes*, 23; Davis, *In the Image*, 126-8; *Notebooks*, B231; Rodrigues, *Brazil*, 52-3; *Diary*, 79-80; Zelinsky, "Historical Geography", 198.
43. R. FitzRoy a F. Beaufort, 16 de julho de 1833, UK Hidrographic Office; Barta, "Mr. Darwin's Shooters", 120-22; *Diary*, 100, 169.
44. *Diary*, 180; Barta, "Mr. Darwin's Shooters", 120; C. Darwin, *Geological Observations*, 78; Knight, *Pictorial Museum*, 1:178.
45. *Diary*, 172, 180-81 (Parodiz, *Darwin* para confirmação); caderno de notas do *Beagle* EH1.11, 16a, Down House.
46. *Diary*, 105, 165, 169, 170, 173-4, 189.
47. *Narrative*, 642, 646; caderno de notas do *Beagle* EH1.14, 142a, Down House; R. FitzRoy à sua irmã Fanny, 4 de abril de 1834, CUL Add. 8853.43; R. FitzRoy a F. Beaufort, 15 de agosto de 1832, UK Hydrographic Office.
48. Bory de Saint-Vincent, "Orang", 266-7; *CCD*, 1:237, 593; Corsi, *Age*, 218-25; Jacyna, "Medical Science"; Desmond, *Politics*, 45-6, 289-90. No exemplar do *Dictionnaire* de Darwin em Down House, o artigo sobre o homem está ligeiramente marcado em várias páginas com uma caligrafia desconhecida. Nossos agradecimentos ao conservador Reeve por nos mandar as imagens.
49. *Narrative*, 641-2, 650; Bory de Saint-Vincent, "Homme", 277, 281, 313, 325-6.
50. *Diary*, 169; Caldwell, *Thoughts*, iii, vi, 15-16, 35, 37, 40-41, 59ss, 71, 93, 136-8, 140-2, 144, 151.
51. *Narrative*, 152, 154, 167; *Diary*, 218, 221; R. FitzRoy à sua irmã Fanny, 6 de novembro de 1834, CUL Add. 8853.46.
52. *Narrative*, 144, 640-41; *CCD*, 1:97; Cox, *Selections*, 140-43; R. Owen, *Descriptive Catalogue*, 846, n. 5426-7.
53. *Diary*, 143; King, *Narrative*, 397-9; *Narrative*, 176 e App. 16, 142-9; E. Belfour a R. FitzRoy, 31 de janeiro de 1831, Royal College of Surgeons, Londres; R. Owen, *Descriptive Catalogue*, 846, n. 5428-40; *CCD*, 1:335.
54. Chapman, *Darwin*, divide os grupos tribais. Darwin visitou "o povo que anda a pé", os haushes, em dezembro de 1832; os yahgans ou yamanas, "o povo que anda de barco", em fevereiro de 1833 e, em fevereiro-março de 1834; e os teheulches ou

"patagões que andam a pé", em janeiro de 1834. Um dos sequestrados que voltaram para casa, "Jemmy Button", era yahgan; os outros, "York Minster" e "Fuegia Basket", eram do povo alacalufe que andava de canoa, do qual em 1810 FitzRoy tomou todos os quatro reféns e os restos das armas nativas.

55. *Diary*, 124, 125, 134, 135, 137, 139, 222, 223, 224; Chapman, *Darwin*, 46-9; caderno de anotações de campo do *Beagle*, EH1.12.21a, 21a, 36a, Down House; *Narrative*, 204.
56. *Autobiography*, 126 (cf. 67-8 e *CCD*, 1:305, 311-12); *Diary*, 122, 222, 223, 224, 444; *Narrative*, 138. Embora criticasse Darwin, um antropólogo veterano da Tierra del Fuego diz que ele "nunca desceu" até "o nível de desprezo" de FitzRoy: Chapman, *Darwin*, 95.
57. *Diary*, 223, 266, 267, 278, 285; R.D. Keynes, *Charles Darwin's Zoology Notes*, 283; K.V. Smith, "Darwin's Insects", 43-4. Mais tarde, Darwin grifou a lápis "*espécies*" entre "diferentes" e "parasitas" (*CCD*, 3:38n). Quando se soube que os piolhos eram de espécies diferentes na raça humana negra e na branca, o que poderia promover a visão de que esses seres humanos eram eles próprios espécies diferentes, ele conseguiu evidência de que diferentes espécies de parasitas podem infestar a mesma raça e que pequenas mudanças no corpo do hospedeiro, independentemente de sua raça, podem repelir seus parasitas. Ver *CCD*, 3:38, 53; 13:359-60; *Descent*, 1:219-20.
58. *Diary*, 290, 366, 384; *Narrative*, 642.
59. *CCD*, 1:354; *Diary*, 138, 376; J. Matthews a D. Coates, 28 de dezembro de 1835, Birmingham University Library, CMS/B/OMS/CNO61/; Ellis, *Polynesian Researches*, 1:v; Sivasundaram, *Nature* sobre Ellis.
60 *Narrative*, 581, 591; Earle, *Narrative* (1832), 49, 58-9, 69-71, 122-6, cap. 13, "The Whalers and the Missionaries", e cap. 28, "A War Expedition and a Cannibal Feast"; *Diary*, 394. Embora Earle desprezasse a Sociedade Missionária da Igreja Anglicana, uma instituição conservadora, via com bons olhos as missões metodistas, mais humildes: E.H. McCormick, em Earle, *Narrative* (1966), 1-2, 25-6.
61. Confirmado por E.H. McCormick, em Earle, *Narrative* (1966), 23-4; *Diary*, 386, 390.
62. C. Baker ao Comitê de Correspondência, 9 de janeiro de 1836, Birmingham University Library CMS/B/OMS/C N O18/24; *CCD*, 1:254, 284, 466, 471-2, 485; E.H. McCormick, em Earle, *Narrative* (1966), 1966, 16-20; *Diary*, 384, 390; Armstrong, "Darwin's Perception".

63. *CP*, 1:20, 21, 23, 25-7, 29, 32-3, 34; *CCD*, 1: 496; *Diary*, 373. M.W. Graham, "The Enchanter's Wand" diz que Darwin, "provavelmente querendo participar do debate público", passou por "uma mudança radical, transformando-se num defensor intransigente dos missionários". Mesmo que isso fosse verdade, os motivos de FitzRoy e o livro de Earle são superficiais. Sobre o conflito de atitude em relação a missionários e "marinheiros ateus", ver Sivasundaram, *Nature*, 124-5.
64. Stocking, *Victorian Anthropology*, 278; Brantlinger, *Dark Vanishings*, 125; *Diary*, 408, 411; Hughes, *Fatal Shore*, 414-23.
65. A. Smith, "Observations", 119-27; *Philosophical Magazine*, 8 (1830), 222-3; P.R. Kirby, *Diary*, 14.
66. Palavras de Herschel: Evans et al., *Herschel*, 42; Qureshi, "Displaying", 247; Musselman, "Swords", 424-45. Havia um hotentote "empalhado" no Museu de Brookes em Londres: *Brookesian Museum* (Londres, Gold & Walton, 1828), 94 [Catálogo de Venda]: Décimo Quinto Dia de Venda, Sexta-Feira, 1° de agosto de 1828, exposição 46. Em 1848, Knox declarou ter visto recentemente um deles em Londres: Knox, "Lectures" 283. Sobre as tentativas de extermínio por parte dos bôeres: Brantlinger, *Dark Vanishings*, 75.
67. *Diary*, 424; Armstrong, "Three Weeks", 13.
68. Citação de Horsman, *Race*, 185; Morton, *Crania Americana*, 90; Gould, *Mismeasure*, 88; G. Combe, "Observations", 150; *Diary*, 425; McClintock, *Imperial Leather*, 55; Lindfors, "Hottentot", 4.
69. P.R. Kirby, *Sir Andrew Smith*, 44, 51, 53, 65, 116; P.R. Kirby, *Diary*, 1:17-18, 41; *Diary*, 424, 426-7; Armstrong, "Three Weeks", 9; Evans et al., *Herschel*, 42, 225.
70. Armstrong, "Three Weeks", 13; *Diary*, 426-7; *Autobiography*, 107; *CCD*, 1:498.
71. Crowe, *Calendar*, 153, 3034; Musselman, "Swords", 429; A. Ross, *John Philip*, 9; Rainger, "Philantropy", 706-7; Evans et al., *Herschel*, 43, 152; W.J. Ahsworth, "John Herschel", 172. Para dispor de uma perspectiva menos elogiosa em relação aos africâneres sobre um Philip manipulador: Pretorius, *British Humanitarians*, 30, 159ss.
72. A. Ross, *John Philip*, 94-6; Groves, *Planting*, 1:233-72; FitzRoy e Darwin, "Letter", em *CP*, 1:19-20.
73. Groves, *Planting*, 251-3, 256, 258-9; Rainger, "Philantropy," 706-7; A. Ross, *John Philip*, 3-4. As *Researches in South Africa* (2 vols., 1828), de Philip, estavam na biblioteca dos Wedgwoods em Maer Hall: *Catalogue*.
74. Kass e Kass, *Perfecting*, 257, 267; Musselman, "Swords", 420-21; Buxton, *Memoirs*, 369-71; A. Ross, *John Philip*, 142. Mais crânios hotentotes foram enviados a Epps em Londres na década de 1830: Bank, "Of Native Skulls", 390-99. O interessante é

que Darwin ainda estava assinando petições da Sociedade de Proteção aos Aborígenes referentes à África do Sul (junto com os netos de Corbett e Buxton) numa época tardia como 1877: *The Times*, 23 de julho de 1877, 10.
75. Kohn, "Darwin's Ambiguity", 222; *Notebooks*, RN32; Cannon, "Impact", 304-11; Evans et al., *Herschel*, 242-3. Sobre as diversas maneiras pelas quais os contemporâneos achavam que novas espécies podiam ser geradas: E. Richards, "Moral Anatomy", 396-406; E. Richards, "Political Anatomy", 380ss.; E. Richards, "Question of Property Rights", 133 ss.; Desmond, *Archetypes*, 29-37.
76. R. FitzRoy a Lady M. Herschel, 29 de junho de 1836; e R. FitzRoy a Sir J. Herschel, 8 de julho de 1836, Royal Society, Herschel Letters, 7, 245; J. Herschel a R. FitzRoy, 3 de outubro de 1836, Royal Society, Herschel Letters, 7, 247. Sobre o *South African Christian Recorder*: Kolbe, "South African Print Media", 27.
77. Reis, *Slave Rebellion*, xiii; Zelinsky, "Historical Geography", 168; *Diary*, 434; PP, ST, 1836 (006), l, 1835 (Class B), 440-41; PP, ST, 1836 (006), l, 1835 (Class B), 444 (cf. 446); *Diary*, 433.
78. *Journal* (1860), 499; *Diary*, 435; PP, ST, 1836 (006), l, 1835 (Class B), 445-6.
79. *Diary*, 429, 431, 437; *CCD*, 1: 502; Sobre a analogia: Grove, *Green Imperialism*, 343.
80. Van Amringe, *Investigation*, 63; *Narrative*, 644; FitzRoy, "Outline"; Haynes, *Noah's Curse*; Kenny, "From the Curse", 370.
81. *Diary*, 45, 441-2; *CCD*, 1:515. Furtar crânios nativos era uma prática comum dos navios: T.H. Huxley em *Rattlesnake* foi para casa com três da ilha de Darnley (Desmond, *Huxley*, 127).

5. A ORIGEM COMUM: DO PAI DO HOMEM AO PAI DE TODOS OS MAMÍFEROS

1. Hodge, "Universal Gestation"; Desmond, "Robert E. Grant's Later Views", 407.
2. *Notebooks*, C138.
3. *Notebooks*, B87-8.
4. *Notebooks*, C204.
5. *Notebooks*, C217.
6. *Notebooks*, B231-2. Supomos que isso tenha sido dirigido ao filósofo de Cambridge William Whewell que, durante vinte anos, recusou-se a estender direitos e considerações morais aos animais e atacou a crença de Jeremy Bentham de que é nosso "dever [moral] ter em vista os prazeres e dores dos outros animais tanto quanto dos seres humanos": compare com Mill, "Whewell's Moral Philosophy", com Whewell, *Elements*, 365-6, e com Snyder, *Reforming Philosophy*.

7. Curtin, *Image*, 43; *Notebooks*, B231.
8. *Notebooks*, C154-5.
9. No tocante a seus efeitos sobre a ciência: Desmond, *Politics*; Desmond e Moore, *Darwin*, caps. 16-19.
10. *Notebooks*, C53; B244.
11. *CCD*, 1:345, 367, 469; *Autobiography*, 79.
12. *CCD*, 1:337, 345, 365, 425, 469, 472, 507; 2:7, 11.
13. Livro-caixa da Hanley and Shelton Anti-Slavery Society, Wedgwood, E32/24784A; *CCD*, 1:372, 504.
14. *CCD*, 1:519-21; Fanny Allen à sua irmã Jessie Allen Sismondi, 23 de outubro de 1833, Wedgwood E57/32076.; Emma Wedgwood e sua mãe Bessy a Fanny Mackintosh Wedgwood, [21-2 de novembro de 1836], Wedgwood W/M 233. Sobre Sarah Wedgwood e o papel das mulheres no movimento antiescravagista: Midgley, *Women*, 76ss.
15. *CCD*, 1:316, 525; 2:9, 11; J.W. Clark e T.M. Hughes, *Life*, 1:468-69.
16. *LLL*, 2:12; C. Lyell, *Principles*, 2:62; *Autobiography*, 65, 100.
17. *CCD*, 1:532, 2:94, 97, 133-4, 433; *Autobiography*, 126; Booth, *Stranger's Intellectual Guide*, 77-8; Timbs, *Curiosities*, 191; Collini, *Public Moralists*, 16.
18. Colp, *Darwin's Illness*; *Notebooks*, B207, C76-7, 166; M61e. Sobre debates contemporâneos a respeito dessas doutrinas: Jacyna, "Immanence"; Desmond, *Politics*, caps. 3-4.
19. *Notebooks*, B3-4; C72.
20. *Notebooks*, B18, 74; C72e.; Hodge, "Darwin", 83-4; Ospovat, *Development*, 211.
21. *Notebooks*, B32-3, 179-82; C140, 215, 228e.
22. *CCD*, 2:8; J. Herschel a R. FitzRoy (rascunho), 3 de outubro de 1836, Herschel Letters, Royal Society.
23. *CCD*, 2:19-21; *Notebooks*, RN 133; *Autobiography*, 119; Cannon, "Impact", 305, 308.
24. *Notebooks*, B40-43, 147.
25. *Notebooks*, B148.
26. *Notebooks*, C79.
27. "University College", *The Times*, 2 de julho de 1846, 8; Sen Gupta, "Soorjo Coomar Goodeve Chuckerbutty"; Lewis, "Black Letter Day"; Lorimer, *Colour* sobre outros bacharéis negros; B. Silliman, *Journal*, 1:209-10.
28. G. Combe, *Life*, 303-10; "Organization of the Brain in the Negro", *Medico-Chirurgical Review*, 28 (1837-8), 249-52; Tiedemann, "On the Brain", 504; Gould, "Great Physiologist"; Lorimer, *Colour*, 25, 32, 37.

29. *Notebooks*, B86-7, 119, 142; C233-4.
30. Howse, *Saints*, cap. 8.
31. *CCD*, 1:317-18, 423, 524, 530, 533-4; C.R. Sanders et al., *Collected Letters*, 13:224-6.
32. Fanny Mackintosh Wedgwood à sua cunhada Emma Wedgwood [28 e 31 de janeiro de 1837], Wedgwood W/M 199; à sua cunhada Sarah Elizabeth Wedgwood [3 de maio de 1837?], Wedgwood W/M 167.
33. *CCD*, 2:86; 4:app. 4.
34. V. Sanders, *Harriet Martineau*, 45; Webb, *Harriet Martineau*, 155-6; Martineau, *Society*, 1:388; Wheatley, *Life*, 156; Stange, *British Unitarians*, 56; Logan, "Redemption"; Fladeland, *Men*, 229-30.
35. Fanny Mackintosh Wedgwood à sua cunhada Sarah Elizabeth Wedgwood [maio de 1837], Wedgwood W/M 167; Fanny Allen a Patty Smith, 3 de junho de 1837, Wedgwood E57/32107; Fanny Allen a Patty Smith, 27 de junho de 1837, Wedgwood E57/32108; Emma Wedgwood à sua cunhada Fanny Mackintosh Wedgwood [23 de maio de 1837], Wedgwood W/M 233; Pierce, *Memoir*, 1:190.
36. *CCD*, 2:80-81, 86.
37. *Notebooks*, M75-7; Martineau, *How to Observe*, 21.
38. Webb, *Harriet Martineau*, 163; Martineau, *How to Observe*, 25; Martineau, *Society*, 2:313, 336.
39. *Notebooks*, D24; M85-7; Fergusson, *Notes*, 203-5; D. Smith, "Fergusson Papers".
40. *Notebooks*, T79, E89; Cautley e Falconer, "On the Remains", 569; Cautley, "Extract"; Hartwig, *"Protopithecus"*, 451-6.
41. *Notebooks*, M138; D137-9.
42. *Notebooks*, M84e, 122-3; N5.
43. *Notebooks*, C244; *ED*, 1:406, 449; *Wedgwood*, 230-32; Arbuckle, *Harriet Martineau's Letters*, 5, 8, 14; *CCD*, 1:359-60; 2:64.
44. Wheatley, *Life*, 202; *Autobiography*, 113; Arbuckle, *Harriet Martineau's Letters*, xix, 5.
45. Norton, *Correspondence*, 1:126-7, 247; Carlyle, "Characteristics", 381; Horsman, "Origins", 309-401; Carlyle, "Signs", 446; Arbuckle, *Harriet Martineau's Letters*, xix.
46. *Autobiography*, 113; Norton, *Correspondence*, 1:126.
47. *ED*, 1:409; *CCD*, 2:95, 431 (cf. 91); Emma Wedgwood à sua cunhada Fanny Mackintosh Wedgwood [4 de outubro de 1837], Wedgwood W/M 233.
48. Tyrrell, "Moral Radical Party"; Temperley, *British Antislavery*, 34; Turner, "British Caribbean".

49. G.W. Alexander a J. Wedgwood II, 20 [de fevereiro?] de 1838, Wedgwood E32/24780; J. Crisp a Francis Wedgwood, 21 de abril de 1838, E32/24781; G.W. Alexander a Francis Wedgwood, 13 de julho de 1839, E32/24783; J. Crisp a Francis Wedgwood, 17 de julho de 1839, E323/24784; Expenditures, 1838, '... carriage of petition to London (19 May) ...', Cashbook of the Hanley e Shelton Anti-Slavery Society, E32/24784A; *LJ*, 70 (1837), 46.
50. J. Sturge a [Francis Wedgwood], 21 de novembro de 1838, Wedgwood E32/24782; Temperley, *British Antislavery*, 123; Fanny Allen a Patty Smith [1839-40?], Wedgwood E57/32113.
51. Norton, *Correspondence*, 1:126; C.R. Sanders et al., *Collected Letters*, 13:40-43.
52. R.I. e S. Wilberforce, *Life*, 1:318; 3:302-3; 4:212ss.; 5:14-15; *ED*, 1:407; C.R. Sanders et al., *Collected Letters*, 13:274-6.
53. J. Wedgwood II a T. Clarkson [21 de agosto de] 1838, Wedgwood W/M 237; Clarkson, *Strictures*, v; Emma Darwin à sua tia Jessie Allen Sismondi, 21 de julho [1838], Wedgwood W/M 193 (passagem omitida em *ED*, 1:409-11); Fanny Allen à sua sobrinha Emma Darwin, 12-14 de julho [1838], Wedgwood W/M 221.
54. Tyrrell, "Moral Radical", 500; Hochschild, *Bury*, 358.
55. *ED*, 1:419-20, original em Wedgwood W/M 193; *CCD*, 2:114, 116, 128; 7:469.
56. *CCD*, 2:126, 172; *Autobiography*, 95.
57. *The Times*, 29 de maio de 1838, 5; C.R. Sanders et al., *Collected Letters*, 10:246-54.
58. Emma Wedgwood à sua tia Jessie Allen Sismondi, 28 de dezembro [1838], Wedgwood W/M 193 (passagem omitida em *ED*, 1:431); Fanny Mackintosh à sua prima Sarah Elizabeth Wedgwood [1828 ou depois], e [31 de julho de 1830], Wedgwood W/M 167; Fanny Mackintosh à sua tia Sra. J. (Bessy) Wedgwood [6 de dezembro de 1831], Wedgwood W/M 210.
59. *CCD*, 2:148; Martineau, *Martyr Age*, 58, 61-2, 64; Webb, *Harriet Martineau*, 191; Martineau, "Martyr Age".
60. *CCD*, 1:519; 2:144, 157, 172, 328, 445; 3:326; 4:146; 5:17; *ED*, 2:104.
61. P. James, *Population Malthus*, 323; Waterman, *Revolution*; O'Leary, *Sir James Mackintosh*.
62. *Notebooks*, D135e.
63. *CCD*, 2:19.
64. *Notebooks*, M87.
65. *CCD*, 1:396, 460; *Notebooks*, B161; M32; N26-7; H.E. Gruber, *Darwin*, 188.
66. *Notebooks*, C61, 178; D99; *ED*, 1:412.
67. *Notebooks*, D103, 114e; M149; N64; OUN 8.
68. *Notebooks*, E69; Hodge e Kohn, "Immediate Origins"; Evans, "Darwin's Use", 120-26; Durant, "Ascent".

6. A HIBRIDIZAÇÃO DOS SERES HUMANOS

1. *CCD*, 2:236, 268-9; *ED*, 2:15; Emma Wedgwood Darwin à sua irmã Sarah Elizabeth Wedgwood [5 de fevereiro de 1839], Wedgwood W/M 68.
2. T. Hodgkin a S.G. Morton, 2 de maio de 1827, 19 de maio de 1828, 12 de maio de 1830, Samuel George Morton Papers, APS; Wood, *Biographical Memoir*, 7.
3. *CP*, 1:35; *PP*, 1837 (425), vii.1, 45, 81.
4. G.W. Alexander a Francis Wedgwood, 13 de julho de 1839, Wedgwood E32/24783; Rainger, "Philantropy", 704-8; Stocking, "What's in a Name", 369-72; Kass e Kass, *Perfecting*, 267ss.
5. Morrell e Thackray, *Gentlemen*, 252, 283-5; Fraser, *Power*, 88-9; Royle, *Victorian Infidels*, 50, 62; Desmond, *Politics*, 331.
6. Prichard, "On the Extinction", 166-70; Anon., "Varieties", 447; Hodgkin, "On Inquiries", 53-4; Matthew, *Emigration Fields*, vii, 3, 6, 9; Augstein, *James Cowles Prichard's Anthropology*, 144-6; Brantlinger, *Dark Vanishings*, 36; J.W. Gruber, "Ethnographic Salvage", 382-3. Só uma nota de quatro linhas do artigo de Prichard foi publicada no relatório da SBPC: "On the Extinction of the Human Races", *Report of the Ninth Meeting of the British Association for the Advancement of Science; held at Birmingham in August 1839* (Londres, Murray, 1840), 89.
7. Greg, "Dr. Arnold"; também em Greg, *Essays*, 1:5-14; Mazrui, "From Social Darwinism", 71, 75-6.
8. *Notebooks*, D38-9.
9. No exemplar que Darwin possuía da obra *Intermarriage*, de Walker, que ele leu em junho de 1839 (*CCD*, 4:457; Darwin Library, CUL), ele sublinhou uma citação de Prichard na página 361, sobre os benefícios do casamento inter-racial: entre os celtas irlandeses e os colonos ingleses; entre russos, tártaros e mongóis; e, no Paraguai, onde diziam que as raças mistas eram fisicamente superiores e mais férteis. Os historiadores discutiram a miscigenação como algo que contém e restringe a variação na teoria pré-malthusiana de Darwin, fazendo dela uma força negativa (Kohn, "Theories", 105-7). Mas, aqui, a interpretação de Darwin sobre a miscigenação indicava um benefício evolutivo (de curto prazo).
10. Sem referências, mas extraído de Moodie, *Ten Years*, 1:222, citação de Walker, *Intermarriage*, 362.
11. *PP*, 1837 (425), vii, 1, 25, 64-8, 143-51. Philip escolheu o líder gríqua, Andreas Waterboer, por sua "integridade e seus talentos" (142). Herschel também ficou impressionado durante sua estadia no Cabo; Waterboer mostrava mais compreensão ao olhar pelo telescópio de Herschel do que muitos europeus "civilizados"

deslumbrados, como Herschel disse a Philip: Musselman, "John Herschel", 42n; Evans et al., *Herschel*, 171.
12. Os gríquas aparecem em Prichard, *Researches* (3ª ed., 1836), 1:147-8; Prichard, *Natural History*, 2ª ed. 1:19-20; J. Bachman, *Doctrine*, 117; Smyth, *Unity*, 197.
13. *Notebooks*, 134e-135e, E9e, 63-4.
14. Finzsch, "É raramente"; Barta, "Mr. Darwin's Shooters", 118.
15. *Diary*, 180-1; Barta, "Mr. Darwin's Shooters", 121.
16. *Journal* (1860), 174, 447; Brantlinger, *Dark Vanishings*, 22, 124-30.
17. *Edinburgh New Philosophical Journal* (1834), 433-4; Pentland, "On the Ancient Inhabitants"; Prichard, *Researches* (3ª ed., 1836), 1:317.
18. *Notebooks*, E64-5. Pentland examinou centenas de crânios nos Andes. Alguns etnólogos diriam que não eram de uma raça extinta, mas que os cabeças-compridas eram produzidos com a aplicação de pressão no crânio dos bebês; R. Owen, *Catalogue*, 18-19; Prichard, *Researches* (3ª ed., 1836), 1:319; Martin, *General Introduction*, 206-7; W.B. Carpenter, "Varieties", 1361. Portanto, os habitantes do lago Titicaca podem ter se relacionado com outros povos que sabidamente faziam isso, ou com os habitantes atuais dessa região, os aimarás. Isso corrobora ainda mais o modelo de unidade-e-migração de Prichard-Latham (Latham, *Natural History*, 458; Latham, *Man*, 59-60). No entanto, Morton continuava vendo esta como uma raça singular já extinta: Pentland, "Ancient Inhabitants", 623-4; Morton, *Crania Americana*, 97; Morton, *Inquiry*, 8.
19. Moore, "Revolution". Em 1831, o Colégio tinha três crânios dos habitantes do Titicaca, enviados pelo conde Dudley, que também havia adquirido alguns espécimes de Pentland na época em que Darwin escreveu: Prichard, *Researches* (3ª ed., 1836), 1:316, 318; R. Owen, *Descriptive Catalogue*, 844. Sobre o intercâmbio intelectual Darwin-Owen: Sloan, "Darwin". Sobre o novo museu dos cirurgiões: Desmond, *Politics*, cap. 6; Rupke, *Richard Owen*, cap. 1.
20. *Notebooks*, T 81.
21. *Diary*, 179-80; *Journal* (1839), 120, 520; Barta, "Mr. Darwin's Shooters", 120-21, 127, 129.
22. *Journal* (1839), 520; J.W. Gruber, "Ethnographic Salvage".
23. Anon., "Varieties", 448. Drescher, "Ending", 432-3, sobre os diferentes contextos nacionais do abolicionismo e da etnologia francesa e britânica.
24. *Notebooks*, QE1, B244. *Foundations*, 68, 79; Anon., "Varieties", 448-58; *Athenaeum*, 17 de agosto de 1839, 704. Darwin também estava fazendo perguntas ao Dr. Andrew Smith sobre os "selvagens do Cabo" e as formas pelas quais selecionavam seu gado e seus cães; *Notebooks*, QE16 (11).

25. Das cerca de £3 mil destinadas aos comitês em 1839, essa quantia premiou a Seção D, "Para Imprimir e Fazer Circular uma Série de Perguntas e Sugestões para Uso dos viajantes e outros; com vistas a obter Informações sobre as diferentes raças humanas, e mais especialmente sobre aquelas que se encontram num estado não civilizado: as perguntas a serem feitas pelo Dr. Prichard, Dr. Hodgkin, Sr. J. Yates, Sr. Gray, Sr. Darwin, Sr. R. Taylor, Dr. Wiseman e pelo Sr. Yarrell" receberam a menor quantia, £5: *Report of the Ninth Meeting of the British Association for the Advancement of Science; held at Birmingham in August 1839* (Londres, Murray, 1840), xxvi; Morrell e Thackray, *Gentlemen*, 285.
26. Caldwell, "On the Varieties"; Caldwell, *Thoughts*, 74ss. sobre sua visão a respeito das diferenças anatômicas entre africanos e caucasianos, e 88-90 sobre as similaridades com o macaco; Nott, "Diversity", 118; Riegel, "Introduction", 73-8.
27. Caldwell, *Thoughts*, iii-iv, 15-16; Jordan, *White*, 533-4. Caldwell, *Phrenology*, 69ss. critica as visões expressas na reunião de 1837 da SBPC em Liverpool a respeito do esclarecimento dos chefes caraíbas. Sobre Erasmus Darwin: Warner, *Autobiography*, 52, 170, 295, 297-8.
28. Caldwell, *Thoughts*, v-vii, 35, 37-8, 41, 93, 115, 116, 173, 177; Nott, "Diversity", 118. Darwin reconhecia a crença de Prichard em espécies imutáveis: *CCD*, 3:79.
29. Caldwell, *Thoughts*, 42, 55-7, 72-73, 101-2, 114-15, 123-4, 158-60, 164-5.
30. Caldwell, *Thoughts*, 134-8, 141-5, 176; Hodgkin, "On Inquiries", 54; Erickson, "Anthropology of Charles Caldwell"; *Notebooks*, B231.
31. Hodgkin, "On Inquiries", 52-3. Posteriormente, os questionários foram enviados a contatos pessoais em todo o globo: Hodgkin, "Report".
32. Temperley, *British Antislavery*, 42-55; Thomas, *Slave Trade*, 657.
33. Greg, *Past*, 4, 18, 54, 59-61; M.B. Rose, *Gregs*, 54, 64.
34. Emma Wedgwood Darwin à sua irmã Sarah Elizabeth Wedgwood [2 de março de 1841], Wedgwood, W/M 168.
35. Society for the Extinction of the Slave Trade, *Proceedings*, 56-9; Fladeland, *Men*, 265-6. No fim, Martineau não compareceu. Sobre os problemas enfrentados pelas delegadas mulheres nesse bastião masculino: Sklar, "Women".
36. Temperley, *British Antislavery*, 57-61; Kass e Kass, *Perfecting*, 402-11. Sobre os que estavam a bordo: Hodgkin, "On Inquiries", 52-3; J.E. Ritchie, *Life*, 2:631; Fyfe, "Conscientious Workmen", 206, n. 40; a lembrança posterior que Edward Blyth teve de Fraser, num memorando enviado a Darwin, *CCD*, 5:484; C. Darwin, *Structure*, 64n.
37. Bolt, *Anti-Slavery*, 22; Lorimer, *Colour*, 57; Brantlinger, *Dark Vanishings*, 72.
38. J. Campbell, *Negro-Mania*, 39.

39. *CCD*, 3:287; Emma Wedgwood Darwin à sua tia Jessie Allen Sismondi, 2 de abril [1842], Wedgwood W/M 193; Jardine, "Description", 187; *ODNB*. J.O. McWilliam Stanger também era amigo de Bachman: J. Bachman, *Doctrine*, 207.
40. Como Hodgkin indicou na reunião da SBPC de 1841: Hodgkin, "On Inquiries", 54; Stocking, *Victorian Anthropology*, 244; Brantlinger, *Dark Vanishings*, 89.
41. *Notebooks*, C204; Colp, *To Be*, 21; Colp, "To Be An Invalid, Redux", 214; *CCD*, 4:458. Sobre Darwin em Shrewsbury: CCD, 2:433-4, 4:448; diário de Emma Darwin, 24 de agosto — 2 de outubro de 1839, DAR 242.5.
42. *Notebooks*, B147. Ele continuou da seguinte forma: "Para que isso não se estenda a todos os animais, considere primeiro as espécies de gatos", mostrando o quanto as analogias humanas e animais eram intercambiáveis: B148; e também B145, C174, QE16 (13).
43. Resumo de Prichard, DAR 71:139-42, f. 140. Na página de "Análise de Conteúdo", ele escreveu a lápis outra nota contra essa "Seção 6" do livro de Prichard: "Até a ação das doenças contagiosas em espécies próximas ser mais bem conhecida, argumento que toca homens de pouco valor — alguma diferença na predisposição não é negada" (f. 141); Prichard, *Researches* (3ª ed., 1836), 1:152-3.
44. Martin, "Observations", 3-4; Waterhouse, *Mammalia*, 2:16, em C. Darwin, *Zoology; Journal*, 32; Fyfe, "Conscientious Workmen", 205-7; Desmond, "Making", 231, 233. Sobre a posição de Martin: Zoological Society of London, Minutes of Council, 4 (1838), ff. 376, 418-19.
45. *CCD*, 2:2. O novo gato já havia sido corretamente apresentado como "*F. Darwinii*" no outro diário básico para Darwin, o *Morning Chronicle*: "Zoological Society", *Morning Chronicle*, 12 de janeiro de 1837. Sobre a posição de Gould: Desmond, "Making", 231.
46. Por exemplo, no dia 11 de julho de 1837: "Zoological Society", *The Times*, 13 de julho de 1837; Martin, "Monograph".
47. *Notebooks*, B165, e também B209. Orangotangos e lóris: *Philosophical Magazine*, new ser., 9 (1831), 55-6; 3ª ed. ser., 3 (1833), 61.
48. Martin, *General Introduction*, 167-9, 218, 267, 299-302.
49. Ele é citado no apêndice de Nott em Gobineau, *Moral and Intellectual Diversity*, 475, 503; extensamente em Nott et al., *Indigenous Races*; em Nott e Gliddon, *Types of Mankind*; e, em seu estudo pluralista paralelo, Nott deveu muitíssimo à *History of the Dog* de Martin.
50. Martin, *General Introduction*, 267, 301-3. Ele foi citado repetidamente nas obras sobre a unidade da espécie humana como a *Natural History*, de Prichard, 2ª. ed., e *Doctrine*, de J. Bachman, onde é definido como "um dos melhores escritores" (p. 93).

51. Meigs, *Memoir*, 20-21, 23, 28, 33; Wood, *Biographical Memoir*, 12-14; Morton, *Crania Americana*, iii; Morton, *Crania Aegyptiaca*, 1; Morton, *Inquiry*, 36.
52. Meigs, *Memoir*, 21, 35-6; Morton, *Crania Americana*, 2-4; Morton, *Inquiry*, 37; "Certificate of Membership in British & Foreign Aborigines Protection Society, 23 de janeiro de 1839", Samuel George Morton Papers, APS.
53. Morton, *Inquiry*, 6-8, 13, 16, 19, 37; Morton, *Crania Americana*, iii, 1. Morton distinguia duas grandes famílias, os toltecas e os americanos: eles tinham em comum uma anatomia racial idêntica, mas os últimos continuaram selvagens, enquanto os primeiros — ou ao menos a elite privilegiada entre eles — desenvolveram um certo grau de civilização no passado.
54. A resenha de *Crania Americana* feita por Caldwell, extraída de suas "Remarks", 208-10, 214-15.
55. *CCD*, 8:171; Kass e Kass, *Perfecting*, 268; Anon., "Origin", 604, 611.
56. Wyman, "Morton's Crania Americana", 174-6, 186; Stanton, *Leopard's Spots*, 38; F. e T. Pulszky, *White*, 2:107-8 sobre a *North American Review*; Morton, *Crania Aegyptiaca*, 158, e Meigs, *Memoir*, 26-7, sobre "servos ou escravos"; Morton, *Crania Americana*, 88.
57. Morton, *Crania Americana*, 260-61; Gould, *Mismeasure*, 82ss. Se "os dados de Morton são completamente infundados" (Menand, *Metalphysical Club*, 103; cf. Michael, "New Look") ou não, temos de compreender as premissas e práticas comuns de sua época, que incentivavam esses resultados e consideravam suas declarações num contexto.
58. A. Combe, "Remarks", 585-9. Nem todos concordavam: William Hamilton redirigiu seus argumentos antifrenológicos para Morton, criticando o fato de ele não ter conseguido distinguir os crânios de homens e mulheres, ou de perceber que as sementes de painço (o material que enchia o crânio para determinar sua capacidade) ganhava ou perdia peso em função da umidade: W. Hamilton, "Remarks", 330-33.
59. *American Phrenological Journal*, 3 (1841), 124-6, 191-2, 282-3. Quarenta páginas de resumos e comentários sobre *Crania Americana* na *American Phrenological Journal*, 2 (1840), 143-4, 276-82, 385-96, 545-65, são prova de sua natureza semelhante; cf. Stanton, *Leopard's Spots*, 37-8. Erickson, "Phrenology," 92-3, está certo: o envolvimento de Morton com a frenologia era maior que o de Stanton (ou o biógrafo original de Morton, o antifrenologista Meigs) permitia. Já disseram (Hume, "Quantifying Characters") que, ao consolidar e fixar características raciais, Morton e sua escola facilitaram uma futura interpretação genética; mas é cla-

ro que esse argumento poderia ser usado igualmente com os frenologistas hereditários que o precederam.
60. Isso começou já em 1822, com o prefácio de John Bell para a edição americana de G. Combe, *Essays*, xlii-xliii. Esse prefácio enfatizou as distinções cranianas das variedades humanas como indicadores de desigualdades na capacidade mental em termos de melhoria pela educação. Bell também glosou os fatores frenológicos que tornariam uma raça "escrava de todo e qualquer invasor". Bell organizou as conferências de Combe na Filadélfia em 1839 no novo museu e conseguiu que ele fosse eleito Membro Correspondente da Academia de Ciências Naturais: A.A. Walsh, "New Science", 403-4, G. Combe, *Notes*, 1:305, 2:374.
61. G. Combe, *System*, 299, 563. Até a expressão "filhos e filhas" era efetivamente uma declaração frenológica racista. Para Combe, os crânios pequenos dos índios brasileiros indicavam falta de previsão ou força de vontade, como numa criança, de modo que cabia aos europeus cuidar deles como se fossem seus filhos. Se os nativos tivessem cérebros grandes como seus conquistadores, com órgãos bem desenvolvidos de idealismo, escrupulosidade e causalidade, "em vez de serem seus escravos [os índios], se tornariam seus rivais" (p. 575-6, 580).
62. G. Combe, *Notes*, 2:21, 48-9, 62-3, 66, 75-8, 84, 86, 112-13; G. Combe, *Lectures*, 306. É claro que esses novos argumentos contra a escravidão ainda deixavam o sistema frenológico de Combe anatomicamente determinista, com uma estrutura hierárquica e uma apoteose anglo-saxônica; e quando suas *Notes* foram comentadas nas revistas, o determinismo racial ainda estava em primeiro plano, como em G. Combe, "Observations".
63. G. Combe, *Notes*, 1:140, 301, 2:157-8, 2:232-3; Morton, *Crania Americana*, iii; G. Combe, "Phrenological Remarks", 271, 273-5.
64. B. Silliman, "Phrenology", 65-7, 71; ver também "Lectures on Phrenology", *American Journal of Science*, 38 (1840), 390-91.
65. G. Combe, "Comparative View", 114-16, 122, 136, uma versão condensada da resenha de Combe em *American Journal of Science*, 38 (1840), 341-75. Sobre as reclamações a respeito da desfrenologização na versão do periódico *Edinburgh New Philosophical Journal*: "As Podas Frenológicas do Professor Jameson", *Phrenological Journal*, 13 (1840), 303-14. A interpretação de Darwin: *CCD*, 4: 441, 452, 484.
66. Emma Wedgwood Darwin à sua tia Jessie Allen Sismondi, 9 de maio [1841], Wedgwood W/M 193; (passagem omitida em *ED*, 2:19-20); Greg, *Past*, 97; Temperley, *British Antislavery*, 136-52.

67. Emma Wedgwood Darwin à sua tia Jessie Allen Sismondi, 8 de fevereiro [1842], Wedgwood W/M 193; Jennings, *Business*, 108; Finkelman e Miller, *Macmillan Encyclopedia*, 229; Rodriguez, *Historical Encyclopedia*, 302; Deyle, *Carry*.
68. Stange, *British Unitarians*, 62; Stanton, *Leopard's Spots*, 64; R.J.C. Young, *Colonial Desire*, 123; Horsman, *Josiah Nott*, 23ss., e cap. 3 sobre Nott em Mobile. Sobre os diferentes tratamentos médicos exigidos pelos escravos negros — considerados uma espécie distinta: Haller, "Negro", 246-8. Os médicos cumpriam seus outros deveres no interior da "instituição doméstica", inclusive o exame meticuloso de escravos no mercado, e conheciam muito bem a anatomia negra, dada a disponibilidade de cadáveres negros nas escolas de medicina do Sul (inclusive aqueles enviados ilicitamente do Norte em barris de carne de porco): Fisher, "Physicians", 39, 45-6.
69. Martineau, *Society*, 2:141-2; F. e T. Pulszky, *White*, 2:111-12; Olmsted, *Journey in the Seaboard Slave States*, 565-8.
70. G. Combe, *Notes*, 2:79: Berger, "American Slavery", 189-90. John Bell, o editor americano de Combe, não gostou nada das *Notes on the United States*, provavelmente porque Combe criticava rigorosamente a escravidão americana e havia mudado de opinião sobre as atitudes negras: Gibbon, *Life*, 2:124-5. A beleza das mulheres quarterãs (filhas de mestiço com branco) era uma observação artificial que não era rara na literatura antiescravagista. Sobre a complexidade do caso num contexto que tinha frequentemente uma carga erótica: Toplin, "Between Black and White", 190, 194; J.C. Young, *Colonial Desire*, 113-14.
71. Nott, "Mulatto", 252-6; Horsman, *Josiah Nott*, 41, e também 18-86-8; Stanton, *Leopard's Spots*, 65-7; C. Loring Brace, "Ethnology", 516-17; Toplin, "Between Black and White", 197-8. Que Nott estava apenas dando expressão médica a suposições comuns no Sul a respeito dos negros do Norte terem "as partes baixas caídas": Jenkins, *Pro-Slavery Thought*, 246. A historiografia da literatura pró-escravidão é resumida em Faust, *Ideology*. Os temores do Sul à luz das insurreições são descritos em Fladeland, *Men*, 190-92. Sobre os efeitos da revolta de Turner, principalmente no Alabama: Birney, *James G. Birney*, 72, 85, 104.

7. ESSA QUESTÃO MORTALMENTE ODIOSA

1. Pierce, *Memoir*, 1:156-7, 160, 190; Dott, "Lyell"; *CCD*, 2:299.
2. Finkelman e Miller, *Macmillan Encyclopedia*, 563; Drescher e Engerman, *Historical Guide*, 350-51; Menand, *Metaphysical Club*, 10-16; L.G. Wilson, *Lyell*, 38-46, 148; Stange, *British Unitarians*, 100.

3. C. Lyell, *Travels*, 1:49, 169, 183, 186, 193.
4. *LLL*, 2:55, 68-9.
5. L.G. Wilson, *Lyell*, 77-80, 81; Edmund Ravenel, *ANB*; C. Lyell, *Travels*, 1:183, 184.
6. C. Lyell, *Travels*, 1:182, 183, 185, 191, 209, 213-14; *LLL*, 2:66-7.
7. L.G. Wilson, *Lyell*, 81-2; Bellows, "Study", 517; *LLL*, 1:68.
8. *LLL*, 2:55; C. Lyell, *Travels*, 1:189, 209. A arrogância pessoal de Lyell ajuda a explicar por que os geólogos americanos protestaram durante a viagem por ele se apropriar de seu trabalho de campo: R.H. Silliman, "Hamlet Affair".
9. Stephens, *Science*, 15, 18, 31-5; Neuffer, *Christopher Happoldt Journal*, 142-4; C.L. Bachman, *John Bachman*, 175; Waddell, "Bibliography"; *Notebooks*, C251-6, D31-4.
10. J. Bachman, *Doctrine*, 291-2; C. Lyell, *Travels*, 1:172.
11. C. Lyell, *Travels*, 1:178, 261; Dott, "Lyell", 113; L.G. Wilson, *Lyell*, 106; *LLL*, 2:63.
12. *Notebooks*, C76, N121-84; *Autobiography*, 120; Moore, "Darwin".
13. *CCD*, 3:44, 394. Charles pediu a Emma que oferecesse £400 como remuneração pelo trabalho envolvido, quantia correspondente a menos de um quarto de suas despesas de £1.748 em 1844 (livros de contabilidade de Darwin, CUL, DH/MS' 11:1-17). Supondo que um bom editor teria pago honorários de acordo com o custo de vida de Darwin, e supondo que esse editor, não conhecendo as notas de Darwin, teria precisado de mais tempo para terminar o trabalho do que o próprio Darwin, parece que, nesse momento, Darwin estimou que seu Ensaio precisaria de apenas alguns meses de trabalho seu para ficar pronto para publicar dessa forma. Nossos agradecimentos a Randal Keynes por essa sugestão.
14. *Foundations*, 68, 79, 92, 93, 115, 241.
15. Cf. Alter, "Separated"; *CCD*, 4:454, 459, 462, 467; Nott, *Princeton*, 115-24.
16. *Notebooks*, B272; Prichard, *Researches* (1973), 67; Augstein, *James Cowles Prichard's Anthropology*, 52. *CCD*, 13:360. As únicas referências publicadas a White por Darwin estão em *Variation*, 2:14, 87.
17. C. Lyell, *Principles of Geology*, 6ª ed. (1840), 1:248-60 em Darwin Library CUL; *CCD*, 2:253; caderno de anotações de campo do *Beagle*, EH1.3, 4a, Down House. Sobre o ornitorrinco: J.W. Gruber, "Does the Platypus"; Desmond, *Politics*, 279-88.
18. Cf. L.G. Wilson, *Lyell*, 143; *Journal* (1860), 358 (cf. H.E. Gruber, "Many Voyages"); C. Lyell, *Travels in North America* (1845), 201 em Darwin Library, CUL; *CCD*, 3:233, 234, 242; C. Lyell, *Travels*, 2:36.

19. *CCD*, 3:242 e 243 n.8; C. Lyell, *Travels*, 1:184-5. Na primeira edição do *Journal* (1839, 27-8), os comentários de Darwin sobre a escravidão aparecem no início, em seu lugar cronológico durante sua estadia no Rio de Janeiro:

Enquanto estive nessa propriedade rural [em Macaé, Rio de Janeiro], eu quase fui uma testemunha ocular de um desses atos atrozes, que só podem acontecer num país escravagista. Por causa de uma briga e um processo judicial, o dono estava prestes a tirar todas as mulheres e crianças dos homens e vendê-las em separado num leilão público no Rio. O interesse, e não nenhum sentimento de compaixão, impediu esse ato. Na verdade, não acredito que a desumanidade de separar trinta famílias, que viveram juntas durante muitos anos, sequer ocorreu a essa pessoa. No entanto, eu mesmo asseguro que, em termos de humanidade e bons sentimentos, ele era superior ao tipo comum de homens. Poderíamos dizer que não há limites para a cegueira do interesse e do hábito do egoísmo. Posso citar uma anedota muito insignificante, que na época me tocou mais profundamente do que qualquer história de crueldade. Eu estava fazendo uma travessia de balsa com um negro inusitadamente estúpido. Na tentativa de fazê-lo entender, falei alto e fiz sinais e, nesse momento, passei minha mão perto do seu rosto. Ele, suponho eu, pensou que eu estava com raiva e que ia agredi-lo; pois instantaneamente, com uma expressão de medo nos olhos semicerrados, deixou as mãos caírem ao lado do corpo. Nunca esquecerei dos meus sentimentos de surpresa, repugnância e vergonha ao ver um homem grande e forte com medo até de desviar um golpe, dirigido, como ele pensou, ao seu rosto. Este homem foi treinado para uma degradação pior que a escravatura do animal mais desamparado.

20. *Journal* (1860), 499-500; J. e M. Gribbin, *FitzRoy*, 229-35; *CCD*, 3:345.
21. Stange, *British Unitarians*, 51-2; W.B. Carpenter, *Nature*, 9-10; Fryer, *Staying Power*, cap. 3; Thomas, *Slave Trade*, 296, 513-14; Cull, "Short Biographical Notice"; R.L. Carpenter, *Memoirs*, 271-73.
22. W.B. Carpenter, "Natural History", 155-67. Jacyna, "Principles", 59; Desmond, *Politics*, 215.
23. *CCD*, 3:90; Darwin, "Observations"; W.B. Carpenter, "Microscopical Structure"; R.D. Keynes, *Charles Darwin's Zoology Notes*, xii-xiii, sobre *Sagitta*; W.B. Carpenter, *Nature*, 70, citando Carlyle.
24. O. Dewey, *On American Morals*, 18; M.E. Dewey, *Autobiography*, 79-80, 127-9, 191-2; Stange, *British Unitarians*, 72-3, 110, 119 (e 61ss. sobre a conversão dos Carpenters e Estlins ao garrisonianismo evangélico, isto é, o abolicionismo radical); W. e E. Craft, *Running*, 97.
25. O. Dewey, *On American Morals*, 17-21, 24; Stange, *British Unitarians*, 172-4; Stanton, *Leopard's Spots*, 73-4.

26. W.B. Carpenter, *Zoology*, 1:148-9; W.B. Carpenter, "Letter",140-1; *Foundations*, 72-4.
27. W.B. Carpenter, *Zoology*, 1:147, 150-51; W.B. Carpenter, *Principles of Human Physiology*, 67-8; W.B. Carpenter, "Letter", 139-44; W.B. Carpenter, "Dr. Carpenter"; W.B. Carpenter, *Nature*, 12, 78-80.
28. W.B. Carpenter, "Letter", 143; E.G. Wilson, *Thomas Clarkson*, 177, 184-9.
29. Knox, "Lectures", 97-8, 118-19, 133-4, 231; Knox, *Races*, 20, 565 para as cidades da turnê.
30. Knox, "Lectures", 97, 148, 299, 332; Biddiss, "Politics".
31. Knox, "Lectures", 233, 299; E. Richards, "Moral Anatomy", 385, 394-5 para a melhor versão revisionista de Knox.
32. *The Times*, 13 de maio de 1847, 1; Lindfors, "Hottentot", 10-16, sobre esse grupo san em Londres; e Lindfors, *Africans*, sobre a fabricação de tipos "raciais" em espetáculos teatrais.
33. "Dr. Knox on the Races of Men", *Medical Times*, 18 (1848), 114; Knox, "Lectures", 97, 363.
34. *Notebooks*, B179-80; *Foundations*, 68-9, 72, 98-9; *CCD*, 2:182-5, 202-5; Kohn, "Theories", 134ss.; W.B. Carpenter, *Zoology*, 1:150-51.
35. Dickson, "Letter"; Nott, "Hybridity of Animals", em Nott e Gliddon, *Types*, 398; L.G. Wilson, *Lyell*, 64; Stanton, *Leopard's Spots*, 73-4; W.B. Carpenter, "Letter", 142-3.
36. *CCD*, 3:258; L.G. Wilson, *Lyell*, 172; Long, citação de R.J.C. Young, *Colonial Desire*, 150, 151.
37. C. Lyell, *Second Visit*, 1:366. Darwin sublinhou essa estatística em seu exemplar da *Second Visit to the United States*, de Lyell, Darwin Library, CUL; L.G. Wilson, *Lyell*, 171, 176.
38. C. Lyell, *Second Visit*, 1:304; Darwin sublinhou essa passagem em seu exemplar da *Second Visit to the United States*, Darwin Library, CUL; L.G. Wilson, *Lyell*, 177; *Journal* (1860), 378.
39. *LLL*, 2:11, 15, 97, 100; L.G. Wilson, *Lyell*, 181; C. Lyell, *Second Visit*, 1:364; 2:2.
40. Nott, citação de L.G. Wilson, *Lyell*, 219; *LLL*, 2:42-3; *CCD*, 4:56; Horsman, *Josiah Nott*, 102.
41. Lyell Notebook 134 [16], Kinnordy MSS, cortesia de Leonard Wilson; Nott, "Unity", 20-21.
42. Nott, "Statistics", 279, 280; Nott, citação de L.G. Wilson, *Lyell*, 219.
43. Lyell Notebook 134 [15-17], Kinnordy MSS, cortesia de Leonard Wilson.

44. W.T. Hamilton, *Pentateuch*, 314, 317; Nott, *Two Lectures*, 5, 7, 18; Lyell Notebook 134 [19], Kinnordy MSS, cortesia de Leonard Wilson.
45. W.T. Hamilton, *Pentateuch*, 298; Hamilton considerava "original" (p. x) sua solução de Babel para a origem das raças e marcou uma conferência em janeiro de 1844 para apresentá-la, embora ela só tenha sido publicada em 1850 (p. 303-4n). Nott ficou sabendo e satirizou-a imediatamente: "Poderíamos *supor* igualmente que alguns foram transformados em macacos, enquanto outros foram transformados em negros. Ao discutir uma questão como essa, queremos *fatos*" (Nott, *Two Lectures*, 28n).
46. *LLL*, 2:99, 100; Lyell Notebook 134 [16], Kinnordy MSS, cortesia de Leonard Wilson; Fox-Genovese e Genovese, *Mind*, cap. 15; H.S. Smith, *In His Image*, cap. 2
47. C. Lyell, *Second Visit*, 2:130-31 (cf. L.G. Wilson, *Lyell*, 233); e também 2:115, 116.
48. C. Lyell, *Second Visit*, 2:268-9, 345; L.G. Wilson, *Lyell*, 269; *LLL*, 2:101.

8. ANIMAIS DOMÉSTICOS E INSTITUIÇÕES DOMÉSTICAS

1. Nott, *Two Lectures*, 5, 7, 15-16, 19, 20; Stanton, *Leopard's Spots*, 67.
2. Nott, "Statistics", 278-9; Haller, "Negro", 252-3; Horsman, *Josiah Nott*, 88ss.; Jenkins, *Pro-Slavery Thought*, 246.
3. Jenkins, *Pro-Slavery Thought*, 200; C. Loring Brace, "Ethnology", 518; Messner, "DeBow's Review", 201-4.
4. Nott, *Two Lectures*, 21-2.
5. *Notebooks*, E65; *Origin*, 113.
6. C, "Unity", 412 (cf. Nott, *Two Lectures*, 17, e 22 sobre caprinos e ovinos). Para a réplica e tréplica: Anon., "Issue"; Anon., "Unity"; Ryan, "Southern Quarterly Review", 184.
7. C, "Unity", 414, 416, 444-5.
8. *Notebooks*, B228; também sobre hibridismo C30, 34, 135, e C125 sobre a "lei de Herbert" (atribuída ao hibridizador da *Amaryllis*, William Herbert) sobre hábitos adaptativos e circunstâncias ambientais que também afetariam a fertilidade.
9. Morton, "Hybridity in Animals and Plants", 262-4, 269, 275, uma reimpressão de Morton, "Hybridity in Animals, considered", 39-50, 203-12. Darwin leu ambos os livros: *Natural Selection*, 427, 431, 454; Morton, "Description", 212 (sobre seu cruzamento de uma galinha comum com uma galinha-d'angola), também notado por Darwin, *Natural Selection*, 436n, 454. Para as críticas de Darwin: *CCD*, 4:46, 48.
10. Morton, "Hybridity on Animals and Plants", 277; *CCD*, 4:46.

11. *PP*, 1836 (440), x.i, 200 (a2466); e também 72 (a717, 138 (a1507), 157 (a1743-4), 173 (a1996), 189 (a2270); e 210 (a 2568) sobre a coleção de Temminck ser a maior comprada pelo Museu Britânico. Opiniões contemporâneas dos vários macacos de "Temminck": Martin, *General Introduction*, 499, 531. A ave da floresta chamada como *Gallus temminckii* — um galo colorido com seu enfeite de penas curvas na cauda — foi batizada na Sociedade Zoológica em 1849, embora, ironicamente, Edward Forbes tenha levantado junto a Darwin a possibilidade de se tratar de um híbrido: *CCD*, 6:61. Isso levou Darwin a fazer a ideia circular num livro impresso (*Variation*, 1:235). A visão de Forbes não resistiu ao teste do tempo.
12. J. Bachman, *Doctrine*, 85-9; Smyth, *Unity*, 193; *CCD*, 4:46.
13. Essa continuou sendo a opinião de Darwin sobre o artigo de Morton: *CCD*, 4:46, 47-8, 9:52. Darwin também apontou falhas no conhecimento que Morton tinha dos gansos: *Natural Selection*, 427.
14. Morton, "Hybridity in Animals and Plants", 266; C.H. Smith, *Natural History of Horses*, 153-4, e também 66-7, 70-71 sobre espécies de cavalos se hibridizando para formar raças domésticas homogêneas. Darwin leu *Dogs* e *Horses* pouco depois que essas obras foram publicadas, em 1841 e 1842: *CCD*, 4:460, 463, 465; *Marginalia*, 760-66.
15. R.S. Owen, *Life*, 1:182; Swainson, *Preliminary Discourse*, 154-5; Torrens, "When did the Dinosaur?"
16. C.H. Smith, *Natural History of Dogs*, 2:77-8, citado em *Annals and Magazine of Natural History*, 8 (1841), 137-8; e também 1:104; 179-83 sobre o *dhole*; 2:79, e 2:81-2 sobre FitzRoy; *Marginalia*, 763; Morton, "Hybridity in Animals and Plants", 270-71. Hamilton Smith foi muito citado na literatura, elogiado (por pluralistas) e refutado (por unitaristas, embora eles reconhecessem sua estatura). Para Smith sobre cães: Nott, "Unity", 4; J. Bachman, *Doctrine, passim*, principalmente 44ss. e 61ss.; Anon., "Original Unity", 550; Anon., "Natural History" (1852), 441-2; Anon., "On the Unity", 291; Nott e Gliddon, *Types*, 376ss.; Cabell, *Testimony*, 72. A origem dos cães aparece constantemente no debate sobre as raças humanas entre os prichardianos londrinos: W.B. Carpenter, *Zoology*, 1:36-7; Holland, "Natural History", 27; W.B. Carpenter, "Varieties", 1310-11.
17. Kass e Kass, *Perfecting*, 397; Hodgkin, "On the Dog", 81.
18. Em seu capítulo sobre "Hibridismo em Animais", em *Types of Mankind* (p. 393), Nott diz que "se diferenças específicas entre os cães fossem resultado do clima, todos os cães de cada país distinto deveriam ser parecidos". (Darwin levou isso em conta; a seleção artificial explicava por que as raças divergiam.) Havia tanta

coisa sobre animais domésticos em *Types* que o periódico adversário *Presbyterian Magazine* perguntou por que Nott e Gliddon não escreveram a continuação da obra com o título de *Types of Dogkind*. Nott escreveu de fato um outro artigo (de carga racial), "A Natural History of Dogs", publicado pela *New Orleans Medical and Surgical Journal*: C. Loring Brace, "Ethnology", 521; Stanton, *Leopard's Spots*, 181.
19. C.H. Smith, *Natural History of Dogs*, 1:88-9; *Marginalia*, 762; *CCD*, 1:179, 3:126.
20. C.H. Smith, *Natural History of the Human Species*, III, e também x, 92-102, 117-18, 129 (citamos a edição de 1852, que Darwin leu); C.H. Smith, *Natural History of Dogs*, 1:86-97, 103.
21. C.H. Smith, *Natural History of the Human Species*, 126-31.
22. Anon., "Original Unity", 550.
23. J. Bachman, *Doctrine*, 10, 305-6; *Journal* (1860), 145-7.
24. J. Bachman, *Doctrine*, 135-6, e também 24, 29, 31, 34, 85, 144-6.
25. J. Bachman, *Doctrine*, 37-41, e também 8, 15, 119; 89-92 sobre a *menagerie* de Derby, e C.L. Bachman, *John Bachman*, 174; Stephens, *Science*, 166, 173, 188. Lurie, "Louis Agassiz", 231n, citando a carta de Nott de 1850 a Lewis R. Gibbes sobre "prostituidores" como Bachman.
26. Anon., "Natural History" (1850), 304 ("reescravizamento"), 327; Horsman, *Race*, 147-8, sobre essa resenha; B., "Prichard's Unity", 208, 212 sobre a chacota do "Parthenon".
27. A visão de C. Loring Brace ("Ethnology", 512), de que "na Grã-Bretanha e na França a disputa foi decidida em grande parte em meados do século XIX, com os poligenistas ficando com a posse quase exclusiva do campo", é exagerada: entre os cavalheiros da elite da ciência londrina estavam Carpenter, Holland, Lyell, Darwin, Owen, Forbes, Prichard, Hodgkin, Latham e outros da Sociedade Etnológica, como, por exemplo, Robert Dunn, psicólogo clínico. Apesar disso, o pluralismo estava crescendo muito entre etnólogos *e criadores de animais* da Grã-Bretanha e, no final da década de 1850, até a Sociedade Etnológica mudaria seu consenso. Sobre a complexidade do caso de Dunn — e de seu envolvimento com os craniologistas: Kenny, "From the Curse", 378; Livingstone, *Preadamite Theory*, 30-31; Haller, *Outcasts*, 35.
28. J. Bachman, *Doctrine*, 70-75; C.H. Smith, *Natural History of Dogs*, 93-4; Morton, "Hybridity in Animals and Plants", 273-4.
29. Recordação de J.M. Herbert em DAR 112 B57-76; *CCD*, 1:104, 106, 109.
30. *CCD*, 1:414; e também 202, 204, 231, 234, 257, 349-51, 389; Freeman, *Charles Darwin*, 138; *Autobiography*, 68.

31. Sulloway, "*Beagle* Collections" 64, 73; C, Darwin, *Zoology*, parte 3, Ap., 147-56; Steinheimer, "Charles Darwin's Bird Collection", 313.
32. *Notebooks*, C124-5; B162; *Variation*, 1:74. A reunião de 28 de fevereiro foi comentada, por exemplo, em *John Bull*, 5 de março de 1837, onde Eyton é erroneamente chamado de "Mr. Acton".
33. *Magazine of Zoology and Botany*, 1 (1837), 305; *CCD*, 6:206-7, 211; *Variation*, 1:71, a respeito de suas discussões com Eyton sobre híbridos de porcos. Os zoólogos questionadores eram Nicholas Vigors e William Yarrell (embora ele também tenha reconhecido na época que tinha conhecimento de híbridos férteis de patos).
34. Eyton, "Some Remarks", 358; Eyton, "Remarks".
35. *CCD*, 2:181, 183; *Notebooks*, B30, B139; D na parte interna da capa, D23.
36. *Origin*, 253; *Natural Selection*, 430; Darwin, "Fertility".
37. *Notebooks*, D23.
38. Dixon, "Poultry Literature", 324; *CCD*, 4:169.
39. Dixon, *Ornamental and Domestic Poultry*, ix-xiii; *CCD*, 4:222, 476.
40. Secord, "Nature's Fancy", 167-8; Dixon, "Poultry Literature", 320, 324.
41. Marginália de Darwin sobre Dixon, *Ornamental and Domestic Poultry*, xiii, Darwin Library, CUL (*Marginalia*, 202); Dixon, "Poultry Literature", 337, e também 331-2, 336, 345.
42. *CCD*, 5:391; Dixon, "Poultry Literature", 347-51; Lorimer, *Colour*, caps. 3-4.
43. Extraído da introdução de Charles Hall a Pickering, *Races of Man*, x-xii (Hall era um médico de Sheffield preocupado com a saúde dos operários das indústrias locais, e que também se ocupava com publicações unitaristas); Anon., "Original Unity", 544, 547. *CCD*, 4:299, 478; Stanton, *Leopard's Spots*, 93-6. Darwin fez anotações na edição inglesa de 1850 de Pickering (Darwin Library, CUL), que continha a introdução de Hall: *Marginalia*, 667.
44. Carlyle, "Occasional Discourse", 676, citado em parte em *United States Magazine and Democratic Review*, 26 (1850), 302-4; e, na íntegra, e atribuído a Carlyle, em *DeBow's Review*, 8 (1850), 527-38.
45. Fielding, "Froude's Revenge", 86; Erasmus sabia há muito tempo das "alucinações" de Carlyle sobre a escravidão e o quanto lamentava não haver "possibilidade das belas relações entre senhor & escravo serem restabelecidas na Europa" (citação da p. 80). Mackenzie, "Thomas Carlyle's 'The Negro Question'", 219, 222.
46. Stenhouse, "Imperialism"; Secord, *Victorian Sensation*, 311; Desmond, "Artisan Resistance"; R. Cooper, *Infidel's Text-Book*, 158-9.

47. Swainson, *On the Habits*, 324-5. Essa, como a opinião semelhante de Kirby e Spence, *Introduction*, 2:74-87, baseava-se na declaração original do genovês Pierre Huber.
48. Kirby e Spence, *Introduction*, 2:74-87; E. Newman, *Familiar Introduction*, 50-52. As declarações de Kirby sobre as formigas escravas foram destacadas com "assombro" no periódico *Monthly Review*, bem como em "Slave Ants", *Chambers's Edinburgh Journal* (outubro de 1841), 320.
49. *CCD*, 2:244, 3:24; Desmond, "Making", 170-71.
50. J.F.M. Clark, "Complete Biography", 252-3. Darwin considerava Smith "a mais elevada autoridade": *Natural Selection*, 314; *CP*, 2:139.
51. Swainson, *Treatise*, 2, 14-15. A posição de Swainson foi notada por Van Amringe, *Investigation*, 138, e até Louis Agassiz considerava Swainson "culto": Agassiz, *Essay*, 242.
52. Van Amringe, *Investigation*, 311-12.
53. Van Amringe, *Investigation*, 80, 118, 269-70, 308, 422, 423ss., 456-57, 488. Sobre as pontas soltas bíblicas de Amringe — equiparando as espécies humanas distintas com um único par original — logo foram amarradas pela teoria pré-adamita (que supunha a existência de outros tipos de seres humanos antes de Adão): Livinsgtone, *Preadamite Theory*, 24ss.
54. Anon., "Natural History" (1850), 334; Van Amringe, *Investigation*, 639, 654ss. sobre beleza e raça.
55. Van Amringe, *Investigation*, 654ss. Seu relativismo contrastava com o padrão de beleza racial universal de Hamilton Smith (*Natural History of the Human Species*, 161-2), que foi resumido de maneira tosca: "a mulher branca caucasiana de cabelos claros sempre foi procurada como esposa por todas as raças"; J. Campbell, *Negro-Mania*, 547. Mas o próprio universalismo de Gobineau foi criticado por seu tradutor sediado em Mobile, Henry Hotze, que achava — como Darwin — que cada raça tinha seus próprios padrões de beleza; portanto, uma avaliação diferente da "beleza sexual" das raças "foi instrumental para separá-las e mantê-las separadas": Gobineau, *Moral and Intellectual Diversity*, cap. 12, principalmente 379-81.
56. Van Amringe, *Investigation*, 308-9.
57. *Notebooks*, QE16, e também E183, M127, N111; Browne, *Charles Darwin*, 1:426-7; Colp, *To Be*, 21, 110-11; *CCD*, 4:445.
58. Browne, *Charles Darwin*, 1:491-2; Colp, *To Be*, 39, 109; *CCD*, 4:209-10, 384-5. Até nessa época difícil Darwin continuava em contato com Holland sobre questões médicas, especificamente sobre reprodução: *Marginalia*, 162; *CCD*, 4:445.

59. Holland, "Natural History", 5, 16, 20-21, 26, 30. Este número da *Quarterly Review* foi publicado em dezembro de 1849, de modo que Holland provavelmente estava fazendo um rascunho nas semanas seguintes à morte de Prichard, quando Darwin o visitou: R. Keynes, *Annie's Box*, 217-18; Augstein, *James Cowles Prichard's Anthropology*, 108-9.

9. AI, QUE VERGONHA, AGASSIZ!

1. *CCD*, 3:2, e também 3:253, 346; 4:13; Bellon, "Joseph Hooker", 7-8 sobre a "filosofia botânica" de Hooker; Endersby, *Imperial Nature*, 47 e *passim* sobre as relações entre Darwin e Hooker. Desmond, *Huxley*, 45-6.
2. Rudwick, "Darwin"; *LLL*, 2:155; *CCD*, 3:346, 350.
3. Isso pressupõe que o esboço foi redigido ou terminado no fim da visita de dois meses que Darwin fez a Shrewsbury e Maer, entre 18 de junho de 1842, quando ele foi para o País de Gales em busca de evidência glacial, e sua volta a Londres no dia 18 de julho, segundo Darwin, ou no dia 15, segundo seus livros de contabilidade, ou no dia 16, conforme o diário de Emma: *CCD*, 2:435, 437; diário de Emma Darwin, DAR 242.8.
4. *CCD*, 4:148, e também 3:333; 4:74.
5. *CCD*, 4:13, 100n; 5:101, 135, 178, 345-6, 357, 359, 363, 372. Browne, *Charles Darwin*, 1:476-7; Love, "Darwin".
6. *LLL*, 2:104; L.G. Wilson, *Lyell*, 140; Lurie, *Louis Agassiz*, 119, 122.
7. Story, "Harvard", 105; Menand, *Metaphysical Club*, 12-13, 98-9; Lurie, *Louis Agassiz*, 138-41, 147; Pierce, *Memoir*, 3:26; *LLL*, 1:457-8, 2:159.
8. *CCD*, 3:79; J.W. Clark e T.M. Hughes, *Life*, 1:447; *LLL*, 2:155 sobre Forbes; e G. Wilson e A. Geikie, *Memoir*, 263, 461, Agassiz "Period", 16; Lurie, *Louis Agassiz*, 4-5, 81-8; Rehbock, "Early Dredgers".
9. C. Lyell a R. Owen, 19 de outubro de 1846, Richard Owen Correspondence 18.136, Natural History Museum; Desmond, *Archetypes*, 58-9; Bartholomew, "Lyell"; Story, "Harvard", 104-5.
10. *CCD*, 5:187.
11. L. Agassiz a R.M. Agassiz, 2 de dezembro de 1846, bMS Am 1419 (66), ff. 13-14, com permissão da Houghton Library, Harvard University (tradução do francês); Menand, *Metaphysical Club*, 105; Gould, "Flaws", 143; Lurie, "Louis Agassiz", 234; Lurie, *Louis Agassiz*, 143. Morton só leu seus artigos sobre hibridismo três semanas antes da data desta carta, no dia 4 a 11 de novembro de 1846; Morton, "Hybridity in Animals, considered", 39.

12. Dupree, *Asa Gray*, 153; Moore, "Geologists"; J.L. Gray, *Letters*, 1: 345-7; Stanton, *Leopard's Spots*, 102-4; Lurie, "Louis Agassiz", 124-5, 233-4.
13. Como disse R.W. Gibbes a S.G. Morton: Lurie, "Louis Agassiz", 234-5; J. Bachman, *Doctrine*, 3; *CCD*, 3:380; *Journal* (1860), 500.
14. *LLL*, 2:128, 155; L.G. Wilson, *Lyell*, 308; *CCD*, 4:239, 246.
15. Dickens, *American Notes*, 159-63; Berger, "American Slavery".
16. Anon., "Notices" (1849), 639. Outros simplesmente achavam que Lyell era "mais liberal" que seus predecessores; mas, apesar disso, os antolhos emancipacionistas o mantinham a salvo da realidade das *plantations*: W., "Second Visit", 415-21. Mas as críticas de Lyell aos abolicionistas ruidosos, fosse qual fosse sua inadequação ao julgar os "cavalheiros" do Sul, tiveram realmente muito crédito: D.J. McCord, "How", 359-62.
17. Parker, *Sermons*, xxvii; *CCD*, 4:239, 341, 477; C. Lyell, *Second Visit*, 1:184; *LLL*, 2:154; L.G. Wilson, *Lyell*, 311, 321.
18. Ver a introdução de Robert Bernasconi à sua edição de Gobineau, *Moral and Intellectual Diversity*.
19. Knox, *Races*, v, 8, 23; Stocking, *Victorian Anthropology*, 64; Malcolm, "Address", 89; "Pencillings of Eminent Medical Men: Dr. Knox, of Edinburgh", *Medical Times*, 10 (1844), 245-6.
20. L.S. McCord, "Diversity", 410, 412, 414-15; Knox, *Races*, 244-5, 464; Lounsbury, *Louisa S. McCord*, 2; Fought, *Southern Womanhood*, 3; Malcolm, "Address", 90; E. Richards, "Moral Anatomy", sobre o transcendentalismo e idiossincrasia imperial de Knox.
21. Finkelman e Miller, *Macmillan Encyclopedia*, 13-17.
22. Rodriguez, *Chronology*, 317, 346.
23. *CCD*, 4:478-9, 488; Wheatley, *Life*, 183.
24. *CCD*, 4:362. Um exemplar de *Our Cousins in Ohio*, de Mary Howitt, com a assinatura de Darwin na guarda frontal do livro está com a família; seu caderno de notas de leitura refere-se ao livro como "Life in Ohio"; *CCD*, 4:479; ver Oldfield, "Anti-Slavery Sentiment".
25. Davis, *In the Image*, 256; Davis, *Inhuman Bondage*, 265; Still, *Underground Rail Road*, 267, sobre o revólver de Craft.
26. Agassiz, "Geographical Distribution", 181-3, 186, DRC 111. Sobre o *Christian Examiner*: Mott, "Christian Disciple"; George Edward Ellis, *ANB*. Jared Sparks, reitor de Harvard na época, aposentou-se para se tornar o propagandista oficial de Agassiz: Lurie, *Louis Agassiz*, 199.

27. Agassiz, "Diversity", 110, 112-13, 120, 142-5; Agassiz, "Geographical Distribution", 200, 204; Lurie, "Louis Agassiz", 236-8; Gould, *Mismeasure*, 94-9; Stanton, *Leopard's Spots*, 153.
28. *Proceedings of the Academy of Natural Sciences of Philadelphia*, 3 (1846-7), 29, 41-2, 51, 122, 198, 209, 221 etc.; Wallis, "Black Bodies", 44-6; Lurie, "Louis Agassiz", e Stanton, *Leopard's Spots*, citam o número de cartas de Gibbes; Horsman, *Josiah Nott*, 33 sobre a escola preparatória.
29. Wallis, "Black Bodies", 40, 44-5; Stephens, *Science*, 173; Stanton, *Leopard's Spots*, 153. Agassiz continuou estudando os escravos durante suas viagens de inverno a Charleston em 1852 e 1853. Ele morava na ilha de Sullivan, ao largo da enseada de Charleston, e dava aulas na cidade três vezes por semana na escola de medicina (L. Agassiz a J.D. Dana, 26 de janeiro de 1852, bMS Am 1419 [119], com permissão da Houghton Library, Harvard University). "Descobri aqui uma oportunidade excelente de examinar os negros", escreveu ele (L. Agassiz à Sra. [J.] Holbrook, 25 [de outubro de 1852], bMS Am 1419 [118], com permissão da Houghton Library, Harvard University). Agassiz era um hóspede frequente do Dr. John H. Holbrook, especialista em répteis (Lurie, *Louis Agassiz*, 143-4), e aqui, em sua varanda em 1852, o "tópico sempre recorrente era aquele da origem da raça humana" (E.C.C. Agassiz, *Louis Agassiz*, 2:497). Holbrook era outro que se opunha a Bachman, apoiava Nott e Agassiz e cooperava secretamente com Gibbes e Morton para "marginalizar [a ciência] monogenista": Livingstone, "Science", 397-8.
30. *CCD*, 4:353, e também 4:341, 345; C. Darwin, *Monograph*, 253, 457.
31. J. Campbell, *Negro-mania*, 545, e também 6, 11; Van Amringe, *Investigation*, 713; R.C.J. Young, *Colonial Desire*, 138; Lurie, "Louis Agassiz", 238.
32. Morton, *Letter*, 7; J. Bachman, "Reply". Nossos agradecimentos a Gene Waddell por nos enviar uma cópia desta última publicada em *Charleston Medical Journal and Review*.
33. J. Bachman, *Doctrine*, 135; Dunn, "Some Observations", 58; Agassiz, "Diversity", 118; Prichard, "On the Relations", 316. Sobre os membros da Sociedade Etnológica: *Anthropological Review*, 7 (1869), 119, faz referência a seis membros em 1858; Lorimer, *Colour*, 136, para números relativos a meados da década; e também Stocking, *Victorian Anthropology*, 245ss.; Rainger, "Philantropy".
34. Agassiz, "Geographical Distribution", 194; Dixon, "Poultry Literature", 324; Dixon, *Ornamental and Domestic Poultry*, ix; Nott, "Diversity", 120.
35. *CCD*, 4:344; Darwin, *Monograph*, 155; Kohn, "Darwin's Keystone"; W.A. Newman, "Darwin", 360ss. Embora Darwin tenha anunciado essa variação ubíqua,

assumiu uma postura deliberada de "amontoador" em sua taxonomia, mantendo todas as variantes dentro de espécies conhecidas. Com isso, queria provar a Hooker (ele mesmo um "amontoador"), que as crenças transmutacionistas não levavam a uma divisão caótica das espécies (a maior preocupação de Hooker): Bellon, "Joseph Hooker", 22; Endersby, *Imperial Nature*, 156ss.

36. W.B. Carpenter, "Researches", 213-22; *CCD*, 5:411; Hodgkin, "Obituary", 189; W.B. Carpenter, *Nature*, 12; W.B. Carpenter, "Dr. Carpenter", 461. Nessa época, 1855, Darwin estava fazendo suas listas de híbridos. Tinha inveja de Carpenter, o eminente compilador de manuais, por cobrir sem esforço o mesmo terreno. Não apenas sem esforço: Carpenter o estava cobrindo explicitamente para finalidades prichardianas. Em sua discussão dos híbridos, em *Principles of Comparative Physiology*, 621-8, Carpenter ampliou o leque das variedades e restringiu a fertilidade dos híbridos para assegurar que as variedades humanas parecessem unidas. A dificuldade de Darwin para compilar deixou-o com um "respeito [...] incrivelmente grande por Carpenter et id genus omne": *CCD*, 5:377.

37. Emma Darwin a seu filho William, sexta-feira [fevereiro? de 1852], DAR 219.1.1; Ahlstrom, *Religious History*, 657; Lorimer, *Colour*, 82-3.

38. *CCD*, 5:118; E.C.C. Agassiz, *Louis Agassiz*, 2:486, 538-9; *LLL*, 2:184, 189. Sobre a lista espantosa de estudantes inspirados por Agassiz: Winsor, *Reading*, 35.

39. *CCD*, 5:167; Agassiz, "Geographical Distribution", 184, 194.

40. *tebooks*, QE5 (11); B82, 92, 125, 224, 248; *CCD*, 2:39; 4:49-50; 5:233; Grinnell, "Rise", 264-71; *Journal* (1839), 541-2; Hooker, "Reminiscences",188.

41. *CCD*, 5:237, 241, 263, 299, 305, 308, 321, 328; *LJH*, 1:352; *CP*, 1:254. Não tomando nada como ponto pacífico, Darwin tentou até mesmo (sem êxito) ovas de rã e ovos de caracol: *CCD*, 6:239, 385; os caracóis aparecem na lista do "Catalogue of Down Specimens" [Catálogo de espécimes de Down], Down House, EH 88202576 (nossos agradecimentos a Randal Keynes por partilhar sua transcrição conosco).

42. *CP*, 1:255-8.

43. "Ethnographic Map of the World showing the Present Distribution of the Leading Races of Man" e "Geographical Distribution of Plants according to Humbold's Statistcs", em *Johnston's Physical Atlas*; *CCD*, 5:279; *CP*, 1:255-8.

44. *CCD*, 5:187-8; 5:363.

45. Bellon, "Joseph Hooker", 1-2, 14-15; *LJH*, 1:473-5; Endersby, *Imperial Nature*, 280.

46. A. Gray a J.D. Hooker, 21 de fevereiro de 1854, Royal Botanic Gardens, Kew; D. Porter, "On the Road", 15-17; *LJH*, 1:473-5.

47. *CCD*, 5:186; Dupree, *Asa Gray*, 228.

48. *CCD*, 4:50; 5:68, 338-9, 364-7, 374-5; 6:122, 198, 201, 408. *CP*, 1:257, 261-4; *LJH*, 1:445, 494.
49. *CCD*, 5:326; 6:90, 100, 174, 176, 178, 248, 305, 385.
50. Secord, "Nature's Fancy", 165; *Notebooks*, D100; QE4; *CCD*, 5:508; C. Darwin, *Expression*, 259.
51. Desmond e Moore, *Darwin*, 327; Moore, "Darwin", 459-61; "Darwin Manuscripts and Letters", *Nature*, 150 (1942), 535; A Lady, *Modern Domestic Cookery*, 210.
52. *CCD*, 5:288, 294, 337, 508, 513; Secord, "Nature's Fancy", 165; *Variation*, 1:207. Até hoje, nenhum estudo sobre a seleção artificial de Darwin viu seus experimentos atenderem um propósito maior no contexto racial humano: Sterrett, "Darwin's Analogy"; Wilner, "Darwin's Artificial Selection"; Bartley, "Darwin".
53. *Variation*, 1:19, 23; Kass e Kass, *Perfecting*, 590 n14; Schomburgk, *History*, viii, ix, 533, 538, 554-5; *Notebooks*, QE na parte interna da capa; *CCD*, 4:111; 5:513.
54. *CCD*, 5:510-11; 6:269; *PP*, AP, 1854-6 (0.3), lvi.1 (Class A), 71ss.; *PP*, AP, 1856 (0.1), lxii.1 (Class A), 101ss.
55. *CCD*, 5:530-31.
56. *CCD*, 5:524-7, 530-31; 6:54.
57. *CCD*, 5:326, 352, 386; 6:152.
58. *Variation*, 1:131, 180, 186; *CCD*, 5:294, 391; Secord, "Nature's Fancy", 167; Ospovat, *Development*, 156-7; Bartley, "Darwin", 317-18.
59. *CCD*, 7:204-5, e também 5:359; *Variation*, 1:192; *Origin*, 27. Uma lista parcial das raças de pombos que Darwin cruzou (11 cruzamentos, com anotações características do tipo "Nanico Vermelho %, *Trumpeter* Branco&) está nas costas de seu "Catalogue of Down Specimens", Down House, EH 88202576.
60. *CCD*, 4:139; 5:309; Dixon, "Poultry Literature", 334, 336. *CCD*, 5:xviii e 315 n2, ignora esse comentário etnológico na resposta de Blyth.
61. *CCD*, 6:13-14, 62, 238; *Variation*, 1:208-21; Alter, "Advantages"; Secord, "Nature's Fancy", 183-4. Extinções de raças de carneiros e bois desde épocas pré-faraônicas já haviam sido discutidas por outros: Pickering, *Races*, 315.
62. *Origin*, 19-20; *CCD*, 5:509, 387; 6:236; Secord, "Nature's Fancy", 172-4.
63. *CCD*, 6:50-51, 57; *Variation*, 1:224; Secord, "Nature's Fancy", 177-8.
64. *Foundations*, 95.
65. *Origin*, 19.
66. *LLL*, 2:213; L.G. Wilson, *Sir Charles Lyell's Scientific Journals*, 98, 162, 474-7; *CCD*, 5:492; 7:357; 8:368.
67. Do diário de Jane Welsh Carlyle, 25 de novembro de 1855, em C.R. Sanders, *Collected Letters*, 30:195-262 (novembro).

68. Godwin, *Finding Aid*, 25; *Wedgwood*, 248-9; Hammett, "Two Mobs", 859; Blue, "Poet"; Fanny Allen à sua irmã Jessie Allen Sismondi, 10 de abril [1842 ou 1843], E57/32120. Tom, o irmão de Molly, era um "rebelde de primeira" (Jaher, "Nineteenth-Century Elites", 67) contra os brâmanes de Boston e estabeleceu sua própria ligação com os Darwin-Wedgwood, enviando a Darwin um exemplar de J.C. Frémont, *Report of the Exploring Expedition to the Rocky Mountains in the Year* (1845), agora na Darwin Library, CUL; *Natural Selection*, 491; Darwin a T.G. Appleton, 31 de março de 1846, Catalogue 92, James Cummins Bookseller (Nova York [2003]), 62-4.
69. É possível acompanhar o governo de Mackintosh por meio de seus relatórios ao ministro colonial da época; sobre proprietários: *PP*, CP, 1849 (1126), xxxiv,1, 1848 (Maps and Plans), 234-5; *PP*, CP, 1854-5 (1919), xxxvi.1, 1853, 161-2; sobre imigração, *PP*, HCP, 1850 (643), xl.271, 344-5, 649-50; *PP*, CP, 1851 (1421), xxxiv.99, 1850, 215; *PP*, CP, 1859 Session 1 (2452), xvi.1, 444; sobre população, trabalho e salários, *PP*, CP, 1850 (1232), xxxvi.35, 1849 (Pt. i), 84-6; *PP*, CP, 1852 (1539), xxx.1, 1851, 138-9; *PP*, CP, 1856 (2050), xlii.1, 1854, 131-5. Sobre violência e privilégios: "Condition of Affairs in St. Christopher's Island", *New York Times*, 15 de dezembro de 1852, 2; W.G.S., "The Leeward Islands. Results of Emancipation in Antigua", *New York Times*, 3 de agosto de 1860, 3; e "The Leeward Islands. Want of Labor in Antigua and Its Origin", *New York Times*, 15 de agosto de 1860, 2.
70. *CCD*, 5:509. Sobre o tráfico humano: *PP*, ST, 1852-3 (.3), ciii pt. ii 1, 1851-2 (Class B), 739; *PP*, ST, 1852-3 (.5), ciii pt. iii. 201, 1852-3 (Class B), 663-5; *PP*, ST, 1854-5 (.4), lvi.179, abril de 1854 — março de 1855 (Class B), 783-5.
71. Carlyle, "Occasional Discourse"; *ED*, 2:68.
72. *ED*, 2:98, 153-4, 177; listas de doações anuais, *Anti-Slavery Reporter*; *Wedgwood*, 248; Midgley, *Women*, 175; Cobbe, *Life*, 646; Forster, *Marianne Thornton*, 184-5, 193-4, 216, 243 e *passim*. Além de muitas centenas de libras deixadas para grupos que promoviam a temperança, a saúde das mulheres e dos marinheiros, a evangelização irlandesa anticatólica e escolas, o testamento de Sarah Wedgwood destinou £200 para a Sociedade Missionária de Londres e outras £200 para a Sociedade Missionária Batista, além de £500 para a Missão Municipal de Londres (National Archives, 11/2242, 268v-270). Segundo o índice deflator PNB, as £100 de 1856 correspondem a aproximadamente £10 mil hoje.
73. *CCD*, 5:309-15, 392-401, 432; o resumo da carta de Blyth feito por Darwin, DAR 203.2.4; Brandon-Jones, "Edward Blyth", sobre seu comércio de animais vivos. Blyth confirmou que um grande número de aves indianas (entre as quais pom-

bos de pés amarelos) tinha espécies geograficamente contíguas que se "fundem gradualmente umas com as outras" nas áreas em que elas se sobrepõem, deixando "todas as gradações intermediárias possíveis", sugerindo que as espécies não são distintas e "aborígenes": *CCD*, 6:7-8; Blyth, "Drafts", 45; *Natural Selection*, 258.
74. *CCD*, 5:440 n54; resumo de Darwin, DAR 203.2.4; Blyth, "Attempt".
75. *CCD*, 4:484; 5:444-5; E. Richards, "Political Anatomy", sobre o entendimento que Knox tinha dos "monstros". A "Família Porco-Espinho" foi citada em toda a literatura antropológica depois que Lawrence (*Lectures*, 389-90) divulgou a noção de que, se essas pessoas fossem isoladas numa ilha, poderiam gerar uma nova raça.
76. *CCD*, 5:434; resumo de Darwin, DAR 203.5.2; Prichard, *Natural History* (1845), 70, 73.
77. Prichard, *Natural History* (1855), e resumo de Darwin, DAR 71:143-5 (lido em maio de 1856; *CCD*, 4:448, 494); Prichard, *Researches* (3ª ed., 1836), em Darwin Library, CUL, e resumo, DAR 71:139-42 (lido em setembro de 1838; *CCD*, 4:458).
78. Possivelmente na reunião da SBPC de setembro de 1855 em Glasgow, à qual ambos compareceram (*CCD*, 5:538; *LLL*, 2:201; L.G. Wilson, *Sir Charles Lyell's Scientific Journals*, 71 n30), ou talvez quando Darwin voltou à cidade para participar da reunião do Conselho da Sociedade Real no dia 25 de outubro (*CCD*, 5:538).
79. Lurie, "Louis Agassiz", 239; Horsman, *Josiah Nott*, 177; Gilman, *Life*, 323-4; Nott e Gliddon, *Types*, vii; Stanton, *Leopard's Spots*, 163. O preço relativo de *Types of Mankind* é dado usando o deflator PNB.
80. J. Bachman, "Types", 627-30; J. Bachman, "Examination of a Few", 794; J. Bachman, "Examination of the Characteristics", 202-3; Nott e Gliddon, *Types*, 326, 592, 603; Waitz, *Introduction*, 92.
81. J. Bachman, "Examination of Prof. Agassiz's Sketch", 522; J. Bachman, "Examination of the Characteristics", 213-14, 217; J. Bachman, "Examination of a Few", 790-95, 805; Agassiz, "Sketch", lxxv. Os "cabeçalhos" da "Tableau" de Agassiz remontam aos chichês dos livros de Niccola Rosellini e Karl Lepsius das ilustrações dos monumentos do Egito e da Núbia (que Darwin leu). À medida que suas explorações tornaram as pinturas das tumbas muito conhecidas na Europa e na América, as viagens teatrais de Gliddon, ex-cônsul do Cairo, durante as quais as múmias eram desenroladas, também incentivou a mania por coisas egípcias nos Estados Unidos — com suas roupas de festa e conversa da moda —

mesmo que tenha alimentado a racialização da biologia: Nott e Gliddon, *Types*, xiii, xxxvii, 56; Trafton, *Egypt Land*, cap. 1, principalmente 42-4.
82. *CCD*, 5:492. Darwin achava que Bachman também estava errado ao insistir na unidade de origem de todos os animais domésticos. Darwin acreditava que os cães e gatos *eram* fruto de múltiplas espécies, mesmo que os pombos não fossem.
83. Na verdade, Darwin escreveu o seguinte: "Que falso, para o quanto a América do Sul é distinta da América do Norte temperada." Isso e "que raciocínio forçado!" referem-se àquela seção do ensaio de Agassiz ("Sketch", lxix-lxxx) onde Agassiz amontoa uma grande parte da fauna da América do Norte e do Sul, caracterizada pelo puma, com um território que vai do Canadá à Patagônia. É claro que Darwin era especialista em América do Sul. Foi isso que o levou a rabiscar o seguinte na parte interna da capa (*Marginalia*, 604):

Nada é mais estranho que a similaridade entre fueguinos e brasileiros. Por que o puma deveria ocorrer sem variação em todo o continente se os macacos variam em todas as províncias. — É um grande hiato no conhecimento. Pode contrastar homem com macacos; pois, em minha teoria, os macacos variaram. —

Querendo dizer novamente que a natureza é complexa e não pode ser posta na camisa de força das províncias criativas, com tudo junto. As raças humanas eram semelhantes onde os macacos variavam, ao passo que o puma tinha um território extensíssimo (*Natural Selection*, 285). Esses fatos eram mais aceitáveis para as opiniões diversionistas de Darwin do que as zonas fixas de Agassiz.

84. Nott e Gliddon, *Types of Mankind*, Darwin Library, CUL (cf. *Marginalia*, 604, que transcreve isso como "oh fish pudor Agassiz"); Agassiz, "Sketch", lxxiv, lxxvi. *CCD*, 4:493.
85. *Marginalia*, 603. O maior número de anotações de Darwin sobre *Types of Mankind* foi reservado a uma das contribuições de Nott, "Hybridity of Animals, viewed in Connection with the Natural History of Mankind", 372-410.
86. *CCD*, 4:484; *Marginalia*, 603; Nott e Gliddon, *Types*, 375. Darwin já tinha lido a obra de Pulszky, *White, Red, Black* (ou, como Darwin se referia a ela, "Red Black and White"), leitura iniciada no dia 11 de janeiro de 1854 (*CCD*, 4:490), outro exemplo da nova onda de literatura racial inspirada pelos Estados Unidos. O verbete da lista de leitura de Darwin, "Morton in Charlestown Med. Journal" (*CCD*, 4:484), refere-se à carta de Morton a Bachman, *Charleston Medical Journal and Review*, 5 (3) (maio de 1850), 328-44 (sua reimpressão no *Charleston Daily Courier*, em 25 de maio de 1850, provocou a resposta de Bachman: "For the Cou-

rier, by J.B." ["Ao Courier, J.B."], *Charleston Daily Courier*, 28 de maio de 1850. Nossos agradecimentos a Gene Waddell por esse detalhe). Morton publicou um panfleto em separado, e aqui também o título traía o conteúdo: *Letter to the Rev. John Bachman, D.D., on the Question of Hybridity in Animals, considered in Reference to the Unity of the Human Species* [Carta ao reverendo John Bachman, doutor em teologia, sobre a questão do hibridismo em animais, considerado em referência à unidade da espécie humana]. Era uma reafirmação da viabilidade de híbridos em cabras e bodes, gatos etc., bem como de mutuns, galinhas e pombos domésticos, a fim de defender a ideia de que os seres humanos eram várias espécies hibridizantes. Darwin finalmente pediu a Asa Gray uma cópia desse texto em 1861, e recebeu-a junto com as réplicas de Bachman no periódico *Charleston Medical Journal: CCD*, 9:52, 213.

87. *CCD*, 6:69, 89, 522; L.G. Wilson, *Sir Charles Lyell's Scientific Journals*, 54; *Origin*, 21; *Variation*, 1:194; *Notebooks*, B232.

10. A CONTAMINAÇÃO DO SANGUE NEGRO

1. *The Times*, 7 de junho de 1856, 12, col. E; 11 de junho, 12, col. B; 17 de junho, 12, col. C; 20 de junho, 9, col. E; 25 de junho, 12, col. C; Pierson, "All Southern Society"; Sinha, "Caning"; Pierce, *Memoir*, 1:318-19, 345; 2:19-23, 35, 39, 41-5, 70 etc.; C. Sumner, *Crime*, 9.
2. *CCD*, 4:448, 471; J.C. Frémont, *Report of the Exploring Expedition to the Rocky Mountains* (1845), Darwin Library, CUL; *Natural Selection*, 491; *The Times*, 10 de junho de 1856, 9, col. D.
3. Bernstein, "Southern Politics"; Wish, "Revival"; *New York Times*, 4 de novembro de 1856; *The Times*, 28 de outubro de 1856, 7, col. A.; 10 de novembro, 5, col. A; 25 de novembro, 8, col. F; Crawford, *"The Times"*, 233.
4. Stanton, *Leopard's Spots*, 166 (grifo nosso), 193; Lurie, *Louis Agassiz*, 240-41; Fox-Genovese e Genovese, *Mind*, 216; Horsman, *Josiah Nott*, 197-200; H.S. Smith, *In His Image*, 164-5.
5. Citação de L.G. Wilson, *Lyell*, 377, e também 374-9; L.G. Wilson, *Sir Charles Lyell's Scientific Journals*, 101, 123; Bartholomew, "Lyell".
6. Horsman, *Josiah Nott*, 177; L.G. Wilson, *Lyell*, 386; *LLL*, 2:185.
7. *CCD*, 6:90, 179; Lyell Notebook 134 [16-17], Kinnordy MSS, cortesia de Leonard Wilson; *LLL*, 2:331.
8. L.G. Wilson, *Sir Charles Lyell's Scientific Journals*, 87, 88, 106.
9. L.G. Wilson, *Sir Charles Lyell's Scientific Journals*, 94-5, 96, 98, 103.

10. L.G. Wilson, *Sir Charles Lyell's Scientific Journals*, 97, 122, 124.
11. L.G. Wilson, *Sir Charles Lyell's Scientific Journals*, 177; *CCD*, 6:169, 8:28.
12. *CCD*, 2:341, 390; 4:322-4; 5:6; 6:95-7, 100, 115, 147, 169.
13. *CCD*, 2:376, 6:125, e também 6:115, 147. Woodward simpatizava em parte com a classificação quinária de Waterhouse, que Darwin denunciou: Woodward, *Manual*, 1:58-9.
14. Harvey, *Sea-Side Book*, 5-6; Woodward, *Manual*, 1:21.
15. *CCD*, 6:125-6; Pickering, *Races*, 314. Algumas semanas depois, Darwin releu Pickering: *Marginalia*, 667.
16. *CCD*, 6:184, 189.
17. *CCD*, 5:288; 6:142, 205, 236, 238, 387; 13:390.
18. T.H. Huxley, "Contemporary Literature", 248, 250-1, 253. Outros adotaram as regiões primordiais promovidas por Agassiz em *Types of Mankind*. Philip Sclater, um advogado que estava se transformando em geógrafo especializado em aves, aceitava que estas haviam sido criadas em bloco em todo o seu leque, e que "poucos zoólogos filosóficos [...] negariam [isso] hoje". A de Agassiz era a "visão filosófica desse tópico", e Sclater observou a implicação de que "as variedades de seres humanos tiveram sua origem nas diferentes partes do mundo onde agora se encontram": Sclater, "General Geographical Distribution", 130-1. Outros gostavam das "visões filosóficas" do livro de Nott e Gliddon por dar à ciência sua independência e legitimidade: Portlock, "Anniversary Address", clxii.
19. T.H. Huxley, "Contemporary Literature", 253.
20. *CCD*, 6:89; L.G. Wilson, *Sir Charles Lyell's Scientific Journals*, 56-7; *LLL*, 2:212.
21. T.H. Huxley, "Lectures", 482-3; Desmond, *Huxley*, "Contemporary Literature", 248.
22. *CCD*, 4:265-7, 284-7; 5:79-80; T.H. Huxley, "Contemporary Literature", 248.
23. Lurie, *Louis Agassiz*, 271; James Dwight Dana, *ANB*; *CCD*, 4:286, 289; 5:351.
24. Sherwood, "Genesis". Lewis escreveu 35 mil palavras como "Laicus" nos jornais *Reflector* e *Cabinet*, de Schenectady, em dezembro e janeiro, 1855-6 (Yetwin, "Ver. Horace G. Day": Potter, *Discourses*, 19-20; cf. Noll, *Civil War*, 48). A identidade de Laicus era conhecida dos habitantes locais. Dana nasceu e foi criado em Utica, pouco acima do canal Erie de quem vem de Schenectady, e continuou visitando a família que vivia em Utica até 1857 (Gilman, *Life*, 181).
25. Gilman, *Life*, 323-4; Agassiz citado em Stanton, *Leopard's Spots*, 169; Sherwood, "Genesis", 314.
26. *CCD*, 4:289; 6:180-81, 216; 13:385.

27. *CCD*, 3:2.
28. *CCD*, 6:235-6.
29. *CCD*, 6:236, 237.
30. *CCD*, 6:136, 174, 201, 377.
31. *Notebooks*, D154, 158, 162, 174e, 178.
32. *Foundations*, 92-3, 220-27.
33. Nott e Gliddon, *Types*, 270, 312-13, 405, 415; *CCD*, 4.493.
34. *Marginalia*, 603-4; Knox, *Races*, 159, 198, 356.
35. *CCD*, 6:71, 75; *Marginalia*, 603-4. Como Darwin disse mais tarde, "Os aristocratas selecionam continuamente as mulheres mais belas e charmosas das classes inferiores; de modo que uma boa quantidade de seleção indireta melhora os aristocratas": *CCD*, 10:48.
36. O resumo que Darwin fez das *Races of Men*, de Knox, DAR 71:65. Cf. Tipton, "Darwin's Beautiful Notion", que limita a análise da beleza e da seleção sexual aos textos publicados de Darwin.
37. Nott e Gliddon, *Types*, 54-6, e notas de Darwin em seu exemplar na p. 54 e nas costas da guarda do livro, Darwin Library, CUL.
38. Prichard, *Researches into the Physical History of Mankind*, 5 vols. (3ª e 4ª eds., 1841-51), vol. 1, notas de fim, Darwin Library, CUL. Augstein, *James Cowles Prichard's Anthropology*, cap. 1; Stocking, "From Chronology", lxxiv-xc.
39. Prichard, *Researches*, 5 vols. (3ª e 4ª eds., 1841-51), vol. 1, notas de fim; vol. 4, 454, 519, 534, 537, notas de fim; vol. 5, notas de fim, Darwin Library, CUL. Sobre patos de penacho (*Aythya fuligula*): cartas de Darwin, dezembro de 1855 e junho de 1856, *CC*, 5:512, 6:135. *Marginalia*, 683, omite a transcrição do verso de uma nota de fim do vol. 1 de Prichard: "Se algum dia eu considerar o homem, ver outra a edição mais antiga." Essas palavras, combinadas às de Darwin definidas "Em minha nota sobre o homem", no verso de uma nota de fim do vol. 5, sugerem uma mudança de intenção durante seu estudo de Prichard. No exemplar de Darwin da "outra edição mais antiga" de Prichard, *Researches* (3ª· ed., 1836), Darwin Library, CUL, uma nota de fim do vol. 1 diz o seguinte: "Março. 1857 Não examinei todas elas, mas li toda a edição posterior"; e, no volume dois, outra nota de fim diz: "Março 1857 não vi tudo."
40. Prosper Lucas, *Traité philosophique et physiologique de l'hérédité naturelle*, 2 vols. (1847-50), 2:129, 158, 296, Darwin Library, CUL; *CCD*, 4:495; *Notebooks*, D147e, T37, e p. 649.
41. Desmond e Moore, *Darwin*, 253. Darwin adquiriu seu exemplar da edição de 1822, publicado pelo radical William Benbow (que também vendia livros por-

nográficos) antes da viagem do *Beagle* (*Marginalia*, 485), possivelmente durante seus estudos médicos em Edimburgo. Em 1838-9, Darwin já escrevia notas lembrando a si mesmo de estudar o livro (*Marginalia*, 161, 162; *CCD*, 2:142n). O único registro de sua leitura da obra data de 23 de abril de 1847, quando o considerou "pobre" (*CCD*, 4:427). É evidente que, num momento qualquer, ele achou as *Lectures* mais úteis porque a segunda metade de seu exemplar tem muitas anotações (Darwin Library, CUL). Entre as páginas marcadas estão aquelas que seriam citadas em *The Descent of Man* (1:118, 2:318, 333, 349, 352, 357); essas foram as primeiras e as únicas referências publicadas sobre o herético Lawrence. Lawrence não é mencionado nas partes do manuscrito de "Seleção natural" que sobreviveram, mas as anotações de Darwin em *Lectures* mostram que sua leitura posterior foi instigada por interesses que podem ser datados a partir da literatura que se sabe que ele estudou em 1855-7 enquanto escrevia o "Livrão", principalmente os títulos nos quais aparece o nome de Lawrence no meio de um aglomerado de referências sublinhadas, *inter alios*, a Blumenbach, Buffon, Meckel e Pallas.
42. Anotações sobre William Lawrence, *Lectures on Physiology, Zoology, and the Natural History of Man* (1822), 272, 274, 276 (barba), 337 (nariz), 354 (orelhas), 356 (tatuagens), 357 (lábios), 368 (esteatopigia), Darwin Library, CUL. Para dispor de um estudo sensível das atitudes anglo-francesas (inclusive as de Cuvier) a esses khoisans do início do século XIX, e ao papel de Sara Baartman, a "Vênus Hotentote", no comércio ocidental de seres humanos exóticos importados e exibidos: Qureshi, "Displaying".
43. *Notebooks*, T26, 37, D147e; *CCD*, 6:527; *Natural Selection*, 213; o exemplar de Darwin da obra de Latham, *Man and His Migrations* (1851), 97, notas de rodapé, Darwin Library, CUL (lida em agosto de 1856: *CCD*, 4:495); *CCD*, 6:527. Sobre o declínio de Lawrence: Hake, *Memoirs*, 208-210.
44. *CCD*, 6:299-300, 400, 516.
45. *Natural Selection*, 435 n14, e também 388-9, 426-7, n1, 431, 436-7, 439, 486, 454. "As questões de Darwin sobre o cruzamento de animais em cativeiro" (*CCD*, 3:404-5) podem ter levado ao relatório da Sociedade Zoológica sobre as tentativas de cruzamento nos jardins zoológicos entre 1838 e 1846.
46. *Natural Selection*, 25-6, 441n, 443.
47. *Natural Selection*, 97.
48. Kohn, "A Pedra Angular de Darwin" sobre o conceito de "divergência" ou sobre a maneira pela qual grupos irmãos podem se dividir e viver ao lado uns dos outros ao adotar uma "divisão de trabalho"; Nott et al., *Indigenous Races*, 502-3, 509, 511.

49. Nott et al., *Indigenous Races*, 523-6; L.G. Wilson, *Sir Charles Lyell's Scientific Journals*, 157; o exemplar da obra de Owen anotado por C. Lyell, *Supplement*, 14-15, Paleontology Library, Natural History Museum, Londres; Desmond, *Archetypes*, 225, n13.
50. Nott et al., *Indigenous Races*, 428, 510, 614-15, e 402-603 do texto de Gliddon, "The Monogenists and the Polygenists".
51. *CCD*, 6:241-2; 7:346.
52. *CCD*, 6:375, 383; 7:427; *Natural Selection*, 376.
53. *Natural Selection*, 213. O acréscimo da seleção sexual ao capítulo 6 foi escrito, ou inserido, antes de Darwin se referir à seleção sexual na f. 76 do capítulo 7, ela própria redigida antes de 5 de junho de 1857, quando ele começou a passagem sobre a variação equina na f. 105: *Natural Selection*, 275, 317-18, 328 ss.; cf. *CCD*, 6:409.
54. *CCD*, 6:515, 527. Sobre as técnicas distintas de coleta de Darwin e Wallace: Fagan, "Wallace".
55. L.G. Wilson, *Sir Charles Lyell's Scientific Journals*, 137-42; *Natural Selection*, 467-8, 477, 481; *CCD*, 8:28.
56. Owen, "On the Characters", 19-20; Ulrich, "Thomas Carlyle", 31-2; Rupke, *Richard Owen*, 268-9; Desmond, *Archetypes*, 74-6. A aula de Owen foi ampliada com um apêndice antitransmutacionista em Owen, *On the Classification*.
57. T.H. Huxley a J.D. Hooker, 5 de setembro de 1858, Huxley Papers, 2.35, Imperial College; Desmond, *Huxley*, 238-40; *CCD*, 6:367, 419.
58. *CCD*, 7:2-3. A última carta de Blyth de que se tem notícia é de 3 de abril (*CCD*, 6:67-9); só se sabe de sua carta de 21 de abril de 1857 por causa do resumo de Darwin na Dibner Collection, Smithsonian Institution, Washington, DC (Burkhardt e Smith, *Calendar*, 2080).
59. *CCD*, 7:358; 8:28.
60. A. Gray a J.D. Hooker, 21 de fevereiro de 1854, Royal Botanic Gardens, Kew; *CCD*, 5:322-3; Dupree, *Asa Gray*, 192; *LJH*, 1:376.
61. J.L. Gray, *Letters*, 1:296, 396; Dupree, *Asa Gray*, 20-21; Marsden, *Evangelical Mind*, cap. 4.
62. Levy, "Sims' Case", 73, e *passim*; Menand, *Metaphysical Club*, 9; Stone, *Trial*; Dupree, *Asa Gray*, 178-9; F., "Jane Loring Gray"; Collinson, "Anti-slavery"; *The Times*, 19 de abril de 1851, 8, col. A.
63. J.L. Gray, *Letters*, 1:346; 2:425, 432, 516; A. Gray a J.D. Hooker, 21 de fevereiro de 1854, Royal Botanic Gardens, Kew (e também D. Porter, "On the Road", 16).
64. *CCD*, 4:128; 5:118; 6:315, 340, 360, 363, 456.

65. *CCD*, 6:236, 387, 416, 432, 433, 437.
66. G.B. Nelson, "Men"; L. Agassiz a J. Nott e G. Gliddon, 1º de fevereiro de 1857, em Nott et al., *Indigenous Races*, xiii-xv; A. Gray a J.D. Hooker, 21 de fevereiro de 1854, Royal Botanic Gardens, Kew (e também D. Porter, "On the Road", 33); *CCD*, 6:455-6, 492.

11. A CIÊNCIA SECRETA SEPARA-SE DE SUA CAUSA SAGRADA

1. A.R. Wallace a H.W. Bates, 28 de dezembro de 1845, WFP. Com base em Prichard, Chambers também aceitava a unidade das raças humanas: *Vestiges*, 281, 283.
2. *CCD*, 5:520; Chambers, *Vestiges*, 296; L.G. Wilson, *Sir Charles Lyell's Scientific Journals*, 1; Wallace, "On the Law"; Wallace, *My Life*, 1:341, 354; Marchant, *Alfred Russel Wallace*, 1:53.
3. A.R. Wallace a G. Silk, 30 de novembro de 1858, WFP; o diário de campo de Wallace, citado em J.L. Brooks, *Just before the Origin*, 168; Wallace, "Letter"; Wallace, *Malay Archipelago*, 19 (cf. Agassiz, "Sketch", tableau e mapa), 415; Vetter, "Wallace's Other Line".
4. A.R. Wallace a G. Silk, 30 de novembro de 1858, WFP; Wallace, *Malay Archipelago*, 20. Sobre Davis: R.C.J. Young, *Colonial Desire*, 74; Stocking, "What's in a Name?", 374-5; Stocking, *Victorian Anthropology*, 65; Nott e Gliddon, *Types*, 371; Nott et al., *Indigenous Races*, 216; *CCD*, 4:495.
5. Wallace, *My Life*, 1:362, 363; Wallace, *Malay Archipelago*, 92-3, 305, 311, 312, 313-14, 316, 362; Moore, "Wallace's Malthusian Moment".
6. Fanny Allen à sua sobrinha Emma Wedgwood Darwin, 7 de dezembro de 1857, Wedgwood W/M 221; *ED*, 2:180-81, 224.
7. *The Times*, 21 de março de 1857, 5, col. D; 24 de março, 12, col. A; 31 de março, 6, col. A; 8 de abril, 10, col. etc.; *Case of Dred Scott*, 9.
8. Wheatley, *Life*, 260; Martineau, "Slave Trade", 568-9; Webb, *Harriet Martineau*, 16, 315n, 327-8; Arbuckle, *Harriet Martineau's Letters*, xxiii, 143, 156-7, 165, 171n; V. Sanders, *Harriet Martineau*, 156-7.
9. *CCD*, 6:134; *ED*, 2:138; o comentário de Darwin, de que fala Lyell, fevereiro de 1851, Lyell Notebook 165, 115, Kinnordy MSS, citação de L.G. Wilson, *Lyell*, 338. É provável que Darwin estivesse repetindo uma observação atribuída ao humorista inglês Douglas Jerrold: Wheatley, *Life*, 302; Webb, *Harriet Martineau*, 299.
10. Sanders, *Harriet Martineau*, 157, 159; Arbuckle, *Harriet Martineau's Letters*, 167; Pierce, *Memoir*, 3:543-4, 550, 567.

11. A essa altura, Greg tinha mais artigos publicados na *Edinburgh Review* do que em qualquer outra revista trimestral, 22 deles escritos enquanto era o hipnotizador de Martineau (V. Sanders, *Harriet Martineau*, 106-8, 124). Ele parou de editar a *National Review*, unitarista, muito antes de Darwin ser convidado a escrever para a *Edinburgh* (Drummond e Upton, *Life*, 1:269; *CCD*, 6:205); mas, seja como for, Greg não teria pedido a um amigo de Martineau para escrever para a *National* quando seu antipático irmão James estava por trás da revista. Depois de conseguir que Martineau fosse colaboradora, o editor de Greg na *Edinburgh* pode ter lhe pedido para procurar o recluso Darwin com uma proposta de trabalho por intermédio de Fanny Wedgwood (Arbuckle, *Harriet Martineau's Letters*, 120, 128).
12. Martineau, "Slave Trade", 542-3, 584.
13. *CCD*, 7:80, 84, 89.
14. *Natural Selection*, 511-12; *Origin*, 219-24; *CCD*, 7:36.
15. *The Times*, 18 de junho de 1858, 6; *CCD*, 7:130.
16. *CCD*, 7:113, 130.
17. Beer, "Darwin's Reading", 562; Clark, "Complete Biography", 253-5; *Origin*, 113, 220; *CCD*, 7:287.
18. *Origin*, 208; *CCD*, 9:91.
19. Buckle, *History*, 1:29-30, 49, 68n; 3:482; sobre a escravidão, 1:447, 463; Arbuckle, *Harriet Martineau's Letters*, 160-205.
20. Emma Darwin à sua irmã Sarah Elizabeth Wedgwood [n.d.], Wedgwood W/M 168; *CCD*, 7:31, 34; *Autobiography*, 109-10.
21. *CCD*, 6:100; 7:62, 107, 115, 117, 513-20.
22. Lorimer, *Colour*, 83-6, 92-6; Maurer, "*Punch*".
23. *Origin*, 29; *CCD*, 7:270; Secord, "Nature's Fancy".
24. L. Agassiz, *Contributions to the Natural History of the United States of North America*, vol. 1, *Essay on Classification*, nota de fim para a p. 166, Darwin Library, CUL; 6:456; 7:26, 262.
25. T.H. Huxley a C. Lyell, 26 de junho de 1859, APS, B/D25.L; *LTH*, 1:174; Desmond, *Huxley*, 256 para o contexto de suas interações com Lyell; Desmond, *Archetypes*, cap. 3.
26. *CCD*, 6:456, 462-3.
27. *CCD*, 7:305; 13:411-12.
28. Fanny Allen à sua sobrinha Emma Darwin [7 de dezembro de 1857], Wedgwood W/M 221; *LLD*, 1:118-19, 121; J.L. Gray, *Letters*, 2:371, 421-2; Dupree, *Asa Gray*, 292.

29. Olmsted, *Journey through Texas*, xv; *CCD*, 4:496; a trilogia de Olmsted foi "bem estudada" por Darwin, que recomendou a Hooker a parte três, *A Journey in the Back Country*, por sua vívida "descrição do homem e da escravidão": *CCD*, 9:9, 266. Sobre o jornalismo de Olmsted: Schlesinger, "Editor's Introduction".
30. Olmsted, *Journey in the Seaboard Slave States*, 25, 30, 55, 83; Toplin, "Between Black".
31. *ED* (1915), 2:169; *CCD*, 4:496; 7:504; Olmsted, *Journey in the Seaboard Slave States*, 160-61, 163.
32. *CCD*, 8:28; *Origin*, 488.
33. *Origin*, 18, 88, 89, 199.
34. *CCD*, 7:427; 9:80; Galton, *Narrative*, 87-8.
35. *CCD*, 7:340, 345-6; 13:411-12.
36. *CCD*, 7:384; 13:418-19; *Origin*, 253.
37. *CCD*, 7:386, 392; *Origin*, 253.
38. *CCD*, 7:357; 8:28.
39. *CCD*, 7:247, 296, 362, 392; Colp, *To Be*, 62-8 e *Darwin's Illness*.
40. *CCD*, 6:319, 352-4, 7:233-4; exemplar com anotações de Darwin na obra de Hill, *Week*, DRC G.149. Para dispor de uma lista parcial das publicações de Hill: Griffey, "Bibliography".
41. Thwaite, *Glimpses*, 130, 131, 136; *CCD*, 4:488, 494; 6:9, 32-3; Gosse, *Letters*, 251-2, 255; os exemplares com muitas anotações de Darwin nas *Letters from Alabama* e *A Naturalist's Sojourn in Jamaica*, de Gosse, Darwin Library, CUL.
42. Cundall, "Richard Hill" (1896, 1920). Ver Turner, "British Caribbean", 313ss.; Curtin, *Two Jamaicas*; e Hill, "Extraits" (a publicação inglesa original não foi encontrada).
43. *Bromley Record*, 1º de abril, 2 de maio, 3 de junho de 1859 (nossos agradecimentos a Randal Keynes e a Richard Milner por apontarem essa evidência); *The Times*, 16 de junho de 1859, 8, col. F; *CCD*, 4:103.
44. Sobre a carreira de Hill: *PP*, AP, 1836 (166-i e 166-ii), xlviii-xlix, 104-5, 332-3; 1837 (521), liii.1, 47-8, 74-5, 233-6, 268-9, 311-12; 1839 (157), l.11, 20-22; 1845 (691-1, 691-ii e 691-iii), xxviii.1, 47-55; 1852-3 (76), lxvii.1, 60-61; 1859 Session 2 (31 e 31-1), xx.1 e xxi.1, 287; e Turner, "British Caribbean", sobre a magistratura pós-emancipação. Sobre a carreira de Wilkinson: Foster, *Register*, 434; *Jamaica Almanack* (Kingston, impresso por Cathcart, 1840, 1843, 1845, 1846); manuscrito Feurtado, National Library of Jamaica; *PP*, AP, 1859 Session 1 (239), xvii, 420; e Island Solicitor, *Courts*, sobre o pano de fundo.

45. *Anti-Slavery Reporter*, 3ª série, 4 (1º de janeiro de 1856), 11 (1º de abril de 1856), 89; vol. 3 (1º de outubro de 1855), 235; e também 3ª série, 3 (1º de setembro de 1855), 212 e Macmillan, *Sir Henry Barkly*, cap. 6. Hill também tinha lá os seus preconceitos: Hall, *Civilising Subjects*, 205.
46. *CCD*, 7:201-2, 322, 346; cf. 369. O exemplar maltratado — enviado pelo autor — da primeira edição de *Origin of Species*, assinado por um dos funcionários de John Murray, foi oferecido duas vezes no mercado de artigos de segunda mão de Toronto na década de 1980, na segunda vez por 8 mil dólares canadenses: Freeman, *Works* (1986), item 373.
47. *Origin*, 490; *Notebooks*, C197.
48. *CCD*, 7:366, 370, 373, 462; 8:555-7; Arbuckle, *Harriet Martineau's Letters*, 185.

12. OS CANIBAIS E A CONFEDERAÇÃO DE LONDRES

1. W.L. Garrison, "On the Death", 300; Webb, *Harriet Martineau*, 325.
2. *CCD*, 11:505, 667.
3. *CCD*, 10:71-2; Kingsley, citação de Waller, "Charles Kingsley", 558; Kingsley, *Charles Kingsley*, 1:4-5.
4. *CCD*, 10:71-2.
5. Arbuckle, *Harriet Martineau's Letters*, 206, 208; *CCD*, 7:345, 347; 8:28, 80, 403; Bynum, "Charles Lyell's *Antiquity*"; *LLL*, 2:365.
6. Pierce, *Memoir*, 3:607-14; C. Sumner, "Barbarism", 174-5, 231.
7. *CCD*, 7:390; Arbuckle, *Harriet Martineau's Letters*, 185-6.
8. Morris, "Darwin", 61; *CCD*, 7:412, 446; 8:21; Carpenter, em Hull, *Darwin*, 93.
9. *Origin*, 220, 475; *CCD*, 9:91, 280; S. Wilberforce, "On the Origin", 253-4; Stecher, "Darwin-Innes Letters", 235-7.
10. Nott, citado em Haller, "Species Problem", 1323; *CCD*, 15:502; Weiss, *Life*, 2:423; Renehan, *Secret Six*.
11. *CCD*, 7:292; Lurie, *Louis Agassiz*, 276; Nott e Gliddon, *Types*, 735; Farrell, *Elite Families*, 65-7; Dupree, *Asa Gray*, 253.
12. *CCD*, 8:23; Dupree, *Asa Gray*, 255-61.
13. *CCD*, 8:217; J.A. Lowell, "Darwin's Origin", 449, 451, 453-4, 456; Lurie, *Louis Agassiz*, 291-9; Dupree, *Asa Gray*, 286-7.
14. Dupree, *Asa Gray*, 297; J.R. Lowell, "Ethnology", em *Anti-Slavery Papers*, 1:25ss.; Farrell, *Elite Families*, 170; James Russell Lowell, *ANB*; Gray, *Darwiniana*, 10, 11, 13, 22-3, 41, 50-51.

15. *CCD*, 10:140. Gray, *Darwiniana*, 76. Gray dizia que tanto os monogenistas quanto os poligenistas tinham de se curvar diante da origem comum de Darwin. Os tradicionalistas comprometidos com a unidade adâmica eram obrigados a "admitir uma diversificação real em variedades persistentes e com características bem definidas e, por conseguinte, admitir a base factual sobre a qual a hipótese darwinista é construída". Agassiz e seus discípulos tinham de reconhecer que a "espécie" humana não pode ser "primordial e sobrenatural", devendo ela própria ter descendido de um tronco comum: Gray, *Darwiniana*, 142, 144.
16. *LLL*, 2:341; Lurie, *Louis Agassiz*, 225; *CCD*, 8:388; 9:393ss., Peckham, *Origin*, 57.
17. Cleveland, *Alexander H. Stephens*, 721; Preâmbulo à Constituição dos Estados Unidos; Noll, *Civil War*, 56-64.
18. Lurie, *Louis Agassiz*, 291, 302, 305-6. Sobre o ataque subsequente de Agassiz a Darwin: Morris, "Louis Agassiz's Additions"; e também Ellghrd, *Darwin*, 122.
19. *CCD*, 9:384-5; 10:87; J.L. Gray, *Letters*, 2:483.
20. H.W. Wilberforce a H. Martineau, 19 de abril de 1865, Harriet Martineau Papers, HM 1023, Birmingham University Library; *CCD*, 9:266.
21. *CCD*, 9:214-15, 266, 368. Para Harriet Martineau, "noventa e nove por cento" dos bretões acreditavam que "a guerra não é pela abolição da escravatura": Logan, *Collected Letters*, 4:307.
22. *CCD*, 9:368; Bennett, *London*, 226-30.
23. *CCD*, 11:451, 548, 582; E.C.C. Agassiz, *Louis Agassiz*, 2:607; os temores de Agassiz a respeito da miscigenação foram bem estudados: Gould, *Mismeasure*, 80; Menand, *Metaphysical Club*, 114-16; Haller, *Outcasts*, 85; R.J.C. Young, *Colonial Desire*, 149.
24. J.W. Clark e T.M. Hughes, *Life*, 2:393; *CCD*, 10:471.
25. T.H. Huxley, *Critiques*, 163; Bowen, "On the Origin", 475; Hooker, em Hull, *Darwin*, 83-4.
26. C.L. Brace, *Races*, 343; E. Brace, *Life*, 153-4, 175, 179-82, 300; Kalfus, *Frederick Law Olmsted*, 161.
27. "Lyell on the Geological Evidence of the Antiquity of Man", *AR*, 1 (1863), 129-37; Bynum, "Charles Lyell's *Antiquity*"; Crawfurd, "On Sir Charles Lyell's 'Antiquity'", 60-62; C. Lyell, *Geological Evidences*, 387-8. Agassiz é citado em C. Lyell, *Principles* (10ª ed., 1867-8), 2:475-6.
28. J. Lubbock a C. Lyell, 21 de fevereiro de 1863, Edinburgh University Library, Gen. 113; C. Lyell, *Geological Evidences*, 469, 495, 498; *CCD*, 11:419.
29. *CCD*, 11:206-9, 403; C. Lyell, *Geological Evidences*, 504-5 (grifo nosso).

30. *CCD*, 9:214-15, 266, 368; 11:333, 444; Loring e Field, *Correspondence*. Sobre a resposta afiada de Martineau ao exemplar enviado por Loring: Webb, *Harriet Martineau*, 334.
31. *CCD*, 11:166-7; Cf. Colp, "Charles Darwin". Sobre o apoio do *The Times* ao Sul: Crawford, "*The Times*". Apesar de suas simpatias pelos confederados, o jornal falava da questão da unidade *versus* "a grande multiplicidade de troncos [raciais]" e era a favor da origem única: *The Times*, 16 de setembro de 1861, 6.
32. F.W. Newman a Fanny Wedgwood, 5 de janeiro de 1863, Wedgwood E58/32357; Sieveking, *Memoir*, 139; Häggman, "Confederate Imports"; *Leeds Mercury*, 2 de setembro de 1863; *CCD*, 11:333.
33. *CCD*, 11:452, 525, 556, 564; 13:208. Gray insistia em dizer que o fim só poderia ser "o restabelecimento completo da União, e a abolição da escravatura": J.L. Gray, *Letters*, 2:518.
34. Hunt, "Introductory Address", 3-4; *JASL*, 2 (1864), xlviii-xlix; Kenny, "From the Curse", 376; os detalhes de Hunt foram extraídos da biografia modesta publicada em *JASL*, 8 (1870), lxxix-lxxxiii.
35. Nott, "Negro Race", 102n; *TASL*, 1 (1863), I.
36. "Catalogue of Books in the Library of the Anthropological Society of London, up to December, 31st, 1866", encadernado com *JASL*, 6 (1868); *JASL*, 2 (1864), lxxix sobre a doação de £5 feita por Hotze para o fundo da biblioteca; Gobineau, *Moral and Intellectual Diversity*, 454, também citado em *JASL*, 3 (1865), xcviii; *TASL*, 1 (1863), xxv, sobre Hotze no Conselho, onde trabalhou até 1868.
37. Outros confederados da sociedade eram o pró-escravagismo George McHenry (a quem Hotze deu £300) e Albert Taylor Bledsoe, despachado para a Europa pelo presidente confederado Jefferson Davis em 1863 para trabalhar em favor da Confederação e eleito para a sociedade no dia 1º de dezembro de 1863: *JASL*, 2 (*1864), xxiii; Bonner, "Slavery", 300-304; 309. McHenry publicou um artigo na *Popular Magazine of Anthropology*, dos antropólogos, justificando a escravidão como a forma mais econômica de cultivar vastas plantações de algodão (McHenry, "On the Negro"). George Witt, um repórter da equipe subsequente do jornal londrino de Hotze, pró-Confederação, o *Index*, também estava no Conselho Antropológico com Hotze e fez doações à biblioteca e ao museu da sociedade: *TASL*, 1 (1863), xix, xxv; *JASL*, 2 (1864), lxxvi; *AR*, 3 (1865), ii. Portanto, havia três confederados conhecidos no Conselho da Sociedade Antropológica, e ao menos quatro que estavam direta (Hotze, Bledsoe) ou indiretamente (McHenry, Witt) na folha de pagamentos de Richmond. Sobre a folha de despesas de Hotze: J.F. Jameson, "London Expenditure". Quer isso fosse ou não do co-

nhecimento geral, a imprensa não hesitou em descrever a maneira pela qual "os confederados têm trabalhado juntos desde [a fundação da Sociedade Antropológica] com um sucesso espantoso": "Professor Huxley and the Anthropologists", *National Reformer,* 12 de março de 1864, 5.

38. "Dr. Hunt on the Negro's Place in Nature", *Index,* 26 de novembro e 3 de dezembro de 1863: "The Negro's Place in Nature", 10 de dezembro de 1863; e também *Index,* 28 de maio de 1863; "The Natural History of Man", *Index,* 23 de julho de 1863; Bonner, "Slavery", 302-3; Jameson, "London Expenditure", sobre o envio de panfletos pelo correio.
39. "The Distinctions of Race", *Index,* 23 de outubro de 1862.
40. *LTH,* 1:251-2; Desmond, *Huxley,* 325.
41. T.H. Huxley, "On the Methods and Results of Ethnology", *Fortnightly Review,* 15 de junho de 1865, DRC G.386; T.H. Huxley, *Critiques,* 163.
42. Leifchild, "Evidence", 288; T.H. Huxley, *Evidence,* 131, 184; T.H. Huxley, *Critiques,* 138, 157-8, 163; T.H. Huxley, *Professor Huxley,* 7.
43. T.H. Huxley, *Professor Huxley,* 8-9. Sendo de uma geração mais jovem, a visão de Huxley a respeito de negros e "selvagens" sempre foi mais pejorativa que a de Darwin: Di Gregorio, *T.H. Huxley's Place,* 166.
44. T.W. Higginson a T.H. Huxley, 23 de junho de 1867, Huxley Papers 18.167-8, Imperial College; Conway, *Autobiography,* 1:176. Higginson foi outro dos "Seis Secretos" que armaram John Brown para o ataque à Harpers Ferry: Menand, *Metaphysical Club,* 29; Poole, "Memory", 211-15.
45. Darwin a F.E. Abbot, 2 de julho de 1872, Harvard University Archives; Higginson, *Thomas Wentworth Higginson,* 323-4, 334; *LLD,* 3:176.
46. T.H. Huxley, *Professor Huxley,* 7, 9, 13; "Professor Huxley's Lectures on 'The Structure and Classification of the Mammalia', no Colégio Real dos Cirurgiões", *Reader,* 3 (1864), 266-8; "Professor Huxley an Abolicionist", *Caledonian Mercury,* 7 de março de 1864; "Professor Huxley and the Anthropologists", *National Reformer,* 12 de março de 1864, 5.
47. *CCD,* 11:695, 776; 12:319; Ritvo, *Animal Estate,* 126-48.
48. *The Times,* 29 de agosto de 1863, 9 e *Hull Packet and East Riding Times,* 4 de setembro de 1863 (a declaração de Hunt era uma resposta ao ataque do escravo fugido William Craft contra as leis sulistas que proibiam os casamentos mistos); "The Negro's Place in Nature", *Reader,* 3 (1864), 334-5; "The Negro's Place in Nature", *Index,* 24 de março de 1864; Huxley foi parafraseado em Allan, "On the Ape-Origin", 122; Lorimer, *Colour,* 159.

49. Hunt, *Negro's Place*; Van Evrie, *Negroes*, 23 (republicado depois da guerra, em 1868, como *White Slavery and Negro Subordination*); Hunt, "Physical and Mental Characters", 387.
50. Knox, "On the Application", 267; Stocking, *Victorian Anthropology*, 245; Stocking, "What's in a Name?", 375.
51. *AR*, 6 (1868), 304-5; "selvagem": *AR*, 1 (1863), 484. Sobre a concessão da licença a Darwin: S.E. Bouverie-Pusey, A.R. Wallace, Charler Carter Blake (que, mesmo assim, "fez objeções a ter poligenistas e transmutacionistas juntos") em *JASL*, 2 (1864), cxxviii, cxxix, cxxx-cxxxi, clxxiii. Até Hunt, pouco antes de morrer, reconheceu que "A origem das espécies é uma das publicações mais gloriosas e meritórias do século XIX": *AR*, 6 (1868), 78. C.S. Wake, um dos pouquíssimos monogenistas que ficaram na sociedade, estava preparado ao menos para falar do "progenitor comum" da teoria de Darwin, embora este não o aprovasse inteiramente: *JASL*, 5 (1867), cxiv-cxvi. Outro, o reverendo Sr. Macbeth, achava que Darwin "tinha de fato removido certas objeções à unidade do homem" e que a origem comum das línguas o corroborava: *JASL*, 6 (1868), cxv.
52. *Daily News*, 31 de agosto de 1863, 2; *AR*, 1 (1863), 388-9, 391. T.H. Huxley, "Negro's Place"; Ellegård, *Darwin*, 75; Hunt, "On the Physical and Mental Characters", 387; Stocking, *Victorian Anthropology*, 251; Driver, *Geographical Militant*, 98-9; *Leeds Mercury*, 3 de setembro de 1863.
53. *Caledonian Mercury*, 4 de setembro de 1863; *Hull Packet*, 4 de setembro de 1863; *The Times*, 29 de agosto de 1863, 9, sobre Craft a respeito da escravidão, e 31 de agosto de 1863; *Lloyd's Weekly Newspaper*, 6 de setembro de 1863; *Aberdeen Journal*, 9 de setembro de 1863; *Birmingham Daily Post*, 1º de setembro de 1863; e também sobre empréstimos aos confederados, *Belfast News-Letter*, 31 de agosto de 1863; *Leeds Mercury*, 2 de setembro de 1863.
54. Schaaffhausen, "Darwinism", cx; Rupke, "Neither Creation".
55. Hunt, "On the Application", 339; Amrein e Nickelsen, "Gentleman", 243, 255-8; Hunt, "Introductory Address", 8; Hunt, em *AR*, 6 (1868), 78.
56. *AR*, 6 (1868), 311; Vogt, *Lectures*, 378, 461-8; *CCD*, 13:230-31; 15:96-7. Na verdade, as palavras complicadas de Vogt foram: "Mas se essa pluralidade de raças for um fato [...] se essa constância for outra prova da grande antiguidade dos vários tipos [...], então todos esses fatos não nos levam a um tronco comum fundamental, a uma forma intermediária entre o homem e o macaco, mas sim a muitas séries paralelas" (*Lectures*, 467).
57. E. Richards, "Moral Anatomy", 422-30; Stocking, "What's in a Name?", 380-85; Driver, *Geographical Militant*, 98-9; Desmond, *Huxley*, 343; 700; J. Crawfurd a T.H. Huxley, 6 de outubro de 1866, Huxley Papers 12.335, Imperial College.

58. *JASL*, 2 (1864), cxxxii, cxxxiv. Hunt, Bendyshe e James McGrigor Allan eram os principais defensores de Vogt. Bendyshe era menos extremista que alguns dos outros; duvidava de que os "negros" eram uma espécie distinta, achava que os crânios africanos mostravam uma diversidade, com muitos deles bem parecidos com os dos europeus, e não descartaria a influência do clima na alteração das raças, mesmo que ele mostrasse uma preferência exagerada pela teoria dos múltiplos macacos: *JASL*, 2 (1864), xxxiv-xxxv. Ele também levantou problemas éticos interessantes. Suponha que um homem-macaco, que "a teoria darwinista" previu, ainda existe na África: dado o *ethos* caçador da época, o que um explorador devia fazer? No momento ele "atira e nos presenteia com uma pele de gorila", mas "quando estivesse cara a cara com a criatura intermediária, como devia agir? Como distinguimos entre um animal no qual devemos atirar triunfantes, e cuja pele seria mandada para casa e empalhada, e o homem cujo cérebro e esqueleto seriam igualmente interessantes: mas sobre a forma da morte de quem não devemos nos importar em saber?" Com os antropólogos deixando cada vez mais tênue a linha divisória entre o homem e o animal, dá para perceber uma semente ética que tinha o potencial de crescer e se transformar num arbusto problemático, cujos ramos acolhedores poderiam aceitar o próprio gorila um dia desses: *JASL*, 2 (1864), xxxv.
59. *JASL*, 6 (1868), xvi, cxxvi.
60. James McGrigor Allan, *JASL*, 6 (1868), cxv-cxvi e cxxvi-cxxvii; *AR*, 7 (1969), 178; Allan, "On the Ape-Origin", 124; Moore, "Deconstructing", e Desmond, *Huxley*, 374ss. sobre o destino do termo "darwinismo" até mais ou menos 1870.
61. Desmond, *Huxley*, 333. Sobre a Sociedade Etnológica dessa época: E. Richards, "Moral Anatomy", 421; E. Richards, "Huxley", 262, 266 ss.; Stocking, "What's In a Name?", 375-9; Stocking, *Victorian Anthropology*, 248-56; Rainger, "Race".
62. Marchant, *Alfred Russell Wallace*, 1:54; Moore, "Wallace's Malthusian Moment", 298; Fichman, *Elusive Victorian*, 31; Chitty, *Beast*, 193; Banton, "Kingsley's Racial Philosophy"; Horsman, *Race*, 77; Kingsley, *Charles Kingsley*, 1:223.
63. Brantlinger, *Dark Vanishings*, 183; Stepan, *Idea*, 75, sobre a crença de Wallace de que os polinésios poderiam produzir um dia uma civilização mais elevada que a da Europa. Por tudo isso, Wallace reconhecia também que, dado o confisco branco das terras coloniais e dado que a aquisição nativa de civilização era um lento processo orgânico, "mais cedo ou mais tarde, as raças inferiores, aquelas que designamos como selvagens, vão desaparecer da face da terra": *JASL*, 2 (1864), cx-cxi.

64. Wallace, *AR*, 7 (1869), 42; Jones, *Social Darwinism*, 33; Lartet, "New Researches", 58-65 sobre Aurignac.
65. Wallace, "Origin", clviii, clix, clxiii, clxv-clxvii, clxix. Huxley havia sido convidado para a leitura, mas recusou-se a comparecer, fazendo objeções ao "pessoal antropológico": A.R. Wallace a T.H. Huxley, 26 de fevereiro de 1864, Huxley Papers 28.91, Imperial College. Sobre a ciência mediadora de Wallace: E. Richards, "Moral Anatomy", 418 ss.; Durant, "Scientific Naturalism", 40-45; R. Smith, "Alfred Russel Wallace", 179-80; Kottler, "Charles Darwin", 388; J.S. Schwartz, "Darwin", 283-4. Sobre o socialismo de Wallace: Jones, "Alfred Russel Wallace".
66. Sidney Edward Bouverie-Pusey, *JASL*, 2 (1864), clxxiii: Hunt, "On the Application", 330, 333; e Hunt, "On the Doctrine", 113, sobre seu ataque a Wallace. Bouverie-Pusey também diferia dos antropólogos extremistas por acreditar que o "negro" só revelaria todo o seu potencial fora da escravidão: Bouverie-Pusey, "Negro", cclxxiv.
67. *CCD*, 6:515; Secord, *Victorian Sensation*, 371. Sobre a continuidade da seleção entre os homens civilizados: Lubbock, *Pre-Historic Times*, 480; *Descent*, 167. R.A. Richards, "Darwin", sobre a rejeição da analogia de Darwin entre espécies domésticas e selvagens por parte de Wallace.
68. *CCD*, 12:173, 216-17. A opinião de Darwin sobre a aristocracia originou-se em suas notas sobre os *Types of Mankind*, de Nott e Gliddon, escritas em 1855-6 (*Marginalia*, 603).
69. *CCD*, 12:220-22, 248; 13:208, 223.
70. Desmond, *Huxley*, 321, 330, 342-3; M. Forster a T.H. Huxley, 23 de outubro de 1865, Huxley Papers, 4.153, Imperial College.
71. *CCD*, 13:256, 262-3; E. Richards, "Huxley", 264-7, e A.R. Wallace a T.H. Huxley, 26 de fevereiro de 1864, Huxley Papers, 28.91, Imperial College, sobre o prazer de Wallace com a companhia de todos os colegas.
72. *CCD*, 13:278. Quanto mais Darwin protelava publicar seu material sobre as raças humanas, tanto mais provável que algum "precursor" pioneiro fosse descoberto. De modo que isso aconteceu em 1865: Brace falou a Darwin sobre um artigo de 1818 da Sociedade Real que havia aplicado "da forma mais distinta o princípio da Seleção Natural às raças humanas" (*CCD*, 13:279). Darwin acrescentou uma nota ao "Esboço Histórico" na quarta edição da *Origin* (ver Johnson, "Preface"), onde criou uma certa distância entre ele e o autor mais antigo, William Charles Wells, explicando que ele havia aplicado a seleção natural "somente às raças humanas, e somente a certas características", e não a todas as espécies: Peckham,

Origin, 62; *CCD*, 14:283; Wells, "William Charles Wells"; Erickson, "Anthropology and Evolution".

13. A ORIGEM DAS RAÇAS

1. *PP*, CP, 1866 ([3595 e 3749]), li.507, 791, p. 544, 618-19, 622, 642; *PP*, CP, 1866 ([3682]), xxx.1, p. 115-16. Cf. Hall, *Civilising*, 59-60, 197.
2. Carlyle, "Shooting", 325; Hall et al., *Defining*, 185; *JASL*, 3 (1865), i; Edward John Eyre, *ODNB*.
3. Semmel, *Governor Eyre*, 46-53; Hall, *Civilising*, 23, 57-8; George William Gordon, *ODNB*.
4. Semmel, *Governor Eyre Controversy*, 62; Hall et al., *Defining*, 179-204; Colaiaco, *James Fiztjames Stephen*, 38; Bolt, *Anti-Slavery Movement*, 39-40. Dutton, *Hero*, defende Eyre à luz de suas façanhas anteriores como explorador australiano.
5. Kostal, *Jurisprudence*, 135, 146, 148-9, 159; Mill, *Autobiography*, 298. Buxton "fala de 'paz', sem dúvida! Se eu fosse um nortista, seria mais fácil fazer as pazes com um jovem tigre ao meu lado do que com o fanatismo sulista", disse Francis Newman (agora membro do Comitê da Jamaica) a Fanny Mackintosh Wedgwood no dia 5 de janeiro de 1863, Wedgwood E58/32357.
6. Mill, *Autobiography*, 299; *JASL*, 4 (1866), lxxviii; Stocking, "What's in a Name?", 379.
7. *The Times*, 23 de agosto de 1866, 7; Semmel, *Governor Eyre Controversy*, 88-95; *CCD*, 7:379-80, 407, 409, 411 sobre Kingsley e Darwin; Peckham, *Origin*, 748 (*183.3:b*). O 20º conde reuniria a maior e mais célebre coleção de instrumentos de tortura de segunda mão — algemas, ferros de marcar, anjinhos, açoites, chicotes, açaimos etc.: Ichenhäuser, *Illustrated Catalogue*.
8. *CCD*, 9:302-3; 13:450-51; "Ex-Governor Eyre at Southampton", *The Times*, 23 de agosto de 1866, 7. Nessa época, o único "Darwin" residente em Southampton parece ter sido William Erasmus Darwin. A lista de endereços do correio atribui a William E. Darwin o endereço 1 Carlton Terrace; as listas relativas a 1865 e 1867 dizem que W.E. Darwin morava em 25 High Street (endereço do Banco de Southampton e Hampshire, do qual era sócio; William Erasmus Darwin, *ODNB*); e a lista relativa a 1860 diz que ele morava em Ashton Lodge, Bassett, perto de Southampton. O único "Darwin" do censo local de 1871 é William E. Darwin, banqueiro e proprietário de terras, de Ashton Lodge, paróquia de North Stoneham. Nossos agradecimentos a Vicky Green por estas e outras informações locais.

9. *CCD*, 13:256, 278; *The Times*, 24 de agosto de 1866, 6. Wallace não considerava Hunt "adequado para ser presidente" da Sociedade Antropológica: A.R. Wallace a T.H. Huxley, 26 de fevereiro de 1864, Huxley Papers 28.91, Imperial College.
10. Hunt, "Application", 320-21, 326-7, 337 (cf. Kenny, "From the Curse", 378); *The Times*, 25 de agosto de 1866, 9. O exemplar de Darwin publicado em separata (DRC G.387) tem a dedicatória "John Crawfurd, Escudeiro, com todo o respeito do autor", presumivelmente com a caligrafia de Hunt, de modo que Hunt deve ter enviado esse exemplar a Crawfurd. A contracapa tem o endereço de Darwin em Downe com uma caligrafia diferente, provavelmente de Crawfurd, com um selo de um penny colado nela. Portanto, Crawfurd estava passando adiante um exemplar que era cortesia do autor.
11. Hunt, "Application", 329, 330-31, 339-40 e DRC G.387, 9, 19, 21; *Origin*, 199.
12. *The Times*, 14 de setembro de 1866, 6; Carlyle, citação de Kostel, *Jurisprudence*, 184. Dos 68 membros do comitê, uma dúzia havia sido identificada como ex-donos de escravos ou seus descendentes imediatos: Draper, "Possessing".
13. O *Hampshire Independent* (22 de agosto 1866), o *Hampshire Advertiser* (25 de agosto de 1866) e o *Southampton Times* (25 de agosto de 1866) tinham todos um "Darwin" na sua lista de convidados, que pode ter sido entregue à imprensa, embora os jornais deem versões ligeiramente diferentes. Os nomes de Atherley, Maddison, Pearce e Hankinson, os outros sócios do banco de Southampton entre 1865 e 1869, não aparecem entre os convidados, nem na lista de assinaturas do Comitê de Defesa e Ajuda a Eyre, datada de 11 de outubro de 1866: *Eyre Defence*, 25-31.
14. *CCD*, 14:322; diário de Emma Darwin, DAR 242.30; recordações de William Erasmus Darwin, 4 de janeiro de 1833, DAR 112.2. Nos diários de Emma, não se nota nenhum outro mal-estar de Darwin entre 29 de julho de 1866 e 19 de fevereiro de 1867. Harry Wedgwood, tio de William e um afável advogado aposentado, também estava em Downe naquele fim de semana. É possível que Darwin também estivesse agitado por saber que sua irmã Susan estava gravemente doente e logo morreria.
15. Notas botânicas em DAR 48:A16, DAR 49:75 e DAR 54:27; *CCD*, 12:188. Nossos agradecimentos a Randal Keynes por essas referências. Darwin aconselhava os visitantes da região "a cruzarem Holwood Park a pé — muito bonito" (*CCD*, 9:165). Ver Killingray, "Beneath the Wilberforce Oak".
16. Recordações de William Erasmus Darwin, 4 de janeiro de 1883, DAR 112.2; Robert Monsey Rolfe, *ODNB*; *CCD*, 10:575-6, 14:414; R.M. Rolfe, barão de Cranworth, a G. Ticknor, 30 de agosto de 1866, Dartmouth College Library.

Cranworth correspondeu-se durante anos com Charles Sumner, o senador republicano dos Estados Unidos que, enquanto se recuperava na Europa do espancamento sofrido no Senado, "andava a pé" por Holwood com Cranworth (Pierce, *Memoir*, 3:550; e também 543). Sobre a Guerra Civil: Cranworth a C. Sumner, 13 de março de 1865, MS Am 1 (1571), com permissão da Houghton Library, Harvard University.

17. T.H. Huxley, "Mr. Huxley"; *Pall Mall Gazette*, 29 de outubro de 1866; *Anti-Slavery Reporter*, 3ª série (1866), 278-9, 286.
18. Hooker, citação de H. Hume, *Life*, 283; *CCD*, 14:373.
19. *LTH*, 1:278ss.; H. Hume, *Life*, 283; *CCD*, 10:127; 14:385, 393.
20. Kostal, *Jurisprudence*, 181; Semmel, *Governor Eyre Controversy*, 143-5; *The Times*, 29 de novembro de 1866, 8; diário de 1866 de Emma Darwin, DAR 242.30; *CCD*, 14:340-41, 482.
21. Recordações de William Erasmus Darwin, 4 de janeiro de 1883, DAR 112.2. Entendemos que as palavras "gastar o excedente do fundo num banquete" implicam que William via o êxito do processo judicial como motivo de comemoração: cf. Desmond e Moore, *Darwin*, 541.
22. *AR*, 6 (1868), 461 (que isso *era* uma ironia fica provado pela história que se segue sobre o êxito da força policial em fuzilar negros "encrenqueiros" da região norte de Queensland); Hunt citado em S. Courtauld a H. Martineau, 29 de dezembro de 1866 — 2 de janeiro de 1867, Harriet Martineau Papers HM 270, Birmingham University Library.
23. *CCD*, 14:404, 411 n4; sobre Kingsley: *CCD*, 14:414, 15:31; cf. Emma Darwin à sua filha Henrietta [15 de setembro 1866], DAR 219.9:45.
24. Wallace, *Scientific Aspect*, 42-3, 49-50, originalmente em *English Leader*, 11 de agosto — 29 de setembro de 1866; Holyoake, *History*, 517; McCabe, *Life*, 2:6; Holyoake, *Sixty Years*, 2:78; cf. L. Barrow, *Independent Spirits*, 25ss. Darwin pode ter recebido o panfleto de Wallace durante sua estadia em Londres, 22-9 de novembro: *CCD*, 15:39. Wallace enviou o exemplar de Huxley no dia 22: Marchant, *Alfred Russell Wallace*, 2:187-8. O exemplar sem anotações de Darwin foi para a Biblioteca da Universidade de Cambridge em 1899, depois da morte de Emma, com outros livros de sua biblioteca: Anon., "List."
25. *Natural Selection*, 11-14; *CCD*, 14:438. Indo além das "poucas formas ou... da única" em que a "força" da vida foi "originalmente insuflada" (p. 490) em *A origem das espécies*, Darwin agora dizia com a maior confiança que, por analogia, era "provável que todos os seres vivos tenham descendido de um único protótipo" (C. *Variation*, 1:13).

26. *CCD*, 15:141; C. *Variation*, 1:135, 203-4. Como no manuscrito de "Seleção natural", Darwin usa exemplos de seres humanos para ilustrar questões gerais sobre animais (*Variation*, 2: cap. 12).
27. *CCD*, 14:430, 437, 439; 15:15, 53, 58, 80; *Marginalia*, 424, 526, 557; *Notebooks*, T26.
28. *CCD*, 15:74; cf. p. 141. Só foram encontrados fragmentos do manuscrito de *Descent of Man*, de Darwin (1871). A primeira parte, os capítulos 1-6, era um "rascunho em estado bruto" — também "meu ensaio" e "meu manuscrito" [*Descent*, 1:3-4) — a 6 de novembro de 1868, quando Darwin recebeu um exemplar de *Natürliche Schöpfungschichte*, de Ernst Haeckel. Foi então que ele acrescentou uma dúzia de referências a Haeckel no rascunho, e todas, exceto duas (além das páginas introdutórias), aparecem nos capítulos 1-6. Seis das referências são à *Generelle Morphologie* de Haeckel, recebida por Darwin no outono anterior; não se sabe se essas referências foram acrescentadas. O capítulo 7, "As Raças Humanas", não menciona Haeckel. Por fim, no dia 27 de janeiro de 1867, Darwin pensou em acrescentar um capítulo sobre o homem em *Variation* (*CCD*, 15:53). Quatro referências ao "capítulo sobre o homem" nos documentos inéditos de Darwin dizem respeito a material incorporado aos capítulos 1-6; uma delas, "Tudo para o Capítulo sobre o Homem" (*Marginalia*, 336), foi escrita num livro publicado em 1869. Portanto, embora o "rascunho em estado bruto", "ensaio" ou "manuscrito" ao qual Darwin adicionou as referências a Haeckel provavelmente fosse parte, ou tenha servido de base aos capítulos 1-6, Darwin continuou se referindo a essa primeira parte de *Descent* como o "capítulo sobre o homem" muito tempo depois de saber que estava escrevendo um livro.
29. *CCD*, 15:74, 141.
30. *CCD*, 15:92-3, 179-80; P.R. Kirby, *Sir Andrew Smith*, 339-40. Em 1868, Darwin disse a mesma coisa a Alphonse de Candolle, que foi "parcialmente levado" a publicar "por ter sido acusado de esconder minhas opiniões": *LLD*, 3:93-9.
31. *CCD*, 15:96-7.
32. *CCD*, 15:105-6, 109, 132-3, 137, 141, 237-8, 240, 250-51; Wallace, "Mimicry", 37-8; Wallace, "Darwin's 'The Descent'", 177; *LLL*, 2:432. Wallace estava ampliando os estudos de Henry Walter Bates, muito admirado por Darwin, que havia feito uma resenha sobre a obra de Bates: C. Darwin, "Contributions"; cf. Kottler, "Charles Darwin", 417-19; Cronin, *Ant*, caps. 5-6; J. Smith, "Grant Allen".
33. *MLD*, 1:303, 316; 2:78.
34. *Descent*, 2:17, 20; *MLD*, 2:78; *LLD*, 3:92; Darwin a E. Haeckel, 6 de fevereiro de 1868, Ernst-Haeckel-Haus, Friedrich-Schiller-Universität Jena.

35. E. Haeckel a Darwin, 23 de março de 1868, DAR 166:47. Cf. R.J. Richards, *Tragic Sense*, 156-8; Darwin a T.H. Huxley, 21 de fevereiro [1868], Huxley Papers 5.260, Imperial College; T.H. Huxley, "On the Ethnology". Fazendo um elogio estratégico, Darwin dá a Haeckel o crédito de "único autor" da década de 1860 que "discutiu [...] o tema da seleção sexual e percebeu toda a sua importância" (*Descent*, 1:5). Mas não há nada na *Natürlich Schöpfungschichte* de Haeckel sobre seleção sexual e raças humanas — Darwin escreveu em seu exemplar, recebido em novembro de 1868, "Nada sobre Seleção Sexual" (*Marginalia*, 358) — nem na passagem para a qual Haeckel chama a atenção de Darwin em sua *Generelle Morphologie*, recebida por Darwin em outubro ou novembro de 1866 (2:247; E. Haeckel a Darwin, 23 de março de 1868, DAR 166.47), nem, na verdade, no artigo de Haeckel de 1868 ao qual Darwin se refere em *Descent*, 1:199n.
36. Hughes, *Fatal Shore*, 422-4; sobre as imagens, Huxley Manuscripts 1:16, Imperial College, e Desmond, *Huxley*, 397-8; Beer, "Travelling", 327; Bravo, "Ethnological Encounters", 344; Staum, "Nature", 480.
37. Stocking, *Victorian Anthropology*, 126; Augstein, *James Cowles Prichard's Anthropology*, 236; Tylor, *Researches*, 365; Lubbock, *Pre-Historic Times*, 460-64; sobre Argyll, J.D. Hooker a T.H. Huxley [setembro de 1869], Huxley Papers 3.126, Imperial College, e Gillespie, "Duke", 44ss.
38. *Descent*, 1:35, 68-9, 182; Stringer, "Rethinking", 542-3 sobre Tylor; Jones, "Social History", 11-14; Bowler, "From 'Savage'"; Lorimer, *Colour*, sobre as atitudes que estavam ficando rígidas a respeito da possibilidade de os negros chegarem a se tornar nobres; Kuper, "On Human Nature", sobre a etnografia "pré-darwinista" de Darwin; Radick, "Darwin", 9-10, para uma outra forma de ver o uso recorrente de "superior" e "inferior" a que Darwin recorre ao falar da natureza; Alter, "Race", sobre o conflito entre as opiniões iniciais e finais de Darwin sobre a hierarquia da natureza.
39. Tylor, *Researches*, 2-3, 5-6; *MLD*, 1:303; Stocking, "What's in a Name?", 383-4 e Rainger, "Race", 68, sobre as atividades políticas; Lorimer, "Theoretical Racism", 412ss. sobre a direção subsequente do Instituto e retorno de abordagens prichardianas atualizadas.
40. *Descent*, 1:94, 2:337, 343, 357, 365-8, 383, 404-5; M'Lennan, *Primitive Marriage*, 71-2, 85; A.R. Wallace a C. Darwin, 2 de março de 1869, DAR 82:13, 85:98 sobre as mulheres; Moore, "Wallace", sobre o rompimento do noivado. Sobre M'Lennan ter conhecido Darwin: J.F. M'Lennan a Darwin, 6 de março de 1871, DAR 171:17.
41. A.R. Wallace a C. Darwin, 20 de outubro de 1869, DAR 106.7 (série 2): 86-7; Marchant, *Alfred Russel Wallace*, 1:243; Wallace, "Charles Lyell", 391-2; C. Lyell a J.

Murray [1969?], 3 de fevereiro de 1869, John Murray Archives, National Library of Scotland; Emma Darwin à sua irmã Sarah Elizabeth Wedgwood [março de 1871], Wedgwood W/M 168.

42. *Descent*, 2:388.
43. *Descent*, 1:168-9.
44. "Irishman" a C. Darwin, 13 de junho de 1877, DAR 69:12; Moore e Desmond, "Introduction", xlvi; Greg, citado em *Descent*, 1:174 (cf. R.J. Richards, *Darwin*, 173, e Helmstadter, "W.R. Greg"); *Descent*, 1:167-80; Jones, *Social Darwinism*, 102. Sobre o ataque de sátiras darwinistas sobre os "macacos" irlandeses: Curtis, *Apes*.
45. *LLD*, 3:131; Marchant, *Alfred Russell Wallace*, 1:254; Burkhardt e Smith, *Calendar*, 7171, 7400; *Descent*, 1:65, 106; Moore, "Of Love", 204-6. Sobre o recato das referências sexuais em *Descent*: Dawson, *Darwin*, 32-3.
46. Charles Darwin a Francis Darwin [28 de fevereiro de 1871], DAR 271; De Beer, "Darwin's Journal", 18. Nas vendas da Taverna Albion, John Murray recebeu encomendas de 2.390 exemplares (Sales Ledger, 1869-70, John Murray Archives, National Library of Scotland), mas o livro vendeu tão bem que os revendedores fizeram novas encomendas imediatamente e, no mês seguinte, Murray ofereceu a Darwin um adiantamento de £800, relativos a uma segunda edição (Paston, *At John Murray's*, 232).
47. "Mr. Darwin on the Descent of Man", *The Times*, 7-8 de abril de 1871; Dawson, *Darwin*, 41-2; W.B. Dawkins, "Darwin", 195. Sobre as ameaças judiciais às camadas inferiores até mesmo no final do século; Desmond, *Huxley*, 642; Marsh, *Word Crimes*.
48. *Descent*, 1:65-70, 94, 96, 98, 101-2; Ruse, "Charles Darwin", 626-8, sobre o uso que Darwin faz da seleção do grupo para aumentar o senso moral; Sober e Wilson, *Unto Others*, 4ss.; Engels, "Charles Darwin's Moral Sense", 41-6. Sobre a antropologia enquanto "conversa de nobres entre si" que permite suposições acríticas sobre classe e raça: Beer, *Open Fields*, cap. 4. A "Introduction" de Moore e Desmond menciona aspectos de gênero da seleção sexual, mas não desenvolvemos esse tema aqui. Ele vai ser discutido exaustivamente na obra de Eveleen Richards, *Sexing Selection: Darwin and the Making of Sexual Selection*, que está no prelo.
49. Burkhardt e Smith, *Calendar*, 7323; Moore, "Deconstructing".
50. Van Riper, *Men*; Bynum, "Charles Lyell's *Antiquity*"; Grayson, *Establishment*, cap. 8.
51. *Descent*, 1:20, 25, 199, 206.

52. *Descent*, 1:3, 197; Vogt, *Lectures*, 454; Desmond, *Archetypes*, 165.
53. *The Times*, 25 de maio de 1864, 8-9; E.W. Cooke a T.H. Huxley, 8 de fevereiro de 1862, Huxley Papers, 12.314, Imperial College, sobre o cardeal nas aulas de Huxley.
54. Darwin a T.H. Huxley, 5 de dezembro [1873], Huxley Papers, 5.305, Imperial College. Sobre o debate a respeito do tamanho do cérebro do macaco: Gross, 'Hippocampus Minor"; Cosans, "Anatomy"; C.U.M. Smith, "Worlds"; L.G. Wilson, "Gorilla"; Rupke, *Richard Owen*, 270-82; Desmond, *Archetypes*, 75.
55. P. du Chaillu a R. Owen, 19 de agosto de 1864, Richard Owen Correspondence, 10.173, Natural History Museum; McCook, "It May be Truth", sobre du Chaillu; *TASL*, 1 (1863), xxv (a pele foi apresentada por Winwood Reade); Burrow, *Evolution*, 119; *Punch*, 18 de maio de 1861 e Curtis, *Apes*, 22 sobre o irlandês simiesco de *Punch*. Sobre o impacto literário dos macacos: Hodgson, "Defining". Darwin sequer leu a obra de du Chaillu, *Explorations and Adventures in Equatorial Africa* (1861), quando ela foi publicada (*CCD*, 9:149, 202).
56. *Descent*, 1:143, 156, 240-48; 2:376; *Primeval Man*, 66. Embora a seleção sexual tenha sido ignorada durante um século ou mais (B. Campbell, *Sexual Selection*), depois houve um interesse renovado pela possibilidade de que ela desempenhasse um papel não só no sentido de alterar a cor dos olhos e dos cabelos, mas que pode ter acentuado o dimorfismo sexual das populações europeias, produzindo cinturas mais finas e quadris mais largos nas mulheres — e o interessante (dada a suspeita do próprio Darwin) é que pode ter modificado a cor da pele dos europeus. Aqui ela pode até mesmo ter agido de maneira dimórfica para produzir peles diferentes, mais escuras nos homens e mais claras nas mulheres. Como introdução a essa última pesquisa controvertida: cf. P. Frost, "Human Skin-Colour Sexual Dimorphism: A Test of the Sexual Selection Hypothesis", *American Journal of Physical Anthropology*, 133 (2007), 779-80; P. Frost, "European hair and eye colour — A Case of Frequency-Dependent Sexual Selection?", *Evolution and Human Behavior*, 27 (2006), 85-103; e K. Aoki, "Sexual Selection as a Cause of Human Skin Colour Variation: Darwin's Hypothesis Revisited", *Annals of Human Biology*, 29 (2002), 589-608, com L. Madrigal e W. Kelly, "Human Skin-Colour Sexual Dimorphism: A Test of the Sexual Selection Hypothesis", *American Journal of Physical Anthropology*, 132 (2006), 470-82, que questiona a evidência em favor da seleção sexual afetar a cor da pele.
57. "Mr. Darwin on 'The Descent of Man'", *Daily News*, 23 de fevereiro de 1871; Freeman, "Introduction", 5. Outros comentaristas não tiveram dificuldade em ver que a seleção sexual dizia respeito à diferenciação das raças: Tipton, "Darwin's Beau-

tiful Notion"; Hiraiwa-Hasegawa, "Sight", 16-17. Ernst Mayr concordava que a seleção sexual foi desenvolvida para explicar a origem das diferenças raciais, mesmo que, por estranho que pareça, "todos os exemplos que [Darwin] cita nas mais de 300 páginas que falam de seleção sexual em animais refiram-se ao dimorfismo sexual" e não à diferença racial: Mayr, "Descent", 33-4, 44.

58. "Mr. Darwin on the Descent of Man", *The Times*, 7-8 de abril de 1871; *Examiner* (Londres), 4 de março de 1871; *Descent*, 1:213.
59. "Mr. Darwin on the Descent of Man", *The Times*, 7-8 de abril de 1871.
60. *Descent*, 1:63-4; 2:233; Briggs, *Victorian Things*, 264, 271; Newton, *Zoological Aspect*, 6-7; Tipton, "Darwin's Beautiful Notion", 123.
61. *Descent*, 1:221, 225-9.
62. *Descent*, 1:34, 232-3. Até o Santo de Clapham George Mivart (*Essays*, 2:33), o mais fervoroso crítico católico de *Descent*, engoliu o orgulho para "agradecer" a Darwin por suas "declarações muito distintas e incondicionais sobre a unidade substancial das faculdades mentais do homem".
63. *Descent*, 1:35. Ninguém identificou "Howard". É bem possível que Darwin estivesse se referindo ao humanista e reformador de prisões do século XVIII John Howard (1726-90), cujo busto ficava no muro da prisão de Shrewsbury e que foi a inspiração da Liga Howard de Reforma Penal. As mulheres da família Wedgwood interessaram-se pela reforma penal, e a biblioteca pessoal de Emma tinha a obra de Thomas Wrightson, *On the Punishment of Death* (3ª ed., 1837), enquanto a biblioteca de Maer tinha Basil Montagu, *Opinions of Different Authors on the Punishment of Death* (3 vols., 1809-24), ambos sobre a pena de morte (Anon., "List"; *Catalogue*). Antes do nascimento de Darwin, sua tia Sarah Wedgwood escrevera sobre "a leitura da visão de Howard sobre prisões &c na Inglaterra & na Europa": "Suponho que nunca nasceu um homem desses..." (Sarah Elizabeth Wedgwood a Jessie Howard, em seu esboço autobiográfico de Erasmus Darwin, que cita a poesia de seu avô como algo que mostrava o quanto ele "simpatizava sinceramente com o trabalho nobre de Howard de reforma da condições das prisões em toda a Europa" (C. Darwin, "Preliminary Notice", 47). Mas, em 1871, outro "Howard" era conhecido dos defensores da emancipação. O general de brigada Otis Howard era o comissário do Departamento de Homens Libertos, nomeado pelo presidente depois da Guerra Civil. Ele havia começado um programa maciço de escolarização dos negros libertos após o conflito. Em Mobile, Nott dissera a Howard que preferia ver sua escola de medicina "reduzida a cinzas" a transformá-la numa escola de Homens Libertos, mas não adiantou. Numa carta a Howard, republicada pela Sociedade Antropológica, Nott conde-

nava essa educação igualitária do pós-guerra como uma ameaça ao progresso dos Estados Unidos, pois as raças não poderiam "conviver praticamente em nenhuma outra condição além de senhor e escravo". Sem se deixar intimidar, Howard viajou pelo Sul, distribuindo um milhão de dólares, fundando hospitais e mais de 2 mil escolas para os ex-escravos. Trabalhou em circunstâncias terríveis, com os professores hostilizados pelo "monstro terrível, sem sombra de dúvida", a Ku-Klux-Klan, que estava em ascensão. Apesar disso, ele baixou decretos sobre roupas e rações de emergência, lutou pelo direito de propriedade do ex-escravo e finalmente fundou a Howard University para estudantes negros em 1867 (Nott, "Negro Race", 105; Haller, *Outcasts*, 81; C. Loring Brace, "Ethnology", 523-4). O general Howard e o Departamento de Homens Libertos foram extensamente discutidos em *The Times* e, como Darwin disse a Gray depois da guerra "Continuamos profundamente interessados nas questões americanas; na verdade, não me importo com mais nada em *The Times*" (*CCD*, 13:222-3). Muitas instituições de caridade da Grã-Bretanha fundiram-se com a União Nacional de Auxílio aos Homens Libertos da Grã-Bretanha e Irlanda (fundada no dia 24 de abril de 1866), que foi muito ativa, tinha muitos membros do Comitê da Jamaica e levantou US$ 800 mil para o Departamento de Homens Libertos (*The Times*, 25 de abril de 1866; 19; Howard, *Autobiography*, 1:196, 271, 292, 369, 375).

64. *Descent*, 1:235; Haller, *Outcasts*, 86; C.L. Brace, *Races*, iv.

BIBLIOGRAFIA

MANUSCRITOS

American Philosophical Society, Filadélfia

Samuel George Morton Papers
T.H. Huxley a C. Lyell, 26 de junho de 1859, B/D25.L

Birmingham University Library, Edgbaston

Cartas de Charles Baker, Joseph e Richard Matthews, Church Missionary Society Unofficial Papers, CMS/B/OMS/ C N O 18/24 e O61/.
Documentos de Harriet Martineau

Cambridge University Library

Charles Darwin Collections (Darwin Manuscripts, Darwin Library, Darwin Reprint Collection)
Cartas de Robert FitzRoy a membros da família, 182?-1834, Add. 8853
William Marsh a John Stevens Henslow, 20 de março de 1829, Add. 8176:106
Petições da Universidade ao Parlamento sobre o tráfico de escravos, 1814 e 1823, CUR 50 (8)

Dartmouth College Library

Ticknor Autograph Collection [Coleção de Autógrafos Ticknor]

Down House, Downe, Kent

Beagle field notebooks [Cadernos de anotações de campo do Beagle], EH1.1-18
"Catalogue of Down Specimens", EH 88202576

Durham University Library

Political and Public Papers of 2nd Earl Grey [Documentos políticos e públicos do 2º conde Grey] (1764-1845)

Edinburgh University Library

Correspondência de Sir Charles Lyell
Plinian Society Minutes M.S.S. [Atas da Sociedade Pliniana] 1(1826-28), Dc.2.53.

Ernst-Haeckel-Haus, Friedrich-Schiller-Universität Jena

Correspondência de Ernst Haeckel

Gray Herbarium Library, Harvard University

Documentos de Asa Gray

Harvard Archives, Harvard University Library

Documentos de Francis Ellingwood Abbot

Houghton Library, Harvard University

Documentos de Louis Agassiz
Documentos de Charles Eliot Norton
Correspondência de Charles Sumner

Imperial College of Science and Technology, Londres

Arquivos de Thomas Henry Huxley (Manuscritos de Huxley, Documentos de Huxley)

Jesus College, Cambridge University

Notas de Arthur Gray

Mitchell Library, Sydney, Austrália

Philip Gidley King, the Younger, Journal, 1831-1833 [Philip Gidley King, Jr., Diário]; Autobiography (1894); Reminiscences of Charles Darwin, 1831-1836 (1892), FM 4/6900

National Archives, Kew, Richmond, Surrey

Diário de bordo do navio: HMS *Beagle*, 4 de julho de 1831 a 17 de novembro de 1836. Arquivos do Almirantado, Diários de Bordo dos Navios, ADM 53/236

Diário de bordo do capitão: HMD *Samarang*, 1º de março de 1831 a 31 de dezembro de 1839. Arquivos do Almirantado, Diários de Bordo dos Capitães, ADM 51/3432

Diário de bordo do navio: HMS *Samarang*, 3 de junho de 1831 a 2 de junho de 1832. Arquivos do Almirantado, Diários de Bordo dos Navios, ADM 53/1318

National Library of Jamaica, Kingston

Manuscrito de Feurtado

National Library of Scotland

Arquivos de John Murray

Natural History Museum, Londres

Correspondência de Richard Owen
Documentos da Família de Alfred Russell Wallace

Royal Botanic Gardens, Kew, Richmond, Surrey

Cartas de Asa Gray

Royal College of Surgeons of England

E. Belfour a R. FitzRoy, 31 de janeiro de 1831

Royal Society of London

Correspondência de Robert FitzRoy com Sir John e Lady Herschel, Documentos Herschel

Shropshire Archives, Shrewsbury

Diários de Katherine Plymley, Documentos de Corbett of Longnor

Suffolk County Record Office, Ispwich

Livro de recortes, correspondência etc. de Henslow, c. 1820-1840, HD 654/1

UK Hydrographic Office, Taunton, Somerset

Cartas de Robert FitzRoy a Francis Beaufort, 1831-33

Wedgwood Museum, Barlaston, Staffordshire

Arquivo Wegwood

Zoological Society of London

Atas do Conselho

PUBLICAÇÕES

Muitas resenhas e editoriais anônimos e outros artigos de jornais são citados na íntegra nas Notas. O local de publicação é Londres, a não ser que seja citado o nome de outra cidade.

Abreviações Usadas na Bibliografia

AMNH	Annals and Magazine of Natural History
ANH	Archives of Natural History
AR	Anthropological Review
AS	Annals of Science
BBMNH	Bulletin of the British Museum (Natural History), Historical Series
BJHS	British Journal for the History of Science
CMJR	Charleston Medical Journal and Review
CUP	Cambridge University Press
ENPJ	Edinburgh New Philosophical Journal
ER	Edinburgh Review
HPLS	History and Philosophy of the Life Sciences
HS	History of Science

JASL	*Journal of Anthropological Society of London*
JESL	*Journal of the Ethnological Society of London*
JHB	*Journal of the History of Biology*
JHI	*Journal of the History of Ideas*
JHMAS	*Journal of the History of Medicine and Allied Sciences*
JNH	*Journal of Negro History*
OUP	Oxford University Press
SA	*Slavery and Abolition*
SHB	*Studies in History of Biology*
SHPBBS	*Studies in History and Philosophy of Biological and Biomedical Sciences*
SHPS	*Studies in the History and Philosophy of Science*
SL	*Slavery and Liberation*
SQR	*Southern Quarterly Review*
VS	*Victorian Studies*
UP	University Press

Ackerson, W. *The African Institution (1807-1827) and the Antislavery Movement in Great Britain* (Lewiston, NY: Mellen, 2005).

Addenbrookes Hospital, *The State of Addenbrookes Hospital in the Town of Cambridge for the Year Ending at Michaelmas 1826 &c.* (Cambridge: impresso para o Hospital, 1826 &c).

Agassiz, E.C.C., *Louis Agassiz: His Life and Correspondence*, 2 vols. (Boston: Houghton, Mifflin, 1893).

A[gassiz], L., The Diversity of Origin of the Human Races, *Christian Examiner*, 49 (julho de 1850), 110-45.

——, *Essay on Classification*, E. Lurie, org. (Cambridge, MA: Belknap Press of Harvard UP, 1962; publicado originalmente em 1857).

——. Geographical Distribution of Animals, *Christian Examiner*, 48 (março de 1850), 181-204.

——. A Period in the History of our Planet, *ENPJ*, 35 (1843), 1-29.

——. Sketch of the Natural Provinces of the Animal World and their Relation to the Different Types of Man, em Nott e Gliddon, *Types of Mankind*, lviii-lxxviii.

Ahlstrom, S.E., *A Religious History of the American People* (New Haven, CT: Yale UP, 1972).

Ainsworth, W.F., Mr. Darwin, *Athenaeum*, nº 2, 846 (13 de maio de 1882), 604.

Alatas, S., *The Myth of the Lazy Native* (Cass, 1977).

Allan, J.M., Europeans, and their Descendants in North America, *JASL*, 6 (1868), cxxvi-cxlii.

——. On the Ape-Origin of Manking, *Popular Magazine of Anthropology*, 1 (1866), 121-8.

Allen, P., *The Cambridge Apostles: The Early Years* (Cambridge: CUP, 1978).

Alter, S.G. The Advantages of Obscurity: Charles Darwin's Negative Inference from the Histories of Domestic Breeds, *AS*, 64 (2007), 235-50.

—. Race, Language, and Mental Evolution in Darwin's "Descent of Man", *Journal of the History of the Behavioral Sciences*, 43 (2007), 239-55.

—. Separated at Birth: The Interlinked Origins of Darwin's Unconscious Selection Concept and the Application of Sexual Selection to Race, *JHB*, 40 (2007), 231-8.

Amrein, M. e K. Nickelsen, The Gentleman and the Rogue: The Collaboration Between Charles Darwin e Carl Vogt, *JHB*, 41 (2008), 237-66.

Anon, An Issue with the Reviewer of "Nott's Caucasian and Negro Races", *SQR*, 8 (1845), 148-90.

Anon., List of Donations received during the Year 1899: from the Executors of the Late Mrs. Darwin, *Cambridge University Reporter*, 30 (1900), 1079-80.

Anon., *Museum Brookesianum: A Descriptive and Historical Catalogue of the Remainder of the Anatomical & Zootomical Museum, of Joshua Brookes, Esq. F.R.S., F.L.S., F.Z.S. &c.* (Wheatley & Adlard, 1830).

Anon., Natural History of Man, *United States Magazine and Democratic Review*, 26 (1850), 327-45.

Anon., Natural History of Man, *United States Magazine and Democratic Review*, 30 (1852), 430-44.

Anon., *Negro Slavery: or, A View of Some of the More Prominent Features of that State of Society, as it exists in the United States of America and in the Colonies of the West Indies, especially in Jamaica* (Hatchard, 1823).

Anon., Notices of New Works, *Southern Literary Messenger*, 15 (1849), 638-40.

Anon., On the Study of Profecy, *Morning Watch*, 1 (1829), 1-11.

Anon., On the Unity of Human Race, *SQR*, 10 (1854), 273-304.

Anon., The Original Unity of the Human Race, *New Englander*, 8 (1850), 543-84.

Anon., Origin and Characteristics of the American Aborigines, *United States Magazine and Democratic Review*, nova série, II (1842), 603-21.

Anon., Statistics of Population and Trade, *DeBow's Review*, 7 (1849), 167-72.

Anon., Unity of the Human Race, *SQR*, 9 (1846), 1-57, 372-91.

Anon., Varieties of Human Race, *Report of the Tenth Meeting of the British Association for the Advancement of Science; held at Glasgow in August 1840* (Murray, 1841), 449-58.

Anstey, R., *The Atlantic Slave Trade and British Abolition, 1760-1810* (Macmillan, 1975).

Anti-Slavery Society, *Account of the Receipts and Disbursements of the Anti-Slavery Society for the Years 1823... with a List of Subscribers* (impresso para a Sociedade Antiescravidão, 1823, &c).

—. *Ladies's Anti-Slavery Associations* (impresso para a Sociedade Antiescravidão [1828]).

Arbuckle, E.S., org., *Harriet Martineau's Letters to Fanny Wedgwood* (Stanford, CA: Stanford UP, 1983).

Argyll, The Duke of, *Primeval Man* (Strahan, 1869).

Armstrong, P., Charles Darwin's Visit to the Bay of Islands, December 1835, *Auckland Waikato Historical Journal* (abril de 1992), 10-24.

——. Darwin's Perception of the Bay of Islands, New Zealand, 1835, *New Zealand Geographer*, 49 (1993), 26-9.

——. Three Weeks at the Cape of Good Hope 1836: Charles Darwin's African Interlude, *Indian Ocean Review* (junho de 1991), 8-9.

Ashworth, J.H., Charles Darwin as a Student in Edinburgh, 1825-1827, *Proceedings of the Royal Society of Edinburgh*, 55 (1935), 97-113.

Ashworth, W.J., John Herschel, George Airy, and the Roaming Eye of the State, *HS*, 36 (1998), 151-78.

Asiegbu, J.U.J., *Slavery and the Politics of Liberation 1787-1861* (Longmans, 1969).

Audubon, M.R., org., *Audubon and His Journals*, 2 vols. (Nova York: Chelsea House, 1983).

Augstein, H.F., *James Cowles Prichard's Anthropology: Remaking the Science of Man in Early Nineteenth Century Britain* (Amsterdã, Rodopi, 1999).

B., J.Y., Prichard's Unity of the Races, *SQR*, 4 (julho de 1851), 206-38.

Bachman, C.L., *John Bachman, the Pastor of St. John's Lutheran Church, Charleston* (Charleston, SC: Walker, Evans & Cogswell, 1888).

Bachman, J., Additional Observations on Hybridity in Animals, and on Some Collateral Subjects; being a Reply to the Essays of Samuel George Morton, M.D., Penna. and Edinb., President of the Academy of Natural Sciences, Philadelphia, *CMJR*, 6 (maio de 1851), 383-96.

——. *Continuation of the Review of "Nott and Gliddon's Types of Mankind"... Nº. II* (Charleston, SC: James, Williams & Gitsinger, 1855).

——. *The Doctrine of the Unity of the Human Race examined on the Principles of Science* (Charleston, SC: Cannning, 1850).

——. An Examination of a Few of the Statements of Prof. Agassiz, in his 'Sketch of the Natural Provinces of the Animal World, and their Relation to the Different Types of Man' [Nº II], *CJMR*, 9 (novembro de 1854) 790-806.

——. An Examination of Prof. Agassiz's Sketch of the Natural Provinces of the Animal World, and their Relation to the Different Types of Man, with a Tableau accompanying the Sketch... Nº IV, *CMJR*, 10 (julho de 1855), 482-534.

——. An Examination of the Characteristics of Genera and Species as applicable to the Doctrine of the Unity of the Human Race... Nº III, *CMJR*, 10 (março de 1855), 201-22.

——. A Reply to the Letter of Samuel George Morton, M.D., on the Question of Hybridity in Animals considered in reference to the Unity of the Human Species, *CMJR*, 5 (maio de 1850), 466-508.

——. Second Letter to Samuel G. Morton on the Question of Hybridity in Animals, considered in Reference to the Unity of Human Species, *CMJR*, 5 (setembro de 1850), 621-60.

——. Types of Mankind... [Nº 1], *CMJR*, 9 (setembro de 1854), 627-59.

Bank, A., Of "Native Skulls" and "Noble Caucasians": Phrenology in Colonial South Africa, *Journal of Southern African Studies*, 22 (1996), 387-403.

Banton, M., Kingsley Racial Philosophy, *Theology*, nº 655 (1975), 22-30.
Barclay, J., *An Inquiry into the Opinions, Ancient and Modern, concerning Life and Organization* (Edimburgo: Bell & Bradfute, 1822).
Bar-Josef, E., Christian Zionism and Victorian Culture, *Israel Studies*, 8 (2003), 18-44.
Barlow, N., org., *The Autobiography of Charles Darwin 1809-1822, with Original Omissions Restored* (Collins, 1958).
——. org., *Charles Darwin and the Voyage of the* Beagle (Pilot, 1945).
Barret, P.H., org., *The Collected Papers of Charles Darwin*, 2 vols. (Chicago: University of Chicago Press, 1977).
—— et al., orgs., *Charles Darwin's Notebooks, 1836-1844: Geology, Transmutation of Species, Metaphysical Enquiries* (Cambridge: British Museum (Natural History)/CUP, 1987).
——. et al., orgs., *A Concordance to Darwin's "The Descent of Man, and Selection in Relation to Sex"* (Ithaca, NY: Cornell UP, 1987).
Barrow, J., *Travels in Southern Africa... and in the Interior Districts of Africa by M. Le Vaillant*, obra condensada por W. Mavor (Minerva Press para Lane et al., 1807).
Barrow, L., *Independent Spirits: Spiritualism and English Plebeians, 1850-1910* (Routledge & Kegan Paul, 1986).
Barta, T. Mr. Darwin's Shooters: On Natural Selection and the Naturalizing of Genocide, *Patterns of Prejudice*, 39 (2005), 116-37.
Bartholomew, M.J., Lyell and Evolution: An Account of Lyell's Response to the Prospect of an Evolutionary Ancestry for Man, *BJHS*, 6 (1973), 261-303.
Bartley, M.M., Darwin and Domestication: Studies in Inheritance, *JHB*, 25 (1992), 307-33.
Bebbington, D.W., *Evangelicalism in Modern Britain: A History from the 1730s to the 1980s* (Unwin Hyman, 1989).
Beer, G., Darwin's Reading and the Fictions of Development, em Kohn, *Darwinian Heritage*, 543-88.
——. *Open Fields: Science in Cultural Encounter* (Oxford, Clarendon, 1996).
——. Travelling the Other Way, em N. Jardine, J.A. Secord e E.C. Spary, orgs., *Cultures of Natural History* (Cambridge, CUP, 1996), 322-37.
Bell, C., *Essays on the Anatomy and Philosophy of Expression*, 2ª ed. (Murray, 1824).
Bellon, R., Joseph Hooker Takes a "Fixed Post": Transmutation and the "Present Unsatisfactory State of Systematic Botany", 1844-1860, *JHB*, 39 (2006), 1-39.
Bellows, D., A Study of British Conservative Reaction to the American Civil War, *Journal of Southern History*, 51 (1985), 505-26.
Bennett, A.R., *London and Londoners in the Eighten-Fifties and Sixties* (Unwin, 1924).
Berger, M., American Slavery as seen by British Visitors, 1836-1860, *JNH*, 30 (1945), 181-202.
Bernstein, B.J., Southern Politics and Attempts to Reopen the African Slave Trade, *JNH*, 51 (1966), 16-35.
Bethell, L., *The Abolition of the Brazilian Slave Trade: Britain, Brazil and the Slave Trade Question* (Cambridge: CUP, 1970).

Biddiss, M.D., The Politics of Anatomy: Dr. Robert Knox and Victorian Racism, *Proceedings of the Royal Society of Medicine*, 69 (1976), 245-50.

Bindman, D., Am I Not a Man and a Brother? British Art and Slavery in the Eighteenth Century, *Res*, 26 (1994), 67-82.

Bindoff, S.T., E.F.M. Smith e C.K. Webster, orgs., *British Diplomatic Representatives, 1789-1852* (Royal Historical Society, 1934).

Birney, W., *James G. Birney and His Times: The Genesis of the Republican Party with Some Account of Abolition Movements in the South before 1828* (Nova York: Appleton, 1890).

Blue, F.J., The Poet and the Reformer: Longfellow, Sumner, and the Bonds of Male Friendship, 1837-1874, *Journal of the Early Republic*, 15 (1995), 273-97.

Blyth, E., An Attempt to Classify the "Varieties" of Animals with Observations on the Marked Seasonal and Other Changes which Naturally Take Place in Various British Species, and which Do Not Constitute Varieties, *Magazine of Natural History*, 8 (1835), 40-53.

——. Drafts for a Fauna Indica, *AMNH*, 19 (1847), 41-53.

Bolt, C., *The Anti-Slavery Movement and Reconstruction: A Study of Anglo-American Co-operation, 1833-77* (Nova York: OUP, 1969).

Bonner, R.E., Slavery, Confederate Diplomacy, and the Racialist Mission of Henry Hotze, *Civil War History*, 51 (2005), 288-316.

Booth, A., *The Stranger's Intellectual Guide to London for 1839-40* (Hooper, 1839).

Bory de Saint-Vincent, J.B.G.M., Homme, em *Dictionnaire classique d'histoire naturelle*, vol. 8 (Paris: Rey & Gravier, 1825), 269-346.

——. Orang, em *Dictionnaire classique d'histoire naturelle*, vol. 12 (Paris, Rey & Gravier, 1827), 261-85.

Bourne, K., *Palmerston: The Early Years, 1784-1841* (Allen Lane, 1982).

Bouverie-Pusey, S.E., The Negro in Relation to Civilised Society, *JASL*, 2 (1864), cclxxiv-ccxc.

[Bowen, F.], On the Origin of Species by Means of Natural Selection, *North American Review*, 90 (1860), 474-506.

Bowler, P.J., From "Savage" to "Primitive": Victorian Evolutionism and the Interpretation of Marginalized Peoples, *Antiquity*, 66 (1992), 721-29.

Brace, C.L., *The Races of the Old World: A Manual of Ethnology* (Murray, 1863).

Brace, C. Loring, The "Ethnology" of Josiah Clark Nott, *Bulletin of the New York Academy of Medicine*, 50 (1974), 509-28.

[Brace, E.], *The Life of Charles Loring Brace, Chiefly told in His Own Letters* (Nova York: Scribners, 1894).

Bradley, I., *The Call to Seriousness: The Evangelical Impact on the Victorians* (Cidade do Cabo, 1976).

Brandon-Jones, C., Edward Blyth, Charles Darwin, and the Animal Trade in Nineteenth-Century India and Britain, *JHB*, 30 (1997), 145-78.

Brantlinger, P., *Dark Vanishings: Discourse on the Extinction of Primitive Races, 1800-1930* (Ithaca, NY: Cornell UP, 2003).

———. Missionaries and Cannibals in Nineteenth-Century Fiji, *History and Anthropology*, 17 (2006), 21-38.

Bravo, M.T., Ethnological Encounters, em N. Jardine, J.A. Secord e E.C. Spary, orgs., *Cultures of Natural History* (Cambridge: CUP, 1996), 338-57.

Brent, R., *Liberal Anglican Politics: Whiggery, Religion and Reform, 1830-41* (Oxford: Clarendon, 1987).

Briggs, A., *Victorian Things* (Penguin, 1990).

Brooks, J.L., *Just before the Origin: Alfred Russell Wallace's Theory of Evolution* (Nova York: Columbia UP, 1984).

Browne, J., *Charles Darwin*, vol. 1, *Voyaging*; vol. 2, *The Power of Place* (Cidade do Cabo, 1995-2002).

———. Missionaries and the Human Mind: Charles Darwin and Robert FitzRoy, em R. Macleod e P.F. Rehbock, orgs., *Darwin's Laboratory: Evolutionary Theory and Natural History in the Pacific* (Honolulu: University of Hawai'i Press, 1994), 263-82.

Buckle, H.T., *The History of Civilization in England*, 3 vols. (Longmans et al., 1867).

Burkhardt, F., e S. Smith, orgs., *A Calendar of the Correspondence of Charles Darwin, 1821-1882*, ed. rev. (Cambridge: CUP, 1994).

——— et al., orgs., *The Correspondence of Charles Darwin*, 16 vols. até agora (Cambridge: CUP, 1985-).

Burrow, J.W., *Evolution and Society: A Study in Victorian Social Theory* (Cambridge: CUP, 1966).

Bury, P., *The College of Corpus Christi and of the Blessed Virgin Mary: A History from 1822 to 1952* (Cambridge: impresso para College, 1952).

Buxton, C., org., *Memoirs of Sir Thomas Fowell Buxton, Baronet, with Selections from His Correspondence* (Murray, 1848).

Bynum, W.F., Charles Lyell's *Antiquity of Man* and its Critics, *JHB*, 17 (1984), 153-87.

C., Unity of Races, *SQR*, 7 (1845), 372-448.

Cabell, J.L., *The Testimony of Modern Science to the Unity of Mankind: Being a Summary of the Conclusions announced by the Highest Authorities in the Several Departments of Physiology, Zoology, and Comparative Philology in Favor of the Specific Unity and Common Origin of All the Varieties of Man* (Nova York: Carter, 1859).

Caldwell, C., On the Varieties of the Human Race, *Report of the Eleventh Meeting of the British Association for the Advancement of Science, held at Plymouth in July 1841* (Murray, 1842), 75.

———. *Phrenology Vindicated, and Antiphrenology Unmasked* (Nova York: Colman, 1838).

———. Remarks on the Cerebral Organisation of the American Indians and Ancient Peruvians, *American Phrenological Journal*, 3 (1841), 207-17.

———. *Thoughts on the Original Unity of Human Race* (Nova York: Bliss, 1830).

Calvert, G.H., org., *Illustrations of Phrenology; Being a Selection of Articles from the Edinburgh Phrenological Journal, and the Transactions of the Edinburgh Phrenological Society* (Baltimore: Neal, 1832).

Cambridge Philosophical Society, *Regulations of the Cambridge Philosophical Society*... [Cambridge: impresso para a Sociedade, 1822 &c].

Cambridge Union Society, *Laws and Transactions of the Union Society*... (Cambridge: impresso para a Sociedade, 1823, &c).

———. *Laws and Transactions of the Union Society, revised and corrected to March, M.DCCC.XXXIV, to which is annexed a List of the Members and Officers, from its Formation in M.DCCC.XV and a List of the Periodical and Other Works taken in by the Society* (Cambridge: impresso para a Sociedade, 1834).

Campbell, B., org., *Sexual Selection and the Descent of Man* (Chicago: Aldine, 1972).

Campbell, J., *Negro-mania: Being an Examination of the Falsely Assumed Equality of the Various Races of Men* (Filadélfia: Campbell & Power, 1851).

Cannon, W.F., The Impact of Uniformtarianism: Two Letters from John Hershel to Charles Lyell, 1836-1837, *Proceedings of the American Philosophical Society*, 105 (1961), 301-14.

———. [S.F.], *Science in Culture: The Early Victorian Period* (Nova York: Science History, 1987).

[Carlyle, T.], Characteristics, *ER*, 54 (dezembro de 1831), 351-83.

[———], Occasional Discourse on the Negro Question, *Fraser's Magazine*, 40 (dezembro de 1849), 670-79.

———. *Occasional Discourse on the Nigger Question* (Bosworth, 1853).

———. Shooting Niagara — And After? *Macmillan's Magazine*, 16 (abril de 1867), 319-37.

[———], Signs of the Times, *ER*, 49 (junho de 1829), 439-59.

Carpenter, R.L., *Memoirs of the Life of the Rev. Lant Carpenter, LL.D., with Selections from His Correspondence* (Bristol: Philp & Evans, 1842).

[Carpenter, W.B.], Darwin on the Origin of Species, *National Review*, 10 (1860), 188-214.

———. Dr. Carpenter and His Reviewer, *Athenaeum* (4 de abril de 1863), 461.

———. Letter from W.B. Carpenter, M.D., *Christian Examiner*, 4ª série, 2 (1844), 139-44.

———. Microscopical Structure of Shells, *AMNH*, 13 (1844), 486-7.

———. Natural History of Creation, *British and Foreign Medical Review*, 19 (1845), 155-81.

———. *Nature and Man: Essays Scientific and Philosophical* (Nova York: Appleton, 1889).

———. *Principles of Comparative Physiology*, 4ª ed. rev., edição londrina (Filadélfia: Blanchard & Lea, 1854).

———. *Principles of Human Physiology, with Their Chief Applications to Pathology, Hygiene, and Forensic Medicine: Especially Designed for the Use of Students* (Filadélfia: Lea & Blanchard, 1845).

———. Researches on the Foraminifera: Part I. Containing General Introduction, and Monograph of the Genus *Orbitolites*, *Phililosophical Transactions of the Royal Society of London*, 146 (1856), 181-236.

———. Varieties of Mankind, em R.B. Todd, org., *The Cyclopedia of Anatomy and Physiology*, 4 (2) (1949-52), 1294-1367.

———. *Zoology: A Sketch of the Classification, Structure, Distribution, and Habits, of Animals*, 2 vols. (Orr, 1844).

Carroll, V., The Natural History of Visiting: Responses to Charles Waterton and Walton Hall, *SHPBBS*, 35 (2004), 31-64.

Carus, W., *Memoirs of the Life of the Rev. Charles Simeon, M.A.* ... (Hatchard, 1847).

The Case of Dred Scot in the United States Supreme Court: The Full Opinions of Chief Justice Taney and Justice Curtis, and Abstracts of the Opinions of the Other Judges; with an Analysis of the Points Ruled, and Some Concluding Observations (Nova York, Greeley, 1860).

Catalogue of the Miscellaneous Library of the Late Josiah Wedgwood, Esq., removed from Maer Hall, Staffordshire... which will be sold by auction by Messrs. S. Leigh Sotheby & Co. at their house, 3, Wellington Street, Strand, on Monday November 16th, 1846, and five following days. [Impresso para Sotheby, 1846].

Cautley, P., An Extract of a Letter, *Proceedings of the Geological Society of London*, 2 (1837), 544-5.

—— e H. Falconer, On the Remains of a Fossil Monkey, *Procedings of the Geological Society of London*, 2 (1837), 568-9.

Chadwick, O., *The Victorian Church*, 2 vols. (Nova York; OUP, 1966-770).

[Chambers, R.], *Vestiges of the Natural History of Creation* (Churchill, 1844).

Chapman, A., *Darwin in Tierra del Fuego* (Buenos Aires, Imago Mundi, 2006).

Chitnis, A.C., The University of Edinburgh's Natural History Museum and the Huttonian-Wernerian Debate, *AS*, 26 (1970), 85-94.

Chitty, S., *The Beast and the Monk: A Life of Charles Kingsley* (Nova York: Mason/Charter, 1975).

Clark, J.F.M., "The Ants were duly visited": Making Sense of John Lubbock, Scientific Naturalism and the Senses of Social Insects, *BJHS*, 30 (1997), 151-76.

——. 'The Complete Biography of Every Animal': Ants, Bees, and Humanity in Nineteenth-Century England, *SHPBBS*, 29 (1998), 249-67.

Clark, J.W. e T.M. Hughes, *The Life and Letters of the Reverend Adam Sedwick...* 2 vols. (Cambridge: UP, 1890).

Clarkson, T., *An Essay on the Slavery and Commerce of the Human Species, particularly the African; translated from a Latin dissertation which was honoured with the First Prize in the University of Cambridge for the year 1785, with additions* (impresso por J. Phillips, 1786).

——. *The History of the Rise, Progress, and Accomplishment of the Abolition of the African Slave-Trade by the British Parliament*, 2 vols. (Longman et al., 1808).

——. *Strictures on a Life of William Wilberforce by the Rev. W. [sic] Wilberforce, and the Rev. S. Wilberforce...* (Longman et al., 1838).

Cleveland, H., *Alexander H. Stephens, in Public and Private, with Letters and Speeches, before, during, and since the War* (Filadélfia: National Publishing, 1866).

Clowes, W.L., *The Royal Navy: A History from the Earliest Times to the Present*, vol. 6 (Sampson Low, Marston, 1901).

Cobbe, F.P., *Life of Frances Power Cobbe as told by Herself, with Additions by the Author* (Sonnenschein, 1904).

Cockburn, H., *Memorials of His Time* (Nova York: Appleton, 1856).
Colaiaco, J.A., *James Fitzjames Stephen and the Crisis of Victorian Thought* (Macmillan, 1983).
Colledge, J.J. e B. Warlow, *Ships of the Royal Navy: The Complete Record of All Fighting Ships of the Royal Navy*, ed. rev. (Greenhill, 2003).
Collini, S., *Public Moralists: Political Thought and Intellectual Life in Britain, 1850-1930* (Oxford: Clarendon, 1993).
Collinson, G., Anti-slavery, Blacks, and the Boston Elite: Notes on the Reverend Charles Lowell and the West Church, *New England Quarterly*, 61 (1988), 419-29;
Collister, P., *The Sulivans and the Slave Trade* (Rex Collings, 1980).
Colp, R., Jr., Charles Darwin, Slavery and the American Civil War, *Harvard Library Bulletin*, 26 (1978), 478-89.
——. *Darwin's Illness* (Gainesville: University Press of Florida, 2008).
——. To Be An Invalid Redux, *JHB*, 31 (1998), 211-40.
——. *To Be an Invalid: The Illness of Charles Darwin* (Chicago: University of Chicago Press, 1977).
Combe, A., Remarks on the Fallacy of Professor Tiedemann's Comparison of the Negro Brain and Intellect with those of the European, *British and Foreign Medico-Chirurgical Review*, 5 (1838), 585-9.
[Combe, G.], Comparative View of the Skulls of the Various Aboriginal Nations of North and South America. By S.G. Morton, Professor of Anatomy at Philadelphia, *ENPJ*, 29 (1840), 111-39.
——. *The Constitution of Man Considered in Relation to External Objects*, 2ª ed. (Edimburgo: Anderson, 1835).
[——] "Crania Americana..." by Samuel George Morton... *American Journal of Science and Arts*, 38 (1840), 341-75.
——. *Essays on Phrenology: or An Inquiry into the Principles and Utility of the System of Drs. Gall and Spurzheim, and into the Objections Made Against It* (Filadélfia: Carey & Lea, 1822).
——. *Lectures on Phrenology, including Its Application to the Present and Prospective Condition of the United States, with Notes, an Introductory Essay, and an Historical Sketch by Andrew Boardman* (Nova York: Colman, 1839).
——. *The Life and Correspondence of Andrew Combe, M.D.* (Edimburgo, Maclachlan & Stewart, 1850).
——. *Notes on the United States of North America, during a Phrenological Visit in 1838-39-40*, 2 vols. (Edimburgo: Maclachlan & Stewart, 1841).
——. Observations on the Heads and Mental Qualities of the Negroes and North American Indians, *Phrenological Journal*, 15 (1842), 147-54.
——. Phrenological Remarks on the Relation between the Natural Talents and Dispositions of Nations, and the Developments of their Brains. By George Combe, Esq., em Morton, *Crania Americana*, 269-91.

———. *System of Phrenology*, 3ª ed. (Edimburgo: Anderson, 1830).

Compton, L.A., Josiah Wedgwood and the Slave Trade: A Wider View, *Northern Ceramic Society Newsletter*, nº 100 (1995), 50-69.

Conrad, R.E., *World of Sorrow: The African Slave Trade to Brazil* (Baton Rouge: Louisiana State UP, 1986).

Conway, M.D., *Autobiography: Memories and Experiences*, 2 vols. (Boston: Houghton, Mifflin, 1904).

Cooper, C.H., *Annals of Cambridge*, vol. 4 (Cambridge: impresso por Metcalfe e Palmer, 1852).

Cooper, R., *The Infidel's Text-Book* (Hull: Johnson, 1846).

C[orbet], A.E., *The Family of Corbet, Its Life and Times*, 2 vols. (St. Catherine Press, 1915).

Corbey, R., e B. Theunissen, orgs., *Ape, Man, Apeman: Changing Views since 1600: Evaluative Proceedings of a Symposium at Leiden, 28 June-1 July 1993* (Leiden: University of Leiden, Departamento de Pré-História, 1995).

Corsi, P., *The Age of Lamarck: Evolutionary Theories in France, 1790-1830*, trad. J. Mandelbaum (Berkeley: University of California Press, 1988).

Cosans, C., Anatomy, Metaphysics, and Values: The Ape Brain Debate Reconsidered, *Biology and Philosophy*, 9 (1994), 129-65.

Costello, R., *Black Liverpool: The Early History of Britain's Oldest Black Community, 1730-1918* (Portland, ME: Picton, 2001).

Cox, R., org., *Selections from the Phrenological Journal* (Edimburgo: Maclachlan & Stewart, 1836).

Cradock, P., et al., *Recollections of the Cambridge Union, 1815-1939* (Cambridge: Bowes & Bowes [1953]).

Craft, W. e E. Craft, *Running a Thousand Miles for Freedom, or, The Escape of William and Ellen Craft from Slavery* (Tweedie, 1860).

Crawford, M., *The Times* and American Slavery in the 1850s, *SL*, 3 (1982), 228-42.

Crawfurd, J., On Sir Charles Lyell's "Antiquity of Man", and on Professor Huxley's "Evidence as to Man's Place in Nature", *Transactions of the Ethnological Society of London*, 3 (1865), 58-70.

Cronin, H., *The Ant and the Peacock: Altruism and Sexual Selection from Darwin to Today* (Cambridge: CUP, 1991).

Crosby, A.W., *Ecological Imperialism: The Biological Expression of Europe, 900-1900* (Cambridge: CUP, 1986).

Crowe, M.J., org., *A Calendar of the Correspondence of Sir John Herschel* (Cambridge: CUP, 1998).

Cull, R., Short Biographic Notice of the Author... em Prichard, *Natural History of Man* (1855), 1: xxi-xxiv.

[Cundall, F.], Richard Hill, *Journal of the Institute of Jamaica* (julho de 1896), 223-30.

———. Richard Hill, *JNH*, 5 (1920), 37-44.

Curtin, P.D., *The Image of Africa: British Ideas and Action, 1780-1850* (Madison: University of Wisconsin Press, 1964).

———. *Two Jamaicas: The Role of Ideas in a Tropical Colony, 1830-1865* (Cambridge, MA: Harvard UP, 1955).

Curtis, L.P., *Apes and Angels: The Irishman in Victorian Caricature*, ed. rev. (Washington, DC: Smithsonian Institution Press, 1997).

[Darwin, C.], Contributions to an Insect Fauna of the Amazon Valley. By Henry Walter Bates, Esq., *Natural History Review*, nova série, 3 (1863), 219-24.

———. *The Descent of Man, and Selection in Relation to Sex*, 2 vols. (Murray, 1871).

———. *The Expression of the Emotions in Man and Animals* (Murray, 1872).

———. Fertility of Hybrids from the Common and Chinese Goose, *Nature*, 21 (1880), 207.

———. *Geological Observations on South America: Being the Third Part of the Geology of the Voyage of the Beagle...* (Smith Elder, 1846).

———. *Journal of Researches into the Geology and Natural History of the Various Countries visited by H.M.S. Beagle* (Colburn, 1839; ed. rev. Murray, 1845; nova edição, 1860).

———. *A Monograph on the Sub-Class Cirripedia, with Figures of All the Species: The Balanidae, (Or Sessile Cirripedes); The Verrucidae Etc. Etc. Etc.* (Ray Society, 1854).

———. Observations on the Structure and Propagation of the Genus Sagita, *AMNH*, 13 (1844), 1-6.

———. *On the Origin of Species by Means of Natural Selection, or the Preservation of Favoured Races in the Struggle for Life* (Murray, 1859).

———. Preliminary Notice, em E. Krause, *Erasmus Darwin*, trad. W.S. Dallas (Murray, 1879), 1-127.

———. *The Structure and Distribution of Coral Reefs: Being the First Part of Geology of the Voyage of the Beagle, under the Command of Capt. FitzRoy, R.N. during the years 1832 to 1836* (Smith Elder, 1842).

———. *The Variation of Animals and Plants under Domestication*, 2 vols. (Murray, 1868).

———. org., *The Zoology of the Voyage of H.M.S. Beagle...* 5 partes (Smith Elder, 1838).

[Darwin, E.], *The Botanic Garden: A Poem in Two Parts... with Philosophical Notes.* Pt. 1, *The Economy of the Vegetation;* Pt. 2, *The Loves of the Plants*, 4ª ed. (J. Johnson, 1799).

———. *The Temple of Nature: or, the Origin of Society: A Poem, with Philosophical Notes* (J. Johnson, 1803).

Darwin, F., org., FitzRoy and Darwin, 1831-36, *Nature*, 88 (1912), 547-8.

———. org., *The Foundations of the Origin of Species: Two Essays written in 1842 and 1844* (Cambridge: UP, 1909).

———. org., *The Life and Letters of Charles Darwin, including an Autobiographical Chapter*, 3 vols. (Murray, 1887).

——— e A.C. Seward, orgs., *More Letters of Charles Darwin: A Record of His Work in a Series of Hitherto Unpublished Letters*, 2 vols. (Murray, 1903)

Darwin Celebration, Cambridge, June, 1909: Speeches delivered at the Banquet held on June 23rd (Cambridge: impresso pelo *Cambridge Daily News*, 1909).

Davis, D.B., The Emergence of Immediatism in British and American Antislavery Thought, *Mississipi Valley Historical Review*, 49 (1962), 209-30.

———. *In the Image of God: Religion, Moral Values, and Our Heritage of Slavery* (New Haven, CT: Yale UP, 2001).

———. *Inhuman Bondage: The Rise and Fall of Slavery in the New World* (Nova York: OUP, 2006).

———. *The Problem of Slavery in a Age of Revolution, 1770-1823* (Ithaca, NY: Cornell UP, 1975).

Dawkins, R., Darwinism and Unbelief, em T. Flynn, org., *The New Encyclopedia of Unbelief* (Amherst, NY, Prometheus, 2007), 230-35.

[Dawkins, W.B.], Darwin on the Descent of Man, *ER*, 134 (1871), 195-235.

Dawson, G., *Darwin, Literature and Victorian Respectability* (Cambridge: CUP, 2007).

De Beer, G., Darwin's Journal, *BBMNH*, 2 (1959), 1-21.

De Paolo, C.S., Of Tribes and Hordes: Coleridge and the Emancipation of the Slaves, 1808, *Theoria*, 60 (1983), 27-43.

Desmond, A., *Archetypes and Ancestors: Paleontology in Victorian London, 1850-1875* (Blond & Briggs, 1982).

———. Artisan Resistance and Evolution in Britain, 1819-1848, *Osiris*, 3 (1987), 77-110.

———. *Huxley: From Devil's Disciple to Evolution's High Priest* (Penguin, 1998).

———. The Making of Institutional Zoology in London, 1822-1836, *HS*, 23 (1985), 153-85, 223-50.

———. *The Politics of Evolution: Morphology, Medicine and Reform in Radical London* (Chicago: University of Chicago Press, 1989).

———. Robert E. Grant's Later Views on Organic Development: The Swiney Lectures on "Palaeozoology", 1853-1857, *ANH*, 11 (1984), 395-413.

——— e J. Moore, *Darwin* (Michael Joseph, 1991).

Dewey, M.E., org., *Autobiography and Letters of Orville Dewey, D.D.* (Boston: Roberts, 1883).

Dewey, O., *On American Morals and Manners: Reprinted From the "Christian Examiner and Religious Miscellany"* (Boston: Crosby, 1844).

Deyle, S., *Carry Me Back: The Domestic Slave Trade in American Life* (Nova York: OUP, 2005).

Dickens, C., *American Notes for General Circulation* (Chapman & Hall, 1850).

Dickson, S.H., Letter From S.H. Dickson, M.D., *Christian Examiner*, 4ª série, 2 (1844), 427-32.

Diggs, I., The Negro in the Viceroyalty of the Rio de la Plata, *JNH*, 36 (1951), 281-301.

Di Gregorio, M.A., *T.H. Huxley's Place in Natural Science* (New Haven, CT: Yale UP, 1984).

——— e N.W. Gill, orgs., *Charles Darwin's Marginalia*, vol. 1 (Nova York: Garland, 1990).

Dixon, E.S., *Ornamental and Domestic Poultry, Their History and Management* (Gardeners's Chronicle, 1848).

[———] Poultry Literature, *Quarterly Review*, 88 (1851), 317-51.

Dolan, B., *Josiah Wedgwood, Entrepreneur to the Enlightenment* (HarperCollins, 2004).

Donagan, A., Whewell's "Elements of Morality", *Journal of Philosophy*, 71 (1974), 724-36.

Dott, R.H., Jr., Lyell in America — His Lectures, Field Work, and Mutual Influences, 1841-1853, *Earth Sciences History*, 15 (1996), 101-40.

Douglas, J.M., *The Life and Selections from the Correspondence of William Whewell, D.D., Late Master of Trinity College* (Kegan Paul, 1881).

Draper, N., "Possessing Slaves": Ownership, Compensation and Metropolitan Society in Britain at the Time of Emancipation, 1834-40, *History Workshop Journal*, 64 (2007), 74-102.

Drescher, S., The Decline Thesis of British Slavery since Econocide, *SL*, 7 (1986), 3-24.

——. The Ending of the Slave Trade and the Evolution of European Scientific Racism, *Social Science History*, 14 (1990), 415-50.

——. The Slaving Capital of the World: Liverpool and National Opinion in the Age of Abolition, *SA*, 9 (1988), 128-43.

——. Whose Abolition? Popular Pressure and the Ending of the British Slave Trade, *Past and Present*, nº 143 (1994), 136-66.

—— e S.L. Engerman, orgs., *A Historical Guide to World Slavery* (Nova York: OUP, 1998).

Driver, F., *Geography Militant: Cultures of Exploration and Empire* (Blackwell, 2001).

—— e L. Martins, Shipwreck and Salvage in the Tropics: The Case of HMS *Thetis*, 1830-1854, *Journal of Historical Geography*, 32 (2006), 539-62.

Drummond, J. e C.B. Upton, *The Life and Letters of James Martineau*, 2 vols. (Nisbet, 1902).

Dunn, R., Some Observations on the Varying Forms of the Human Cranium, considered in Relation to the Outward Circumstances, Social State, and Intellectual Condition of Man, *JESL*, 4 (1856), 33-54.

Dupree, A.H., *Asa Gray, 1810-1888* (Cambridge, MA: Harvard UP, 1959).

Durant, J.R., The Ascent of Nature in Darwin's *Descent of Man*, em Kohn, *Darwinian Heritage*, 283-306.

——. Scientific Naturalism and Social Reform in the Thought of Alfred Russell Wallace, *BJHS*, 12 (1979), 31-58.

Dutton, G., *The Hero as Murderer: The Life of Edward John Eyre, Australian Explorer and Governor of Jamaica, 1815-1901* (Sydney: Collins, [1967]).

Earle, A., *A Narrative of a Nine Month's Residence in New Zealand, in 1827; together with a Journal of a Residence in Tristan da Cunha* (Longman et al., 1832).

——. *A Narrative of a Residence in New Zealand: Journal of a Residence in Tristan da Cunha*, E.H. McCormick, org. (Oxford: Clarendon, 1966).

Edgington, B.W., *Charles Waterton: A Biography* (Cambridge: Lutterworth, 1996).

Edinburgh Anti-Slavery Society, *The First Annual Report of the Edinburgh Society for Promoting the Mitigation and Ultimate Abolition of Negro Slavery* (Edimburgo: impresso para a Edinburgh Anti-Slavery Society, 1824).

Edwards, P. e J. Walvin, *Black Personalities in the Era of the Slave Trade* (Macmillan, 1983).

Eisely, L., The Intellectual Antecedents of the *Descent of Man*, em Campbell, *Sexual Selection*, 1-16.

Ellegård, A., *Darwin and the General Reader: The Reception of Darwin's Theory of Evolution in the British Periodical Press, 1859-1872* (Chicago: University of Chicago Press, 1990; publicado originalmente em 1958).

Ellis, W., *Polynesian Researches, during a Residence of Nearly Eight Years in the Society and Sandwich Islands*, 2ª ed., 4 vols. (Fisher, 1832).

Endersby, J., *Imperial Nature: Joseph Hooker and the Practices of Victorian Science* (Chicago: University of Chicago Press, 2008).

Engels, E., Charles Darwin's Moral Sense — On Darwin's Ethics of Non-Violence, *Annals of the History and Philosophy of Biology*, 10 (2005), 31-54.

Epps, E., org., *Diary of the Late John Epps* (Kent, 1875).

[Epps, J.], Elements of Physiology, *Medico-Chirurgical Review*, 9 (1828), 97-120.

Erickson, P.A., Anthropology and Evolution: A Comment on Wells, *Isis*, 66 (1975), 96-7.

——. The Anthropology of Charles Caldwell, M. D., *Isis*, 72 (1981), 252-6.

——. Phrenology and Physical Anthropology: The George Combe Connection, *Current Anthropology*, 18 (1977), 92-3.

Evans, D.S., et al., orgs., *Herschel at the Cape: Diaries and Correspondence of Sir John Herschel, 1834-1838* (Austin: University of Texas Press, 1969).

Evans, L.T., Darwin's Use of Analogy Between Artificial and Natural Selection, *JHB*, 17 (1984), 113-40.

The Eyre Defence and Aid Fund (impresso pela Pelican [1866]).

Eyton, T.C., Remarks on the Skeletons of the Common Tame Goose, the Chinese Goose, and the Hybrid between the Two, *Magazine of Natural History*, 4 (1840), 90-92.

——. Some Remarks upon the Theory of Hybridity, *Magazine of Natural History*, 1 (1837), 357-9.

F., W.G., Jane Loring Gray, *Rhodora*, 12 (1910), 41-2.

Fagan, M.B., Wallace, Darwin, and the Practice of Natural History, *JHB*, 40 (2007), 601-35.

Fagan, B.G., *Elite Families: Class and Power in Nineteenth-Century Boston* (Albany: State University of New York Press, 1993).

Farrer, K.E., org., *Correspondence of Josiah Wedgwood, 1781-1794, with an Appendix containing Some Letters on Canals and Bentley's Pamphlet on Inland Navigation* (impresso pela Women's Printing Society, 1906).

Faust, D.G., org., *The Ideology of Slavery: Proslavery Thought in the Antebellum Souty, 1830-1860* (Baton Rouge: Louisiana State UP, 1981).

Feltoe, C.L., org., *Memorials of John Flint South* (Murray, 1884).

Fergusson, J., org., *Notes and Recollections of A Professional Life, by the Late William Fergusson, Esq., M.D. Inspector General of Military Hospitals* (Longman et al., 1846).

Fichman, M., *The Elusive Victorian: The Evolution of Alfred Russell Wallace* (Chicago: University of Chicago Press, 2004).

Fielding, K.J., Froude's Revenge, or the Carlyles and Erasmus A. Darwin, em W.W. Robson, org., *Essays and Studies, 1978...* (Murray, 1978), 75-97.

Finkelman, P., e J.C. Miller, orgs., *Macmillan Encyclopedia of World Slavery* (Nova York: Simon & Schuster, 1998).

Finzsch, N. "It is scarcely possible to conceive that human beings could be so hideous and loathsome": Discourses of Genocide in Eighteenth- and Nineteenth-Century America and Australia, *Patterns of Prejudice*, 39 (2005), 97-115.

Fisch, M. e S. Schaffer, orgs., *William Whewell: A Composite Portrait* (Oxford: Clarendon, 1991).

Fisher, W., Physicians and Slavery in the Antebellum "Southern Medical Journal", *JHMAS*, 23 (1968), 36-49.

FitzRoy, R., *Narrative of the Surveying Voyages of His Majesty's Ships* Adventure *and* Beagle *between the years 1826 and 1836, describing their Examination of the Southern Shores of South America, and the* Beagle's *Circumnavigation of the Globe. Proceedings of the Second Expedition, 1831-36, under the Command of Captain Robert FitzRoy, R.N.*, [with Appendix to *Vol. II*] (Henry Colburn, 1839).

——. Outline Sketch of the Principal Varieties and Early Migrations of the Human Race, *Transactions of the Ethnological Society of London*, 1 (1861), 1-11.

—— e C. Darwin, A Letter, containing Remarks on the Moral State of Tahiti, New Zealand, &c., *South African Christian Recorder*, 2 (setembro de 1836), 221-38.

Fladeland, B., *Men and Brothers: Anglo-American Antislavery Cooperation* (Urbana: University of Illinois Press, 1972).

Forster, E.M., *Marianne Thornton, 1797-1887: A Domestic Biography* (Edward Arnold, 1956).

Forster, J., *The Register of Admissions to Gray's Inn, 1521-1889...* (impresso por Hansard, 1889).

Fought, L., *Southern Womanhood and Slavery: A Biography of Louisa S. McCord, 1810-1879* (Columbia: University of Missouri Press, 2003).

Fox-Genovese, E., e E.D. Genovese, *The Mind of the Master Class: History and Faith in the Southern Slaveholders' Worldview* (Cambridge: CUP, 2005).

Fraser, D., *Power and Authority in the Victorian City* (Oxford; Blackwell, 1979).

Freeman, R.B., *Charles Darwin: A Companion* (Folkestone: Dawson).

——. Darwin's Negro Bird-Stuffer, *Notes and Records of the Royal Society of London*, 33 (1978), 83-6.

——. Introduction, em C. Darwin, *The Descent of Man, and Selection in Relation to Sex*, em P.H. Barret e R.B. Freeman, orgs., *The Works of Charles Darwin*, vol. 21 (Pickering, 1989), 5-6.

——. *The Works of Charles Darwin: An Annotated Bibliographical Handlist*, 2ª ed. (Folkestone, KT; Dawson, 1977; acréscimos e correções feitos e publicados pelo autor, 1986).

Froude, J.A., org., *Letters and Memorials of Jane Welsh Carlyle, prepared for Publication by Thomas Carlyle*, 3 vols. (Longmans et al., 1883).

Fryer, P., *Staying Power: The History of Black People in Britain* (Pluto, 1984).

Fyfe, A., Conscientious Workmen or Booksellers' Hacks? The Professional Identities of Science Writers in the Mid-Nineteenth Century, *Isis*, 96 (2005), 192-223.

Galton, F., *The Narrative of an Explorer in Tropical South Africa* (Murray, 1853).
Garrison, W.L., On the Death of John Brown, em Lewis Copeland, Lawrence W. Lamm e Stephen J. McKenna, orgs., *The World's Great Speeches: 292 Speeches from Pericles to Nelson Mandela*, 4ª ed. (Mineola, NY: Dover, 1999), 299-301.
Garrison, W.L. e F.J. Garrison, *William Lloyd Garrison, 1805-1879: The Story of His Life*, 4 vols. (Unwin, 1885-9).
Gascoigne, J., *Cambridge in the Age of Enlightenment: Science, Religion and Politics from the Restoration to the French Revolution* (Cambridge: CUP, 1989).
Gibbon, C., *The Life of George Combe: Author of "The Constitution of Man"*, 2 vols. (Macmillan, 1878).
Gillespie, N.C., The Duke of Argyll, Evolutionary Anthropology, and the Art of Scientific Controversy, *Isis*, 68 (1977), 40-54.
Gilman, D.C., *The Life of James Dwight Dana* (Nova York: Harper, 1899).
Gobineau, J.A. de, *The Moral and Intellectual Diversity of Races, with Particular Reference to Their Respective Influence in the Civil and Political History of Mankind*, trad. e notas de H. Hotz[e] (Filadélfia: Lippincott, 1856).
———. *The Moral and Intellectual Diversity of Races*, R. Bernasconi, org. (Bristol: Thoemmes, 2002).
Godwin, D.E.W. et al., *Finding Aid for Appleton Family Papers, 1752-1962 (Bulk Dates 1831-1885): Longfellow National Historical Site, Cambridge, Massachusetts*, 3ª ed. rev. por M. Welch (Charlestown, MA: Northeast Museum Services Center, 2006).
[Gordon, J.], The Doctrines of Gall and Spurzheim, *ER*, 25 (1815), 227-68.
Gosse, P.H., *Letters from Alabama (U.S.). Chiefly relating to Natural History* (Morgan & Chase, 1859).
———. *A Naturalist's Sojourn in Jamaica* (Longman et al., 1851).
Gosset, W.P., *The Lost Ships of the Royal Navy, 1793-1900* (Mansell, 1986).
Gough, B.M., Sea Power and South America: "The 'Brazils" or South American Station of the Royal Navy, 1808-1837, *American Neptune*, 50 (1990), 26-34.
Gould, S.J., Flaws in the Victorian Veil, em *The Panda's Thumb: More Reflections in Natural History* (Penguin, 1980), 140-45.
———. The Great Physiologist of Heildelberg — Friedrich Tiedemann, *Natural History* (julho, 1999), 26-9, 62-70.
———. *The Mismeasure of Man* (Penguin, 1992, publicado originalmente em 1981).
Graham, G.S. e R.A. Humphreys, orgs., *The Navy and South America, 1807-1823: Correspondence of the Commanders-in-Chief on the South American Station* (impresso para a Navy Records Society, 1962).
Graham, M.W., 'The Enchanter's Wand': Charles Darwin, Forein Missions, and the Voyage of S.H.M. *Beagle*, *Journal of Religious History*, 31 (2007), 131-50.
Grant, A., *The Story of the University of Edinburgh during Its First Three Hundred Years*, 2 vols. (Longmans et al., 1884).

Grant, R.E., *Dissertatio Physiologica Inauguralis, de Circuitu Sanguinis in Foetu* (Edimburgo: Ballantyne, 1814).
Grasseni, C., Taxidermy as Rhetoric of Self-Making: Charles Waterton (1782-1865), Wandering Naturalist, *SHPPBS*, 29 (1998), 269-94.
Gray, A., *Cambridge* (Methuen, 1912).
Gray, A., *Darwiniana: Essays and Reviews Pertaining to Darwinism*, A.H. Dupree, org. (Cambridge, MA: Belknap Press of Haward UP, 1963).
Gray, J.L., *The Letters of Asa Gray*, 2 vols. (Boston: Houghton, Mifflin, 1893).
Grayson, D.K., *The Establishment of Human Antiquity* (Nova York: Academic Press, 1983).
Greene, J.C., The American Debate on the Negro's Place in Nature, 1780-1815, *JHI*, 15 (1954), 384-96.
G[reg], W.R., Dr. Arnold, *Westminster Review*, 39 (fevereiro de 1843), 1-33.
——. *Essays on Political and Social Science, contributed Chiefly to the Edinburgh Review*, 2 vols. (Longman et al., 1853).
——. *Past and Present Efforts for the Extinction of the Slave Trade* (Ridgway, 1840).
Gribbin, J. e M. Gribbin, *FitzRoy: The Remarkable Story of Darwin's Captain and the Invention of the Weather Forecast* (Review, 2003).
Griffey, W.A., A Bibliography of Richard Hill, Negro, Scholar, Scientist; Native of Spanish Town, Jamaica, *American Book Collector*, 2 (1932), 220-24.
Grinnell, G., The Rise and Fall of Darwin's First Theory of Transmutation, *JHB* (1974), 259-73.
Gross, C.G., Hippocampus Minor and Man's Place in Nature, *Hippocampus*, 3 (1993), 403-16.
Grove, R.H., *Green Imperialism: Colonial Expansion, Tropical Island Edens and the Origins of Environmentalism, 1600-1860* (Cambridge: CUP, 1995).
Groves, C.P., *The Planting of Christianity in Africa*, vol. 1, 1840 (Lutterworth, 1948).
Gruber, H.E., *Darwin on Man: A Psychological Study of Scientific Creativity*, 2ª ed. (Chicago: University of Chicago Press, 1981).
——. The Many Voyages of the *Beagle*, em Gruber, *Darwin on Man*, 359-99.
Gruber, J.W., Does the Platypus Lay Eggs? The History of an Event in Science, *ANH*, 19 (1991), 51-123.
——. Ethnographic Salvage and the Shaping of Anthropology', *American Anthropologist*, 61 (1959), 379-89.
Guyatt, M., The Wedgwood Slave Medallion: Values in Eighteenth-Century Design, *Journal of Design History*, 13 (2000), 93-105.
Haeckel, E., *Generelle Morphologie: Allgemeine Grundzüge der organischen Formen-Wissenschaft, mechanisch begründet durch die von Charles Darwin reformirte Descendenz-Theorie* (Berlim: Reimer, 1866).
Häggman, B., Confederate Imports of Whitworth Sharpshooter Rifles from England, 1861-1865, *Crossfire*, nº 66 (setembro de 2001).
Hake, T.G., *Memoirs of Eighty Years* (Bentley, 1892).

Halévy, E., *England in 1815*, ed. rev. (Benn, 1949).

———. *The Triumph of Reform, 1830-1841*, ed. rev. (Benn, 1950).

Hall, C., *Civilising Subjects: Metropole and Colony in the English Imagination, 1830-1867* (Cambridge: Polity, 2002).

———. K. McCleland and J. Rendall, *Defining the Victorian Nation: Class, Race, Gender and the Reform Act of 1867* (Cambridge: CUP, 2000).

Haller, J.S., Jr., The Negro and the Southern Physician: a Study of Medical and Racial Attitudes 1800-1860, *Medical History*, 16 (1972), 238-53.

———. *Outcasts from Evolution: Scientific Attitudes of Racial Inferiority, 1859-1900* (Urbana: Universidade of Illinois Press, 1971).

———. 'The Species Problem: Nineteenth-Century Concepts of Racial Inferiority in the Origin of Man Controversy', *American Anthropologist* 72 (1970), 1319-29.

Hamilton, W., *Lectures on Metaphysics and Logic*, H.L. Mansel e J. Veitch, orgs., 2 vols. (Boston: Gould & Lincoln, 1859).

———. Remarks on Dr. Morton's Tables on the Size of the Brain, *ENPJ*, 48 (1850), 330-33.

Hamilton, W.T., *The Pentateuch and Its Assailants: A Refutation of the Objections of Modern Scepticism to the Pentateuch* (Edimburgo: Clark, 1852).

Hammett, T.M., Two Mobs of Jacksonian Boston: Ideology and Interest, *Journal of American History*, 62 (1976), 845-68.

Hartley, L., *Physiognomy and the Meaning of Expression in Nineteenth-Century Culture* (Cambridge: CUP, 2001).

Hartwig, W.C., *Protopithecus*: Rediscovering the First Fossil Primate, *HPLS*, 17 (1995), 447-60.

Harvey, W.H., *The Sea-Side Book: Being an Introduction to the Natural History of the British Coasts* (Van Voorst, 1857).

Haynes, S.R., *Noah's Curse: The Biblical Justification of American Slavery* (Nova York: OUP, 2002).

Hazlewood, N., *Savage: The Life and Times of Jemmy Button* (Hodder & Stoughton, 2000).

Helmstadter, R.J., W.R. Greg: A Manchester Creed, em R.J. Helmstadter e B. Lightman, orgs., *Victorian Faith in Crisis: Essays on Continuity and Change in Nineteenth-Century Religious Belief* (Basingstoke: Macmillan, 1990), 187-222.

Hennell, J., *Sons of the Prophets: Evangelical Leaders of the Victorian Church* (SPCK, 1979).

Henslow, J.S., *Address to the Reformers of the Town of Cambridge* (Cambridge: impresso por W. Metcalfe [1837]).

———. *A Sermon on the First and Second Ressurrection... preached at Great St. Mary's Church on Feb. 15, 1829* (Cambridge: impresso por James Hodson para Deighton & Stevenson, 1829).

Higginson, M.T., *Thomas Wentworth Higginson The Story of His Life* (Port Washington, NY: Kennikat, 1971: publicado originalmente em 1914).

Hill, R., *The Books of Moses, How Say You, True or Not True? Being a Consideration of the Critical Objections in Dr. Colenso's Review of the Books of Moses and Joshua* (Kingston, Jamaica: Gall, 1863).

―――. Extracts des lettres d'un voyageur à Haiti, pendent les années 1830 et 1831, em Z. Macauley, *Haiti, ou, Renseignemens authentiques sur l'abolition de l'esclavage et ses résultats à Saint-Dominique et à Guadeloupe, avec des détails sur l'état actuel d'Haiti et des noirs émancipés qui forment sa population, traduit de l'anglais* (Paris: Hachette, 1835).

―――. *A Week in Port-Royal* (Montego Bay, Jamaica: impresso no *Cornwall Chronicle* Office, 1855).

Hilton, B., *The Age of Atonement: The Influence of Evangelicalism on Social and Economic Thought, 1785-1865* (Oxford: Clarendon, 1988).

―――. *A Mad, Bad, and Dangerous People: England, 1783-1846* (Oxford: Clarendon, 2006).

Hiraiwa-Hasegawa, M., Sight of Peacock's Tail Makes Me Sick: The Early Arguments on Sexual Selection, *Journal of Biosciences* (Bangalore), 25 (2000), 11-18.

Hochschild, A., *Bury the Chains: Prophets and Rebels in the Fight to Free an Empire's Slaves* (Boston: Houghton Mifflin, 2005).

Hodge, M.J.S., Darwin and the Laws of the Animate Part of the Terrestrial System (1835-1837): On the Lyellian Origins of his Zoonomical Explanatory Program, *SHB*, 6 (1983), 1-106.

―――. "The Universal Gestation of Nature: Chambers' "Vestiges" and 'Explanations'", *JHB*, 5 (1972), 127-51.

――― e D. Kohn, The Immediate Origins of Natural Selection, em Kohn, *Darwinian Heritage*, 185-206.

Hodgkin, T., *A Catalogue of the Preparations in the Anatomical Museum of Guy's Hospital* (Watts, 1829).

―――. Obituary of Dr. Prichard, *JESL*, 2 (1850), 182-207.

―――. On Inquiries into the Races of Men, *Report of the Eleventh Meeting of the British Association for the Advancement of Science; held at Plymouth in July 1841* (Murray, 1842), 52-5.

―――. On the Dog as the Associate of Man, *Report of the Fourteenth Meeting of the British Association for the Advancement of Science; held at York in September 1844* (Murray, 1845), 81.

―――. Report of the Committee to Investigate the Varieties of the Human Race, *Report of the Fourteenth Meeting of the British Association for the Advancement of Science; held at York in September 1844* (Murray, 1845), 93.

Hodgson, A., Defining the Species: Apes, Savages and Humans in Scientific and Literary Writing of the 1860s, *Journal of Victorian Culture*, 4 (1999), 228-51.

[Holland, H.], Natural History of Man, *Quarterly Review*, 86 (1849-50), 1-40.

―――. *Recollections of Past Life* (Longmans et al., 1872).

Holyoake, G.J., *The History of Co-operation* (Unwin, 1908).

―――. *Sixty Years in an Agitator's Life*, 2 vols. (Unwin, 1892).

Hooker, J.D., Reminiscences of Darwin, *Nature*, 60 (1899), 187-8.

Horsman, R., *Josiah Nott of Mobile: Southerner, Physician, and Racial Theorist* (Baton Rouge: Louisiana State UP, 1987).

———. Origins of Racial Anglo-Saxonism in Great Britain before 1850, *JHI*, 37 (1976), 387-410.

———. *Race and Manifest Destiny: The Origins of American Racial Anglo-Saxonism* (Cambridge, MA: Harvard UP, 1981).

Howard, O.O., *Autobiography of Oliver Otis Howard, Major General, United States Army* (Nova York: Baker & Taylor, 1907).

Howse, E.M., *Saints in Politics: The "Clapham Sect" and the Growth of Freedom* (Allen & Unwin, 1971).

Hughes, R., *The Fatal Shore: A History of Transportation of Convicts to Australia, 1787-1868* (Collins Harvill, 1987).

Hull, D.L., *Darwin and His Critics: The Reception of Darwin's Theory of Evolution by the Scientific Community* (Cambridge, MA: Harvard UP, 1973).

Humboldt, A. von, *The Island of Cuba*, trad. J.S. Thrasher (Nova York: Derby & Jackson, 1856).

———. *The Island of Cuba*, L. Martínez-Fernández, org. (Princeton, NJ: Wiener, 2001).

——— e Aimé Bonpland, *Personal Narrative of Travels to the Equinoctial Regions of the New Continent during the years 1799-1804*, trad. M.H. Williams, 7 vols. (Longman et al., 1819-29).

Hume, B. D., Quantifying Characters: Polygenist Anthropologists and the Hardening of Heredity, *JHB*, 41 (2008), 119-58.

Hume, H., *The Life of Edward John Eyre, Late Governor of Jamaica* (Bentley, 1867).

Hunt, J., Introductory Address on the Study of Anthropology, *AR*, 1 (1863), 1-20.

———. *The Negro's Place in Nature* (Nova York: Van Evrie, Horton, 1864).

———. On the Application of the Principle of Natural Selection to Anthropology, *AR*, 4 (1866), 320-40.

———. On the Doctrine of Continuity applied to Anthropology, *AR*, 5 (1867), 110-20.

———. On the Physical and Mental Characters of the Negro, *AR*, 1 (1863), 386-91.

Huxley, L., *Life and Letters of Sir Joseph Dalton Hooker, O.M., G.C.S.I., based on Materials collected and arranged by Lady Hooker*, 2 vols. (Murray, 1918).

———. *Life and Letters of Thomas Henry Huxley*, 2 vols. (Macmillan, 1900).

[Huxley, T.H.], Contemporary Literature — Science, *Westminster Review*, 62 (1854), 242-56.

———. *Critiques and Addresses* (Nova York: Appleton, 1873).

———. *Evidence as to Man's Place in Nature* (Nova York: Appleton, 1863).

———. Lectures on General Natural History: Lecture II, *Medical Times and Gazette*, 17 de maio de 1856, 481-4.

———. Mr. Huxley and Governor Eyre, *Pall Mall Gazette*, 31 de outubro de 1866.

———. The Negro's Place in Nature, *Reader* (março de 1864), 334-5.

———. On the Etnology and Archaelogy of North America, *JESL*, nova série, 1 (1869), 218-21.

———. *Professor Huxley on the Negro Question*, Mrs. A. Taylor, org. (Ladies London Emancipation Society, 1864).

Ichenhäuser, J.D., comp. *Illustrated Catalogue of the Historical and World-Renowned Collection of Torture Instruments etc. ... lent for Exhibition by the Right Honourable the Earl of Shrewsbury and Talbot...* (Nova York: Little, 1893).
Innes, C., Memoir, em R.B. Ramsay, *Reminiscences of Scottisch Life and Character*, 22ª ed. (Edimburgo: Edmonston & Douglas, 1874).
Irwin, R.A., org., *Letters of Charles Waterton of Walton Hall, near Wakefield, Naturalist, Taxidermist and Author of "Wanderings in South America", and "Essays on Natural History"* (Rockliff, 1955).
Ishmael, O., *The Guyana Story (From Earliest Times to Independence)* (www.guyana.org/features/guyanastory/guyana_story.html, ed. rev. em 2006).
An Island Solicitor, *The Courts of Jamaica and Their Jurisdiction*. Pt. 1, *The Administration of Criminal Justice* (Smith, Elder, 1855).
Jacoby, K., Slaves by Nature? Domestic Animals and Human Slaves, *SA*, 15 (1994), 89-97.
Jacyna, L.S., Immanence or Transcendence: Theories of Life and Organization in Britain, 179-1835, *Isis*, 74 (1983), 311-29.
———. Medical Science and Moral Science: The Cultural Relations of Physiology in Restoration France, *HS*, 25 (1987), 111-46.
———. Principles of General Physiology: The Comparative Dimension to British Neuroscience in the 1830s and 1840s, *SHB*, 7 (1984), 47-92.
Jaher, F.C., Nineteenth-Century Elites in Boston and New York", *Journal of Social History*, 6 (1972), 32-77.
James, P., *Population Malthus: His Life and Times* (Routledge, 1979).
James, W.M., *The Naval History of Great Britain during the French Revolutionary and Napoleonic Wars*, vol. 6, *1811-27* (Conway Maritime, 2002).
Jameson, J. F., The London Expenditure of the Confederate Secret Service, *American Historical Review*, 35 (1930), 811-24.
Jameson, R., org., *Essay on the Theory of the Earth, by Baron G. Cuvier... with Geological Illustrations*, 5ª ed. (Edimburgo: Blackwood, 1827).
Jann, R., Darwin and the Anthropologists: Sexual Selection and Its Discontents, *VS*, 37 (1994), 287-306.
Jardine, W., Description of Some Birds collected during the Last Expedition to the Niger, *AMNH*, 10 (1842), 186-90.
[Jeffrey, F.], A System of Phrenology, *ER*, 44 (1826), 253-318.
Jenkins, W.S., *Pro-Slavery Thought in the Old South* (Chapel Hill: University of North Carolina Press, 1935).
Jennings, J., *The Business of Abolishing the British Slave Trade, 1783-1807* (Cass, 1997).
Jenyns, L., *Memoir of the Rev. John Stevens Henslow... Late Rector of Hitcham, and Professor of Botany in the University of Cambridge* (Van Voorst, 1862).
Johnson, C.N., The Preface to Darwin's *Origin of Species*: The Curious History of the 'Historical Sketch'", *JHB*, 40 (2007), 529-56.

Johnston's Physical Atlas of Natural Phenomena (Blackwood, 1850).

Jones, G., Alfred Russell Wallace, Robert Owen and the Theory of Natural Selection, *BJHS*, 35 (2002), 73-96.

———. *Social Darwinism and English Thought: The Interaction between Biological and Social Theory* (Brighton: Harvester, 1980).

———. The Social History of Darwin's 'Descent of Man', *Economy and Society*, 7 (1978), 1-23.

Jordan, W.D., *White over Black: American Attitudes toward the Negro, 1550-1812* (Chapel Hill: University of North Carolina Press, 1968).

Kalfus, M., *Frederick Law Olmsted: The Passion of a Public Artist* (Nova York: Nova York UP, 1990).

Karasch, M.C., *Slave Life in Rio de Janeiro, 1808-1850* (Princeton, NJ: Princeton UP, 1987).

Kass, A.M. e E.H. Kass, *Perfecting the World: The Life and Times of Dr. Thomas Hodgkin, 1798-1866* (Boston: Harcourt Brace Jovanovich, 1988).

Kenny, R., From the Curse of Ham to the Curse of Nature: The Influence of Natural Selection on the Debate on Human Unity before the Publication of *The Descent of Man*, *BJHS*, 40 (2007), 367-88.

Keynes, R., *Annie's Box: Charles Darwin, His Daughter and Human Evolution* (Fourth Estate, 2001).

Keynes, R.D., org., *Charles Darwin's* Beagle *Diary* (Cambridge: CUP, 1988).

———. org., *Charles Darwin's Zoology Notes and Specimen Lists from H.M.S. Beagle* (Cambridge: CUP, 2000).

Kidd, C., *The Forging of Races: Race and Scripture in the Protestant Atlantic World, 1600-2000* (Cambridge: CUP, 2006).

Kielstra, P.M., *The Politics of Slave Trade Suppression in Britain and France, 1814-48: Diplomacy, Morality and Economics* (Basingstoke: Macmillan, 2000).

Killingray, D., Beneath the Wilberforce Oak, 1873, *International Bulletin of Missionary Research*, 21 (1997), 11-15.

King, P.P., *Narrative of Surveying Voyages of His Majesty's Ships* Adventure *and* Beagle *between the Years 1826 and 1836, describing their Examination of the Southern Shores of South America, and the* Beagle's *Circumnavigation of the Globe. Proceedings of the First Expedition, 1826-30, under the Command of Captain P. Parker King, R.N., F.R.S.* (Henry Colburn, 1839).

King-Hele, D., org., *The Collected Letters of Erasmus Darwin* (Cambridge: CUP, 2007).

———. *Erasmus Darwin: A Life of Unequalled Achievement* (Giles de la Mare, 1999).

———. org., *The Essential Writings of Erasmus Darwin* (MacGibbon & Kee, 1968).

[Kingsley, F.], *Charles Kingsley: His Letters and Memories of His Life*, 2 vols. (King, 1877).

Kirby, P.R., org., *The Diary of Dr. Andrew Smith, Director of the "Expedition for Exploring Central Africa", 1834-1836*, 2 vols. (Johannesburg: Van Riebeeck Society, 1939).

———. *Sir Andrew Smith, M.D., K.C.B., His Life, Letters and Works* (Cidade do Cabo: Balkema, 1965).

Kirby, W. e W. Spence, *An Introduction to Entomology: or, Elements of the Natural History of Insects*, 5ª ed., 4 vols. (Longman et al., 1828).

Kirsop, W., W.R. Greg and Charles Darwin in Edinburgh and After — an Antipodean Gloss, *Transactions of the Cambridge Bibliographical Society*, 7 (1979), 376-90.

Knight, C., *The Pictorial Museum of Animated Nature*, 2 vols. (Cox, 1844).

Knox, R., Contributions to Anatomy and Physiology, *Medical Gazette*, 2 (1843), 463-7, 499-502, 529-32, 537-40, 554-6, 586-9, 860-62.

———. Inquiry into the Origin and Characteristic Differences of the Native Races inhabiting the Extra-tropical Part of Southern Africa, *Memoirs of the Wernerian Natural History Society*, 5 (1824), 206-18.

———. Lectures on the Races of Man, *Medical Times*, 18 (1848), 97-9, 114-15, 117-30, 133-4, 147-8, 163-5, 190, 231-3, 263-4, 283-5, 299-301, 315-16, 331-2, 365-6.

———. On the Application of the Anatomical Method to the Discrimination of Species, *AR*, 1 (1863), 263-70.

———. *The Races of Men: A Philosophical Enquiry into the Influence of Race over the Destinies of Nations*, 2ª ed. (Renshaw: 1862; publicado originalmente em 1850).

Kohn, D., org., *The Darwinian Heritage* (Princeton, NJ: Princeton UP, 1985).

———. Darwin's Ambiguity: The Secularization of Biological Meaning, *BJHS*, 22 (1989), 215-39.

———. Darwin's Keystone: The Principle of Divergence, em R.J. Richards e M. Ruse, orgs., *The Cambridge Companion to the Origin of Species* (Cambridge: CUP, 2008).

———. Theories to Work by: Rejected Theories, Reproduction, and Darwin's Path to Natural Selection, *SHB*, 4 (1980), 67-170.

Kolbe, H.R., The South African Print Media: From Apartheid to Transformation (dissertação de mestrado, University of Wollongong, 2005).

Kostal, R.W., *A Jurisprudence of Power: Victorian Empire and the Rule of Law* (Oxford: OUP, 2005).

Kottler, M.J., Charles Darwin and Alfred Russell Wallace: Two Decades of Debate over Natural Selection, em Kohn, *Darwinian Heritage*, 367-432.

Kriegel, A.D., A Convergence of Ethics: Saints and Whigs in British Antislavery, *Journal of British Studies*, 26 (1987), 423-50.

Kuper, A., On Human Nature: Darwin and the Anthropologists, em M. Teich, R. Porter e B. Gustaffson, orgs., *Nature and Society in Historical Context* (Cambridge: CUP, 1997), 274-90.

A Lady, *Modern Domestic Cookery: Based on the Well-Known Work of Mrs. Rundel...* (Murray, 1851).

Lartet, E., New Researches Respecting the Co-existence of Man with the Great Fossil Mammals, regarded as Characteristic of the Latest Geological Period, *Natural History Review*, nova série, 2 (1862), 55-71.

Latham, R.G., *Man and His Migrations* (Van Voorst, 1851).

———. *The Natural History of the Varieties of Man* (Van Voorst, 1850).
Lavater, J.C., *Physiognomy, or, the Corresponding Analogy between the Conformation of the Features and the Ruling Passions of the Mind* (Tegg, 1866).
Law, I., *A History of Race and Racism in Liverpool, 1660-1950*, J. Henfrey, org. (Liverpool: Merseyside Community Relations Council, 1981).
Lawrence, W., *Lectures on Physiology, Zoology, and the Natural History of Man delivered at the Royal College of Surgeons* (Benbow, 1822).
Lee, D., *Slavery and Romantic Imagination* (Filadélfia: University of Pennsylvania Press, 1982).
[Leifchild, J.R.]. Evidence as to Man's Place in Nature, *Athenaeum*, 28 de fevereiro de 1863, 287.
Levy, L.W., "Sims" Case: The Fugitive Slave Law in Boston in 1851, *JNH*, 35 (1950), 39-74.
Lewis, A., Black Letter Day, *The Bulletin [of University College London]*, 7 (1989), 18-19.
Lindfors, B., org., *Africans on the Stage: Studies in Ethnological Show Business* (Bloomington: Indiana UP, 1999).
———. Hottentot, Bushman, Kaffir: Taxonomic Tendencies in Nineteenth-Century Racial Iconography, *Nordic Journal of African Studies*, 5 (1996), 1-28.
Litchfield, H.E. [Darwin], *Emma Darwin, Wife of Charles Darwin: A Century of Family Letters*, 2 vols. (Cambridge: impresso privadamente para a UP, 1904; Murray, 1915).
Little, K., *Negroes in Britain: A Study of Racial Relations in English Society* (Londres: Routledge & Kegan Paul, 1972).
Livingstone, D.N., *Adam's Ancestors: Race, Religion, and the Politics of Human Origins* (Baltimore, MD: Johns Hopkins UP, 2008).
———. *The Preadamite Theory and the Marriage of Science and Religion*, 82 (3), *Transactions of the American Philosophical Society* (Filadélfia: American Philosophical Society, 1992).
———. Science, Text and Space: Thoughts on the Geography of Reading, *Transactions of the Institute of Bristish Geographers*, nova série, 30 (2005), 391-401.
Lizars, J., *A System of Anatomical Plates, accompanied with Descriptions, and Physiological, Pathological, and Surgical Observations: Part VII. — The Brain, First Portion. Coloured After Nature* (Edimburgo: Lizars, 1825).
Lloyd, C., *The Navy and the Slave Trade: The Suppression of the African Slave Trade in the Nineteenth Century* (Longman, 1949).
Loane, M.L., *Cambridge and the Evangelical Succession* (Lutterworth, 1952).
Logan, D.A., org., *The Collected Letters of Harriet Martineau*, 5 vols. (Pickering & Chatto, 2007).
———. The Redemption of a Heretic: Harriet Martineau and Anglo-American Abolitionism in the Pre-Civil War America (artigo inédito, Proceedings of the Third Annual Gilder Lerhman Center International Conference at Yale University, Sisterhood and Slavery: Transatlantic Slavery and Women's Rights, outubro, 25-8, 2001).
Long, E., *The History of Jamaica; or General Survey of the Ancient and Modern State of that Island: with Reflections on its Situation, Settlements, Inhabitants, Climate, Products, Commerce, Laws, and Government*, 3 vols. (Lowndes, 1774).

Longsdale, H., *A Sketch of the Life and Writings of Robert Knox, the Anatomist* (Macmillan, 1870).
Lora, R. e W.H. Longton, orgs., *The Conservative Press in Eighteenth- and Nineteenth-Century America* (Westport, CT: Greenwood, 1999).
Lorimer, D.A., *Colour, Class and the Victorians: English Attitudes to the Negro in the Mid-Nineteenth Century* (Leicester: Leicester UP, 1978).
———. Role of Anti-Slavery Sentiment in English Reactions to the American Civil War, *Historical Journal*, 19 (1976), 405-20.
———. Science and the Secularization of Victorian Images of Race, em B. Lightman, org., *Victorian Science in Context* (Chicago: University of Chicago Press, 1997), 212-35.
———. Theoretical Racism in Late Victorian Anthropology, 1870-1900, *VS*, 31 (1988), 405-30.
Loring, C.G. e E.W. Field, *Correspondence on the Present Relations between Great Britain and the United States of America* (Boston: Little, Brown, 1862).
Lounsbury, R.C., org., *Louisa S. McCord: Political and Social Essays* (Charlottesville: University Press of Virginia, 1995).
Love, A.C., Darwin and Cirripedia Prior to 1846: Exploring the Origins of the Barnacle Research, *JHB*, 35 (2002), 251-89.
Lowell, J.A., Darwin's Origin of Species, *Christian Examiner*, 68 (maio de 1860), 449-64.
Lowell, J.R., *The Anti-Slavery Papers of James Russell Lowell*, W.B. Parker, org., 2 vols. (Boston: Houghton, Mifflin, 1902).
Lubbock, J., *Pre-Historic Times* (Williams & Norgate,, 1865).
Lurie, E., *Louis Agassiz: A Life in Science* (Chicago: University of Chicago Press, 1960).
———. Louis Agassiz and the Races of Man, *Isis*, 45 (1954), 227-42.
Lutz, M.A., *Economics for the Common Good: Two Centuries of Social Economic Thought in the Humanistic Tradition* (Routledge, 1999).
Lyell, C., *The Geological Evidences of the Antiquity of Man, with Remarks on the Theories of the Origin of Species by Variation*, 2ª ed. (Murray, 1863).
———. *Principles of Geology: Being an Attempt to Explain the Former Changes of the Earth's Surface, by Reference to Causes Now in Operation*, 3 vols. (Murray, 1830-33); 10ª ed. 2 vols. (Murray, 1867-8).
———. *A Second Visit to the United States of North America*, 2 vols. (Murray, 1849).
———. *Supplement to the Fifth Edition of a Manual of Elementary Geology* (Murray, 1859).
———. *Travels in North America, with Geological Observations on the United States, Canada, and Nova Scotia*, 2 vols. (Murray, 1845).
Lyell [K.M.], *Life, Letters, and Journals of Sir Charles Lyell, Bart*, 2 vols. (Murray, 1881).
Lyon D., *The Sailing List: All the Ships of Royal Navy, Built, Purchased and Captured, 1688-1860* (Conway Maritine, 1993).
McCabe, J., org., *Life and Letters of George Jacob Holyoake*, 2 vols. (Watts, 1908).
McClintock, A., *Imperial Leather: Race, Gender and Sexuality in the Colonial Contest* (Routledge, 1995).

McCook, S., "It May be Truth, But it is not Evidence": Paul du Chaillu and the Legitimation of Evidence in the Field Sciences, *Osiris*, 11 (1996), 177-97.

McCord, D.J., How the South is affected by Her Slave Institutions, *DeBow's Review*, 11 (1851), 349-63.

M[cCord], L.S., Diversity of Races — Its Bearing upon Negro Slavery, *SQR*, 3 (abril de 1851), 392-419.

Macgillivray, W., *History of British Birds, Indigenous and Migratory*, vol. 1 (Scott et al., 1837).

MacGregor, D.R., *Fast Sailing Ships: Their Design and Construction, 1775-1875* (Lymington: Nautical, 1973).

McHenry, G., On the Negro as a Freedman, *Popular Magazine of Anthropology*, 1 (1866), 36-55.

McKendrick, N., Josiah Wedgwood and Factory Discipline, *Historical Journal*, 4 (1961), 3-55.

Mackenzie, C.G., Thomas Carlyle's "The Negro Question": Black Ireland and the Rhetoric of Famine, *Neohelicon*, 24 (1997), 219-36.

Mackenzie-Grieve, A., *The Last Years of the English Slave Trade: Liverpool, 1750-1807* (Cass, 1968).

Mackintosh, J., *A General View of the Progress of Ethical Philosophy, chiefly during the Seventeenth and Eighteenth Centuries* (Filadélfia: Carey & Lea, 1832).

Macmillan, M., *Sir Henry Barkly, Mediator and Moderator, 1815-1898* (Cape Town: Balkema, 1970).

McNeil, M. *Under the Banner of Science: Erasmus Darwin and His Age* (Manchester: Manchester UP, 1987).

Malcolm, C., Address to the Ethnological Society of London, delivered at the Anniversary, 14th May, 1851, *JESL*, 3 (1854), 86-102.

Malik, K., *Man, Beast and Zombie: What Science Can and Cannot Tell Us about Human Nature* (Weidenfeld & Nicolson, 2000).

———. *The Meaning of Race: Race, History and Culture in Western Society* (Nova York: Nova York UP, 1996).

Marchant, J., *Alfred Russell Wallace: Letters and Reminiscences*, 2 vols. (Cassell, 1916).

Marsden, G.M., *The Evangelical Mind and the New School Presbyterian Experience: A Case Study of Thought and Theology in Nineteenth-Century America* (New Haven, CT: Yale UP, 1970).

Marsh, J., *Word Crimes: Blasphemy, Culture, and Literature in Nineteenth-Century England* (Chicago: University of Chicago Press, 1998).

Marshall, H. e M. Stock, *Ira Aldridge: The Negro Tragedian* (Rockliff, 1958).

Marshall, P., *Bristol and the Abolition of Slavery: The Politics of Emancipation* (Bristol: Historical Association, Bristol Branch, 1975).

Martin, W.C.L., *A General Introduction to the Natural History of Mammiferous Animals, with a Particular View to the Physical History of Man, and the More Closely Allied Genera of Order Quadrumana, or Monkeys* (Wright, 1841).

——. Monograph on the Genus Semnopithecus, *Magazine of Natural History*, nova série, 2 (1838), 320-26, 434-41.

——. Observations on Three Specimens of the Genus Felis presented to the Society by Charles Darwin, Esq., *Proceedings of the Zoological Society of London*, 5 (1837), 3-4.

Martineau, H., *Harriet Martineau's Autobiography, with Memorials by Marie Weston Chapman*, 3 vols. (Smith Elder, 1877).

——. *How to Observe: Manners and Morals* (Knight, 1838).

[——] The Martyr Age of the United States, *London and Westminster Review*, 32 (dezembro de 1838), 1-59.

——. *The Martyr Age of the United States* (Boston: Weeks, Jordan, 1839).

——. *Retrospect of Western Travel*, 3 vols. (Saunders & Otley, 1838).

[——] The Slave Trade in 1858, *ER*, 108 (outubro de 1858), 541-86.

——. *Society in America*, 3 vols. (Saunders & Otley, 1837).

Matthew, P., *Emigration Fields: North America, The Cape, Australia, and New Zealand, describing these Countries, and giving a Comparative View of the Advantages they present to British Settlers* (Edimburgo: Black, 1839).

Maurer, O., Punch on Slavery and Civil War in America, 1841-1865, *VS*, 1 (1957), 5-28.

Mayr, E., Descent of Man and Sexual Selection, *Atti del Colloquio internazionale sul tema: L'Origine dell'Uomo, indetto in occasione del primo centenario della pubblicazione dell'opera di Darwin, "Descent of Man" (Roma, 28-30 ottobre 1971)* (Roma: Accademia Nazionale dei Lincei, 1973), 33-48.

Mazrui, A.A., From Social Darwinism to Current Theories of Modernization: A Tradition of Analysis, *World Politics*, 21 (1968), 69-83.

Meigs, C.D., *A Memoir of Samuel George Morton, M.D., Late President of the Academy of Natural Sciences of Philadelphia* (Filadélfia: Collins, 1851).

Menand, L., *The Metaphysical Club: A Story of Ideas in America* (Nova York: HarperCollins, 2001).

Messner, W.F., DeBow's Review, 1846-1880, em Lora e Longton, *Conservative Press*, 201-10.

Meteyard, E., *The Life of Josiah Wedgwood from His Private Correspondence and Family Papers...*, 2 vols. (Hurst & Blackett, 1865-6).

Michael, J.S., A New Look at Morton's Craniological Research, *Current Anthropology*, 29 (1988), 349-54.

Midgley, C., Slave Sugar Boycotts, Female Activism and the Domestic Base of British Anti-Slavery Culture, *SA*, 17 (1996), 137-62.

——. *Women against Slavery: The British Campaigns, 1780-1870* (Routledge, 1992).

Mill, J.S., *Autobiography*, 4ª ed. (Longmans et al., 1874).

——. Whewell's Moral Philosophy, *Westminster Review*, nova série, 2 (outubro de 1852), 349-85.

Miller, R., *Britain and Latin America in the Nineteenth Century and Twentieth Centuries* (Longman, 1993).

Milner, M., *The Life of Isaac Milner, D.D., F.R.S.* ... (Parker, 1842).
Mivart, St. G.J., *Essays and Criticisms*, 2 vols. (Boston: Little, Brown, 1892).
M'Lennan, J.F., *Primitive Marriage: An Inquiry Into the Origin of the Form of Capture in Marriage Ceremonies* (Edimburgo: Black, 1865).
Monro, A., *The Morbid Anatomy of the Brain, Vol. I — Hydrocephalus* (Edimburgo: Maclachlan & Stewart, 1827).
Moodie, J.W.D., *Ten Years in South Africa, including a Particular Description of the Wild Sports of that Country*, 2 vols. (Bentley, 1835).
Moore, J., Darwin of Down: The Evolutionist as Squarson-Naturalist, em Kohn, *Darwinian Heritage*, 435-81.
——. Deconstructing Darwinism: The Politics of Evolution in the 1860s, *JHB*, 24 (1991), 353-408.
——. Geologists and Interpreters of Genesis in the Nineteenth Century, em D.C. Lindberg e R.L. Numbers, orgs., *God and Nature: Historical Essays on the Encounter between Christianity and Science* (Berkeley: University of California Press, 1986), 322-50.
——. org., *History, Humanity and Evolution: Essays for John C. Greene* (Nova York: CUP, 1989).
——. 'Of Love and Death: Why Darwin "gave up Christianity"', em Moore, *History*, 195-229.
——. Revolution of the Space Invaders: Darwin and Wallace on the Geography of Life, em D.N. Livingstone e W.J. Withers, orgs., *Geography and Revolution* (Chicago: University of Chicago Press, 2005), 106-32.
——. "Wallace in Wonderland", em C.H. Smith e G. Beccaloni, orgs., *Natural Selection and Beyond: The Intellectual Legacy of Alfred Russell Wallace* (Nova York: OUP, 2008).
——. Wallace's Malthusian Moment: The Common Context Revisited, em B. Lightman, org., *Victorian Science in Context* (Chicago: University of Chicago Press, 1997), 290-311.
—— e A. Desmond, Introduction, em Charles Darwin, *The Descent of Man, and Selection in Relation to Sex* (Penguin, 2004), xi-lxvi.
Morrell, J. e A. Thackray, *Gentlemen of Science: Early Years of the British Association for the Advancement of Science* (Oxford: Clarendon, 1981).
[Morris, J.], Darwin on the Origin of Species, *Dublin Review*, 48 (1860), 5081.
Morris, J., Louis Agassiz's Additions to the French Translation of His "Essay on Classification", *JHB*, 30 (1997), 121-34.
Morton, S.G., *Crania Aegyptiaca: Observations on Egyptian Ethnography, derived from Anatomy, History and the Monuments* (Filadélfia: Penington, 1844).
——. *Crania Americana; or, A Comparative View of the Skulls of Various Aboriginal Nations of North and South America, to which is prefixed an Essay on the Varieties of the Human Species* (Filadélfia: Dobson, 1839).
——. Description of Two Living Hybrid Fowls, between Gallus and Numida, *AMNH*, 19 (1847), 210-12.
——. Hybridity in Animals, considered in Reference to the Question of the Unity of the Human Species, *American Journal of Science and Arts*, 2ª série, 3 (1847), 39-50, 203-12.

——. Hybridity in Animals and Plants, considered in reference to the Question of the Unity of the Human Species, *ENPJ*, 43 (1847), 262-88.

——. *An Inquiry Into the Distinctive Characteristics of the Aboriginal Race of America: Read at the Annual Meeting of the Boston Society of Natural History, Wednesday, April 22, 1842* (Boston: Tuttle & Dennett, 1842).

——. *Letter to the Rev. John Bachman, D.D., on the Question of Hybridity in Animals, considered in Reference to the Unity of the Human Species* (Charleston, SC: Walker & James, 1850).

Mott, F.L., 'The "Christian Disciple" and the "Christian Examiner"', *New England Quarterly*, 1 (1928), 197-207.

Moule, H.C.G., *Charles Simeon* (Inter-Varsity Fellowship, 1965).

The Mount, Shrewsbury: Important Sale of Excellent Household Furniture... November 19th, 20th, 21st, 22nd, 23rd, 24th, 1866... (Shrewsbury: impresso por Leake & Evans [1866]).

Muddiman, J.G., H.M.S. "The Black Joke", *Notes and Queries*, 172 (1937), 200-201.

Mudie, R., *The Modern Athens: A Dissection and Demonstration of Men and Things in the Scotch Capital* (Knight & Lacey, 1825).

Musselman, E.G., Swords into Ploughshares: John Herschel's Progressive View of Astronomical and Imperial Governance, *BJHS*, 31 (1998), 419-35.

Myers, N., In Search of the Invisible: British Black Family and the Community, 1780-1830, *SA*, 13 (1992), 156-80.

Napier, M., *Selection of the Correspondence of the Late Macvey Napier* (Macmillan, 1879).

Nelson, G.B., "Men before Adam!" American Debates over the Unity and Antiquity of Humanity, em D.C. Lindberg and R.L. Numbers, orgs., *When Science and Christianity Meet* (Chicago: University of Chicago Press, 2003), 161-81.

Nelson, M.V., The Negro in Brazil as seen through the Chronicles of Travellers, 1800-1868, *JNH*, 30 (1945), 203-18.

Neuffer, C.H., org., *The Christopher Happoldt Journal: His European Tour with the Rev. John Bachman (June-December, 1838)*, Contributions from the Charleston Museum, 13 (Charleston, SC: Charleston Museum, 1960).

Newman, E., *A Familiar Introduction to the History of Insects: Being a New and Greatly Improved Edition of "The Grammar of Entomology"* (Van Voorst, 1841).

Newman, W.A., Darwin and Cirripedology, *Crustacean Studies*, 7 (1993), 349-434.

Newsome, D., *The Wilberforces and Henry Manning: The Parting of Friends* (Cambridge, MA: Belknap, Press of Harvard UP, 1966).

Newton, A., *The Zoological Aspect of Game Laws (British Association Section D, August, 1868)* (Society for the Protection of Birds, nº 13, s.d.).

Noll, M., *The Civil War as a Theological Crisis* (Chapel Hill: University of North Carolina Press, 2006.

——. *Princeton and the Republic, 1768-1822: The Search for a Christian Enlightenment in the Era of Samuel Stanhope Smith* (Princeton, NJ: Princeton UP, 1989).

Northcott, C., *Slavery's Martyr: John Smith of Demerara and the Emancipation Movement, 1817-24* (Epworth, 1976).

Norton, C.E., org., *The Correspondence of Thomas Carlyle and Ralph Waldo Emerson, 1834-1872*, 2 vols. (Boston: Ticknor, 1883).

Nott, J.C., Ancient and Scriptural Chronology, *SQR*, 2 (1850), 385-426.

———. Diversity of the Human Race, *DeBow's Southern and Western Review*, 10 (1851), 113-32.

———. The Mulatto a Hybrid — Probable Extermination of the Two Races if the Whites and Blacks are allowed to intermarry, *American Journal of Medical Science*, nova série, 6 (julho de 1843), 252-56.

———. Nature and Destiny of the Negro, *DeBow's Southern and Western Review*, 10 (1851), 329-32.

———. The Negro Race, *Popular Magazine of Anthropology*, 1 (1866), 102-18.

———. Physical History of the Jewish Race, *SQR*, 1 (1850), 426-51.

———. The Problem of the Black Races, *DeBow's Review*, nova série, 1 (março de 1866), 266-83.

———. Statistics of Southern Slave Population, *DeBow's Review — Agricultural, Commercial, Industrial Progress and Resources*, 4 (1847), 275-89.

———. *Two Lectures on the Natural History of the Caucasian and Negro Races* (Mobile, AL: Dade & Thompson, 1844).

———. Unity of the Human Race, *SQR*, 9 (janeiro de 1846), 1-57.

——— e G.R. Gliddon, *Types of Mankind: or, Ethnological Researches, based upon the Ancient Monuments, Paintings, Sculptures, and Crania of Races, and upon their Natural, Geographical, Philological, and Biblical History: illustrated by Selections from the Inedited Papers of Samuel George Morton, M.D. ... and by Additional Contributions of Prof. L. Agassiz, LL.D.; W. Usher, M.D.; and Prof. H.S. Patterson, M.D.*, 7ª ed. (Filadélfia: Lippincott, Grambo, 1855; publicado originalmente em 1854).

——— e G.R. Gliddon, et al., *Indigenous Races of the Earth: or, New Chapters of Ethnological Enquiry: Monographs on Special Departments of Philology, Iconography, Cranioscopy, Paleontology, Pathology, Archeology, Comparative Geography, and Natural History* (Filadélfia: Lippincott, 1857).

O'Byrne, W.R., org., *A Naval Biographical Dictionary...* (Murray, 1849).

Oldfield, J.R., Anti-slavery Sentiment in Children's Literature, 1750-1850, *SL*, 10 (1980), 44-59.

———. *Popular Politics and British Anti-slavery: The Mobilisation of Public Opinion against the Slave Trade, 1787-1807* (Cass, 1998).

O'Leary, P., *Sir James Mackintosh: The Whig Cicero* (Aberdeen: Aberdeen UP, 1989).

Olmsted, F.L., *A Journey in the Back Country* (Nova York: Mason, 1860).

———. *A Journey in the Seaboard Slave States, with Remarks on Their Economy* (Sampson Low, 1856).

––––. *A Journey through Texas; or a Saddle-trip on the Southwestern Frontier, with a Statistical Appendix* (Nova York: Dix, Edwards, 1857).

Ospovat, D., *The Development of Darwin's Theory: Natural History, Natural Theology, and Natural Selection, 1838-1859* (Cambridge: CUP, 1981).

Overton, J.H., *The English Church in the Nineteenth Century (1800-1833)* (Longmans et al., 1894).

[Owen, R.], *Catalogue of the Contents of the Museum of the Royal College of Surgeons in London. Part III. Comprehending the Human and Comparative Osteology* (Warr, 1831).

[––––] *A Descriptive Catalogue of the Osteologial Series contained in the Museum of the Royal College of Surgeons of England*, vol. 2, *Mammalia Placentalia* (impresso por Taylor & Francis, 1853).

––––. On the Characters, Principles of Division, and Primary Groups of the Class Mammalia, *Journal of the Proceedings of the Linnean Society* (Zoology), 2 (1858), 1-37.

––––. *On the Classification and Distribution of the Mammalia* (Parker, 1859).

Owen, R.S., org., *The Life of Richard Owen*, 2 vols. (Murray, 1894).

Oxford Union Society, *Oxford Union Society [Debates, 18 November 1826 to 9 June 1831]* (Oxford: impresso para a Sociedade [1831]).

Paley, W., *The Principles of Moral and Political Philosophy*, 12ª ed., 2 vols. (impresso por R. Faulder, 1799).

Parker, T., *Sermons of Theism, Atheism, and the Popular Theology* (Boston: Ticknor & Fields, 1861).

Parodiz, J.J., *Darwin in the New World* (Leiden: Brill, 1981).

Paston, G., *At John Murray's: Records of a Literary Circle, 1843-1892* (Murray, 1932).

Paton, D., Decency, Dependence and the Lash: Gender and the British Debate over Slave Emancipation, 1830-34, *SA*, 17 (1996), 163-84.

Patton, A., *Physicians, Colonial Racism, and Diaspora in West Africa* (Gainesville: University Press of Florida, 1996).

Pearson, J., *An Exposition of the Creed*, W.S. Dobson, org. (Dove, 1832).

[Peckard, P.], *Am I Not a Man? and a Brother? With all Humility addressed to the British Legislature* (Cambridge: impresso por J. Archdeacon, para a Universidade, 1788).

[––––] *The Nature and Extent of Civil and Religious Liberty: A Sermon preached before the University of Cambridge, November the 5th, 1783* (Cambridge: impresso por J. Archdeacon, 1783).

Peckham, M., org., *The Origin of Species by Charles Darwin: A Variorum Text* (Filadélfia: University of Pennsylvania Press, 1959).

Pendleton, L.A., *A Narrative of the Negro* (Washington, DC: Pendleton, 1912).

Pentland, J.B., On the Ancient Inhabitants of the Andes, *Report of the Fourth Meeting of the British Association for the Advancement of Science; held at Edinburgh in 1834* (Murray, 1835), 623-4.

Pickering, C., *The Races of Man; and Their Geographical Distribution... to which is prefixed an Analytical Synopsis of the Natural History of Man* (Bohn, 1854).

Pierce, E.L., *Memoir and Letters of Charles Sumner,* 4 vols. (Sampson Low, 1878-93).

Pierson, M.D., "All Southern Society is Assailed by the Foulest Charges": Charles Sumner's "The Crime against Kansas", and the Escalation of Republican Anti-slavery Rhetoric, *New England Quarterly,* 68 (1995), 531-57.

Poole, W.S., Memory and the Abolitionist Heritage: Thomas Wentworth Higginson and the Uncertain Meaning of the Civil War, *Civil War History,* 51 (2005), 202-17.

Porter, D., On the Road to the *Origin* with Darwin, Hooker, and Gray, *JHB,* 26 (1993), 1-38.

Porter, R., Erasmus Darwin: Doctor of Evolution? em Moore, *History,* 39-69.

———. Science versus Religion? em *Christ's: A Cambridge College over Five Centuries,* D. Reynolds, org. (Macmillan, 2004), 79-109.

Portlock, J., Anniversary Address, *Quarterly Journal of the Geological Society,* 14 (1858), xxiv-clxii.

Potter, E.N., *Discourses Commemorative of Professor Tayler Lewis, LL.D., L.H.D. ...* (Albany, NY: impresso por J. Munsell, 1878).

Pretorius, J.G., *The British Humanitarians and the Cape Eastern Frontier, 1834-1836* (Pretória: Government Printer, 1988).

Prichard, J.C., *The Natural History of Man; comprising Inquiries into the Modifying Influence of Physical and Moral Agencies on the Different Tribes of the Human Family,* 2ª ed., 2 vols. (Baillière, 1845).

———. *The Natural History of Man; comprising Inquiries into the Modifying Influence of Physical and Moral Agencies on the Different Tribes of the Human Family,* 4ª ed., E. Norris, org., 2 vols. (Ballière, 1855).

———. On the Extinction of Human Races, *ENPJ,* 28 (1840), 166-70.

———. On the Relations of Ethnology to Other Branches of Knowledge, *JESL,* 1 (1848), 301-29.

———. *Researches into the Physical History of Man,* G. W. Stocking, org. (Chicago: University of Chicago Press, 1973; primeira edição 1813, publicado originalmente.

———. *Researches into the Physical History of Mankind,* 3ª ed., 2 vols. (Sherwood et al., 1836).

———. *Researches into the Physical History of Mankind,* 4ª ed., 5 vols. (Houlston & Stoneman, 1851; publicado originalmente em 1836-47).

Pulszky, F. e T. Pulszky, *White, Red, Black: Sketches of American Society in the United States during the Visit of Their Guests,* 2 vols. (Nova York: Redfield, 1853).

Qureshi, S., Displaying Sara Baartman, the 'Hottentot Venus', *HS,* 42 (2004), 233-57.

Rackham, H., *Christ's College in Former Days: Being Articles reprinted from the College Magazine* (Cambridge: impresso na UP, 1939).

Radick, G., Darwin on Language and Selection, *Selection,* 3 (2002), 7-16.

Rae I., *Knox the Anatomist* (Edimburgo: Oliver & Boyd, 1964).

Rainger, R., Philantropy and Science in the 1830's: The British and Foreign Aborigines Protection Society, *Man*, nova série, 15 (1980), 702-17.
——. Race, Politics, and Science: The Anthropological Society of London in the 1860s, *VS*, 22 (1978), 51-70.
Rehbock, P.F., The Early Dredgers: "Naturalizing" in Britisch Seas, 1830-1850, *JHB*, 12 (1979), 293-368.
Reis, J.J., *Slave Rebellion in Brazil: The Muslim Uprising of 1835 in Bahia* (Baltimore, MD: Johns Hopkins UP, 1993).
Renehan, E., *The Secret Six: The True Tale of the Men who conspired with John Brown* (Columbia: University of South Carolina Press, 1996).
Rice, C.D., *The Scots Abolitionists, 1833-1861* (Baton Rouge: Louisiana State UP, 1981).
Richards, E., Darwin and the Descent of Woman, em D.R. Oldroyd e I. Langham, orgs., *The Wider Domain of Evolutionary Thought* (Dordrecht: Reidel, 1983), 57-111.
——. Huxley and Woman's Place in Science: The "Woman Question" and the Control of Victorian Anthropology, em Moore, *History*, 253-84.
——. The "Moral Anatomy" of Robert Knox: The Interplay Between Biological and Social Thought in Victorian Scientific Naturalism, *JHB*, 22 (1989), 373-436.
——. A Political Anatomy of Monsters, Hopeful and Otherwise, *Isis*, 85 (1994), 377-411.
——. A Question of Property Rights: Richard Owen's Evolutionism Reassessed, *BJHS*, 20 (1987), 129-71.
Richards, R.A., Darwin and the Inefficacy of Artificial Selection, *SHPS*, 28 (1997), 75-97.
Richards, R.J., *Darwin and the Emergence of Evolutionary Theories of Mind and Behavior* (Chicago: University of Chicago Press, 1987).
——. *The Tragic Sense of Life: Ernst Haeckel and the Struggle over Evolutionary Thought* (Chicago: University of Chicago Press, 2008).
Riegel, R.E., The Introduction of Phrenology to the United States, *American Historical Review*, 39 (1933), 73-8.
Ritchie, G.S., *The Admiralty Chart: British Naval Hydrography in the Nineteenth Century*, nova edição (Bishop Auckland: Pentland, 1995).
Ritchie, J.E., *The Life and Times of Viscount Palmerston: Embracing the Diplomatic and Domestic History of the British Empire during the Last Half Century*, 2 vols. (London Printing & Publishing, 1866-7).
Ritvo, H., *The Animal Estate: The English and Other Creatures in the Victorian Age* (Cambridge, MA: Harvard UP, 1987).
Roberts, G.B., Josiah Wedgwood and His Trade Connections with Liverpool, *Proceedings of the Wedgwood Society*, nº 11 (1982), 125-35.
Rodrigues, J.H., *Brazil and Africa* (Berkeley: University of California Press, 1965).
Rodriguez, J.P., org., *Chronology of World Slavery* (Santa Barbara, CA: ABC-Clio, 1999).
——. org., *The Historical Encyclopedia of World Slavery*, 2 vols. (Santa Barbara, CA: ABC-Clio, 1997).

Romanes, G.J., *Thoughts on Religion*, C. Core, org. (Longmans et al., 1895).
Rose, M., *Curator of the Dead: Thomas Hodgkin (1798-1866)* (Owen, 1981).
Rose, M.B., *The Gregs of Quarry Bank Mill: The Rise and Decline of a Family Firm, 1750-1914* (Cambridge: CUP, 1986).
Ross, A., *John Philip (1775-1851): Missions, Race and Politics in South Africa* (Aberdeen: Aberdeen UP, 1986).
Ross, J.A. e H.W.Y. Taylor, Robert Knox Catalogue, *JHMAS*, 10 (1955), 269-76.
Royle, E., *Victorian Infidels: The Origins of the British Secularist Movement, 1791-1866* (Manchester: Manchester UP, 1974).
Rudwick, M.J.S., Darwin and Glen Roy: A "great failure" in Scientific Method? *SHPS*, 5 (1974), 97-185.
Rupke, N.A., Neither Creation Nor Evolution: The Third Way in Mid-Nineteenth Century Thinking about the Origin of Species, *Annals of the History and Philosophy of Biology*, 10 (2005), 143-72.
———. *Richard Owen, Victorian Naturalist* (New Haven, CT: Yale UP, 1994).
Ruse, M., Charles Darwin and Group Selection, *AS*, 37 (1980), 615-30.
Ryan, F.W., "Southern Quarterly Review", 1842-1857, em Lora e Longton, *Conservative Press*, 183-90.
Salisbury, E.G., *Border County Worthies*, primeira e segunda séries (Hodder & Stoughton, 1880).
Sanders, C.R. et al., orgs., *The Collected Letters of Thomas and Jane Welsh Carlyle*, 34 vols. até agora (Durham, NC: Duke UP, 1970-).
Sanders, V., org., *Harriet Martineau: Selected Letters* (Oxford: Clarendon, 1990).
Sandwith, T., A Comparative View of the Relations between the Development of the Nervous System and the Functions of Animals, *Phrenological Journal*, 4 (1827), 479-94.
Schaaffhausen, H., Darwinism and Anthropology, *JASL*, 6 (1868), cviii-cxi.
Schlesinger, A.M. Editor's Introduction, em F.W. Olmsted, *The Cotton Kingdom: A Traveller's Observations on Cotton and Slavery in the American Slave States, based upon Three Former Volumes of Journeys and Investigations by the Same Author* (Nova York: Knopf, 1953).
[Scholefield, H.C.], *Memoir of the Late Rev. James Scholefield, M.A. ...* (Seeley et al., 1855).
Schomburgk, R.H., *The History of Barbados: Comprising a Geographical and Statistical Description of the Island; a Sketch of the Historical Events Since the Settlement; and an Account of its Geology and Natural Productions* (Longman et al., 1848).
Schwartz, J.S., Darwin, Wallace, and the 'Descent of Man', *JHB*, 17 (1984), 271-89.
Schwartz, S.B., *Sugar Plantations in the Formation of Brazilian Society: Bahia, 1550-1835* (Cambridge: CUP, 1985).
Sclater, P.L., On the General Geographical Distribution of the Members of the Class Aves, *Journal of the Proceedings of the Linnean Society* (Zoology), 2 (1858), 130-144.
Searby, P., *A History of the University of Cambridge*, vol. 3, *1750-1870* (Cambridge: CUP, 1997).
Secord, J.A., Behind the Veil: Robert Chambers and "Vestiges", em Moore, *History*, 165-94.

——. Darwin and the Breeders: A Social History, em Kohn, *Darwinian Heritage*, 519-42.
——. Edinburgh Lamarckians: Robert Jameson and Robert E. Grant, *JHB*, 24 (1991), 1-18.
——. Nature's Fancy: Charles Darwin and the Breeding of Pigeons, *Isis*, 72 (1981), 163-86.
——. *Victorian Sensation: The Extraordinary Publication, Reception, and Secret Authorship of 'Vestiges of the Natural History of Creation'* (Chicago: University of Chicago Press, 2000).
Sedgwick, A., *A Discourse on the Studies of the University* (Cambridge: impresso em Pitt Press, 1833).
Semmel, B., *The Governor Eyre Controversy* (Macgibbon & Kee, 1962).
Sen Gupta, P.C., Soorjo Coomar Goodeve Chuckerbutty: The First Indian Contributor to Modern Medical Science, *Medical History*, 14 (1970), 183-91.
Shapin, S., Homo Phrenologicus: Anthropological Perspectives on an Historical Problem, em B. Barnes e S. Shapin, orgs., *Natural Order: Historical Studies of Scientific Culture* (Beverly Hills, CA: Sage, 1979), 41-71.
——. Phrenological Knowledge and the Social Structure of Early Nineteenth-Century Edinburgh, *AS*, 32 (1975), 219-43.
——. The Politics of Observation: Cerebral Anatomy and Social Interests in the Edinburgh Phrenology Disputes, em R. Wallis, org., *On the Margins of Science: The Social Construction of Rejected Knowledge*, Sociology Review Monograph, nº 27 (Keele, 1979), 139-78.
Sherwood, M.B., Genesis, Evolution, and Geology in America before Darwin: The Dana-Lewis Controversy, 1856-1857, em C.J. Schneer, org., *Toward a History of Geology...* (Cambridge, MA: MIT Press, 1967).
Shyllon, F.O., *Black Slaves in Britain* (Oxford: OUP, 1974).
Sieveking, I.G., *Memoir and Letters of Francis W. Newman...* (Kegan Paul, 1909).
Silliman, B., *Journal of Travels in England, Holland, and Scotland: Two Passages over the Atlantic, in the Years 1805 and 1806*, 2ª ed., 2 vols. (Boston: Wait, 1812).
——. Phrenology, *American Journal of Science and Arts*, 39 (1840), 65-88.
Silliman, R.H., The Hamlet Affair: Charles Lyell and the North Americans, *Isis*, 86 (1995), 541-61.
Sinha, M., The Caning of Charles Sumner: Slavery, Race, and Ideology in the Age of the Civil War, *Journal of the Early Republic*, 23 (2003), 233-62.
Sivasundaram, S., *Nature and Godly Empire: Science and Evangelical Mission in the Pacific, 1795-1850* (Cambridge: CUP, 2005).
Sklar, K.K., Women Who Speak for an Entire Nation: American and British Women compared at the World Anti-Slavery Convention, London, 1840, em J.F. Yellin e J.C. Van Horne, orgs., *The Abolitionist Sisterhood: Women's Political Culture in Antebellum America* (Ithaca, NY: Cornell UP, 1994), 301-33.
Sloan, P.R., Darwin, Vital Matter, and the Transformism of Species, *JHB*, 19 (1986), 367-95.
——. Darwin's Invertebrate Program, 1826-1836: Preconditions for Transformism, em Kohn, *Darwinian Heritage*, 71-120.

Smith, A., Observations Relative to the Origin and History of the Bushmen, *Philosophical Magazine*, nova série, 9 (1831), 119-27, 197-200, 339-42, 419-23.

Smith, C.H., *The Natural History of Horses* (Edimburgo: Lizars, 1845-6).

——. *The Natural History of Dogs*, 2 vols. (Edimburgo: Lizars, 1839-40).

——. *The Natural History of the Human Species, Its Typical Forms, Primaeval Distribution, Filiations, and Migrations* (Bohn, 1852).

Smith, C.U.M., Worlds in Collision: Owen and Huxley on the Brain, *Science in Context*, 10 (1997), 343-65.

Smith, D., The Fergusson Papers: A Calendar of 92 Manuscript Letters and Documents Concerning the Medical History of the Peninsular War (1808-1814), *JHMAS*, 19 (1964), 267-71.

Smith, H.S., *In His Image, but...: Racism in Southern Religion, 1780-1910* (Durham, NC: Duke UP, 1972).

Smith, J., Grant Allen, Physiological Aesthetics, and the Dissemination of Darwin's Botany, em G. Cantor e S. Shuttleworth, orgs., *Science Serialized: Representations of the Sciences in Nineteenth-Century Periodicals* (Cambridge, MA: MIT Press, 2004).

Smith, K.V., Darwin's Insects: Charles Darwin's Entomological Notes, with an Introduction and Comments... *BBMNH*, 14 (1987), 1-143.

Smith, R., Alfred Russell Wallace: Philosophy of Nature and Man, *BJHS*, 6 (1972), 177-99.

Smith, S., *The Works of the Rev. Sydney Smith*, 3 vols. (Longman et al., 1839).

Smyth, T., *The Unity of the Human Races proved to be the Doctrine of Scripture, Reason, and Science, with a Review of the Present Position and Theory of Professor Agassiz* (Nova York: Putnam, 1850).

Snyder, L.J., *Reforming Philosophy: A Victorian Debate on Science and Society* (Chicago: University of Chicago Press, 2006).

Sober, D. e D.S. Wilson, *Unto Others: The Evolution and Psychology of Unselfish Behavior* (Cambridge, MA: Harvard UP, 1998).

Society for the Extinction of the Slave Trade, *Proceedings of the First Public Meeting of the Society for the Extinction of the Slave Trade, and for the Civilization of Africa, held at Exeter Hall, on Monday, 1st June, 1840* (impresso por Clowes, 1840).

Spencer, F., Samuel George Morton's Doctoral Thesis on Bodily Pain: The Probable Source of Morton's Polygenism, *Transactions and Studies of the College of Physicians of Philadelphia*, 5ª série, 5 (1983), 321-38.

Stange, D.C., *British Unitarians against American Slavery, 1833-65* (Cranbury, NJ: Associated University Presses, 1984).

Stanton, W., *The Leopard's Spots: Scientific Attitudes toward Race in America, 1815-59* (Chicago: University of Chicago Press, 1960).

Stauffer, R.C., org., *Charles Darwin's Natural Selection: Being the Second Part of His Big Species Book written from 1856 to 1858* (Cambridge: CUP, 1975).

Staum, M., Nature and Nurture in French Ethnography and Anthropology, 1859-1914, *JHI*, 65 (2004), 475-95.

Stecher, R.M., The Darwin-Innes Letters: The Correspondence of an Evolutionist with His Vicar, 1848-1884, *AS*, 17 (1961), 201-58.

Steinheimer, F.D., Charles Darwin's Bird Collection and Ornithological Knowledge during the Voyage of H.M.S. *Beagle*, 1831-1836, *Journal of Ornithology*, 145 (2004), 300-320.

Stenhouse, J., Imperialism, Atheism, and Race: Charles Southwell, Old Corruption, and the Maori, *Journal of British Studies*, 44 (2005), 754-74.

Stepan, N., *The Idea of Race in Science: Great Britain, 1800-1960* (Macmillan, 1982).

Stephen, G., *Antislavery Recollections, in a Series of Letters addressed to Mrs. Beecher Stowe... at Her Request* (Hatchard, 1854).

Stephen, J., The Clapham Sect, *Essays in Ecclesiastical Biography*, 5ª ed. (Longmans et al., 1867), 523-84.

Stephen, L., *The English Utilitarians*, 3 vols. (Nova York: Putnam's, 1900).

Stephens, L.D., *Science Race and Religion in the American South: John Bachman and the Charleston Circle of Naturalists, 1815-1895* (Chapel Hill: University of North Carolina Press, 2000).

Sterrett, S.G., Darwin's Analogy between Artificial and Natural Selection: How does it go? *SHPBBS*, 33 (2002), 151-68.

Stewart, R., *Henry Brougham 1778-1868: His Public Career* (Bodley Head, 1985).

Still, William, *The Underground Rail Road: A Record of Facts, Authentic Narratives, Letters, &c., narrating the Hardships, Hair-breadth Escapes and Death Struggles of the Slaves in Their Efforts for Freedom, as related by Themselves and Others, or witnessed by the Author; together with Sketches of Some of the Largest Stockholders, and most Liberal Aiders and Advisers, of the Road* (Medford, NJ: Plexus, 2005; publicado originalmente em 1872).

Stock, E., *The History of the Church Missionary Society: Its Environment, Its Men and Its Work*, 3 vols. (Church Missionary Society, 1899).

Stocking, G.W., Jr., From Chronology to Ethnology: James Cowles Prichard and British Anthropology, 1800-1850, em Prichard, *Researches into the Physical History of Man* (ed. de 1973), ix-cxliv.

———. *Victorian Anthropology* (Nova York: Free Press, 1987).

———. What's in a Name? The Origins of the Royal Anthropological Institute (1837-71), *Man*, 6 (1971), 369-90.

Stokes, J.L., *Discoveries in Australia; with an Account of the Coasts and Rivers explored and surveyed during the Voyage of H.M.S. Beagle in the Years 1837-38-39-40-41-42-43...* (T. & W. Boone, 1846).

Stone, J.W., fonógrafo, *Trial of Thomas Sims, on an Issue of Personal Liberty, on the Claim of James Potter, of Georgia, against Him, as an Alleged Fugitive from Service: Arguments of Robert Rantoul, Jr., and Charles G. Loring, with the Decision of George T. Curtis, Boston, April 7-11, 1851* (Boston: Damrell, 1851).

Story, R., Harvard and the Boston Brahmins: A Study in Institutional and Class Development, 1800-1865, *Journal of Social History,* 8 (1975), 94-121.

Stringer, M.D., Rethinking Animism: Thoughts from the Infancy of Our Discipline, *Journal of the Royal Anthropological Institute,* 5 (1999), 541-55.

Struthers, J., *Historical Sketch of the Edinburgh Anatomical School* (Edimburgo: Maclachlan & Stewart, 1867).

Sulivan, H.N., org., *Life and Letters of the Late Admiral Sir Bartholomew James Sulivan, K.C.B., 1810-1890* (Murray, 1896).

Sulloway, F.J., The *Beagle* Collections of Darwin's Finches (Geospizinae), *BBMNH,* 43 (1982), 49-94.

Sumner, C., The Barbarism of Slavery, *Charles Sumner: His Complete Works,* vol. 6 (Boston: Lee & Shepherd, 1863), 119-238.

———. *The Crime against Kansas. The Apologies for the Crime. The True Remedy: Speech of Hon. Charles Sumner, in the Senate of the United States, 19th and 20th May, 1856* (Boston: Jewett, 1856).

Sumner, J.B., *A Treatise on the Records of the Creation, and the Moral Attributes of the Creator; with Particular Reference to the Jewish History, and to the Consistency of the Principle of Population with the Wisdom and Goodness of the Deity,* 4ª ed., 2 vols. (Hatchard, 1825).

Sussman, C., *Consuming Anxieties: Consumer Protest, Gender, and British Slavery, 1713-1833* (Stanford, CA: Stanford UP, 2000).

Swainson, W., *On the Habits and Instincts of Animals* (Longman et al., 1840).

———. *A Preliminary Discourse on the Study of Natural History* (Longman et al., 1834).

———. *A Treatise on the Geography and Classification of Animals* (Longman et al., 1835).

Temperley, H., *British Antislavery, 1833-70* (Longman, 1972).

Thomas, H., *The Slave Trade: The History of the Atlantic Slave Trade, 1440-1870* (Picador, 1997).

Thompson, F.M.L., *The Rise of Respectable Society: A Social History of Victorian Britain, 1830-1900* (Fontana, 1988).

Thomson, K.S., *HMS Beagle: The Story of Darwin's Ship* (Nova York: Norton, 1995).

Thwaite, A., *Glimpses of the Wonderful: The Life of Philip Henry Gosse, 1810-1888* (Faber and Faber, 2002).

Tiedemann, F., On the Brain of the Negro, compared with that of the European and the Orang-Outang, *Philosophical Transactions of the Royal Society of London,* 126 (1836), 497-527.

Timbs, J., *Curiosities of London: Exhibiting the Most Rare and Remarkable Objects of Interest in the Metropolis* (Bogue, 1855).

Tipton, J.A., Darwin's Beautiful Notion: Sexual Selection and the Plurality of Moral Codes, *HPLS,* 21 (1999), 119-35.

Toplin, R.B., Between Black and White: Attitudes toward Southern Mulattoes, 1830-1861, *Journal of Southern History,* 45 (1979), 185-200.

Torrens, H., When did the Dinosaur get its name? *New Scientist* (4 de abril de 1992), 40-44.
Trafton, S., *Egypt Land: Race and Nineteenth-Century American Egyptomania* (Durham, NC: Duke UP, 2004).
Turley, D., *The Culture of English Antislavery, 1780-1860* (Routledge, 1991).
Turner, M., The Bristish Caribbean, 1823-1838: The Transition from Slave to Free Legal Status, em D. Hay e P. Craven, orgs., *Masters, Servants, and Magistrates in Britain and the Empire, 1562-1955* (Chapel Hill: University of North Carolina Press, 2004), 303-22.
Tylor, E.B., *Researches into the Early History of Mankind* (Murray, 1865).
Tyrrell, A., The "Moral Radical Party" and the Anglo-Jamaican Campaign for the Abolition of the Negro Apprenticeship System, *English Historical Review*, 99 (1984), 481-502.
Ucelay Da Cal, E., The Influence of Animal Breeding on Political Racism, *History of European Ideas*, 15 (1992), 717-25.
Uglow, J., *The Lunar Men: The Friends Who Made the Future, 1730-1810* (Faber and Faber, 2002).
Ulrich, J.M., Thomas Carlyle, Richard Owen, and the Paleontological Articulation of the Past, *Journal of Victorian Culture*, 11 (2006), 30-58.
Valone, D.A., Hugh James Rose's Anglican Critique of Cambridge: Science, Antirationalism, and Coleridgean Idealism in Late Georgian England, *Albion*, 33 (2001), 218-42.
Van Amringe, W.F., *An Investigation of the Theories of the Natural History of Man, by Lawrence, Prichard, and Others founded upon Animal Analogies; and an Outline of a New Natural History of Man, founded upon History, Anatomy, Physiology, and Human Analogies* (Nova York: Baker & Scribner, 1848).
Van Evrie, J.H., *Negroes and Negro "Slavery": The First, An Inferior Race — The Latter, Its Normal Condition*, 3ª ed. (Nova York: Van Evrie, Horton & Co., 1863; publicado originalmente em 1861).
Van Riper, A.B., *Men among the Mammoths: Victorian Science and the Discovery of Prehistory* (Chicago: University of Chicago Press, 1993).
Vetter, J., Wallace's Other Line: Human Biogeography and Field Practice in the Eastern Colonial Tropics, *JHB*, 39 (2006), 89-123.
Vogt, C., *Lectures on Man: His Place in Creation, and in the History of the Earth*, J. Hunt, org. (Longman et al., 1864).
W., C.A., A Second Visit to the United States, by Charles Lyell, *SQR*, 1 (julho de 1850), 406-25.
Waddell, G., A Bibliography of John Bachman, *ANH*, 32 (2005), 53-69.
Waitz, T., *An Introduction to Anthropology*, trad. J.F. Collingwood (Longman et al., 1863).
Walker, A., *Intermarriage; or, the Mode in which, and the Causes Why, Beauty, Health and Intellect, Result from Certain Unions, and Deformity, Disease and Insanity, from Others...* (Churchill, 1838).
[Wallace, A.R.], Charles Lyell on Geological Climates and the Origin of Species, *Quarterly Review*, 126 (abril de 1869), 359-94.

———. Darwin's 'The Descent of Man and Selection in Relation to Sex", *Academy*, 2 (15 de março de 1871), 177-83.

———. [Letter dated 21 Aug. 1856], *Zoologist*, 15 (1857), 5414-16.

———. *The Malay Archipelago: The Land of the Orang-Utan and the Bird of Paradise; a Narrative of Travel, with Studies of Man and Nature*, 6ª ed. (Macmillan, 1877; publicado originalmente em 1869).

[———] Mimicry, and Other Protective Resemblances among Animals, *Westminster Review*, nova série, 32 (1º de julho de 1867), 1-43.

———. *My Life: A Record of Events and Opinions*, 2 vols. (Chapman & Hall, 1905).

———. On the Law which has regulated the Introduction of New Species, *AMNH*, 2ª série, 16 (setembro de 1855), 184-96.

———. The Origin of Human Races and the Antiquity of Man deduced from the Theory of "Natural Selection", *JASL*, 2 (1864), clviii-clxxvi.

———. *The Scientific Aspect of the Supernatural: Indicating the Desirableness of an Experimental Enquiry by Men of Science into the Alleged Powers of Clairvoyants and Mediums* (Farrah, 1866).

Waller, J.O., Charles Kingsley and the American Civil War, *Studies in Philology*, 60 (1963), 554-68.

Wallis, B., Black Bodies, White Science: Louis Agassiz's Slave Daguerreotypes, *American Art*, 9 (1995), 39-61.

Walsh, A.A., The "New Science of the Mind" and the Philadelphia Physicians in the Early 1800s, *Transactions and Studies of the College of Physicians of Philadelphia*, 4ª série, 43 (1976), 397-415.

Walsh, J. e R. Hyam, *Peter Peckard: Liberal Churchman and Anti-Slave Trade Campaigner*, Magdalene College of Occasional Papers, nº 16 (Cambridge: Magdalene College, 1998).

Walsh, J.D., The Magdalene Evangelicals, *Church Quarterly Review*, 159 (1958), 499-511.

Walters, S.M. e E.A. Stow, *Darwin's Mentor: John Stevens Henslow, 1796-1861* (Cambridge: CUP, 2001).

Walvin, J., *Black and White: The Negro and English Society, 1555-1945* (Allen Lane, 1973).

———. The Rise of British Popular Sentiment for Abolition, 1787-1832, em C. Bolt e S. Drescher, orgs., *Anti-Slavery, Religion and Reform* (Folkestone: Dawson, 1980), 149-62.

———. org., *Slavery and British Society, 1776-1846* (Longman, 1982).

Ward, W.E.F., *The Royal Navy and the Slavers: The Suppression of the Atlantic Slave Trade* (Allen & Unwin, 1969).

Warner, H.W., org., *Autobiography of Charles Caldewell, M.D.* (Filadélfia: Lippincott, Grambo, 1855).

Waterhouse, G.R., *Marsupialia, or Pouched Animals* (Edimburgo: Lizars, [1841]).

Waterman, A.M.C., *Revolution, Economics and Religion: Christian Political Economy, 1798-1833* (Cambridge: CUP, 1991).

Waterton, C., *Wanderings in South America, the North-West of the United States, and the Antilles in the Years 1812, 1816, 1820, & 1824*, 2ª ed. (Fellowes, 1828).

Watts, R., *Gender, Power and the Unitarians in England, 1760-1860* (Longman, 1998).
Webb, R.K., *Harriet Martineau: A Radical Victorian* (Nova York: Columbia UP, 1960).
Wedgwood, B. e H. Wedgwood, *The Wedgwood Circle: Four Generations of a Family and Their Friends* (Westfield, NJ: Eastview, 1980).
Wedgwood, J., *The Personal Life of Josiah Wedgwood, the Potter* (Macmillan, 1915).
Wedgwood, J.C., *A History of the Wedgwood Family* (St. Catherine Press, 1908).
——. org., *Staffordshire Parliamentary History from the Earliest Times to the Present Day*, vol. 3, *1780 to 1841* (Kendal: Wilson, 1934).
[Wedgwood, S.E.], org., *British Slavery Described* (Newcastle[-under-Lyme]: impresso por J. Mort e vendido em benefício da North Staffordshire Ladies' Anti-Slavery Society, 1828).
Weiss, J., *Life and Correspondence of Theodore Parker, Minister of the Twenty-eighth Congregational Society, Boston*, 2 vols. (Nova York: Appleton, 1854).
Wells, K.D., William Charles Wells and the Races of Man, *Isis*, 64 (1973), 215-25.
Wheatley, V., *The Life and Work of Harriet Martineau* (Secker & Warburg, 1957).
Whewell, W., *The Elements of Morality, including Polity*, 2 vols. (Nova York: Harper, 1845).
——. *History of the Inductive Sciences from the Earliest to the Present Time*, 3ª ed., 2 vols. (Nova York: Harper, 1845).
——. *Lectures on the History of Moral Philosophy in England* (Parker, 1852).
——. *The Philosophy of the Inductive Sciences, founded upon Their History*, 2ª ed., 2 vols. (Parker, 1847; publicado originalmente em 1840).
Wilberforce, R.I. e S. Wilberforce, *The Life of William Wilberforce*, 5 vols. (Murray, 1838).
[Wilberforce, S.], *On the Origin of Species, by means of Natural Selection; or the Preservation of Favoured Races in the Struggle for Life. By Charles Darwin, M.A., F.R.S. London, 1860*, *Quarterly Review*, 108 (1860), 225-64.
Wilner, E., Darwin's Artificial Selection as an Experiment, *SHPBBS*, 37 (2006), 26-40.
Wilson, E.G., A Shropshire Lady in Bath, 1794-1807, *Bath History*, 4 (1992), 95-123.
——. *Thomas Clarkson: A Biography* (Basinstoke: Macmillan, 1989).
Wilson, G. e A. Geikie, *Memoir of Edward Forbes, F.R.S.* (Macmillan, 1861).
Wilson, L.G., The Gorilla and the Question of Human Origins: The Brain Controversy, *JHMAS*, 51 (1996), 184-207.
——. *Lyell in America: Transatlantic Geology, 1841-1853* (Baltimore, MD: Johns Hopkins UP, 1998).
——. org., *Sir Charles Lyell's Scientific Journals on the Species Question* (New Haven, CT: Yale UP, 1970).
Winsor, M., *Reading the Shape of Nature: Comparative Zoology at the Agassiz Museum* (Chicago: University of Chicago Press, 1991).
Wish, H., The Revival of the African Slave Trade in the United States, 1856-1860, *Mississippi Valley Historical Review*, 27 (1941), 569-88.
Wood, G.B., *A Biographical Memoir of Samuel George Morton, M.D., prepared by Appointment of the College of Physicians of Philadelphia, and read Before That Body, November 3, 1852* (Filadélfia: Collins, 1853).

Woodward, S.P., *A Manual of the Mollusca; or, A Rudimentary Treatise of Recent and Fossil Shells*, 3 vols. (Weale, 1851-6).

[Wyman, J.], Morton's Crania Americana, *North American Review*, 51 (1840), 173-86.

Yeo, R., *Defining Science: William Whewell, Natural Knowledge and Public Debates in Early Victorian Britain* (Cambridge: CUP, 1993).

Yetwin, N.B., Rev. Horace G. Day, Schenectady's Abolitionis Preacher, *Skenectada*, 1 (inverno de 2006), 4-5.

Young, B., "The Lust of Empire and Religious Hate": Christianity, History, and India, 1790-1820, em S. Collini, R. Whatmore and B. Young, orgs., *History, Religion, and Culture: British Intellectual History, 1750-1950* (Cambridge: CUP, 2000), 91-111.

Young, R.J.C., *Colonial Desire: Hybridity in Theory, Culture and Race* (Routledge, 1995).

Zabriskie, A.C., Charles Simeon, Anglican Evangelical, *Church History*, 9 (1940), 103-19.

Zelinsky, W., The Historical Geography of the Negro Population of Latin America, *JNH*, 34 (1949), 153-221.(1949), 153-221.

ÍNDICE REMISSIVO

Abadia de Westminster, 267
Abbeville, França, instrumentos de pedra, 509
abelhas, 180, 181
Aberdeen Journal, 469
abolição da escravatura e abolicionistas, 16, 19-20, 23, 29-43, 47-9, 54-6, 82, 87-88, 92, 97, 100, 102-8, 127-131, 164, 170, 187-189, 196, 199-200, 208-9, 224, 228, 234-5, 237, 241-242, 247-254, 261-262, 277, 279-280, 314-325, 340, 345, 367, 375-8, 387-388, 391, 405-6, 409-411, 417-427, 441-2, 444-5, 450, 453-456, 459-60, 464-7, 481-2, 484; gradual, 42-3, 99-100, 104, 113, 263-4; imediata, 113, 173-4, 195, 262-3, 337, 445, 531
abutres, 252
A cabana do Pai Tomás (H.B. Stowe), 345, 378, 385, 427
Academia Americana de Artes e Ciências, 448
Academia Real de Londres, 126
acarás da Amazônia, 499
Account of the Regular Gradation in Man (White), 256

açoitamento: de escravos, 41, 112, 175, 195, 437, 469; de "rebeldes" jamaicanos, 483, 484-5
Acordo do Missouri, 65
Açores, 350, 353
açúcar (cana), 23, 27, 42, 98, 124, 163, 365, 375; boicotes, 37-8, 40, 101-2, 520; deveres, 239-40; estatísticas, 53, 130-131
Adão (o primeiro homem), 14, 91-93, 99, 138, 143, 253, 271, 294, 313, 318, 330, 377, 379, 388, 404, 437, 439, 445, 488, 516
adaptação, *ver* raças
Adelaide (navio-tênder), 134
Adventure (navio-tênder), 133, 134
África do Sul, *ver* Cidade do Cabo
África Ocidental, 36, 50, 54, 108, 118, 383
África, 24, 34, 36, 40, 48, 52, 71, 79-80, 87, 112, 118, 120, 130-131, 142, 156, 160-162, 164, 174, 181, 184, 208, 212, 214, 225, 255-256, 237, 241, 262, 303, 311, 316-317, 365-367, 370, 382, 402, 403, 405, 433, 462, 497, 511 *ver também* etnias negras
Agassiz, Louis, 323-331, 333, 337-344, 346-347, 350-354, 357, 364, 367, 369, 370,

371, 372, 377-378, 379, 381, 383, 384, 386, 387, 388, 391, 392, 400, 402, 407, 409-413, 415, 416, 428-429, 431, 435-436, 440, 445, 447, 448-452, 454, 456, 457, 460, 464, 467, 471, 487, 489, 499-500, 514

águas-vivas, 384

Aimara, índios, 217, 544

Ainsworth, William, 59, 68

Alabama, 241, 243, 276-277, 437, 463, 467

Alabama, CSS, 459

Albert (navio a vapor e remo), 226

Albert, príncipe, 225

albinos humanos, 185, 368

alce gigante, 295

Aldridge, Ira, 98

alemães, 14, 62, 72, 124, 193, 268, 270, 487, 499

Algodão, 41, 53, 79, 212-3, 240-1, 248-9, 262, 280, 284, 326-7, 340, 392, 444, 448, 453-4, 459, 576; e Agassiz, 326; fábricas; 67, 79, 225 (de Greg), 248, 448 (de Lowell)

Allan, James McGrigor, 471-2, 579

Allen, Bird, 226

Allen, família, *ver* Drewe; Mackintosh; Sismondi; Wedgwood

Allen, Fanny, 54, 55, 83, 101, 102, 103, 117, 188, 196, 207, 365, 418, 430, 440

Allen, William, 80

Almirantado (Britânico), 31, 59, 116, 131, 134, 142

amálgama de raças, *ver* raças

Amarílis 271, 553

América do Norte, 17-20, 24, 26, 28, 36, 46-7, 57, 63-4, 69, 71, 74, 80-1, 83-4, 124, 128, 131-2, 139, 144, 155, 164, 174-5, 182, 184, 187-194, 200, 208, 211, 220-1, 224-5, 232-243, 247-270, 272-277, 280-5, 287-8, 296, 298-299, 302, 311-12, 316-7, 323, 325-339, 343, 345-6, 349-50, 365-7, 369-73, 375, 383, 385-91, 396, 400, 403, 409, 412-3, 418-9, 424-32, 436, 444, 447-53, 457-61, 465-8, 472, 475, 499; *ver também* Canadá; estados individuais; Estados Unidos da América

América do Sul, 46, 50-3, 70, 71, 108, 111-2, 113, 116, 120-150, 163, 171, 174, 175, 177, 182, 230, 233, 258, 261, 272, 274, 280, 291, 303, 356, 497, 498

American Journal of Science, 47, 288, 350, 351, 387, 449, 452

American Notes (Dickens), 331

American Phrenological Journal, 236

Anatomy and Philosophy of Expression (Bell), 75

ancestral hermafrodita, 392, 397

ancestralidade: o ser humano e múltiplos macacos, 470-2, 497, 578; primatas, 14-7, 167-73, 191-2, 202-3, 222, 421, 432, 463, 466, 469-72, 509; vertebrados, 17, 65, 169, 182, 205, 222, 255, 289-94, 298, 304-7, 310, 318-9, 357, 368 371, 392, 397-8, 401-2, 421, 432, 437, 445, 455, 463, 494; *ver também* origem comum; imagem genealógica; metáfora da árvore

Andes, 137, 139, 216, 311, 545

anglicanos, 15, 24, 28, 32, 92, 96-7, 138, 151, 176, 199, 254, 262, 393, 507

anglo-saxões e anglo-saxonismo, 17, 62, 66, 69, 194, 234, 236, 243, 244, 280, 281, 328, 333, 363, 403, 417, 427, 441, 472, 475

Angola, 356

animismo, 507

anjinhos, 163

Annals and Magazine of Natural History, 263

Antártida, 324

Anthropological Review, 486

Antigua, ilhas Leeward, 365, 459
antílopes, 290
antiquarianismo, Scott, 61
Antiquity of Man (Lyell), 456, 493
Anti-Slavery (Monthly) Reporter, 42, 100, 438, 490
Anti-Slavery Standard, 445, 450
antropologia, "Escola Americana" de, 57, 80, 339, 343 ; *ver também* Gliddon; Morton; Nott
antropomorfismo, 192
A origem do homem (Darwin), 14, 15, 18, 297, 500, 502, 504, 506, 508, 509, 511-513, 515-516
Appleton, família 365
Appleton, Molly, *ver* Mackintosh
aprendizado dos escravos, 172-3, 195-7, 224, 263, 438
aquário, 437
Arábia, 311
Ararat, monte, 72, 93, 253
Arca de Noé, 80-81, 93
Argentina, 125, 131, 140, 174, 215, 216
Argyll, duque de, *ver* Campbell
ariana, 62, 457
aristocracia: beleza da, 394-5, 477, 491
Aristófanes, 361
armadilhas de animais, 466
Arnold, Thomas, 211-212
arrulhos de pombos, 372
Ártico, 58, 233, 293, 416
aruaque, índios 50, 52, 274, 356
Ascension, ilha, 163
Ásia, 217, 303, 305, 338, 355, 367, 383, 413, 448, 500
asilos, 201
assassinos: dissecados, 73, 77; crânios colocados junto com crânios raciais, 63, 71, 81

Associação Americana de Geólogos, 254
Associação Frenológica Central, Filadélfia, 83
Aston, Arthur Ingram, 129-131
Ateísmo, 13, 19, 65, 75, 78, 90, 95, 155, 178, 232, 241, 313, 333, 398, 436
Athenaeum Club, 177, 375
Athenaeum, 464, 511
Atlantic Monthly, 450
Atlântico: travessia das sementes levadas pelo vento, 349-50
Auckland Examiner, 314
Audubon, John James, 64, 77, 253, 275
Aurignac: restos pré-históricos, 473, 501, 509
Austrália, 59, 79, 94, 154, 155, 182, 211, 214-216, 257, 269, 307, 338, 348, 368, 500
aves comestíveis, 222, 252, 272, 286-90, 298-99, 307-10, 309, 321, 344, 352, 356, 357-9, 360, 367, 400, 436, 361, 495, 499, 554, 566
aves: ancestralidade,183, 309, 315, 360, 371, 401, 445, 567; artistas, 64; *Beagle*, 136, 150, 229, 304, 382; experimentos de Darwin, 348, 353-61, 405-6; distribuição e migração, 252, 415-8, 436-7; híbridos, 288-90, 299, 303-6, 309; mimetismo, 498-99; como ornamento, 513-4; seleção sexual, 204, 393, 399, 408, 432-34, 498-99, 505-6, 513-4; caça a, 98, 415, 431; *ver também* taxidermia
avestruz, 49, 142

Baartman, Sara, 398, 569; *ver também* hotentotes
Babel, torre de, 173, 279
babuínos, 191, 285, 398, 510
Bachman, John, 47, 252-253, 275, 276, 280, 286, 296-302, 306, 331, 332, 339, 343, 344, 369, 370-371, 402, 514

Bahamas, 240
Bahia, Brasil, 120, 124, 125, 131, 162, 261
Baía das Ilhas, Nova Zelândia, 152-155
Baía de Todos os Santos, Bahia, 120, 121
Baker, Thomas, 129
Baltimore, 108, 119, 243
bantos, 21, 72, 73; *ver também* cafres
Barbados, 356, 442
barbas, 292-3, 398, 510, 569
Barclay, John, 66, 67, 74-75, 178
barcos a vapor, 101, 226-7, 247, 249, 341, 417, 453-54, 459, 485
barcos de pesca à baleia, baleeiros, 149-54, 416
Barkly, Henry, 438
bastardia, *ver* raças
bastardos franceses, 507
batistas, 280, 437, 438, 563
Battersea Rise (residência), Clapham, 32, 102-103
Batty, William, 530
Beagle, HMS [Navio de Sua Majestade], 13, 15, 17, 20, 23, 56, 111, 113, 116-28, 131, 133, 186, 190, 203-4, 207, 213, 217, 229, 255, 258, 263, 293, 304, 307, 314, 324, 330, 348, 382, 396, 496, 507, 514-5, 533
Beaufort, Francis, 116, 140
beija-flores, 55, 513
beleza e capacidade de atrair, 76, 209-6, 318-20, 379, 393-8, 408, 426, 432-434, 476-7, 491, 503, 514, 557, 568; *ver também* seleção sexual
beleza siamesa, 396
Bell, Charles, 75, 525
Bell, John, 548-9
Benbow, William, 568
Bendyshe, Thomas, 471, 478, 579
Bengala, bengalis, 71, 375
Benin, baía de, 108

Bentham, Jeremy, 539
besouros, 89, 111, 127, 407, 499
Bíblia, 93-6, 138, 155, 199, 221, 226, 279, 280, 283, 286, 300, 314, 327, 328, 332, 370, 384, 385, 386-7, 419, 444, 472, 482, 497, 510
Biblioteca do Congresso, 312
biogeografia, *ver* regiões das faunas
Birkenhead, estaleiros, 454
Birmingham Daily Post, 469
Birmingham, Inglaterra, 10, 24-25, 29, 31, 36, 210, 217, 219, 227, 268
Black Joke (antiescravagista), 108, 109, 118, 119, 133-135
Blake, Charles Carter, 468, 486, 578
Bledsoe, Albert Taylor, 576
Blumenbach, J.F., 72, 525
Blyth, Edward, 309, 310, 360-361, 367-369, 372, 384, 408-409, 415, 427, 432, 497
Boardman, Andrew, 524
bôeres, 81, 157, 159, 160, 538
Bogotá, Colômbia, 233
bois, 266, 310
Bolívia, 217
Bombaim, 54
Bonny, rio, África Ocidental, 118
borboletas, 18, 127, 415, 433, 498, 506
Bornéu, 364, 415, 472-3
Bory de Saint-Vincent, Jean-Baptiste, 143, 396, 536, 599
Bosj(i)emans, *ver* bosquímanos; hotentotes
bosquímanos, 156, 270, 318, 368, 380, 402, 433; *ver também* hotentotes
Boston, 188, 233, 247-9, 254, 258, 259, 273, 274, 284, 326, 329, 330-2, 337, 346, 365, 375, 378, 410, 419, 447, 449, 465, 467; Igreja Unitária de Brattle Square, 248; Comitê de Vigilância, 337; Sociedade de História Natural, 233
Botafogo, baía de, 126, 128, 130, 152

Botanic Garden (E. Darwin), 25, 30
botânica e botânicos, 59, 86-88, 97, 127, 226, 274, 324, 330, 347, 350-1, 356, 409, 4430, 448, 455, 480, 491, 514; *ver também* Gray; Henslow; Hooker; plantas
Botânica, baía, 145
Boucher de Perthes, Jacques, 509
Bounty, HMS, 464
Bourbon, 82
Bouverie-Pusey, S.E., 578
Brace, Charles Loring, 430, 456, 549, 553
Brasil, 34-35, 42, 108-109, 112, 120, 122, 125, 128-130, 139, 152, 161, 162, 171, 190, 191, 203, 223, 225, 248, 258, 259, 294, 303, 315, 514
Brisbane, Thomas, 59
Bristol, 31, 36, 92, 262-263, 272, 305, 320
British and Foreign Medical Review, 263
British Critic, 51
British Slavery Described (S.E. Wedgwood), 101
Broca, Paul, 470, 487
Brooke, James, rajá, 356
Brookes, Joshua, 525, 596
Brougham, Lord Henry, 55, 104, 117, 184, 423
Brown, John (abolicionista), 337, 376, 441, 577
Browne, W.A.F., 63, 67, 75-76
Brudenell, James, 7º conde de Cardigan, 485
Buchanan, James, presidente dos EUA, 418
Buckle, Henry Thomas, 424-5
Buenos Aires, 132, 140, 535
búfalo, 223, 376
Buffon, J.L.L., Comte de, 569
buldogues, 297, 358,
Bull Run (batalha), 452
Bult, Sr., 360
Bury, Lancashire, 79
Buxton, Charles, 483

Buxton, Thomas Fowell, 43, 101, 105, 208, 209, 224-226, 336, 466, 484, 538
Byron, John (navegador), 515

cabeças-chatas, índios, 233
cabelos/pelos: ancestral humano, 169, 191, 295, 313, 442, 510; raça e seleção sexual, 164, 169, 171, 185, 202-4, 227, 230, 244, 296, 397, 405, 416, 439, 464, 512; pixaim no couro cabeludo negro, 171, 244, 295, 329
Cabo Frio, ilha, 125
Cabo Verde, ilhas, 118
caboclos, 139
Cabras/bodes, 164, 245, 285, 287, 293
caçadores e armadilhas para animais, 466
cachorro chinês, 355
Caernarfon, 123
cães terras-novas, 284, 291
cães: cruzamento, 144, 205, 219, 255, 265, 284, 290-4, 296, 310, 320-1, 332, 356, 362-5, 367, 380, 400, 435, 445, 545, 546, 554, 564; experimentos com, 182, 355, 362-5; instintos, 189, 368; espetáculos, 98; caçadores de escravos, 431
cafres (xhosa), 21, 72-3, 78, 159, 160, 174, 209, 219, 399; *ver também* xhosa (etnia)
cafusos, 139
caimões, 51
Cairo, 232, 290
Calabar, 41
Calcutá, 152, 208, 309-310, 360, 367, 372, 408
Caldwell, Charles, 220-3, 232, 234, 301
Califórnia, 335
Calvino, calvinismo, 64, 193, 256, 330, 410
Câmara Alta (Câmara dos Lordes), 110, 116-8, 196, 422-3
Câmara dos Comuns, 10, 25, 29, 37, 43, 49, 53-55, 104, 105, 116, 117, 118, 135, 186, 196, 197, 208, 437; Comitê Seleto, 31 (tráfico de escravos), 208-9, 213, 234 (aborígenes); ventilador, 105, 117

Cambridge, Inglaterra, 85, 106-7, 117, 135, 163, 175, 248, 439, 528; Igreja da Grande Santa Maria, 34, 96; Estalagem do Leão Vermelho, 106; rio Cam, 85
Cambridge, Massachusetts, 248
Cambridgeshire, 94
Campbell, George Douglas, 8º duque de Argyll, 501, 512
Canadá, 12, 80, 208, 224, 233, 254, 294, 336, 337, 466
cananeus, 317
Canárias, ilhas, 108
canários, 245, 285
Candolle, Alphonse de, 584
canibalismo: fueguino, 114, 146, 184; maori, 94, 152-4
cão fueguino, 291
cão siberiano, derivação, 265
cão veadeiro escocês, 362-363
cão veadeiro irlandês, 362
cão veadeiro, 362-363
capivara, 216
captura da noiva, 503
características não adaptativas, 399; *ver também* raças; seleção sexual
caraíbas, índios, 53, 66,
Cardigan, conde de, *ver* Brudenell
Caribe, 124, 356, 366; *ver também* Índias Ocidentais
Carlyle, Thomas, 193-199, 207, 263, 302, 312, 313, 366, 406, 420, 482, 488
Carolina do Sul, 188, 241, 243, 249, 273, 333, 340, 375-6, 451, 465, 469; Salão Filarmônico, 485; Banco de Southampton e Hampshire, 581
Carpenter, Lant, 262
Carpenter, W.B., 262-268, 271-273, 305, 320, 335, 337, 344, 345, 445
Carr, John, 184

Casa de Reuniões Lewin's Mead, Bristol, 262
casamentos mistos: proibição, 264, 467; incentivo aos, 273; e evolução, 181, 212-4, 543
casas hidropáticas de repouso/spas, 421, 436
Castlereagh, Lord, *ver* Stewart
casuar, 524
catacumba, Paris, 67
catástrofes geológicas, 60, 137, 327
católicos romanos, 50, 88-9, 138, 256, 269, 446, 510; emancipação, 49, 89, 96
católicos, *ver* católicos romanos
caucasianos, 74, 81, 144, 211, 221-222, 234, 235, 266, 269, 278, 289, 296, 350, 379, 380, 393, 525, 545
Cáucaso, monte, 72
cauda: pavão, 205; rudimentos, 191, 192, 402, 495, 501; pintada, 499
cavalheiros negros, 21-2, 187, 365
cavalo de corrida, 358
cavalo de tração, 358
cavalos, 25, 45, 139, 221, 222, 255, 266, 277, 290, 292, 293, 296, 333, 358, 431, 467, 554
caverna de Brixham, 295, 509
Cawnpore, massacre de, 408
Ceilão, 357, 500
celtas, 62, 213, 268, 269, 41117, 425, 543
censo americano de 1840, 170
cérebro: anatomia, 65-6, 77-8, 103; Darwin sobre, 504-5; embriologia, 295-6; Hunt sobre, 487; materialismo, 178-9, 194-5, 255; dos negros; 185, 231-2, 236-7, 276-77, 310, 331, 379, 462; frenologia, 62-78, 82-4, 103, 185; fisionomia, 113, 150; exclusivo dos seres humanos, 407; Wallace sobre, 504-5
César, 234, 469
chacal, 291
Chaillu, Paul du, 511, 587

Chambers, Robert, 61, 475
chapéus de plumas, 513
chapéus e chapeleiros, 69
Charcharodon mortoni, 340
Charleston Medical Journal, 369
Charleston, Carolina do Sul, 47, 188, 240, 249, 252, 268, 273-6, 283-5, 300, 331-2, 337-9, 341, 369, 386, 451, 560; Clube Literário, 331; Igreja Luterana de São João, 252, 301; ilha de Sullivan, 451, 560
Chattanooga, Tennessee, 462-3
Cherokee, índios, 234
chicote, 40, 104, 128, 138, 366, 410, 484; *ver também* açoitamento; instrumentos de tortura
chifres, 393, 496
Chile, 136, 149-50, 263, 324, 353
Chiloé, ilha, 149, 185, 229, 514
chimpanzés, 35, 158, 168, 254, 318, 338, 364, 370, 377-8, 383, 407, 463
China, 305, 306, 356, 484, 495
chinesa/chineses: ancestralidade, 513; beleza, 396, 477; registros, 181
Choctaw, índios, 234
Chonos, arquipélago, 149
Christian Examiner, 265, 273, 338, 448, 449, 559
Cidade do Cabo, cabo da Boa Esperança, 72, 81, 152, 156-61, 174, 177, 181, 182, 208, 211, 214, 224, 272, 338, 348, 357, 395, 472, 484, 496, 500, 543, 544, 599
Cidade Espanhola, Jamaica, 481
ciganos, 222, 394
Cinchona, 44
Cincinnati, Ohio, 253
Cirripedia, *ver* cracas
cisnes, 244
civilização: evolução da, 74, 179-80, 189, 215-8, 344, 368, 474-6, 504, 507; incapacidade de chegar à, 34, 70, 73, 114, 138-42, 143-51, 155-9, 170, 172, 179, 184, 189-90, 208-13, 223-6, 231, 233-6, 244, 257, 267-8, 277-8, 301-2, 310, 314, 334, 339, 454, 462, 515
Clarkson, Thomas, 23, 33, 35, 36-8, 40, 80, 94, 97, 99, 100, 104, 197, 225, 267, 438, 515-6, 519
classificação: de aves, 289; circular, 316; e origem, 168, 382, 402, 429; humana, 231, 394, 469; de mamíferos, 291; de pombos, 359
Clay, Henry, 65, 237, 242
clima e mudanças corporais, 69, 73-4, 93, 137, 142-44, 221-3, 230-4, 238, 268, 283, 291-4, 300, 308-10, 316-9, 333, 334-5, 380, 395, 404, 435, 487, 579
Cline, Henry, 228
Clyde, estaleiros, 459
cóccix, 495, 509
Cockburn, Henry, 48
coelhos, 272, 355, 357, 389-90, 402
Colchester, 268; Associação Antiescravagista das Senhoras, 529
coleção de aves de Dufresne, 59
Colégio da Universidade de Londres, 184
Colégio de Haileybury, 201
cólera, 118, 284
Columba, ver pombos
Colúmbia, Carolina do Sul, 340
Colúmbia, rio, 233
Combe, George, 64-9, 74, 81, 83, 236-8, 242, 524
Comissão Real, Londres, 483
Comitê Central da Emancipação do Negro (Sturge), 195
Comitê da Jamaica, 483, 485, 489-94, 581, 589
Companhia das Índias Orientais, 32, 71, 103, 121, 234, 356, 408; *ver também* Índia

Companhia de Investimento em Terras das Índias Ocidentais, 196
Companhia de Serra Leoa, 36, 87
competição e evolução, 201-4, 214, 255-7, 354, 392, 399, 408, 417, 434-5, 473-4, 476, 494-5, 505, 512
Concepción, 137
conchas: distribuição, 381; em Southampton, 327-8; estrutura, 263-66, 346
concubinas: e seleção sexual, 503; e escravidão, 41
condado de Middlesex, Jamaica, 438
Conferências Lowell, 247, 273, 326, 328
Congo, 270
congregacionistas, 151
conquistadores, 211
conservadores, 15, 26, 48, 67, 89, 95, 101, 104, 107, 113-4, 131, 135-6, 210, 221, 247, 301, 326, 409, 464
Constitution of Man (G. Combe), 64
cônsules britânicos, 129-32, 161, 162, 209, 217-8, 352, 356-8
contágio, 228, 243
Convenção Mundial Antiescravagista, 225
coptas, 269
corais, 65, 387, 499
coralinas, 127
Corbett, Joseph (née Plymley), 40-2, 48, 94, 99, 521, 539
Corbett, Panton, 40
Corbett, Waties, 521
Corcovado, Rio de Janeiro, Brasil, 127
corujas, 348
corvos, 290
Costa do Ouro, África Ocidental, 71
cracas, 325-6, 341-2, 344-6, 368, 381, 384, 387, 402, 514
Craft, William, 264, 337, 468-9, 577
Crania Aegyptiaca (Morton), 235

Crania Americana (Morton), 233-6, 238, 241, 329
Crania Britannica (Davis e Thurman), 416
crania, 66, 69, 78, 103, 215-8, 232-9, 241, 254, 277, 239-30, 341, 416, 429, 525; *ver também* rosto; crânios
craniologistas, *ver* frenologistas
crânios, 60-1, 63-75, 77-9, 81-4, 137, 146, 165, 185, 191, 216-9, 232-9, 277, 297, 350, 358, 396, 470, 472-474, 487, 495, 501, 512, 544; sínus frontais, 78; *ver também* crania; rosto; fisionomia; raças; seleção sexual
Cranworth, Lor, *ver* Rolfe
Crawfurd, John, 575
Credo dos Apóstolos, 86
Creole, brigue norte-americano, 240
criação de raças distintas, 93, 143, 221, 232, 294, 307-10, 318, 339, 345, 351, 353, 357-9, 363, 378-81, 388-90, 400-2, 435, 449, 457, 514; *ver também* pluralismo; poligenismo
Crimeia, 485
criminologia e frenologia, 63, 185, 238
criminosos e raças exóticas, 71, 185
crioulos, 125, 132, 139-40, 280, 417
cristãos socialistas, 478
cristianismo, 28, 54, 85, 90, 93, 98, 208, 212, 225, 388, 506; *ver também* anglicanos; batistas; Bíblia; congregacionalistas; dissidentes; episcopalistas; luteranos; metodistas; moravianos; presbiterianos; quacres; unitaristas
crocodilos, 66
crueldade, horror da família Darwin à, 27, 32, 37-9, 41-3, 54, 97-8, 101, 106-7, 120, 135, 156, 173-4, 183, 259-61, 263, 459, 465-66, 486, 492-3, 508, 551
Crustáceo, 387, 405

cruzamento, *ver* domesticação; cruzamentos feitos pelo homem; cruzamentos nas fazendas
cruzamentos artificiais, 204-6, 222, 252, 266, 298, 307-10, 300-11, 318, 344, 362, 494
Cuba: escravidão, 112, 124, 418, 422
Cuvier, Georges, 60, 290-1, 296, 323, 342, 398, 569

D'Urban, Benjamin, 160-1, 209
daguerreótipos de escravos, 341, 500
daiaques, 405, 416, 417, 473
Daily News (Londres), 419, 512
Dana, James Dwight, 387-9, 391, 399-400, 409, 410, 560
Darnley, ilha, 539
Darwin, Caroline, *ver* Wedgwood, Caroline
Darwin, Charles: ancestralidade, 23-38; infância, 37-43; Universidade de Edimburgo, 43-84; Universidade de Cambridge, 85-109; viagem do *Beagle*, 111-153; cadernos de notas sobre evolução, 167-296, 287; sobre Malthus e raça, 212-234; sobre Prichard, 217, 277-8; (*ver também* Prichard); questionário etnológico, 219; seleção artificial, 219-20 (*ver também* seleção artificial); sobre a expedição no rio Níger, 225-7; e Bachman, 252, 368-72; mudança para Down, 255; primeiros rascunhos da teoria, 255-6, 271-2, 558; ataques de Lyell à escravidão, 257-61, 273-5; sobre fertilidade de híbridos, 271-5, 287-321, 400-2; sobre Eyton e espécies híbridas, 302-7; Dixon e hibridismo de aves domésticas, 307-11; Dr. Holland, 319-21; teoria de Agassiz sobre a era do gelo, 323-7; Agassiz e cracas, 326, 341; oposição a Agassiz sobre hibridismo e criação, 341, 345 ss, 372, 379 ss, 402, 409-17, 428, 435-6, 440, 447-52, 454; Carpenter e variabilidade, 345; experimentos com sementes, 347-53; e Gray, 323 ss, 349 ss, 409-13; pombos selecionados artificialmente, 353-73; e Blyth, 360, 367-8, 372, 408-9; Lyell sobre origens raciais múltiplas, 364, 434-5; desafio de Woodward, 381-83; isca para Dana, 387-91, 400; escreve "Seleção Natural", 373-426 *passim*; seleção sexual, 203-6, 212, 219, 228, 239, 255-6, 272, 363, 392-99, 404-6, 425-7, 432-6, 476-77, 479, 486-88, 495-7, 498-514, 570, 585, 587; cunha "seleção sexual", 399; questionário enviado a cirurgiões do Exército, 404, 442; "homem" ausente da *Origem das espécies*, 405-9; formigas escravagistas, 315-7, 420-424, 446-8; antecipação de Wallace, 424-7; publica *A origem das espécies*, 428-40; Huxley e a analogia racial, 428-30; sobre a competição racial, 433-5, 443; desiste de Lyell e *Antiquity of Man*, 435, 443-444, 456-9; sobre a Guerra Civil americana, 451-54, 458-60, 466, 477; e Gray contra Agassiz, 447 ss; contra armadilhas de animais, 466; Wallace e a seleção sexual, 476-77; controvérsia do governador Eyre, 482-93; instigado por Hunt, 486-88; desiste de Wallace, 493-94; "homem" em *Variation*, 494-6; versus Wallace sobre mimetismo, 498; escreve "capítulo sobre o homem" e seleção sexual para *A origem do homem*, 495-507
Darwin, Emily Catherine, 38, 43, 49, 229, 304
Darwin, Emma (née Wedgwood), 39, 82, 101, 103, 104, 188, 191, 195-201, 202-5, 207, 225-6, 240, 254, 345, 365, 391, 418, 421, 425, 430, 438, 442, 459, 465-66, 489, 492-3

Darwin, Erasmus Alvey, 41, 48, 55, 65, 72, 86, 94, 102, 176, 186-9, 192-5, 197, 207, 313, 335, 366, 419, 424-5, 440, 442, 444-5, 472, 486, 492
Darwin, Erasmus I, 23-9, 31, 65, 67, 75, 84, 86, 91, 96, 117, 151, 220, 319-20
Darwin, Henrietta Emma, 425
Darwin, Marianne, 38
Darwin, Robert Waring, 29, 37-40, 43, 58-9, 84, 86, 96, 99, 106, 173-4, 182, 198, 254, 319
Darwin, Susan, 38, 43, 45, 49, 130, 136, 304, 492, 582
Darwin, Susannah, 31, 37-8
Darwin, William Erasmus, 486, 581, 582
"darwinismo social", 505
Davis, Barnard, 416
Davis, Jefferson, 469, 478, 576
Day, Thomas, 25
Dean Hall, *plantation*, Carolina do Sul, 250
DeBow's Review, 284, 312, 344
decapitação, 503
Decretos/Leis de Reforma, 103, 105-8, 112, 114, 116-8, 135, 483
deformidades ("alvo de zombarias"), 368, 396, 564
Délhi, 408
Demerara, 50-55; *ver também* Guiana
Departamento de Homens Libertos, 588
Departamento Médico do Exército, 50
Derby, Inglaterra, 37
Derby, Lord, *ver* Stanley
desígnio divino, 75, 90, 378
Desolação, ilha, 348
Destimida (navio negreiro), 131-33
determinismo, 78-9, 96, 237, 424, 548
Devonport, 116-7, 118
Dewey, Orville, 264-5, 267, 273, 281
Dhole (cão selvagem), 291
Dickens, Charles, 226, 270, 331-2

Dickson, Samuel, 250, 273
Dictionnarie classique d'histoire naturelle (Bory de Saint-Vincent), 143, 536
Dilúvio de Noé, 81, 93, 118, 164-5, 222, 232, 252-3, 279, 294
dingo, 291
dinossauros, 291, 406, 428, 463, 474
direitos autorais: *Journal* de Darwin, 330; e leis contra a blasfêmia, 398
discussões profundas (dredging = dragagem: o termo foi usado aqui numa expressão idiomática), 327
dispersão, 73, 149, 232, 344, 346-51, 353, 364, 372, 390, 448, 564; *ver também* regiões de fauna, habitats
dissecção: anatômica, 66-8, 71-3, 77-8; antifrenológica, 78; Darwin sobre, 77; frenológica, 63, 238
dissidentes, 27, 28, 37, 63, 67, 85, 88, 90, 96, 143, 159, 185, 190, 193, 460, 483
divergência, *ver* origem comum; raças
divisão de trabalho, 569
Dixon, Edmund Saul, 308-11, 331, 344, 359-60
Doctrine of the Unity of the Human Race (Bachman), 296-7, 300, 331
doenças e evolução, 171, 183, 190-91, 214, 219, 228-9, 319, 405, 408, 439, 546; *ver também* cólera; febre; raça; febre amarela
Dogs (Hamilton Smith), 290-4
domesticação de animais/pessoas, 92, 138, 144, 148-9, 151, 157, 179, 205, 220-222, 229, 243, 245, 252, 255, 265, 266, 277, 283-94, 296-301, 303, 307-12, 318-21, 342-44, 352-65, 367-9, 371-2, 389-90, 401-2, 412, 426, 428, 432, 435-6, 442, 446, 484, 494-5; *ver também* cruzamentos artificiais, cruzamentos domésticos
Douglass, Frederick, 248, 267

Down House, 33, 255, 323, 366-7, 400, 425, 437, 465, 470, 489
Down (Downe), Kent, 33, 255, 323, 336, 356, 364, 367, 373, 381, 386, 388, 407, 408, 420, 446, 452, 458, 472, 488-9, 504
Drewe, Caroline (née Allen), 116
dróseras, 354
Druid, HMS, 131, 138
Dryopithecus, 403
Dublin Review, 446
Dudley, conde de, *ver* Ward
Dunbarton, 46
Duncan, Andrew, Jr., 45
Duncan, John, 227
Dunn, Robert, 555
Düsseldorf, 510
Duties of Masters and Slaves (Hamilton), 279
Dying Negro (Day), 25

Earle, Augustus, 126, 152-55, 537, 538
Early History of Mankind (Tylor), 364
Edimburgo, 26, 43-8, 50, 54, 57, 61-4, 68, 111, 157, 160, 163-4, 475, 505, 515, 520-4; Enfermaria Real, 45, 77
Edinburgh New Dispensatory (Duncan), 44
Edinburgh New Philosophical Journal, 239
Edinburgh Review, 41, 51, 65, 154, 189, 420, 572
Edmonstone, Charles, 46, 50, 53, 274
Edmonstone, John, 46, 50, 53, 164
Edwardsia, 353
Egito, 181, 235, 269, 279, 311, 370, 377, 474, 564
Ellis, William, 151
emancipação, alforria, 132, 264, 409
Emancipator, 196
embrião e embriologia, 296, 327, 388-9
Emerson, Ralph Waldo, 194
emigração, 211, 217, 224, 231
Enfermaria Real, Edimburgo, 77

England Enslaved by Her Own Colonies (J. Stephen), 100
English Leader, 494
entomologia, 303, 316, 407
Eoceno, 340, 474
episcopalistas, 208, 248-50, 275
Epps, John, 67, 524
Equiano, Olaudah, 25, 31, 34
équidna, 523
Era do Gelo, 325-8
"Era dos Mártires nos Estados Unidos" (Martineau), 199, 420
era jurássica, 168, 182
Erebus, HMS, 324, 353
escândalo de Burke-e-Hare, 73, 88
escandinavos, 62
Escola Científica Lawrence, Universidade de Harvard, 326
Escola de Rugby, 211, 345
escravatura e emancipação, *ver* abolição da escravatura; Sociedade de Civilização Africana; Instituição Africana; sociedades antiescravagistas; Comitê Central de Emancipação do Negro; algodão; açoitamento; sociedades antiescravagistas de mulheres; chicote; alforria; petições; grandes fazendeiros; Companhia de Serra Leoa; açúcar; anjinhos, instrumentos de tortura; Convenção Mundial Antiescravagista
escravos fugidos, fugitivos, 46, 253, 254, 336, 337, 430, 411, 448
escravos romanos, 468
Escrituras, *ver* Bíblia
espanhóis e Espanha, 109, 118, 120, 123, 140-141, 149, 234, 281, 422
espiritismo, 493, 494
esponjas, 65
esqueleto de Guadalupe, 60

esqueletos: humanos antigos, 60, 257, 294-5, 473; de povos nativos, 72, 185, 470; esqueletização, 303-5, 353-55, 470-1

esquilos, 252

esquimós, 233

Essay on Classification (Agassiz), 428

Essay on the Causes of the Variety of Complexion (Stanhope Smith), 256

Essay on the Principle of Population (Malthus), 201

Essay on the Slavery and Commerce of the Human Species (Clarkson), 36, 40, 97

Essay on the Theory of the Earth (Cuvier), 60

Essays of Elia (Lamb), 49

Essays on Phrenology (Combe), 83

Essequibo rio, Guiana, 356

Estados Confederados da América, 451-55, 459-71, 486-7, 491, 576

estados sulistas dos Estados Unidos, 18, 35, 128, 164-5, 187-190, 220-3, 228, 234-45, 248-53, 258, 264, 273-86, 301, 312, 331-41, 346, 364, 370, 375-9, 386, 391, 413, 419-25, 429-31, 433-34, 444, 451-54, 458-62, 464-9, 474, 477-8, 486, 464-5; *ver também* Estados Confederados da América; estados individuais

Estados Unidos da América: Congresso, 65, 237, 311, 334, 336, 375, 453; constituição, 391, 451, 454; União dos, 65, 251, 264, 334-5, 391, 418, 441, 444, 451-55, 458-60, 464-7, 475-6; *ver também* América do Norte; estados sulistas; estados individuais

esteatopigia, 398, 569

Estlin, John Bishop, 262, 551

Estlin, John Prior, 320, 551

estreito de Magalhães, 145-6

etíopes, 143, 222, 236, 303

etnia alacalufe, Tierra del Fuego, 113, 537

etnias negras, 25, 33-5, 45-56, 62, 72-8, 105-7, 112-3, 119-121, 125-8, 132-4, 136, 141, 150, 157, 164, 170, 175, 181, 184, 190, 191, 194-7, 202-4, 212-4, 229-31, 234-8, 241, 243-44, 248, 251-3, 260, 265-66, 268, 272-86, 296, 302, 310, 312, 315-7, 320-1, 329-31, 336, 341, 345-6, 349, 364-66, 458-9, 460-74, 477, 484, 490-2, 513-4

etnologia, 63, 92, 152, 156, 210, 220, 223, 230, 235, 269, 314, 372, 377, 384, 396, 413, 450, 456, 463, 516, 544; *ver também* Hodgkin; Latham; Prichard

Etrúria, Staffordshire, 28-9, 31, 33, 38, 99-100, 107, 197

eugenia, 505

evangélicos, 31-2, 71, 80, 92, 95-6, 102, 155, 160, 176, 314-5, 367, 387, 410, 483, 527, 529-30, 551

Evening Star (Londres), 338

evolução e transformação, 23, 25-7, 34, 38-40, 61-3, 65-66, 74, 78, 84, 90, 137, 143, 156, 161, 167-73, 178-85, 188-93, 195-8, 201-6, 212, 215-23, 228-30, 235, 252-4, 265, 271, 284, 287, 291, 301-10, 314, 316-21, 324-30, 341, 348, 354, 357-9, 361-5, 371-2, 375, 376-86, 391-4, 396, 398-400, 403, 405-8, 411, 413-5, 421, 429-30, 433, 436, 439-40, 442-444, 448, 455-7, 463, 469-72, 474-77, 490-2, 494, 500-2, 504-11, 513-6

Examiner (Londres), 513

Exeter Hall, Londres, 270, 314

Expedição de Exploração dos Estados Unidos, 312, 387

Expedição Wilkes de Exploração dos Estados Unidos, 311

Exposition of the Creed (Pearson), 86

expressão, 75-6, 170, 186, 192, 443, 502, 551

extermínio, *ver* raças

extinção da fauna, 140, 171, 182, 202, 217-9, 291, 293-6, 326-7, 361, 402, 434, 473, 509; *ver também* raças
Eyre, Edward John, 482-9, 581
Eyton, Thomas Campbell, 302-7, 354-55, 400, 556

fábricas de New Lanark, 68
fábricas de tecidos de Lancashire, 454
faculdades frenológicas, 66-70, 236-7
faisões, 311, 401
Falkland, ilhas (Malvinas), 131, 137
Falmouth, Devon, 135
família Appleton, 365, 444
"Família Porco-Espinho", 368, 564
faraós, 290, 339, 562
Farish, William, 87, 94
fascolomo, 524
fauna das cavernas: ursos, 294-5, 473, 509; peixe, 388-9, seres humanos, 293-5, 457, 473, 509; leões, 473
febre amarela, 241, 285, 340, 439
febre, resistência a, 190, 439; *ver também* doenças
Felis darwinii, 229
fêmeas, *ver* seleção sexual
Ferguson, William, 50
fertilidade: híbrido/mulato, 34, 57, 244, 270-5, 284-7, 299, 305, 309, 311, 318, 321, 344, 359, 362, 400-2, 441, 463, 514, 561
fetichismo, 502, 507
fetos, 296, 389, 392, 400, 510; *ver também* embrião
fezes de aves, 348
Filadélfia, 30, 83, 198, 208, 232, 250, 253, 258, 275, 281, 288, 328, 527, 548; Faculdade de Medicina da Pensilvânia, 232
filhotes de pombos, 355
fisionomia, 113, 141, 146, 150, 206, 215, 339, 393, 416

FitzRoy, Augustus Henry, 3º duque de Grafton, 113, 115
FitzRoy, Robert, 113-23, 128, 131-7, 140, 142-7, 150-55, 159, 161, 164-5, 173-4, 207, 209, 225, 261, 291, 314, 458
flechas, 473-74, 504
Flinders, ilha, 156, 216
Flora Antarctica (Hooker), 324
Flora Novae-Zelandiae (Hooker), 351, 353
focas, 204
Forbes, Edward, 327-8, 554
Forest Scenes (Head), 335
Formica: polyerges, 447; *sanguinea*, 421-22, 447
formigas escravas, 314-7, 421, 422, 423, 424, 446-7, 557
formigas, *ver* formigas escravas
formigas-escravas neutras, 422
Formosa, ilha, 500
Fort Sumter, Carolina do Sul, 451
Fortnightly Review, 463
fósseis do cretáceo, 254
fósseis, 60, 62, 137, 140, 161, 165, 191, 216, 217, 232, 250, 254, 264, 276 287, 290, 296 313, 318, 323, 324, 327, 328, 338, 340, 370, 381, 384, 391, 402-3, 429, 437, 510
fóssil de macaco grego, 191, 510
Four Months among the Goldfinders (Brooks), 335
Fox, William Darwin, 86, 359, 362
França, 82, 116, 191, 197, 219, 270, 509; Revolução, 26-8
francos, 468
Franklin, Benjamin, 30
Fraser, Louis, 226
Freetown, Serra Leoa, 118
Frémont, John C., 376, 563
frenologistas, 57, 66-8, 70, 78, 84, 113, 146-7, 158, 160, 220, 236, 238, 527

"Fuegia Basket", 537
fueguinos, 103, 114-5, 118, 141, 143, 144, 146-9, 151, 155, 157, 170, 173, 179, 184, 193, 219, 258, 291, 515; *ver também* alacalufe; haush; teheulche; yahgan
Fundo de Defesa e Ajuda a Eyre, 488-90

Gabon, rio, 119
Gabriel, Edmund, 356
gado niata, 297
gado ovino, 33, 213, 215, 255, 266, 284-5, 287, 293, 401; ovelhas 245, 248
gado, 205, 216, 222, 254, 297, 368, 401, 430-1, 439, 495
Gaios, 398
Galápagos, ilhas, 14, 150, 229, 275, 300, 304, 324, 348, 382, 410
galgos, 291, 358, 385
galhadas, 393
galinha-d'angola, 286, 287, 401, 553
galinhas de Dorking, 352
galinhas, 272, 284, 288, 293, 296, 298, 300, 310, 321, 357, 360, 362, 367, 499
Gallus temminckii, 554
Galton, Francis, 433, 505
Gâmbia, 41, 98, 356
gamo, 189, 204, 287
Ganges, crânios, 68, 71
ganso de Eyton (greylag goose), 306
ganso-do-canadá, 401
gansos chineses, 299, 304, 305
gansos, 244, 245, 299, 305, 306, 307, 309, 311, 355, 401
Gardener's Chronicle, 349
Garrison, Wendell Phillips, 20
Garrison, William Lloyd, e garrisonianos, 19-20, 188, 187, 267, 334, 391, 419, 425, 441, 450, 453, 518, 551
gato lontra, 229, 287
gatos, 222, 229, 287, 294, 402, 495, 546; da ilha de Man, 352

gaúchos, 133, 140-141
Gaudry, Albert, 510
gauleses, 468
Genebra, Suíça, 82, 470
General Introduction to the Natural History of Mammiferous Animals (Martin), 230
Generelle Morphologie (Haeckel), 584
Gênesis, Livro do, 93, 253, 278, 280, 328, 330, 337379, 385, 388, 400, 427, 439
"Geographical Distribution of Monkeys" (Gliddon),
geologia, 59, 60, 89, 90, 109, 119, 137, 174, 177, 247, 252, 255, 258, 283, 326, 327, 356, 382, 392, 402, 449, 454
Geological Observations on South America (Darwin), 261
George IV, rei, 94, 173
Georgetown (Starbroek), Guiana, 50
Geórgia (EUA, ECA), 128, 264, 276, 410
gibão, 403, 464
Gibbes, Robert,
Gilolo (Halmahera), ilha,
glaciações, 324-7
Glasgow, 46, 48, 564; Museu de Caça, 55
Glen Roy, Escócia, 325
Glenel (residência), Clapham, 32
Glenelg, Lord, *ver* C. Grant
Gliddon, George R., 232, 235, 243, 290, 301, 361, 369, 370-2, 377, 384, 388, 395, 401-04, 413
Glyptodon, 140
Gobineau, conde Arthur de, 332, 461
Gordon, George William, 483-84, 490
gorilas, 370, 464, 511, 513, 579
Gosse, Philip Henry, 437, 573
Gould, John, 229-30, 304
gradação: da fertilidade, 271, 502, 515; das espécies, 564; *ver também* raças
gradualismo: e adaptação, 301, 318, 362, 380; geológico, 60, 524; frenológico, 66

Grafton, 3º duque de, *ver* A. H. FitzRoy
Grahamstown, África do Sul, 73
Grande Barreira de Recifes, 384
Grant, Charles, MP (Lord Glenelg), 103, 105, 160, 209, 225
Grant, Charles, MP, 32
Grant, Robert Edmond, 65, 74, 75, 91, 167, 184, 263
Grant, Robert, MP, 103-5
Gray, Asa, 330, 350-2, 409-13, 425-6, 430, 436, 440, 448-60, 476, 478, 507, 528, 559, 561
Great Artists and Great Anatomists (Knox), 394
Great Marlborough Street, Londres, 176, 445
Grécia antiga, 361, 393
Greg, William Rathbone, 67, 79, 211-12, 218, 225, 240, 262, 420, 505-6, 524, 526, 572
Grey, Charles, 2º conde, 136
Griqua, 213, 543
Guatemala, 234
Guerra Civil Americana, 17, 65, 343, 376, 453, 460, 463-60, 469, 478, 483, 484, 491, 512
Guerras Cafres, 73, 156-7, 160, 208, 269
Guiana, 46, 50, 51, 55, 103, 111, 274, 299, 356
Guiné, 276, 370

habitantes do lago Titicaca, 216-7, 233, 544; sepulcros ciclópicos, 216
habitats, 39, 55, 154, 179, 233, 240, 254, 322; *ver também* dispersão; regiões de fauna
hábitos: ancestrais, 195, 514; mudança mental, 142, 146, 232, 252, 266, 291, 347, 405; variação, 298
Habsburgo, 268
Haeckel, Ernst, 499-500, 510, 584
Haiti, 82, 130, 162, 196, 265, 438
Haley, Alex (*Roots*), 16
Hall, John Charles, 556

Ham (filho de Noé), 164-5, 253
Hamilton, Gawen William, 131-2
Hamilton, Reverendo William, 278-80
Hamilton, Sir William, 78
Hampton, Wade, 340
hamsters, 213
Hanley, Staffordshire, 99-100, 174
Harpers Ferry, Virgínia, 441, 447, 577
Haush, etnia (povo a pé), Tierra del Fuego, 536
Havana, Cuba, 366
Heidelberg, 185, 236
Hemisférios cerebrais do macaco, 511
Henriquetta (navio negreiro), 119; *ver também Black Joke*
Henslow, John Stevens, 86-90, 95-7, 107-8, 116, 122-3, 131, 135, 154, 165, 175-6, 440, 527, 529-30
herança, *ver* hereditariedade
Herbert, John Maurice, 106
Herbert, William, 159
Heródoto, 277
Herschel, John Frederick William, 159-61, 177, 181-2, 538-9
Herschel, William, 159
Híbridos, 34, 222, 244-45, 252, 254-55, 271, 273-4, 277-8, 285-90, 292-3, 297, 299, 306-9, 311, 320, 333, 344, 359, 371, 401, 432, 435, 449, 554, 556, 561, 566; *ver também* fertilidade; mestiços; mulatos
hienas, 160, 293, 295
Higginson, Thomas Wentworth, 465, 577
Hill, Richard, 437-9, 577
hindus, 47, 68-71, 234
hipnose, 572
History of Barbados (Schomburgk), 356
History of Civilization in England (Buckle), 424
History of England (Mackintosh), 102, 155
History of Jamaica (Long), 274

History of the Dog (Martin), 546
History, Gazetteer and Directory of Kent, 355
Hodgkin, Thomas, 73-4, 80-3, 207-11, 219-20, 223-7, 232-4, 292-3, 343, 525, 526, 543, 545
holandeses: no cabo da Boa Esperança, 157, 160, 213; naturalistas, 288
Holbrook, John H., 560
Holland, Henry, 319-20, 554-555, 557-8
Holyhead, 98
Holyoake, George Jacob, 494
homens de Neanderthal, 470, 510
Homero, 361
Homo afer, 127
Homo ethiopicus, 230
Homo hottentottus, 230
Homo, genus, 434, 470
Hongi, Hika, 94
Hood, Thomas Samuel, 132-4
Hooker, Joseph Dalton, 324, 326, 347-54, 380, 384, 386, 389, 400, 407, 409, 412, 423, 425, 426, 430, 436, 440, 442, 455, 457-8, 460, 479, 487, 491, 493, 496, 509
Horácio, 99
Horner, Leonard, 61
Horses (Hamilton Smith), 290, 294
Hospital Guy (de Londres),
hotentotes, 21, 35, 72, 74, 93, 103, 126, 156, 157-61, 170, 181, 184, 190, 213, 222, 318, 370, 380, 396, 398-9, 433-34, 450, 496, 538, 569; *ver também* bosquímanos
Hotze, Henry, 333, 461-2, 557-6, 599
Hour and the Man (H. Martineau), 256
How to Observe (H. Martineau), 189
Howard University, 589
Howard, John, 515, 588
Howard, Otis, 588
Howitt, Mary, 336, 559
Huber, Pierre, 557
Hudcar Mill, Lancashire, 526

Humboldt, Alexander von, 108, 123-4, 138, 155, 349, 534
Hunt, James, 460-9, 470, 473-5, 486-91, 493, 496, 502-3, 536, 576-83
Huron, índios, 82
hussardos, 485
Huxley, Eliza (Lizzie), 463
Huxley, Thomas Henry, 323, 384-7, 406-7, 428-9, 440, 442, 455-9, 463-78, 478, 485, 487-88, 490-2, 495, 500, 503, 507, 510-11, 539
Hybridity in Animals (Morton), 287

Igbo, tribo, Nigéria, 31
Igreja da Inglaterra, *ver* anglicanos; episcopalistas
igualdade, *ver* raças
imagem genealógica, 167-9, 180-4, 186, 205, 363, 376, 401, 428-30, 446, 455-7, 463, 471, 512, 515; *ver também* ancestralidade; origem comum; metáfora da árvore
imediatismo, *ver* abolição da escravatura
imortalidade da alma, 86, 172, 199, 407
imunidade, 245; *ver também* doenças
imutabilidade das espécies, 327, 390, 469
inconformistas, *ver* dissidentes
"Indescritível", 52
Index, 462, 466, 576-77
Índia, 59, 68, 184, 216, 237, 311, 357, 360, 408, 409, 413, 484, 491, 495, 501, 599, 636; *ver também* Companhia das Índias Orientais
Índias Ocidentais e seus habitantes, 25, 27, 31, 34, 36-7, 40, 46, 49, 94, 99, 101, 113, 115, 124, 129, 131, 135, 171, 173, 190, 195-6, 200-1, 212, 214, 225, 239-40, 262, 265, 365, 366, 420, 423, 439, 442, 485, 488, 493
Índias Orientais Holandesas, 415

Índias Orientais: açúcar, 36, 37, 101; fauna, 286, 288, 383
Indigenous Races (Nott e Gliddon), 402-3, 413, 417, 420, 461
índios (nativos americanos), 50-3, 55, 67, 69-70, 80-3, 114, 139-42, 144-5, 149, 203, 216-7, 221, 223, 226, 233, 235, 238, 269, 281, 296-7, 302, 312, 334, 356, 396, 402, 433, 500, 514
individualismo, 494, 508
infanticídio, 152, 503
inferioridade, *ver* raças
Infidel's Text-Book (Cooper), 222
Inglis, Robert, 103, 199, 207, 225-6
Innes, John Brodie, 446
Inquiry into the Distinctive Characteristics (Morton), 233, 258
Inquiry into... Life (Barclay), 74
insanidade e frenologia, 63
insetos, 44, 128, 137, 182, 303, 317, 405, 417, 424, 498
Instituição Africana, 48, 80, 87, 522
Instituição Real, 511; cátedra fulleriana, 263
instrumentos de pedra, 443, 457, 473, 504, 509
instrumentos de tortura, 25, 121, 163, 485, 581; *ver também* açoitamento; chicote
inteligência, evolução da, 40, 66-9, 74, 84, 192, 287, 442m 473, 501-3, 505, 514-15; e cérebro, 63-9, 84, 107, 192; semelhanças/diferenças raciais, 55-6, 107, 145, 192, 433-34, 461, 474, 501-3, 514-15
Intermarriage (Walker), 213
Introduction to the Natural History of Mammiferous Animals (Martin), 230-1
Investigation of the Theories of the Natural History of Man (Van Amringe), 317
Ipswich, Suffolk, 114-6, 151
irlandeses e Irlanda, 69, 73, 98, 126, 213, 271, 276, 335, 362, 366, 425, 484, 506, 511, 543

Irving, Edward, 95, 529
ismaelitas, 224-5
israelitas, 197
Itália e italianos, 82, 193, 270, 366, 447
Itsekiri, tribo, Nigéria, 61-2
Ivanhoé (Scott), 61-2

jacarés, 433
jacobino, 37
jacobita, 52
Jafé (filho de Noé) e jafetitas, 164, 317
jaguarundi, 229
Jamaica, 11, 24-5, 34, 41, 50, 195, 197, 198, 267, 274, 294, 422, 437-9, 481-5, 488-94
Jameson, Robert, 58-60, 67-8, 75, 111, 208
Japão, 359, 448
Jardins Botânicos Reais de Kew, 324, 347, 430, 491
Jardins de Kew, *ver* Jardins Botânicos Reais
jasmins, 241
javali africano, 303
javalis, 303, 499; *ver também* porcos
"Jemmy Button", 537
Jerrold, Douglas, 571
jiboia, 58
John Bull, 48, 49, 199, 265
Johnson, Henry, 521
Johnston's Physical Atlas,
Journal of Researches (Darwin), 19, 119, 128, 136, 155, 172-6, 177-9, 186, 207, 215, 219, 257-61, 275, 297, 324, 330, 486, 551
Journey in the Back Country (Olmsted), 453
Journey in the Seaboard Slave States (Olmsted), 430, 444
judeus, 143, 222, 269, 271, 339, 394, 529
jumenta, 254

Kansas, 336-7, 375-6, 418-9, 441
Keeling, ilhas (Cocos), 348
Kentucky, 220, 232, 234, 237, 388

Keston, Kent, 33, 489
Khoikhoi, etnia, *ver* bosquímanos, hotentotes
King George's Sound, 156
King, Philip Gidley, 120, 127-8
Kingsley, Charles, 442-3, 473, 485-6, 493
Kingston, Jamaica, 198
Knox, Robert, 71-5, 77-8, 81, 156, 158, 268-71, 313, 332-4, 368, 394-5, 425, 427, 460, 465, 467, 471-2, 523, 525-6, 538
Kororareka (Russel), Baía das Ilhas, Nova Zelândia, 154
Ku Klux Klan, 589
Kush (filho de Ham), 164

L'Ouverture, Toussaint, 82, 130, 196, 256, 438
lábios, 146, 230, 297, 316, 329, 394, 398, 569
ladrões de túmulos, 72, 88
lagartos, 349, 447
Lagos, rio, 227
Lake Superior (Agassiz), 341
Lamb, Charles, 49
Lartet, Edward, 473
larvas, 65, 77, 315, 422
Latham, Robert, 399, 544, 555, 569
Latimer, George, 409
Lawrence, Abbott, 248, 326
Lawrence, Kansas, 376
Lawrence, William, 397-8, 409, 415, 417, 564
lebres, 252
Lectures on Man (Vogt), 470
Lectures on Man (W. Lawrence), 397, 409, 415, 417
Lee, Samuel, 94
Leeds Mercury, 468
Leeward, ilhas, 365, 459
Legree, Simon, 385
Lei de Herbert, 553
Lei do Escravo Fugitivo, 337, 345, 409
leões, 287, 473

Lepsius, Karl, 564
Lepus bachmani, 252
Lewis, Tayler, 387-88
Liberais, 13, 31, 33, 40, 54, 55, 61, 67, 88-9, 86, 96, 103, 104-7, 113-7, 130-31, 134-7, 159, 173-4, 196, 199, 201, 247, 251, 263, 425, 459, 463, 465
Liberator, 188, 267, 334, 391
Libéria, 226, 434
Life of William Wilberforce (Wilberforce e Wilberforce), 196
Liga Howard de Reforma Penal, 588
Lima, Peru, 150, 217
Limpopo, rio, 158
Lincoln, Abraham, presidente dos EUA, Lincolnshire, 252, 314
línguas e origem racial, 62, 72, 80, 92, 94, 95, 122, 136, 139, 145, 149, 173, 182, 280, 343, 371, 456
Linnaeus, Carolus, 127, 290
lírios, 88, 244, 306, 529
Liverpool, Inglaterra, 24, 36, 41, 101, 262, 268, 326, 337-8
Livingstone, David, 511
livres-pensadores, 117, 186, 189, 193, 328, 396
Lizars, John, 65-80
lobo, 265, 291, 367, 445
London Stereoscopic and Photographic Company, 501
Londonderry, 3º marquês de, *ver* Vane
Long, Edward, 274
Longnor, Shropshire, 40-1, 94, 521
Loring, Charles Greely, 409-10, 430, 448, 456, 459
Lóris, 230
Louisiana, 237, 240, 281; Universidade da, 284
Lovejoy, Elijah, 200
Loves of the Plants (E. Darwin), 86

Lowell, James Russell, 450
Lowell, John Amory, 247-8, 273, 326, 448-50
Luanda, Angola, 356
Lubbock, John (Jr.), 458, 472, 495, 501, 503, 507
Lucknow, 408
lulus-da-pomerânia, 293
luteranos, 297, 300
Lyell, Charles, 137-8 142, 161, 176-8, 181, 198, 235, 245, 247-55, 257-62, 273, 281, 288-90, 294, 297, 324, 326-8, 330-2, 336, 341, 346, 352-53, 364-5, 369, 371, 373, 375, 377-81, 384, 386-7, 390, 403, 406, 409, 412, 426-36, 440, 442-6, 451, 456-9, 473, 478, 490, 493, 495, 497, 504, 513, 524, 536, 540, 549-53, 555, 558-9, 562, 564, 566-7, 570, 575, 585-6
Lyell, Mary, 248, 250, 253, 273, 275

M'Lennan, John, 503, 585
macaco langur, 510
macaco-dos-carvalhos, 288
macacos (apes), 14-7, 35, 52, 76, 91-2, 143, 147, 158, 167, 169, 183, 191-3, 220, 222, 229, 254, 285, 289, 377-8, 398, 402-3, 407, 412, 415, 439, 455, 464-5, 470-74; *ver também* chimpanzés; gorilas; orangotangos
macacos (monkeys), 35, 40-1, 53, 147, 158, 167, 170, 191, 222, 229, 288, 309, 367, 394, 403, 455, 405, 510, 565
macacos do Mioceno, 510
macacos senegaleses, 191
macacos-aranha, 402
Macaé, Rio de Janeiro, Brasil, 551
Macaulay, Thomas, 105, 117
Macbeth, reverendo Sr., 578
machos de aves, 204, 393, 433
machos, *ver* seleção sexual

Mackintosh, Catherine (Kitty, née Allen), 365, 563
Mackintosh, Fanny, *ver* Wedgwood, Fanny
Mackintosh, James, 54, 83, 102-5, 117, 135, 145, 155, 189, 197, 201-202, 365, 420, 495, 522
Mackintosh, Molly (née Appleton), 365, 563
Mackintosh, Robert, 365-66, 425, 459
Macrauchenia, 171
Maer Hall, Staffordshire, 39, 58, 99-100, 102, 104-5, 107, 135, 163, 168, 173-5, 188, 192, 196-7, 200, 227, 254, 256, 367, 558, 588
Magazine of Natural History, 263
magistrados: P. Corbett, 40; C. Darwin, 437-40; R. Darwin, 40; G. Gordon, 483; R. Hill, 437-40, 481-3
malaios, 222, 296, 338, 397, 413, 416-7, 497
malária, 44, 190, 214, 417
Malthus, Emily, 202
Malthus, Thomas Robert, e malthusianismo, 202, 212, 214, 217, 417, 426, 505-6, 508
mamelucos, 139
mamutes, 212, 294, 509, 511
Man and His Migrations (Latham), 399
Man's Place in Nature, Evidence as to (Huxley), 464, 495, 510
Manchester, Inglaterra, 36, 257, 268, 271, 274
mandingos, 370, 463
mandris, 398
Manifesto Comunista,
Manual of the Botany of the Northern United States (Gray), 330
Manual of the Mollusca (Woodward), 381
maoris, 66, 94, 151, 154, 235, 314, 395
mapa etnográfico de Johnston, 350
mapas, 71; de Bachman, 253; de Bory de Saint-Vincent, 143; em *Indigenous Races*, 402; de Johnston, 350; em *Types of Mankind*, 369

mar Vermelho, 224
Marinerito (navio negreiro), 109
Marinha Real, 71, 108, 112, 124, 129, 132, 133 ; *ver também* navios individuais
mariscos/mexilhões, 137
Marsden, Samuel, 93-4
Marsh, William, 529
Marsupiais, 169, 416, 428
marta castanho-escuro, 287
Martin, William Charles Linnaeus, 229-231, 544
Martineau, Harriet, 187-90, 193-202, 205, 207, 225, 241, 247, 249, 256, 258, 262, 335, 418-20, 424, 440-1, 444-5, 453, 531, 541
Maryland, 237
Massachusetts, 194, 247-8, 368, 375, 449
mastins, 266, 291, 362
matéria médica, 44
materialismo, 67, 78, 84, 173, 178, 180, 192-4, 255, 320, 494
Matthews, Richard, 151
Mayr, Ernst, 588
McCord, Louisa, 333-4
McHenry, George, 576
Meckel, J.F., 569
Medalha Real, 326, 351
medalhão Wedgwood, "Não Sou um Homem e um Irmão?", 29, 490, 522
Medical Notes and Reflections (Holland), 319
Medical Times, 270
medievalismo, 61-2
megafauna extinta, 140, 182, 216
Megalonyx, 370
Megatherium, 216
Memoirs (T.F. Buxton), 336
mendigos, 77, 211, 456
Mesopithecus, 510
mestiçagem, experimentos que produziram, 252, 271-5, 285, 287-90, 299, 304-9, 311, 354-66, 400-1, 441

mestiços, 139, 141, 245, 272, 274, 302, 359, 362, 401, 432, 514; *ver também* fertilidade; híbridos; mulatos
metáfora da árvore, 14, 180-4, 254, 363, 399, 402, 416, 428; *ver também* ancestralidade; imagem genealógica
Metcalfe, Charles, 267
metodistas, 99, 156, 280, 336, 537
México, 233-4, 500
Mibiri Creek, Guiana, 50
microscópios: de Darwin, 106; de W.B. Carpenter, 263-66, 345
migração, *ver* dispersão
milenarismo, 233-4, 529
Mill, John Stuart, 313, 483-84, 488, 491-2
Milner, Isaac, 87
Milton, visconde, *ver* Fitzwilliam
mimetismo, 498
Ministério das Colônias, 500; ministro, 160, 213
Ministério do Exterior, 129, 217, 240; ministro, 59, 105, 130, 225
miscigenação, *ver* raças
misquito, índios, 471
missões e missionários, 32, 42, 52, 58, 64, 71, 86, 92-5, 114, 116, 127, 149, 151, 152-9, 161, 174, 181-2, 187, 209, 216, 223, 226, 239, 249, 314m, 367, 437, 456, 500, 537-8
mitos nórdicos, 62
Mivart, St. George Jackson, 588
Mobile, Alabama, 240-1, 277-80, 283, 370, 378, 448, 549, 557, 588
mohawk, índios, 80-2
moluscos, 327, 381, 390
mongóis, 221-222, 296, 350, 463, 543
monogamia, 367
monogenismo e monogenistas, 403-04, 413, 473, 487, 514, 516, 560; *ver também* origem comum; imagem genealógica; metáfora da árvore, unitaristas

monoteísmo, 502
Monro, Alexander III, 66, 72, 75-8, 524
monstros, *ver* deformidades
Montanhas Rochosas, 252, 275
Montego, baía de, Jamaica, 437
Montevidéu, Uruguai, 131-2, 135, 137, 204, 535
Montgomery, Alabama, 277
monumentos antigos, 217, 233, 279, 500
Moodie, John, 213
Moor Park, Surrey (spa hidropático), 421, 423, 430
Moral and Intellectual Diversity of Races (Gobineau), 333, 461
morango, 455
Morant Bay, Jamaica, 481-3, 490
moravianos, 437
Morgan, membro da marinha mercante com qualificações especiais, 119
Mormons (Gunnison), 335
Morning Herald, 229
mortalidade entre os escravos, 124-6, 244, 283, 365
Morton, Samuel George, 81-4, 128, 158, 297-8, 232, 233-6, 238-9, 241, 243, 254, 258, 273, 275, 277, 281, 283, 285-91, 297-300, 311, 323, 328, 329, 339-44, 369-71, 377, 384, 396, 400-2, 416-7, 474, 487, 500, 514, 526-7, 547, 553, 565-66
"Motim Indiano" (Primeira Guerra Nacional da Independência), 408-9
muçulmanos, 120, 162
mulas, 138, 222, 245, 254, 268, 274, 431
mulatos, 21, 41, 139, 141, 190, 222, 242, 243, 244-5, 254, 260, 268, 272-80, 285-6, 288, 294, 318, 430, 454, 482, 484, 514;*ver também* fertilidade; mestiços
múmias, 232, 235
Murchison, Roderick Impey, 469
Murray, John, 427, 495, 507, 586

Museu Britânico, 60, 289, 316, 381, 406-7, 421
Museu de Caça, Glasgow, 55
mutuns, 288-9, 299, 566

nádegas, 396
nanicos de Bussorah, 358
Não sou um homem ou um irmão? (Peckard), 34
Napoleão e Guerras Napoleônicas, 129, 143, 164, 190, 334
narizes: FitzRoy sobre, 113, 117; selecionados sexualmente, 398, 569
Narrative of a Nine Month's Residence in New Zealand (Earle), 152
Nassau, Bahamas, 240
Natal, 213, 356
National Review, 445, 572
nativos americanos, *ver* índios
"Natural History of Dogs" (Nott), 554
Natural History of Man (Prichard), 317
Natural History of the Human Species (Hamilton Smith), 294, 296, 321
Natural History Review, 478
Natürlich Schöpfungschichte (Haeckel), 585
Naturphilosophie, 327
Nebraska, 336
negrilhos, 413
Negro, rio, Patagônia, 141
Negroes and Negro "Slavery" (Van Evrie), 467
Negro-Mania (Campbell), 342
negros, *ver* etnias negras
nesóquia, 524
New Haven, Connecticut, 238
New Principles of Political Economy (Sismondi), 82-3
Newcastle-under-Lyme, Staffordshire, 38, 101, 106, 107, 113
Newcastle-upon-Tyne, 268
Newman, Francis, 459, 581

Newton, Isaac, 70, 85, 148, 377, 434, 515-6
Níger: delta, 119; Expedição, 225-7, 269, 404, 405
Nigéria, 7
Nilo, rio, 118
ninhos de formigas escravas, 420-3
Noé, 81, 93, 118, 164-5, 222, 232, 253, 279, 294
Norfolk, Inglaterra, 308, 344, 422
North American Review, 235
Norton, Andrews, 248
Noruega e noruegueses, 69, 352
Notes on the United States (G. Combe), 242
Nott, Josiah, 241-5, 273, 277-80, 283-6, 290, 292-4, 299-302, 313, 323, 330-333, 339-41, 344, 355, 361, 369-72, 377-8, 384, 388, 400-2, 413, 427-8, 431, 448, 461, 464, 467, 487, 545-6, 549-50, 552-555, 560, 564-71
Nova Caledônia, 307
Nova Guiné, 384
Nova Orleans, 240, 244, 280
Nova York, cidade, 98, 198, 243, 252, 253, 264, 283, 336, 376, 409, 444-6, 467
Novo México, 277
Novo País de Gales do Sul, 59; *ver* Austrália
Núbia, 232

"o africano Roscius" (Ira Aldridge), 98
"O lugar do negro na natureza" (Hunt), 464-7
"O Mulato – um Híbrido" (Nott), 244
Occasional Discourse on the Nigger Question (Carlyle), 366
oceano Índico, 150
oceano Pacífico, 93, 150-2, 416
Ohio: rio, 253; estado, 336, 345, 559
Olinda, Pernambuco, Brasil, 162
Olmsted, Frederick Law, 430-1, 444, 453, 534
Omphalos (Gosse), 437

ópio, 186
Oracle of Reason, 313
Orange, rio, África do Sul, 160
Orangotangos, 35, 184, 222, 230, 285, 318, 328, 338, 364, 367, 370-1, 379, 383, 385, 412, 415, 434, 443, 463, 497
Orbitolites, 345
Oregon, estado, 335
orelhas: móveis, 191, 510; selecionadas sexualmente, 394, 569
origem comum, 16, 74, 168, 170, 180-6, 205, 222-3, 309, 343, 352, 372, 379-80, 412, 431, 440, 444, 449-51, 455, 463, 469, 472, 495, 497, 509, 513, 516; *ver também* ancestralidade; imagem genealógica; monogenismo; metáfora da árvore; unitaristas
Origem das espécies, A (Darwin), 13, 18, 356-8, 360-5, 389, 427-36, 439-42, 444-52, 455, 459, 462, 469, 479, 485, 493, 511, 581, 583
"Origem Primata do Homem" ["Ape-Origin of Man"] (Allan), 471-2
Ornamental and Domestic Poultry (Dixon), 308-10
ornitorrinco, 257, 407, 523
Oroonoko, 98
orquídeas, 442
ostras, 232
Our Cousins in Ohio (Howitt), 336, 559
ouriços-do-mar, 340, 515
ovas de rã, 561
ovos de caracol, 349, 353, 561
ovos: dispersão, 349, 353; invertebrados, 65; mimetismo em aves, 498; acarás, 495, 499; ornitorrinco, 257; formigas escravas, 421; germe pensante, 179
Owen, Richard, 217, 291, 331, 403, 406-7, 428, 457, 511, 525, 536, 544

Oxford, Inglaterra, 103, 129, 137, 168, 315, 423

Paget, Charles, 121-3
País de Gales, 303, 558
Palaeotherium, 370
palato do cão, 291
paleontólogos, 232, 339-40, 400, 403; *ver também*, fósseis
Paley, William 97-8, 106
Pall Mall Gazette, 490
Pallas, Peter Simon, 569
Palmerston, visconde; *ver* Temple
pampas, Argentina, 136-7, 140-1, 149, 156, 170, 216-7
Pão de Açúcar, montanha, Rio de Janeiro, 124, 126
papagaios, 437
papa-moscas, 252
papuas, 416-7
Paraguai, 233, 543
Parasitas, 52, 149, 219, 297, 537; *ver também* piolhos
parentesco, 17, 364, 450
Paris, 37, 59, 67, 81, 143, 197, 219, 291, 507, 510; Comuna, 507; Sociedade Etnográfica, 219; Museu de História Natural, 510
Parker, Theodore, 332, 337, 410, 447
Parlamento (britânico), 25, 29, 32, 36, 42-3, 54, 89, 94-5, 101, 136, 174, 262, 356; *ver também* Câmara dos Comuns, Câmara dos Lordes
Partido da Terra Livre e "terra livre", 247, 335, 376
Partido Democrata, Estados Unidos, 376, 418
Partido Liberal, RU, 483, 490, 507
Partido Republicano, EUA, 376, 410, 418, 451-2

pássaro-das-cem-línguas, 150, 304, 382
Patagones, 141
Patagônia e patagões, 139-41, 143-6, 149, 159, 182, 214
patos de penacho, 397
patos, 252, 286, 304, 309, 353, 355, 357-8, 397, 402
patos-pinguins, 368
pavão, 205, 252
Pearson, John, 86
Peckard, Peter, 33-5, 87, 97
Pedro I, imperador do Brasil, 129
pegas, 398
pele, 202-4, 230, 239, 317, 396, 404-5, 408, 439, 512, 587; e doenças, 190, 442; *ver também* raças; seleção sexual
pele, *ver* seleção sexual
pelo, 255, 510, 512
Penn, William, 80
Pensilvânia, 81, 232, 241, 336
Pentland, Joseph, 217, 544
percepção da beleza na Cochinchina, 396
perdizes, 58, 98, 499
perfuração, 77
Pernambuco, Brasil, 122, 162, 260
Pérsia, 356, 357, 361, 495
Personal Narrative (A. von Humboldt), 108, 123
Personal Narrative of the Euphrates Expedition (Aisnworth), 59
Peru e peruanos, 150, 233
perus, 310
pés-pretos, índios, 238
petições antiescravagistas, 16, 29, 34, 36, 40-3, 85, 94, 99, 105, 107, 196, 262, 422, 437, 521, 528
Phenomena of Hybridity in the Genus Homo (Broca), 470
Philip, John, 159-60, 208-9, 213, 538
Physick, Philip Syng, 83, 241

Phytologia (E. Darwin), 27
Pickering, Charles, 311-2, 383, 387, 449, 495
pimenta, 41, 352
pintassilgos, 245, 285
piolhos, 149-50, 171, 185, 257, 274, 277, 297, 537
pirâmides, 233
Pitcairn, ilha de, 464
Pitt, William, 33
plantas: fertilização, 442; flores, 397, 486, 489; *ver também* sementes
plantations e grandes fazendeiros, 46, 50, 53, 112, 162, 172, 212, 223, 240, 243, 250, 263, 264, 276, 284, 330-1, 333, 339, 340, 365, 376, 500, 533, 559
Pleris (borboleta), 498
pluralismo e pluralistas, 143-44, 147, 165, 239, 283, 287, 294, 295, 297, 299-302, 306, 312-13, 316, 318, 331, 333, 338-9, 341-2, 344-6, 363, 371-2, 391, 396, 403-4, 413, 417, 420, 516, 546, 554; *ver também* poligenismo
Plurality of the Human Race (Pouchet), 470
Plymley, Joseph, *ver* Corbett, Joseph
Plymouth, Devon, 220, 223, 291, 293, 295
poligamia, 499
poligenismo e poligenistas, 403, 407, 413, 431, 457, 463, 471-3, 486-7, 514, 516, 555, 575; *ver também* pluralismo
polinésios, 152, 579
politeísmo, 502
Polk, James (mulher do) presidente dos Estados Unidos, 274
poloneses, 106
Polyergus, 422, 447
Polynesian Researches (Ellis), 151-2
pombo (dove), 286, 298, 342, 357-8, 364, 390, 401, 495
pombo de pés amarelos, 564
pombo nanico, 298-99, 358, 360, 562

pombo peludo, 298
pombo *trumpeter*, 562
pombo-correio, 298, 357, 361, 401, 495; inglês, 358
pombo-de-cambalhota, 298, 311, 357, 361, 401, 495
pombo-gravatinha, 355, 361, 495
pombo-papo-de-vento, 298, 299, 355, 358, 360-1, 401
pombos, 18, 252, 255, 298, 309, 321, 342-44, 354-64, 367, 371-73, 386, 389-90, 401, 427, 435, 437, 449, 495, 499, 562-66
população, excesso, 201-02, 214, 426, 505; *ver também* Malthus, Thomas Robert
Popular Magazine of Anthropology, 461, 471, 576
porco-do-mato, 214
porco chinês, 302, 305
porco etíope, 303
porcos, 168, 185, 222, 265, 287, 294, 302-7, 310, 333, 368, 371, 435, 549, 556; *ver também* javalis
Porto Praya, ilhas de Cabo Verde,
Porto Rico, 366
Portsmouth, Hampshire, 125, 323
portugueses, 112, 229, 260, 310, 405, 509
Potomac, rio, 248
Pouchet, Georges, 470
povo francês, 26, 28, 61, 67, 75, 82, 90, 122, 143, 144, 193, 280-1, 296, 332, 396, 469, 487, 500
povos aborígenes, 57, 66, 71, 73, 79, 84, 143, 149, 155-6, 159, 182, 208-11, 213-4, 219-20, 223, 227, 232-4, 265, 269-71, 307, 310-11, 339, 343, 350-1, 353, 362-4, 371, 379, 495, 500-1, 508
Prata, rio da, 131-6, 139, 177, 297
preguiças gigantes, 176, 182, 216, 276, 370, 406
Pre-Historic Times (Lubbock), 501

ÍNDICE REMISSIVO 661

pré-milenarismo, 96, 529
presbiterianos, 200, 278, 280, 409
Prichard, James Cowles, prichardianos, 18, 92-3, 210-11, 2217-23, 227-33, 239, 257, 262, 264, 265-66, 268, 271, 273, 278-9, 284, 286-7, 301, 305-7, 309-10, 314, 316-21, 333, 343-5, 364, 369, 395-7, 399, 404, 407-8, 415, 417, 425, 445, 450, 495, 501, 508, 528, 543-45
Priestley, Joseph, 27, 28, 193
primatas, 192, 338, 429; ver também macacos (apes); macacos (monkeys); orangotangos
Primeval Man (Argyll), 501, 512
Primitive Culture (Tylor), 501
Primitive Marriage (M'Lenna), 503
Principles of Geology (Lyell), 137, 176, 181, 257, 279, 328, 379, 429, 493, 504
Principles of Moral and Political Philosophy (Paley), 97
professor do Museu de Caça, Colégio Real dos Cirurgiões, 216-8
progresso: Agassiz sobre, 327-8, 379; Buckle sobre, 424; Dana sobre, 400; C. Darwin sobre, 177, 179-80, 214-5, 218, 234, 502; E. Darwin sobre, 26, 27, 117; Gliddon sobre, 402; Greg sobre, 218-9; Huxley sobre, 384, 428-9; Jameson sobre, 60; Lubbock sobre, 458; Lyell sobre, 137, 328, 458; Martineau sobre, 193; evolucionistas não darwinistas, 36, 291, 318, 377, 502; e raça, 140, 144, 152, 159, 177, 234, 239, 259, 276, 280, 339, 377, 403, 462, 502
propriedade rural Holwood, Kent, 33, 489, 582
Pulszkys, T., 547
puma, 142, 565
Punch, 42, 5
pupas, formigas escravas, 315, 421

quacres, 25, 67, 73, 80-1, 92, 104, 195, 208, 223, 237, 267, 336
Quarterly Review, 309
quartos (mestiços com um quarto de sangue negro), 242, 275, 280, 549
Queensland, 583
questionários etnológicos, 219-20, 226-7; de Darwin, 404, 442, 569

rabanete, 348-9
raça mestiça de hotentotes/holandeses, 213; ver também Griqua
raça teutônica, 62, 473
raças humanas: capacidade de adaptação, 73, 74, 82, 93, 137, 144, 147-50, 170, 179-81, 191, 202, 214, 218, 221-3, 226, 231, 238, 255, 269, 272, 275, 283, 300, 307, 324, 339, 346, 372, 380, 392-5, 399, 408, 411, 432, 502; amálgama de, 235, 244, 268, 273, 278, 314, 341, 475; ancestralidade, 16-9, 61-2, 144, 149-50, 155, 165-73 182, 189, 205, 254-55, 271, 278, 293, 314, 341-3, 364-5, 502, 507-8, 512; bastardia, 273-5, 341; doenças, 208, 214, 244, 404; divergência, 93, 150 172, 181, 190, 219-20, 256, 293, 307, 319, 355, 379, 393, 399, 403, 407, 427, 457, 495, 498, 503, 512, 569; igualdade, 56, 67, 71 146, 159-60, 171, 185, 231-32, 242, 251, 264, 267, 276, 28 , 338, 341, 379, 431, 451, 462, 464-66, 491; extermínio, 81-2, 140-41, 144, 149, 208, 211-3, 216-9, 221-3, 233 237, 244, 265, 269-71, 273, 314, 333-5 442, 453, 467, 508, 538; extinção, 149, 208-12, 216-9, 221-3, 233, 269-71, 273 334, 429, 467, 472, 502, 562-3; genocídio, 140, 149, 170, 205, 208, 211, 215, 217, 334, 502, 515; inferioridade, 20, 34, 57, 144-5, 156, 160, 185, 221, 231, 236, 242, 265, 277-9, 285, 299, 338, 380,

403, 420, 434, 457, 462, 467; unidade espiritual, 327-9, 339, 343, 377, 379; *ver também* ancestralidade; barbas; beleza e capacidade de atrair; seios; nádegas; cabelos; híbridos; línguas; lábios; inteligência; mestiços; mulatos; narizes; progresso; seleção sexual; pele; crânios; temperamento

Races of Man (Pickering), 311-2, 383

Races of Men (Knox), 394-5

Races of the Old World (Brace), 456

radiação solar, 81, 353-4, 410-2

Ramsay, Marmaduke, 108-9, 118, 532

Ramsay, William, 118, 135

raposa chiloena, 229

ratos, 206, 252, 382

Rattlesnake, HMS, 384, 539

Ravenel, Edmundo, 250

Ray Society, 325-6

Reade, Winwood, 587

Reader,

recifes de coral, 60, 177, 226, 346, 377, 387, 499

recifes, *ver* recifes de coral

Redpole, HMS, 133

reforma penal, 42, 481, 587

reforma: parlamentar, 27, 33, 49, 54, 86-91, 94-99, 101-3, 105-8, 112-8, 123, 135, 137, 172, 482-84, 494, 527; prisão, 42, 350, 587

regiões de fauna: 123, 158, 288, 307, 313, 334, 337-40, 371-2, 413; *ver também* dispersão; habitats

rei dos warris, África Ocidental, 404

relativismo de Darwin, 16, 180, 235, 394, 407

rena, 473

répteis, 169, 296, 437, 446

Researches in South Africa (Philip), 160

Researches into the Physical History of Mankind (Prichard), 18, 92, 210, 221, 265, 321, 395, 568

Retrospect of Western Travel (Martineau), 187, 335

revelação divina, 33, 198, 221; *ver também* Bíblia; Velho Testamento

"Revista de Silliman", 350; *ver American Journal of Science*

revoltas de escravos, 53-6, 82, 94, 130, 196, 243, 256, 335, 376, 462

Revolução Americana, 26, 190, 242

revoluções políticas, 25-8, 116, 124, 130, 133, 134, 140, 161-3, 190, 196, 243, 256, 27, 319, 332, 335, 408, 481-5, 507; *ver também* revoltas de escravos

Richmond, Virgínia, 461-2

rinoceronte-lanoso, 294-5

Rio de Janeiro, 112, 121-22, 124-35, 152, 260, 551

rio Mississippi, 200, 233, 324, 370, 459; estado, 237

Rivera, dom Fructuoso, 133

Robinson, George, 156, 216

Rolfe, Robert Monsey, 1º barão Cranworth, 420, 490, 493, 582

Rosas, Juan Manuel de, 140-41, 174, 208, 216, 218

Rosellini, Niccola, 564

rosto: ângulo do, 66, 72; músculo, 72; *ver também* crania; fisionomia; seleção sexual; crânios

Rússia e russos, 106, 224, 543

Salado, rio, Argentina, 140

Salvador, Bahia, 120, 162

samambaias, 108

Samarang, HMS, 121, 122

Sandwich, ilhas, 149

Santa Helena, ilha, 164

Santissima Trindade, 28, 96

Santo Domingo, 356

Santos, Os, *ver* "Seita de Clapham"

ÍNDICE REMISSIVO 663

São Paulo (apóstolo), 91, 243
São Tiago, ilhas de Cabo Verde, 119
sapo aranzeiro, 88
sapos, 88
Sara Baartman, hotentote, 398, 569
Savannah, Geórgia, 276, 410
saxífragas, 489
saxões, 17, 61-2, 66, 69, 194, 213, 234, 236, 243-44, 268-9, 273, 280-1, 328, 333-4, 363, 403, 417, 427, 441-2, 468, 475
Schaaffhausen, Hermann, 470
Scholefield, James, 95
Schomburgk, Richard, 356
Schomburgk, Robert, 356
Scientific Aspect of the Supernatural (Wallace), 493
Sclater, Philip, 567
Scotsman, 64
Scott, Dred, 418
Scott, Walter, 61-62
Second Visit to the United States (Lyell), 330
Sedgwick, Adam, 89, 106, 109, 175, 455, 527, 529
Segunda Tentativa (navio negreiro), 120
seios, 392
"Seis Secretos" (simpatizantes de John Brown), 447, 577
"Seita de Clapham", 32-33, 37, 38, 87, 93, 102-3, 117, 135, 160, 186, 192, 209, 360, 483,
seleção artificial, 205, 298, 309, 386, 390, 432, 554, 562
seleção do grupo, 586
seleção natural, 14, 202, 206, 219, 255, 257, 304, 316, 324-5, 347, 354, 364, 368, 373, 376-8, 380, 386, 393, 397, 412, 422, 426-7, 432-33, 436, 442-3, 447, 449, 452, 472, 474-77, 487, 498, 505-6, 512-3, 580

"Seleção Natural" (Darwin), 373, 376, 396, 401, 409, 420-22, 426, 427, 432, 442, 481, 494-5
Seleção Natural Não É Incoerente com a Teologia Natural, A (Gray), 451
seleção sexual, 18, 202-6, 229, 239, 395, 396, 398, 399, 404, 405, 412, 426, 427, 432, 433, 435-6, 476-9, 486, 488, 496-514, 570, 585-8; papéis femininos e masculinos, 204-6, 256, 288, 392-4, 397-99, 405, 408, 427, 432-34, 495, 498-99, 503, 513; *ver também* barbas; beleza e capacidade de atrair; rosto; cabelo; raças
Sem (filho de Noé) e semitas, 164, 317
sementes de agrião, 348-9
sementes de aipo, 348-9
sementes de repolho, 348
sementes de ruibarbo, 349
sementes: experimentos de Darwin, 347-9, 484-6; germinação, 349, 353
Serra Leoa, 36-7, 48-50, 80, 87, 404
Serres, Etienne, 296
Severn, rio, 38
Sexta Guerra Cafre, 156, 208
Shakespeare, William, 144, 223, 377, 469, 515-6
Shaw, Sr. (taxidermista), 58
Sheffield, Inglaterra, 24, 268, 556
Shelton, Staffordshire, 99, 100
Shiloh (batalha), 452
Shrewsbury, Shropshire, 29, 36, 38, 40-2, 48, 86, 107, 116, 135, 163, 195, 227, 254, 256, 303-4, 485-6, 488, 492, 521, 588; Teatro da Praça da Ponte, 98; Escola de Shrewsbury, 303-4, 521
Shropshire, 40, 94, 99, 107, 205, 303, 307
Silliman, Benjamin, 47, 238, 350
Simeon, Charles e os "Sims", 93-4, 96, 155, 175, 528
símio do gênero *Macacus*, 510

Sims, Thomas, 410
singnato, 495
sipaios, 408, 491
Sismondi, Jean Charles Léonard, 82-3, 197, 207, 523
Sismondi, Jessie (née Allen), 82-3, 197, 207, 523, 526-7
Slave, The (Aldridge), 98
Smith, Andrew, 156-8, 160, 181, 191, 272, 395, 496-7, 538
Smith, Charles Hamilton, 290-8, 301, 310, 321, 333, 554, 555
Smith, Frederick, 316, 421
Smith, John, 54-55
Smith, Stanhope, 256
Smith, Sydney, 51, 52, 53
Snowdon, monte, 303
socialismo e socialistas, 68, 210, 405, 473-4, 477-8, 494; utópicos, 215, 474-5, 494, 504
socialistas owenistas, 68
Sociedade Americana para o Progresso da Ciência, 337, 338
Sociedade Antiescravagista das Senhoras de Staffordshire do Norte, 101
Sociedade Antiescravista Británica e Estrangeira
Sociedade Antropológica [de Londres], 460, 462, 467-8, 470-3, 476, 478, 482, 493, 503, 511
Sociedade Asiática [de Bengala], 309, 367
Sociedade Bíblica Britânica e Estrangeira, 32, 93, 95
Sociedade Británica para o Avanço da Ciência, 210-11, 217, 219-221, 223, 227, 291, 305, 323, 356, 368, 468, 486, 511
Sociedade da Abolição, 32, 33, 36, 82
Sociedade de Civilização Africana, 225-6
Sociedade de Emancipação das Senhoras Londrinas, 465

Sociedade de Moralidade Cristã, 82
Sociedade de Proteção aos Aborígenes Britânicos e Estrangeiros, 209, 227, 232, 343
Sociedade Entomológica, 316
Sociedade Etnográfica de Paris, 219
Sociedade Etnológica, 343, 399, 460, 472, 478, 500, 503, 555
Sociedade Frenológica Americana, 64, 83
Sociedade Geológica de Londres, 176, 177, 381
Sociedade Linneana de Londres, 407, 426, 475
Sociedade Lunar de Birmingham, 24-5, 27-8, 30
Sociedade Missionária Batista, britânica, 563
Sociedade Missionária da Igreja, 10, 32, 93, 114, 146, 153, 314, 537
Sociedade Missionária de Londres, 54, 159, 563
Sociedade para o Abrandamento e Abolição Gradual da Escravatura, *ver* sociedades antiescravagistas: britânica
Sociedade pela Efetivação da Abolição do Tráfico de Escravos, *ver* Sociedade da Abolição
Sociedade Pliniana, Universidade de Edimburgo, 524
Sociedade Real de Edimburgo, 61, 78
Sociedade Real de Londres, 11, 174, 178, 325, 326, 345, 351, 387, 407, 466, 488, 564
Sociedade Real para a Prevenção de Crueldade contra os Animais, 32, 466
Sociedade Zoológica, Londres, 226, 229, 230, 252, 303, 304, 401, 554, 569
Sociedades antiescravagistas de mulheres, 101, 104, 466, 528
sociedades antiescravagistas: nos Estados Unidos, 173, 187; na Grã-Bretanha, 42, 47, 88, 94-6, 99-101, 173, 187, 196, 224, 367, 437, 522

sociedades frenológicas: Edimburgo, 64; Filadélfia, 83
Society in America (Martineau), 187-88, 247, 335
Somerset House, Londres, 177
sonhos: de Darwin, 77; explanação dos, 475; do fueguino, 148
South African Christian Recorder, 161
South African Quarterly Journal, 160
Southern Quarterly Review, 277, 285, 301
Southwell, Charles, 313
spaniels, 291
Sparks, Jared, 559
St. Louis, Missouri, 200
St. Vincent, ilha, 262
Stabroek (Georgetown), Guiana, 50
Staffordshire, 11, 28, 36, 38, 41, 99, 101, 118
Stanger, William, 226
Stanley, Edward Smith, 13º conde de Derby, 299, 311
Stephen, James Fitzjames, 483
Stephen, James, 100
Stewart, Robert, 2º marquês de Londonderry, 60, 112, 131-2
Stoke-on-Trent, Staffordshire, 135
Stowe, Calvin, 378
Stowe, Harriet Beecher, 345, 378
Strzelecki, Paul, 368
Sturge, Joseph, 195-6, 224
Suffolk, 114
Suíça e suíços, 197, 207, 324-5, 329, 333, 447
Sulivan, Bartholomew James, 122
Sullivan, ilha, Carolina do Sul, 451, 560
Sumatra, 348
Sumner, Charles, 247, 375-6, 419-20, 444-5, 528
Sumner, John Bird, 92
superstições do selvagem, 171, 501
Supremo Tribunal: Jamaica, 438; EUA, 418
Swainson, William, 290, 315-6

System of Phrenology (G. Combe), 64, 236
Taiti e taitianos, 93, 151-2, 155, 187, 212, 231, 464
Talbot, Charles, 129
tártaros, 543
tartaruga-gigante, 150
Tasmânia, tasmanianos, 156, 170, 208, 212, 216, 218, 347, 501
tatuagens, 151, 398, 515, 569
tatus, 140, 142, 176, 182
Taverna Albion, cidade de Londres, 586
taxidermia, 52-3, 58, 111, 156, 159, 164, 170, 274, 523
taxonomia quinária (circular), 315, 381, 561
Taylor, Benjamin,
Teatros, 76, 98, 198, 280
tecnologia e civilização, 69, 215, 474
teheulches ("patagões que andam a pé"), 536
Temminck, Coenraad, 288-9, 298-99, 554
temperamento frenológico e racial, 57, 65, 83-4, 317
Temple, Henry John, 3º visconde Palmerston, 89, 105, 107, 130, 225
Tenerife, Ilhas Canárias, 108, 119
Tennessee, 431
tentilhões, 229, 275, 290, 304, 382
teoria pré-adamita, 557
Ternate, Spice Islands, 417-8
Terra de Van Diemen, 269; *ver também* Tasmânia
terremotos, 137
Terror, HMS, 353
tetas, 292
tetrazes-grandes-das-serras, 211
Texas, 335, 430
The Grove, *plantation*, Carolina do Sul, 250
The Mount (residência), Shrewsbury, 37, 173, 492

The Times, 106, 108, 116, 118, 376, 395, 410, 418, 486-91, 494, 507, 513, 529, 530, 532, 533-35
Thetis, HMS, 121, 125
Thornton, Henry, 32, 102
Thornton, Marianne, 102, 366
Thoughts on the Original Unity of the Human Race (Caldwell), 221
Ticknor, George, 248-9, 254, 258, 273, 281, 326, 331, 337-8, 410, 444, 451
Tiedemann, Friedrich, 185, 236
Tierra del Fuego, 113, 131, 138, 149, 151, 175, 257, 347-8, 442, 537; *ver também* fueguinos
tifoide, 340
tigres, 287
Titicaca, lago, 216-7, 233
Tocqueville, Alexis de, 335
toltecas, 233, 235, 547
Tom Thumb, 270
Torquay, Devon, 295
Torre de Babel, 173, 279
toupeiras, 252
touros, 221, 367, 397
Toxodon, 216
tráfico de escravos no Atlântico, 23-5, 27, 29, 31, 33-9, 41, 80, 87, 125, 162, 164, 240
transmutação, *ver* evolução
Travels in North America (Lyell), 258
Treatise on the Records of the Creation (J.B. Sumner), 93
Trent, RMS, 454
Tribunais de "comissão mista", 124, 129-32, 356
Trinidad, ilha, 184
Trinta e Nove Artigos da Igreja da Inglaterra, 97, 529
Tristan da Cunha, ilha, 152
Troglodytes gorilla, 370
Truganini (tasmaniana), 501

Turner, Nat, 243, 541
Tweed, rio, 45
Tylor, E.B., 501-3, 507
Types of Mankind (Nott e Gliddon), 369-72, 377-8, 384-5, 388, 393-5, 415, 417, 420, 428, 448-9, 456, 460-1, 546

União Nacional de Auxílio aos Homens Libertos da Grã-Bretanha e Irlanda,
União Política de Birmingham,
unitaristas (unitarians), 24, 27, 28, 31, 37, 43, 67, 186-7, 193, 199, 247-9, 261-5, 280, 320, 328, 332, 336-8, 339, 365, 385, 409, 419, 445, 571
unitaristas (unitarists), 74, 223, 295, 296, 301, 302, 318, 332, 342, 350, 363, 370, 395, 399, 403, 435, 554, 556; *ver também* imagem genealógica; monogenismo; metáfora da árvore
United States Magazine and Democratic Review, 302, 312
Universidade de Cambridge, 10, 29, 32, 33, 84, 85-94, 96, 97, 163, 168, 172, 175, 303, 307, 327, 423, 486, 539; "Apóstolos", 91; Colégio de Cristo, 86, 175, 530; cátedra jacksoniana, 87; Colégio do Rei, 175; biblioteca, 583; Colégio de Madalena, 33; Colégio de São João, 33, 86; Colégio da Trindade, 89; Sociedade da União, 94, 106
Universidade de Edimburgo, 27, 41-88, 78-9, 96, 98, 108, 111, 156-8, 160, 163-4, 167, 173, 178, 207, 225, 232, 236, 262, 267-9, 333, 394-5, 475, 505, 515, 520, 521, 523, 569; Museu, 18-19, 21, 28-29, 33, 35, 38; Sociedade Pliniana, 524
Universidade de Harvard, 248, 323, 326, 330, 338, 350, 370, 377, 378, 409-10, 412, 448; Escola Científica Lawrence, 326
Universidade de Londres, 55, 345

Universidade de Princeton, 256
Universidade de Yale, 47, 250, 288, 387, 400, 410
Upper Gower Street, Londres, 184, 201, 207
Urano, 159
ursos, fósseis, 294-5, 473, 509
Uruguai, 125, 131, 134
Utah, 335

Valongo, mercado de escravos, Rio de Janeiro, 126
Valparaíso, Chile, 304
Van Amringe, Frederick, 302, 316-8, 539
Van Evrie, John, 467
Vane, Charles, 3º marquês de Londonderry, 116
variabilidade das espécies, 83, 92-3, 137, 150-51, 190, 205, 212, 219-20, 228, 233, 256, 287-9, 293, 296-311, 318, 324, 344-5, 351-52, 367, 371, 380-5, 389, 395, 400-2, 412, 420, 427, 429, 441, 446-9, 455, 467, 494-5, 503, 511, 514, 561
Variation of Animals and Plants under Domestication (Darwin), 297, 494
Varsóvia, Polônia, 106
Vassal, Darby, 153
Velho Testamento,
vértebras, variação das, 302-6, 317, 512
vértebras: ancestralidade, 169, 446; matriz, 75
vespas, 316
Vestiges of the Natural History of Creation (Chambers), 61, 263, 309, 475
Vicksburg, Mississipi, 200
Virgínia, 240, 243, 248, 409, 430, 441; *ver também* Harpers Ferry
Vogt, Karl, 447, 470-2, 475, 487, 510, 578-9, 587
vulcões e ilhas ascendentes, 137, 177, 300, 382

Wake, C.S., 578
Walker, Alexander, 213, 543
Wallace, Alfred Russell, 405, 407-8, 415-7, 425-6, 472-9, 486, 493, 486, 493, 494-99, 503-5, 50-8
Walton Hall, Yorkshire, 51
Wanderings in South America (Waterton), 50-3
Ward, John William, 1º conde de Dudley, 544
Warrington, Lancashire, 268
Warspite, HMS, 124, 129
Washington, DC, 237, 274, 386, 455, 459
Waterboer, Andreas, 543
Waterhouse, George, 382, 402, 546
Waterton, Charles, 45-6, 50-3, 55, 58, 274, 356
Waverly (Scott), 61
Way, Albert, 529
Way, Lewis, 529
Webster, Daniel, 240, 248, 337
Wedgwood, Caroline (née Darwin), 38, 44, 48-9, 116-7, 135, 181, 186, 435
Wedgwood, Charlotte, 101, 04
Wedgwood, Elizabeth (Bessy, née Allen), 54, 100-01, 104, 118, 174, 423
Wedgwood, Emma; *ver* Darwin
Wedgwood, Fanny (née Mackintosh), 102-5, 135, 138, 160, 186-88, 195, 201, 207, 365, 366, 419-20, 425, 439, 445, 459, 531, 572, 581
Wedgwood, Fanny, 101
Wedgwood, Francis (Frank), 100, 107
Wedgwood, Henry Allen (Harry), 107, 582
Wedgwood, Hensleigh, 135, 138, 155, 160, 179, 186, 192, 195, 199, 201, 207, 425, 440
Wedgwood, Josiah, I, 23-9, 31, 36-7, 97-99, 101, 197

Wedgwood, Josiah, II, 37-9, 48, 54, 87, 98-100, 105, 107, 113, 117, 126, 135-6, 174, 197
Wedgwood, Josiah, III, 201
Wedgwood, Julia, 186
Wedgwood, Sarah Elizabeth (Elizabeth), 101, 103-5
Wedgwood, Sarah Elizabeth (Sarah), 39, 87, 100-01, 130, 175, 188, 195-7, 367, 522, 563, 588
Wells, William Charles, 580
West Tennessee Democrat, 431
Westminster Review, 199, 212, 384, 418
Westminster, Londres, 102, 196, 437; *ver também* parlamento
Whewell, William, 89-92, 106-7, 172, 175, 439, 527-8, 532
White, Charles, 257
Wilberforce, Henry, 453
Wilberforce, Robert, 196
Wilberforce, Samuel, 196, 422, 446
Wilberforce, William, 29-33, 38, 43, 54, 82, 87, 94, 97, 102-4, 196-7, 226, 420, 446, 447, 453, 466, 483, 489

Wilkinson, William, 438
Wiseman, cardeal, 510
Witt, George, 576
Wollaston, Thomas, 407
Woodward, Samuel, 381-3, 567

xenofobia, 20, 506
xhosa, etnia, 159-60, 174, 209; *ver também* cafres

yahgans ou yamanas, "povo que anda de barco", Tierra del Fuego, 114, 536
"York Minster" (o Fueguino), 537
Yorkshire, 51, 89, 104-5

Zong (navio negreiro), 25
zoogeografia, *ver* regiões de fauna
Zoology (W.B. Carpenter), 266
Zoology of the Voyage of H.M.S. Beagle (Darwin), 304
Zoonomia (E. Darwin), 26, 27, 75, 220

Este livro foi composto na tipologia Minion,
em corpo 11,5/16, e impresso em papel off-set
75g/m² no Sistema Cameron da Divisão Gráfica
da Distribuidora Record.

Seja um Leitor Preferencial Record
e receba informações sobre nossos lançamentos.
Escreva para
RP Record
Caixa Postal 23.052
Rio de Janeiro, RJ – CEP 20922-970
dando seu nome e endereço
e tenha acesso a nossas ofertas especiais.

Válido somente no Brasil.

Ou visite a nossa home page:
http://www.record.com.br